Elementos da Hidráulica

Elementos da Hidráulica

Luiz Mario Marques Couto

© 2019, Elsevier Editora Ltda.
Todos os direitos reservados e protegidos pela Lei 9.610 de 19/02/1998.
Nenhuma parte deste livro, sem autorização prévia por escrito da editora, poderá ser reproduzida ou transmitida sejam quais forem os meios empregados: eletrônicos, mecânicos, fotográficos, gravação ou quaisquer outros.

ISBN: 978-85-352-9140-7
ISBN (versão digital): 978-85-352-9141-4

Copidesque: Augusto Coutinho
Revisão tipográfica: Elaine dos S. Batista
Editoração Eletrônica: Thomson Digital

Elsevier Editora Ltda.
Conhecimento sem Fronteiras

Rua da Assembléia, n° 100 – 6° andar
20011-904 – Centro – Rio de Janeiro-RJ

Av. Nações Unidas, n° 12.995 – 10° andar
04571-170 – Brooklin – São Paulo-SP

Serviço de Atendimento ao Cliente
0800 026 53 40
atendimento1@elsevier.com

Consulte nosso catálogo completo, os últimos lançamentos e os serviços exclusivos no site www.elsevier.com.br

---

NOTA

Muito zelo e técnica foram empregados na edição desta obra. No entanto, podem ocorrer erros de digitação, impressão ou dúvida conceitual. Em qualquer das hipóteses, solicitamos a comunicação ao nosso serviço de Atendimento ao Cliente para que possamos esclarecer ou encaminhar a questão.

Para todos os efeitos legais, a Editora, os autores, os editores ou colaboradores relacionados a esta obra não assumem responsabilidade por qualquer dano/ou prejuízo causado a pessoas ou propriedades envolvendo responsabilidade pelo produto, negligência ou outros, ou advindos de qualquer uso ou aplicação de quaisquer métodos, produtos, instruções ou ideias contidos no conteúdo aqui publicado.

A Editora

CIP-BRASIL. CATALOGAÇÃO NA PUBLICAÇÃO
SINDICATO NACIONAL DOS EDITORES DE LIVROS, RJ

C91e

Couto, Luiz Mario Marques
  Elementos da hidráulica / Luiz Mario Marques Couto. - 1. ed. - Rio de Janeiro : Elsevier, 2019.
  : il. ; 28 cm.

  ISBN 978-85-352-9140-7

  1. Engenharia hidráulica. 2. Mecânica dos fluidos. I. Título.

18-51417
CDD: 627
CDU: 626

O autor

Luiz Mário Marques Couto formou-se em Engenharia Civil pela Pontifícia Universidade Católica do Rio de Janeiro. É professor na Universidade de Brasília, e completou, em 2018, 50 anos de magistério. É Research Officer em Engenharia Hidráulica pelo Laboratório Nacional de Engenharia Civil de Lisboa e Master of Philosophy em Ciência da Informação pelo University College de Londres. Ministrou as disciplinas de Hidrologia, Hidráulica Teoria e Sistemas Hidroviários no Departamento de Engenharia Civil e Ambiental e Sistemas de Informação no Departamento de Estatística e Ciência da Informação da Universidade de Brasília. Assumiu diversos cargos na administração pública. Também é autor do livro *Hidráulica na Prática* (Elsevier, 2018). Recebeu várias distinções em decorrência de sua atividade profissional, inclusive a Medalha do Mérito Alvorada e Diploma de Honra da Câmara Legislativa do Distrito Federal, e já foi patrono, paraninfo e homenageado de várias turmas do Curso de Engenharia Civil e Ambiental da Universidade de Brasília.

Agradecimento

Elementos da Hidráulica foi escrito ao longo de vários semestres contando com a participação de uma grande quantidade de alunos da disciplina Hidráulica Teoria dos cursos de Engenharia Civil e Engenharia Ambiental da Universidade de Brasília. Os alunos de tudo fizeram. Digitaram, desenharam, alteraram ábacos, desenvolveram softwares, produziram modelos matemáticos, fizeram revisões, apontaram erros e omissões. Este é, sem dúvida, um produto executado a muitas mãos. O trabalho de confecção do livro foi também um instrumento poderoso na motivação ao estudo. Para desenvolver um software, o aluno precisa entender em profundidade o tema considerado. Elementos secundários do texto, que seriam examinados superficialmente, devem ser inteiramente entendidos durante a sua revisão. A autoestima e a autoconfiança dos autores coadjuvantes cresceram na medida da dificuldade da empreitada concluída. À proporção que o conteúdo era desenvolvido e colocado a disposição dos próprios alunos, semestre a semestre, o entendimento dos assuntos se tornava mais profundo e o rendimento das turmas nas avaliações ascendeu de uma forma inequívoca. Foi uma interação que resultou em muitas vantagens diretas e colaterais.

Diante desta realidade, não poderia deixar de dedicar este livro a meus alunos pois eles são o instrumento e o objeto desta ação. Eles realizaram algo para seu próprio uso e benefício. São, ainda, merecedores de minha gratidão pois foram capazes de aguçar minha curiosidade científica, compelindo-me a resolver novos problemas e a introduzir de forma indireta uma nova metodologia de ensino ao mesmo tempo que se prepararam com mais solidez para a vida profissional.

Desse elenco formidável que superou com sua inteligência, dedicação e diligência os limites considerados intransponíveis para alunos de graduação, quero destacar a participação do hoje Engenheiro Civil Caio César Ferreira Dafico, que produziu, como aluno do curso de graduação, uma série de soluções de problemas de engenharia utilizando os *softwares* Epanet, Swimm e Hec Ras, pouco conhecidos naquela altura, cooperando com a introdução desses importantes instrumentos tecnológicos na preparação e qualificação de seus colegas do curso de Engenharia.

O Autor

Prefácio

A maior parte dos textos conhecidos aludindo ao tema hidráulica privilegia a definição e/ou descrição de modelos matemáticos, modelos computacionais e analógicos e a operação de ferramentas e instrumentos tecnológicos necessários à mensuração dos fenômenos hidráulicos em detrimento das respectivas aplicações no mundo real. Nessas publicações são comuns as deduções que dão consequência aos modelos matemáticos, a delimitação da validade desses instrumentos, os programas-fonte, quando são de livre acesso, e demais considerações teóricas que dão sustentação à aplicação dessas ferramentas. Isso tudo é muito importante, sem dúvida. Resulta que o ferramental teórico fica muito bem conhecido, mas a aplicação desses instrumentos termina por ser relegada a um segundo plano.

Caberia, talvez, aos docentes oferecer informações, durante suas aulas, sobre a aplicação desses modelos. Sucede que a transmissão verbal de conhecimentos está assentada firmemente na tradição e no estudo dos documentos técnicos disponíveis. Como estes enfatizam os aspectos teóricos, os professores em suas aulas terminam dedicando maior parte do tempo à descrição e análise dos modelos matemáticos, e falando escassamente de sua aplicação na resolução dos problemas de engenharia. Elementos da Hidráulica é uma tentativa de alterar essa lógica. Para tanto, este texto reserva capítulos inteiros à parte prática, nos quais são propostos problemas resolvidos e a resolver ambientalizados em questões que estão presentes no domínio da engenharia das águas. De fato, são 69 *problemas de aplicação direta* dos conceitos teóricos, 30 *problemas multidisciplinares resolvidos* de ampla abrangência e 19 *problemas multidisciplinares a serem resolvidos*.

Os problemas de aplicação direta têm por objetivos dar publicidade aos nomes das variáveis dos modelos matemáticos e descrever as formas de determinar os valores e as unidades dessas variáveis. Estes são problemas diretos e rápidos que complementam as apresentações teóricas. Os *problemas multidisciplinares* envolvem diferentes modelos necessários à solução de uma questão da hidráulica. No assunto abastecimento de água potável, tomado como exemplo, é natural que se trate de forma integrada, entre outros assuntos, de bombeamento, de adução e de redes de distribuição. Para que os leitores possam identificar mais facilmente a parte do livro que trata de cada um dos temas, foram organizadas listas das questões abordadas com as respectivas páginas de apresentação.

A resolução de quantidade apreciável desses problemas multidisciplinares envolveu o uso de softwares públicos de ampla aceitação tais como o Epanet, versão 2, patrocinado pela Agência Americana do Meio Ambiente (United States Environment Protection Agency – EPA), adaptado ao português falado no Brasil pela Universidade Federal da Paraíba (Laboratório de Eficiência Energética e Hidráulica em Saneamento – LENHS) e o HEC RAS, versão 5, produzido por engenheiros do Exército dos Estados Unidos (US Army Corps of Engineers Institute for Water Resources Hydrologic Engineering Center).

A descrição, passo a passo, da aplicação dessas poderosas ferramentas de resolução de problemas de engenharia, como se apresenta nesta edição do Elementos da Hidráulica, é uma auspiciosa novidade na literatura técnica no nosso país. Espera-se que a aplicação dessas ferramentas seja vigorosamente ampliada nos próximos anos e que esse uso libere professores e alunos dos exaustivos e demorados cálculos matemáticos necessários ao dimensionamento de sistemas hidráulicos e canais revertendo esse tempo para a análise de variantes de uma possível solução mais econômica e que atenda aos requisitos técnicos de cada caso em estudo. Assim, se alcançará mais equilíbrio entre o tempo dedicado aos conceitos teóricos e ao dedicado às aplicações e análise dos resultados passíveis de emprego no mundo real.

Aplicações diretas dos conceitos teóricos

1.1	Determinação da vazão em conduto forçado	2
1.2	Determinação do diâmetro da adutora	3
1.3	Vazão máxima extraída da adutora em seção intermediária	7
1.4	Adutora com extração de vazões em duas seções intermediárias	9
1.5	Reforço na adução com adutora em paralelo	15
1.6	Determinação das vazões nos trechos de sistema complexo de adução	17
1.7	Sistema de adução equivalente	21
1.8	Determinação da vazão em adutora com reforço de conduto em paralelo	22
1.9	Dimensionamento de rede ramificada de distribuição de água	30
1.10	Dimensionamento de rede malhada de distribuição de água	40
1.11	Determinação de sobrepressão em condutos submetidos a golpe de aríete	52
1.12	Características de funcionamento da chaminé de equilíbrio	56
1.13	Dimensionamento de bloco de reação necessário à estabilização de adutora enterrada	67
2.1	Características estáticas do sistema de recalque	72
2.2	Curva Característica do sistema de recalque – CCI	75
2.3	Cota máxima de instalação do eixo da bomba centrífuga	82
2.4	Ponto de funcionamento do sistema de recalque	85
2.5	Associação de bombas em série e paralelo	89
2.6	Instalação de bomba em rede ramificada de distribuição de água	94
2.7	Instalação de bomba em rede malhada de distribuição de água	97
2.8	Aplicação de válvula de quebra-de-pressão em rede ramificada	102
2.9	Aplicação de válvula de quebra-de-pressão em rede malhada	103
2.10	Determinação de sobre pressão em conduto de recalque	110
4.1	Vazão em orifício livre	208
4.2	Vazão em orifício livre submetido a velocidade de aproximação	209
4.3	Vazão em orifício livre com contração incompleta da veia líquida	211
4.4	Vazão em orifício com bocal	213
4.5	Vazão em orifício livre submetido a pequena carga	214
4.6	Vazão em orifício afogado	217
4.7	Vazão em orifício submetido a pressão diferente da pressão atmosférica	218
4.8	Vazão sob comporta plana de acionamento vertical (*sluice*)	221
4.9	Vazão sob comporta de segmento	223
4.10	Vazão em orifício circular parcialmente fechado por comporta circular	226
4.11	Resultante das pressões que agem sobre comporta plana de acionamento vertical (*sluice*)	230
4.12	Resultante das pressões que agem sobre comporta de segmento	235
4.13	Resultante das pressões que agem sobre comporta visor	236
4.14	Esvaziamento de reservatório de seção cilíndrica, sem realimentação, por meio de orifício	238
5.1	Vazão em vertedouro retangular de lâmina livre	242
5.2	Vazão em vertedouro com velocidade de aproximação	243
5.3	Vazão em vertedouro com contração lateral da lâmina vertente	245
5.4	Vazão em vertedouro afogado	246
5.5	Vazão em vertedouro com parede inclinada	247

5.6	Vazão em vertedouro de soleira espessa	252
5.7	Vazão em vertedouro de crista de barragem (Ogee)	253
5.8	Vazão em vertedouro com soleira em forma de parábola	255
5.9	Vazão em vertedouro com soleira em arco de círculo e vertedor bico de pato	256
5.10	Vazão em vertedor obliquo composto (vertedor labirinto)	257
5.11	Vazão em vertedor lateral	261
5.12	Vazão em vertedouro trapezoidal não simétrico	265
5.13	Vazão em vertedor proporcional (Sutro)	267
7.1	Variáveis do canal de seção retangular	308
7.2	Variáveis do canal de seção circular	309
7.3	Determinação da vazão em canal de seção composta	311
7.4	Determinação de vazão em canal de seção retangular de máxima eficiência	315
7.5	Determinação de vazão em canal de seção trapezoidal de máxima eficiência	316
7.6	Determinação do coeficiente de Manning em canais construídos com materiais não homogêneos	317
7.7	Determinação de vazão excedente capaz de ocupar toda a seção do canal	320
7.8	Queda-livre em canal de seção retangular	321
7.9	Macrorugosidade em canal de seção retangular	323
7.10	Plano inclinado (rampa) em canal retangular	326
7.11	Energia específica em canal de seção retangular	331
7.12	Característica do escoamento em canal a jusante da rampa	338
7.13	Vazão admitida em canal de pequena declividade	345
7.14	Método *Direct Step* para determinação da extensão do remanso em canal de seção retangular	354
7.15	Comparação da extensão do remanso pelos métodos de Bakhmeteff e *Direct Step*	356
7.16	Elevação do fundo do canal	361
7.17	Redução máxima da largura do canal com conservação de energia	367
7.18	Transição reta em canal de seção retangular	374
7.19	Elevação do nível da água em curva de canal	377

Exercícios resolvidos

3.1	Sistema de bombeamento, adução e distribuição de água	113
3.2[1]	Adução entre dois reservatórios com duas adutoras em paralelo	120
3.3[1]	Adução entre reservatórios com vazão retirada em seção intermediária	130
3.4[1]	Adução com três reservatórios (Belanger)	133
3.5[1]	Vazão em adutora com trechos em série	137
3.6[1]	Sistema de adução complexa	147
3.7[1]	Sistema de recalque para abastecimento de água	153
3.8[1]	Sistema ramificado de distribuição em grelha com recalque	163
3.9[1]	Sistema ramificado de distribuição com válvula de quebra-de-pressão	169
6.1	Vazão em orifício retangular de borda delgada submetido a várias cargas	269
6.2	Vazão em orifício retangular de borda espessa submetido a várias cargas	272
6.3	Modelos matemáticos para determinação de vazão e velocidade em orifícios entre câmaras	277
6.4	Vazão e resultante das pressões aplicadas em comporta plana	279
6.5	Vazão em orifício com bocais selecionados	284
6.6	Aplicabilidade de vertedores selecionados em canal de seção retangular	287
6.7	Aplicação de vertedores de seções triangular, trapezoidal e circular em parede vertical	292
6.8	Aplicação de vertedores proporcionais (Sutro e Di Ricco)	296
6.9	Resultante das pressões aplicadas sobre comporta de segmento	299
8.1	Definição das variáveis de canal adutor para vazão selecionada	379
8.2	Determinação de vazão em canal de seção circular com diâmetro e declividades selecionadas	382
8.3	Determinação das curvas tirante versus declividade e vazão versus declividade para canal retangular	385
8.4	Vazão admitida em canal de seção retangular	389
8.5	Perfil do nível da água em canal retangular com escoamentos supercrítico e subcrítico	391
8.6	Escoamento em canal a jusante de vertedor de crista de barragem	395
8.7	Medidor de vazão do tipo Parshall em canal de seção retangular	402
8.8	Remanso em canal adutor de seção retangular	405
8.9[2]	Cota do escoamento na seção de deságue em canal de seção retangular	410
8.10[2]	Perfil do escoamento em canal de seção retangular desaguando em lago	420
8.11[2]	Uso de vertedor lateral em canal de seção retangular	425
8.12[2]	Perfil de escoamento em canal natural que recebe vazão de afluente	428

[1] Aplicação do software Epanet.
[2] Aplicação do software HEC RAS.

Exercícios a resolver

3.1	Recalque, redes ramificada e malhada para abastecimento de pequena comunidade	172
3.2	Definição de subsistemas de recalque e de adução para abastecimento de comunidade	176
3.3	Análise de sistema malhado de distribuição de água a partir de dois reservatórios	181
3.4	Sistema de bombeamento, adução e distribuição em comunidade complexa	186
3.5	Sistema de captação e adução de água para abastecimento de empreendimento agrícola	190
3.6	Expansão de sistema malhado de distribuição de água	195
3.7	Expansão do abastecimento de comunidades vizinhas em processo de industrialização	199
3.8	Definição de sistema malhado de distribuição de água	202
8.1	Definição de canais e controle de vazão em canais de irrigação	439
8.2	Captação e canais de adução para sistema de irrigação	441
8.3	Medida de vazão e perfil de escoamento em canal de seção retangular	442
8.4	Perfil de escoamento em canal de seção retangular com rampa em desnível	444
8.5	Escoamento em canal de drenagem urbana com influência da maré	445
8.6	Controle de vazão em canal de drenagem urbana com influência da maré	446
8.7	Captação e transporte de água em canais para abastecer sistema de irrigação	447
8.8	Perfil de escoamento de canal de restituição e admissão de água em canal de irrigação	449
8.9	Drenagem de pátio rodoviário e área de acumulação temporária de vazões excedentes	450
8.10	Dimensionamento de canal adutor e de vertedor de sistema de geração de energia	452
8.11	Drenagem de área encharcada com aproveitamento da vazão drenada	453

Sumário

O autor   V
Prefácio   IX

1. Conduto Forçado
1.1 Definição   1
1.2 Aplicação prática   1
1.3 Modelo matemático da adução   1
1.4 Adutora "Curta"   4
1.5 Adutora com demanda intermediária   6
1.6 Reforço de abastecimento para a seção intermediária   10
1.7 Aduções complexas   16
1.8 Posição da adutora em relação à linha piezométrica   18
1.9 Manutenção da adutora   20
1.10 Conduto forçado – distribuição de água   23
1.11 Demanda da comunidade   24
1.12 Cálculo da rede ramificada   25
1.13 Cálculo da rede malhada   34
1.14 Escoamento sob pressão em regime não permanente   43
1.15 Cálculo das variáveis do sistema conduto forçado – chaminé - *penstock*   49
1.16 Dispositivos para atenuar os efeitos do golpe de aríete no *penstock*   58
1.17 Esforços aplicados sobre o conduto forçado   59

2. Bomba
2.1 Definição   69
2.2 Aplicação prática   69
2.3 Tipos de bombas   69
2.4 O modelo de recalque   69
2.5 Os condutos de sucção e recalque   72
2.6 A bomba centrífuga radial   76
2.7 A bomba acoplada à instalação   83
2.8 Instalação de bombas em sistemas de distribuição de água   92
2.9 Instalação de válvula de quebra-de-pressão   101
2.10 Consequências do corte da bomba – golpe de aríete   106
2.11 Dispositivos de proteção do conduto de recalque   111

3. Conduto Forçado e Bomba
3.1 Exercícios resolvidos   113
3.2 Exercícios a resolver   172

4. Orifício
4.1 Definição   207
4.2 Aplicação prática   207
4.3 Modelo matemático   207
4.4 Variações do modelo matemático   209

5. Vertedouro
5.1 Definição   241
5.2 Aplicação prática   241
5.3 Modelo matemático   241
5.4 Variações do modelo matemático   242
5.5 Vertedor com seção não retangular   263
5.6 Vertedores proporcionais   265

6. Exercícios Resolvidos sobre Orifício e Vertedor
6.1 Exercícios resolvidos   269

7. Canal
7.1 Definição   305
7.2 Aplicação prática   305
7.3 Tipos de escoamento   305
7.4 Modelo matemático – Escoamento permanente uniforme   305
7.5 A forma da seção transversal   308
7.6 Seção econômica   313
7.7 O coeficiente de Manning   317
7.8 A velocidade   318
7.9 Borda livre   319
7.10 Declividade longitudinal   320
7.11 Conceito de energia específica   327
7.12 Conceito de quantidade de movimento   333
7.13 Admissão da vazão no canal   340
7.14 Escoamento permanente gradualmente variado – modelo matemático   347
7.15 Seção de deságue   357
7.16 Elevação do fundo do canal   360
7.17 Variação da largura do canal   362
7.18 Transição   368
7.19 Sobrelevação nas curvas   375

8. Exercícios Sobre Canal
8.1 Exercícios resolvidos   379
8.2 Exercícios a resolver   439

Bibliografia   457

Capítulo 1

Conduto Forçado

1.1 DEFINIÇÃO

O conduto forçado é um elemento dos sistemas hidráulicos, apropriado ao transporte de fluidos, que apresenta seção fechada, totalmente preenchida, com pressão interna diferente da atmosférica, em geral maior do que esta, com fluxo orientado da seção de maior energia total para a de menor energia, independentemente da posição relativa dessas seções.

1.2 APLICAÇÃO PRÁTICA

Os condutos forçados transportam água por gravidade, mas também são utilizados no recalque (elevação) de vazões. São aplicados na distribuição de água nas cidades e no interior de residências, nos sistemas de bombeamento de água em prédios elevados, na alimentação de turbinas, em sistemas de irrigação etc.

1.3 MODELO MATEMÁTICO DA ADUÇÃO

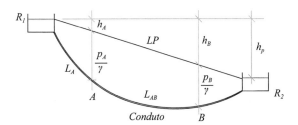

FIGURA 1.1 Modelo esquemático de adução.

LP = linha piezométrica

$\dfrac{p_A}{\gamma}$ = coluna d'água que equilibra a pressão p_A da seção A

h_A = perda de carga correspondente ao percurso L_A

$\dfrac{p_B}{\gamma}$ = coluna d'água que equilibra a pressão p_B da seção B

h_B = perda de carga correspondente ao percurso $L_A + L_{AB}$

L_A = comprimento do trecho R_1-A

L_{AB} = comprimento do trecho A-B

h_p = perda de carga correspondente ao percurso entre R_1 e R_2

O modelo básico da adução é composto de dois reservatórios, R_1 e R_2, interligados por uma adutora com comprimento L, diâmetro D, construída com material cuja rugosidade é representada por C, que reflete a resistência imposta ao escoamento. A linha piezométrica liga os níveis d'água dos dois reservatórios. A adutora é considerada *longa* sempre que a velocidade do escoamento do fluido é baixa e as perdas de carga localizadas são desprezadas. A diferença de cotas entre os níveis d'água dos reservatórios – h_p – é a perda de carga total do escoamento. A vazão que percorre a adutora é calculada pela expressão de Hazen-Williams, indicada a seguir, *quando o fluido é água, na temperatura ambiente*:

$$Q = 0{,}2785 \times C \times D^{2{,}63} \times J^{0{,}54}$$

$$Q = 0{,}2785 \times C \times D^{2{,}63} \times \left(\dfrac{h_p}{L}\right)^{0{,}54}$$

Em que:

C = coeficiente adimensional que depende da natureza do material empregado na fabricação do conduto
D = diâmetro do conduto, em metros
h_p = perda de carga do percurso, em metros
L = comprimento da adutora, em metros
J = perda de carga, por unidade de comprimento da adutora em m/m
Q = vazão aduzida em m^3/s

QUADRO 1.1 Coeficiente de rugosidade da adutora

C^1	Material
140	Cobre, PVC, amianto, PPR[2]
130	Bronze, chumbo, concreto liso, ferro fundido novo
120	Aço soldado, madeira, ferro fundido com 5 anos de uso
110	Aço rebitado, ferro fundido com 10 anos de uso
100	Ferro fundido com 20 anos de uso, tijolo e condutos de esgoto
90	Ferro fundido com 30 anos de uso
60	Aço corrugado
50	Túnel em rocha

[1] *O valor de C para diâmetro até 200 mm, tende a ser reduzido em até 10%.*
[2] *PPR = Polipropileno copolímero randon tipo 3 (água quente).*

APLICAÇÃO 1.1.

A vazão transportada, por gravidade, por uma adutora nova em ferro fundido (C = 130), com diâmetro de 200 mm, que liga dois reservatórios R_1 e R_2, cujas cotas dos NNAA são, respectivamente, 900 m e 800 m, com extensão total de 20 km é determinada da seguinte forma:

$$Q = 0,2785 \times C \times D^{2,63} \times \left(\frac{h_p}{L}\right)^{0,54}$$

$$Q = 0,2785 \times 130 \times 0,2^{2,63} \times \left(\frac{900-800}{20.000}\right)^{0,54}$$

$$Q = 0,030 \ m^3/s = 30 \ l/s$$

Quando a adutora transporta líquido, diferente da água, ou a temperatura da água aduzida não é a temperatura ambiente, deve ser utilizada a expressão de Swamee e Jain (1976):

$$Q = -\frac{\pi}{\sqrt{2}} \times \sqrt{\frac{g \times D^5 \times h_p}{L}} \times \log\left[\frac{e}{3,7 \times D} + \frac{1,255 \times \vartheta}{\sqrt{\frac{h_p \times g \times D^3}{2 \times L}}}\right]$$

Em que:

e = rugosidade da parede da adutora, em metros
v = viscosidade cinemática da água
D = diâmetro da adutora, em metros
L = comprimento da adutora, em metros
h_p = perda de carga na extensão L da adutora, em metros
g = aceleração da gravidade g = 9,81 m/s^2

QUADRO 1.2 Rugosidade da parede da adutora

Material	Rugosidade e $\times$ 10^{-3} (m)
aço galvanizado	0,200
aço soldado	0,040
cimento amianto	0,025
concreto	0,300
Ferro fundido	0,250

QUADRO 1.3 Viscosidade cinemática da água

Temperatura (°C)	Viscosidade cinemática $v \times 10^{-6}$ (m²/s)
20	1,00
30	0,80
50	0,55
70	0,41
90	0,32

O diâmetro a ser utilizado para o transporte da vazão Q, quando esta é conhecida, pode ser determinado pela expressão:

$$D = 0,66 \times \left[e^{1,25} \times \left(\frac{L \times Q^2}{g \times h_p} \right)^{4,75} + \vartheta \times Q^{9,4} \times \left(\frac{L}{g \times h_p} \right)^{5,2} \right]^{0,04}$$

As variáveis L, Q, h_p, v e g estão definidas e especificadas anteriormente.

APLICAÇÃO 1.2.

O diâmetro da adutora em aço soldado que deve transportar, por gravidade, a vazão de 100 l/s, a temperatura de 70 °C entre dois reservatórios situados nas cotas 200 m e 150 m, distantes entre si 200 m, deve ser determinado da forma descrita a seguir:

$e = 0,04 \times 10^{-3}$ m (rugosidade do aço soldado)
$v = 0,41 \times 10^{-6}$ m^2/s (viscosidade cinemática da água a 70 °C)
$L = 200$ m (extensão da adutora)
$Q = 100$ $l/s = 0,1$ m^3/s (vazão)
$g = 9,81$ m/s^2 (aceleração da gravidade)
$h_p = 200 - 150 = 50$ m (perda de carga entre reservatórios)

$$D = 0,66 \times \left[e^{1,25} \times \left(\frac{L \times Q^2}{g \times h_p} \right)^{4,75} + v \times Q^{9,4} \times \left(\frac{L}{g \times h_p} \right)^{5,2} \right]^{0,04}$$

$$D = 0,66 \times \left[(0,04 \times 10^{-3})^{1,25} \times \left(\frac{200 \times 0,1^2}{9,81 \times 50} \right)^{4,75} + 0,41 \times 10^{-6} \times 0,1^{9,4} \times \left(\frac{200}{9,81 \times 50} \right)^{5,2} \right]^{0,04}$$

$D = 0,140$ $m = 140$ mm
$D = 150$ mm (diâmetro comercial)

Quando a adutora tiver seção diferente da circular deve ser utilizado o modelo matemático a seguir, atribuído a Hazen-Willians.

$$V = 0{,}849 \times C \times R^{0{,}63} \times J^{0{,}54}$$

Em que:

V = velocidade do fluxo, em m/s
C = coeficiente que depende da natureza do material empregado na fabricação do conduto
R = raio hidráulico, em metros
J = perda de carga por unidade de comprimento, em metro por metro

Caso a seção seja retangular com largura b e altura m, o raio hidráulico será:

$$R = \frac{A}{P} = \frac{b \times m}{2 \times (b + m)}$$

1.4 ADUTORA "CURTA"

A adutora deve ser considerada "curta" quando seu comprimento for *menor* do que 4.000 vezes o seu diâmetro; quando o número de peças especiais for considerável ou quando a velocidade de fluxo for muito superior a 1,0 m/s. Neste caso, a diferença de cotas entre os reservatórios superior e inferior (H) corresponde à soma das perdas de cargas localizadas (Σh_e) e das perdas desenvolvidas ao longo da adutora (h_p).

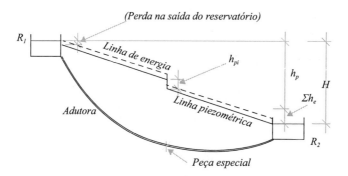

FIGURA 1.2 Adutora curta.

Σh_e = somatório das perdas de carga localizadas nas peças especiais

$h_e = k \dfrac{V^2}{2g}$, na qual k é uma constante determinada para cada peça especial

V = velocidade do fluido em m/s
g = aceleração da gravidade
h_p = perda de carga resultante da resistência da parede da adutora à passagem do fluido ao longo do percurso

QUADRO 1.4 Valores de k para peças em conduto forçado

Peça	k
Cotovelo de 90°	0,90
Cotovelo de 45°	0,40
Entrada normal	0,50
Registro de gaveta aberto	0,20
Registro de globo aberto	10,00
Saída	1,00
Tê, passagem direta	0,60
Tê, saída de lado	1,30
Válvula de retenção	2,75

Um critério mais preciso para classificar uma adutora como "longa" ou "curta" consiste em estabelecer um limite percentual admissível de carga acidental no total de perdas na adutora. Para a adutora ser considerada "longa" a condição pode ser, por exemplo: ($\Sigma h_e \leq 0{,}05 \times hp$).

Quando o conduto é considerado "curto" há interesse em traçar com mais detalhe, não apenas a linha piezométrica, mas também a linha de energia conforme mostrado a seguir.

a. Junto ao reservatório superior verifica-se:

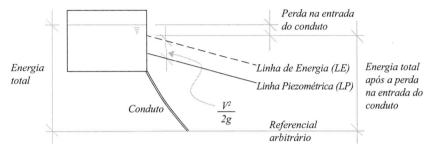

FIGURA 1.3 Linhas características junto ao reservatório superior.

b. Junto ao reservatório inferior verifica-se:

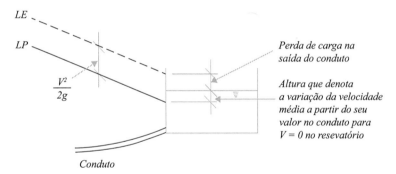

FIGURA 1.4 Linhas características junto ao reservatório inferior.

c. Em cada peça especial verifica-se:

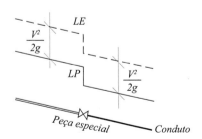

FIGURA 1.5 Linha piezométrica característica em cada peça especial.

Quando a determinação da perda em cada peça especial for dispensável, pode-se calcular a vazão em trânsito pela adutora por meio da expressão:

$$Q = 0{,}2785 \times C \times D^{2{,}63} \times \left(\frac{H}{L + \sum L_e} \right)^{0{,}54}$$

Em que:

Q = vazão aduzida em m^3/s
C = coeficiente que depende da natureza do material empregado na fabricação da adutora
D = diâmetro da adutora, em metros
H = diferença de cotas dos NA dos reservatórios, em metros
L = comprimento da adutora, em metros
L_e = comprimento equivalente de cada peça (comprimento do conduto, de diâmetro D, capaz de provocar a perda de carga ocasionada por peça especial do percurso), em metros
$L_v = L + \Sigma L_e$ – comprimento virtual em metros

QUADRO 1.5 Comprimentos equivalentes para peças metálicas

Acessório	Comprimento equivalente
Cotovelo 90°, raio curto	$L_e = 0{,}189 + 30{,}53 \times D$
Cotovelo 45°	$L_e = 0{,}013 + 15{,}14 \times D$
Curva 90°, $R/D = 1$	$L_e = 0{,}115 + 15{,}53 \times D$
Curva 45°	$L_e = 0{,}045 + 7{,}08 \times D$
Entrada da adutora	$L_e = -0{,}23 + 18{,}63 \times D$
Registro gaveta aberto	$L_e = 0{,}010 + 6{,}89 \times D$
Registro globo aberto	$L_e = 0{,}01 + 340{,}27 \times D$
Tê 90°, passagem direta	$L_e = 0{,}054 + 20{,}90 \times D$
Tê 90°, saída lateral	$L_e = 0{,}396 + 62{,}32 \times D$
Saída da adutora	$L_e = -0{,}05 + 30{,}98 \times D$
Válvula de retenção	$L_e = 0{,}247 + 79{,}43 \times D$

Nota: D = diâmetro do conduto (em metros); L_e = comprimento equivalente do conduto (em metros).

1.5 ADUTORA COM DEMANDA INTERMEDIÁRIA

As adutoras, em geral, têm grande extensão, atingindo dezenas de quilômetros. Já construídas, eventualmente, devem atender a demandas localizadas ao longo do seu percurso entre os reservatórios. O modelo de adução está apresentado na Figura 1.6.

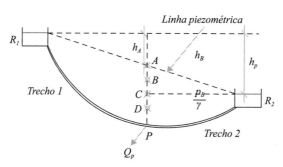

FIGURA 1.6 Adutora com demanda intermediária.

A linha piezométrica pode passar nos pontos a seguir:

A – a linha piezométrica é uma reta contínua. Neste caso, $Q_p = 0$ e a perda de carga em P é uma fração da perda total h_p, proporcional a L_1, comprimento do trecho R_1P.

$$\frac{h_p}{L_1+L_2}=\frac{h_A}{L_1} \therefore h_A=\frac{L_1 \times h_p}{L_1+L_2}$$

B – a linha piezométrica é composta por dois segmentos de reta com vértice em B. Neste caso, $Q_p \neq 0$ e o reservatório R_1 alimenta o reservatório R_2 e a seção P. Conclui-se que: $Q_1 = Q_p + Q_2$ sendo $Q_1 > Q_2$.

C – a linha piezométrica é composta por dois segmentos de reta com vértice em C, sendo um segmento horizontal, no trecho PR_2, passando pelo NA do reservatório R_2. Neste caso, $Q_p > 0$ e o reservatório R_1 alimenta apenas a seção P. $Q_1 = Q_p$, sendo $Q_2 = 0$. A vazão em Q_p é maior do que a do caso anterior.

D – a linha piezométrica é composta de dois segmentos de reta com vértice em D. Neste caso, $Q_p > 0$ e os reservatórios R_1 e R_2 alimentam a seção P. Então, $Q_1 + Q_2 = Q_p$ ficando invertido o fluxo no trecho 2. O reservatório R_2 é chamado, neste caso, de reservatório de *sobras* ou de *compensação*. Esta forma de alimentar P é descontínua uma vez que R_2 recebe água a partir de R_1. Esgotada a reserva de R_2, a vazão Q_2 se anula e a linha piezométrica retorna ao ponto C. A partir deste momento obtém-se $Q_1 = Q_p$.

Como a posição da linha piezométrica não é conhecida, a priori, procede-se da seguinte maneira para determinar as vazões nos trechos da adutora:

1. admite-se que a linha piezométrica passe pelo ponto C
2. neste caso, $Q_1 = Q_p$
3. calcula-se $Q_1 = 0{,}2785 \times C_1 \times D_1^{2,63} \times \left(\dfrac{C_{R1}-C_{R2}}{L_1}\right)^{0,54}$
4. caso Q_1 seja realmente igual a Q_p, as vazões estão determinadas e $Q_2 = 0$
5. caso $Q_1 > Q_p$, conclui-se que a linha piezométrica passa por B

Resolve-se o sistema:

$$Q_1 = Q_P + Q_2$$
$$Q_1 = 0{,}2785 \times C_1 \times D_1^{2,63} \times \left(\frac{h_B}{L_1}\right)^{0,54}$$
$$Q_2 = 0{,}2785 \times C_2 \times D_2^{2,63} \times \left(\frac{C_{R1}-C_{R2}-h_B}{L_2}\right)^{0,54}$$

6. caso $Q_1 < Q_p$, então conclui-se que a linha piezométrica passa por D

Resolve-se o sistema:

$$Q_1 + Q_2 = Q_p$$
$$Q_1 = 0{,}2785 \times C_1 \times D_1^{2,63} \times \left(\frac{h_D}{L_1}\right)^{0,54}$$
$$Q_2 = 0{,}2785 \times C_2 \times D_1^{2,63} \times \left(\frac{h_D-(C_{R1}-C_{R2})}{L_1}\right)^{0,54}$$

APLICAÇÃO 1.3.

A vazão máxima a ser extraída da seção P da adutora "longa" que transporta água a temperatura ambiente entre os reservatórios R_1 e R_2 cujas cotas dos NNAA são 800 e 700 m, respectivamente, mantida a pressão mínima de 50 *mca*, em P, será determinada como se segue. A cota da adutora na seção P é 600 *m*. As características físicas da adutora são: D = 200 *mm*; R_1P = 5.000 *m*; PR_2 = 3.000 *m*; e C = 130.

8 Elementos da Hidráulica

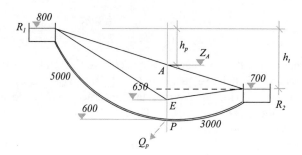

FIGURA 1.7 Adutora longa com demanda intermediária.

A pressão em P é equilibrada por uma coluna d'água de 50 m. Então $\left(\dfrac{P_p}{\gamma}\right) = 50$ mca.

Quando não se extrai qualquer vazão em P, a linha piezométrica se posiciona em A. A perda de carga em P, nesta circunstância, será determinada por:

$$\frac{h_p}{5.000} = \frac{h_t}{8.000} \quad \therefore \quad h_p = \frac{5.000 \times 100}{8.000} = 62,5 \ m$$

Em que:

h_t = perda de carga total entre R_1 e R_2
h_p = perda de carga entre R_1 e P

E a cota da linha piezométrica em A será:

$$Z_A = 800 - 62,5 = 737,5 \ m$$

Quando a vazão Q_P é demandada em P, a linha piezométrica passa para o ponto E. A cota da linha piezométrica, em E, será:

$$Z_E = 600 + 50 = 650 \ m$$

A perda de carga entre R_1 e P passa, então para:

$$h_E = 800 - 650 = 150 \ m$$

Essa perda de carga restringirá a vazão, na adutora R_1P, a:

$$Q_{R1P} = 0,2785 \times 130 \times 0,2^{2,63} \times \left(\frac{150}{5.000}\right)^{0,54} = 7,9 \times 10^{-2} \ m^3/s = 79 \ l/s$$

A perda de carga entre R_2P, quando a vazão Q_p fluir em P, será $700 - 650 = 50 \ m$. Essa perda de carga induzirá uma vazão na adutora R_2P no seguinte valor:

$$Q_{R2P} = 0,2785 \times 130 \times 0,2^{2,63} \times \left(\frac{50}{3.000}\right)^{0,54} = 5,75 \times 10^{-2} \ m^3/s = 57,5 \ l/s$$

Esta vazão fluirá de R_2 para P em razão da cota da linha piezométrica em E ser menor do que a cota de R_2. A vazão Q_P será:

$$Q_p = (7,90 + 5,75) \times 10^{-2} = 13,65 \times 10^{-2} \ m^3/s = 136 \ l/s$$

Havendo mais de um ponto intermediário, como mostrado na Figura 1.8, a elaboração de hipóteses de funcionamento torna a compreensão do problema mais difícil. Então, convém encaminhar a solução analítica conforme apresentado na Figura 1.8.

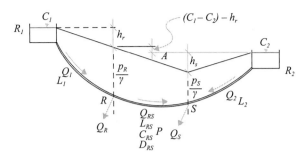

FIGURA 1.8 Adutora com mais de uma demanda intermediária.

As incógnitas do problema são Q_1, Q_{RS}, Q_2, h_r e h_S. São necessárias, portanto, 5 equações para a determinação das incógnitas. Cada um dos nós (R e S) proporcionará uma equação, uma vez que não há armazenamento nos nós.

Em R, tem-se: $Q_1 - Q_R - Q_{RS} = 0$
Em S, tem-se: $Q_{RS} + Q_2 - Q_S = 0$

Como critério de sinal, admite-se que as vazões afluentes são positivas e as efluentes são negativas. As perdas de carga são calculadas da seguinte forma:

$$Q_1 = 0{,}2785 \times C_1 \times D_1^{2{,}63} \times \left(\frac{h_r}{L_1}\right)^{0{,}54}$$

$$Q_2 = 0{,}2785 \times C_2 \times D_2^{2{,}63} \times \left(\frac{h_s}{L_2}\right)^{0{,}54}$$

A quinta equação será:

$$Q_{RS} = 0{,}2785 \times C_{RS} \times D_{RS}^{2{,}63} \times \left[\frac{(C_1 - C_2) - h_r + h_s}{L_{RS}}\right]^{0{,}54}$$

Reunindo as equações, tem-se:

$$Q_1 - Q_R - Q_{RS} = 0$$
$$Q_{RS} + Q_2 - Q_S = 0$$

$$Q_1 = 0{,}2785 \times C_1 \times D_1^{2{,}63} \times \left(\frac{h_r}{L_1}\right)^{0{,}54}$$

$$Q_2 = 0{,}2785 \times C_2 \times D_2^{2{,}63} \times \left(\frac{h_s}{L_2}\right)^{0{,}54}$$

$$Q_{RS} = 0{,}2785 \times C_{RS} \times D_{RS}^{2{,}63} \times \left[\frac{(C_1 - C_2) - h_r + h_s}{L_{RS}}\right]^{0{,}54}$$

Convém observar que o sistema é *não linear* exigindo recursos de computação adequados para ser resolvido. Neste sistema, os valores de C_1, D_1, L_1, C_2, D_2, L_2, C_{RS}, D_{RS} e L_{RS} são conhecidos. Observe-se que este sistema de equações admite que a pressão no ponto R é maior do que a pressão em S. Caso esta hipótese não se confirme nos resultados, deve ser estabelecido um novo sistema de equações, agora fazendo a pressão em S maior do que ou igual à pressão em R. Considerando que R_2 é alimentado por R_1, a hipótese de cálculo que considera $\frac{p_R}{\gamma} > \frac{p_S}{\gamma}$ é aceitável, por ser provável.

APLICAÇÃO 1.4.

Caso fosse proposta uma segunda tomada na adutora da Aplicação 1.3, na seção M, no valor de 50 l/s, qual seria a pressão em M e a nova vazão em P, mantida a pressão de 50 *mca* neste último ponto? A configuração do novo sistema é a apresentada na Figura 1.9.

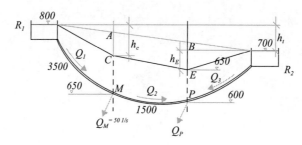

FIGURA 1.9 Adutora com duas demandas intermediárias.

Nesse sistema tem-se: $R_1M = 3.500$ m; $MP = 1.500$ m; $PR_2 = 3.000$ m; $C = 130$ (para todos os trechos); e $D = 200$ mm (para todos os trechos). Adota-se Q_1 = vazão no trecho R_1M; Q_2 = vazão no trecho MP; e Q_3 = vazão no trecho R_2P. Admite-se que as vazões Q_1 e Q_2 têm origem em R_1 e que a vazão Q_3 será provida por R_2. Esta hipótese de cálculo deve ser comprovada ao fim do cálculo. Como a perda de carga entre R_2 e P é conhecida, a vazão Q_3 pode ser determinada por:

$$Q_3 = 0{,}2785 \times 130 \times 0{,}2^{2,63} \times \left(\frac{700-650}{3.000}\right)^{0,54} = 0{,}0575 \ m^3/s = 57{,}5 \ l/s$$

Neste ponto é viável a formulação das equações que resolverão o problema.

Em M: $Q_1 - Q_M - Q_2 = 0$ ou $Q_1 - 0{,}050 - Q_2 = 0$
Em P: $Q_2 + Q_3 - Q_P = 0$ ou $Q_2 + 0{,}0575 - Q_P = 0$

Na adutora:

$$Q_1 = 0{,}2785 \times 130 \times 0{,}2^{2,63} \times \left(\frac{h_c}{3.500}\right)^{0,54}$$

$$Q_2 = 0{,}2785 \times 130 \times 0{,}2^{2,63} \times \left(\frac{800-650-h_c}{1.500}\right)^{0,54}$$

Observe que a perda de carga entre R_1 e P será (850-650), diferença entre as cotas da linha piezométrica em R_1 e E, respectivamente. Como a perda entre R_1 e M é h_C, resta ao trecho MP a perda (800-650) – h_C. Neste ponto já se tem 4 equações e 4 incógnitas (Q_1, Q_2, Q_P e h_C), condição essencial à resolução do sistema. Resolvendo o sistema de equações, chega-se a:

$Q_P = 98{,}6$ l/s, $Q_1 = 91{,}16$ l/s, $Q_2 = 41{,}12$ l/s, $Q_3 = 57{,}55$ l/s e $h_C = 136{,}6$ mca. Mantida a pressão de 50 mca em M.

A pressão em M será calculada da seguinte forma: $P_M = 800 - (650 + h_C) = 13{,}47$ mca.
Verificando os resultados alcançados faz-se:

Vazões em M: $Q_1 - Q_2 - Q_M = 0$: $91{,}16 - 41{,}12 - 50 = 0{,}04$ (aproximadamente zero).
Vazões em P: $Q_2 + Q_3 - Q_P = 0$; $41{,}12 + 57{,}55 - 98{,}6 = 0{,}07$ (comprova os sentidos das vazões).

O fechamento das perdas de carga pode ser verificado da seguinte forma:

$h_C + h_{MP} = h_t + h_E$; $136{,}6 + (800 - 650 - h_C) = 100 + 50$; $150 = 150$ (OK, confirmado).

1.6 REFORÇO DE ABASTECIMENTO PARA A SEÇÃO INTERMEDIÁRIA

Como foi comentado no item anterior, a alimentação de uma seção intermediária da adutora não pode ser feita, em caráter permanente, por 2 reservatórios, quando um deles é reservatório de sobras, requerendo a contribuição de outros recursos de alimentação. O reforço de abastecimento do ponto intermediário pode ser feito com a contribuição de um ou vários reservatórios adicionais desde que estes tenham alimentação independente. Belanger estudou a circulação do fluido entre três reservatórios, cuja solução segue raciocínio semelhante ao adotado no título anterior.
Quando a linha piezométrica está:

– entre A e B, tem-se $Q_1 = Q_2 + Q_3 + Q_P$, então, R_1 alimenta R_2, R_3 e P
– em B, tem-se $Q_1 = Q_3 + Q_P$ e $Q_2 = 0$, então, R_1 alimenta R_3 e P

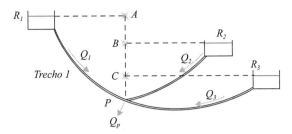

FIGURA 1.10 Reservatório de reforço para a seção intermediária.

– entre B e C, tem-se $Q_1 + Q_2 = Q_3 + Q_P$, então, R_1 e R_2 alimentam R_3 e P
– em C, tem-se $Q_1 + Q_2 = Q_P$ e $Q_3 = 0$, então, R_1 e R_2 alimentam P
– abaixo de C, tem-se $Q_1 + Q_2 + Q_3 = Q_P$, então R_1, R_2 e R_3 alimentam P

A formulação de hipóteses de funcionamento nesse universo de possibilidades gera uma quantidade razoável de cálculos tornando a solução trabalhosa. Essa dificuldade cresce exponencialmente com a adição de outros reservatórios. A solução de Cornish é aconselhada quando o número de reservatórios é superior a três. Consiste na escolha de uma cota, superior à cota da seção P de junção e inferior à cota do reservatório superior na qual se admite, por hipótese, que passará a linha piezométrica (*LP*). Escolhida a cota da *LP*, na seção P, as vazões dos condutos que convergem para P podem ser calculadas. Determinadas as vazões, deve-se verificar se, na seção P, foi atendida a condição $\Sigma Q = 0$, uma vez que não há armazenamento no ponto de junção. Esta condição não será preenchida imediatamente, devendo a cota da linha piezométrica em P, inicialmente arbitrada, ser corrigida conforme proposto por Cornish (método do balanceamento de vazões), pelo valor:

$$\Delta h_{pi} = \frac{1{,}85 \times \sum Q_i}{\sum \dfrac{Q_i}{h_i}}$$

Na aplicação deste método, as vazões afluentes a P são positivas e a vazões efluentes são negativas. A perda de carga correspondente a cada trecho recebe o mesmo sinal da vazão. Em consequência desta regra de sinais, o fator Q_i/h_i será sempre positivo e a correção da cota Δh_{pi} receberá o sinal da soma das vazões ΣQ_i. Após algumas iterações, o valor da cota da *LP*, na seção P, convergirá para um valor estável e as vazões definitivas podem ser calculadas. O processo iterativo pode ser organizado conforme disposto na planilha mostrada no Quadro 1.6.

QUADRO 1.6 Sistema de *n* reservatórios – solução de Cornish

Cota ⇓	Reservatórios				
	R_1	R_2	...	R_n	
	r_1	r_2	...	r_n	
X_i	h_1	h_2	...	h_n	
	Q_1	Q_2	...	Q_n	$\sum_1^n Q_j + Q_p$
	Q_1/h_1	Q_2/h_2	...	Q_n/h_n	$\sum_1^n \dfrac{Q_j}{h_j} h_1'$
$X_{i+1} = X_i + \Delta h_{pi}$	h_1'	h_2'	...	h_n'	
	Q_1'	Q_2'	...	Q_n'	$\sum_1^n Q_j' + Q_p$
	Q_1'/h_1'	Q_2'/h_2'	...	Q_n'/h_n'	$\sum_1^n \dfrac{Q_j'}{h_j'}$

No qual:

$$r_j = \frac{L_j}{0{,}2785^{1{,}85} \times C_j^{1{,}85} \times D_j^{4{,}87}} \quad \text{para } j = 1, 2, \ldots n$$

$$Q_j = \left(\frac{h_j}{r_j}\right)^{1/1{,}85} \quad \text{para } j = 1, 2, \ldots n$$

$$\Delta h_{pi} = \frac{1{,}85 \times \left[\sum_1^n Q_j + Q_P\right]}{\sum_1^n \frac{Q_j}{h_j}} \quad \text{para } j = 1, 2, \ldots n$$

Q_p = vazão demandada na seção P

Os valores de $h_1, h_2, \ldots$ são determinados pela diferença entre a cota do NA de cada reservatório e a cota da LP, em P, estipulada inicialmente. Com cálculo semelhante, são achados os valores h_1', h_2' de, ..., após a primeira correção, e assim sucessivamente. Convém observar que na soma das vazões para o cálculo de Δh_{pi} deve ser incluída a vazão consumida em P, seção de junção, quando ela existe. No entanto, na soma $\sum_1^n \frac{Q_j}{h_j}$, a vazão Q_P não é considerada, pois ela não envolve perda (h_p) em duto. Tudo se passa como se esta vazão estivesse sendo lançada na atmosfera.

No Exercício 3.4, apresentado na Seção 3.1, é determinado o fluxo entre 3 reservatórios que alimentam a seção P, da qual é extraída a vazão $Q_p = 20$ l/s. Os condutos que ligam os reservatórios à seção P são especificados conforme apresentado no Quadro 1.7. A seção P está assentada à cota C_p.

QUADRO 1.7 Condutos entre reservatórios e a seção P

Conduto i	1	2	3
D_i (mm)	100	200	300
C_i	100	100	100
L_i (m)	1.000	2.000	3.000
Z_i (m)	1.000	950	900

As incógnitas do exercício são as vazões que percorrem os condutos e a pressão na seção P. A aplicação da metodologia, proposta por Cornish, leva aos resultados apresentados a seguir, partindo da hipótese da linha piezométrica, em P, estar na cota 910 ($Z_p = 910$ m). Esta escolha é arbitrária devendo ser fixada entre a cota do nível d'água do reservatório superior e a cota da seção P, sobre o solo (C_p).

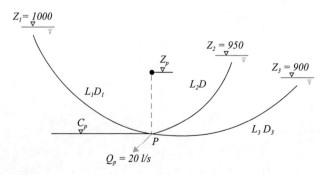

FIGURA 1.11 Cotas dos reservatórios e seção P de convergência dos condutos.

QUADRO 1.8 Determinação dos ajustes da pressão inicial na seção P

Reservatórios		R_1		R_2		R_3	
Diâmetros adutoras (*mm*)		100		200		300	
Comprimentos adutoras (*m*)		1.000		2.000		3.000	
Coeficiente C		100		100		100	
Coeficiente r		157.425,0		10.767,0		2.241,9	
$Z_P = 910$	h_0	90	40	–10	Q_P	Soma	Δh
	Q_0	17,74	48,73	–53,79	–20	–7,32	
	Q_0/h_0	0,197	1.218	5.379	–	6.794	–2,0
$Z_P = 908$	h_1	92	42	–8	Q_P	Soma	Δh
	Q_1	17,95	50,03	–47,40	–20	0,27	
	Q_1/h_1	0,195	1,91	5.958	–	7.344	0,07

Concluindo esta determinação, chega-se a: $Z_P = 908,07$

A solução analítica do abastecimento da seção intermediária, como mostrado na Figura 1.12, envolve a solução de sistema de equações, no qual as incógnitas são: Q_1, Q_2, Q_3, Q_4 e h_1.

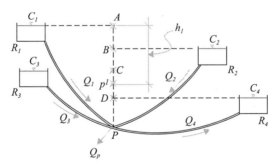

FIGURA 1.12 Adução a partir de quatro reservatórios.

O sistema de equações, conforme já apresentado, é:

$$\begin{cases} Q_1 + Q_2 + Q_3 - Q_4 - Q_P = 0 \\ Q_1 = 0,2785 \times C_1 \times D_1^{2,63} \times \left(\dfrac{h_1}{L_1}\right)^{0,54} \\ Q_2 = 0,2785 \times C_2 \times D_2^{2,63} \times \left[\dfrac{h_1 - (C_1 - C_2)}{L_2}\right]^{0,54} \\ Q_3 = 0,2785 \times C_3 \times D_3^{2,63} \times \left[\dfrac{h_1 - (C_1 - C_3)}{L_3}\right]^{0,54} \\ Q_4 = 0,2785 \times C_4 \times D_4^{2,63} \times \left[\dfrac{(C_1 - C_4) - h_1}{L_2}\right]^{0,54} \end{cases}$$

Essas equações são válidas para a hipótese descrita na primeira equação. Caso *P'* esteja posicionado em outro intervalo, entre reservatórios, as equações descritas anteriormente não representarão corretamente o problema. O método de cálculo deve prever a eliminação das soluções não representativas.

O reforço do ponto intermediário pode também ser alcançado com a instalação de um novo conduto entre o reservatório superior e a seção a ser atendida. Dessa forma, a área de adução entre R_1 e P é aumentada, favorecendo o crescimento da vazão neste trecho, poupando o trecho 2.

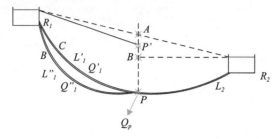

FIGURA 1.13 Reforço com conduto em paralelo.

Observe-se que a equação de Hazen mostra que, quanto maior for a área de conduto (D maior), maior será a vazão em trânsito.

$$Q = 0{,}2785 \times C \times D^{2{,}63} \times \left(\frac{h_p}{L}\right)^{0{,}54}$$

A questão que se coloca, agora, é o cálculo da vazão no trecho R_1P que envolve dois ou mais condutos em paralelo. Sabe-se que as seções R_1 e P têm pressão inalterada independentemente do trajeto escolhido, ou seja, os trajetos R_1BP ou R_1CP devem permitir o cálculo da pressão em P, que é única. Para tanto, a vazão em R_1CP, deve ser Q'_1, diferente da vazão Q''_1, em R_1BP sempre que os trechos em paralelo não forem rigorosamente iguais. As duas vazões, no entanto, serão somadas para o cálculo da vazão no trecho R_1P. A partir da expressão de Hazen, chega-se a:

$$h_p = \frac{10{,}641}{C^{1{,}85}} \times \frac{Q^{1{,}85}}{D^{4{,}87}} \times L$$

Em que:

h_p = perda de carga no trecho (m)
Q = vazão aduzida (m³/s)
D = diâmetro do conduto (m)
L = extensão do conduto (m)
C = coeficiente que reflete a rugosidade do conduto

Haverá um conduto único que substituirá, hipoteticamente, os trechos R_1CP e R_1BP, de tal forma que:

$$\underbrace{\frac{10{,}641}{C^{1{,}85}} \times \frac{Q^{1{,}85}}{D^{4{,}87}} \times L}_{\text{(conduto substituto)}} = \frac{10{,}641}{C_1'^{1{,}85}} \times \frac{Q_1'^{1{,}85}}{D_1'^{4{,}87}} \times L_1' = \frac{10{,}641}{C_1''^{1{,}85}} \times \frac{Q_1''^{1{,}85}}{D_1''^{4{,}87}} \times L_1''$$

Como $Q = Q'_1 + Q''_1$, pode-se escrever:

$$\sqrt[1{,}85]{\frac{h_p \times D^{4{,}87}}{\frac{10{,}641}{C^{1{,}85}} \times L}} = \sqrt[1{,}85]{\frac{h_p \times D_1'^{4{,}87}}{\frac{10{,}641}{C_1'^{1{,}85}} \times L_1'}} + \sqrt[1{,}85]{\frac{h_p \times D_1''^{4{,}87}}{\frac{10{,}641}{C_1''^{1{,}85}} \times L_1''}}$$

Simplificando, chega-se a:

$$\frac{CD^{2{,}63}}{L^{0{,}54}} = \sum_{i=1}^{n} \frac{C_i D_i^{2{,}63}}{L_i^{0{,}54}} \quad \text{(condutos em paralelo)}$$

Quando dois ou mais condutos em paralelo são substituídos por um conduto hipotético recai-se no caso de alimentação de seção intermediária de adutora entre dois reservatórios.

APLICAÇÃO 1.5.

A vazão extraída na seção P da adutora analisada na Aplicação 1.3 pode ser incrementada caso se faça um reforço na adução do trecho R1P, conforme mostrado na sequência desta aplicação. A adução original é descrita da forma indicada a seguir.

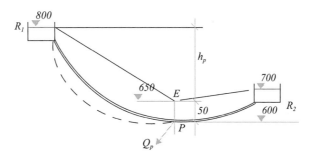

FIGURA 1.14 Reforço na seção intermediária com conduto auxiliar em paralelo.

A adutora tem as seguintes características: diâmetro $D = 200$ mm, trecho R_1P com 5.000 m de extensão, trecho PR_2 com 3.000 m e rugosidade $C = 130$. O reforço do trecho R_1P será alcançado com a instalação de um segundo conduto, paralelo ao primeiro, com diâmetro de 300 mm, mesmo comprimento ($L = 5.000$ m) e coeficiente de rugosidade $C = 130$. Pretende-se, desta forma, aumentar a área molhada, neste trecho, promovendo um aumento da vazão, já que a perda de carga está fixada em 150 mca de forma que a pressão em P permaneça na marca dos 50 mca. Para viabilizar o cálculo da vazão aduzida, nesta circunstância, os dois condutos podem ser substituídos por um conduto fictício que transporte a vazão reforçada, mantida a perda de carga da dupla de condutos reais. Deve ser atendido o requisito a seguir:

$$\frac{C_f \times D_f^{2,63}}{L_f^{0,54}} = \sum_{i=1}^{n} \frac{C_i \times D_i^{2,63}}{L_i^{0,54}}$$

Para simplificar esta determinação pode-se admitir que o conduto fictício tem o mesmo comprimento e a mesma rugosidade dos condutos reais.
Então:

$C_f = C_1 = C_2$
$L_f = L_1 = L_2$

A equação que rege esta substituição pode, então, ser escrita:

$$D_f^{2,63} = \sum D_i^{2,63}$$
$$D_f = \left(D_1^{2,63} + D_2^{2,63}\right)^{\frac{1}{2,63}}$$
$$D_f = \left(200^{2,63} + 300^{2,63}\right)^{\frac{1}{2,63}} = 335,71 \ mm$$

Este diâmetro não é comercial, mas isto não importa, pois ele será usado unicamente para o cálculo da vazão que flui nos dois condutos em paralelo. A vazão deste conjunto será:

$$Q_f = 0,2785 \times C_f \times D_f^{2,63} \times \left(\frac{h_p}{L_f}\right)^{0,54}$$

$$Q_f = 0,2785 \times 130 \times 0,33571^{2,63} \times \left(\frac{150}{5.000}\right)^{0,54}$$

$$Q_f = 0,3088 \ m^3/s = 308,8 \ l/s$$

A vazão do trecho PR_2 manteve o valor anterior $Q_{R2P} = 0,0575 \ m^3/s = 57,5 \ l/s$.

A vazão em P passa para:

$$Q_P = 308,8 + 57,5 = 366 \ l/s$$

Antes da instalação da adutora em paralelo, a vazão extraída em P era $Q_P = 136 \ l/s$

1.7 ADUÇÕES COMPLEXAS

As adutoras que ligam vários reservatórios não estão necessariamente conectadas em uma única seção como foi sugerido até agora. Então, devem ser consideradas ligações complexas como a apresentada na Figura 1.15.

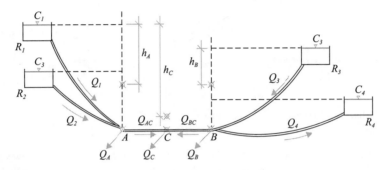

FIGURA 1.15 Sistema com ligação complexa.

Ligações complexas como esta devem ser calculadas analiticamente. Cada nó fornecerá uma equação atendendo à condição $\Sigma Q = 0$.

Assim:

Em A: $Q_1 + Q_2 - Q_A - Q_{AC} = 0$
Em C: $Q_{AC} + Q_{BC} - Q_C = 0$
Em B: $Q_3 - Q_4 - Q_B - Q_{BC} = 0$

As perdas h_A, em A, e h_B, em B, permitem estabelecer:

$$Q_1 = 0,2785 \times C_1 \times D_1^{2,63} \times \left(\frac{h_A}{L_1}\right)^{0,54}$$

$$Q_2 = 0,2785 \times C_2 \times D_2^{2,63} \times \left[\frac{h_A - (C_1 - C_2)}{L_2}\right]^{0,54}$$

$$Q_3 = 0,2785 \times C_3 \times D_3^{2,63} \times \left(\frac{h_B}{L_3}\right)^{0,54}$$

$$Q_4 = 0,2785 \times C_4 \times D_4^{2,63} \times \left[\frac{(C_3 - C_4) - h_B}{L_4}\right]^{0,54}$$

A perda h_C, em C, permite estabelecer:

$$Q_{AC} = 0,2785 \times C_{AC} \times D_{AC}^{2,63} \times \left[\frac{h_C - h_A}{L_{AC}}\right]^{0,54}$$

$$Q_{BC} = 0,2785 \times C_{BC} \times D_{BC}^{2,63} \times \left[\frac{h_C - [(C_1 - C_3) + h_B]}{L_{BC}}\right]^{0,54}$$

Essas expressões algébricas completam as nove equações que permitem calcular as variáveis: Q_1, Q_2, Q_3, Q_4, Q_{AC}, Q_{BC}, h_A, h_B e h_C. Convém observar, mais uma vez, que esta não é a única hipótese de cálculo possível. A consistência da hipótese formulada deve ser testada de forma a confirmá-la ou rejeitá-la.

APLICAÇÃO 1.6.

O cálculo das vazões que percorrem os condutos de um sistema de adução complexo, mostrado na Figura 1.16, deve atender à metodologia apresentada a seguir:

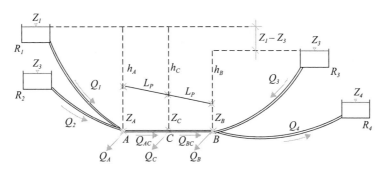

FIGURA 1.16 Sistema complexo com três demandas intermediárias.

As características do sistema são: $Z_1 = 800\ m$, $Z_2 = 700\ m$, $Z_3 = 760\ m$, $Z_4 = 650\ m$, $Z_A = 670\ m$, $Z_B = 650\ m$, $Z_C = 620\ m$, $D = 200\ mm$ (todos os trechos), $C = 130$ (todos os trechos), $L_1 = 5.000\ m$, $L_2 = 3.500\ m$, $L_3 = 4.000\ m$, $L_4 = 3.000\ m$, $L_{AC} = 2.000\ m$, $L_{BC} = 2.000\ m$, $Q_A = 20\ l/s$, $Q_B = 30\ l/s$ e $Q_C = 40\ l/s$. As incógnitas são: Q_1, Q_2, Q_3, Q_4, Q_{AC}, Q_{BC}, h_A, h_B e h_C.

O sistema de 9 equações que permitirá o cálculo das incógnitas é montado da forma descrita a seguir. É oportuno observar que a vazão Q_4, que flui de B para R_4, só faz sentido caso R_4 abasteça comunidade a jusante. Na configuração em análise, admite-se que R_1, R_2 e R_3 são abastecidos por fontes independentes, via bombeamento.

Em A:

$$Q_1 + Q_2 - Q_{AC} - Q_A = 0$$

$$Q_1 = 0{,}2785 \times 130 \times 0{,}2^{2{,}63} \times \left(\frac{h_A}{5.000}\right)^{0{,}54}$$

$$Q_2 = 0{,}2785 \times 130 \times 0{,}2^{2{,}63} \times \left(\frac{h_A - (800 - 700)}{3.500}\right)^{0{,}54}$$

Em C:

$$Q_{AC} - Q_C - Q_{BC} = 0$$

$$Q_{AC} = 0{,}2785 \times 130 \times 0{,}2^{2{,}63} \times \left(\frac{h_C - h_A}{2.000}\right)^{0{,}54}$$

Em B:

$$Q_{BC} - Q_B + Q_3 - Q_4 = 0$$

$$Q_3 = 0{,}2785 \times 130 \times 0{,}2^{2{,}63} \times \left(\frac{h_B}{4.000}\right)^{0{,}54}$$

$$Q_4 = 0{,}2785 \times 130 \times 0{,}2^{2{,}63} \times \left(\frac{(760 - 650) - h_B}{3.000}\right)^{0{,}54}$$

$$Q_{BC} = 0{,}2785 \times 130 \times 0{,}2^{2{,}63} \times \left(\frac{h_B + (Z_1 - Z_3) - h_C}{2.000}\right)^{0{,}54}$$

É oportuno lembrar que a posição da linha piezométrica nas seções A, B e C foram estimadas. As equações refletem esta estimativa. A resolução do sistema pode indicar um posicionamento da linha piezométrica diferente do proposto inicialmente. O resultado, portanto, pode indicar a necessidade de reformulação do sistema de equações.

Resolvido o sistema apresentado anteriormente, chega-se aos seguintes resultados:

$Q_1 = 63{,}62$ l/s, $Q_2 = 2{,}75$ l/s, $Q_{AC} = 46{,}36$ l/s, $Q_{BC} = 6{,}36$ l/s, $Q_4 = 41{,}22$ l/s, $Q_3 = 63{,}86$ l/s, $h_A = 100{,}2$ mca, $h_B = 83{,}0$ mca e $h_C = 122{,}5$ mca.

Estes resultados permitem o cálculo das pressões nas seções A, B e C.

$$P_A = 29{,}79 \text{ mca}, P_B = 26{,}92 \text{ mca e } P_C = 57{,}48 \text{ mca}.$$

As cotas da linha piezométrica em A, B e C serão:

$$Z_C + P_C = 677{,}48 \text{ m}$$

$$Z_B + P_B = 676{,}92 \text{ m}$$

$$Z_A + P_A = 699{,}79 \text{ m}$$

Fica, então, confirmada a proposta inicial de adução. Os resultados também indicam que o reservatório R_2 pouca contribuição oferece ao sistema ($Q_2 = 2{,}75$ l/s) devendo seu NA ser elevado para torná-lo mais efetivo. No trecho BC a vazão é pequena configurando que o reservatório R_1 atende à demanda de A (Q_A) e de C (Q_C), pouco contribuindo para o atendimento de B (Q_B). O reservatório R_3 atende à demanda de B (Q_B) e abastece o reservatório R_4. A exclusão do reservatório R_4 influenciaria positivamente o abastecimento de A, B e C, caso não exista comunidade a ser atendida à jusante de R_4. Caso essa comunidade exista, R_4, provavelmente, não receberá vazão suficiente para abastecê-la.

1.8 POSIÇÃO DA ADUTORA EM RELAÇÃO À LINHA PIEZOMÉTRICA

O modelo adotado até agora para o cálculo da vazão em uma adutora admite perfil de conduto em forma de arco (sifão invertido) no qual a pressão na adutora cresce rapidamente e a seguir decresce até atingir o reservatório inferior, conforme mostra a Figura 1.17.

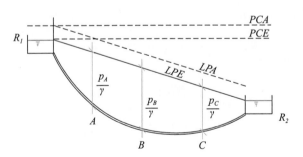

FIGURA 1.17 Posição da adutora em relação à linha piezométrica.

Na realidade, essa trajetória não é sempre possível em razão da existência de elevação ou elevações entre os reservatórios que podem distar, entre si, dezenas de quilômetros. Para avaliar o quanto está deslocada a adutora em relação à sua posição esperada são utilizados quatro referenciais conforme assinalado na Figura 1.17:

PCE = traço do plano de carga efetivo, passando pelo NA do reservatório superior
LPE = linha piezométrica efetiva ou linha de carga efetiva, ligando os níveis dos reservatórios
PCA = traço do plano paralelo ao *PCE*, 10,33 m acima deste, ao nível do mar, chamado plano de carga absoluto
LPA = linha paralela à *LPE*, 10,33 m acima desta, ao nível do mar, chamada linha piezométrica absoluta ou linha de carga absoluta

O posicionamento da adutora em relação aos 4 referenciais citados leva às seguintes considerações:

i. *Adutora corta a linha piezométrica efetiva (LPE)*

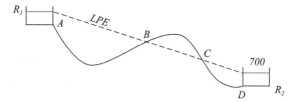

FIGURA 1.18 Adutora cortando a *LPE*.

Nessa posição, a adutora terá pressões superiores à atmosférica nos trechos AB e CD. No trecho BC, as pressões serão inferiores à atmosférica, ou negativas, conforme é referido habitualmente. O cálculo da vazão não se altera, apesar da pressão negativa, exceto quando há desprendimento e retenção de gás (cavitação) que fique preso na alça formada pelo traçado da adutora. Nesta circunstância, a seção de escoamento fica artificialmente reduzida provocando redução da vazão.

ii. *Adutora corta a linha piezométrica absoluta (LPA)*

As condições são as mesmas descritas no item *"i"*, porém com consequências agravadas.

iii. *Adutora corta o plano de carga efetivo (PCE)*

Nesta posição, o escoamento por gravidade é viável desde que a adutora seja escorvada (previamente preenchida com o fluido a ser transportado).

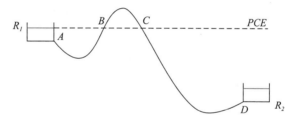

FIGURA 1.19 Adutora cortando a *PCE*.

As condições descritas em *"i"* continuam atuantes no trecho BC. Nesta circunstância, a adutora, no trecho BC, se assemelha a um sifão.

iv. *Adutora corta o plano de carga absoluto (PCA)*

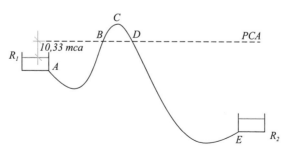

FIGURA 1.20 Adutora cortando o *PCA*.

Nesta posição, o escoamento por gravidade entre R_1 e R_2 é inviável.

O fluido só atingirá o ponto C sendo bombeado. A partir de C, o escoamento pode se dar por gravidade. Observe-se que a altura de 10,33 *mca* entre o plano de carga efetivo (*PCE*) e o plano de carga absoluto (*PCA*) fica reduzida a 9,11 *mca*, em Brasília, em razão da altitude.

v. A adutora está posicionada sobre a linha piezométrica efetiva (LPE)
Nesse alinhamento, o escoamento estará submetido à pressão atmosférica, com o conduto funcionando como um canal. Esta orientação é aconselhada quando se pretende atravessar uma montanha em canal, conforme indicado na Figura 1.21. O trecho AB funciona como canal.

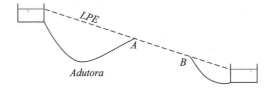

FIGURA 1.21 Adutora sobre a *LPE*.

1.9 MANUTENÇÃO DA ADUTORA

A manutenção de adutoras envolve a substituição de trechos danificados e alteração dos traçados considerados inadequados diante do progresso da urbanização. É de todo conveniente que a substituição ou remanejamento de trechos não cause alterações no funcionamento do sistema de adução em uso. Dessa necessidade decorre o conceito de *conduto equivalente* que corresponde ao conduto com rugosidade, comprimento ou diâmetro diferentes do primitivo, mas capaz de transportar a mesma vazão, promovendo igual perda de carga. Assim, o conduto primitivo, com indicador 1, será substituído pelo conduto novo, com indicador 2, mantendo a seguinte relação:

$$hp = \frac{10{,}641}{C_1^{1{,}85}} \times \frac{Q^{1{,}85}}{D_1^{4{,}87}} \times L_1 = \frac{10{,}641}{C_2^{1{,}85}} \times \frac{Q^{1{,}85}}{D_2^{4{,}87}} \times L_2$$

Simplificando:

$$\frac{L_1}{C_1^{1{,}85} \times D_1^{4{,}87}} = \frac{L_2}{C_2^{1{,}85} \times D_2^{4{,}87}}$$

Daí resulta, quando se deseja manter:

i. *o mesmo diâmetro* ($D_1 = D_2$)

$$\frac{L_1}{L_2} = \left(\frac{C_1}{C_2}\right)^{1{,}85}$$

Esta condição pode ser atendida desde que o novo material, representado por C_2, seja mais liso do que o anterior ($C_2 > C_1$) levando a um novo comprimento (L_2) superior ao primitivo. A situação oposta à descrita nem sempre pode ser viabilizada.

ii. *o mesmo material* ($C_1 = C_2$)

$$\frac{L_1}{L_2} = \left(\frac{D_1}{D_2}\right)^{4{,}87}$$

Esta condição também pode ser atendida, desde que D_2, o novo diâmetro, seja superior ao primitivo, resultando em $L_2 > L_1$.

iii. *o mesmo comprimento* ($L_1 = L_2$)

$$\left(\frac{C_2}{C_1}\right)^{1{,}85} = \left(\frac{D_1}{D_2}\right)^{4{,}87}$$

Esta condição raramente pode ser atendida, uma vez que os diâmetros utilizados nas adutoras são os comerciais e os materiais disponíveis no mercado, têm coeficientes *C* estabelecidos em conformidade com a sua natureza e processos de fabricação. Observe ainda que materiais mais lisos ($C_2 > C_1$) levam à adoção de diâmetros menores ($D_2 < D_1$) para a manutenção do mesmo comprimento ($L_1 = L_2$), em condutos equivalentes. Admita-se que o trecho a ser substituído tenha $C_1 = 100$ e $D_1 = 200$ *mm* e o novo trecho tenha $C_2 = 140$. O novo diâmetro deve ser:

$$\left(\frac{140}{100}\right)^{1,85} = \left(\frac{200}{D_2}\right)^{4,87} \rightarrow D_2 = 170,0 \ mm \text{ que não é um diâmetro comercial.}$$

APLICAÇÃO 1.7.

Uma adutora transporta 30 *l/s* de água, a temperatura ambiente, entre os reservatórios R_1 e R_2. Seu comprimento é de 20.000 *m*, diâmetro de 200 mm, coeficiente de rugosidade $C = 130$ e perda total, entre reservatórios, de 100 *m*. Um trecho de 3.000 *m* dessa adutora deve ser substituído por conduto fabricado com outro material cujo coeficiente de rugosidade é $C = 140$. Para que a vazão seja mantida, a substituição deve atender ao seguinte critério, preservado o diâmetro do conduto.

$$\frac{L_1}{L_2} = \left(\frac{C_1}{C_2}\right)^{1,85}$$

$$\frac{3.000}{L_2} = \left(\frac{130}{140}\right)^{1,85}$$

$$L_2 = 3.440,8 \ m$$

O novo conduto deve ter o comprimento de 3.440,8 *m*. Isto implica um novo trajeto para a adutora, o que na maioria das vezes não é economicamente viável. O uso de material mais liso ($C = 140$), mantida a mesma extensão de conduto, levaria a um acréscimo de vazão, em geral, bem-vindo. Nesta circunstância é provável que se abandone a proposta de manutenção da vazão e se adote o novo conduto, passando-o pelo trajeto anterior.

Quando a substituição por trecho equivalente não é viável ou não é desejável, como acontece quando se pretende aumentar a vazão que percorre o sistema, resulta que a adutora fica constituída por diversos trechos diferentes, entre si. Tem-se uma adutora reconstituída com trechos diferentes em série. O cálculo da nova vazão pode ser realizado admitindo-se a existência hipotética de um conduto único, uniforme ao longo do percurso, capaz de transportar a vazão, englobando a soma das perdas de carga dos trechos. Esta condição é representada pela equação:

$$\frac{10,641}{C^{1,85}} \times \frac{Q^{1,85}}{D^{4,87}} \times L = \sum_{i=1}^{n} \frac{10,641}{C_i^{1,85}} \times \frac{Q^{1,85}}{D_i^{4,87}} \times L_i$$

Como a vazão que percorre os trechos é a mesma e o comprimento do conduto hipotético ou equivalente é igual à soma dos comprimentos dos trechos, tem-se:

$$\frac{L}{C^{1,85} \times D^{4,87}} = \sum_{1}^{n} \frac{L_i}{C_i^{1,85} \times D_i^{4,87}} \ para \ condutos \ em \ série$$

Em que:

$$L = L_1 + L_2 + L_3 + \ldots + L_n$$

O diâmetro do conduto hipotético, em geral, não será comercial mas para fins de cálculo da vazão, isto em nada altera o resultado. Por se tratar de um conduto hipotético, o valor de *C*, desse conduto, pode ser arbitrado ou acompanhar o valor dos trechos reais.

Quando se desejar efetivamente substituir a adutora constituída por trechos com condutos de diâmetros e/ou rugosidades desiguais por uma nova adutora com diâmetro único e material uniforme, o fato do diâmetro não ser comercial é um obstáculo a ser vencido. Neste caso, a adutora nova deve ser formada por dois diâmetros comerciais cujos trechos têm comprimentos determinados pela seguinte condição:

$$JL = J_1 L_1 + J_2 L_2$$

Em que:

JL = é a perda de carga da adutora nova em diâmetro não comercial

J_1L_1 = é a perda de carga do primeiro trecho com diâmetro comercial
J_2L_1 = é a perda de carga do segundo trecho com diâmetro comercial

Os comprimentos dos trechos serão dados por:

$$L_1 = \frac{J - J_2}{J_1 - J_2} \times L$$

$$L_2 = \frac{J - J_1}{J_2 - J_1} \times L \quad ou \quad L_2 = L - L_1$$

Da equação de Hazen, tem-se:

$$h_p = \frac{10{,}641}{C^{1{,}85}} \times \frac{Q^{1{,}85}}{D^{4{,}87}} \times L$$

$$J = \frac{h_p}{L} = \frac{10{,}641}{C^{1{,}85}} \times \frac{Q^{1{,}85}}{D^{4{,}87}}$$

Nesta equação, os valores de C, D e Q são conhecidos. Os diâmetros D_1 e D_2 a serem aplicados nos comprimentos L_1 e L_2, habitualmente, são os diâmetros comerciais imediatamente acima e abaixo do diâmetro não comercial a ser substituído.

APLICAÇÃO 1.8.

O sistema estudado na Aplicação 1.5 recebeu um conduto em paralelo entre R_1P para reforçar a vazão Q_P, na seção P. Quando a vazão Q_P não é extraída, o reservatório R_2 é abastecido a partir do reservatório R_1.

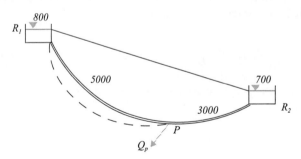

FIGURA 1.22 Adutora com condutos em paralelo.

Na Aplicação 1.5 os condutos em paralelo, entre R_1 e P foram substituídos por um conduto fictício com as seguintes características: $D_f = 335{,}71\ mm$, $C_f = 130$, $L_f = 5.000\ m$. O conduto entre P e R_2 tem as seguintes características: $L_2 = 3.000\ m$, $C_2 = 130$, $D_2 = 200\ mm$. O transporte entre R_1 e R_2, quando $Q_P = 0$, é realizado por dois condutos dispostos em série. Estes condutos podem ser substituídos por um conduto único para viabilizar a determinação da vazão aduzida entre R_1 e R_2, quando não há extração de água na seção P. O conduto hipotético que substituirá os condutos em série é determinado conforme indicado a seguir:

$$\frac{L_h}{C_h^{1{,}85} \times D_h^{4{,}87}} = \sum_{i=1}^{n} \frac{L_i}{C_i^{1{,}85} \times D_i^{4{,}87}}$$

Admitindo:

$L_h = L_f + L_2 = 5.000 + 3.000 = 8.000\ m$
$C_h = C_f = C_2 = 130$

Tem-se:

$$\frac{8.000}{130^{1,85} \times D_h^{4,87}} = \frac{5.000}{130^{1,85} \times 0,33571^{4,87}} + \frac{3.000}{130^{1,85} \times 0,2^{4,87}}$$

$$D_h = 0,23839\ m = 238,39\ mm$$

A vazão transportada por este conduto fictício é determinada conforme indicado a seguir:

$$Q = 0,2785 \times C \times D^{2,63} \times \left(\frac{h_p}{L}\right)^{0,54}$$

$$Q = 0,2785 \times 130 \times 0,23839^{2,63} \times \left(\frac{100}{8.000}\right)^{0,54} = 0,07822\ m^3/s = 78,2\ l/s$$

Para efeito de comparação pode-se determinar a vazão que percorre a adutora não modificada ligando R_1 e R_2 que tem as seguintes características: $L = 8.000\ m$, $D = 200\ mm$, $C = 130$.

A vazão nessas circunstâncias seria:

$$Q = 0,2785 \times 130 \times 0,2^{2,63} \times \left(\frac{100}{8.000}\right)^{0,54} = 0,0492\ m^3/s = 49,2\ l/s$$

1.10 CONDUTO FORÇADO – DISTRIBUIÇÃO DE ÁGUA

A distribuição de água em áreas urbanas é realizada por meio de condutos forçados que constituem redes. Há duas formas distintas de dispor os condutos formando redes ramificadas e redes malhadas.

As redes ramificadas têm condutos principais instalados no subsolo de áreas públicas das comunidades (ruas, praças, avenidas etc.), quase sempre orientados segundo um eixo principal, dos quais partem condutos secundários que efetivamente abastecem as residências. As redes ramificadas são denominadas "espinhas de peixe" ou "grelhas" quando se apresentam conforme indicado na Figura 1.23.

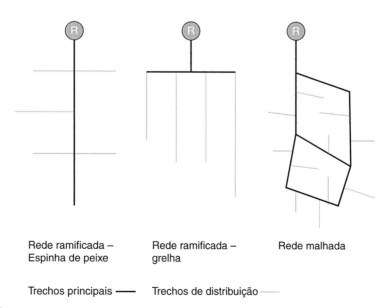

FIGURA 1.23 Tipos de rede.

As redes malhadas são utilizadas em comunidades cuja população se distribui radialmente a partir de um centro. Nestas redes, os trechos principais formam uma ou mais malhas e destas malhas partem os ramais que abastecem as residências. As malhas são constituídas por polígonos de 3 ou mais lados e mantém um ou mais trechos comuns entre malhas.

1.11 DEMANDA DA COMUNIDADE

A demanda por água a ser atendida depende de vários fatores, dentre eles, o clima, hábitos culturais, atividade desenvolvida na comunidade, poder aquisitivo da população etc. Cada indivíduo da comunidade pode consumir desde alguns litros a centenas de litros de água a cada 24 horas. Excluindo os casos extremos, pode-se dizer que o consumo de água *per capita* do brasileiro varia entre 100 e 700 litros/dia. As demandas são menores em comunidades em que as residências têm número menor de pontos de água e não dispõem de equipamentos que utilizam água como insumo básico, tais como máquinas de lavar pratos e roupas, caldeiras, central de ar condicionado, *boilers* etc. As maiores demandas estão localizadas em habitações providas de vários banheiros, jardim, piscina e farto equipamento hidráulico. Sendo assim, é comum a divisão da comunidade em setores conforme a demanda de água. Áreas residenciais, administrativas, industriais e de serviços são os exemplos mais comuns. Além da demanda média total em 24 horas, deve-se considerar as variações de consumo ao longo do dia e ao longo do ano. A atividade humana leva a uma variação do consumo de água que apresenta picos de consumo próximo do meio-dia, quando as pessoas se alimentam, e próximo das 18 horas, quando há o retorno às residências e nova refeição. No período noturno, o consumo cai drasticamente conforme indicado na curva de consumo típica de áreas residenciais da Figura 1.24.

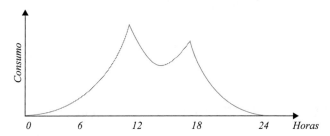

FIGURA 1.24   Consumo em comunidades tradicionais.

Em cidades dormitório, a curva de consumo se altera podendo ter a configuração mostrada na Figura 1.25.

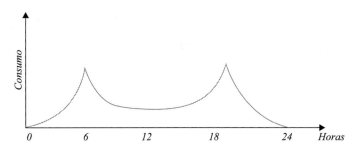

FIGURA 1.25   Consumo em cidades dormitório.

Em metrópoles, onde as atividades comercial, industrial e de diversão acontecem ininterruptamente, os picos de consumo são menos visíveis permanecendo a demanda expressiva, mesmo durante a madrugada. Nas cidades grandes, há demanda em edifícios públicos, centros de compras, fontes, jardins e serviços públicos (lavagem de ruas e paradas de ônibus, por exemplo) elevando a cota média designada a cada habitante. Considerando os fatores descritos, a demanda média da comunidade é ponderada por dois fatores corretivos, denominados:

k_1 = coeficiente da hora de maior consumo
k_2 = coeficiente do dia de maior consumo

Estes coeficientes variam de 1,2 (20%) a 1,5 (50%) de acordo com as características culturais da população, fatores climáticos, como a alternância das estações, atividade local desenvolvida e o estágio de urbanização e conscientização da comunidade em relação ao conceito de preservação do meio ambiente.

As redes, portanto, devem atender à demanda:

$$Q = \frac{k_1 \times k_2 \times P \times q}{86.400} \quad l/s$$

Em que:

P = população a ser abastecida
q = demanda *per capita*, em litros, consumidos a cada 24 horas
k_1 = coeficiente da hora de maior consumo
k_2 = coeficiente do dia de maior consumo
Q = vazão a ser distribuída em litros por segundo

A demanda, por metro de conduto, de trecho de distribuição será:

$$Q_m = \frac{Q}{L} \quad l/s \quad \text{por metro de distribuição}$$

Em que:

L = comprimento total dos trechos de distribuição

Quando a vazão por metro de conduto de distribuição não tem significado prático, pode-se adotar a vazão demandada por área (*ha*), da seguinte forma:

$$Q_A = \frac{Q}{A} \quad l/s \quad \text{por hectare}$$

Em que:

A = área da comunidade a ser atendida, em *ha*

O dimensionamento dos sistemas de distribuição de água deve levar em conta a demanda futura da comunidade. No Brasil, há pelo menos três fenômenos a considerar. O primeiro deles é o crescimento rápido da população urbana que em algumas regiões pode chegar a 5%, ou mais, ao ano. Resulta da migração do campo para a cidade ou da migração urbana entre regiões. A população de Brasília, por exemplo, cresceu mais de 5% ao ano, durante mais de uma década. Efeito semelhante ocorre em Palmas (TO) e em regiões de fronteira agrícola, como em algumas cidades de Rondônia e Mato Grosso. Um segundo fenômeno a ser considerado é o adensamento urbano. Áreas da cidade têm a população dramaticamente aumentada com a construção de prédios de muitos andares sem que a população total se altere significativamente. Camboriu, em Santa Catarina, é um exemplo brasileiro de adensamento urbano. O adensamento pode se verificar como resultado da migração interna ou interurbana. Em razão deste fenômeno outras áreas da mesma cidade podem ser despovoadas causando desequilíbrios ao sistema de distribuição de água. Finalmente deve-se considerar o crescimento vegetativo da população que apresenta, em geral, taxas pequenas mas causadoras de sobrecarga a longo prazo. A vazão média a ser considerada no dimensionamento do sistema de distribuição deve levar em conta a variação do consumo ao longo do tempo sob pena de enfrentar obsolescência em poucos anos. Raramente, no Brasil, as cidades registram decrescimento populacional. Esse fenômeno alivia a demanda sobre os serviços públicos, não sendo causa de preocupação do engenheiro que opera sistemas de abastecimento de água potável.

1.12 CÁLCULO DA REDE RAMIFICADA

Como já descrito, a rede ramificada é constituída por um ou mais trechos principais dos quais partem trechos secundários que efetivamente distribuem a água para as residências. A rede tem início em um reservatório, como indicado na Figura 1.26.

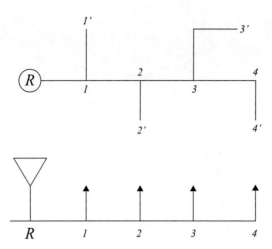

FIGURA 1.26 Rede ramificada com quatro nós no eixo principal.

Os trechos principais são R-1, 1-2, 2-3 e 3-4. Nestes trechos habitualmente não há distribuição de água, em razão do uso de diâmetro maior quando os condutos são mais espessos e as pressões maiores. Nos sistemas de pequeno porte, no entanto, isto pode não se aplicar. Os trechos 11', 22', 33' e 44' são trechos de distribuição que percorrem as ruas nas quais a água é distribuída aos lotes de ambos os lados, quando as residências ocupam os dois lados da via. Os pontos 1', 2', 3' e 4' são fins de trecho ou pontas secas. Avenidas largas podem ter dois trechos de distribuição, um em cada lado da avenida. Convém observar que o reservatório deve ser posicionado no ponto mais alto da área urbana, quando este existe. Assim, todos os trechos da rede ficarão permanentemente cheios de água, tornando o abastecimento de qualquer residência instantâneo. Quando a rede é ramificada, o sentido do escoamento é conhecido (do reservatório para as pontas secas) facilitando o dimensionamento dos trechos. Essa característica, no entanto, pode constituir um problema para os usuários. Em caso de acidente, os consumidores situados a jusante da seção afetada ficam irremediavelmente sem água. O dimensionamento dos trechos é feito admitindo que *todos os usuários, sem exceção, estão consumindo a respectiva dose individual diária*.

A vazão por metro, como se viu, é dada por:

$$Q_m = \frac{Q}{L} = \frac{k_1 \times k_2 \times P \times q}{86.400 \times L}$$

Na qual L, no caso em questão, será:

$$L = L_{11'} + L_{22'} + L_{33'} + L_{44'}$$

Pode-se, então, concluir que as vazões nos trechos principais serão determinadas como mostrado na Figura 1.27.

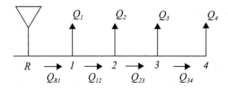

FIGURA 1.27 Vazões nos trechos principais.

$$Q_{34} = Q_4 \qquad Q_{12} = Q_2 + Q_3 + Q_4$$

$$Q_{23} = Q_3 + Q_4 \qquad Q_{R1} = Q_1 + Q_2 + Q_3 + Q_4$$

Nas quais:

$$Q_1 = Q_m \times L_{11}, \quad Q_2 = Q_m \times L_{22}, \quad Q_3 = Q_m \times L_{33}, \quad Q_4 = Q_m \times L_{44}$$

Quando a comunidade a ser abastecida apresenta áreas heterogêneas de consumo, deve ser calculada uma vazão por metro para cada subárea homogênea.

Definida a vazão que percorrerá cada trecho, inclusive sua direção, resta determinar os respectivos diâmetros. O diâmetro deveria resultar da aplicação da fórmula de Hazen:

$$Q = 0{,}2785 \times C \times D^{2{,}63} \times \left(\frac{h_p}{L}\right)^{0{,}54}$$

Nesta expressão, são conhecidas:

Q = vazão que percorrerá o conduto
C = rugosidade do conduto cujo material é escolha do projetista
L = comprimento do trecho
São desconhecidos:
D = diâmetro do trecho
h_p = perda de carga no trecho

Como há duas incógnitas na equação, o cálculo direto da perda de carga fica inviabilizado. Faz-se necessário, então, estabelecer um diâmetro, seguindo resultados anteriores de sucesso, conforme especificado no Quadro 1.9, para efetuar o cálculo da perda de carga.

QUADRO 1.9 Diâmetros para pré-dimensionamento de condutos forçados – distribuição

D (mm)	50	100	150	200	250	300	350	400
Q (l/s)	2	6	14	28	49	77	115	157
D (mm)	450	500	550	600	700	800	900	1.000
Q (l/s)	207	275	356	452	654	905	1.209	1.571

Já que o diâmetro *será escolhido*, pode-se chegar a *várias soluções*. A seleção de diâmetros maiores do que os aconselhados resultará em velocidades menores, pequenas perdas de carga e custos mais elevados. Os diâmetros menores levarão a velocidades maiores, grandes perdas de carga e custos menores. Essa diversidade de resultados requer uma verificação do acerto do diâmetro escolhido, para cada trecho, que deve atender à pressão mínima estabelecida para o sistema bem como a economia, a simplicidade da execução e a previsão da demanda futura da comunidade. O cálculo das pressões nos condutos atenderá o raciocínio a seguir:

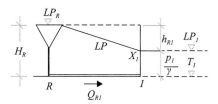

FIGURA 1.28 Pressão nos nós do sistema.

No primeiro trecho de montante do sistema, mostrado na Figura 1.28, a vazão será Q_{R1}, o diâmetro será D_{R1}, resultando na perda de carga h_{R1}. A linha piezométrica será uma linha inclinada ligando o nível d'água (NA) do reservatório ao ponto X_1. A cota de X_1, LP_1, será determinada por:

$$LP_1 = LP_R - h_{R1}$$

A cota do NA do reservatório é definida considerando fatores como a topografia do local e os custos da construção do reservatório. A pressão do reservatório será considerada igual a uma coluna d'água de H_R metros. No nó 1, a pressão será dada por $P_1 = \dfrac{p_1}{\gamma} = LP_1 - T_1$, sendo T_1 a cota do solo neste nó.

A comunidade na qual as edificações tenham um piso apenas, servida por rede de pequena extensão, pode ter altura de reservatório, H_R, 5 a 6 m acima do solo. Alturas H_R superiores a 30 m (cerca de 10 andares) exigem construções especiais com custos mais elevados. No trecho 1-2, a jusante de R-1, a pressão será determinada como mostrado na Figura 1.29.

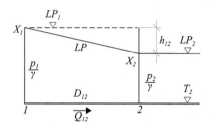

FIGURA 1.29 Trecho 1-2 do eixo principal.

Nesse trecho a vazão Q_{12} percorrerá o trecho 1-2, com diâmetro D_{12} e comprimento L_{12}, causando a perda de carga h_{12}. O diâmetro D_{12} foi escolhido no Quadro 1.9 da forma já comentada. A cota da linha piezométrica no nó 2 será:

$$LP_2 = LP_1 - h_{12}$$

A perda de carga h_{12} será calculada pela expressão de Hazen. A pressão no nó 2 será determinada por:

$$P_2 = \dfrac{p_2}{\gamma} = LP_2 - T_2$$

Nos demais nós, o cálculo seguirá a mesma metodologia. A sequência dos cálculos revelará a posição da linha piezométrica em relação ao perfil do solo.

Na Figura 1.30, I_S é a declividade média do solo e I_L a declividade média da linha piezométrica.

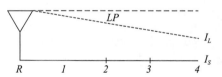

FIGURA 1.30 Declividade da linha piezométrica em relação à declividade do solo.

Caso a declividade do solo seja superior à declividade da linha piezométrica ($I_S > I_L$), a distância vertical entre elas, ou seja, a pressão na rede, aumentará continuamente, favorecendo o alongamento da rede, ou ao menos o alongamento do trecho principal. Caso contrário ($I_S < I_L$), a pressão da rede será reduzida, ao longo do trecho principal, podendo, caso este seja alongado, inviabilizar o abastecimento das residências mais distantes durante as horas de maior demanda. Resulta destas considerações que os trechos nos quais ($I_S > I_L$) podem ter o diâmetro reduzido de forma que as perdas de carga dos trechos sejam aumentadas produzindo uma maior inclinação da linha piezométrica até o limite $I_L = I_S$. Obtém-se, então, o sistema de distribuição mais econômico para as condições de pressão desejadas. É oportuno observar que a inclinação real da linha piezométrica não é constante ao longo das 24 horas do dia, sofrendo a sua maior inclinação nas horas de maior demanda e muito pouca inclinação durante as horas da madrugada, podendo atingir $I_L = 0$. Concluído o dimensionamento dos trechos principais, deve-se passar para os trechos secundários. Nestes, a vazão não é constante ao longo do trecho mas varia desde o valor máximo, junto ao nó de montante, até próximo de zero, na ponta seca. Esta característica traz consequências para a escolha do diâmetro a ser escolhido. Caso a escolha do diâmetro considere a vazão de montante do trecho como referência, a perda de carga e a velocidade, ambas, serão cada vez menores ao longo do conduto, desde montante até jusante. Esta escolha favorece a menor inclinação da linha piezométrica, mas leva a uma solução mais onerosa. Em geral, adota-se a vazão fictícia, Q_F, que admite-se percorrer todo o trecho segundo um valor constante. A vazão fictícia é calculada da seguinte forma:

$$Q_F = \frac{Q_m + Q_j}{2}$$

Em que:

Q_F = vazão fictícia
Q_m = vazão a montante do trecho
Q_j = vazão a jusante do trecho

Esta vazão fictícia deve ser adotada sempre que o trecho (inclusive no eixo principal) tiver vazão variável em consequência do atendimento da demanda dos usuários do sistema (distribuição em marcha). Os trechos com pontas secas são tratados de forma ligeiramente diferente por alguns autores que preferem a definição a seguir:

$Q_F = \dfrac{Q_m}{\sqrt{3}}$ (trechos com pontas secas nos quais $Q_j = 0$)

Os cálculos para dimensionamento das redes ramificadas podem ser reunidos em duas planilhas conforme indicado nos Quadros 1.10 e 1.11.

QUADRO 1.10 Determinação dos diâmetros dos trechos de distribuição – rede ramificada

Nó montante	Nó jusante	Q_m (l/s)	Q_j (l/s)	Q_F (l/s)	D (mm)	V (m/s)

QUADRO 1.11 Determinação das pressões nos trechos de distribuição – rede ramificada

Nó (m) montante	Nó (j) jusante	LP_m (m)	h_p (m)	LP_j (m)	T_m (m)	T_j (m)	P_m (mca)	P_j (mca)

Sendo:

Q_m = vazão de montante
Q_j = vazão de jusante
Q_F = vazão fictícia $\left(Q_F = \dfrac{Q_m + Q_j}{2}\right)$
D = diâmetro do conduto do trecho
V = velocidade do fluxo no conduto do trecho $V = \dfrac{Q_F}{A}$, na qual $A = \dfrac{\pi \times D^2}{4}$.

A determinação do diâmetro e vazão de cada trecho principal e de distribuição completa a especificação dos trechos. A determinação da velocidade tem a finalidade de permitir uma primeira avaliação da escolha do diâmetro. Caso a velocidade seja muito superior ou inferior a 1 m/s, deve-se suspeitar de uma possível inadequação do diâmetro. A definição final sobre esta escolha só será possível após o cálculo das pressões nos nós a jusante de cada trecho, que é feito com auxílio da planilha mostrada no Quadro 1.11.

Sendo:

LP_m = cota da linha piezométrica no nó de montante
h_p = perda de carga no trecho determinado por $h_p = r \times Q^{1,85}$

Em que:

$$r = \frac{L}{0,2785^{1,85} \times C^{1,85} \times D^{4,87}}$$

LP_j = cota da linha piezométrica no nó de jusante: $LP_j = LP_m - h_p$
T_m = cota do terreno no nó de montante
T_j = cota do terreno no nó de jusante
P_m = pressão no nó de montante ($P_m = LP_m - T_m$)
P_j = pressão no nó de jusante ($P_j = LP_j - T_j$)

Convém enfatizar que a cota da linha piezométrica a montante do primeiro trecho (do reservatório), em geral, é estabelecida pelo projetista. A solução é considerada satisfatória quando as pressões nos nós estão entre os limites de pressão estabelecidos como máximo e mínimo no plano diretor da comunidade a ser atendida.

Quando as pressões estão abaixo da mínima desejada, deve-se propor, ou a elevação do NA do reservatório, ou o aumento dos diâmetros dos trechos nos quais a perda de carga (ou a velocidade) é elevada. Convém observar que a elevação do NA do reservatório afeta em igual medida a pressão de todos os nós do sistema. A alteração de diâmetro afeta a pressão apenas dos nós situados a jusante do trecho modificado. A extrapolação da pressão máxima pode ser combatida com a redução do NA do reservatório, com a redução do diâmetro de trechos com baixa perda de carga, ou, ainda, com a instalação de dispositivos de redução de pressão. Redes que atendem comunidades que ocupam áreas de topografia complexa podem exigir o uso de peças de controle especiais, a instalação de bombas para a elevação de pressão ou de válvulas de quebra de pressão em trechos nos quais esta é muito alta.

APLICAÇÃO 1.9.

A rede ramificada mostrada na Figura 1.31 será dimensionada a título de aplicação da metodologia apresentada. Para simplificar os cálculos, os trechos de distribuição 1-*a*, 2-*b*, 2-*c* e 3-*d* terão o mesmo comprimento (500 *m*) e a mesma demanda. Toda a região está situada na mesma cota. O eixo principal é formado pelos segmentos *R*-1, 1-2 e 2-3, iguais em comprimento (300 *m*). O local terá lotes dispostos em ambos os lados da rua, com frente (testada) de 10 *m*.

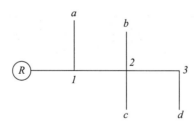

FIGURA 1.31 Rede ramificada com três nós no eixo principal.

A quantidade de lotes, por trecho, é definida por:

$$\frac{2\ lados \times 500\ metros\ de\ extensão}{10\ metros\ de\ frente\ de\ lote} = 100\ lotes$$

Há uma residência por lote e a família é constituída por 4 pessoas que consomem, individualmente, 300 litros a cada 24 horas. O consumo por lote será:

$$\frac{4\ pessoas \times 300\ litros}{24\ horas \times 60\ minutos \times 60\ segundos} = 0,01389\ litros/segundo$$

Essa vazão média deve ser multiplicada pelos coeficientes da hora e do dia de maior consumo, aqui, ambos, estimados em 1,5. A vazão ajustada, por lote, será:

$$0,01389 \times 1,5 \times 1,5 = 0,03125 \; l/s$$

A demanda total, por trecho de distribuição, será:

$$0,03125 \times 100 \; lotes = 3,125 \; l/s$$

Os trechos do eixo principal serão demandados conforme indicado na Figura 1.32.

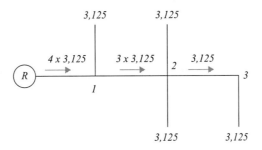

FIGURA 1.32 Vazões nos trechos do eixo principal da rede ramificada.

Os trechos do conduto principal serão percorridos pelas vazões indicadas no Quadro 1.12, que resultam da soma das contribuições dos ramais de distribuição, realizada de jusante para montante.

QUADRO 1.12 Vazões nos trechos do eixo principal

Trecho	2-3	1-2	R-1
Q (l/s)	3,125	9,375	12,500

Pode-se, agora, escolher o diâmetro a ser utilizado em cada trecho. Isto é importante na viabilização dos cálculos a serem realizados com a equação de Hazen-William, que até o momento tem duas incógnitas – D e h_p.

$$Q = 0,2785 \times C \times D^{2,63} \times \left(\frac{h_p}{L}\right)^{0,54}$$

A vazão é conhecida, em cada trecho. O material do conduto, expresso por C, é uma escolha do projetista. O comprimento de cada trecho é definido pela geometria da comunidade a ser abastecida. Restam desconhecidos, na equação de Hazen-Williams, o diâmetro e a perda de carga. Na maioria das vezes, no Brasil, escolhem-se os diâmetros e calculam-se as perdas de carga. Verifica-se, a seguir, se as pressões, na rede, são satisfatórias para o abastecimento da comunidade. Caso não sejam, lançam-se novos diâmetros nos trechos inadequadamente providos e repete-se a sequência de cálculos. Nada impede, no entanto, de se seguir o caminho inverso, qual seja, estabelecer as pressões desejadas, nos trechos, e buscar os diâmetros que atendam às pressões escolhidas. Acolhendo a primeira metodologia, foram indicados os diâmetros mostrados no Quadro 1.13, para cada trecho.

QUADRO 1.13 Diâmetros dos trechos do eixo principal da rede ramificada

Trecho	2-3	1-2	R-1
Q (l/s)	3,125	9,375	12,500
D (mm)	100	150	150

No Quadro 1.9 sugerem-se os valores dos diâmetros que podem servir para uma primeira aproximação à solução da rede principal. A fixação dos trechos secundários segue raciocínio diferente em razão da distribuição da vazão, lote a lote.

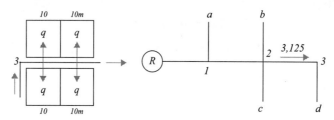

FIGURA 1.33 Distribuição em marcha no trecho 3-d.

O trecho 3-d, tomado como exemplo, transporta uma vazão de 3,125 l/s, no nó 3 (montante). Esta vazão será distribuída, ao longo dos seus 500 m de comprimento, a razão de 0,03125 l/s por lote. Então, a cada 10 m, dois lotes são abastecidos e a vazão no ramal 3-d é reduzida em 2 × 0,03125 l/s. Em d, a vazão será nula ou se for preferido, restará a vazão de 2 × 0,03125 l/s a ser distribuída nos dois últimos lotes. Acontece o mesmo nos demais trechos de distribuição. As seções a, b, c e d são chamadas "pontas secas". Nos trechos de distribuição, costuma-se adotar a vazão fictícia para a escolha do diâmetro, calculada como a média das vazões de montante e jusante. A vazão fictícia nos trechos de distribuição (todos iguais) será:

$$Q_f = \frac{3,125 + 0}{2} = 1,5625 \; l/s$$

Pode-se, então, escolher, no Quadro 1.9, o diâmetro de 50 mm para os trechos de distribuição. Ao se tomar a vazão média para a definição do diâmetro do conduto de distribuição, aceita-se implicitamente perdas altas na primeira metade do trecho e perdas baixas na segunda metade. É uma forma mais econômica de definir o diâmetro do conduto de distribuição que considera a queda progressiva da vazão. Pode-se escolher o diâmetro do trecho de distribuição considerando a vazão inicial. Neste caso, o conduto teria, em quase toda a sua extensão, velocidades de fluxo muito baixas. O custo seria mais alto, mas a vida útil do sistema seria mais dilatada. Neste ponto do desenvolvimento do projeto já existe uma proposta de abastecimento da comunidade, pois estão definidos a geometria da rede, as vazões e diâmetros dos trechos, as direções dos fluxos e o material a ser utilizado. Resta, ainda, a verificação das pressões nos trechos que garantirá a adequabilidade do projeto. Atendidas as pressões mínimas, fica disponível uma solução. Outros conjuntos de condutos (outras propostas de distribuição) podem abastecer a comunidade, atendendo às pressões mínimas desejadas. O custo de cada conjunto e a expectativa de vida útil do sistema serão os parâmetros a serem observados na definição da solução a ser implantada.

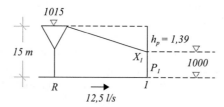

FIGURA 1.34 Determinação das pressões nos nós R e 1 do eixo principal da rede ramificada.

A verificação da pressão, em geral, tem início pela fixação da cota do NA do reservatório de alimentação. Este critério leva em conta o custo da execução do reservatório, diretamente dependente da tecnologia de construção disponível. É fácil compreender que um reservatório com 15 m de altura (5 andares) tem custo construtivo menor e envolve tecnologia de construção mais simples do que um reservatório com 30 m de altura (10 andares). Fixado o NA do reservatório em 15 m, tem início o cálculo das perdas de carga ao longo da rede.

O trecho R-1 é percorrido pela vazão 12,5 l/s, resultando na perda de carga (C = 120);

$$12,5 \times 10^{-3} = 0,2785 \times 120 \times (150 \times 10^{-3})^{2,63} \times \left(\frac{h_p}{300}\right)^{0,54} \therefore h_p = 1,39\ m$$

A pressão no nó 1 será igual a:

$P_1 = P_R - h_p$
$P_1 = 15 - 1,39 = 13,61\ m$

Convém observar que a pressão foi calculada como (pressão de jusante) = (pressão de montante) − (perda de carga) já que a topografia é plana. Em terrenos não planos, a variação de cota entre montante e jusante não pode ser ignorada. Da mesma forma, as pressões nos nós subsequentes podem ser calculadas. O Quadro 1.14 resume os cálculos necessários à definição das pressões nos nós da rede ramificada.

QUADRO 1.14 Pressões nos nós dos trechos do eixo principal da rede ramificada

Nó montante	Nó jusante	LP_m	h_p	LP_j	T_m	T_j	P_m	P_j
R	1	1.015,00	1,39	1.013,61	1.000	1.000	15,00	13,61
1	2	1.013,61	0,81	1.012,80	1.000	1.000	13,61	12,80
2	3	1.012,80	0,77	1.012,03	1.000	1.000	12,80	12,03
3	d	1.012,03	10,39	1.001,64	1.000	1.000	12,03	1,64

LP = cota da linha piezométrica, em metros
h_p = perda de carga no trecho considerado, em *mca*
T = cota do terreno, em metros
P = pressão no nó, em *mca*
m = índice para montante
j = índice para jusante

Os resultados mostram claramente, quando se faz a opção pelo diâmetro de 50 *mm* no trecho 3-*d*, que a pressão em *d* (1,64 *mca*) é insuficiente, como resultado da grande perda de carga no trecho (10,39 *mca*). Aumentando o diâmetro para 100 *mm*, no trecho 3-*d*, a perda de carga passa a:

$$1,5625 \times 10^{-3} = 0,2785 \times 120 \times (100 \times 10^{-3})^{2,63} \times \left(\frac{h_p}{500}\right)^{0,54} \therefore h_p = 0,355\ m$$

A pressão em *d* passa a:

$$P_d = 12,03 - 0,35 = 11,68\ m.c.a.$$

Deve ser avaliado, neste momento, se a pressão de 11,68 *mca*. atende à comunidade, conforme proposto nas disposições municipais (plano diretor). Sendo as moradias da comunidade constituídas por prédios de 1 andar, com nível d'água do reservatório elevado até 5 *m* acima do solo, a pressão de 11,68 *mca*, na rua, será suficiente, com sobras, para o abastecimento. Caso as residências tenham 3 pavimentos (9 *m*) com nível d'água dos reservatórios, elevados até 11 *m* acima do solo, a pressão de 11,68 *mca*, na rua, é insuficiente já que haverá perda de carga (não calculada) no percurso da rede interna do lote. Quando a proposta de dimensionamento não atende à comunidade, resta ao projetista reformulá-la, aumentando diâmetros (para reduzir as perdas de carga) ou elevando a cota do NA do reservatório. A alteração de diâmetros de condutos beneficia os trechos alterados e aqueles que os sucedem. A alteração do NA do reservatório beneficia toda a rede.

Os cálculos efetuados podem ser sintetizados nos Quadros 1.15 e 1.16.

QUADRO 1.15 Dimensionamento dos diâmetros dos trechos

No_m	No_j	Q_m (l/s)	Q_j (l/s)	Q_f (l/s)	D (mm)	V (m/s)
R	1	12,500	12,500	12,500	150	0,70
1	2	9,375	9,375	9,375	150	0,53
2	3	3,125	3,125	3,125	100	0,39
3	d	3,125	0	1,562	100	0,20
2	b	3,125	0	1,562	100	0,20
2	c	3,125	0	1,562	100	0,20
1	a	3,125	0	1,562	100	0,20

QUADRO 1.16 Verificação das pressões nos trechos

No_m	No_j	LP_m (m)	h_p (mca)	LP_j (m)	T_m (m)	T_j (m)	P_m (mca)	P_j (mca)
R	1	1.015,00	1,39	1.013,61	1.000	1.000	15,00	13,61
1	2	1.013,61	0,81	1.012,80	1.000	1.000	13,61	12,80
2	3	1.012,80	0,77	1.012,03	1.000	1.000	12,80	12,03
3	d	1.012,03	0,35	1.011,68	1.000	1.000	12,03	11,68
2	b	1.012,80	0,35	1.012,45	1.000	1.000	12,80	12,45
2	c	1.012,80	0,35	1.012,45	1.000	1.000	12,80	12,45
1	a	1.013,61	0,35	1.013,26	1.000	1.000	13,61	13,26

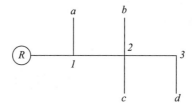

FIGURA 1.35 Trechos da rede ramificada.

1.13 CÁLCULO DA REDE MALHADA

A rede malhada é constituída por uma ou mais malhas das quais partem os ramais que efetivamente abastecem as residências. Esses condutos são alocados sempre em áreas públicas conforme já foi enfatizado. Na Figura 1.36 é apresentado um exemplo simplificado deste sistema, com duas malhas retangulares.

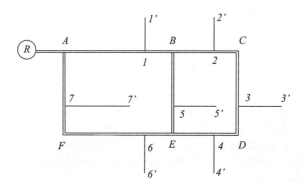

FIGURA 1.36 Rede malhada constituída por duas malhas.

Os trechos em linha dupla formam as malhas e os de linha simples distribuem as vazões. Depreende-se, imediatamente, que qualquer sistema malhado tem distribuição ramificada. Substituindo os trechos ramificados por suas vazões, chega-se à distribuição de vazões mostrada na Figura 1.37.

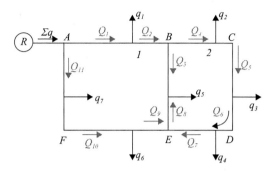

FIGURA 1.37 Trechos das malhas com as respectivas demandas.

As vazões indicadas por q_i serão consumidas nos ramais e as indicadas por Q_i percorrem os diversos trechos das malhas. É fácil constatar que mesmo uma rede simples gera uma grande quantidade de incógnitas. Com o intuito de reduzir a quantidade de incógnitas, as vazões dos ramais são levadas aos nós, segundo o critério de *proximidade*. A nova distribuição de vazões está mostrada na Figura 1.38.

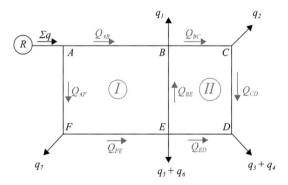

FIGURA 1.38 Vazões consumidas nos nós da rede malhada.

As vazões nos trechos passaram de 11 para 7 reduzindo o número de incógnitas sem alterar expressivamente a vazão dos trechos das malhas. Em sistemas reais, pode-se esperar uma redução de incógnitas mais significativa. O critério da proximidade não deve ser adotado quando a vazão do ramal for alta quando comparada com a vazão total. Neste caso, o ponto de entrada do ramal deve ser tratado como um nó da malha. A alternativa para o método da proximidade é dividir a vazão do ramal entre os nós vizinhos na proporção inversa das distâncias aos nós. O método *proporcional* aplicado ao exemplo da Figura 1.39 oferece o resultado mostrado.

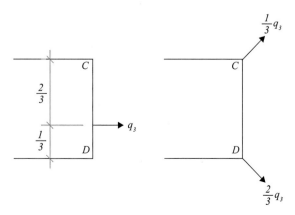

FIGURA 1.39 Método proporcional de repartição de demanda.

Reduzido o número de incógnitas, deve ser iniciado o equilíbrio de cada uma das malhas. Convém esclarecer que as direções de escoamento das vazões dos trechos em malha não são conhecidas na sua totalidade. A incerteza aumenta à medida que o trecho considerado é mais afastado do reservatório. Portanto, o processo de cálculo dessas vazões inclui a definição das direções de escoamento. As vazões dos trechos das malhas devem atender às seguintes condições:

a. em cada nó – $\Sigma Q = 0$

A soma das vazões afluentes ao nó (positivas), deve ser igual à soma das vazões efluentes do nó (negativas) já que não há armazenamento nos nós.

b. em cada malha – $\Sigma h_p = 0$

A soma das perdas de carga em cada malha deve ser nula uma vez que a pressão em cada nó deve ser a mesma, independentemente do trajeto adotado para alcançá-lo. Para tornar aplicável a segunda condição, considera-se positiva, em cada malha, a vazão que se desloca no sentido horário. A perda de carga acompanha o sinal da vazão que a gerou. Agora é possível o lançamento das equações constituindo um sistema que, uma vez resolvido, determinará os valores das incógnitas.

c. de (n-1) nós, são propostas as equações conforme descrito na Figura 1.38.

(nó A)	$\Sigma q - Q_{AB} - Q_{AF} = 0$
(nó B)	$Q_{AB} + Q_{BE} - q_1 - Q_{BC} = 0$
(nó C)	$Q_{BC} - q_2 - Q_{CD} = 0$
(nó D)	$Q_{CD} + Q_{ED} - (q_3 + q_4) = 0$
(nó E)	$Q_{FE} - Q_{BE} - Q_{ED} - (q_5 + q_6) = 0$

d. de m malhas, tem-se:

$$r_{AB} \times Q_{AB}^{1,85} - r_{BE} \times Q_{BE}^{1,85} - r_{FE} \times Q_{FE}^{1,85} - r_{AF} \times Q_{AF}^{1,85} = 0 \quad (malha\ I)$$

$$r_{BC} \times Q_{BC}^{1,85} + r_{CD} \times Q_{CD}^{1,85} - r_{ED} \times Q_{ED}^{1,85} - r_{BE} \times Q_{BE}^{1,85} = 0 \quad (malha\ II)$$

Sabe-se que: $h_{ij} = r_{ij} \times Q_{ij}^{1,85}$ é a perda de carga de cada trecho

Sendo: $r_{ij} = \dfrac{L_{ij}}{0,2785^{1,85} \times C_{ij}^{1,85} \times D_{ij}^{4,87}}$ a constante do trecho

A constante r_{ij} agrega todas as variáveis de valor fixo, em cada trecho, apresentando um valor inalterável durante a solução.

As 7 equações apresentadas permitem o cálculo das incógnitas Q_{AB}, Q_{BC}, Q_{AF}, Q_{BE}, Q_{CD}, Q_{FE} e Q_{ED}. É oportuno observar que trata-se de um sistema não linear que requer a aplicação de métodos computacionais para ser resolvido. No cálculo dos r_{ij}, os diâmetros D_{ij} devem ser definidos na forma proposta para a rede ramificada, a partir de uma hipótese inicial, presumida para as vazões nos trechos. Quando o sistema tem apenas um reservatório, como no exemplo ilustrativo mostrado na Figura 1.38, o trecho RA tem vazão conhecida ($Q_{RA} = \Sigma q_i$). Seu diâmetro pode ser fixado a partir desse dado e o cálculo da perda e carga neste trecho não apresenta qualquer dificuldade. A pressão no nó A fica então conhecida. Quando o sistema tem dois reservatórios, como na proposta indicada nas Figuras 1.40 e 1.41, as vazões dos trechos R_1A e R_2D não são conhecidas. Surge daí a necessidade de incorporação de duas novas equações no sistema anteriormente proposto. A lógica do escoamento também aponta para a inversão da direção das vazões Q_{CD} e Q_{ED} conforme mostrado na Figura 1.41.

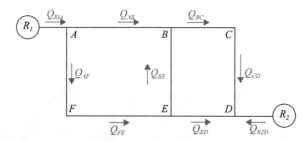

FIGURA 1.40 Sistema de distribuição malhado com dois reservatórios.

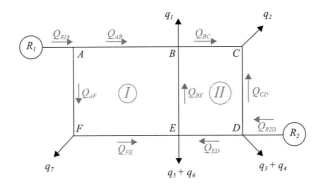

FIGURA 1.41 Resolução do sistema malhado de distribuição com dois reservatórios.

O novo sistema de equações é:
e. equações nos (n-1)nós

(nó A) $Q_{R1A} - Q_{AB} - Q_{AF} = 0$
(nó B) $Q_{AB} + Q_{BE} - Q_{BC} - q_1 = 0$
(nó C) $Q_{BC} + Q_{CD} - q_2 = 0$
(nó D) $Q_{R2D} - Q_{CD} - Q_{ED} - (q_3 + q_4) = 0$
(nó E) $Q_{ED} + Q_{FE} - Q_{BE} - (q_5 + q_6) = 0$

f. equação das malhas

$$r_{AB} \times Q_{AB}^{1,85} - r_{BE} \times Q_{BE}^{1,85} - r_{FE} \times Q_{FE}^{1,85} - r_{AF} \times Q_{AF}^{1,85} = 0 \quad (malha\ I)$$

$$r_{BC} \times Q_{BC}^{1,85} - r_{CD} \times Q_{CD}^{1,85} + r_{ED} \times Q_{ED}^{1,85} + r_{BE} \times Q_{BE}^{1,85} = 0 \quad (malha\ II)$$

Sabe-se que: $h_{ij} = r_{ij} \times C_{ij}^{1,85}$ é a perda de carga de cada trecho

$$r_{ij} = \frac{L_{ij}}{0,2785^{1,85} \times C_{ij}^{1,85} \times D_{ij}^{4,87}}$$

g. equações extras

$$C_{R1} + r_{R1A} \times Q_{B1A}^{1,85} + r_{AB} \times Q_{AB}^{1,85} + r_{BC} \times Q_{BC}^{1,85} - r_{CD} \times Q_{CD}^{1,85} - r_{R2D} \times Q_{R2D}^{1,85} = C_{R2}$$

(percurso superior entre os reservatórios)

$$C_{R1} + r_{R1A} \times Q_{R1A}^{1,85} + r_{AF} \times Q_{AF}^{1,85} + r_{FE} \times Q_{FE}^{1,85} - r_{ED} \times Q_{ED}^{1,85} - r_{R2D} \times Q_{R2D}^{1,85} = C_{R2}$$

(percurso inferior entre os reservatórios)

Nestas duas últimas equações C_{R1} e C_{R2} são as cotas dos níveis d'água dos respectivos reservatórios. Nesse sistema, as vazões que apresentarem valor negativo após a resolução do sistema têm direção contrária à indicada inicialmente. No exemplo estudado, o trecho BE pode perfeitamente apresentar vazão negativa uma vez que a determinação de sua direção, a priori, é difícil.

Determinadas as vazões, resta ainda a determinação das pressões nos nós, de forma a confirmar o acerto da escolha dos diâmetros nos trechos. Esta determinação segue a mesma sequência proposta para as redes ramificadas conforme indicado no Quadro 1.17.

QUADRO 1.17 Rede malhada – determinação das pressões

Nó montante	Nó jusante	LP_m (m)	h_p (m)	LP_j (m)	T_m (m)	T_j (m)	P_m (mca)	P_j (mca)

LP_m = cota da linha piezométrica no nó de montante
h_p = perda de carga no trecho determinado por $h_p = r \times Q^{1,85}$

Em que: $r = \dfrac{L}{0,2785^{1,85} \times C^{1,85} \times D^{4,87}}$

LP_j = cota da linha piezométrica no nó de jusante: $LP_j = LP_m - h_p$
T_m = cota do terreno no nó de montante
T_j = cota do terreno no nó de jusante
P_m = pressão no nó de montante ($P_m = LP_m - T_m$)
P_j = pressão no nó de jusante ($P_j = LP_j - T_j$)

A determinação das pressões dos nós, na rede malhada, não encerra o dimensionamento. Sabe-se que os trechos das malhas alimentam os trechos de distribuição ramificados. Deve-se, então, determinar as pressões nos pontos da malha a montante de cada ramificação designada para a distribuição de água às residências. O trecho CD, usado como exemplo, na Figura 1.42, deve ser considerado na forma comentada a seguir:

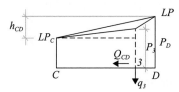

FIGURA 1.42 Pressão em seção entre nós.

Nesse trecho há o ramal (3-3') que demanda a vazão q_3. Esta demanda foi alocada no nó D para simplificar a determinação da vazão Q_{CD} que supostamente percorre o trecho CD, estando D a montante e C a jusante na rede com dois reservatórios, conforme mostrado na Figura 1.41. Segundo esta simplificação, a linha piezométrica no trecho CD é uma reta que liga os pontos LP_D e LP_C. Na verdade, o Subtrecho D3 é percorrido por uma vazão Q_{D3} próxima de Q_{CD} e o Subtrecho 3C é percorrido pela vazão $Q_{3C} = Q_{D3} - q_3$. A linha piezométrica é uma linha formada por dois segmentos de reta cujo vértice fica na vertical que passa pela seção 3.

A determinação da pressão P_3, altura entre a linha piezométrica real e a cota do solo em 3, requer a solução de um sistema de equações semelhante ao examinado na solução da alimentação intermediária entre dois reservatórios. Caso existissem dois ou mais ramais alimentados pela vazão que percorre o trecho CD, a solução exata seria muito mais complexa.

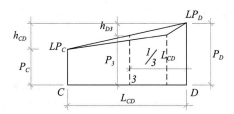

FIGURA 1.43 Cálculo simplificado da pressão em seção entre dois nós da malha.

Como consequência dessa dificuldade de cálculo e levando em conta que os erros cometidos na solução simplificada não comprometem os resultados, calcula-se a pressão na seção 3, ponto de alimentação do ramal, como se a linha piezométrica fosse uma reta. A pressão em 3 será então: $P_3 = LP_D - h_{D3} - T_3$.

De forma semelhante, calcula-se a pressão a montante de cada ramificação. A partir daí, recai-se na solução de redes ramificadas, conforme já discutido previamente.

As redes com poucas malhas, geralmente até 3 malhas, alimentadas por apenas um reservatório, podem ser dimensionadas pelo método de Hardy Cross. Este método permite a determinação das vazões nos trechos das malhas, dispensando a resolução do sistema de equações. Uma vez arbitradas as vazões que passarão nos trechos que constituem as malhas, em primeira aproximação, para efeito de escolha dos diâmetros, passa-se a aplicar um fator corretivo nas vazões até que se consiga atingir a segunda condição de equilíbrio, ou $\Sigma h_p = 0$, em cada malha. O fator de correção, segundo Hardy Cross é:

$$\Delta Q = \frac{-\sum_{i=1}^{n} h_i}{1{,}85 \times \sum_{i=1}^{n} \frac{h_i}{Q_i}}$$

Em que:

ΔQ = fator de correção a ser aplicado a cada vazão Q_i, de cada trecho, de uma mesma malha

h_i = perda de carga verificada em cada trecho da malha decorrente da passagem da vazão Q_i

$\frac{h_i}{Q_i}$ = quociente entre a perda de carga e a vazão do trecho i de uma mesma malha

A aplicação deste fator promove a convergência para a condição $\Sigma h = 0$, na malha, em 3 a 5 ciclos de correção, quando as vazões iniciais são propostas com uma certa lógica hidráulica. O método também é autocorretivo, isto é, em caso de engano nos cálculos, o próprio método supera as incorreções. Cuidado especial deve ser dado aos trechos comuns a duas malhas que devem ser corrigidos com os fatores de correção das malhas a que pertence.

A planilha do método de Hardy Cross é indicada no Quadro 1.18.

QUADRO 1.18 Planilha de aplicação do método de Hardy Cross

Malha	trecho	Q_1	h_1	h_1/Q_1	Q_2	h_2	h_2/Q_2	...
I	A-B							...
	A-F							...
	F-E							...
	B-E(*)							...
		$\left(\sum h_1\right)_I$	$\left(\sum h_1/Q_1\right)_I$		$\left(\sum h_2/Q_1\right)_I$	$\left(\sum h_2/Q_2\right)_I$		
Malha	trecho	Q_1	h_1	h_1/Q_1	Q_2	H_2	h_2/Q_2	...
II	B-E(*)							...
	B-C							...
	C-D							...
	E-E							...
		$\left(\sum h_1\right)_{II}$	$\left(\sum h_1/Q_1\right)_{II}$		$\left(\sum h_2/Q_1\right)_{II}$	$\left(\sum h_2/Q_2\right)_{II}$		

(*) O trecho BE será corrigido com o ΔQ de ambas as malhas

	ΔQ_i			
Malha	1	2		...
I	ΔQ_{1-I}	ΔQ_{2-I}		...
II	ΔQ_{1-II}	ΔQ_{2-II}		...

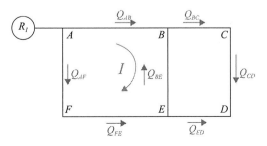

FIGURA 1.44 Sistema malhado de distribuição.

No qual:

$$\Delta Q = \frac{-\sum_{i=1}^{n} h_i}{1,85 \times \sum_{i=1}^{n} \frac{h_i}{Q_i}}$$

Quando o sistema tem mais de um reservatório, o método de Hardy Cross ainda pode ser aplicado, desde que as vazões de entrada de cada reservatório sejam pré-determinadas. Este cuidado só produz resultado favorável em condições especiais. O projetista deve realizar várias hipóteses de alimentação antes de concluir sobre o cenário a ser aceito como representativo da distribuição real de vazões nos trechos.

APLICAÇÃO 1.10.

Para exemplificar a aplicação do método de Hardy Cross, considere-se a malha apresentada na Figura 1.45.

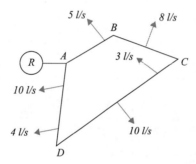

FIGURA 1.45 Rede de distribuição com malha única.

As vazões a serem atendidas estão especificadas na malha. Elas serão posicionadas nos vértices da malha para reduzir o número de incógnitas (vazões que percorrem a malha).

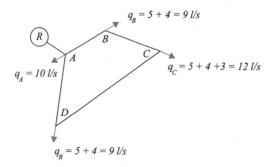

FIGURA 1.46 Vazões demandadas nos nós após a transposição das demandas intermediárias.

O posicionamento sugerido levou em conta a proximidade dos nós. A vazão de 10 *l/s* do trecho *DC* foi dividida, em partes iguais, entre *D* e *C*. A vazão 4 *l/s* do trecho *AD* foi transferida para o nó *D*, e assim sucessivamente.

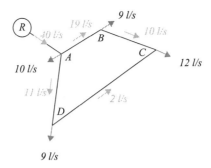

FIGURA 1.47 Vazões que percorrem os trechos da malha.

A seguir, formulou-se a proposta inicial de vazões que percorrem a malha, garantindo o equilíbrio de vazões nos nós, conforme mostrado na Figura 1.47. Segundo este critério, a soma das vazões afluentes deve ser igual à soma das vazões efluentes. Assim, no nó D, chega a vazão de 11 l/s, do trecho AD, e saem as vazões 9 l/s, a demanda do nó D, e a vazão de 2 l/s que percorre o trecho DC. As vazões sugeridas para os trechos, certamente não são as vazões reais. Elas devem ser ajustadas de forma a atender à condição, $\Sigma h = 0$, na malha. Em outras palavras, a soma das perdas de carga, ao longo de uma malha, deve ser nula. O cálculo das perdas de carga requer a definição dos trechos, em termos de diâmetro, comprimento e rugosidades, conforme indicado no Quadro 1.19.

QUADRO 1.19 Determinação dos diâmetros dos trechos da malha

Trecho	L (m)	C	Q (l/s)	D (mm)	r
RA	100	120	40	250	129,60
AB	400	120	19	150	6.238,54
BC	400	120	10	150	6.238,54
CD	600	120	-02	100	67.412,32
DA	500	120	-11	150	7.798,18

Vale lembrar que, o diâmetro foi definido com base na vazão estabelecida para o trecho, na forma definida para a rede ramificada. O sinal negativo para as vazões dos trechos CD e DA resultou da escolha do sentido horário para as vazões e perdas de carga positiva.

$$r = \frac{L}{0,2785^{1,85} \times C^{1,85} \times D^{4,87}}$$

O ajuste das vazões da malha será operacionalizado com o auxílio da planilha mostrada no Quadro 1.20.

QUADRO 1.20 Ajuste da malha à condição $\Sigma h_p = 0$

Trecho	r	Q_1	h_1	h_1/Q_1	Q_2	h_2	h_2/Q_2	Q_3	h_3
A-B	6.238,54	19	4,08	0,214	17,20	3,39	0,197	17,42	3,47
B-C	6.238,54	10	1,24	0,124	8,20	0,86	0,104	8,42	0,90
C-D	67.412,32	–02	–0,68	0,340	–3,80	–2,24	0,589	–3,58	–2,01
D-A	7.798,18	–11	–1,85	0,168	–12,80	–2,45	0,191	–12,58	–2,38
		soma	2,79	0,846	soma	–0,44	1,081	soma	–0,02
			$\Delta Q_1 = -1,8$			$\Delta Q_2 = 0,22$			

As vazões estabelecidas inicialmente foram corrigidas duas vezes. Na primeira correção, adicionou-se 1,8 l/s às vazões negativas e subtraiu-se, este mesmo valor, das vazões positivas. Na segunda correção, foi utilizado o fator de correção +0,22, segundo a mesma metodologia. Conseguiu-se, assim, ao fim do processo, $\Sigma h_p = -0,02$, que está muito próximo da condição essencial, $\Sigma h_p = 0$. As vazões ajustadas têm, então, a distribuição mostrada na Figura 1.48.

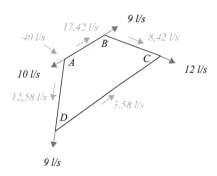

FIGURA 1.48 Distribuição das vazões nos trechos da malha após o ajuste à condição $\Sigma h_p = 0$.

Observe-se que as vazões ajustadas continuam atendendo ao critério de soma nula das vazões em cada nó.

Em A: 40 – 17,42 – 12,58 – 10 = 0
Em B: 17,42 – 9 – 8,42 = 0
Em C: 8,42 + 3,58 – 12 = 0
Em D: 12,58 – 9 – 3,58 = 0

Ajustadas as vazões nos nós e nos trechos da malha, resta verificar as pressões nos nós. Esta verificação segue a metodologia aplicada nas redes ramificadas mostrada no Quadro 1.21.

QUADRO 1.21 Cálculo das pressões nos nós

Nó $_{(m)}$	Nó $_{(j)}$	LP_m (m)	h_p (m)	LP_j (m)	T_m (m)	T_j (m)	P_m (mca)	P_j (mca)
R	A	1.020,00	0,33	1.019,67	1.000	1.000	20,00	19,67
A	B	1.019,67	3,47	1.016,20	1.000	1.000	19,67	16,20
B	C	1.016,20	0,90	1.015,30	1.000	1.000	16,20	15,30
A	D	1.019,67	2,38	1.017,29	1.000	1.000	19,67	17,29
D	C	1.017,29	2,01	1.015,28	1.000	1.000	17,29	15,28

Para simplificar, admite-se que todos os nós da malha e o reservatório estão assentados na cota 1.000 m. Será submetida à verificação a cota 1.020 m para o NA do reservatório de alimentação da malha. A pressão no nó A é calculada conforme indicado na Figura 1.49.

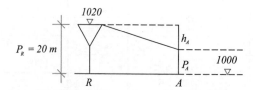

FIGURA 1.49 Pressão no nó A.

$P_A = 1.020 - h_A - 1.000 = 1.020 - 0,33 - 1.000$
$P_A = 19,67\ mca$

A pressão no nó B, será calculada conforme indicado na Figura 1.50.

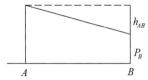

FIGURA 1.50 Pressão no nó B.

$$P_B = P_A - h_{AB} = 19,67 - 3,47 = 16,20\ mca$$

Para os nós restantes, repete-se esta operação. Os resultados dos cálculos estão reunidos na planilha mostrada no Quadro 1.21. É importante lembrar que a malha alimenta trechos ramificados, responsáveis pelo abastecimento das residências. Então, deve ser estabelecida uma pressão mínima para a malha e uma pressão mínima para os trechos ramificados, sendo a primeira superior à segunda. A verificação da adequação das pressões, na rede, implica na determinação da pressão, na seção da malha, correspondente à inserção de cada rede ramificada. A demanda de 10 *l/s*, no trecho *DC*, posicionada no centro deste trecho, terá a pressão de montante determinada da forma indicada a seguir:

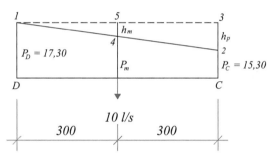

FIGURA 1.51 Pressão em seção intermediária do trecho *CD*.

Considerando os triângulos 145 e 123 mostrados na Figura 1.51, pode-se escrever:

$$\frac{h_m}{300} = \frac{h_p}{600} \therefore h_m = \frac{300 \times 2,0}{600} = 1,0$$

A pressão P_m, a montante do trecho ramificado será:

$$P_m = P_D - 1,0 = 17,30 - 1,0 = 16,30\ m$$

As pressões iniciais dos demais ramais de distribuição serão determinadas da mesma maneira.

1.14 ESCOAMENTO SOB PRESSÃO EM REGIME NÃO PERMANENTE

A ligação entre dois reservatórios, em conduto sob pressão, é dimensionada admitindo-se escoamento permanente. É uma boa hipótese de cálculo, uma vez que, esse escoamento está presente na adutora, na maior parte do tempo. O controle ou alteração da vazão, nesse tipo de adução, se faz gradualmente, por meio de válvulas e/ou registros. Durante o intervalo de ajuste da vazão, o escoamento passa a ser do tipo não permanente. Restabelecido o equilíbrio dinâmico do sistema, o escoamento volta a ser permanente. Nos condutos de recalque, a jusante de bombas, a gradualidade no controle da vazão, acontece nas manobras planejadas, quando o registro é fechado, lentamente, antecedendo a parada da bomba. Esta gradualidade inexiste quando a bomba é "cortada", por falta de energia. Então, a coluna d'água sob recalque desacelera, estanca e retorna em direção à bomba, produzindo altas pressões na própria bomba e no conduto de recalque. Durante o intervalo de desaceleração o conduto é submetido a subpressão no trecho próximo à bomba. As ondas de sobre-e-subpressão que se estabelecem são chamadas de *golpes de aríete*. Resultam destes golpes, danos à bomba, deformação nos condutos, ruídos, vibrações etc. A repetição destes golpes termina por romper ou deformar o conduto de recalque e inutilizar as vedações da bomba.

Existem outras situações, ainda não abordadas neste documento, nas quais a adução se faz regularmente sob escoamento não permanente. É o caso, da alimentação de turbina por meio de conduto forçado (*penstock*). Sabe-se que a demanda sobre a turbina, para a geração de energia, sofre alterações acompanhando a curva de consumo da comunidade, ou comunidades atendidas. Resulta daí que a vazão admitida na turbina deve ser maior ou menor de forma a proporcionar uma geração adequada às necessidades do consumidor. O conduto de adução, portanto, será submetido a um regime não permanente. A turbina deve parar de gerar energia, subitamente, quando há interrupção de transmissão da energia em consequência de fenômenos atmosféricos (raio, vendaval), fogo sob a rede ou acidentes mecânicos com os cabos de transmissão ou com as torres. O fechamento rápido da válvula de admissão também gera pressões sobre os condutos forçados (*penstock*) que devem ser protegidos para serem evitados danos maiores.

Será examinado o sistema de alimentação de turbina constituído por reservatório, condutos forçados e chaminé de equilíbrio. É importante mencionar que o dimensionamento destes sistemas deve considerar a compressibilidade do fluido e a elasticidade dos condutos além das variáveis já estudadas nos sistemas que funcionam sob regime permanente.

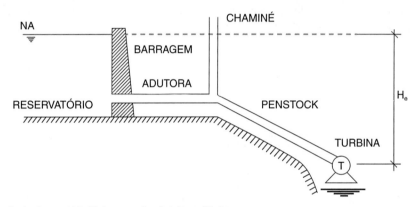

FIGURA 1.52 Alimentação de sistema hidrelétrico com chaminé de equilíbrio.

No arranjo mostrado na Figura 1.52 tem-se, na verdade, dois tipos de condutos a considerar. O primeiro liga o reservatório à chaminé. O dimensionamento deste trecho é semelhante ao da adutora entre dois reservatórios, já comentado. É um sistema de baixa pressão. O segundo trecho liga a chaminé à turbina. Neste caso, deve-se levar em conta as deformações elásticas do conduto e a compressão do fluído. É um sistema de alta pressão. Convém esclarecer que a chaminé deve ser obrigatoriamente considerada caso sejam atendidas as condições a seguir:

a. o *penstock* tem comprimento superior à queda bruta multiplicada por cinco

$$L_p = 5 \times H_e$$

b. o tempo de aceleração do escoamento no *penstock* é maior do que 6 segundos. Quando o tempo de aceleração estiver entre 3 e 6 segundos a instalação é desejável mas não obrigatória. Quando menor do que 3 a instalação é dispensável. O tempo de aceleração é determinado da seguinte forma:

$$t_a = \frac{V_p \times L_p}{g \times H_e}$$

Em que:

t_a = tempo de aceleração, em segundos
V_p = velocidade do fluido no *penstock*, em m/s
L_p = comprimento do *penstock*, em metros
H_e = queda bruta, medida entre o NA do reservatório e a cota de admissão na turbina, em metros

I Escoamento no *penstock*[1]

Seguindo-se à parada súbita da turbina, a massa de água que escoava do reservatório para a turbina é obrigada a parar. O fluxo pararia instantaneamente caso a água fosse incompressível. Como a água é compressível e o *penstock* elástico, na realidade, a camada de fluido imediatamente vizinha da válvula, que fecha o conduto forçado, será comprimida por toda a massa de água em escoamento. Passará a existir, na vizinhança da válvula, a pressão p + Δp, ao mesmo tempo em que a velocidade desta porção se anula. A seguir, a camada imediatamente a montante sofre o mesmo fenômeno de compressão e paragem, passando ao repouso, submetida à pressão p + Δp.

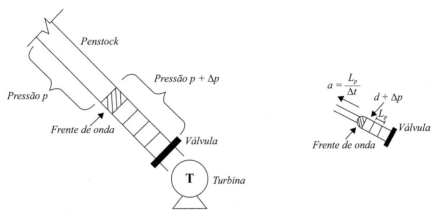

FIGURA 1.53 Onda de pressão no *penstock*.

O limite de separação entre a faixa do *penstock* que se encontra submetida à pressão p + Δp, e está em repouso, e a outra em que a pressão e a velocidade estão inalteradas, desloca-se para montante. Trata-se, portanto, de uma onda de pressão, cuja frente se desloca da válvula para a chaminé. Sendo L_P o comprimento do *penstock* e "a" a celeridade (velocidade) da onda, ao fim do tempo L_p/a, a frente da onda terá atingido a base da chaminé de equilíbrio. Na chaminé prevalecem as leis da hidrostática, uma vez que o fluido, ali, está em contato com a atmosfera. Então, quando a frente da onda atinge a base da chaminé surge um desequilíbrio piezométrico. Na chaminé, a pressão é p e na seção inicial do *penstock* a pressão é p + Δp. Esse desequilíbrio piezométrico provoca um escoamento do *penstock* para a chaminé, de modo que, a camada de líquido do *penstock*, vizinha da chaminé, perde a sobre pressão a que estava submetida e fica animada da velocidade U, igual a inicial, mas dirigida para a chaminé. Então, a superfície de separação das duas zonas (p e p +Δp) vai-se deslocando para baixo, na direção da válvula, a proporção que a descompressão, de p + Δp para p, avança, intervalo a intervalo. No instante $2 \times L_p/a$, contado a partir da interrupção do fluxo, a frente da onda de descompressão chegará novamente à válvula. Nesse instante, todo o líquido contido no *penstock* está animado da velocidade U, dirigida da válvula para a chaminé. Então, a camada imediatamente vizinha da válvula tende a separar-se desta, o que dá origem ao aparecimento de uma depressão ou subpressão. A pressão passa a ser p − Δp e a água que compõe essa camada passa ao repouso. Surge uma nova frente de onda, mas de depressão, que se propaga da válvula para a chaminé. Quando essa onda atinge a chaminé, devido ao novo desequilíbrio piezométrico, dá-se o escoamento da chaminé para o *penstock* e haverá, agora, um retrocesso da frente de onda de depressão, que vai voltar à válvula. A variação das pressões, junto à válvula, em função do tempo, representada em forma de gráfico, é mostrada na Figura 1.54.

---

[1] Texto adaptado de notas de aulas do Professor Manzanares Abecassis (LNEC).

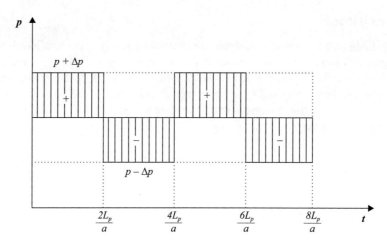

FIGURA 1.54 Variação da pressão no *penstock*.

O diagrama apresentado não considera perdas de carga no *penstock*. Na realidade, devido a essas perdas de carga, as oscilações de pressão são amortecidas. O fenômeno, que acaba de ser descrito, como já comentado anteriormente, tem o nome de *golpe de aríete*. No caso esquemático que serviu para análise qualitativa do fenômeno, supôs-se o fechamento instantâneo da válvula, que é, evidentemente, uma manobra hipotética. A manobra real dura alguns segundos. Nas manobras de duração finita, há que se distinguir entre as de duração superior a $(2 \times L_p/a)$ e as de duração inferior àquele valor que, como se sabe, é o tempo que a frente de onda leva para percorrer o *penstock* até a chaminé de equilíbrio e voltar à válvula. O tempo $(2 \times L_p/a)$ tem o nome de "tempo de fase". Para a análise qualitativa da manobra finita, esta será dividida em uma série de manobras, com uma duração suficientemente pequena para que cada uma delas possa ser considerada instantânea. Considere-se, a título de exemplificação, o caso em que o tempo de fase $(2 \times L_p/a)$ é de 4 segundos e que a manobra de fechamento dure 3 segundos, conforme mostrado na Figura 1.55. Divide-se a manobra de fechamento em uma série de manobras de duração muito curta. Cada uma dessas manobras dá origem a um regime de pressões da forma já apresentada na Figura 1.54. A primeira manobra parcial dá origem, instantaneamente, a uma sobre pressão no segmento do *penstock* vizinho da válvula. Esta sobrepressão mantém-se durante 4 segundos, passando, depois, a verificar-se uma depressão. A terceira e última das manobras parciais dá origem, primeiro, a uma sobrepressão e, 4 segundos depois, ou seja, 6 segundos depois do início da manobra, há uma depressão. Sucede que, quando aparece a sobrepressão correspondente à última manobra parcial, a válvula ainda não foi atingida pela onda completa de depressão. Prevalece o padrão sobrepressão exclusiva seguida de subpressão exclusiva. Então, para uma manobra de fecho de duração finita, inferior ao tempo de fase, todas as ondas de sobrepressões provenientes das manobras parciais se sobrepõem junto à válvula e só aparece a depressão significativa após a válvula estar completamente fechada.

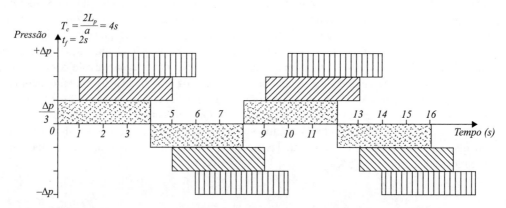

Efeito do fechamento rápido

FIGURA 1.55 Efeito do fechamento rápido da válvula.

Considere-se, agora, o caso da duração de manobra de fechamento superior ao tempo de fase conforme mostrado na Figura 1.56. Seja o caso concreto no qual a duração da manobra é de 6 segundos e o tempo de fase ($2 \times L_p/a$) de 4 segundos. Admitem-se manobras parciais suficientemente rápidas para serem consideradas instantâneas. A primeira manobra parcial dá origem, no instante $t = 0$, a uma sobrepressão na válvula e, no instante $t = 4$ segundos, a uma depressão. Mas como a duração da manobra total é de 6 segundos, quando aparece a primeira onda de depressão, devida à primeira manobra parcial, ainda estão sendo produzidas sobrepressões devidas às últimas manobras parciais. Então, no caso da manobra ser superior ao tempo de fase, verifica-se uma sobreposição das sobrepressões das últimas manobras parciais com as depressões das primeiras e, deste modo, a sobrepressão resultante é atenuada. Conclui-se, então, que são mais perigosas as manobras de duração inferior ao tempo de fase do que as de duração superior ao tempo de fase. As primeiras são designadas por "manobras rápidas" e as segundas por "manobras lentas".

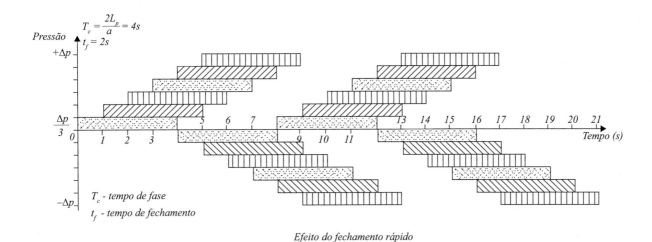

FIGURA 1.56 Efeito do fechamento lento da válvula.

II Escoamento na chaminé de equilíbrio

No momento em que a onda de sobrepressão atinge a base da chaminé, todo o fluido contido no *penstock* se encontra em repouso e uma massa de água percorre o conduto forçado, que liga o reservatório à chaminé, em direção ao *penstock*. Como a vazão não pode escoar para jusante, acumula-se na chaminé de equilíbrio, fazendo subir o nível da superfície livre. Ao mesmo tempo que o nível sobe, diminui a inclinação da linha de energia existente entre o reservatório e a chaminé, isto é, aparece uma contrapressão que se opõe ao escoamento do reservatório para a chaminé. Em virtude da inércia do escoamento, o nível na chaminé de equilíbrio ultrapassa o nível do reservatório, até atingir um nível máximo. A partir desse momento, o sentido do escoamento no conduto forçado inverte-se, passando a fluir da chaminé para o reservatório. Em consequência, o nível na chaminé começa a descer, reduz-se a vazão que circula da chaminé para o reservatório até que se inverte novamente o sentido do escoamento e o fenômeno se repete sucessivamente. Pode parecer, à primeira vista, que há interferência entre os fenômenos que se passam no *penstock* e os que se verificam no sistema reservatório – conduto forçado – chaminé. Essa interferência existe de fato, mas é insignificante devido à diferença dos períodos dos dois fenômenos. O período do golpe de aríete é da ordem de alguns segundos, enquanto o período de oscilação de massa na chaminé de equilíbrio é da ordem de vários minutos. Caso não ocorressem perdas de carga no conduto forçado, as oscilações, na chaminé, manter-se-iam indefinidamente. Contudo, devido às perdas, as flutuações são amortecidas até se anularem. Sucede que, a este fenômeno de oscilação de massa, junta-se um segundo fenômeno que complica o problema e impõe condicionamentos às dimensões da chaminé. Sabe-se que o fenômeno de elevação do nível da chaminé de equilíbrio é consequência do fechamento parcial ou total do distribuidor da turbina. Esta ação, por sua vez, é provocada por uma diminuição de potência requerida à turbina. Sabe-se que a potência que a turbina fornece é:

$$P = \gamma \times Q \times \Delta H \times \eta$$

Considerando o rendimento (η) constante, verifica-se que as variações de potência da turbina são alcançadas, em princípio, com variações da vazão, já que a altura líquida real de queda (ΔH) e o peso específico do fluido (γ) são invariantes. Quando há uma redução da vazão admitida na turbina, o nível d'água, na chaminé, sobe, em razão da inércia do escoamento no sistema, resultando no crescimento artificial de ΔH. Então o distribuidor da turbina tende a fechar ainda mais, para diminuir a vazão Q, compensando o acréscimo artificial de ΔH, já que a potência deve ser reduzida. A nova redução da vazão lança mais água na chaminé fazendo ΔH aumentar um pouco realimentando o círculo vicioso. *Vê-se que os próprios órgãos de regulação tendem a acentuar as oscilações na chaminé de equilíbrio.* No entanto, uma análise mais detalhada do fenômeno mostra que a ação dos órgãos de regulação pode ser benéfica para as oscilações na chaminé. O que interessa apresentar é que, se a seção transversal da chaminé não for suficientemente grande, as oscilações, em vez de serem amortecidas serão mantidas ou amplificadas. Vê-se que estes fenômenos impõem um valor mínimo para a seção transversal da chaminé que assegura a estabilidade de seu funcionamento. Por outro lado, há interesse em que as oscilações na chaminé sejam amortecidas o mais rapidamente possível, porque estas oscilações introduzem dificuldades na regulação da turbina. Esta interação influencia o projeto da chaminé de equilíbrio. Resulta, daí numerosos tipos de chaminés de equilíbrio. Os tipos mais usados são:

a. chaminé cilíndrica ou de seção constante

É o tipo clássico. Sua importância provém de o fato dos estudos analíticos serem mais simples.

b. chaminé com estrangulamento

Trata-se de uma chaminé em que a comunicação com o conduto forçado se faz por meio de um orifício (seção estrangulada).

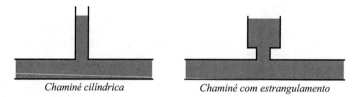

Chaminé cilíndrica *Chaminé com estrangulamento*

FIGURA 1.57 Chaminés cilíndrica e com estrangulamento.

Sabe-se que a amplitude das oscilações depende das perdas de carga que ocorrem no conduto forçado, entre o reservatório e a chaminé. O amortecimento das oscilações é consequência dessas perdas de carga. Há interesse, portanto, em aumentar as perdas de carga entre o reservatório e a chaminé, sem aumentar as perdas de carga no *penstock*, o que resultaria na redução da potência produzida. Esta é a função do orifício (estrangulamento). A perda de carga produzida no estrangulamento não interfere no escoamento reservatório-chaminé, diminuindo a amplitude das oscilações e amortecendo-as mais rapidamente.

c. chaminé com vertedouro

Esta chaminé admite que a água, nas suas oscilações, extravase por vertedor instalado em sua parte superior. Ao permitir o extravasamento, a chaminé pode ser mais baixa, sendo assim, mais econômica. Entretanto, a descarga não deve acarretar qualquer prejuízo às áreas vizinhas.

d. chaminé diferencial

A chaminé diferencial é constituída por duas ou mais câmaras. Ao menos uma delas tem seção horizontal muito menor do que as outras. As câmaras se comunicam por meio de orifícios. Durante a manobra de fechamento, a água sobe mais rapidamente na câmara de menor diâmetro como resultado da perda de carga provocada pelos orifícios. Quando o NA da câmara de menor diâmetro atinge o seu bordo superior, verifica-se o descarregamento para as outras câmaras.

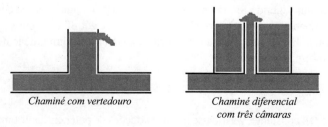

Chaminé com vertedouro *Chaminé diferencial com três câmaras*

FIGURA 1.58 Chaminés com vertedores.

e. chaminé com câmara de expansão (tipo johnson)

A chaminé do tipo johnson tem duas câmaras, uma inferior e outra superior, ligadas entre si por um poço de pequena seção. Aplica-se esta chaminé em aproveitamentos com alta queda, em que haja variação apreciável de nível de água, no reservatório, durante o ano. Neste tipo de chaminé, as elevações e abaixamentos máximos são limitados graças às câmaras de expansão.

Além dos tipos apresentados, são possíveis combinações e variações desses tipos.

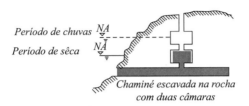

FIGURA 1.59 Chaminé tipo Johnson com câmara dupla.

1.15 CÁLCULO DAS VARIÁVEIS DO SISTEMA CONDUTO FORÇADO – CHAMINÉ - *PENSTOCK*

I Variáveis do *penstock*

No cálculo do *penstock* deseja-se determinar a sobrepressão imposta ao conduto para o correto dimensionamento da espessura de sua parede. A sobrepressão será adicionada à pressão hidrostática do aproveitamento fornecendo a coluna d'água máxima a ser suportada pela parede do conduto. Além disto, deseja-se estabelecer o tempo mínimo de fechamento da válvula que obstrui o *penstock*. Este tempo, como se viu, deve ser superior ao período do ciclo de compressão/descompressão do conduto.

O projeto tem início com a escolha da velocidade do fluxo a ser admitido no *penstock*. Velocidades maiores levam a diâmetros menores (mais econômicos) e a perdas de carga maiores resultando em quedas úteis menores (menor potência gerada). Velocidades menores levam a diâmetros maiores (mais dispendiosos) e a quedas úteis maiores (maior potência gerada). Estabelecida a velocidade do escoamento e conhecida a vazão regularizada disponível, calcula-se o diâmetro do *penstock* como se o escoamento fosse permanente.

$$A_p = \frac{Q}{V_p} \quad \therefore \quad D_p = \sqrt{\frac{4 \times Q}{\pi \times V_p}}$$

Em que:

A_p = área do *penstock* em m²
Q = vazão regularizada em m³/s
V_p = velocidade do fluxo no *penstock*, em m/s
D_p = diâmetro do *penstock* em metros

Deve ser levado em conta que a velocidade não deve ultrapassar 5 *m/s*, quando o conduto for de aço, e deve se restringir a 3 m/s em condutos de concreto. O diâmetro pode também ser escolhido com auxílio da fórmula de Bondshu para diâmetros econômicos, conforme indicado a seguir:

$$D_e = 127 \times 7\sqrt{\frac{Q^3}{H}}$$

Em que:

D_e = diâmetro econômico para o *penstock*, em centímetros
Q = vazão aduzida, em m³/s
H = queda bruta, em metros

A seguir, determina-se o módulo de elasticidade equivalente E_l do sistema, por meio da expressão.

$$\frac{1}{E_l} = \frac{1}{E_w} + \frac{1}{E_s \times \frac{\delta}{D_p}}$$

Em que:

E_l = módulo de elasticidade equivalente, em Pa;
E_w = módulo de elasticidade da água, em Pa;
E_s = módulo de elasticidade do aço ou material da parede do conduto, em N/m^2;
δ– = espessura do *penstock*, em *mm*;
D_p = diâmetro do *penstock*, em *mm*.

QUADRO 1.22 Massa específica da água (ρ)

Temperatura (°C)	0	4	10	20	30	40
Massa específica (kg/m³)	999,9	1.000,0	999,7	998,2	995,7	992,2

QUADRO 1.23 Módulo de elasticidade da água (E_w)

Temperatura (°C)	0	10	20	30	40
Módulo de elasticidade (GPa)	1,952	2,050	2,139	2,158	2,168

QUADRO 1.24 Módulo de elasticidade de materiais selecionados (E_s)

Material	E_s (GPa)
Aço	200 a 220
Alumínio	68 a 70
Concreto armado	14 a 30
Concreto	48
Cobre	110 a 134
Ferro fundido	80 a 170
Fibrocimento	24 a 30
PVC	20 a 30
Vidro	46 a 73

Como se verifica, a determinação do módulo de elasticidade equivalente requer um pré-dimensionamento da espessura do conduto. Após a determinação da sobre pressão, caso se constate a inadequação deste pré-dimensionamento, os cálculos devem ser refeitos a partir deste ponto.

A celeridade (velocidade de deslocamento) da onda de pressão é determinada da seguinte forma:

$$a = \sqrt{\frac{E_l}{\rho}}$$

Em que:

a = celeridade da onda de pressão em *m/s*
E_l = módulo de elasticidade equivalente em Pa
ρ = massa específica da água em kg/m³

O período de um ciclo de compressão/descompressão será calculado da seguinte forma:

$$T_c = \frac{2 \times L_p}{a}$$

Em que:

T_c = período do ciclo de compressão/descompressão em segundos
L_p = comprimento do *penstock* em metros
a = celeridade da onda de compressão/descompressão em m/s

Agora é possível o estabelecimento do tempo de fechamento da válvula de admissão da turbina de forma que $T_f > T_c$. Convém observar que o tempo de fechamento é inversamente proporcional à elevação máxima da pressão no *penstock*.

A elevação máxima da pressão no *penstock* acima da pressão hidrostática do sistema será calculada por:

$$\Delta H_{max} = k \times \frac{V_p \times L_p}{g \times T_f}$$

Em que:

ΔH_{max} = elevação máxima da pressão acima da pressão hidrostática em *mca*
k = coeficiente de majoração adimensional (k = 1,2 a 1,5)
V_p = velocidade do fluxo no *penstock* atribuída pelo projetista em m/s
L_p = comprimento do *penstock*, em metros
T_f = tempo de fechamento da válvula de admissão ($T_f > T_c$), em segundos

É fácil concluir desta última equação que o comprimento do *penstock* L_p é uma variável importante na determinação da sobre pressão ΔH_{max}. O *penstock* deve ser o mais curto possível. Outra variável importante é a velocidade do fluxo no *penstock*. Ela deve ser a menor possível, sugerindo o uso de diâmetro maior.

A pressão aplicada sobre o *penstock*, junto à turbina, com o sistema em equilíbrio estático é H_e.

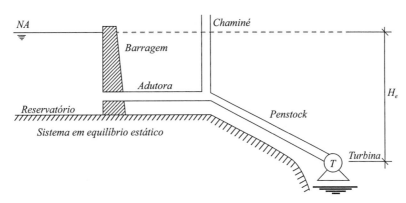

FIGURA 1.60 Pressão hidrostática sobre o *penstock*.

A pressão total sobre o *penstock* será.

$$H_T = H_e + \Delta H_{max}$$

Essa pressão, medida em metros de coluna d'água, equivale à pressão interna p, medida em *Pa*, da seguinte forma:

$$p = \gamma \times H_T$$

Em que:

p = pressão interna total no *penstock*, junto à turbina, em *Pa*
γ = peso específico da água, em N/m^3
H_T = pressão total sobre o *penstock*, junto à turbina, em *mca*

A espessura do *penstock* pode ser determinada da seguinte forma:

$$e = \frac{p \times D_p}{2 \times \sigma_s}$$

Em que:

e = espessura do *penstock*, em metros
p = pressão interna total no *penstock*, junto à turbina, em Pa
D_p = diâmetro do *penstock*, em metros
σ_s = tensão do aço, em regime elástico, em Pa

Caso esta espessura seja superior à espessura arbitrada inicialmente (δ) o módulo de elasticidade do sistema deve ser recalculado, assim como as variáveis a, T_c e ΔH_{max}.

A potência teórica do sistema é determinada da seguinte forma:

$$P_t = \gamma \times Q \times H_e$$

Em que:

P_t = potência teórica do sistema, em W
Q = vazão regularizada, em m³/s
γ = peso específico da água, em N/m³ (γ = 9.800 N/m³)
H_e = queda bruta medida entre o NA do reservatório e a cota de admissão na turbina

Nos empreendimentos de grande porte a potência é apresentada em megawatts (MW), 10^6 W, ou gigawatts, 10^9 W. A potência, algumas vezes, é apresentada em HP (*horse power*). Multiplica-se Watt por $\left(\dfrac{1}{745,7}\right)$ para se obter a potência em HP.

A potência real do sistema é determinada da seguinte forma:

$$P_r = \gamma \times Q \times (H_e - \Sigma \Delta h)$$

Em que:

P_r = potência real do sistema, em W
Q = vazão regularizada, em m³/s
$(H_e - \Sigma\Delta h)$ = queda líquida do sistema, em metros
$\Sigma\Delta h$ = somatório das perdas de carga incluindo a perda ao longo dos condutos, as perdas acidentais e a perda na entrada da turbina
γ = peso específico da água, em N/m³ (γ = 9.800 N/m³)

O trabalho produzido pelo sistema por unidade de tempo é:

$$T = P_r \times t$$

Em que:

T = trabalho produzido pelo sistema em Wh
P_r = potência real do sistema, em W
t = unidade de tempo, em horas

APLICAÇÃO 1.11.

Um conduto em aço (E_s = 205 GPa) com espessura avaliada em 2 cm, submetido à queda bruta H_e = 70,0 m, e comprimento de 950 m deve conduzir a vazão de 10 m³/s para uma turbina. Admitindo a velocidade de fluxo V_p = 4 m/s as demais características do conduto e a sobre pressão em decorrência da paragem da turbina são determinados conforme indicado a seguir.

A área da seção do conduto é determinada por:

$$A_p = \frac{Q}{V_p} = \frac{10}{4} = 2,5 \ m^2$$

O diâmetro do *penstock* é:

$$D_p = \sqrt{\frac{4 \times Q}{\pi \times V_p}} = \sqrt{\frac{4 \times 10}{3,14 \times 4}} = 1,78 \; m$$

O módulo de elasticidade do conjunto (conduto + água) é:

$$\frac{1}{E_l} = \frac{1}{E_w} + \frac{1}{E_s \times \dfrac{\delta}{D_p}}$$

$E_w = 2,029 \; GPa = 2,029 \times 10^9 \; Pa$ (para temperaturas variando entre 10 e 20 graus centígrados).
$E_s = 205 \; GPa = 205 \times 10^9 \; Pa$
$\delta = 0,02 \; m$

$$\frac{1}{E_l} = \frac{1}{20,29 \times 10^8} + \frac{1}{20,50 \times 10^{10} \times \dfrac{0,02}{1,78}} \therefore E_l = 10,787 \times 10^8 \; Pa$$

A celeridade da onda de pressão é:

$$a = \sqrt{\frac{E_l}{\rho}} = \sqrt{\frac{10,787 \times 10^8}{998}} = 1.039 \; m/s$$

O período do ciclo de compressão/descompressão é:

$$T_c = \frac{4 \times L_p}{a} = \frac{4 \times 950}{1.039} = 3,65 \; s$$

Pode-se agora estabelecer o tempo de fechamento da válvula de admissão à turbina em 10 segundos ($T_f > T_c$).
A sobrepressão no *penstock* será:

$$\Delta H_{máx} = k \times \frac{V_p \times L_p}{g \times T_f}$$

Em que:

$k = 1,5$
$V_p = 4,0$ m/s (escolhida inicialmente)

$$\Delta H_{máx} = 1,5 \times \frac{4 \times 950}{9,81 \times 10} = 58,10 \; mca$$

Admitindo $H_e = 70 \; m$, tem-se a carga total:

$H_T = H_e + \Delta_{max}$
$H_T = 70 + 58,10 = 128,10 \; mca$

Esta coluna d'água pode ser expressa como pressão interna, em *Pa*, da seguinte forma:

$p = \gamma \times H_T$
$p = 9.800 \times 128,10 = 1.255.380,0 \; Pa \qquad p = 1,255 \; MPa$

Admitindo a tensão do aço, em regime elástico, $\sigma_s = 150 \; MPa$ calcula-se a espessura necessária ao *penstock*, da seguinte forma:

$$e = \frac{p \times D_p}{2 \times \sigma_s}$$

$$e = \frac{1,255 \times 10^6 \times 1,78}{2 \times 150 \times 10^6} = 7,44 \times 10^{-3} \; m$$

A este valor acrescenta-se uma espessura que será destruída pelo ataque químico da água durante a vida útil do *penstock*. Neste caso, arbitra-se 1 cm de espessura. A espessura total do *penstock* deve ser então:

$$e_{total} = 7,44 \times 10^{-3} + 0,01 = 0,017\ m\ (1,7\ cm)$$

Como foi inicialmente arbitrada a espessura de 2 cm, o dimensionamento é considerado satisfatório. Pode-se adotar a espessura de 2 cm como valor final caso as análises de custo considerem a proposta aceitável.

II Variáveis da chaminé

Na determinação das características da chaminé importa definir a área da seção transversal da chaminé e a variação do NA no seu interior. A área mínima da chaminé será determinada por meio da equação.

$$A_{min} = n \times \frac{L_a \times A_a}{2 \times g \times \beta \times H_a}$$

Em que:

A_{min} = área mínima da seção transversal da chaminé, em m²
n = coeficiente de segurança variando entre 1,2 e 1,5
L_a = comprimento da adutora entre o reservatório e a chaminé, em metros
A_a = área da seção transversal da adutora, em m²
g = aceleração da gravidade, em m/s^2
β = coeficiente de resistência da adutora
H_a = queda líquida, em metros

$$H_a = H_0 - \beta V_a^2$$

H_0 = diferença de cotas entre o NA do reservatório e o eixo da adutora na seção da chaminé ou queda bruta da adutora
V_a = velocidade do escoamento na adutora, em metros

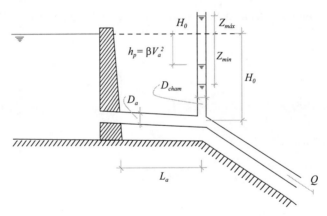

FIGURA 1.61 Variáveis da chaminé de equilíbrio.

O diâmetro mínimo da adutora deve ser escolhido de forma que a perda de carga entre o reservatório e a chaminé produza uma perda de carga igual a 1% da queda bruta.

Segundo Strickler a velocidade nos condutos sob pressão pode ser calculada por:

$$V_a = K \times R_a^{2/3} \times J_a^{1/2}$$

Desta expressão resulta que:

$$V_a = K \times R_a^{2/3} \times \left(\frac{h_p}{L_a}\right)^{1/2}$$

$$h_p = \frac{V_a^2 \times L_a}{K^2 \times R_a^{4/3}} = \beta \times V_a^2$$

$$\beta = \frac{L_a}{K^2 \times R_a^{4/3}}$$

K = coeficiente de velocidade de Manning-Strickler
R_a = raio hidráulico da adutora, em metros
H_a = queda líquida entre o reservatório e a chaminé, ou seja, a queda bruta da qual se exclui a perda de carga entre estes pontos, em metros, será:

$$H_a = H_0 - \beta \times V_a^2$$

H_0 = queda bruta entre o NA do reservatório e a chaminé, em metros
V_a = velocidade do fluido na adutora, em m/s
J_a = perda de carga por unidade de comprimento da adutora, em *m/m*

QUADRO 1.25 Coeficientes de Manning-Strickler

Materiais	K
Concreto com forma metálica	90 a 100
Ferro fundido novo	90
Ferro fundido em uso	70
Aço com grande diâmetro	60 a 92
Aço sem solda	100
Galeria em rocha lisa	73
Galeria em rocha, fundo em concreto	45 a 52
Galeria sem revestimento (rocha sem tratamento)	32 a 44

O diâmetro da chaminé será determinado por:

$$D_{cham} = \sqrt{\frac{4 \times A_{min}^*}{\pi}}$$

Em que:

D_{cham} = diâmetro da chaminé, em metros

A_{min}^* = área mínima da chaminé arredondada para mais, em m²

A amplitude das oscilações na chaminé é calculada por meio de:

$$a^* = V_a \times \sqrt{\frac{L_a \times A_a}{g \times A_{min}^*}}$$

Em que:

a^* = amplitude das oscilações da chaminé, em metros
V_a = velocidade do escoamento na adutora, em metros

O período de oscilação do NA na chaminé é:

$$T = 2\pi \times \sqrt{\frac{L_a \times A_{min}^*}{g \times A_a}}$$

Em que:

T = período de oscilação do NA na chaminé, em segundos
L_a = comprimento da adutora, em metros

A^*_{min} = área mínima da chaminé arredondada para mais, em m²
g = aceleração da gravidade, em m/s²
A_a = área da seção da adutora em m²

A maior elevação do nível da chaminé é determinada por:

$$Z_{max} = y_{max} \times a^*$$

Em que:

Z_{max} = maior elevação do nível da chaminé, em metros
a^* = amplitude da oscilação na chaminé
y_{max} = coeficiente de máxima elevação a ser aplicado sobre a amplitude

$$y_{max} = 1 - 0{,}6 \times m_0$$

$$m_0 = c_2 \times \frac{\frac{V_a^2}{2 \times g}}{a^*}$$

$$c_2 = 1 + \frac{f \times L_a}{D_a}$$

f = coeficiente numérico adimensional da fórmula racional ($f = 0{,}02$).
A depressão máxima da chaminé é determinada por:

$$Z_{min} = y_{min} \times a^*$$

Em que:

Z_{min} = máxima depressão do nível d'água da chaminé, em metros
a^* = amplitude da oscilação na chaminé, em metros
y_{min} = coeficiente de máxima depressão a ser aplicado sobre a amplitude

$$y_{min} = -1 - \frac{1}{8} \times m_0$$

APLICAÇÃO 1.12.

Uma adutora liga um reservatório a uma chaminé de equilíbrio conduzindo a vazão de 12,5 m^3/s. O diâmetro da adutora é 2,0 m, seu comprimento é 1.000 m e o coeficiente de rugosidade de Manning Strickler é 90. Há uma queda bruta de 160 m entre o NA do reservatório e a chaminé de equilíbrio. As características físicas e de funcionamento da chaminé de equilíbrio são determinadas como é indicado a seguir.

A área mínima da chaminé é:

$$A_{min} = n \times \frac{L_a \times A_a}{2 \times g \times \beta \times H_a}$$

Em que:

$n = 1{,}5$ adotando um coeficiente de segurança de 50%
$L_a = 1.000$ m

$$A_a = \frac{\pi \times D_a^2}{4} = \frac{3{,}14 \times 2{,}0^2}{4} = 3{,}14 \; m^2$$

$$\beta = \frac{L_a}{K^2 \times R_a^{4/3}} = \frac{1.000}{90^2 \times \left(\frac{2}{4}\right)^{4/3}} = 0{,}311$$

Observe-se que: $R_a = \dfrac{A_a}{P_a} = \dfrac{\pi \times \dfrac{D_a^2}{4}}{\pi \times D_a} = \dfrac{D_a}{4}$

$$H_a = H_0 - \beta \times V_a^2 = 160 - 0{,}311 \times \left(\dfrac{12{,}5}{3{,}14}\right)^2 = 155{,}0\ m$$

$$A_{min} = 1{,}5 \times \dfrac{1.000 \times 3{,}14}{2 \times 9{,}81 \times 0{,}311 \times 155{,}0} = 4{,}98\ m^2$$

Como a área mínima da chaminé é 4,98 m², valor pouco superior à área 3,14 m² da adutora, para o diâmetro é 2,0 m, conclui-se sobre a necessidade de arbitrar diâmetro da chaminé superior ao inicialmente proposto. Adotando o diâmetro da chaminé de 5 m (D_{cham} = 5 m) obtém-se a área:

$$A_{min}^* = \dfrac{\pi \times D_{cham}^2}{4} = \dfrac{\pi \times 5^2}{4} = 19{,}62\ m^2$$

A amplitude das oscilações na chaminé será:

$$a* = V_a \times \sqrt{\dfrac{L_a \times A_a}{g \times A_{min}^*}}$$

$$a* = \left(\dfrac{12{,}5}{3{,}14}\right) \times \sqrt{\dfrac{1.000 \times 3{,}14}{9{,}81 \times 19{,}62}} = 16{,}0\ m$$

Nas quais:

L_a = comprimento da adutora
A_a = área da adutora
A_{min}^* = área da chaminé
V_a = velocidade de escoamento na adutora

O período de oscilação do NA na chaminé é:

$$T = 2 \times \pi \times \sqrt{\dfrac{L_a \times A_{min}^*}{g \times A_a}} = 2 \times 3{,}14 \times \sqrt{\dfrac{1.000 \times 19{,}62}{9{,}81 \times 3{,}14}} = 158\ s$$

A maior elevação do NA na chaminé será:

$$Z_{máx} = y_{máx} \times a*$$
$$y_{máx} = 1 - 0{,}6 \times m_0$$
$$m_0 = c_2 \times \dfrac{\dfrac{V_a^2}{2 \times g}}{a*}$$
$$c_2 = 1 + \dfrac{f \times L_a}{D_a}$$

$$y_{máx} = 1 - 0{,}6 \times \left[\left(1 + \dfrac{f \times L_a}{D_a}\right) \times \left(\dfrac{\dfrac{V_a^2}{2 \times g}}{a*}\right)\right]$$

$$y_{máx} = 1 - 0{,}6 \times \left[\left(1 + \dfrac{0{,}02 \times 1.000}{2{,}0}\right) \times \left(\dfrac{\dfrac{3{,}98^2}{2 \times 9{,}81}}{16}\right)\right] = 0{,}6669$$

$$Z_{máx} = 0{,}6669 \times 16 = 10{,}67\ m$$

Nas quais:

y_{max} = coeficiente de máxima elevação
$a*$ = amplitude da oscilação
V_a = velocidade de escoamento na adutora

$$A_a = \frac{\pi \times 2^2}{4} = 3{,}14 \ m^2$$

$$V_a = \frac{Q}{A_a} = \frac{12{,}5}{3{,}14} = 3{,}98 \ m/s$$

A maior depressão do NA na chaminé será:

$$Z_{min} = y_{min} \times a*$$

$$y_{min} = -1 - \frac{1}{8} \times m_0$$

$$y_{min} = -1 - \frac{1}{8} \times \left[\left(1 + \frac{0{,}02 \times 1000}{2{,}0}\right) \times \left(\frac{\frac{3{,}98^2}{2 \times 9{,}81}}{16}\right)\right] = -1{,}069$$

$$Z_{min} = -1{,}069 \times 16 = -17{,}1 \ m$$

1.16 DISPOSITIVOS PARA ATENUAR OS EFEITOS DO GOLPE DE ARÍETE NO *PENSTOCK*

Viu-se que o efeito da manobra do distribuidor da turbina está intimamente ligado à duração dessa manobra, em relação ao tempo de fase. Viu-se, também, que, no caso de instalação hidrelétrica, a manobra mais desfavorável, é a que corresponde ao corte total e brusco da vazão no *penstock*. Em consequência, há necessidade de tornar as manobras de fecho tão lentas quanto possível, em relação ao tempo de fase. Existem dois processos para conseguir esse efeito. O primeiro consiste em diminuir o tempo de fase. O segundo implica em aumentar a duração absoluta da manobra. O tempo de fase é definido por $\frac{2L}{a}$. Sabe-se que a celeridade da frente de onda, a, depende da natureza da parede, sua espessura e do diâmetro do *penstock* e, ainda, da compressibilidade da água. Portanto, não é fácil alterar o valor do tempo de fase. O comprimento do *penstock* é a única grandeza passível de modificação. Diminuindo o comprimento do *penstock*, reduz-se o tempo de fase. A interposição da chaminé de equilíbrio, entre a turbina e o reservatório, contribui para esta redução. Para aumentar a duração absoluta da manobra de fecho, utilizam-se dispositivos mecânicos nas turbinas. Esses dispositivos são diferentes, conforme se trata de turbina de ação ou de reação. Nas turbinas de ação (turbinas Pelton) existe, na extremidade do *penstock*, um injetor ou vários injetores, por meio dos quais saem jatos de água à alta velocidade, em contato com a atmosfera, que vão incidir sobre as pás de uma roda, fazendo-a girar.

Em cada injetor, o valor da vazão admitida na turbina é comandado por uma peça fusiforme – a agulha – que pode avançar ou recuar em relação ao orifício do injetor. No injetor, existe uma placa metálica, chamada defletor, que fica elevada, acima do jato, durante o funcionamento normal. No caso da cessação brusca da potência demandada à turbina, em vez da agulha fechar instantaneamente o orifício do injetor, o que daria lugar a golpe de aríete grave no *penstock*, o defletor desce e se interpõe ao jato, desviando-o e impedindo que este atinja a roda. Ao mesmo tempo, com uma duração apreciável, a agulha do injetor fecha, obturando a saída do *penstock*. Consegue-se, assim, que a vazão que incide sobre a roda cesse instantaneamente, mas que o fechamento do *penstock* seja gradual. Nas turbinas de reação deve ser adotada outra estratégia. Nas turbinas Francis e Kaplan, o *penstock* se comunica com a turbina por meio de uma câmara, em forma de espiral, sem que haja contato da veia liquida com a atmosfera. O dispositivo usado nestas turbinas consiste numa derivação do *penstock*, situado um pouco a montante da turbina, obturado por uma válvula, chamada válvula síncrona, de tal modo que, quando o distribuidor, que comanda a admissão da vazão na turbina fecha, a válvula síncrona abre, e desvia a vazão que circula no *penstock*. A válvula síncrona fecha gradualmente, conseguindo-se o mesmo resultado alcançado com o defletor da turbina Pelton. Assim, a vazão admitida na turbina passa, instantaneamente, a ser nula, mas a vazão que circula no *penstock* tem uma diminuição gradual, atenuando-se os efeitos do golpe de aríete.

1.17 ESFORÇOS APLICADOS SOBRE O CONDUTO FORÇADO

Os esforços que agem sobre o conduto forçado resultam do peso próprio do conduto e do fluido conduzido, da pressão do fluido sobre as paredes do conduto, da abertura e fechamento de válvulas (transiente), de mudanças de temperatura (quando o conduto está acima da superfície do solo), mudanças de diâmetro da seção, inserção de juntas e peças especiais, esforços transversais resultantes do alongamento ou retração do conduto, de atrito entre o conduto e seus pontos de fixação, das tensões decorrentes do recobrimento de solo quando a adutora é enterrada, do movimento do terreno e recalques dos pontos de apoio. Esses esforços não agem continuamente, nem simultaneamente.

Em primeiro lugar convém considerar os casos das adutoras enterradas e as posicionadas acima do solo. Quando enterradas, em consequência do completo apoio e do efeito isolante do solo, perdem importância os esforços resultantes do peso próprio do conduto e do fluido, assim como, da variação de temperatura. Essa última, no entanto, constitui um fator crítico quando a adutora está vazia, sobre a superfície do solo, sendo submetida à ação do sol ou à temperatura da madrugada de inverno. Pode-se, então, considerar algumas situações típicas conforme descrito a seguir.

a. Esforços importantes na adutora, em funcionamento, enterrada em terreno resistente relativamente plano:
   - pressão do fluido
   - velocidade do fluido
   - abertura e fechamento de válvulas (transiente)
   - variação do diâmetro da seção (quando se aplica)
   - juntas de ligação (quando se aplica)
b. Esforços importantes na adutora, em funcionamento, apoiada em pontos de fixação, sobre o solo relativamente plano:
   - peso próprio da adutora
   - peso do fluido
   - pressão do fluido
   - expansão radial da adutora
   - velocidade do fluido
   - abertura e fechamento de válvulas (transiente)
   - variação do diâmetro da seção (quando se aplica)
   - juntas de ligação (quando se aplica)
   - atrito nas juntas de dilatação (quando se aplica)
   - atrito entre conduto e selas (pontos de apoio)

   Observação: Quando a junta de dilatação funciona adequadamente, o atrito entre conduto e sela pode ser desprezado.
c. Esforços importantes na adutora **vazia** apoiada em pontos de fixação (selas), sobre o solo relativamente plano:
   - peso próprio da adutora
   - variação de temperatura na parede do conduto
   - expansão radial da adutora
   - atrito nas juntas de dilatação (quando se aplica)
d. Esforços importantes na adutora, em funcionamento, apoiada em pontos de fixação, sobre o solo com grande declividade:
   - componente do peso próprio do conduto na direção do eixo do conduto
   - componente do peso do fluido na direção do eixo do conduto
   - pressão do fluido
   - expansão radial da adutora
   - velocidade do fluido
   - abertura e fechamento de válvulas (transiente)
   - variação do diâmetro da seção (quando se aplica)
   - juntas de ligação (quando se aplica)
   - atrito nas juntas de dilatação (quando se aplica)
   - atrito entre conduto e selas (pontos de apoio)
e. Esforços importantes na adutora cheia apoiada em pontos de fixação, submetida à pressão estática correspondente à diferença entre o nível d'água do reservatório e a cota do eixo da adutora na seção considerada:
   - peso próprio da adutora
   - peso do fluido
   - pressão do fluido
   - expansão radial da adutora

- variação de temperatura na parede do conduto (para tempos longos)
- atrito nas juntas de dilatação (quando se aplica)

Os referidos esforços, quando considerados individualmente, são traduzidos da forma apresentada a seguir.

I Força oriunda do peso próprio do conduto

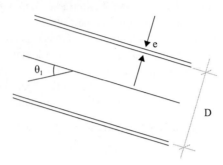

FIGURA 1.62 Ação do peso próprio sobre o conduto.

$$F_{pp} = \gamma_c \times \frac{\pi}{4} \times \left[(D + 2 \times e)^2 - D^2\right] \times L_s$$

Em que:

γ_c = peso específico do material da parede do conduto (N/m^3)
D = diâmetro interno do conduto (m)
e = espessura da parede do conduto (m)
L_s = distância entre apoios vizinhos (m)
F_{pp} = força oriunda do peso próprio do conduto (N)

A força do peso próprio pode ter uma componente na direção do escoamento calculado por:
$F_{ppf} = F_{pp} \times \operatorname{sen} \theta_1$

II Força oriunda do peso do fluido

$$F_a = \gamma_a \times \frac{\pi \times D^2}{4} \times L_s$$

Em que:

γ_a = peso específico da água (N/m^3)
F_a = força oriunda do peso da água (N)
D = diâmetro interno do conduto

III Força de atrito entre conduto-sela

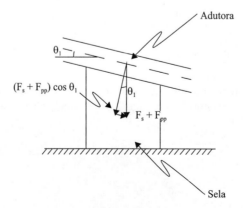

FIGURA 1.63 Conduto sobre a sela.

$$F_s = k_a \times \mu \times (F_{pp} + F_a) \times \cos\theta_1$$

Em que:

μ = coeficiente de atrito conduto-sela (μ = 0,25)
F_s = força de atrito conduto-sela
F_{pp} = força de atrito oriunda do peso próprio do conduto (N)
F_a = força oriunda do peso da água (N)
k_a = coeficiente de majoração (k = 1,1)

A força de atrito se opõe ao deslocamento do conduto. O coeficiente de majoração considera o esforço de atrito com folga de 10%.

IV Força devida à pressão

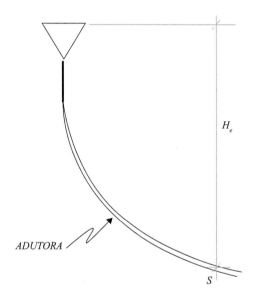

FIGURA 1.64 Pressão devido à coluna d'água.

$$F_p = \gamma_a \times H_D \times \frac{\pi \times D^2}{4}$$

Em que:

D = diâmetro interno do conduto (m)
H_D = carga estática na seção S acrescida da sobrepressão devida ao golpe de aríete ΔH (m)

$$H_D = H_e + \Delta H$$

γ_a = peso específico do fluido (N/m^3)
F_p = força devida à pressão (N)

V Força devida à velocidade

$$F_v = m \times v = \frac{Q \times \gamma_a}{g} \times \frac{Q}{\frac{\pi \times D^2}{4}} = \frac{4 \times \gamma_a}{g \times \pi} \times \left(\frac{Q}{D}\right)^2$$

Em que:

γ_a = peso específico do fluido (N/m^3)
G = aceleração da gravidade (m/s^2)
Q = vazão conduzida (m^3/s)
D = diâmetro interno do conduto (m)
F_v = força devida à velocidade (N)

Este esforço costuma ser baixo nas adutoras em que a velocidade não é expressiva.

VI Força devida à pressão agindo na junta ou luva de dilatação

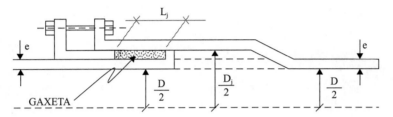

FIGURA 1.65 Junta de dilatação entre dois condutos.

$$F_{pj} = \gamma_a \times H_D \times A_j = \gamma_a \times H_D \times \frac{\pi}{4} \times \left(D_j^2 - D^2\right)$$

Em que:

γ_a = peso específico do fluido (N/m^3)
H_D = carga estática na seção da junta acrescida da sobreposição devida ao golpe de aríete ΔH (m)
$H_D = H_e + \Delta H$
D_j = diâmetro da bolsa na junta de dilatação (m)
D = diâmetro interno do conduto (m)
A_j = área da junta submetida à carga H_D (m^2)

$$A_j = \frac{\pi \times D_j^2}{4} - \frac{\pi \times D^2}{4} = \frac{\pi}{4} \times \left(D_j^2 - D^2\right)$$

F_{jd} = força devida à junta de dilatação (N)

VII Força devida ao atrito na junta ou luva de dilatação

$$F_{aj} = \mu_j \times \gamma_a \times H_D \times A_{lj} = \mu_j \times \gamma_a \times H_D \times \pi \times D_j \times L_j$$

Em que:
μ_j = coeficiente de atrito na junta ($\mu_j = 0{,}3$)
γ_a = peso específico do fluido (N/m^3)
H_D = carga estática na seção da junta acrescida da sobrepressão devida ao golpe de aríete ΔH (m)

$$H_D = H_e + \Delta H$$

A_{lj} = área lateral de contato entre a gaxeta e o conduto (m^2)
$A_{lj} = \pi \times D_j \times L_j$
L_j = comprimento da gaxeta (m)
D_j = diâmetro da bolsa na junta de dilatação (m)
F_{aj} = força devida ao atrito na junta de dilatação (N)

VIII Força devida à expansão radial da adutora

$$F_r = \gamma_a \times H_D \times \frac{\pi \times D^2}{2 \times m}$$

Em que:

γ_a = peso específico do fluido (N/m^3)
H_D = carga estática na seção da junta acrescida da sobrepressão devida ao golpe de aríete ΔH (m)
$H_D = H_e + \Delta H$
D = diâmetro interno do conduto (m)
m = módulo de Poisson
v = coeficiente de Poisson

$$m = \frac{1}{v}$$

F_r = força devida à expansão radial da adutora (N)

O coeficiente de Poisson (v) varia entre 0,2 e 0,3 para uma coleção de materiais usados na fabricação de condutos. Habitualmente, adota-se $v = 0{,}3$ e $m = \frac{1}{0{,}3} = 3{,}3$ Nas tubulações providas com luvas de dilatação este esforço **não deve** ser considerado.

IX Força devida à variação de seção

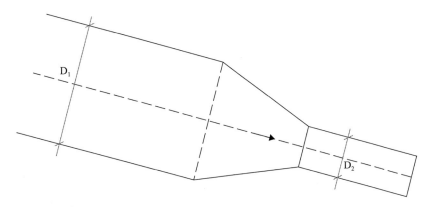

FIGURA 1.66 Variação de seção na adutora.

$$F_{vs} = \gamma_a \times H_D \times \frac{\pi}{4} \times \left(D_1^2 - D_2^2\right)$$

Em que:

γ_a = peso específico do fluido (N/m^3)
H_D = carga estática na seção da variação de seção acrescida da sobrepressão devida ao golpe de aríete ΔH (m)
D_1 = diâmetro a montante (m)
D_2 = diâmetro a jusante (m)
F_{vs} = força devida à variação de seção (N)

Quando $D_1 > D_2$ a força F_{vs} terá o mesmo sentido das demais forças. Quando $D_1 > D_2$ a força F_{vs} terá sentido oposto às demais forças e pode ser desconsiderada em favor da segurança.

X Força devida à variação de temperatura

$$F_t = \pm \alpha \times E \times f \times \Delta t = \pm \alpha \times E \times \pi \times (e+D) \times e \times \Delta t$$

Em que:

α = coeficiente de dilatação linear do material
$\alpha = 14 \times 10^{-6}$ (aço), $\alpha = 25 \times 10^{-6}$ (alumínio), $\alpha = 10 \times 10^{-6}$ (cobre)
E = módulo de elasticidade (P_a) valores no Quadro 1.24
f = área da seção transversal do conduto (m^2)

$$f = \pi \times (e+D) \times e$$

Δt = variação da temperatura (°C)
F_t = força devida à variação de temperatura (N)

Esta força é independente do comprimento da adutora. Deve ser calculada para verificação da estabilidade ao tombamento das selas quando a adutora estiver vazia posicionada acima da superfície.

Os esforços apresentados devem ser adicionados, na forma mostrada na Figura 1.67, na composição do carregamento mais desfavorável para a seção da adutora em consideração. As seções críticas correspondem àquelas marcadas por mudanças de direção. Tanto quanto for possível, as alterações de direção devem ficar contidas em um plano horizontal ou vertical. Curvas tridimensionais nos condutos levam a soluções geométricas mais complexas na determinação da direção da resultante dos esforços aplicados.

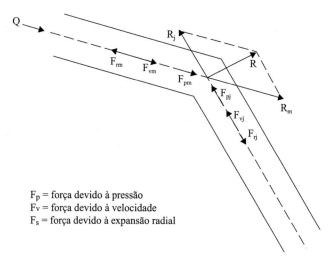

FIGURA 1.67 Mudança de direção de adutora enterrada segundo plano horizontal.
Nota: O índice *m* caracteriza esforço de montante e o índice *j*, esforço de jusante.

Na seção mostrada na Figura 1.67, os esforços correspondentes ao peso próprio, peso do fluido e atrito entre conduto-sela não foram considerados por ser a adutora enterrada. Pela mesma razão não foi utilizada luva de dilatação nem foi considerado o esforço devido à variação de temperatura. A expansão radial tende a encurtar o conduto gerando esforços contrários aos demais citados. Alguns projetistas desprezam esta força em favor da segurança. A ação conjugada dos esforços aplicados a montante origina uma resultante R_m. O mesmo se dá a jusante, gerando R_j. A composição destas duas forças gera uma resultante R responsável por possível deslocamento da adutora.

Para dar estabilidade às adutoras enterradas pode ser utilizado o bloco de reação conforme indicado na Figura 1.68. O eixo longitudinal do bloco (maior dimensão) deve ser orientado segundo a direção da resultante. O atrito da face de apoio do bloco com o solo deve ser suficiente para evitar qualquer deslocamento do bloco.

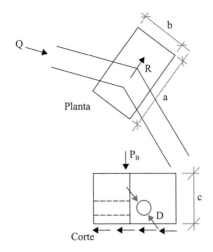

FIGURA 1.68 Bloco de reação em conduto enterrado – curva segundo plano horizontal.

O atrito será determinado por:

$$F_{atrito} = k_A \times \varphi \times P_B = k_A \times \varphi \times (a \times b \times c) \times \gamma_c$$

Em que:

P_B = peso do bloco (N)
γ_c = peso específico do concreto (N/m^3)
a; b; c = dimensões do bloco (m)
φ = coeficiente de atrito bloco/solo
$\varphi = 0{,}3$ – concreto/rocha
$\varphi = 0{,}25$ – concreto/argila compacta
k_A = coeficiente de segurança que varia entre 1,0 e 1,5

As dimensões a, b, c devem respeitar algumas medidas mínimas, tais como:

$$a \geq 3 \times D; \quad b \geq 2 \times D; \quad c \geq 2 \times D$$

Sendo D o diâmetro do conduto.

Deve-se, ainda, verificar a estabilidade do bloco quanto ao esmagamento do solo, da seguinte forma:

$$\sigma_B = k_E \times \frac{P_B}{a \times b} = k_E \times \frac{(a \times b \times c) \times \gamma_c}{a \times b} = k_E \times c \times \gamma_c$$

Em que:

a, b = dimensões da superfície de apoio do bloco (m)
P_B = peso do bloco (N)
c = altura do bloco (m)
k_E = coeficiente de segurança ao esmagamento que varia entre 1,0 e 1,5
σ_B = tensão aplicada pelo bloco sobre o solo (N/m^2)

A tensão σ_B deve ser menor do que a tensão resistente do solo. O bloco de reação não é avaliado segundo possível tombamento em razão da posição da resultante em relação ao eixo do bloco. Quando a adutora ou linha de recalque está instalada sobre pontos de apoio (selas), acima do solo, devem ser considerados outros esforços tais como: peso próprio do conduto e da água, força de atrito entre conduto-sela, força de pressão agindo na luva de dilatação e na gaxeta. Neste caso não cabe o bloco de reação, substituído pelo bloco de ancoragem. Deve ser avaliada a resistência ao escorregamento, o possível esmagamento do solo e garantir a estabilidade do bloco de ancoragem em relação ao tombamento.

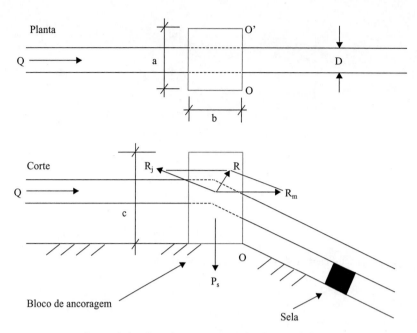

FIGURA 1.69 Bloco de ancoragem em conduto apoiado sobre selas – curva segundo plano vertical.

O tombamento se daria em torno da aresta inferior do bloco de ancoragem a jusante do escoamento (oo′). Para evitar o tombamento, o peso P_B do bloco deve se opor ao momento produzido pela resultante, da seguinte forma: $P_B \times \dfrac{b}{2} > R \times \dfrac{c}{2}$, conforme mostra a Figura 1.70.

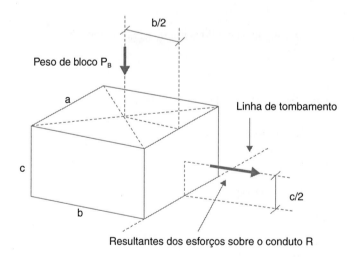

FIGURA 1.70 Verificação do tombamento do bloco de ancoragem.

Essas forças, por serem coplanares, têm uma resultante. Um critério seguro de projeto para avaliar a resistência ao tombamento seria verificar se esta resultante passa no terço central da dimensão b.

APLICAÇÃO 1.13.

Uma adutora de 400 mm de diâmetro interno, espessura de 5 mm, transporta a vazão de 251,2 *l/s*, submetida à pressão estática de 60 *mca* e sobre elevação de pressão de 20 *mca*, enterrada em terreno relativamente plano. Em determinada seção a adutora descreve uma curva de 30°. O bloco de reação para dar estabilidade à seção considerada tem suas dimensões determinadas da seguinte forma:

Força devida à pressão: $F_p = \gamma_a \times H_D \times \dfrac{\pi \times D^2}{4}$

$$F_p = 9.800 \times (60 + 20) \times \dfrac{3,14 \times 0,4^2}{4} = 98.470 \ N$$

Força devida à velocidade: $F_v = \dfrac{4 \times \gamma_a}{g \times \pi} \times \left(\dfrac{Q}{D}\right)^2$

$$F_v = \dfrac{4 \times 9.800}{9,81 \times 3,14} \times \left(\dfrac{0,251}{0,4}\right)^2 = 501 \ N$$

Força devida à expansão radial: $F_r = \gamma_a \times H_D \times \dfrac{\pi \times D^2}{2 \times m}$

$$F_r = 9.800 \times (60 + 20) \times \dfrac{3,14 \times 0,4^2}{2 \times 3,3} = 59.679 \ N$$

Não foram consideradas as forças devidas à junta de dilatação, à variação de temperatura, atrito entre conduto-sela, devida ao peso próprio do conduto e da água, por ser a adutora enterrada. As resultantes de montante e jusante terão o seguinte valor:

$$F_m = F_j = 98.470 + 501 - 59.679 = 39.292 \ N$$

A resultante total terá o seguinte valor: $\dfrac{R}{2} = 39.292 \times \cos 75° \therefore R = 20.339 \ N$

O valor da resultante foi calculado considerando os ângulos mostrados na Figura 1.71.

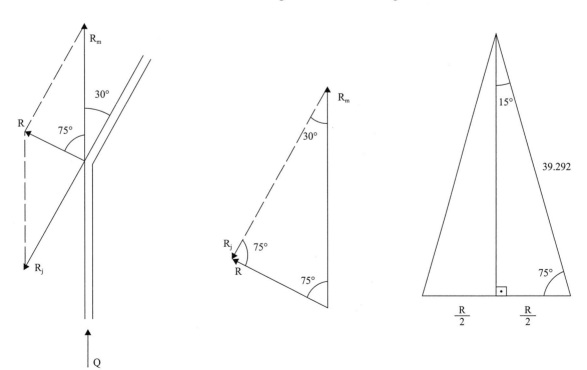

FIGURA 1.71 Resultante das forças aplicadas sobre os condutos.

As dimensões do bloco de reação serão determinadas, por tentativas, a partir das dimensões mínimas.

$$a = 3 \times 0,4 = 1,2\ m;\ b = 2 \times 0,4 = 0,8\ m;\ c = 2 \times 0,4 = 0,8\ m$$

O peso deste bloco será: $P_B = a \times b \times c \times \gamma_c = 1,2 \times 0,8 \times 0,8 \times 23.520 = 18.063\ N$

Como o peso do bloco de reação é bastante inferior à resultante das forças aplicada sobre esse bloco, as suas dimensões devem ser revistas para cima.

QUADRO 1.26 Dimensionamento do bloco de reação

	a	b	c	P_B (N)	F_{atrito} (N)	
+40%	1,68	1,12	1,12	49.565	9.913	(F_{atrito} < 20.339)
+80%	2,16	1,44	1,44	105.354	21.069	OK

Adotando $a = 2,15;\ b = 1,45,\ c = 1,45;\ k_A = 1,2$ e $\varphi = 0,17$
O peso do bloco será:

$$P_B = 2,15 \times 1,45 \times 1,45 \times 23.520 = 106.319\ N$$

A tensão aplicada sobre o solo será:

$$F_{atrito} = k_A \times \varphi \times P_B$$

$$\sigma_B = 1,2 \times 0,17 \times 106.319 = 21.689\ N$$

Como a força resistente é superior à resultante dos esforços (R = 20.339 N) o bloco de reação é considerado estável.

Um solo pouco resistente resiste à tensão $\sigma_s = 0,5\ kgf/cm^2$ ou $\sigma_S = \dfrac{0,5 \times 9,8}{0,0001} = 49.000\ N/m^2$.

O bloco será, portanto, estável em relação ao esmagamento do solo já que exercerá a pressão:

$$\sigma_B = \dfrac{P_B}{2,15 \times 1,45} = \dfrac{106.319}{2,15 \times 1,45} = 34.103,9\ N/m^2$$

Capítulo 2

Bomba

2.1 DEFINIÇÃO

A bomba é um equipamento que opera associada a um conjunto de condutos, com o objetivo de elevar (recalcar) água de uma fonte natural ou artificial, onde ela está disponível, para reservatório elevado, a partir do qual será consumida. Os sistemas de adução (transporte) de fluidos por gravidade podem operar com bombas quando a vazão precisa ser aumentada durante as horas de maior demanda. As bombas também são utilizadas no transporte de outros líquidos, tais como, querosene, óleo diesel, nafta etc. A água, no entanto, é o elemento para o qual se aplica a maior parcela das considerações deste capítulo que tem por objetivo analisar a aplicação das bombas nos sistemas de captação, adução e distribuição de água para consumo humano.

2.2 APLICAÇÃO PRÁTICA

É difícil imaginar um sistema hidráulico que dispense o uso de bombas. Mesmo os sistemas de captação de águas pluviais ou de esgotos domésticos que funcionam basicamente por gravidade requerem a aplicação de bombas, quando a coleta da água pluvial ou esgoto bruto se faz em cota inferior a dos condutos principais. As bombas são utilizadas intensivamente nos sistemas de irrigação por aspersão, na transposição de bacias, no abastecimento de água de prédios altos, na captação de água em rios e reservatórios etc.

2.3 TIPOS DE BOMBAS

Macintyre classifica as bombas como: de deslocamento positivo, turbo bombas e bombas especiais. As bombas de deslocamento positivo possuem uma ou mais câmaras em cujo interior o movimento de um elemento propulsor comunica energia de pressão ao líquido, provocando o seu deslocamento. As bombas de êmbolo ou pistão, diafragma e de engrenagens são deste tipo. A turbo bomba conta com um elemento dotado de pás que gira, chamado rotor, que impulsiona o líquido produzindo o fluxo. São turbo bombas: a bomba centrífuga radial, a bomba diagonal, a bomba helicoidal e a bomba axial. As bombas especiais são os carneiros hidráulicos, bombas solares, a roda d'água etc. As bombas centrífugas radiais são as mais utilizadas em engenharia civil. Por esta razão, apenas este tipo de bomba será considerado neste curso.

2.4 O MODELO DE RECALQUE

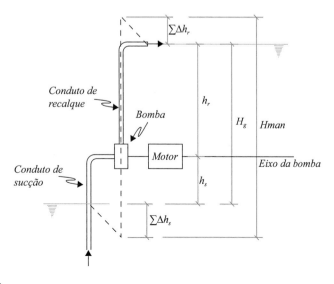

FIGURA 2.1 Modelo de recalque.

O modelo básico de recalque envolve uma bomba, o motor, o conduto de sucção, o conduto de recalque e as respectivas peças especiais para controle e segurança do sistema. No conduto de sucção a pressão é menor do que a pressão atmosférica e no conduto de recalque é maior. A altura estática de sucção h_s é igual à diferença de cotas entre o eixo da bomba e o NA do reservatório inferior. A altura estática de recalque h_r é igual à diferença de cotas entre o NA do reservatório superior e o eixo da bomba. Então, a altura geométrica entre os níveis d'água é dada por: $H_g = h_s + h_r$.

Como em todo fluxo ocorre uma perda de carga ao longo dos condutos e nas peças especiais (em geral, o tubo é "curto") resulta em:

$\Sigma \Delta h_s$ = somatório das perdas na sucção
$\Sigma \Delta h_r$ = somatório das perdas no recalque
$H_s = h_s + \Sigma \Delta h_s$ = altura dinâmica de sucção
$H_r = h_r + \Sigma \Delta h_r$ = altura dinâmica de recalque
$H_{man} = h_s + h_r + \Sigma \Delta h_s + \Sigma \Delta h_r$ = altura manométrica
$H_{man} = H_g + \Sigma \Delta h$
$H_{man} = H_g + r \times Q^{1,85}$

Em que:

$$r = \frac{L + \sum L_e}{0{,}2785^{1,85} \times C^{1,85} \times D^{4,87}}$$

ΣL_e = soma dos comprimentos de condutos equivalentes às perdas das peças especiais

Concluindo, a bomba deve transmitir ao fluído uma energia capaz de vencer a altura geométrica H_g adicionada à altura correspondente às perdas verificadas ao longo dos condutos e nas peças especiais.

Quando o eixo da bomba está abaixo do NA do reservatório inferior diz-se que a bomba está afogada e então:

$$H_g = h_r - h_s$$

Neste caso, quando o conduto de sucção tem pequena extensão e não há peças especiais, pode-se admitir que $\Sigma \Delta h_e = 0$. A bomba e o conduto de sucção, nesta circunstância, estarão sempre escorvados (cheios de água), que é uma condição indispensável ao funcionamento do sistema de recalque, como mostrado na Figura 2.2.

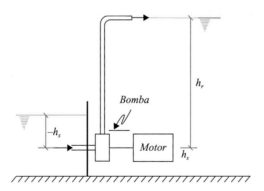

FIGURA 2.2 Bomba afogada.

Quando a bomba está abaixo do NA do reservatório inferior e o motor acima desse nível, conforme mostrado na Figura 2.3, a bomba é dita de eixo vertical. O conduto de sucção não existe. Resulta que:

$$H_g = h_r - h_s$$

$$\Sigma \Delta h_s = 0$$

O eixo desta bomba, quando longo, pode sofrer vibrações decorrentes de torção.

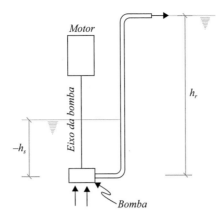

FIGURA 2.3 Bomba de eixo vertical.

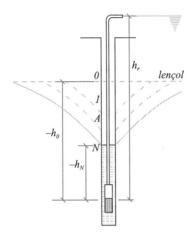

FIGURA 2.4 Bomba em poço profundo.

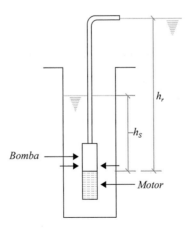

FIGURA 2.5 Bomba submersa.

Quando a bomba e o motor estão imersos no reservatório inferior, diz-se que a bomba está submersa. Não existe o trecho de sucção. Tem-se então:

$$H_g = h_r - h_s$$

$$\sum \Delta h_s = 0$$

A bomba submersa instalada em poço profundo apresenta uma vazão decrescente imediatamente após o início de seu funcionamento, conforme ilustrado na Figura 2.4.

A altura geométrica inicial é:

$$H_g = h_r - h_0$$

A altura geométrica final é:

$$H_g = h_r - h_N$$

Nessa equação h_N é a distância entre a entrada de sucção da bomba e a cota de estabilização do NA correspondente à vazão bombeada. A extração da vazão produz um abaixamento do nível d'água no interior do poço que se estabilizará no nível N. A altura geométrica final será: $H_g = H_r - h_N$. A proporção que o nível d'água abaixa a altura geométrica aumenta produzindo uma redução proporcional da vazão recalcada. Como estes poços têm 100 m ou mais de profundidade, as bombas neles instaladas têm vários rotores de forma a viabilizar a extração de vazão.

APLICAÇÃO 2.1.

Um reservatório natural tem o NA estabilizado à cota 870 m. Uma certa vazão será extraída desse reservatório por meio de uma bomba cujo eixo horizontal está à cota 867 m. Esta bomba será instalada em poço, escavado à margem do lago. A vazão será recalcada para um reservatório elevado cujo NA está à cota 890 m. Os condutos de sucção e recalque têm os comprimentos de 10 m e 500 m, respectivamente. As características estáticas do sistema de recalque são especificadas da seguinte forma:

Altura geométrica

$$H_g = NA_{destino} - NA_{origem} = 890 - 870 = 20\ m$$

Altura estática de sucção

$$h_s = Cota_{eixo} - NA_{origem} = 867 - 870 = -3\ m$$

Altura estática de recalque

$$h_r = NA_{destino} - Cota_{eixo} = 890 - 867 = 23\ m$$

Observa-se que:

$$H_g = h_s + h_r = (-3) + 23 = 20\ m.$$

2.5 OS CONDUTOS DE SUCÇÃO E RECALQUE

Os condutos de sucção e recalque podem ter o mesmo diâmetro. Quando isto não acontece, o diâmetro do conduto de sucção é maior para minimizar as perdas nesse trecho. O diâmetro da linha de recalque pode ser determinado pela fórmula de Bresse.

$$D = K\sqrt{Q}$$

Em que:

D = diâmetro do trecho de recalque, em metros
K = coeficiente que varia entre 0,75 e 1,4 dependendo do custo da energia elétrica, da instalação e outros fatores
Q = vazão a ser recalcada, em m³/s

Pode-se ainda escolher um diâmetro compatível com a vazão a ser recalcada em tabelas organizadas, em bases experimentais, como mostra o Quadro 2.1.

Os condutos de sucção e recalque são dimensionados para conduzir a vazão de projeto, mas outras vazões, maiores e menores, podem ser recalcadas, dependendo da bomba acoplada a estes condutos.

Como se viu:

$$H_{man} = H_g + r \times Q^{1,85}$$

QUADRO 2.1 Diâmetros de condutos de recalque para vazões selecionadas

Vazão (l/s)	D (mm)	Vazão (l/s)	D (mm)
1	25	10	150
2	50	20	200
3	75	30	250
5	100	50	300

Nota: Esses valores podem ser obtidos com a equação da continuidade ($Q = A \times V$) para velocidades de recalque $V = 1{,}7$ m/s.

Em que:

H_{man} = altura manométrica, em metros
H_g = altura geométrica, em metros

$$r = \frac{L + \sum L_e}{0{,}2785^{1,85} \times C^{1,85} \times D^{4,87}}$$

Q = vazão recalcada (m³/s)
L = Comprimento do conduto de sucção e recalque
ΣL_e = somatório dos comprimentos equivalentes de conduto relativos às peças especiais e singularidades dos condutos, em metros

Como H_g e r têm valores constantes, para uma dada instalação, resulta que $H_{man} = f(Q)$. Esta função pode ser apresenta em forma gráfica a partir dos valores do Quadro 2.2, resultando no gráfico mostrado na Figura 2.6.

QUADRO 2.2 Curva característica da instalação – CCI

Q (m³/s)	Q_1	Q_2	/////	Q_n
H_{man} (mca)	$H_{man\,(1)}$	$H_{man\,(2)}$	/////	$H_{man\,(n)}$

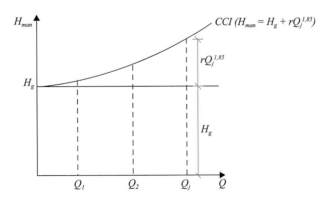

FIGURA 2.6 Curva característica da instalação.

Observe-se que na função $H_{man} = f(Q)$, denominada "curva característica da instalação" (*CCI*), a componente H_g representa a diferença de cotas dos NNAA dos reservatórios inferior e superior e a componente $r \times Q^{1,85}$ representa o somatório das perdas de carga na sucção e recalque. Para uma mesma vazão, o conduto com maior diâmetro tem a *CCI* mais horizontal (menor perda de carga) e conduto com menor diâmetro tem a *CCI* mais verticalizada. As perdas de carga acidentais devem ser transformadas em "comprimentos equivalentes de conduto" para serem consideradas na *CCI*.

Quando os reservatórios origem e destino estão na mesma cota ou em cotas próximas, pode-se considerar $H_g = 0$ e a *CCI* passará pela origem do par de eixos H_{man} versus Q.

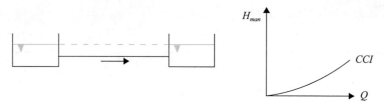

FIGURA 2.7   Reservatórios em mesma cota.

Quando o reservatório origem tem o NA em cota superior ao NA do reservatório destino, a adução é feita por gravidade. A vazão aduzida pode ser aumentada com a instalação de uma bomba na adutora, porém este recurso só deve ser aplicado para atender vazões de pico em razão do custo do bombeamento.

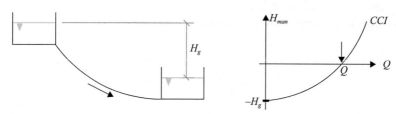

FIGURA 2.8   Reservatório destino em cota inferior.

Observa-se que, neste caso, a *CCI* passará pelo ponto $-H_g$, sobre o eixo das alturas manométricas, e pelo ponto Q, sobre o eixo das vazões. Q é a vazão aduzida por gravidade, sem a participação da bomba.

Quando o recalque é constituído por condutos em série ou em paralelo, deve-se determinar o diâmetro equivalente da associação e em seguida determinar a *CCI* pelo método já exposto. Chega-se, graficamente, ao mesmo resultado em associações exclusivamente em série ou paralelo, fazendo a soma das curvas características dos condutos associados, da forma indicada nas Figuras 2.9 e 2.10.

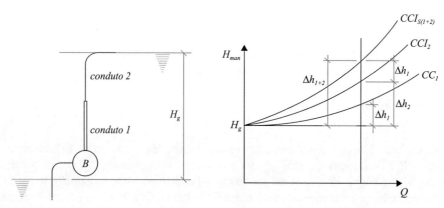

FIGURA 2.9   CCI para condutos em série.

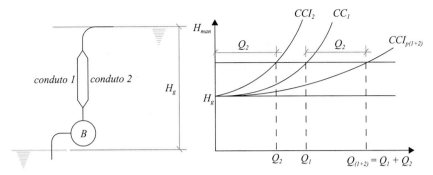

FIGURA 2.10 *CCI* para condutos em paralelo.

Condutos em série

Nos condutos em série, conforme mostrado na Figura 2.9, a curva característica do conjunto *CCI* (1 + 2) é obtida pela soma das ordenadas das curvas características dos segmentos em série, CCI_1 e CCI_2, fazendo:

$$\Delta h_{1+2} = \Delta h_1 + \Delta h_2$$

Condutos em paralelo

Nos condutos em paralelo, conforme mostrado na Figura 2.10, a curva característica do conjunto $CCI_{p(1+2)}$ é obtida pela soma das abcissas das curvas características dos trechos em paralelo CCI_1 e CCI_2, fazendo:

$$Q = Q_1 + Q_2$$

APLICAÇÃO 2.2.

Pretende-se recalcar a vazão de 10 l/s a partir do reservatório citado na Aplicação 2.1 para abastecer o reservatório "destino" cujo NA está à cota 890 *m*. Acredita-se que esta vazão possa ser recalcada com segurança por meio de um conduto de 150 *mm*. Os condutos de sucção e recalque têm os comprimentos de 10 e 500 *m*, respectivamente. A curva característica do sistema de recalque é determinada como se segue (H_g = 20 *m*, NA_{R1} = 870 *m*, NA_{R2} = 890 *m* e C_{eixo} = 867 *m*).

$$H_{man} = H_g + r \times Q^{1,85}$$

$$r = \frac{L + \sum L_e}{0{,}2785^{1,85} \times C^{1,85} \times D^{4,87}}$$

Admitindo que os condutos de sucção e recalque são de ferro fundido novo, escolhe-se C = 130. A instalação terá como peças especiais: 1 crivo na sucção, 1 registro de gaveta na sucção, 1 válvula de retenção no recalque, 1 registro de gaveta no recalque e 10 curvas longas no recalque o que resulta nos comprimentos equivalentes calculados no Quadro 2.3.

QUADRO 2.3 Comprimentos equivalentes de peças especiais

Peça especial	Forma de cálculo	L_e (*m*)
1 crivo	Le = 0,56 + 255,48 × D	1 × 38,88 = 38,88
2 registros de gaveta	Le = 0,010 + 6,89 × D	2 × 1,04 = 2,08
1 redução excêntrica	Para ângulo menor 20⁰	0
1 válvula de retenção	Le = 0,247 + 79,43 × D	1 × 12,16 = 12,16
10 curvas 90⁰ raio longo	Le = 0,068 + 20,96 × D	10 × 3,21 = 32,12
Soma		85,24

Nota: Nas equações, o valor do diâmetro D é medido em metros.

$$r = \frac{(10+500)+(85,24)}{0,2785^{1,85} \times 130^{1,85} \times 0,15^{4,87}} = 8.005,82$$

$$H_{man} = 20 + 8.005,82 \times Q^{1,85}$$

Nessa equação a vazão é apresentada em m³/s e a altura manométrica em *mca*. A Curva Característica da Instalação (*CCI*) pode, então, ser desenhada com os valores constantes no Quadro 2.4.

QUADRO 2.4 Curva característica da instalação – *CCI*

Q (l/s)	5	10	15	20
Q (m³/s)	0,005	0,010	0,015	0,020
Q (m³/h)	18	36	54	72
H_{man} (mca)	20,44	21,59	23,38	25,75

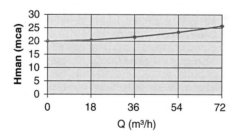

FIGURA 2.11 Curva característica da instalação.

2.6 A BOMBA CENTRÍFUGA RADIAL

A bomba centrífuga é acionada quase sempre com o auxílio de um motor elétrico. O conjunto motor-bomba tem uma potência determinada pela expressão.

$$P = \frac{1}{\eta} \times \gamma \times Q \times H_{man}$$

Em que:

P = potência do conjunto moto-bomba em watts
η = rendimento do conjunto moto-bomba
γ = peso específico do fluído em N/m³ ($\gamma_{água}$ = 9.800 N/m³)
Q = vazão bombeada em m³/s
H_{man} = altura manométrica do recalque em metros de coluna d'água

QUADRO 2.5 Peso específico da água (γ)

T (°C)	0	4	10	20	30	40	50
γ (N/m³)	9.809,02	9.810,00	9.807,06	9.792,34	9.767,82	9.733,48	9.693,26

Por uma questão mercadológica, a potência da bomba ainda é referida no comércio, em geral, em cavalo-vapor (*CV*) ou *horse power* (*HP*). Essas unidades estão assim relacionadas:

$$CV \times 0,986 = HP$$

$$CV \times 0,736 = KW$$

É fácil constatar que *CV* e *HP* se equivalem. Também por tradição, encontra-se na bibliografia a seguinte expressão para o cálculo da potência da bomba em cavalos-vapor:

$$P = \frac{\gamma \times Q \times H_{man}}{75 \times \eta}$$

Na qual a potência *P* é determinada em cavalo-vapor, o peso específico do fluido γ é apresentado em kgf/m^3 e a altura manométrica H_{man} em *mca*. A variável η é o rendimento do conjunto moto-bomba cujo valor gira entre 0,7 e 0,9. A expressão que permite o dimensionamento da potência da bomba deixa claro que escolhida uma bomba, ou seja, fixada uma potência (*P*), as variáveis *vazão* (*Q*) e *altura manométrica* (H_{man}) deverão estar relacionadas entre si, de tal forma que o seu produto seja um invariante. Então, quando a altura manométrica crescer, a vazão deverá diminuir, de tal forma que o produto (*Q* vezes H_{man}) continue igual a *P*. O estudo desse desempenho é feito no "banco de bombas" resultando na curva característica da bomba (*CCB*). Esta curva deve ser decrescente, conforme indicado na Figura 2.12, pois a cada aumento de *Q*, a altura manométrica cairá o necessário para ser mantida a potência da bomba.

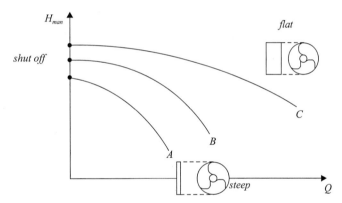

FIGURA 2.12 Curvas *steep, rising* e *flat*.

As curvas do tipo *A* são classificadas como "steep", as do tipo *B* são denominadas "rising" e as do tipo *C* são chamadas "flat". As curvas do tipo "flat" são geradas por rotores largos cujas veias têm pouca curvatura. As curvas do tipo "steep" são geradas por rotores estreitos cujas veias apresentam grande curvatura. Os rotores das bombas podem ser fechados ou abertos. As bombas que recalcam águas que transportam sólidos, principalmente areias e solos de granulometria fina, resíduos de fraldas e absorventes, embalagens de papel filme, produtos plásticos e matéria orgânica, devem ser providas com rotores abertos. As bombas que recalcam água limpa são providas com rotores fechados, pois estes aumentam o rendimento da bomba.

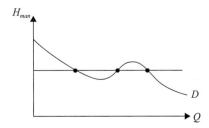

FIGURA 2.13 Curva de bomba que permite mais de uma leitura de vazão para a mesma altura manométrica.

A curva característica do tipo D, mostrada na Figura 2.13, deve ser evitada, pois uma mesma altura manométrica oferece várias leituras de vazão. O ponto da CCB que corta o eixo vertical (H$_{man}$) chama-se *shut off*, correspondendo à altura manométrica com vazão nula. O *shut off* indica a maior coluna d'água que a bomba consegue equilibrar. Resulta daí que sendo a altura geométrica da instalação maior do que o *shut off* da bomba, o recalque é inviável com a bomba referida operando isoladamente.

Tanto o rotor da bomba como o seu motor podem ser substituídos, resultando em funcionamentos diferentes do conjunto motor-bomba.

a. Alteração do diâmetro do rotor

O rotor original pode ser substituído por outro rotor de mesma forma e diâmetro menor, ou o rotor original pode ser raspado, em até 20% do seu diâmetro inicial. Uma raspagem maior causaria perda de rendimento inaceitável. Cada diâmetro corresponderá a uma nova curva característica paralela à primitiva, desde que mantidas a rotação do motor e a forma do rotor. As demais características de funcionamento da bomba atenderão às seguintes equações:

$$\frac{Q_f}{Q_i} = \frac{D_f}{D_i} \qquad \frac{H_f}{H_i} = \left(\frac{D_f}{D_i}\right)^2 \qquad \frac{P_f}{P_i} = \left(\frac{D_f}{D_i}\right)^3$$

Nas quais o índice *i* corresponde à característica inicial e o índice *f* corresponde à mesma característica em seu estágio final ou após a alteração do diâmetro do rotor.

Q = vazão
H = altura manométrica
P = potência do motor

Então, caso o diâmetro seja raspado em 20% resulta em:

$$\frac{D_f}{D_i} = 0,8 \quad \rightarrow \quad \begin{array}{l} Q_f = 0,8 \times Q_i \\ H_f = (0,8)^2 \times H_i = 0,64 \times H_i \\ P_f = (0,8)^3 \times P_i = 0,51 \times P_i \end{array}$$

Concluindo, caso o diâmetro seja raspado em 20%, a altura manométrica final cairá cerca de 40% e a potência necessária para movimentar a bomba cairá em cerca de 50%. É uma redução importante quando o motor disponível é de pequena potência. Raramente substitui-se o rotor por uma réplica de maior diâmetro já que a caixa da bomba contém o rotor primitivo com folga reduzida.

b. Alteração do número de rotações do motor

Há motores elétricos que podem girar em duas ou mais rotações. A alteração do número de rotações em motores comuns, sejam elétricos ou a explosão, torna-se viável quando a bomba e o motor são interligados por sistema de polias e correia. Basta a alteração da relação dos diâmetros das polias e o ajuste correspondente da correia para se obter a alteração do número de giros da bomba. As características de funcionamento da bomba atenderão às seguintes equações:

$$\frac{Q_f}{Q_i} = \frac{n_f}{n_i} \qquad \frac{H_f}{H_i} = \left(\frac{n_f}{n_i}\right)^2 \qquad \frac{P_f}{P_i} = \left(\frac{n_f}{n_i}\right)^3$$

Nas quais o índice *i* corresponde à característica inicial e o índice *f* corresponde à mesma característica em seu estágio final.

Q = vazão
H = altura manométrica
P = potência do motor

Então, caso o número de giros cresça 30%, tem-se:

$$\frac{n_f}{n_i} = 1,3 \quad \rightarrow \quad \begin{array}{l} Q_f = 1,3 \times Q_i \\ H_f = (1,3)^2 \times H_i = 1,69 \times H_i \\ P_f = (1,3)^3 \times P_f = 2,19 \times P_i \end{array}$$

Concluindo, caso o número de giros cresça 30%, a vazão crescerá 30%, a altura manométrica crescerá cerca de 70% e a potência requerida ao motor será 120% superior à primitiva.

A instalação de um conjunto moto-bomba requer vários cuidados como a previsão de válvula para manter a escorva (válvula de pé), de válvula para impedir a ação da coluna de água sobre as vedações da bomba (válvula de retenção), de válvulas de gaveta para permitir a retirada da bomba durante a manutenção periódica, reduções de diâmetros etc. As Figuras 2.14 e 2.15 mostram os dispositivos necessários à operação do conjunto moto-bomba.

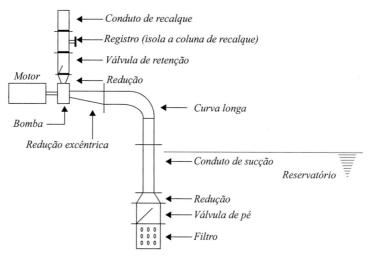

FIGURA 2.14 Dispositivos da instalação da bomba emersa.

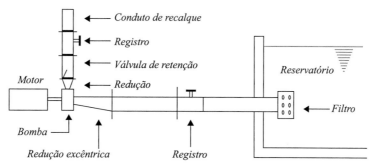

FIGURA 2.15 Dispositivos da instalação da bomba afogada.

Cuidado especial deve ser tomado na fixação da cota do eixo da bomba, C_2, de forma a evitar, na entrada da bomba, pressões inferiores à pressão de vapor do líquido recalcado. Já foi comentado que, no conduto de sucção, a pressão é inferior à pressão atmosférica. Essa pressão será tanto menor quanto maior for h_s.

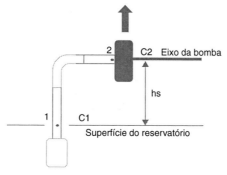

FIGURA 2.16 Determinação da altura do eixo da bomba.

Quando a pressão em 2 atinge a pressão de vapor do líquido, individualiza-se na massa líquida, em forma de bolhas, uma certa quantidade de gás, nela até então contida, chamadas "cavas". Daí vem o nome de cavitação para este fenômeno. É um fenômeno semelhante ao que acontece quando é aberta uma garrafa de água mineral gasosa. O gás contido na água mineral desprende-se quando a pressão interna da garrafa (inicialmente alta) se iguala à pressão atmosférica. As bolhas de gás formadas no conduto de sucção acompanham o fluxo e penetram na caixa da bomba, na sua parte central. No curto percurso do raio do rotor, que está girando no interior da caixa da bomba, o fluido recebe energia suficiente para galgar 10, 20, 30 m ou mais, correspondentes à altura geométrica adicionada à altura das perdas acidentais e perda ao longo do percurso. Na prática, a pressão reinante no liquido passa de um valor baixo para um valor muito alto, quase instantaneamente. As bolhas de ar são reabsorvidas rapidamente (implodem) na corrente. Este brusco retorno produz ruído característico (martelamento) e vibrações (choques de condensação). Quando a bolha está transitando junto à parede do rotor, o impacto da reincorporação causa danos ao rotor, fazendo cair o rendimento do recalque, uma vez que o rotor tem sua forma alterada. Conclui-se, então, que a cavitação deve ser evitada com a fixação correta da cota do eixo da bomba.

Aplicando o conceito de energia nas seções 1 e 2 da Figura 2.16 é possível estudar o fenômeno e estabelecer a altura estática de sucção (h_s) adequada.

$$E_1 = E_2 + \Delta h_s + \Delta h^*$$

Em que:

$E_1 = \dfrac{p_{atm}}{\gamma} + \dfrac{V_1^2}{2g}$ energia na seção 1

$E_2 = h_s + \dfrac{p_{vapor}}{\gamma} + \dfrac{V_2^2}{2 \times g}$ energia na seção 2

Δh_s = perda de carga na sucção
Δh^* = perda de carga na entrada da bomba
p_{atm} = pressão atmosférica na altitude da instalação
p_{vapor} = pressão de vapor do fluido bombeado na temperatura da captação

Fazendo Δh^* igual a zero, por ser de pequeno valor, a equação da energia pode ser reescrita da seguinte forma:

$$\dfrac{P_{atm}}{\gamma} - \left(h_s + \dfrac{P_{vapor}}{\gamma} + \Delta h_s \right) = \dfrac{V_2^2 - V_1^2}{2g}$$

À esquerda do sinal de igual, estão reunidas as variáveis relacionadas com a seção da instalação (pressão atmosférica, altura do eixo, pressão de vapor do fluido e perda de carga ao longo do conduto de sucção). À direita, estão reunidas as variáveis relacionadas com o desempenho da bomba (velocidades do fluido nas seções 1 e 2 causadas pela ação da bomba). Pode-se então escrever:

$$(NPSH)_d = \dfrac{P_{atm}}{\gamma} - \left(h_s + \dfrac{P_{vapor}}{\gamma} + \Delta h_s \right)$$

$$(NPSH)_r = \dfrac{V_2^2 - V_1^2}{2g}$$

Nas quais:

$(NPSH)_d$ = Net Positive Suction Head – disponível
$(NPSH)_r$ = Net Positive Suction Head – requerido
NPSH é um acrônimo de uso internacional sem correspondência na língua portuguesa.

Como convém evitar o fenômeno da cavitação com uma certa folga, pode-se escrever:

$$(NPSH)_d = k \times (NPSH)_r$$

Na qual k é um coeficiente de segurança, sendo habitual $1{,}1 < k < 1{,}20$.

O $(NPSH)_r$ é definido pelo fabricante da bomba, enquanto o $(NPSH)_d$ é definido pelo projetista que pretende evitar a cavitação. Para tanto, as variáveis $\dfrac{P_{atm}}{\gamma}$ e $\dfrac{P_{vapor}}{\gamma}$ devem assumir os valores sugeridos nos Quadros 2.6 e 2.7.

QUADRO 2.6 Pressão atmosférica em função da altitude

Altitude (m)	P_{atm}/γ (mca)
0	10,33
300	9,96
500	9,72
1.000	9,11
1.200	8,88
1.500	8,54
2.000	8,00

QUADRO 2.7 Pressão de vapor e densidade da água em função da temperatura

T (°C)	P_{vapor}/γ (mca)	Densidade
20	0,238	0,998
30	0,429	0,996
40	0,750	0,992
50	1,255	0,988
60	2,028	0,983
70	3,175	0,978
80	4,828	0,972
90	7,149	0,965
100	10,333	0,958

A altura estática de sucção (h_s) pode, então, ser calculada da seguinte forma:

$$(NPSH)_d = k \times (NPSH)_r$$

$$\frac{\frac{P_{atm}}{\gamma}}{d} - \left(h_s + \frac{P_{vapor}}{\gamma} + \Delta h_s\right) = k \times (NPSH)_r$$

$$h_s = \frac{\frac{P_{atm}}{\gamma}}{d} - \left[\frac{P_{vapor}}{\gamma} + \Delta h_s + k \times (NPSH)_r\right]$$

Em que:

$\frac{P_{atm}}{\gamma}$ = coluna d'água equivalente à pressão atmosférica para a altitude da instalação referida à temperatura de 4 graus centígrados (Quadro 2.6). Esta altura de coluna d'água deve sofrer correção por meio da densidade para ser comparável à altura da coluna d'água P_{vapor}/γ que está referida à temperatura do fluído

$\frac{P_{vapor}}{\gamma}$ = coluna d'água equivalente à pressão de vapor do fluido para a temperatura referida (Quadro 2.7)

Δh_s = perdas de carga localizadas somadas à perda ao longo do conduto de sucção
$(NPSH)_r$ = Net Positive Suction Head requerido, conforme estabelecido pelo fabricante
k = coeficiente de segurança que varia entre 10% (1,1) e 20% (1,2)

APLICAÇÃO 2.3.

A bomba centrífuga da Aplicação 2.2 tem eixo horizontal fixado à cota 867 m. O NA do reservatório origem está à cota 870 m. A curva característica da bomba e seu $(NPSH)_r$ estão definidos no Quadro 2.8.

QUADRO 2.8 NPSH requerido da bomba

H_{man} (mca)	30,0	28,0	25,0	20,0	10,0
Q (m³/h)	0	18	36	54	72
$(NPSH)_r$ (mca)	2,0	2,5	3,5	5,0	7,0

A bomba está afogada e no trecho de sucção, com 10 m de extensão, estão instaladas peças especiais (ver Quadro 2.9).

QUADRO 2.9 Peças especiais da instalação da bomba

Peça especial	Forma de cálculo	L_e (m)
1 crivo	$Le = 0{,}56 + 255{,}48 \times D$	38,88
1 registro de gaveta	$Le = 0{,}010 + 6{,}89 \times D$	1,04
1 redução de diâmetro	ângulo $< 20^0$	0
Soma		39,92

Nota: Diâmetro D medido em metros.

A vazão a ser recalcada é $Q_r = 45$ m³/h $= 0{,}0125$ m³/s. As demais características do sistema são $C = 130$, $D = 150$ mm. A verificação da ocorrência de cavitação é realizada da forma a seguir. A "altura" do eixo da bomba, em relação ao NA do reservatório fonte é determinado por:

$$h_s = \frac{\frac{P_{atm}}{\gamma}}{d} - \left[\frac{P_{vapor}}{\gamma} + \Delta h_s + k \times (NPSH)_r\right]$$

Em que:

$\frac{P_{atm}}{\gamma} = 9{,}27$ – coluna d'água equivalente à pressão atmosférica para a altitude da instalação (867 m de altitude)

$\frac{P_{vapor}}{\gamma} = 0{,}238$ – coluna d'água equivalente à pressão de vapor do fluido para a temperatura referida (água a 20 °C, densidade $d = 0{,}998$)

Δh_s – perdas de carga localizadas adicionadas à perda ao longo do conduto de sucção
$\Delta h_s = r \times Q^{1,85}$

$$r = \frac{L + \sum L_e}{0{,}2785^{1,85} \times C^{1,85} \times D^{4,87}}$$

$$r = \frac{10 + 39{,}92}{0{,}2785^{1,85} \times 130^{1,85} \times 0{,}15^{4,87}} = 671{,}41$$

$\Delta h_s = 671{,}41 \times 0{,}0125^{1,85} = 0{,}202$ mca
$(NPSH)_r = 4{,}25$ – Net Positive Suction Head requerido (para $Q_r = 45$ m³/h)
$k = 1{,}20$ – coeficiente de segurança de 20%

$$h_s = \frac{9,27}{0,998} - [0,238 + 0,202 + 1,2 \times 4,25] = 3,74 \ m$$

A cota máxima do eixo da bomba para evitar a cavitação será: 870 + 3,74 = 873,74.
Como o eixo da bomba está na cota 867 *m*, não haverá cavitação.

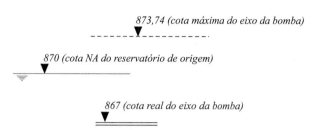

FIGURA 2.17 Cota máxima para instalação do eixo da bomba.

2.7 A BOMBA ACOPLADA À INSTALAÇÃO

Como já foi definido, a curva característica da instalação – *CCI* reflete o desempenho do conjunto de condutos escolhidos para transportar o fluido nos trechos de sucção e recalque. A curva característica da bomba – *CCB*, reflete o funcionamento da bomba. A instalação física da bomba no sistema de condutos torna possível o recalque do fluido. A forma de funcionamento do conjunto condutos-bomba pode ser estudada no gráfico H_{man} versus Q, quando as curvas acima referidas estiverem nele representadas.

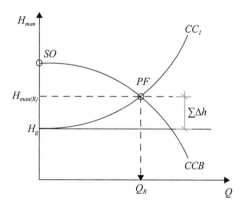

FIGURA 2.18 Ponto de funcionamento do conjunto condutos-bomba.

A interseção das curvas indica o ponto de funcionamento (*PF*) do conjunto condutos-bomba determinando a vazão recalcada (Q_r), altura manométrica relacionada com a Q_r ($H_{man(R)}$) e a soma das perdas de carga na sucção e recalque ($\Sigma \Delta h$). O conjunto condutos-bomba tem desempenho satisfatório quando a vazão recalcada é igual ou pouco superior à vazão demandada $Q_R \geq Q_d$. A vazão demandada corresponde ao volume a ser consumido pelos usuários do sistema de recalque no intervalo de 24 horas. Caso se pretenda abastecer uma unidade residencial ocupada por 15 pessoas que consomem 200 l, por indivíduo, a cada 24 horas, a vazão média demandada será:

$$Q_d = 15 \ \text{pessoas} \times 200 \ l/24 \ horas = 0,0347 \ l/s$$

O conjunto condutos-bomba é inadequado quando a vazão recalcada é inferior ou muito superior à vazão demandada. Neste último caso o sistema está superdimensionado. Os casos de inadequação resultantes de $Q_R < Q_d$ podem ser corrigidos das seguintes formas:

a. Manutenção da bomba com redução das perdas de carga nos condutos

A redução das perdas de carga, seja pela redução do número de peças especiais ou pela escolha de um diâmetro maior para os condutos, tanto na sucção como no recalque, promoverá uma horizontalização da curva característica da instalação resultando no acréscimo da vazão recalcada. Na Figura 2.19 é apresentado o efeito da redução da perda de carga no sistema de recalque.

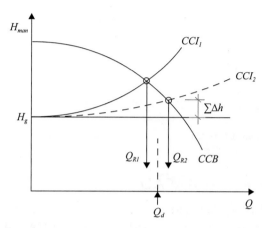

FIGURA 2.19 Efeito da redução das perdas de carga.

CCB = curva característica da bomba
CCI_1 = curva característica da instalação primitiva
CCI_2 = curva característica da instalação após a redução da perda de carga
Q_{R1} = vazão recalcada primitiva
Q_{R2} = vazão recalcada após a redução da perda de carga $Q_{R2} > Q_{R1}$
Q_d = vazão demandada

b. Manutenção da instalação com substituição da bomba por outra de maior potência

Neste caso, abandona-se a primeira bomba e adota-se uma bomba substituta capaz de bombear, ao menos, a vazão demandada. Na Figura 2.20 é apresentado o efeito da substituição da bomba por outra mais adequada ao recalque.

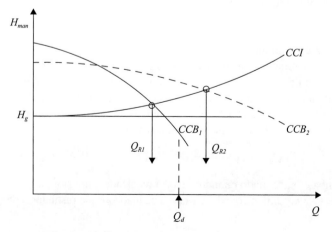

FIGURA 2.20 Ponto de funcionamento para a bomba substituta.

CCI = curva característica da instalação
CCB_1 = curva característica da bomba primitiva
CCB_2 = curva característica da bomba substituta
Q_{R1} = vazão recalcada com a bomba primitiva
Q_{R2} = vazão recalcada com a bomba substituta
Q_d = vazão demandada

APLICAÇÃO 2.4.

Pretende-se acoplar uma bomba centrífuga radial à instalação analisada na Aplicação 2.3 cuja curva característica é definida pela equação $H_{man} = 20 + 8.005,82 \times Q^{1,85}$. A curva característica da bomba é apresentada no Quadro 2.10.

QUADRO 2.10 Curva característica da bomba

H_{man} (mca)	30,0	28,0	25,0	20,0	10,0
Q (m³/h)	0	18	36	54	72

O ponto de funcionamento do sistema constituído por instalação e bomba é determinado graficamente conforme indicado na Figura 2.21 ($H_g = 20\ m$, $NA_{R1} = 870\ m$, $NA_{R2} = 890\ m$, $C = 130$, $D_s = D_r = 150\ mm$, $L_s = 10\ m$, $L_r = 500\ m$, $L_e = 85,24\ m$).

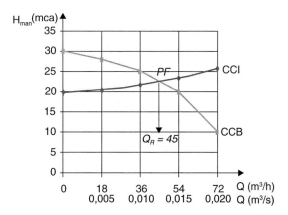

FIGURA 2.21 Ponto de funcionamento da bomba.

A vazão recalcada é $Q_r = 45\ m^3/h = 0,0125\ m^3/s$. A altura manométrica é $H_{man(r)} = 22,5\ mca$. A perda de carga no sistema é de $\Sigma\Delta h = 22,5 - 20 = 2,5\ m$. Resultado semelhante pode ser alcançado analiticamente desde que se defina a equação que representa a curva característica da bomba. No caso em análise a CCB é a indicada no Quadro 2.11.

QUADRO 2.11 Curva característica da bomba

H_{man} (mca)	30,0	28,0	25,0	20,0	10,0
Q (m³/h)	0	18	36	54	72
Q (m³/s)	0	0,005	0,010	0,015	0,020

Ajusta-se a esses pontos a equação polinomial a seguir, na qual a vazão é medida em m^3/s e a altura manométrica em metros de coluna d'água – mca.

$$H_{man} = -51,429 \times Q^2 + 68,571 \times Q + 29,629$$

A interseção das duas curvas pode ser determinada com a solução do sistema apresentado a seguir:

$$\begin{cases} H_{man} = 20 + 8.005{,}82 \times Q^{1{,}85} & (CCI) \\ H_{man} = -51.429 \times Q^2 + 68{,}571 \times Q + 29{,}629 & (CCB) \end{cases}$$

Resolvendo o sistema obtém-se:

$H_{man} = 22{,}45\ mca$
$Q = 0{,}0126\ m^3/s = 45{,}36\ m^3/h$

Quando a bomba escolhida para o bombeamento for inadequada ao atendimento da vazão demandada Q_d e não houver possibilidade de substituí-la por outra de maior potência, o recalque ainda pode ser realizado por meio de associação de duas ou mais das bombas disponíveis. As associações de bombas podem ser construídas basicamente com bombas dispostas em série ou em paralelo. As bombas associadas podem ser iguais ou diferentes entre si, mas a eficiência do conjunto é maior quando as bombas são iguais.

Na associação em série, a mesma vazão passa por todas as bombas, uma após a outra. Pretende-se com esta associação, principalmente, alcançar altura manométrica superior ao *shut off* de uma bomba, quando esta funciona isolada.

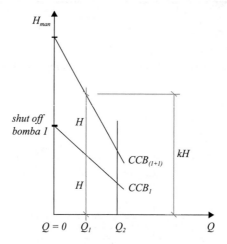

FIGURA 2.22 Bombas iguais associadas em série.

A curva característica da associação de bombas iguais, em série, pode ser obtida multiplicando a altura manométrica correspondente à vazão Q_i por um coeficiente k igual ao número de bombas associadas. Para a associação de duas bombas, $k = 2$, conforme mostrado na Figura 2.22.

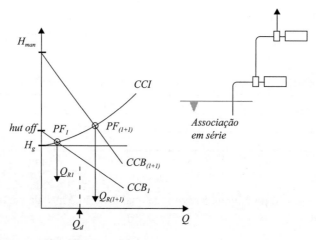

FIGURA 2.23 Resultado da associação de duas bombas iguais em série.

No exemplo da Figura 2.23, a bomba cuja curva característica é CCB_1 recalca apenas a vazão Q_{R1}. Quando esta bomba é associada em série a outra bomba, igual à primeira, a vazão recalcada passa para $Q_{R(1+1)}$. Aconselha-se que as associações sejam integradas por até 3 bombas. O desempenho do conjunto pouco aumenta a partir da 3ª bomba associada, tornando o conjunto oneroso e pouco eficiente. É fácil observar na Figura 2.23 que a instalação de uma segunda bomba, *independente da anterior*, forneceria a vazão $2 \times Q_{R1}$, sendo: $2 \times Q_{R1} < Q_{R(1+1)}$.

Quando isto não for verdadeiro, deve-se determinar o custo da segunda linha de recalque para ser escolhida a solução mais econômica entre a associação de 2 bombas com apenas uma instalação de recalque e a opção de 2 bombas independentes com as respectivas instalações. Este estudo comparativo só faz sentido quando o *shut off* da bomba independente está acima da altura geométrica da instalação. Quando H_g > *shut off* da bomba independente, a associação de bombas é a única solução possível.

Numericamente, a bomba cuja curva característica fosse a definida no Quadro 2.12, teria as curvas características indicadas, no Quadro 2.13, em caso de associação de 2 ou 3 dessas bombas *em série*.

QUADRO 2.12 Curva característica da bomba

Q (l/s)	0	2	4	6	8	10
H_{man} (mca)	16	15	14	13	12	10

QUADRO 2.13 Curvas característica de 2 e 3 bombas, em série

	Q (l/s)	0	2	4	6	8	10
2 bombas; k = 2	$H_{man\ (1+1)}$	32	30	28	26	24	20
3 bombas; k = 3	$H_{man\ (1+1+1)}$	48	45	42	39	36	30

Na associação em paralelo, cada uma das bombas colhe água no reservatório inferior e todas as bombas têm as respectivas vazões conduzidas por meio de uma única instalação de recalque. Pretende-se com esta associação, em princípio, aumentar a vazão recalcada, multiplicando a quantidade de captações. Contudo, esse efeito pode não ocorrer devido a inadequação dos condutos de recalque. A curva característica da associação de bombas iguais, em paralelo, pode ser obtida multiplicando-se a vazão recalcada correspondente à altura manométrica $H_{man(i)}$ por um coeficiente k, igual ao número de bombas associadas. Para a associação de duas bombas, $k = 2$, obtém-se o resultado mostrado na Figura 2.24.

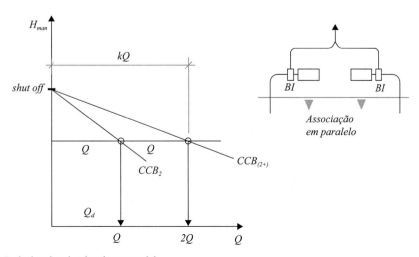

FIGURA 2.24 Associação de duas bombas iguais em paralelo.

Numericamente, a bomba cuja curva característica está indicada no Quadro 2.14, tem as curvas características determinadas, no Quadro 2.15, em caso de associação de 2 ou 3 bombas *em paralelo*.

QUADRO 2.14 Curva característica da bomba

Hman (mca)	16	15	14	13	12	10
Q (l/s)	0	2	4	6	8	10

QUADRO 2.15 Curvas característica de 2 e 3 bombas, associadas em paralelo

	H_{man} (mca)	16	15	14	13	12	10
2 bombas; k = 2	$Q_{(1+1)}$ (l/s)	0	4	8	12	16	20
3 bombas; k = 3	$Q_{(1+1+1)}$ (l/s)	0	6	12	18	24	30

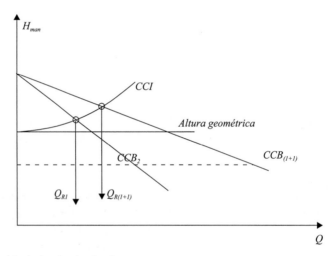

FIGURA 2.25 Associação em paralelo de duas bombas iguais.

No exemplo da Figura 2.25, a bomba cuja curva característica é CCB_1 recalca apenas a vazão Q_{R1} quando funciona isoladamente. Quando esta bomba é associada em paralelo com outra bomba, igual à primeira, a vazão recalcada passa para $Q_{R(1+1)}$ cabendo a cada uma das bombas metade da vazão global. Valem, para a associação em paralelo, as mesmas observações feitas para a associação em série. Quando $2 \times Q_{R1} > Q_{R(1+1)}$, deve ser feito um estudo econômico para avaliar se duas bombas, funcionando de forma independente, não resultaria em solução mais econômica. A necessidade da 4ª bomba, na associação, dever ser cuidadosamente avaliada, tendo em vista o rendimento do conjunto. No caso da associação em paralelo, o *shut off* de cada bomba, individualmente, deve ser maior do que a altura geométrica da instalação.

Na associação de bombas diferentes, em paralelo, deve-se levar em conta a possibilidade de uma das bombas não contribuir para o resultado do conjunto. Na Figura 2.26 é mostrada a associação em paralelo das bombas cujas curvas características são as CCB_1 e CCB_2. Pode-se verificar que acima do *shut off* da CCB_1, a curva que representa a associação das duas bombas $CCB_{(1+2)}$ é formada e coincide com a CCB_2 indicando que a participação da bomba cuja curva característica é a CCB_1 não contribui para o recalque da associação. Quando a curva característica da instalação é a CCI_1, a vazão recalcada pela associação de bombas é Q_{1+2}. Nessa associação cabe à bomba B_1 o recalque da vazão Q_1 e à bomba B_2 o recalque da vazão $(Q_{1+2} - Q_1)$.

Já para a curva característica da instalação CCI_2, apenas a bomba 2 contribuirá com a vazão Q_2. A bomba 1 não será capaz de bombear e poderá passar por aquecimento acima do desejável, que poderá danificar as suas vedações. A energia consumida pela bomba 1, neste caso, representa um custo a ser evitado.

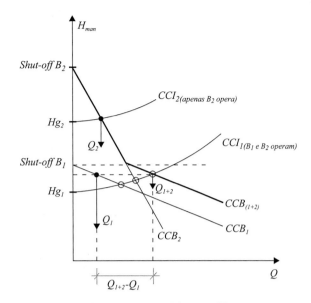

FIGURA 2.26 Associação em paralelo das bombas 1 e 2 cujas curvas características são diferentes.

APLICAÇÃO 2.5.

Na instalação de recalque analisada na Aplicação 2.4, a curva característica da instalação (*CCI*) foi definida pela equação $H_{man} = 20 + 8.005{,}82 \times Q^{1,85}$, na qual H_{man} é definida em *mca* e Q em m^3/s. Nessa instalação de recalque será instalada a bomba cuja curva característica é apresentada no Quadro 2.16.

QUADRO 2.16 Curva característica da bomba

H_{man} (mca)	30,0	28,0	25,0	20,0	10,0
Q (m^3/h)	0	18	36	54	72

As demais variáveis do sistema de recalque são: ($H_g = 20\ m$; $NA_{R1} = 870\ m$; $NA_{R2} = 890\ m$; $C = 130$; $D_s = D_r = 150\ mm$; $L_e = 85{,}24\ m$). A curva característica desta bomba também é representada pela equação: $H_{man} = -51.429 \times Q^2 + 68{,}571 \times Q + 29{,}629$, na qual H_{man} é traduzida em metros de coluna d'água e a vazão Q em metros cúbicos por segundo. O objetivo dessa aplicação é estudar o efeito das associações de duas a três bombas associadas em série e paralelo sobre a vazão recalcada. As curvas características das associações, em série, de duas a três bombas iguais à apresentada são mostradas no Quadro 2.17.

QUADRO 2.17 CCB para duas e três bombas associadas em série

Q (m^3/h)	0	18	36	54	72
1 bomba H_{man} (mca)	30,0	28,0	25,0	20,0	10,0
2 bombas H_{man} (mca)	60,0	56,0	50,0	40,0	20,0
3 bombas H_{man} (mca)	90,0	84,0	75,0	60,0	30,0

As curvas características das associações, em paralelo, de duas a três bombas iguais à apresentada são determinadas no Quadro 2.18.

QUADRO 2.18 CCB para duas a três bombas associadas em paralelo

H_{man} (mca)	30,0	28,0	25,0	20,0	10,0
1 bomba Q (m³/h)	0	18	36	54	72
2 bombas Q (m³/h)	0	36	72	108	144
3 bombas Q (m³/h)	0	54	108	162	216

As curvas características também podem ser, a partir deste ponto, definidas por meio de curvas polinomiais, conforme indicado no Quadro 2.19.

QUADRO 2.19 Equações das curvas características de associações de bombas

Tipo de associação	Equação da curva característica
2 bombas em série	$H_{man} = -102.857 \times Q^2 + 137,14 \times Q + 59,257$
3 bombas em série	$H_{man} = -154.286 \times Q^2 + 205,71 \times Q + 88,886$
2 bombas em paralelo	$H_{man} = -12.857 \times Q^2 + 34,286 \times Q + 29,629$
3 bombas em paralelo	$H_{man} = -5.714,3 \times Q^2 + 22,857 \times Q + 29,629$

Nota: A altura manométrica é medida em *mca* e a vazão em *m³/s*.

A vazão recalcada em cada tipo de conjunto "instalação *versus* bomba" pode ser determinada analiticamente e/ou graficamente. Analiticamente serão obtidos os resultados a seguir decorrentes da resolução dos sistemas formados pelas equações correspondentes aos condutos (*CCI*) e à bomba ou conjunto de bombas (*CCB*). A título de exemplo é mostrado o sistema integrado por instalação (*CCI*) e o conjunto de 3 bombas montadas em série.

$$\begin{cases} H_{man} = 20 + 8.005,82 \times Q^{1,85} \\ H_{man} = -154.286 \times Q^2 + 205,71 \times Q + 88,886 \end{cases}$$

Resolvido o sistema, a solução é:

$$H_{man} = 26,21 \; mca$$
$$Q = 0,0208 \; m^3/s = 75,02 \; m^3/h$$

As demais soluções são as apresentadas no Quadro 2.20.

QUADRO 2.20 Vazões recalcadas para diversas associações de bombas

Tipo de associação	Q_r (m³/s)	H_{man} (mca)	Q_r (m³/h)
2 bombas em série	0,0189	25,19	68,04
3 bombas em série	0,0208	26,21	75,02
2 bombas em paralelo	0,0195	25,50	70,20
3 bombas em paralelo	0,0225	27,16	81,00

Graficamente, os resultados estão indicados na Figuras 2.27 e 2.28.

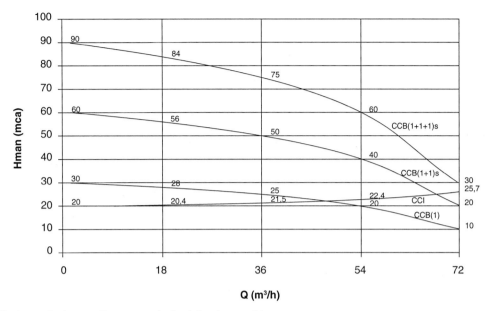

FIGURA 2.27 Vazões recalcadas para diversas associações de bombas em série.

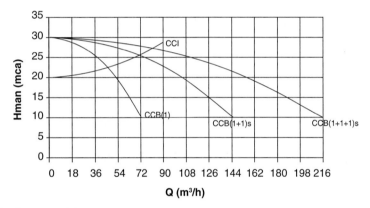

FIGURA 2.28 Associação de bombas em paralelo.

A associação de bombas pode ainda considerar um conjunto de bombas *em série* associado *em paralelo* a outro conjunto idêntico ao primeiro. São as associações mistas. Observe-se na Figura 2.29 como seria uma associação de quatro bombas iguais, conectadas duas a duas, em série, com os conjuntos em série associados em paralelo.

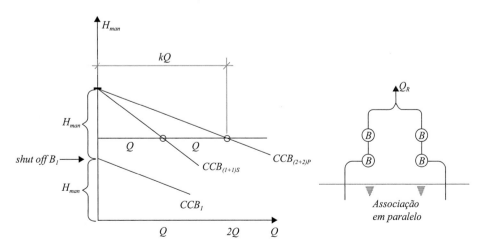

FIGURA 2.29 Associação em paralelo de duas bombas associadas em série.

Neste caso, primeiro determina-se a curva característica da associação de duas bombas em série $CCB_{(1+1)s}$. A seguir, associa-se, em paralelo, as curvas $CCB_{(1+1)s}$, obtendo-se a curva do conjunto de bombas $CCB_{(2+2)P}$. Esta solução é aconselhada quando o *shut off* da bomba, individualmente, é inferior à altura geométrica da instalação e a curva característica das bombas é do tipo *rising* ou *steep*.

Convém observar que a associação em série de conjuntos em paralelo é, teoricamente, possível, porém inviável na prática. A curva teórica do conjunto de quatro bombas iguais, associando em série dois conjuntos de duas bombas, associados em paralelo é apresentada na Figura 2.30. Essa associação de bombas é inviável no mundo real.

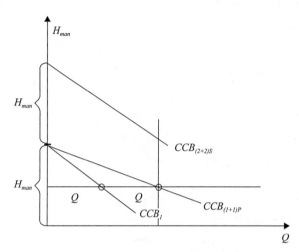

FIGURA 2.30 Solução hipotética de associação em série de dois conjuntos de bombas em paralelo.

2.8 INSTALAÇÃO DE BOMBAS EM SISTEMAS DE DISTRIBUIÇÃO DE ÁGUA

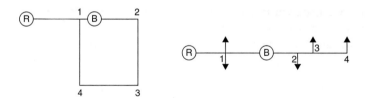

FIGURA 2.31 Bombas instaladas em redes malhada e ramificada.

Quando a pressão em um ou vários nós da rede de distribuição de água fica abaixo da admitida nas posturas municipais, e as opções habituais disponíveis ao projetista, para ajuste dessa pressão, não podem ser aplicadas, seja por razões econômicas, seja por razões técnicas, pode-se instalar uma ou mais bombas em pontos estratégicos da rede, de forma a restabelecer a pressão mínima nos pontos onde este valor não for alcançável com a distribuição por gravidade. Na rede ramificada, a instalação de uma bomba eleva a pressão de todos os nós situados a jusante. Na rede malhada, a instalação da bomba traz consequências mais profundas. Ela determina a direção e a vazão no trecho no qual a bomba é instalada e em alguns outros trechos conectados a este, além do aumento da pressão. No trecho onde a bomba está instalada, na rede malhada, prevalecerá o modelo indicado na Figura 2.32.

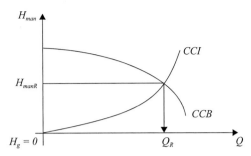

FIGURA 2.32 Vazão recalcada por bomba em rede malhada.

Na Figura 2.32 a *CCI* é a curva característica do trecho determinado, conforme já foi comentado, e *CCB* é a curva característica da bomba, fornecida pelo seu fabricante. Q_R é a vazão recalcada no trecho e H_{manR} é a coluna d'água, imediatamente a jusante da bomba, correspondente à pressão no interior do conduto, nesta seção.

a. Bomba na rede ramificada

Na rede ramificada, a bomba não opera como no sistema de recalque tradicional, no qual os reservatórios inferior e superior estão submetidos à pressão atmosférica e a vazão recalcada dependerá, apenas, da capacidade de elevação da bomba, traduzida em sua *CCB*, e das restrições impostas pela instalação de recalque, refletidas pela *CCI*. No caso da rede ramificada, a vazão que passará no trecho da bomba fica condicionada pela demanda dos usuários de jusante. O dimensionamento da rede ramificada admite como verdadeira a hipótese de consumo médio simultâneo e ininterrupto de toda a população atendida. Não será possível, portanto, o bombeamento de vazão superior à demanda, por se tratar de um sistema no qual as vazões nos trechos são definidas previamente para atender às necessidades da população. O bombeamento ajustará, apenas, a pressão do trecho. O modelo de recalque, então, se adaptará da forma descrita na Figura 2.33.

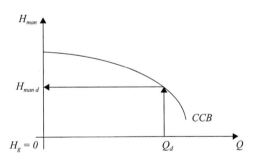

FIGURA 2.33 Pressão aplicada por bomba na rede ramificada.

O ponto de funcionamento (*PF*) será encontrado sobre a curva característica da bomba (*CCB*) na vertical da vazão demandada Q_d. A curva característica da instalação não participará desta definição. Reinará, no conduto, a pressão gerada pela bomba, representada no eixo vertical do gráfico por H_{mand}, expressa em metros de coluna d'água.

Na instalação mostrada na Figura 2.34, o cálculo das pressões nos nós será efetuado da forma comentada a seguir:

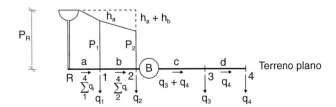

FIGURA 2.34 Cálculo da pressão nos nós da rede ramificada.

Na seção do reservatório, a pressão será definida pela elevação do NA em relação ao solo. Na seção 1, a pressão será igual à pressão em R, menos a perda de carga no conduto a. A pressão em 2 será igual a pressão em 1, menos a perda de carga no conduto b (h_b), desde que o terreno seja plano. A pressão em 2 pode ser calculada pela expressão:

$$P_2 = P_R - (h_a + h_b)$$

A montante do trecho C, logo após ao nó 2, é instalada a bomba B, alterando a sequência de cálculo. A pressão, a montante do trecho C, será determinada pela bomba, que injetará neste trecho a pressão $H_{man(d)}$. Continuará passando pelo trecho C a vazão $Q_C = q_3 + q_4$, gerando a perda de carga h_c. A pressão em 3 será calculada por:

$$P_3 = P_2 + H_{man(d)} - h_c$$

No trecho d, o modelo inicial de cálculo continua válido. Então, $P_4 = P_3 - h_d$. Nos trechos ascendentes, ficam mais visíveis os benefícios da instalação da bomba. Considere-se a rede mostrada na Figura 2.35.

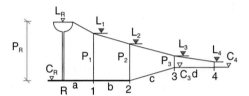

FIGURA 2.35 Pressões nos nós da rede ramificada com trechos elevados.

Sem bomba, as pressões em 3 e 4 seriam sempre pequenas, como fica claro na Figura 2.35. As pressões seriam calculadas levando em conta as cotas do terreno, já que este terreno não é plano. O cálculo atende à metodologia a seguir:

$P_1 = L_1 - C_1 = (L_R - h_a) - C_1$
$P_2 = L_2 - C_2 = (L_R - h_a - h_b) - C_2$
$P_3 = L_3 - C_3 = (L_R - h_a - h_b - h_c) - C_3$
$P_4 = L_4 - C_4 = (L_R - h_a - h_b - h_c - h_d) - C_4$

Quando a bomba é instalada, a montante do trecho C, a pressão na seção da bomba passa a ser $(P_2 + H_{man(d)})$, quebrando a cadeia de perda de carga. A jusante da bomba, a sequência de perdas volta a vigorar, porém, a partir de um novo referencial, estabelecido pela bomba. A linha piezométrica ficará conforme indicado na Figura 2.36.

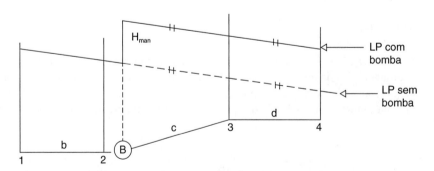

FIGURA 2.36 Alteração da linha piezométrica após a instalação da bomba.

APLICAÇÃO 2.6.

A determinação da pressão nos nós da rede de distribuição ramificada, indicada na Figura 2.37, atende à metodologia apresentada a seguir:

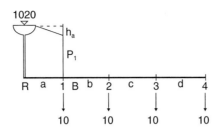

FIGURA 2.37 Rede ramificada com demanda de 10 l/s em cada nó.

Os trechos da rede ramificada são especificados nos Quadros 2.21 e 2.22.

QUADRO 2.21 Especificação dos trechos da rede ramificada

Trecho	L (m)	C	Q (l/s)	D (mm)
a	1.000	120	40	200
b	1.000	120	30	200
c	1.000	120	20	200
d	1.000	120	10	200

QUADRO 2.22 Especificação dos nós da rede ramificada

Nó	Cota do solo (m)	demanda (l/s)
R	1.000	–
1	1.000	10
2	1.000	10
3	1.000	10
4	1.000	10

As pressões nos nós estão calculadas no Quadro 2.23.

QUADRO 2.23 Cálculo das pressões nos nós da rede ramificada

$Nó_m$	$Nó_j$	LP_m	h_p	LP_j	T_m	T_j	P_m	P_j
R	1	1.020,0	9,84	1.010,1	1.000	1.000	20,0	10,1
1	2	1.010,1	5,77	1.004,3	1.000	1.000	10,1	4,3
2	3	1.004,3	2,72	1.001,6	1.000	1.000	4,3	1,6
3	4	1.001,6	0,75	1.000,8	1.000	1.000	1,6	0,8

No desenvolvimento dos cálculos, é fácil perceber que a rede de distribuição com diâmetro único de 200 mm é inadequada ao conjunto de vazões a ser atendido. Inicialmente, as perdas são altas, indicando a necessidade de maior diâmetro para os trechos, e no último trecho, a perda é muito pequena, sugerindo uma redução de diâmetro. As pressões são baixas já no segundo trecho. O erguimento do NA do reservatório eleva as pressões nos nós, na mesma medida, mas as perdas de carga não se alteram. A elevação da pressão pode, ainda, ser alcançada com a instalação de bomba, a montante da rede. Escolhida a seção B, a montante do trecho b, cuja vazão é 30 l/s para a instalação da bomba, cuja curva característica é mostrada no Quadro 2.24, as pressões nos nós de jusante (2, 3 e 4) serão alteradas para os valores indicados no Quadro 2.25.

QUADRO 2.24 Curva característica da bomba

H_{man} (m.c.a)	40	30	20	10
Q (l/s)	0	15	30	45

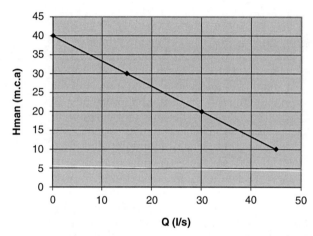

FIGURA 2.38 Curva característica da bomba.

A vazão no trecho de instalação da bomba é 30 *l/s*. A bomba, para esta vazão, imprimirá a pressão de 20 *mca* ao fluxo. Os nós, a jusante da bomba, manterão a pressão original, acrescida de 20 *mca*, conforme registrado no Quadro 2.25.

QUADRO 2.25 Pressão nos nós da rede ramificada após instalação da bomba

Nó	Pressão (m.c.a)
2	4,3 + 20 = 24,3
3	1,6 + 20 = 21,6
4	0,8 + 20 = 20,8

b. Bomba na rede malhada

Como já foi comentado, a instalação de bomba, em trecho da rede malhada, determina a direção do fluxo e a vazão que o percorrerá. Deve-se isto ao fato das vazões, nas malhas, poderem se ajustar, alterando a direção do fluxo e seu valor, para atender às variações da demanda. Na malha mostrada na Figura 2.39 as vazões se distribuem pelos trechos, conforme indicado na Figura 2.39.

Como se verá na Aplicação 2.7, quando a vazão percorre a rede malhada mostrada na Figura 2.39, submetida à ação da gravidade, nos trechos 3 e 4, as vazões Q_3 e Q_4 têm os valores 31,41 e 6,41 m^3/s, respectivamente. A pressão em D é de 3,5 *mca*, valor não adequado ao consumidor. Do momento em que se instala uma bomba, a montante do trecho 3, cujas características serão apresentadas oportunamente, as vazões Q_3 e Q_4 passarão a ter valores 43,0 e 18,0 m^3/s, crescendo significativamente. A pressão em D passará para 10,1 *mca*, superior ao valor primitivo. A forma como se pode interferir na vazão dos trechos de uma rede malhada, e na pressão dos seus nós, será analisada na Aplicação 2.7.

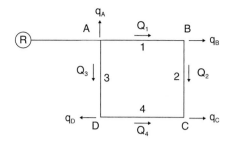

FIGURA 2.39 Rede malhada.

APLICAÇÃO 2.7.

A determinação das vazões nos trechos e pressões nos nós de uma rede malhada terá a seguinte sequência de cálculos. As especificações dos trechos e nós são apresentadas no Quadro 2.26.

QUADRO 2.26 Especificações dos nós e trechos da rede malhada

Nós da rede malhada

Nó	Cota solo (m)	Demanda (l/s)
R	1.010	–
A	1.010	10
B	1.000	15
C	1.000	20
D	1.010	25

Trechos da rede malhada

Trecho	L(m)	C	Q (l/s) inicial	D (mm)
0	100	120	70	400
1	1.000	120	25	200
2	1.000	120	10	200
3	1.000	120	35	200
4	1.000	120	10	200

Para dar início à determinação das vazões nos trechos e pressões nos nós da rede, a cota do NA do reservatório foi fixada 20,0 m acima da cota do solo (cota NA = 1.020 m). A partir desse marco pode ser calculada a pressão no nó A da rede, na forma apresentada a seguir:

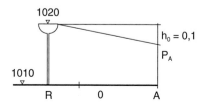

FIGURA 2.40 Pressão no nó A.

$$Q = 0{,}2785 \times C \times D^{2{,}63} \times \left(\frac{h_o}{100}\right)^{0{,}54}$$

$$0{,}070 = 0{,}2785 \times 120 \times 0{,}4^{2{,}63} \times \left(\frac{h_o}{100}\right)^{0{,}54} \quad \therefore \quad h_o = 0{,}1 \, m$$

$$P_A = 1020 - 0{,}1 - 1010 = 9{,}9 \quad mca$$

O ajuste das vazões dos trechos para atender à condição $\Sigma h = 0$, na malha, está indicado no Quadro 2.27. Os trechos 1, 2, 3 e 4 podem ser vistos na Figura 2.39.

QUADRO 2.27 Ajuste das vazões nos trechos da malha

Trecho	D (mm)	L (m)	C	r
1	200	1.000	120	3.842
2	200	1.000	120	3.842
3	200	1.000	120	3.842
4	200	1.000	120	3.842

Trecho	Q_o (l/s)	h_o	h_o/Q_o	Q_1 (l/s)	h_1	h_1/Q_1
1	25,0	4,18	0,167	28,59	5,35	0,187
2	10,0	0,77	0,077	13,59	1,35	0,100
3	−35,0	−7,78	0,222	−31,41	−6,37	0,203
4	−10,0	−0,77	0,077	−6,41	−0,34	0,053
	Σ	−3,61	0,543	Σ	0,0	0,542

$$r = \frac{L}{0{,}2785^{1{,}85} \times C^{1{,}85} \times D^{4{,}87}}$$

$$h = r \times Q^{1{,}85}$$

$$\Delta Q = \frac{-\sum h}{1{,}85 \times \sum \dfrac{h}{Q}}$$

$$\Delta Q_0 = 3{,}59$$
$$\Delta Q_1 = 0{,}00$$

Ajustada a malha, ficam determinadas as vazões que percorrem os trechos, conforme mostrado na Figura 2.41.

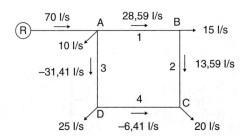

FIGURA 2.41 Vazões ajustadas na malha.

As pressões nos nós são calculadas conforme indicado no Quadro 2.28.

QUADRO 2.28 Cálculo das pressões nos nós da malha

Trecho	Nó$_m$	Nó$_j$	Q (l/s)	r	LP$_m$	h$_p$ (m)	LP$_j$	T$_m$ (m)	T$_j$ (m)	P$_m$ (mca)	P$_j$ (mca)
1	A	B	28,59	3.842	1.019,9	5,4	1.014,5	1.010	1.000	9,9	14,5
2	B	C	13,59	3.842	1.014,5	1,4	1.013,1	1.000	1.000	14,5	13,1
3	A	D	31,41	3.842	1.019,9	6,4	1.013,5	1.010	1.000	9,9	3,5
4	D	C	6,41	3.842	1.013,5	0,3	1.013,2	1.010	1.000	3,5	13,2

Em que:

LP_m = cota da linha piezométrica a montante
h_p = perda de carga a longo do conduto
T_m = cota do terreno, a montante
P_m = pressão no nó, a montante ($P_m = LP_m - T_m$)

Examinando o Quadro 2.28 chega-se à conclusão que o nó D apresenta pressão insuficiente. Para amenizar esta deficiência, será instalada a bomba cuja curva característica é a apresentada no Quadro 2.29, a montante do trecho AD, por períodos limitados, em razão dos custos da energia consumida.

QUADRO 2.29 Curva característica da bomba

H$_{man}$ (mca)	40	30	20	10
Q (l/s)	0	15	30	45

A bomba reorientará as vazões na malha, de forma que a vazão no trecho AD será definida no ponto de interseção da curva característica da bomba (CCB) com a curva característica da instalação. A curva característica da instalação é definida pela equação:

$$H_{man} = H_g + r \times Q^{1,85}$$

Em que:

H_g = altura geométrica; $H_g = 0$

$$r = \frac{L}{0,2785^{1,85} \times C^{1,85} \times D^{4,87}} = \frac{1.000}{0,2785^{1,85} \times 120^{1,85} \times 0,2^{4,87}} = 3.842$$

$$CCI: H_{man} = 0 + 3.842 \times Q^{1,85}$$

A curva característica da bomba pode ser definida pela equação:

$$CCB: H_{man} = -\frac{10}{0,015} \times Q + 40$$

O ponto de funcionamento estará na interseção dessas curvas. Então, o PF será definido pela solução do sistema.

$$\begin{cases} H_{man} = 3.842 \times Q^{1,85} \\ H_{man} = \frac{-10}{0,015} \times Q + 40 \end{cases}$$

Resolvendo o sistema chega-se às soluções:

$Q = 0,043 \ m^3/s = 43 \ l/s$
$H_{man} = 11,4 \ mca$

As vazões dos trechos seguintes ficam, em consequência, também definidas, resultado do equilíbrio de vazões, em cada nó. O resultado está apresentado na Figura 2.42.

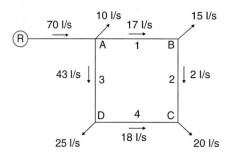

FIGURA 2.42 Vazões nos trechos da malha após a instalação da bomba.

Trecho 4: 43 − 25 = 18 l/s
Trecho 1: 70 − 10 − 43 = 17 l/s
Trecho 2: 17 − 15 = 2 l/s

As pressões nos nós da malha também ficarão condicionadas pela ação da bomba. As perdas de carga, nos trechos, determinados pela fórmula de Hazen, terão os valores indicados no Quadro 2.30.

QUADRO 2.30 Perdas de carga nos trechos da malha

Trecho	0	1	2	3	4
Q (l/s)	70	17	2	43	18
h_p (m)	0,1	2,0	0,04	11,2	2,2

Chega-se às pressões conforme indicado no Quadro 2.31.

QUADRO 2.31 Determinação das pressões nos nós após instalação da bomba

Trecho	Nó$_m$	Nó$_j$	h_p	LP$_m$	LP$_j$	T$_m$	T$_j$	P$_m$	P$_j$
0	R	A	0,1	1.020,0	1.019,9	1.010	1.010	10,0	9,9
1	A	B	2,0	1.019,9	1.017,9	1.010	1.000	9,9	17,9
2	B	C	0,0	1.017,9	1.017,9	1.000	1.000	17,9	17,9
3	A	D	11,2	1.019,9		1.010	1.010		
4	D	C	2,2			1.010	1.000		

No trecho AD, está instalada a bomba que imprime a pressão de 11,4 *mca* ao fluxo, conforme resultou da solução do sistema de equações que definiu a CCI e a CCB. A perda de carga H_{AD} foi colhida no Quadro 2.30, para a vazão $Q_{AD} = 43$ *l/s*. A pressão em *D* será, então:

$$P_D = P_A + 11,4 - h_{AD} = 9,9 + 11,4 - 11,2 = 10,1 \ mca$$

Nesta determinação não se levou em conta a cota do terreno já que *A* e *D* estão na cota 1010 *m*. A pressão em *C*, calculada segundo o circuito *ADC*, será:

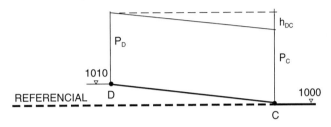

FIGURA 2.43 Determinação da pressão no nó *C* da rede.

$P_c = (1.010 + P_D) - 1.000 - h_{DC}$
$P_c = 1.010 + 10,1 - 1.000 - 2,2 = 17,9 \ mca$

Valor idêntico ao calculado, segundo o circuito *ABC*.

2.9 INSTALAÇÃO DE VÁLVULA DE QUEBRA-DE-PRESSÃO

O aumento da pressão nos condutos, ao longo da rede, acontece quando a declividade do terreno é superior à declividade da linha piezométrica. As juntas dos condutos podem ser danificadas quando a pressão ultrapassar o limite máximo aconselhado pelo fabricante.

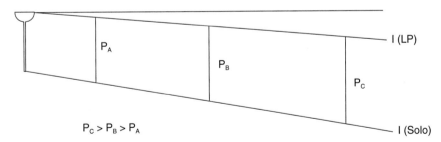

FIGURA 2.44 Rede com inclinação da linha piezométrica menor do que a declividade média do terreno.

Para manter a pressão nos condutos abaixo do limite máximo de serviço, pode-se usar válvulas de quebra-pressão. Essa válvula, quando do tipo *Pressure Reducing Valve* (PRV), permanecerá *aberta* enquanto a pressão de montante for inferior ao limite estabelecido no ajuste da válvula. Permanecerá *fechada* quando a pressão de jusante for superior à pressão de montante. *Ela, portanto, impede a inversão da corrente.* Permanecerá parcialmente fechada de forma que a pressão, na seção da válvula, caia até ser alcançado o limite de pressão estabelecido previamente no ajuste da válvula. Ao permanecer parcialmente fechada a válvula gera uma perda de carga localizada que pode ser significativa em relação à perda total que ocorre ao longo do trecho considerado.

APLICAÇÃO 2.8.

A título de exemplificação, considere-se a rede ramificada já estudada na Aplicação 2.6, em terreno plano à cota 1.000 m. Agora, no entanto, as cotas dos nós estarão em terreno inclinado, conforme especificado na Figura 2.45.

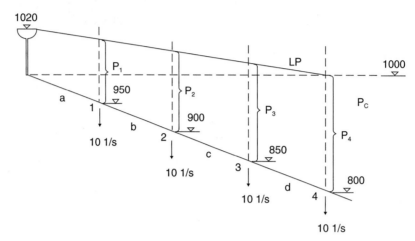

FIGURA 2.45 Pressões nos nós da rede ramificada.

QUADRO 2.32 Especificação dos trechos e nós da rede ramificada

Especificação dos trechos

Trecho	L (m)	C	Q (l/s)	D (mm)
a	1.000	120	40	200
b	1.000	120	30	200
c	1.000	120	20	200
d	1.000	120	10	200

Especificação dos nós

Nó	Cota (m)	Demanda (l/s)
R	1.000	–
1	950	10
2	900	10
3	850	10
4	800	10

As perdas de carga continuam acontecendo da mesma forma como calculadas no Quadro 2.23, já que os diâmetros, os comprimentos dos trechos, as rugosidades dos condutos e vazões são os mesmos. As pressões, que dependem das cotas dos nós, são alteradas como resultado da variação das cotas do terreno, conforme mostrado no Quadro 2.33.

QUADRO 2.33 Cálculo das pressões nos nós da rede ramificada

Nó$_m$	Nó$_j$	h_p (m)	LP_m	LP_j	T_m	T_j	P_m	P_j
R	1	9,84	1.020,0	1.010,1	1.000	950	20,0	60,1
1	2	5,77	1.010,1	1.004,3	950	900	60,1	104,3
2	3	2,72	1.004,3	1.001,6	900	850	104,3	151,6
3	4	0,75	1.001,6	1.000,8	850	800	151,6	200,8

As pressões crescem rapidamente, acompanhando a queda do terreno, e ultrapassam o limite de pressão estabelecido pelo fabricante. Caso sejam instaladas duas válvulas de quebra de pressão, a montante do trecho 1-2 e a montante do trecho 3-4, cada uma delas capaz de reduzir a pressão primitiva para 100 *mca*, obtém-se, como resultado as pressões determinadas na Figura 2.46 e no Quadro 2.34.

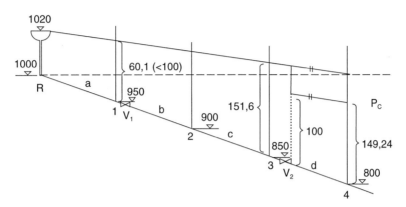

FIGURA 2.46 Pressões na rede após a instalação de válvulas de quebra de pressão.

As novas pressões serão as indicadas no Quadro 2.34.

QUADRO 2.34 Pressões nos nós após instalação das válvulas de quebra de pressão

Trecho	R – 1 (a)		1 – 2 (b)		2 – 3 (c)		3 – 4 (d)	
	m	j	m	j	m	j	m	j
Pressão primitiva (*mca*)	20	60,1	60,1	104,3	104,3	151,6	200,8	200,8
Pressão após válvulas (*mca*)	20	60,1	60,1 (1)	104,3	104,3	151,6	100,0 (1)	149,2

Nota: (1) Seção de instalação da válvula de quebra de pressão.

Verifica-se que, a primeira válvula não promove qualquer alteração na pressão, já que, a montante do trecho 1-2, onde ela está instalada, a pressão é 60,1 *mca*, insuficiente para acioná-la. A segunda válvula, instalada no trecho *d*, é acionada. A jusante da válvula, a pressão é 100,0 mca, como previsto. No trecho 3-4, há uma queda no terreno de 50 *m* e uma perda de carga de 0,75 *m*, levando a pressão, na seção 4, ao valor de:

$$P_4 = 100,0 + 50,0 - 0,75 = 149,25 \; mca$$

As pressões nos nós 2 e 3 são superiores a 100 *mca*, indicando a necessidade do deslocamento da primeira válvula para o trecho 2-3 e possivelmente ajustando a pressão a jusante das válvulas para pressão inferior a 100 *mca*.

A instalação de válvula de quebra-de-pressão em *rede malhada* é uma opção a ser avaliada com cuidado. Como já foi enfatizado, a válvula de quebra-de-pressão impede a inversão do fluxo no conduto, anulando uma das principais vantagens da rede malhada que é a sua versatilidade no atendimento de vazões extemporâneas e/ou não programadas. Portanto, a proposta de instalação dessas válvulas deve ser precedida da definição das direções dos fluxos na malha.

APLICAÇÃO 2.9.

A título de exemplo, considere-se a rede malhada estudada na Aplicação 2.7 com as características indicadas na Figura 2.47.

104 Elementos da Hidráulica

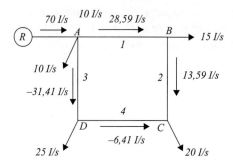

FIGURA 2.47 Vazões nos trechos da malha.

As vazões nos trechos foram equilibradas no Quadro 2.28 e o requisito $\Sigma h = 0$, na malha, está atendido. O cálculo das pressões será refeito considerando novas cotas para os nós.

QUADRO 2.35 Superfície de pressões sobre a malha Cotas primitivas do terreno

Nó $_m$	Nó $_j$	Q (l/s)	LP_m (m)	h_p (m)	LP_j (m)	Nó	T (m)
A	B	28,59	1.019,9	5,4	1.014,5	A	1.010
B	C	13,59	1.014,5	1,4	1.013,1	B	1.000
A	D	31,41	1.019,9	6,4	1.013,5	C	1.000
D	C	6,41	1.013,5	0,3	1.013,2	D	1.010

A superfície de pressões (cotas da LP) sobre a malha foi determinada no Quadro 2.29 e está transcrita no Quadro 2.36. A determinação da pressão em cada nó dependerá ainda da posição do solo em relação a esta superfície. A título de exercício, será reduzida em 200 m, a cota do nó D, no percurso RAD. As novas pressões serão as indicadas no Quadro 2.36.

QUADRO 2.36 Cotas do terreno

Nó	Cotas primitivas do terreno			Novas cotas do terreno	
	LP_m (m)	T (m)	P (mca)	T_1 (m)	P (mca)
A	1.019,9	1.010	9,9	1.010	9,9
D	1.013,5	1.010	3,5	810	203,5
B	1.014,5	1.000	14,5	1.000	14,5
C	1.013,1	1.000	13,1	1.000	13,1

Por ser excessiva, a pressão em D deve ser controlada. A Figura 2.48 apresenta as pressões vigentes no trecho RADC.

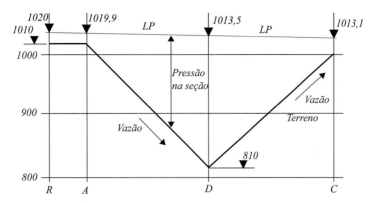

FIGURA 2.48 Pressões nos nós da malha.

A pressão crescente no conduto, como a verificada no trecho AD, causa danos à vedação das juntas antes de romper a tubulação. Então, a válvula de quebra-de-pressão, posicionada a montante de D, protegerá esta seção mais vulnerável. Sendo instalada uma válvula que reduza a pressão para 100 *mca*, imediatamente a montante de D, respeitada a direção do fluxo e mantendo a perda de carga desprezável, as novas pressões serão as indicadas no Quadro 2.37.

QUADRO 2.37 Pressão com válvula de quebra-de-pressão a montante de D

Nó	LP (m)	T (m)	P (mca)
A	1.019,9	1.010	9,9
D	1.013,5	810	100,0
B	1.014,5	1.000	14,5
C	1.013,1	1.000	13,1

Como se viu, o posicionamento da válvula deve ser cuidadoso. É oportuno tecer algumas considerações sobre este posicionamento, veja a seguir:

- O posicionamento da válvula a jusante de D não protegerá este nó da alta pressão;
- O posicionamento da válvula a montante de D não protegerá as juntas intermediárias posicionadas ao longo dos 1.000 m do trecho AD (no caso do conduto ser soldado não haverá juntas a considerar);
- Outras válvulas devem ser previstas ao longo de AD e DC para proteger as juntas intermediárias, quando elas existirem;
- A instalação equivocada da válvula alterará o fluxo na malha produzindo resultados diferentes daqueles previstos inicialmente, já que as válvulas só permitem o fluxo em uma direção;
- Caso o uso da válvula implique na consideração de perda de carga apreciável, esta deve ser transformada em comprimento equivalente de conduto a ser adicionado ao comprimento real do trecho com consequente redimensionamento das vazões e pressões da malha.

Caso o ponto de menor cota fosse o nó C, a abordagem da situação seria mais complexa, tendo em vista que para o nó C convergem vazões dos nós B e D. O perfil do trecho RADCB é o mostrado na Figura 2.49.

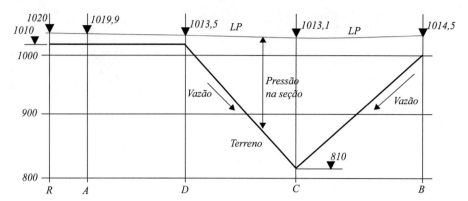

FIGURA 2.49 Perfil da rede com o nó C à cota 810 m.

A proteção do nó C deve ser planejada prevendo o crescimento da pressão a partir dos nós D e B. As válvulas devem respeitar a direção do fluxo e devem ser instaladas ao longo dos trechos DC e BC. O mais prudente talvez seja evitar essa situação redefinindo os trechos da malha, de forma que os seus nós apresentem cotas com valores mais homogêneos. O abastecimento de pontos e áreas com cotas muito díspares, muito acima ou muito abaixo da média das cotas dos nós da malha, deve ser realizado com trechos ramificados.

2.10 CONSEQUÊNCIAS DO CORTE DA BOMBA – GOLPE DE ARÍETE

A coluna de fluido no trecho de recalque desacelera, estanca e retorna em direção à bomba quando esta é cortada ao fim de um período de operação ou por falta de energia. Nas instalações domésticas de pequeno porte a bomba é protegida com a instalação de uma válvula de retenção que evita pressões excessivas sobre as vedações (gaxetas). Pressões altas dão origem a vazamentos junto ao eixo da bomba. As sobrepressões também agem sobre o conduto de recalque deformando-o, sem ultrapassar o limite elástico do conduto, na maioria dos casos (expansão elástica). O fenômeno, em toda a sua extensão, tem a seguinte sequência: cortada a bomba, os segmentos da coluna líquida, junto à bomba, continuam o movimento em direção ao reservatório superior provocando uma redução da pressão e a contração do conduto de recalque, junto à bomba. Esta contração torna disponível uma certa quantidade de fluido que viabiliza a movimentação do segmento seguinte da coluna que, por sua vez, sofre descompressão e redução da pressão local p. Esta doação, seguida de descompressão, sucede-se, segmento a segmento, gerando uma frente de onda que se desloca da bomba em direção ao reservatório.

Sendo "a" a celeridade (velocidade) da frente de onda, o conduto de recalque será percorrido no intervalo de tempo $t = \frac{L_R}{a}$, no qual L_R é o comprimento do conduto de recalque. Quando a frente de onda atinge o reservatório, na seção de jusante do conduto de recalque, a pressão primitiva p é restabelecida, uma vez que esta pressão não se altera por estar determinada pela coluna d'água no interior do reservatório. Como no conduto de recalque está presente a pressão $p - \Delta p$, a frente de onda retorna em direção à bomba, restabelecendo a pressão p, segmento a segmento, deslocando-se com a celeridade a. Esta onda reequilibra a pressão no conduto de recalque e atinge a bomba no tempo $\frac{2 \times L_R}{a}$. Ao atingir a bomba, toda a coluna d'água está animada da velocidade U, em direção à bomba. O segmento da coluna d'água junto à bomba para e sofre a pressão de toda a coluna d'água. Neste segmento, a pressão passa a $p + \Delta p$, comprimindo o fluido e distendendo o conduto de recalque. Este mesmo efeito acontece, segmento a segmento, em toda a coluna, percorrendo o conduto de recalque, com celeridade a, em direção ao reservatório. Quando a onda de sobrepressão atinge o reservatório, a pressão p, reinante no reservatório, restabelece a pressão no segmento superior do conduto forçado. Cria-se uma onda de descompressão, do reservatório para a bomba, que restabelece, segmento a segmento, a pressão p no conduto de recalque. Esta última onda de descompressão dará origem a nova onda que promoverá uma contração do conduto, e assim sucessivamente. O fenômeno perduraria indefinidamente caso não existisse perda de carga. O corte da bomba gera um fenômeno semelhante ao corte da turbina nas instalações hidrelétricas. Nas instalações de bombeamento de grande porte não são usadas válvulas de retenção, resultando no escoamento do fluido através da bomba, em sentido inverso, após o corte de energia, quando a coluna d'água pressiona a bomba. O rotor, após o corte, gira cada vez mais lentamente, sua velocidade passa por zero e começa então a girar em sentido contrário como se fosse uma turbina. Durante esta fase produz-se um acréscimo de pressão no interior da bomba e no conduto de recalque. Quanto menor a inércia do rotor maior será a oscilação de pressão.

A celeridade da onda de pressão ou descompressão é calculada da seguinte forma:

$$a = \sqrt{\frac{E_l}{\rho}}$$

Em que:

a = celeridade da onda de pressão, em m/s
E_l = módulo de elasticidade do sistema ou equivalente, em Pa
ρ = massa específica da água, em kg/m^3

$$\frac{1}{E_l} = \frac{1}{E_w} + \frac{1}{E_s \times \frac{\delta}{D_R}}$$

E_w = módulo de elasticidade da água, em Pa
E_s = modulo de elasticidade do conduto, em Pa
δ = espessura do conduto de recalque, em mm
D_R = diâmetro do conduto de recalque, em mm

QUADRO 2.38 Massa específica da água e módulo de elasticidade de materiais selecionados

Massa específica da água (ρ)						
Temperatura (°C)	0	4	10	20	30	40
Massa específica (kg/m³)	999,9	1000,0	999,7	998,2	995,7	992,2
Módulo de elasticidade da água (E_w)						
Temperatura (°C)	0	10		20	30	40
Módulo de elasticidade (GPa)	1,952	2,050		2,139	2,158	2,168

Módulo de elasticidade de materiais selecionados (E)

Material	E (GPa)
Aço	200 a 220
Alumínio	68 a 70
Concreto Armado	14 a 30
Concreto Protendido	48
Cobre	110 a 134
Ferro Fundido	80 a 170
Fibrocimento	24 a 30
PVC	20 a 30
Vidro	46 a 73

A determinação do módulo de elasticidade do sistema requer um pré-dimensionamento da espessura do conduto que pode ser adequada ou insuficiente. Após a determinação da sobrepressão, caso se constate a inadequação deste pré-dimensionamento, os cálculos devem ser refeitos a partir deste ponto.

Ao se desprezar as perdas de carga ao longo do conduto de recalque, nas juntas e pontos de apoio calcula-se o valor da sobrepressão com margem de segurança expressiva. Devem ser consideradas na determinação da sobrepressão duas situações distintas.

a. *Manobra rápida:* quando o tempo de fechamento da válvula é igual ou menor do que o período do conduto de recalque, determinado conforme indicado a seguir:

$t_f \leq t$ sendo $t = \frac{2 \times L_R}{a}$

Em que:

t_f = tempo de fechamento da válvula, em segundos
t = período do conduto de recalque, em segundos
L_R = comprimento do conduto de recalque, em metros
a = celeridade da onda de pressão, em m/s

Neste caso, a sobrepressão será determinada da maneira indicada a seguir:

$$\Delta H_R = \frac{a \times V_R}{g}$$

Em que:

ΔH_R = sobrepressão, em *mca*, a ser adicionada à pressão hidrostática
a = celeridade da onda de pressão, em m/s
g = aceleração da gravidade, em m/s^2
V_R = velocidade média do fluxo no conduto de recalque, em m/s

O valor da sobrepressão é considerado constante ao longo do conduto até uma distância, contada a partir da bomba, igual a:

$$L_{\Delta H} = L_R - \frac{a \times t}{2}$$

A partir deste ponto, a sobrepressão decresce linearmente até se anular junto ao reservatório superior. A pressão total no conduto de recalque, junto à bomba, será $(h_r + \Delta H_R)$ e a subpressão $(h_r - \Delta H_R)$. Havendo algum ponto na linha de recalque, entre os extremos inferior e superior da variação da pressão, deve ser verificada a possível ocorrência de pressões negativas no interior do conduto que favoreçam a ocorrência de cavitação, com ruptura da coluna d'água. Como já foi ventilado, a ruptura da coluna d'água agrava os efeitos da sobrepressão. Por esta razão, nos pontos altos do conduto de recalque são instalados dispositivos que atenuam os efeitos da subpressão/sobrepressão.

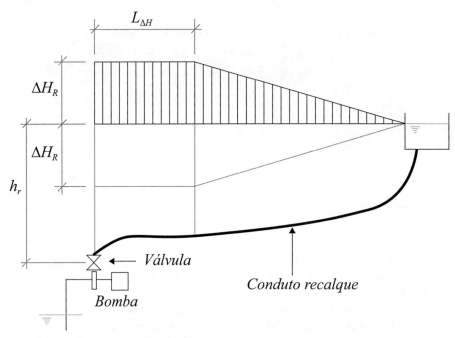

FIGURA 2.50 Sobrepressão no conduto de recalque após manobra rápida.

b. *Manobra lenta*: quando o tempo de fechamento da válvula é superior ao período do conduto de recalque.

$t_f > t$ sendo $t = \frac{2 \times L_R}{a}$

Neste caso, o valor máximo da sobrepressão será determinado da seguinte forma:

$$\Delta H_R = \frac{2L_R \times V_R}{g \times t_f}$$

Em que:

ΔH_R = sobrepressão, em *mca*, acima da pressão hidrostática
L_R = comprimento do conduto de recalque, em metros
g = aceleração da gravidade, em *m/s²*
V_R = velocidade média do fluxo no conduto de recalque, em *m/s*
t = período do conduto de recalque, em segundos
t_f = tempo de fechamento da válvula, em segundos

A sobrepressão será máxima na saída da bomba decrescendo linearmente até zero, na saída do conduto, junto ao reservatório superior. Continua válida a observação sobre a subpressão nos pontos altos do conduto de recalque feita no caso de fechamento rápido da válvula.

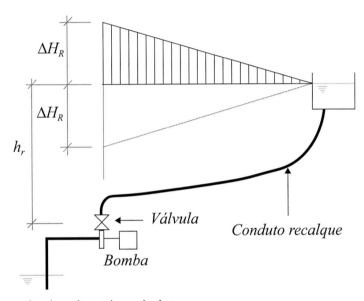

FIGURA 2.51 Sobrepressão no conduto de recalque após manobra lenta.

A pressão total sobre o *penstock* será:

$$H_T = H_r + \Delta H_{max}$$

Esta pressão, medida em metros de coluna d'água, equivale à pressão interna *p*, medida em *Pa*, da seguinte forma:

$$p = \gamma \times H_T$$

Em que:

p = pressão interna total no conduto de recalque, junto à bomba, em *Pa*
γ = peso específico da água, em *N/m³*
H_T = pressão total sobre o conduto, junto à bomba, em *mca*

A espessura do conduto pode ser determinada da seguinte forma:

$$e = \frac{p \times D_R}{2 \times \sigma_s}$$

Em que:

e = espessura do conduto de recalque, em metros

p = pressão interna total no conduto, junto à bomba, em Pa
D_R = diâmetro do conduto de recalque, em metros
σ_s = tensão do aço ou material do conduto de recalque, em regime elástico, em Pa

Caso essa espessura seja superior à espessura arbitrada inicialmente (δ), o módulo de elasticidade do sistema deve ser recalculado, assim como as variáveis a, T_c e ΔH_{max}, servindo para tal o novo valor da espessura do conduto.

APLICAÇÃO 2.10.

Uma bomba recalca a vazão de 140 l/s por meio de um conduto em aço, com módulo de elasticidade 200 GPa, diâmetro de 300 mm, comprimento de 950 m, espessura de chapa de 4,0 mm, velocidade de escoamento de 2,0 m/s. A altura estática de recalque é de 100 m e o módulo de elasticidade da água, a 20 °C, de 2,1 GPa. A determinação da sobrepressão, em caso de fechamento de válvula, que controla o fluxo no recalque, será realizada da forma indicada a seguir.

O módulo de elasticidade do sistema é determinado por meio da seguinte expressão:

$$\frac{1}{E_l} = \frac{1}{E_W} + \frac{1}{E_s \times \frac{\delta}{D_R}}$$

$$\frac{1}{E_l} = \frac{1}{2,1 \times 10^9} + \frac{1}{200 \times 10^9 \times \frac{4}{300}}$$

$$E_l = 1,174 \quad GPa$$

A celeridade da onda de pressão será:

$$a = \sqrt{\frac{E_l}{\rho}} = \sqrt{\frac{1,174 \times 10^9}{998,2}} = 1.084,87 \ m/s$$

A sobrepressão, *em manobra rápida*, será:

$$\Delta H_R = \frac{a \times V_R}{g} = \frac{1.084,87 \times 2,0}{9,81} = 221,17 \ mca$$

A pressão máxima no recalque será: 100 + 221,17 = 321,17 mca.
A pressão máxima será aplicada na seguinte extensão do conduto de recalque:

$$L_{\Delta H} = L_R - \frac{a \times t}{2}$$

$t = 1$ segundo (*tempo de fechamento da válvula*)

$$L_{\Delta H} = 950 - \frac{1.084,87 \times 1}{2} = 407,56 \ mca$$

O tempo de fechamento da válvula, em manobra rápida, deverá ser inferior ou igual a:

$$t = \frac{2L_R}{a} = \frac{2 \times 950}{1.084,87} = 1,75 s$$

Quando o tempo de fechamento da válvula for igual a t ($t = 1,75$ s), o comprimento $L_{\Delta H}$ será nulo, ou seja, a pressão máxima ficará restrita à seção da bomba. Ao longo do conduto de recalque a sobrepressão decrescerá linearmente até se anular na seção junto ao reservatório superior. Para tempos de fechamento da válvula superiores a t ($t = 1,75$ s) a sobrepressão será determinada da forma indicada a seguir:

$$\Delta H_R = \frac{2L_R \times V_R}{g \times t_f}$$

$$t_f = 2 \times t \ s$$

$$\Delta H_R = \frac{2 \times 950 \times 2,0}{9,81 \times 2 \times 1,75} = 110,67 \ mca$$

É fácil perceber no Quadro 2.39 que o crescimento do tempo de fechamento da válvula (t_f) influencia o valor da sobrepressão de forma significativa.

QUADRO 2.39 Sobrepressão no conduto de recalque para vários tempos de fechamento da válvula

Tempo de fechamento (s)	2t	3t	4t
Sobrepressão (mca)	110	73	55

2.11 DISPOSITIVOS DE PROTEÇÃO DO CONDUTO DE RECALQUE

Na parada não planejada da bomba, surgem dois efeitos negativos que devem ser atenuados. Primeiro, surge uma descompressão que pode levar à ruptura da veia líquida, resultado da cavitação que ocorre no interior do fluido, quando a pressão interna cai abaixo da respectiva pressão de vapor. A seguir, surge uma sobrepressão que pode danificar o conduto de recalque. Há uma correlação entre estes estados de pressão. Assim, quanto mais intensa for a subpressão, maior será a sobrepressão e vice-versa. Os principais meios de combater as pressões e subpressões intensas são:

a. Volante de inércia

O uso do volante de inércia, montado no eixo da bomba, reforça o efeito de inércia da rotação da bomba e aumenta o tempo de parada com consequente diminuição do golpe de aríete. O uso do volante, no entanto, é limitado às bombas de porte médio. As grandes bombas requerem grandes massas que inviabilizam o uso do volante.

b. Reservatório de ar comprimido

O reservatório de ar comprimido consiste de um reservatório, parcialmente cheio com ar comprimido, em sua metade superior. Após a parada súbita da bomba, o reservatório fornece água ao conduto de recalque, reduzindo a queda da pressão em seu interior. Após um pequeno lapso de tempo, a pressão no conduto de recalque volta a subir e, então, o reservatório recebe um volume extra de água, reduzindo a pressão máxima no conduto. Para melhorar o efeito do reservatório de ar, pode-se adaptar um orifício capaz de produzir uma perda de carga assimétrica, isto é, maior no sentido conduto – reservatório e menor no sentido inverso.

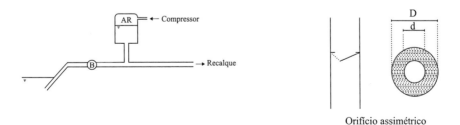

FIGURA 2.52 Reservatório de ar comprimido com orifício assimétrico.

O orifício assimétrico sugerido na Figura 2.53 funciona com o diâmetro D, no escoamento do reservatório para o conduto, e com o diâmetro d, no escoamento inverso.

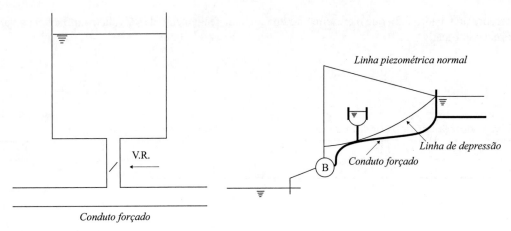

FIGURA 2.53 Tanque de alimentação.

c. Tanques de alimentação

O tanque de alimentação é instalado ao longo da linha de recalque, mas, durante o bombeamento, fica isolado desta por meio de uma válvula de retenção. Quando ocorre uma depressão no conduto de recalque, de tal forma que a linha de depressão atinja o tanque de alimentação, a válvula abre, fornecendo a água estocada, evitando uma depressão maior.

Os tanques de alimentação são, particularmente, indicados para proteger pontos altos do conduto de recalque.

d. Ligação em "*by pass*" entre sucção e recalque na bomba afogada

Quando a depressão, resultante do golpe de aríete, atingir pressões inferiores ao nível do reservatório fonte, pode-se ligar os condutos de recalque e sucção, por meio de um *by pass*, para reduzir a pressão negativa.

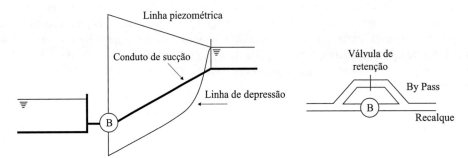

FIGURA 2.54 *By pass* para bomba afogada.

A válvula de retenção instalada no *by pass* evita a passagem de qualquer vazão durante o recalque.

e. Válvulas especiais

Podem ser instaladas válvulas no conduto de recalque para protegê-lo de sobrepressão. Deve ser verificado se o tempo necessário para o acionamento da válvula é inferior ao tempo de percurso da onda de sobrepressão. As válvulas especiais, então, são aconselhadas em instalações com grande altura de elevação e condutos de recalque longos. As válvulas não protegem o sistema contra subpressões.

Capítulo 3

Conduto Forçado e Bomba

3.1 EXERCÍCIOS RESOLVIDOS

EXERCÍCIO RESOLVIDO 3.1

O polo industrial do município *M* foi inaugurado em 2015. Ele é composto de quatro ruas (1-A, 1-B, 2-C e 2-D) dispostas, conforme mostrado na Figura 3.1 que dão acesso a 10 lotes industriais, por rua, com consumo médio previsto de 1 *l/s*, por lote. Um sistema do tipo ramificado abastece os lotes, em fofo (ferro fundido), possui diâmetro de 200 mm nos trechos 0-1 e 1-2 e de 100 mm nos ramos 1-B, 1-A, 2-D e 2-C, com os comprimentos indicados na Figura 3.1. A água provém do reservatório elevado Ro, cujo NA (nível d'água) está à cota 350 *m*, assentado sobre o solo à cota 340 *m*. O terreno onde está implantado o polo industrial pode ser assimilado a um plano cuja aresta superior está à cota 340 *m* mantendo uma declividade de 3% segundo o eixo 0-1-2. O reservatório Ro é abastecido pelo reservatório superior Rs, cujo NA está à cota 400 *m,* por meio da linha RsRo, também em fofo, que tem comprimento igual a 5.000 *m* e diâmetro de 200 mm. Os valores do coeficiente C estão no Quadro 3.1. Pretende-se ampliar o polo industrial acrescendo 60 lotes aos já existentes, a uma razão de 20 lotes por ano, a partir de 2046 (ver na Figura 3.1 as ruas 3-E, 3-F, 4-G ...). Os novos lotes serão maiores em profundidade cabendo a cada um o consumo de 2 *l/s*. Os trechos 2-3, 3-4 e 4-5 terão 1.000 *m* de extensão mas as ruas continuarão com 500 *m* de comprimento, abrigando 10 lotes por rua.

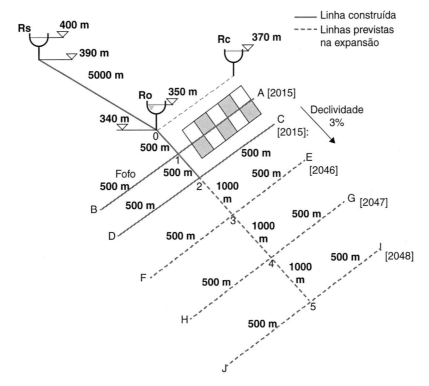

FIGURA 3.1 Rede ramificada de abastecimento.

QUADRO 3.1 Coeficientes C para fofo (ferro fundido)

C	idade (anos)
130	0
110	10
100	20
90	> 30

Verifique, em primeiro lugar, as condições de funcionamento do sistema em 2015 e 2045. Caso a adutora RsRo requeira reforço, estude a viabilidade da instalação, nesta linha, de uma bomba centrífuga, cuja curva característica é apresentada no Quadro 3.2.

QUADRO 3.2 Curva característica da bomba

Q (l/s)	0	10	20	30	40	50
H_{man} (m)	70	65	60	55	50	45

Redimensione a adução de forma a ser atendida a vazão prevista para 2048. Use a solução do reservatório de compensação Rc, sugerida na Figura 3.1, cujo nível d'água está à cota 370 m, distante 2.000 m do reservatório Ro, ligado a este por uma linha (também em fofo), com diâmetro de 300 mm. Examine a capacidade dos trechos 0-1 e 1-2 em suportar novas vazões. Proponha o reforço, com conduto em paralelo, para este trecho, necessário à manutenção da pressão mínima de 10 mca na distribuição. Dimensione os diâmetros dos novos trechos do sistema de distribuição para atender à demanda prevista.

Solução

O consumo previsto, por rua, para o polo industrial, inaugurado em 2015, é:

$$10 \text{ lotes} \times 1 \, l/s \, (\text{por lote}) = 10 \, l/s \, (\text{por rua}).$$

O consumo global estabelecido para o polo, na configuração de 2015 é de:

$$10 \, l/s \, (\text{por rua}) \times 4 \, \text{ruas} = 40 \, l/s.$$

Em 2015, o sistema era novo, operando com coeficiente C igual a 130. A perda de carga entre os reservatórios Rs e Ro não deveria ultrapassar 400 – 350 = 50 mca. Assim, segundo Hazen-Willians, pode-se calcular a vazão máxima que a linha (a adutora) entre os reservatórios conduzia em 2015:

$$Q_{15} = 0{,}278531 \times C \times D^{2{,}63} \times \left(\frac{h_p}{L}\right)^{0{,}54}$$

Em que:

C = rugosidade da adutora
D = diâmetro da adutora (m)
h_p = perda de carga entre os reservatórios (m)
L = comprimento da adutora (m)

$$Q_{15} = 0{,}278531 \times 130 \times 0{,}2^{2{,}63} \times \left(\frac{50}{5.000}\right)^{0{,}54} = 0{,}0437 \, m^3/s = 43{,}7 \, l/s$$

A vazão é maior do que 40 *l/s*, portanto, compatível com a demanda em 2015. Em 2045, a adutora completará 30 anos de uso e suas paredes internas ficarão enrugadas devido à ação química dos componentes da água. Com 30 anos de uso, o coeficiente C passa a valer 90. Assim, a vazão máxima transportada pela adutora segundo Hazen-Willians, é:

$$Q_{45} = 0{,}278531 \times 90 \times 0{,}2^{2{,}63} \times \left(\frac{50}{5.000}\right)^{0{,}54} = 0{,}03025 \ m^3/s = 30{,}25 \ l/s$$

Conclui-se que, em 2045, haverá escassez de água. O sistema envelhecerá e deixará de atender a seus usuários. Isto sem levar em consideração que a tendência normal da demanda é crescer com o passar do tempo. Para restabelecer a capacidade de atendimento da adutora, pode-se, entre outras providências, instalar uma bomba na linha *Rs-Ro*. Caso seja aceita a proposta de recalque com a bomba centrífuga cuja curva característica é indicada no Quadro 3.2, o resultado será:

A curva característica da bomba se aproxima de uma reta cuja equação é:

$$H_{man} = a \times Q + b$$

Utilizando dois pontos definem-se os coeficientes a e b:

para Q = 0 → H_{man} = 70 *mca* ∴ 70 = a × 0 + b ∴ b = 70
para Q = 0,020 m³/s → H_{man} = 60 *mca* ∴ 60 = a × 0,020 + 70 ∴ a = – 500
A equação da curva característica da bomba é:

$$H_{manB} = -500 \times Q + 70$$

Por sua vez, a curva característica da tubulação será determinada por:

$$H_{manT} = -H_g + \Sigma h_p$$

Em que:

H_{man} = altura manométrica (*m*)
H_g = altura geométrica (*m*)

Σh_p = somatório das perdas de carga ao longo da tubulação (as perdas localizadas serão consideradas irrelevantes neste caso)

Entre os reservatórios *Rs* e *Ro*, tem-se:

$$H_g = 400 - 350 = 50 \, m$$

$$h_p = r \times Q^{1{,}85}$$

$$r_{45} = \frac{L}{0{,}2785^{1{,}85} \times C^{1{,}85} \times D^{4{,}87}} = \frac{5.000}{0{,}2785^{1{,}85} \times 90^{1{,}85} \times 0{,}2^{4{,}87}} = 32.709$$

A curva característica da adutora será, então:

$$H_{manT} = -50 + 32.709 \times Q^{1{,}85}$$

O ponto de funcionamento do conjunto bomba-adutora será a intersecção das duas curvas características, encontrando-se, assim, a altura manométrica e a vazão de funcionamento do sistema:

$$H_{manT} = H_{manB}$$
$$-500 \times Q + 70 = -50 + 32.709 \times Q^{1{,}85} \therefore Q = 0{,}0435 \, m^3/s$$
$$H_{man} = 48{,}25 \, m$$

O mesmo resultado pode ser encontrado graficamente na forma da Figura 3.2.

Observe que a curva característica da tubulação corta o eixo das vazões no ponto *Q* = 30 *l/s*, que corresponderá à vazão da adutora em 2045, funcionando sob a ação da gravidade. Conclui-se, assim, que a instalação da bomba promove a recuperação da capacidade de adução da linha *Rs-Ro*, no ano 2045. Vale ainda ressaltar que a bomba deve ser instalada nas proximidades do reservatório superior para que pressão positiva (superior à pressão atmosférica) se manifeste ao longo de toda a adutora. Em 2046, quando os primeiros 20 lotes adicionais demandarem mais 40 *l/s* (20 lotes × 2 *l/s* por lote), a adutora *Rs-Ro* voltará a ser deficitária. Existem várias formas de atender à nova demanda. A instalação de outra bomba na

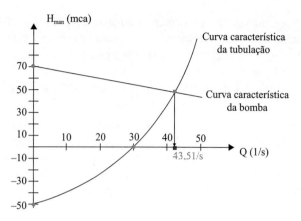

FIGURA 3.2 Ponto de funcionamento da bomba.

adutora *Rs-Ro* ou a construção de nova linha, paralela à existente, são soluções tradicionais. Há ainda a possibilidade da instalação de um reservatório de compensação ou reservatório de sobras. Essa proposta é exequível quando a demanda do sistema de abastecimento é exclusivamente diurna (como acontece em alguns polos industriais) e quando há um local próximo adequado à construção desse reservatório. Assim, no reservatório de compensação pode ser armazenada a vazão transportada pela linha *Rs-Ro*, nas horas noturnas, a qual será transferida para o sistema de distribuição, durante o dia, reforçando a vazão aduzida por *Rs-Ro*. Esta solução tem o mérito de reforçar o sistema de distribuição com um investimento menor do que o necessário à duplicação da linha *Rs-Ro*, admitindo-se que a construção do novo reservatório custará menos do que a instalação de 3.000 *m* de tubulação, que é a diferença de comprimento de tubulação entre as duas soluções. Admite-se que o reservatório *Rc* (reservatório de compensação), distante 2.000 *m* do reservatório *Ro*, com NA à cota 370 *m*, será ligado ao sistema existente por uma linha de diâmetro 300 *mm*, em ferro fundido. Nessas condições, a linha *Rc-Ro* terá uma vazão máxima de transporte, calculada pela fórmula de Hazen-Willians, igual a:

$$Q_{CO} = 0{,}278531 \times 130 \times 0{,}3^{2{,}63} \times \left(\frac{370-350}{2.000}\right)^{0{,}54} = 0{,}1269 \ m^3/s = 126{,}9 \ l/s$$

Conclui-se, portanto, que quando as duas linhas (*Rs-Ro* e *Rc-Ro*) estiverem contribuindo para o sistema de distribuição, ficará disponível uma vazão igual a:

$$Q_t = Q_{so} + Q_{co} = 43{,}5 + 126{,}9 = 170{,}4 \ l/s$$

Por sua vez, a demanda total no polo industrial em 2048 será:

$$Q_d = 10 \ lotes \times 1 \ l/s \ por \ lote \times 4 \ ruas + 10 \ lotes \times 2 \ l/s \ por \ lote \times 6 \ ruas$$

$$Q_d = 40 + 120 = 160 \ l/s$$

Verifica-se, então, que a proposta do reservatório de compensação atenderá à demanda da completa expansão do polo industrial. É interessante enfatizar que, nesse cálculo, admitiu-se completa independência entre as linhas *Rs-Ro* e *Ro-Rc*. No período noturno, a água percorrerá os trechos *Rs-Ro* e *Ro-Rc* para voltar a preencher o reservatório de compensação *Rc*. É conveniente verificar a pressão na seção O nessa situação e a vazão que será transportada, como mostrado na Figura 3.3.

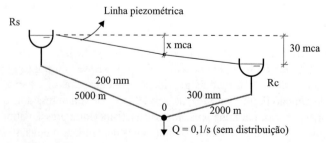

FIGURA 3.3 Abastecimento de *Rc* no período noturno.

A vazão aduzida entre *Rs* e *Rc*, no período noturno, será determinada da seguinte forma:

$$Q_{SO} = 0{,}278531 \times 90 \times 0{,}2^{2{,}63} \times \left(\frac{x}{5.000}\right)^{0{,}54}$$

$$Q_{OC} = 0{,}278531 \times 130 \times 0{,}3^{2{,}63} \times \left(\frac{30-x}{2.000}\right)^{0{,}54}$$

$$Q_{so} = Q_{oc}$$

Resolvendo-se o sistema, obtém-se: x = 29,2 *m*. A linha piezométrica na seção O (*Ro*) terá, assim, uma pressão equivalente à cota 400 – *x*, ou seja, 370,8 *m*. Neste cálculo admitiu-se a continuidade da linha *Rs-Ro-Rc*. Não poderia ser diferente, caso contrário, a água de *Rs* não alcançaria a cota 370 *m* que corresponde à cota do NA do reservatório *Rc*. Observe-se que a cota da Linha Piezométrica em O, está 20,8 *m* acima do NA do reservatório *Ro*. Entre os reservatórios *Rs* e *Ro* haverá uma perda de carga equivalente a 29,2 *mca* e entre os reservatórios *Ro* e *Rc* uma perda de carga equivalente a 0,8 *mca*. Percorrerá essa linha a vazão de 0,0226 m^3/s ou 22,6 *l/s* (calculada pelo mesmo método). Convém observar que durante a noite passará pela linha uma vazão inferior à vazão diurna, conclusão importante no dimensionamento do reservatório *Rc*. Essa variação de vazão decorre da redução da perda de carga no trecho *Rs-Ro*, que era 50 *mca* (quando Q_{so} = 30,25 *l/s*), e passou a ser 29,2 *mca* (Q_{so} = 22,6 *l/s*). Será admitido que durante o período noturno (que resulta da diferença: 24 horas menos quantidade de horas de atividades no polo), será possível armazenar todo o volume necessário ao complemento da demanda diária do polo. A aplicação do reservatório de compensação fica inviabilizada caso esse armazenamento noturno não se complete com o transporte da vazão 22,6 *l/s*. Finalizando a análise da adução deve-se avaliar a pressão na seção O durante o período diurno, na hipótese adotada de reforço pelo reservatório de compensação, conforme mostrado na Figura 3.4.

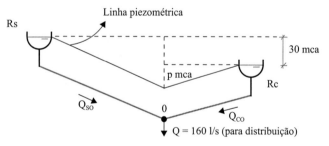

FIGURA 3.4 Abastecimento de Rc.

As vazões nas adutoras *RsO* e *RcO* são calculadas da seguinte forma:

$$Q_{SO} = 0{,}278531 \times 90 \times 0{,}2^{2{,}63} \times \left(\frac{30+p}{5.000}\right)^{0{,}54}$$

$$Q_{OC} = 0{,}278531 \times 130 \times 0{,}3^{2{,}63} \times \left(\frac{p}{2.000}\right)^{0{,}54}$$

$$Q_{SO} + Q_{OC} = 0{,}160 \ m^3/s$$

Resolvendo o sistema, encontra-se:

p = 21 mca
Q_{so} = 0,03058 m^3/s = 30,58 l/s
Q_{co} = 0,13034 m^3/s = 130,34 l/s

Resulta, então, que a linha piezométrica no ponto O estará com pressão equivalente à cota 370 – p = 370 – 21 = 349 *mca*, que é praticamente a posição do nível d'água do reservatório *Ro*. Conclui-se, assim, que na seção O a ligação entre as linhas *Rs-Ro* e *Rc-Ro* pode ser realizada com uma junção em forma de cruzeta, sem prejuízo do fluxo noturno ou diurno, conforme mostrado na Figura 3.5, desde que o reservatório *Ro* seja provido com controle de entrada de água para evitar transbordamento, no fluxo noturno, quando a pressão em O é superior à altura do respectivo NA. Essa ligação, que dispensa

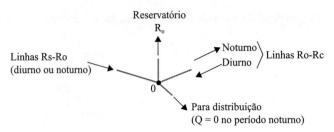

FIGURA 3.5 Ligação em forma de cruzeta e vazões diurna e noturna.

controles, modificará as vazões antes calculadas. A vazão Q_{so} passa para 30,58 *l/s* (em vez de 30,25 *l/s*), em consequência da nova posição do NA no reservatório *Ro* que terá a cota fixada em 349,0 *m* (antes era 350 *m*). O mesmo fenômeno acontece com a vazão Q_{co} que passa a ser 130,34 *l/s* (contra a vazão anterior = 126,90 *l/s*).

Na verdade, ocorreu uma conjunção feliz de diâmetros, distâncias, pressões e vazões que viabilizou a junção na seção O sem maiores dificuldades. Caso a pressão na seção O, no período diurno, não se aproximasse do NA proposto para o reservatório *Ro*, seria necessário projetar outra ligação, conforme indicado na Figura 3.6. Nesta ligação, os registros 1 e 3 ficariam abertos e os registros 2 e 4 fechados durante a noite, a fim de que o fluxo se fizesse diretamente do reservatório superior *Rs* para o reservatório de compensação *Rc*. Durante o período diurno as aberturas se inverteriam restabelecendo a operação do reservatório O e garantindo o nível desse reservatório à cota 350 *m*. A abertura e o fechamento dos registros, deve seguir o disposto no Quadro 3.3 e para tanto requer a presença de operador habilitado ou controle remoto.

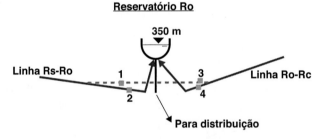

FIGURA 3.6 Registros de controle do sistema de adução.

QUADRO 3.3 Manobras dos registros do sistema de adução

Fluxo	Abre	Fecha	Objetivo
noturno	1 e 3	2 e 4	encher o reservatório *Rc*
diurno	2 e 4	1 e 3	distribuição no polo

Atendidas as necessidades de adução, resta reavaliar os trechos do sistema de distribuição. Em 2015, a distribuição acontecia conforme apresentado no Quadro 3.4.

Verifica-se que, em 2015, a pressão mínima estava junto ao reservatório *Ro* (10 *mca*) e que a pressão aumentava significativamente ao longo da rede de distribuição, tornando viável a distribuição para os lotes que obedecem aos limites mínimo (15 *mca*) e máximo (50 *mca*). Isto ocorre devido ao terreno possuir uma declividade que favorece a distribuição. Em 2045, com o envelhecimento da tubulação, o valor de C foi alterado para $C = 90$, resultando um novo valor para o coeficiente *r* e consequentemente para a perda de carga h_p. Refazendo os cálculos, encontram-se os novos valores para as pressões nos nós no Quadro 3.5.

Constata-se que as pressões ainda são suficientes, apesar de terem sido reduzidas em consequência do aumento da perda de carga nas tubulações. Deve-se admitir que os valores das cotas do terreno não se alteraram durante o período. Em 2046, a perda de carga nas linhas principais é agravada com o aumento da vazão necessária ao abastecimento de duas novas ruas. As pressões em 2046 terão os valores apresentados no Quadro 3.6.

QUADRO 3.4 Pressões na rede de distribuição em 2015 (C = 130)

Trecho	L (m)	Qf [1] (l/s)	D (mm)	r [2]	L_m [3] (m)	hp [4] (mca)	L_j [5] (m)	T_m [6] (m)	T_j (m)	P_m [7] (mca)	P_j [8] (mca)
0-1	500	40	200	1.656	350,0	4,3	344,7	340	325	10,0	19,7
1-A e 1-B	500	5	100	48.434	344,7	2,7	342,0	325	325	19,7	17,0
1-2	500	20	200	1.656	344,7	1,12	343,5	325	310	19,7	33,5
2-C e 2-D	500	5	100	48.434	343,5	2,7	340,8	310	310	33,5	30,8

[1] Vazão fictícia calculada como a média aritmética das vazões de montante e jusante do trecho: $Q_f = \dfrac{Q_m + Q_j}{2}$

[2] $r = \dfrac{L_i}{0,278531^{1,85} \times C^{1,85} \times D^{4,87}}$

[3] L_m = cota da linha piezométrica a montante do trecho

[4] h_p = perda de carga ao longo do trecho calculada por: $h_p = r \times Q^{1,85}$

[5] L_j = cota da linha piezométrica a jusante do trecho: $L_j = L_m - h_p$

[6] T_m = cota do terreno a montante do trecho

[7] P_m = pressão a montante do trecho: $P_m = L_m - T_m$

[8] P_j = pressão a jusante do trecho: $P_j = L_j - T_j$

QUADRO 3.5 Pressões na rede de distribuição em 2045 (C = 90)

Trecho	r	L_m (m)	h_p (mca)	L_j (m)	T_m (m)	T_j (m)	P_m (mca)	P_j (mca)
0-1	3.270,3	350	8,5	341,5	340,0	325,0	10,0	16,5
1-A e 1-B	95.632,4	341,5	5,3	336,2	325,0	325,0	16,5	11,2
1-2	3.270,3	341,5	2,4	339,1	325,0	310,0	16,5	29,1
2-C e 2-D	95.632,4	339,1	5,3	333,8	310,0	310,0	29,1	23,8

QUADRO 3.6 Pressões na rede de distribuição em 2046 (C = 90 e C = 130)

Trecho	Q_f (l/s)	D (mm)	r	L_m (m)	h_p (mca)	L_j (m)	T_m (m)	T_j (m)	P_m (mca)	P_j (mca)
0-1	80	200	3.270,3	349,0	30,6	318,4	340	325	9,0	-6,6
1-A e 1-B	5	100	95.632,4	318,4	5,3	313,1	325	325	-6,6	-11,6
1-2	60	200	3.270,3	318,4	17,9	300,5	325	310	-6,6	-9,5
2-C e 2-D	5	100	95.632,4	300,5	5,3	295,2	310	310	-9,5	-14,8
2-3	40	200	3.312,6	300,5	8,6	291,9	310	295	-9,5	-3,1
3-E e 3-F	10	100	48.434,9	291,9	9,7	282,2	295	295	-3,1	-12,8

Verifica-se, então, que o grande aumento de vazão inviabilizou a distribuição que passou a apresentar pressões negativas de alto valor. Na prática, esses valores indicam que o sistema não conseguirá transportar as vazões necessárias, sem que se reforce a linha 0-1-2-3-4-5, a fim de reduzir a alta perda de carga verificada nos trechos iniciais. Esse reforço será concretizado com o aumento dos diâmetros da linha de distribuição principal conforme indicado no Quadro 3.7.

É fácil verificar no Quadro 3.7 que os diâmetros escolhidos conduzem a perdas de carga pequenas fazendo com que a pressão nos trechos seja alta e crescente. Observa-se, ainda, que a pressão mínima de jusante apresentada anteriormente (trecho 0-1 = 22,1 *mca*) é suficiente para assegurar a pressão mínima a jusante da ramificação (1-A e 1-B), visto que, conforme verificado no Quadro 3.6, a perda nestes ramos é de 5,3 *mca*. Esses resultados sugerem, inclusive, uma redução de diâmetro nos trechos finais, a fim de manter a pressão em um nível mais adequado (evitando pressões superiores à máxima) promovendo, também, a economia na compra dos tubos.

QUADRO 3.7 Pressões na rede de distribuição em 2048 (C = 130) – previsão para vazão global

Trecho	L (m)	$Q_f^{(1)}$ (l/s)	D (mm)	r	L_m (m)	h_p (mca)	L_j (m)	T_m (m)	T_j (m)	P_m (mca)	P_j (mca)
0-1	500	160	400	56,6	349	1,9	347,1	340	325	9,0	22,1
1-2	500	140	400	56,6	347,1	1,5	345,6	325	310	22,1	35,6
2-3	1.000	120	300	459,8	345,6	9,1	336,5	310	280	35,6	56,5
3-4	1.000	80	300	459,8	336,5	4,3	332,2	280	250	56,5	82,2
4-5	1.000	40	300	459,8	332,2	1,2	331,0	250	220	62,2	111,0

Nota: O valor de C foi escolhido igual a 130 em razão do novo dimensionamento proposto, sugerindo tubos novos.
(1) Vazão fictícia determinada segundo as demandas das ramificações para 2048.

A definição do diâmetro a ser proposto nos trechos 0-1 e 1-2 para se somar em paralelo ao conduto de 200 *mm* (D_1) já existente se fará da seguinte forma: calcula-se este diâmetro por meio do modelo matemático para diâmetro equivalente, em paralelo.

$$\frac{C \times D_e^{2,63}}{L^{0,54}} = \sum \frac{C_i \times D_i^{2,63}}{L_i^{0,54}}$$

$$\frac{130 \times 400^{2,63}}{500^{0,54}} = \frac{90 \times 200^{2,63}}{500^{0,54}} + \frac{130 \times D_n^{2,63}}{500^{0,54}} \therefore D_n = 382 \ mm$$

D_e = 400 mm – conduto fictício que deve substituir os dois condutos em paralelo nos cálculos da pressão
D_n = diâmetro do conduto a ser instalado em paralelo com o conduto de 200 mm de diâmetro

Encontra-se, assim, o resultado para o tubo em paralelo no Quadro 3.8.

QUADRO 3.8 Diâmetro do novo conduto a ser instalado em paralelo nos trechos 0-1 e 1-2

Trecho	Q (l/s)	$D_e^{(1)}$ (mm)	$C^{(2)}$	$D_1^{(3)}$ (mm)	C_1	$D_2^{(4)}$ (mm)	C_2
0-1	160	400	130	200	90	382	130
1-2	140	400	130	200	90	382	130

Nota: Comprimentos iguais a 500 m.
(1) Diâmetro equivalente ao conjunto de dois tubos funcionando em paralelo
(2) C – conjunto de condutos em paralelo
(3) D_1 – diâmetro do conduto já existente
(4) D_2 – diâmetro do conduto a ser instalado em paralelo

Chega-se, assim, ao diâmetro de 382 *mm* para o conduto a ser instalada em paralelo ao já existente nos trechos 0-1 e 1-2. Como esse diâmetro não é comercial, será possível adotar o diâmetro de 400 *mm*, chegando-se, assim, a um novo diâmetro equivalente que aumenta a margem de segurança para funcionamento do sistema de abastecimento.

EXERCÍCIO RESOLVIDO 3.2

Dois reservatórios são interligados por um conduto com 5.000 *m* de extensão, em ferro fundido e diâmetro de 200 *mm*. Descreva as solicitações habituais de uma linha de adução e determine as vazões que podem ocorrer quando há entre os reservatórios um desnível de 100 *m*.

Solução

Os sistemas de abastecimento de água são constituídos por partes denominadas captação, bombeamento, adução, tratamento, reservação e distribuição. A instalação descrita no enunciado é a parte habitualmente chamada adução. Os sistemas de abastecimento mais simples ou construídos para atender demandas específicas prescindem de algumas destas etapas. Os sistemas mais complexos, que ocorrem principalmente quando o centro urbano a ser abastecido é populoso e os recursos hídricos estão distantes, necessitam de dispositivos adicionais, não mencionados. Deve ser ainda observado que a adução efetuada por meio de conduto forçado, como a referida, pode ser substituída por transporte em canais quando as condições locais assim o aconselham. Enfim, procurou-se mostrar que inúmeras são as variantes do modelo de abastecimento, porém, a situação com "dois reservatórios ligados por adutora" é comum e merece a nossa atenção. A instalação básica é mostrada na Figura 3.7.

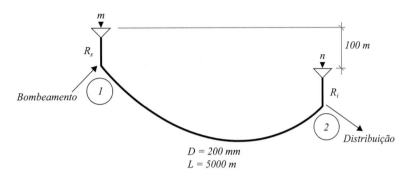

FIGURA 3.7 Adução entre dois reservatórios.

Ao reservatório superior R_S, na seção 1, chega água bombeada de uma fonte de água (lago, rio ou subsolo). A água transita entre 1 e 2 através de adutora cujas características são conhecidas. A partir do reservatório inferior R_I, na seção 2, a água é levada às residências por meio de sistema de distribuição. A questão que se coloca, segundo este modelo, é a determinação da vazão que flui entre 1 e 2. Pode ainda acontecer que uma vazão desejável seja fixada, restando ao projetista especificar o diâmetro da tubulação a ser utilizada. No enunciado do problema é fixado todo o conjunto de características do sistema de adução. Faz-se necessário determinar a vazão a ser aduzida para compará-la com a expectativa de consumo. Caso o consumo supere a capacidade de adução, deve ser feita uma nova proposta de dimensionamento da adutora, caso se trate de projeto. Será o caso de proposta de alteração do sistema, quando já existir uma linha em funcionamento.

Para resolver esta questão será utilizado o software Epanet. Para tanto, a primeira ação é o download do software, versão em português (do Brasil), a partir do site da Universidade Federal da Paraíba, conforme indicado a seguir.

Pesquisar no Google com a frase *download* Epanet UFPB LENHS ou acessar diretamente o site www.lenhs.ct.ufpb.br. Feito o download, deve ser acionado o ícone do software que apresentará a imagem apresentada na Figura 3.8.

FIGURA 3.8 Tela inicial do Epanet.

Clicando em "OK" chega-se ao mapa da rede (em branco) sobre o qual será desenhado o sistema a ser calculado. Contudo, antes de iniciar o desenho do sistema é importante habilitar as unidades de medida a serem utilizadas na entrada de dados assim como preparar o *software* para apresentar uma transcrição fidedigna das informações iniciais e demonstração amigável dos resultados dos cálculos. Deve ser escolhido o sistema LPS de unidades no qual os diâmetros são oferecidos em milímetros, os comprimentos em metros, as vazões em litros por segundo, as perdas de carga em metros por quilômetro

122 Elementos da Hidráulica

e as pressões em metros de coluna d'água. Essa escolha é feita por meio do caminho *projeto / opções de simulação*, a partir da barra de ferramentas do Epanet. O resultado é mostrado na Figura 3.9.

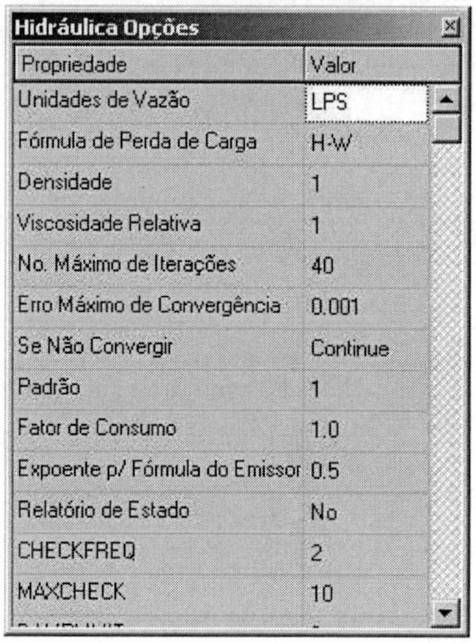

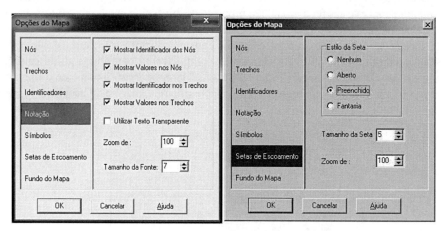

FIGURA 3.9 Escolha do sistema de unidades da simulação.

As opções de visualização são definidas por meio do caminho *visualizar / opções / notação / setas de escoamento / OK*, como mostra a Figura 3.10.

FIGURA 3.10 Procedimento para apresentar no mapa valores, identificadores de nós e trechos e direções de escoamento.

Na Figura 3.10 são mostradas as opções disponíveis no Epanet para apresentar no mapa os nomes atribuídos a nós e trechos assim como os valores das variáveis correspondentes a nós e trechos a serem escolhidas para ilustrar a apresentação dos resultados. As setas indicativas da direção do fluxo são escolhidas conforme indicado na Figura 3.10.

Concluída a definição do perfil de funcionamento do *software* tem início a modelagem do sistema a ser calculado. Na barra de ferramentas acima do mapa são encontradas as ferramentas 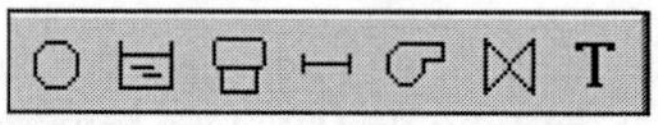 por meio das quais é realizado o desenho do sistema. A primeira ferramenta 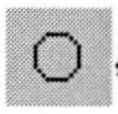 , da esquerda para a direita, desenha o nó (seção) do sistema sobre o mapa. A segunda ferramenta 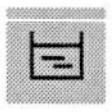 desenha o reservatório que fornece a vazão demandada nos condutos subsequentes ou recebe as vazões a ele afluentes. A quarta ferramenta ⊢┤ desenha o conduto do sistema. Basta clicar sobre uma dessas ferramentas e clicar novamente sobre qualquer ponto do mapa para dar início à construção do sistema de adução. A construção do sistema em consideração terá início conforme mostrado na Figura 3.11.

FIGURA 3.11 Definição de reservatórios e seção intermediária no mapa.

A posição dos elementos do sistema sobre o Mapa não segue qualquer recomendação específica em termos de escala, proporcionalidade e cota já que a representação serve apenas para auxiliar o projetista a concatenar esses elementos, assim como, apresentar resultados das simulações.

Dispostos os reservatórios e nó, devem ser acrescentados os condutos que ligam reservatórios ao nó. O conduto ⊢┤ será trazido para o desenho com um clique sobre a ferramenta, outro clique sobre o reservatório superior e finalmente um último clique sobre o nó intermediário. O procedimento se repete para o traçado do conduto entre o nó e o reservatório inferior. É importante inserir os trechos de adução obedecendo ao sentido esperado do fluxo, para que se mantenha a convenção de sinais das vazões inicialmente proposta. A vazão será positiva quando o fluxo coincidir com a direção determinada pelas seções inicial e final do conduto.

Concluído o desenho do sistema de adução deve-se especificar as características de cada um dos seus elementos.

Para a especificação das características essenciais de cada elemento do sistema, clica-se sobre o bloco de notas do navegador 🗒 para ativar a janela de propriedades, conforme mostrado na Figura 3.12. A escolha do elemento do sistema a ser especificado pode ser feita via navegador, operado no modo "dados", conforme mostrado na Figura 3.12 ou com duplo clique sobre o elemento representado no mapa. Para definir o reservatório basta oferecer o nível da água (linha com asterisco). Já para os condutos, faz-se necessário a especificação do comprimento (*m*), diâmetro (*mm*) e rugosidade conforme mostrado na Figura 3.13. A identificação numérica oferecida pelo software (primeira linha das propriedades) deve ser substituída por acrônimo que faça sentido no sistema que está sendo resolvido.

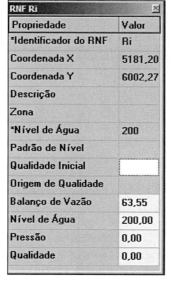

FIGURA 3.12 Especificação dos elementos do sistema de adução.

124 Elementos da Hidráulica

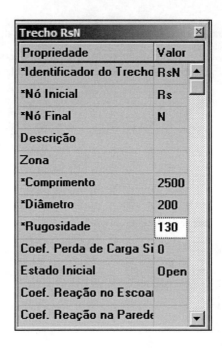

FIGURA 3.13 Especificação do conduto.

Na especificação do sistema em estudo atribuiu-se cota 300 *m* para o NA do reservatório superior e cota 200 *m* para o NA do reservatório inferior de forma que a diferença de cotas entre os níveis dos reservatórios seja de 100 *m*, conforme previsto no enunciado. Também foi especificado um nó entre os reservatórios para atender dispositivo do *software* que requer a proposição de ao menos um nó no sistema a ser calculado.

Especificado o sistema de adução, pode ser feita a simulação da proposta clicando no ícone. Quando todos os elementos estiverem corretamente especificados surge na tela a frase "Simulação bem sucedida" conforme mostrado na Figura 3.14.

FIGURA 3.14 Mensagem de simulação bem-sucedida.

Os resultados da simulação podem ser apresentados na própria imagem do sistema ou descritos em relatórios específicos. Para a apresentação na imagem deve ser escolhida a opção "Mapa", no navegador, e ali especificar as variáveis a serem apresentadas. No caso em estudo foram escolhidas as variáveis "cota" para o nó e a variável "vazão" para os trechos, conforme mostrado na Figura 3.15.

Em resposta à especificação descrita, o Epanet registrou a vazão de 63,55 *l/s* para os trechos e as cotas 300 *m* para *Rs*, 200 *m* para *Ri* e 100 *m* para o nó, conforme mostrado na Figura 3.16.

Caso o relatório atenda melhor aos propósitos do usuário deve-se seguir o caminho *relatório / tabela / trecho da rede / colunas / OK*. Devem ser marcadas as colunas que apresentam as características de cada trecho e os resultados desejados conforme mostrado na Figura 3.17. No caso em estudo foram marcadas as colunas referentes a comprimento, diâmetro, rugosidade, vazão, velocidade e perda de carga. As três primeiras variáveis servem para a conferência da entrada de dados e as três últimas oferecem os resultados da simulação, conforme indicado no Quadro 3.9. Observe-se que a Perda de Carga

FIGURA 3.15 Especificação dos resultados na imagem

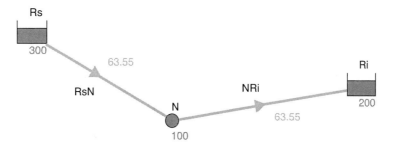

FIGURA 3.16 Adução com vazão determinada após simulação.

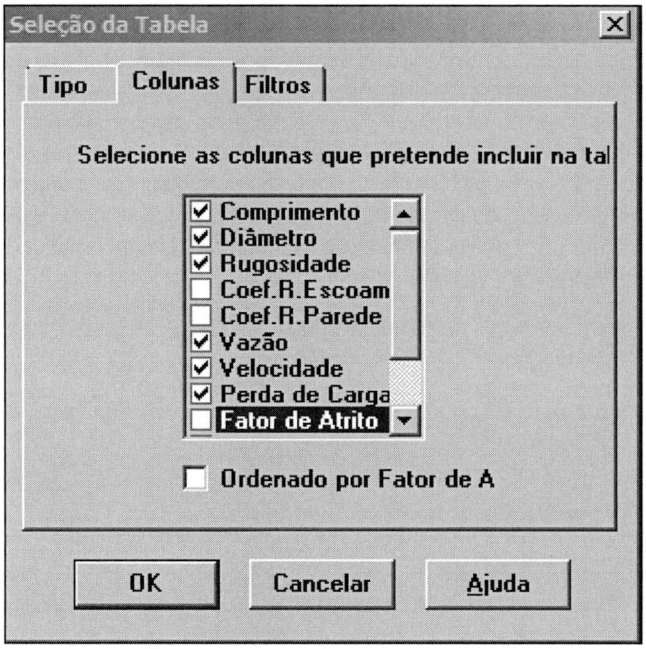

FIGURA 3.17 Escolha das colunas para compor o quadro de resultados.

QUADRO 3.9 Vazão nos trechos do sistema

Identificador do Trecho	Comprimento m	Diâmetro mm	Rugosidade	Vazão LPS	Velocidade m/s	Perda de Carga m/km
Tubulação RsN	2500	200	130	63,55	2,02	20,00
Tubulação NRi	2500	200	130	63,55	2,02	20,00

mostrada no Quadro 3.9 é a perda específica, ou seja, a perda por quilômetro de conduto. Assim, para se encontrar a perda de carga total no conduto, deve-se multiplicar o valor da perda específica pelo comprimento do conduto, em quilômetros.

A vazão de 63,5 *l/s* será aduzida enquanto a tubulação for nova. A tubulação de ferro fundido envelhece e conduz vazão cada vez menor, com o passar do tempo. Pode-se conhecer o decréscimo de vazão com a aplicação sucessiva do software que produzirá os valores mostrados no Quadro 3.10.

QUADRO 3.10 Capacidade de adução *versus* idade de operação

Idade (anos)	0	10	20	30	40
C	130	115	100	90	80
Q (l/s)	63,5	56,2	48,9	44,0	39,1

Após 40 anos de funcionamento, a adutora pode perder até 38% de sua capacidade original. O reservatório inferior tem a finalidade de manter a pressão na rede de distribuição derivada deste, entre outras funções. Quando esse reservatório é cilíndrico, pode-se reduzir a cota de seu nível para compensar parte da vazão perdida no envelhecimento da adutora. Naturalmente este artifício só poderá ser adotado se não comprometer a distribuição aos domicílios. O Quadro 3.11 mostra a recuperação de vazão transportada na adutora considerando a redução do nível d'água no reservatório.

QUADRO 3.11 Vazão em função do nível d'água no RI (20 anos, $C = 100$)

Deslocamento do NA (m)	0	1	3	5	7
h_p (m)	100	101	103	105	107
Q (m³/s)	48,9	49,1	49,7	50,2	50,7

Chega-se à conclusão de que a redução de nível d'água no reservatório inferior não constitui uma solução viável, por substituir pequena parcela da perda de vazão, por envelhecimento, e por reduzir drasticamente a pressão disponível a jusante do reservatório inferior. Outro ponto a ser considerado no dimensionamento de adutoras é o crescimento da demanda com a chegada de migrantes ou crescimento vegetativo da população. Na hipótese da população de 10.000 habitantes com consumo médio de 200 l/dia por habitante, chega-se à vazão média de:

$$Q = \frac{200 \times 10.000}{24 \times 60 \times 60} = 23,15 \ l/s$$

Caso esta população cresça à razão de 5% ao ano, o consumo ao longo do tempo será o indicado no Quadro 3.12.

QUADRO 3.12 Consumo da população *versus* tempo

Ano	0	5	10	15	20
População (hab)	10.000	12.763	16.289	20.789	26.533
Q (l/s)	23,15	29,55	37,71	48,13	61,42

Conclui-se que em 20 anos a demanda crescerá 2,65 vezes. Em geral, os projetistas se defendem contra essa razão de deterioração prematura da vida útil do sistema, dimensionando a adutora para a população que habitará a cidade, pelo menos, no lustro ou década seguinte. As hipóteses de crescimento, no entanto, podem ser alteradas bruscamente por fatos muitas vezes imprevisíveis como a abertura de novas estradas, instalação de indústrias etc. Estes fatos, quando ocorrem em comunidades menores, fatalmente levarão à rápida inadequação do sistema de adução. A solução inequívoca para a escassez de água nesse sistema é a duplicação da adutora instalada entre o reservatório origem e reservatório destino. A nova linha poderá ter diâmetro menor, igual ou superior à primeira dependendo do volume de água a ser transportado entre 1 e 2. A segunda linha poderá ser completamente independente da anterior quando deverá ter tomada própria no reservatório 1 e desaguar em 2, também por tomada independente, conforme mostra a Figura 3.18.

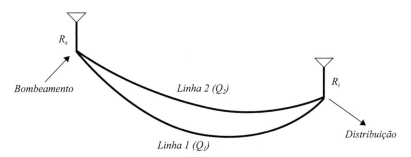

FIGURA 3.18 Adutoras com tomadas d'água independentes.

Caso as entradas dos reservatórios da linha primitiva sejam compartilhadas com a segunda linha, será formado um sistema de condutos em paralelo, como mostra a Figura 3.19.

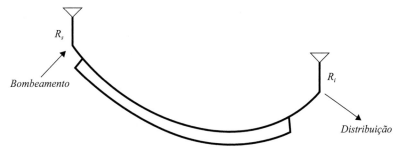

FIGURA 3.19 Adutoras em paralelo.

Quando as linhas são independentes, as vazões são calculadas pelo modelo de Hazen-Willians e a operação (fechamento parcial ou total) de uma adutora não interfere na outra adutora. O mesmo pode não acontecer quando as linhas estiverem conectadas em paralelo. Admitindo que o sistema de adução, com uma única adutora, referido no enunciado do problema, esteja funcionando há 20 anos, e que a população cresceu à taxa de 5% ao ano, chega-se à conclusão que há um suprimento de 48,9 *l/s* e uma demanda de 61,42 *l/s*, ou seja, há um déficit no abastecimento de 12,52 *l/s*. O déficit resultará em falta de água que provavelmente será suprida por outras fontes, tais como poços profundos, cacimbas (poços rasos escavados à mão) ou carros pipas, que oferecem água em piores condições sanitárias. Desabastecida, a população terá suas atividades higiênicas diárias restrita às horas de possível abastecimento (em geral, noturnas). Ilustrando essas informações foi proposto o sistema de adução com duas linhas de adutoras independentes conforme mostrado na Figura 3.20, resolvido no Epanet. A vazão total aduzida foi calculada da seguinte forma: 48,9 *l/s* × 2 = 97,8 *l/s*. Essa vazão atenderá à demanda de 61,42 *l/s* da população. Uma outra forma de abastecimento será possível com a instalação da segunda linha adutora, em paralelo com a adutora primitiva, na forma mostrada na Figura 3.21, extraída do Epanet. Essa nova proposta permite a adução de 48,9 *l/s* em cada linha. É oportuno observar que as duas soluções transportam a mesma vazão (97,8 *l/s*), nas condições especificadas, uma vez que as adutoras são idênticas. Contudo, essas soluções podem oferecer resultados muito diferentes quando for necessário o abastecimento de reservatório intermediário ou quando as adutoras tiverem idades ou comprimentos ou diâmetros diferentes. Foi proposto exemplo fictício para ilustrar essa diferença de funcionamento.

128 Elementos da Hidráulica

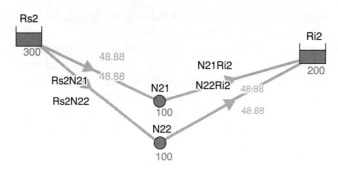

FIGURA 3.20 Sistema de adução com duas linhas de adução independentes.

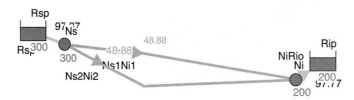

FIGURA 3.21 Duas linhas adutoras instaladas em paralelo.

Na Figura 3.22 é mostrado sistema de abastecimento constituído de duas adutoras em paralelo. Em uma das adutoras há um ramal que alimenta o reservatório Rd. Inicialmente o trecho *NdRd* foi mantido fechado. Nessa condição, a vazão de cada linha foi igual a 48,88 *l/s* conforme se verifica no Quadro 3.13, do Epanet. Quando o trecho *NdRd* é aberto, as vazões ficam diferentes nas duas partes da linha alimentadora, mas a vazão da outra linha, associada em paralelo (*NsNi*), a vazão é mantida em 48,9 *l/s* (Quadro 3.14). Esse resultado se deve ao fato dos trechos *RsNs* e *NiRi* terem sido especificados com diâmetro de 1.000 *mm* (propositalmente muito grande) e com comprimento de 1,0 *m* (propositalmente muito pequeno). Essa estratégia tem por objetivo permitir a ligação em paralelo sem acrescentar de fato novos trechos ao sistema de adução, assim como as respectivas perdas de carga. Caso esses trechos (*RsNs* e *NiRi*) tenham extensões apreciáveis e diâmetros comparáveis aos demais diâmetros do sistema de adução, a segunda adutora terá a vazão alterada como se constata no Quadro 3.15. Esse exemplo dá sustentação à afirmação de que uma linha pode influenciar a vazão da outra linha quando ambas estiverem ligadas em paralelo.

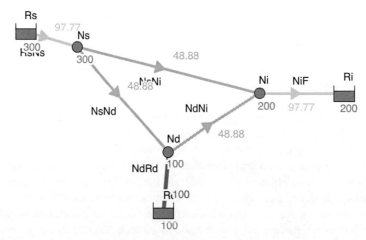

FIGURA 3.22 Abastecimento de reservatório independente a partir de adutora em paralelo.

QUADRO 3.13 Condutos em paralelo sem abastecimento do reservatório *Rd*

Identificador do Trecho	Comprimento m	Diâmetro mm	Rugosidade	Vazão LPS
Tubulação RsNs	1	1000	100	97,77
Tubulação NsNi	5000	200	100	48,88
Tubulação NiRi	1	1000	100	97,77
Tubulação NsNd	2500	200	100	48,88
Tubulação NdRd	100	100	100	0,00
Tubulação NdNi	2500	200	100	48,88

QUADRO 3.14 Condutos em paralelo com abastecimento do reservatório *Rd*

Identificador do Trecho	Comprimento m	Diâmetro mm	Rugosidade	Vazão LPS
Tubulação RsNs	1	1000	100	119,65
Tubulação NsNi	5000	200	100	48,88
Tubulação NiRi	1	1000	100	54,09
Tubulação NsNd	2500	200	100	70,77
Tubulação NdRd	100	100	100	65,56
Tubulação NdNi	2500	200	100	5,21

QUADRO 3.15 Sistema de adução com adutoras em paralelo afastadas dos reservatórios

Identificador do Trecho	Comprimento m	Diâmetro mm	Rugosidade	Vazão LPS
Tubulação RsNs	1000	200	100	81,47
Tubulação NsNi	5000	200	100	32,00
Tubulação NiRi	1000	200	100	17,13
Tubulação NsNd	2500	200	100	49,48
Tubulação NdRd	100	100	100	64,34
Tubulação NdNi	2500	200	100	-14,86

EXERCÍCIO RESOLVIDO 3.3

Dois reservatórios são interligados por um conduto de ferro fundido, com diâmetro de 200 mm e 5.000 m de extensão. Num ponto intermediário, a 2.000 m do reservatório superior, há uma tomada d'água que abastece um sistema de distribuição. Descreva as solicitações habituais dessa linha e determine as vazões que podem ocorrer nos trechos quando a tomada d'água apresentar vazões crescentes, existir 100 m de desnível entre os reservatórios e 150 m de desnível entre o nível d'água do reservatório superior e a seção de tomada.

Solução

O sistema de adução é representado pela Figura 3.23.

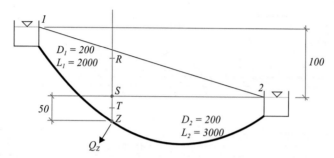

FIGURA 3.23 Adução entre dois reservatórios com tomada d'água intermediária.

Conclui-se facilmente que a desabilitação da tomada ($Q_z = 0$) transforma o sistema de adução com tomada intermediária em sistema de adução simples entre dois reservatórios. Vale observar que as tomadas d'água intermediárias, em geral, são propostas à posteriori no processo de redistribuição dos benefícios sociais alcançados pela comunidade abastecida em primeiro lugar. Outras vezes, a necessidade da tomada intermediária surge como consequência da urbanização da região circunvizinha ou na expansão da população autóctone, com a formação de novos bairros. A vazão que percorre a adutora será determinada com o software Epanet, na forma indicada na Figura 3.24. Nessa aplicação será adotada a cota 300 m para o NA de reservatório superior, a cota 200 m para o NA do reservatório inferior e cota 150 m para a seção Z que nessa determinação não estará demandando vazão alguma. O uso do software Epanet está detalhado no Exercício 3.2 que deve ser consultado por não usuários desse *software*.

FIGURA 3.24 Vazão na adução sem demanda em Z.

Conclui-se que a vazão de 63,55 l/s fluirá na adutora. A linha piezométrica, neste caso, é uma reta ligando os níveis d'água nos dois reservatórios. As perdas acidentais são desprezadas por se considerar o tubo "longo" (Figura 3.25).

Quando $Q_z > 0$, a linha piezométrica apresenta uma inflexão na seção Z, seção da tomada, podendo permanecer na cota piezométrica correspondente a R, S ou T. Posicionada em R, a linha piezométrica indica que a energia total em Z é superior à energia na superfície do reservatório inferior. A energia na seção Z será:

$$E_z = z_z + \left(\frac{p}{\gamma}\right)_z + \frac{V_z^2}{2g}$$

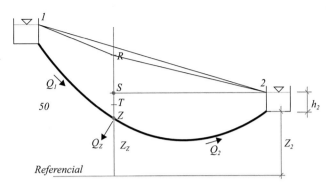

FIGURA 3.25 Linha piezométrica passando por R.

Como a velocidade na adutora é considerada "baixa", admite-se que $\frac{V_z^2}{2g}$ é suficientemente pequeno para ser desprezado. Desta forma, a linha piezométrica confunde-se com a linha de energia. A pressão em qualquer seção do conduto é igual à distância vertical compreendida entre esta seção e a linha piezométrica.

Logo:

$\left(\dfrac{p}{\gamma}\right)_z = \overline{RZ}$ (altura medida em metros de coluna d'água)

A energia em Z será: $E_z = z_z + \overline{RZ}$
A energia em 2 será: $E_2 = z_2 + h_2$ (h_2 também medida em *mca*)

Observa-se, facilmente, que $E_z > E_2$. Conclui-se que, neste caso, haverá fluxo do maior potencial E_z para o menor potencial E_2, ou seja, o reservatório superior alimentará simultaneamente a tomada em Z e o reservatório inferior.

$$Q_1 = Q_z + Q_2$$

Quando a linha piezométrica, na seção Z, passar por S, indicará que a energia em Z é igual à energia em 2, no reservatório destino.

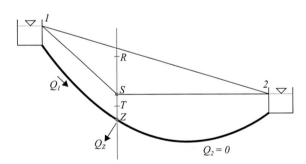

FIGURA 3.26 Linha piezométrica passando por S.

Sendo 1-S-2 a linha de energia e sendo horizontal o trecho S-2, a energia em Z é igual a energia em 2. Não há, portanto, fluxo entre Z e 2. Neste caso:

$$Q_1 = Q_z \; e \; Q_2 = 0$$

Finalmente, quando a linha piezométrica passar por T, na seção Z, a energia em Z será menor do que a energia na seção 2, pelas razões já expostas. Haverá, em consequência, uma inversão de fluxo no trecho 2-Z. Então:

$$Q_1 + Q_2 = Q_z$$

132 Elementos da Hidráulica

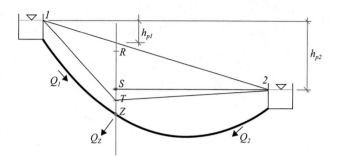

FIGURA 3.27 Linha piezométrica passando por T.

A posição da linha piezométrica em Z, a direção do fluxo e o valor da vazão no trecho ZRi serão conhecidos com a aplicação sucessiva do Epanet para vazões demandadas em Z (crescentes), na forma indicada no Quadro 3.16.

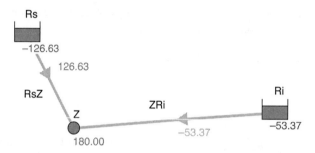

FIGURA 3.28 Vazões nos trechos da adutora para $Q_z = 180$ l/s.

QUADRO 3.16 Vazões no trecho de jusante da adutora

Z (Qz) (l/s)	RsZ (l/s)	ZRi jusante (l/s)	Pressão em Z (mca)	Direção do fluxo
0	63,6	63,6	110,0	$Z \to Ri$
20	74,9	54,9	95,7	$Z \to Ri$
60	93,4	33,4	68,3	$Z \to Ri$
100	104,0	4,0	50,3	$Z \to Ri$
104	104,2	0	50,0	$Q = 0$
140	111,6	-28,4	36,5	$Ri \to Z$
180	126,6	-53,3	6,57	$Ri \to Z$

Os resultados registrados no Quadro 3.16 permitem as conclusões a seguir:

- a pressão em Z é decrescente com o aumento de Q_z
- a vazão Q_1 cresce a proporção que a demanda em Z (Q_z) cresce
- A proporção que a demanda em Z cresce a vazão Q_2 decresce até torna-se nula e volta a crescer, em seguida, porém com sentido contrário ao sentido inicial

Como a pressão em Z controla e condiciona a pressão na rede de distribuição situada a jusante, a linha piezométrica da adução não pode cair indefinidamente até ser alcançada a vazão Q_z requerida na rede de distribuição. Faz-se necessário, então, estabelecer a pressão mínima em Z para o correto funcionamento da distribuição. Quando, em Z, ocorre a pressão mínima e Q_z ainda não atingiu o valor demandado na rede de distribuição, resta ao projetista reforçar o trecho 1-Z, propondo uma linha em paralelo.

EXERCÍCIO RESOLVIDO 3.4

Analise a contribuição de 3 ou mais reservatórios que alimentam a seção do sistema de adução que abastece uma rede de distribuição de água. Determine as vazões que podem ocorrer nas adutoras de alimentação quando a tomada d'água apresentar vazões crescentes.

Solução

O enunciado se refere ao problema de Belanger e sua generalização, conforme representado na Figura 3.29.

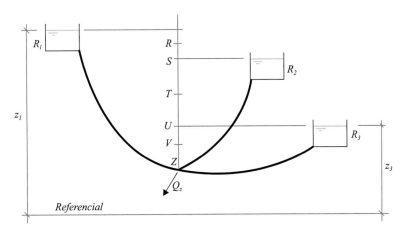

FIGURA 3.29 Vazão entre três ou mais reservatórios.

No problema de Belanger existem 3 reservatórios R_1, R_2 e R_3 ligados entre si por condutos com características próprias (C_i, L_i, Q_i e D_i) e interligados na seção Z. A vazão Q_z é nula na solução de Belanger. Na solução direta, as características das tubulações são conhecidas, assim como os níveis dos reservatórios, e calculam-se as vazões Q_1, Q_2 e Q_3 e a pressão em Z (seção de junção). Na solução inversa do problema de Belanger, deseja-se determinar a pressão em Z e os diâmetros das linhas, a partir das vazões, dos comprimentos dos condutos, cotas dos níveis d'água dos três reservatórios e cota da junção. A solução desse problema segue a linha de raciocínio utilizada no dimensionamento da linha de adução com saída intermediária. É fácil perceber que a substituição do reservatório R_2 por uma vazão tomada na junção, transforma o problema dos três reservatórios no caso de tomada intermediária entre dois reservatórios. Esquematicamente, obtém-se a solução do problema de Belanger com os seguintes passos:

Passo 1 – Admite-se que a linha piezométrica do conjunto, na seção Z, passa no ponto S, situado no plano do nível d'água do reservatório intermediário.
Passo 2 – Conclui-se que:

$$Q_2 = 0$$
$$Q_1 = Q_3$$

Passo 3 – Calcula-se Q_1 e Q_3 da seguinte forma:

$$Q_1 = 0{,}2785 \times C_1 \times D_1^{2{,}63} \times \left(\frac{z_1 - z_2}{L_1}\right)^{0{,}54}$$

$$Q_3 = 0{,}2785 \times C_2 \times D_2^{2{,}63} \times \left(\frac{z_2 - z_3}{L_3}\right)^{0{,}54}$$

Passo 4 – Caso se constate que $Q_1 = Q_3$, a hipótese está comprovada e o resultado definido.
Passo 5 – Caso $Q_1 > Q_3$, conclui-se que o reservatório superior abastece os demais ($Q_1 = Q_2 + Q_3$); para tanto, faz-se necessário que a linha piezométrica na seção Z passe em R, em cota piezométrica superior a do reservatório intermediário (R_2).

Passo 6 – Caso $Q_1 < Q_3$, conclui-se que os reservatórios R_1 e R_2 abastecem o reservatório R_3 ($Q_1 + Q_2 = Q_3$); neste caso, a linha piezométrica na seção Z passará pelo ponto T, situado em uma cota piezométrica inferior à cota do nível do reservatório intermediário R_2.

Observe que, na solução de Belanger, a hipótese da passagem da linha piezométrica pela cota U, na seção Z, não é viável. Neste caso, Q_3 seria nula e as vazões Q_1 e Q_2, que convergem para Z, não poderiam fluir. Apesar da solução de Belanger oferecer uma metodologia adequada para resolver o problema da interligação de 3 reservatórios, no equacionamento de sistemas reais, deve-se acrescentar nas equações que conduzem à solução a vazão $Q_z > 0$, a vazão demandada pela rede de distribuição ou outro ente consumidor.

A solução de Belanger ampliada recebe então as seguintes modificações:

- No passo 2: $Q_2 = 0$ e $Q_1 = Q_3 + Q_z$
- No passo 4: Se $Q_1 = Q_3 + Q_z$, a hipótese inicial está comprovada
- No passo 5: Se $Q_1 > Q_3 + Q_z$, então $Q_1 = Q_3 + Q_z + Q_2$
- No passo 6: Se $Q_1 < Q_3 + Q_z$, então $Q_1 + Q_2 = Q_3 + Q_z$.

Há, ainda, duas outras hipóteses de funcionamento do sistema de três reservatórios com vazão retirada na junção. A primeira delas é viabilizada quando a linha piezométrica, na seção Z, passa pelo ponto U que está na mesma cota piezométrica do nível d'água do reservatório inferior R_3. Neste caso, as equações das vazões serão:

$$Q_3 = 0$$

$$Q_1 + Q_2 = Q_z$$

A última hipótese de funcionamento do sistema de três reservatórios é viabilizada quando a linha piezométrica, na seção Z, passa por V, situado em cota inferior à cota do reservatório R_3. Neste caso, a equação de vazões será:

$$Q_1 + Q_2 + Q_3 = Q_z$$

Para exemplificar a solução de Belanger ampliada, recorre-se a um exemplo numérico.

QUADRO 3.17 Especificação dos ramais que concorrem para Z

i →	1	2	3
D_i (mm)	100	200	300
C_i	100	100	100
L_i (m)	1.000	2.000	3.000
z_i (m)	1.000	950	900

A vazão demandada em Z é $Q_z = 20$ l/s. A hipótese inicial admite que:

$$Q_1 = Q_3 + Q_z$$

Os valores das vazões serão:

$$Q_1 = 0{,}2785 \times 100 \times 0{,}1^{2{,}63} \times \left(\frac{1.000 - 950}{1.000}\right)^{0{,}54} = 0{,}01295 \ m^3/s$$

$$Q_3 = 0{,}2785 \times 100 \times 0{,}3^{2{,}63} \times \left(\frac{950 - 900}{3.000}\right)^{0{,}54} = 0{,}12866 \ m^3/s$$

Reunindo os valores encontrados, chega-se a:

$$Q_1 < Q_3 + Q_z$$

Substituindo os respectivos valores, tem-se

$$12,95 < 128,66 + 20$$

Conclui-se que a linha piezométrica não está no ponto S e sim abaixo deste. Como segunda hipótese admite-se que:

$$Q_1 + Q_2 = Q_3 + Q_z$$

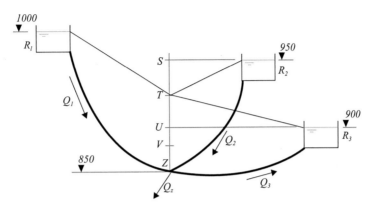

FIGURA 3.30 Três reservatórios (2ª hipótese).

O ponto T da linha piezométrica, na seção Z, não é conhecido a priori. Tem-se, então, que calculá-lo resolvendo o seguinte sistema de equações:

$$Q_1 = 0{,}2785 \times 100 \times 0{,}1^{2{,}63} \times \left(\frac{50+h}{1.000}\right)^{0{,}54}$$

$$Q_2 = 0{,}2785 \times 100 \times 0{,}2^{2{,}63} \times \left(\frac{h}{2.000}\right)^{0{,}54}$$

$$Q_3 = 0{,}2785 \times 100 \times 0{,}3^{2{,}63} \times \left(\frac{50-h}{3.000}\right)^{0{,}54}$$

Substituindo na equação de vazões da segunda hipótese:

$$Q_1 + Q_2 = Q_3 + Q_z$$

$$27{,}85 \times \left(0{,}1^{2{,}63} \times \left(\frac{50+h}{1.000}\right)^{0{,}54} + 0{,}2^{2{,}63} \times \left(\frac{h}{2.000}\right)^{0{,}54} - \left(0{,}3^{2{,}63} \times \left(\frac{50-h}{3.000}\right)^{0{,}54}\right)\right) = 0{,}020$$

Resolvendo a equação, encontra-se $h = 41{,}91 \approx 42\ m$. A cota da linha piezométrica, na seção Z, é então $950 - 42 = 908$. É fácil perceber que um pequeno crescimento na vazão demandada pela rede Q_z tornaria inviável esta hipótese. O abastecimento de Z seria apenas possível com o concurso dos três reservatórios. A solução de Belanger como se observa é bastante didática mas requer a solução de sistemas, muitas vezes com cálculos trabalhosos. Essa dificuldade pode ser contornada com a adoção do conceito de equilíbrio de nó e malha utilizado no cálculo de redes malhadas. Segundo esta metodologia de cálculo, a perda de carga, em cada conduto que concorre para Z, deve ser de tal monta que a pressão no ponto de convergência seja a mesma quando calculada por qualquer dos condutos convergentes à Z. Como a pressão em Z é desconhecida, a priori, ela é fixada aleatoriamente e sofre correções sucessivas até que o ponto de equilíbrio das perdas de carga seja encontrado. O quantum de correção da pressão, segundo Cornish, será determinado por:

$$\Delta h_p = \frac{1{,}85 \times \sum Q}{\sum \dfrac{Q}{h_p}}$$

Em que:

ΣQ = somatório das vazões dos condutos concorrentes no ponto Z
Σ(Q/h_p) = somatório do coeficiente Q/h_p dos condutos concorrentes em Z

O valor Δh_p deve ser acrescido, quando positivo, à cota da linha piezométrica no ponto de junção, ou dela subtraído, quando negativo. Utilizando o modelo de *Hazen-Willians* pode-se determinar o valor da perda de carga da seguinte forma:

$$Q = 0{,}2785 \times C \times D^{2{,}63} \times \left(\frac{h_p}{L}\right)^{0{,}54}$$

$$h_p = \left(\frac{L}{0{,}2785^{1{,}85} \times C^{1{,}85} \times D^{4{,}87}}\right) \times Q^{1{,}85}$$

$$h_p = r \times Q^{1{,}85}$$

O valor de *r* será determinado uma única vez para cada conduto, já que as variáveis que os definem mantêm o valor após serem fixadas. Os cálculos, para o exemplo em questão, tiveram início admitindo-se que a linha piezométrica está à cota 910, conforme registrado no Quadro 3.18.

QUADRO 3.18 Determinação dos ajustes da pressão inicial, no ponto Z, e das vazões concorrentes

Conduto	D_i (mm)	L_i (m)	r_i	h_o (m)	Q_o (l/s)	Q_o/h_o	h_1 (m)	Q_1 (l/s)	Q_1/h_1
1	100	1.000	157.425,0	90	17,74	0,197	92	17,95	0,195
2	200	2.000	10.767,0	40	48,73	1,218	42	50,03	1,191
3	300	3.000	2.241,9	−10	−53,79	5,379	−8	−47,70	5,958
Q_z (l/s)					−20,00			−20,00	
			Soma		−7,32	6,794		0,27	7,344
					$\Delta h_0 =$	−2,00		$\Delta h_1 =$	0,07

As iterações na Planilha são obtidas com a utilização das expressões matemáticas apresentadas a seguir:

$$r_i = \left(\frac{L_i}{0{,}2785^{1{,}85} \times C_i^{1{,}85} \times D_i^{4{,}87}}\right)$$

$$h_i = r_i \times Q_i^{1{,}85} \quad \therefore \quad Q_i = \left(\frac{h_i}{r_i}\right)^{\frac{1}{1{,}85}} \quad \therefore \quad Q_i = \left(\frac{h_i}{r_i}\right)^{0{,}54}$$

$$\Delta h_0 = \frac{1{,}85 \times \sum Q_0}{\sum \frac{Q_0}{h_0}} = \frac{1{,}85 \times (-7{,}32)}{6{,}794} = -2{,}0 \, m$$

$$\Delta h_1 = \frac{1{,}85 \times \sum Q_1}{\sum \frac{Q_1}{h_1}} = \frac{1{,}85 \times 0{,}27}{7{,}344} = 0{,}07 \, m$$

h_o é a perda de carga inicialmente admitida em cada linha de conduto. Nos condutos, a perda de carga inicial é calculada por:

no conduto 1 : $h_0 = 1.000 - 910 = 90$
no conduto 2 : $h_0 = 950 - 910 = 40$
no conduto 3 : $h_0 = 900 - 910 = -10$

O sinal da vazão acompanha o sinal da perda de carga. Por isso, no conduto 3 calculou-se $Q = -53{,}79$ *l/s*, para a vazão inicial determinada pela fórmula anteriormente exposta. No primeiro ajuste calculou-se uma correção Δh_0 igual a 2,0 *m* para todas as linhas. As novas perdas passaram, então, para:

No conduto 1: $h = 92,0\ m$; no conduto 2: $h = 42,0\ m$ e no conduto 3: $h = -8,0\ m$

Calculado o novo ajuste $\Delta h_1 = 0,07\ m$, constatou-se que este valor é muito pequeno, podendo-se aceitar os valores das perdas nos três condutos. Concluiu-se que as perdas calculadas segundo as duas metodologias (Belanger e Cornish) são idênticas. A pressão no nó Z é $(1.000 - 92) - 850 = 58\ mca$.

Caso o sistema seja calculado com o auxílio do Epanet a modelagem é apresentada na Figura 3.31.

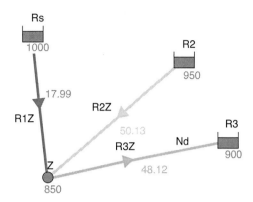

FIGURA 3.31 Modelagem do sistema de três reservatórios para o Epanet.

As vazões nos trechos e a pressão no nó Z estão apresentados nos Quadros 3.19 e 3.20. Os resultados produzidos pelo Epanet, apresentados nesses quadros, são os determinados pelos métodos tradicionais calculados anteriormente.

QUADRO 3.19 Vazões nos trechos do sistema de três reservatórios

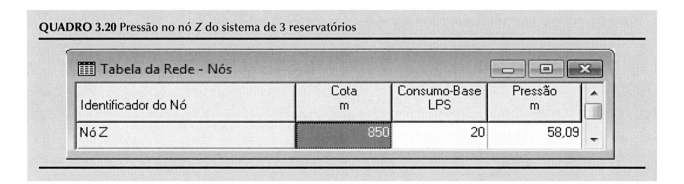

QUADRO 3.20 Pressão no nó Z do sistema de 3 reservatórios

EXERCÍCIO RESOLVIDO 3.5

A adutora em ferro fundido ligando os reservatórios R_1 e R_2 foi construída com comprimento total de $5.000\ m$ e diâmetro de $100\ mm$. Passados 10 anos de uso, os condutos de dois trechos da adutora apresentavam defeitos insanáveis e foram substituídos por outros condutos, do mesmo material e diâmetro de $150\ mm$. Naquela oportunidade havia preocupação com o aumento de consumo de água e preferiu-se aumentar o diâmetro nesses trechos. Passados mais 10 anos, pretende-se retirar água nas seções B e C para abastecer dois núcleos populacionais próximos. Analise como evoluiu a capacidade de adução ao longo do tempo e verifique quais podem ser as vazões máximas em Q_B e Q_C.

Solução

Ao ser inaugurada, a adutora tinha as seguintes características: $D = 100$ mm (diâmetro), $L = 5.000$ m (comprimento), $C = 130$ (coeficiente de Hazen para ferro fundido novo) e $h_p = 900 - 800 = 100$ m de perda de carga entre reservatórios. A vazão transportada naquela época era:

$$Q = 0{,}2785 \times C \times D^{2{,}63} \times J^{0{,}54}$$

Nesse modelo matemático:
C = coeficiente de Hazen
D = diâmetro da adutora
J = perda de carga por metro ou J = h_p/L

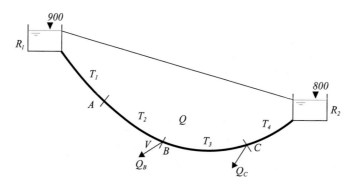

FIGURA 3.32 Adução com linha em série.

Substituindo os valores conhecidos tem-se:

$$Q_0 = 0{,}2785 \times 130 \times 0{,}1^{2{,}63} \times \left(\frac{100}{5.000}\right)^{0{,}54} = 0{,}01026 \ m^3/s = 10{,}26 \ l/s$$

A solução, segundo o Epanet, é apresentada na Figura 3.33 e nos Quadros 3.21 e 3.22.
Passados 10 anos a adutora envelheceu e o coeficiente C tomou novo valor C = 110. A vazão aduzida passou a:

$$Q_{10} = \frac{110}{130} \times Q_0 = \frac{0{,}01026 \times 110}{130} = 0{,}00868 \ m^3/s = 8{,}68 \ l/s$$

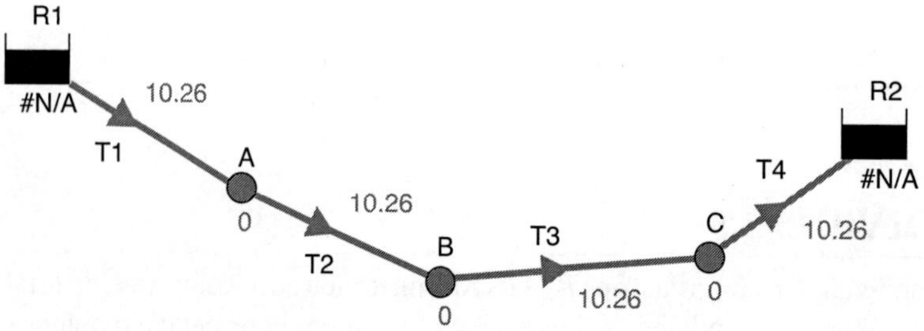

FIGURA 3.33 Sistema de adução com nova adutora.

QUADRO 3.21 Pressões nos nós da adutora nova

Identificador do Nó	Cota m	Consumo-Base LPS	Pressão m
Nó A	700	0	190.00
Nó B	600	0	270.00
Nó C	500	0	340.00

QUADRO 3.22 Vazões nos trechos da adutora nova

Identificador do Trecho	Comprimento m	Diâmetro mm	Rugosidade	Vazão LPS	Velocidade m/s
Tubulação T1	500	100	130	10.26	1.31
Tubulação T2	1000	100	130	10.26	1.31
Tubulação T3	1500	100	130	10.26	1.31
Tubulação T4	2000	100	130	10.26	1.31

O envelhecimento da adutora resultou na redução de 14,9% da vazão inicialmente transportada. A vazão da adutora, após 10 anos de operação, segundo os resultados do Epanet é mostrada no Quadro 3.23.

QUADRO 3.23 Vazão na adutora após 10 anos de operação

Identificador do Trecho	Comprimento m	Diâmetro mm	Rugosidade	Vazão LPS	Velocidade m/s
Tubulação T1	500	100	110	8.69	1.11
Tubulação T2	1000	100	110	8.69	1.11
Tubulação T3	1500	100	110	8.69	1.11
Tubulação T4	2000	100	110	8.69	1.11

Constatada a deficiência nos trechos AB e CR$_2$ e realizada a substituição dos trechos conforme sugerido no enunciado, a linha ficou constituída de 4 trechos cujas características são mostradas no Quadro 3.24.

QUADRO 3.24 Situação da adutora após a substituição dos condutos

Trecho	Intervalo	D_i (mm)	L_i (m)	C_i	Idade (anos)
T$_1$	R$_1$-A	100	500	110	10
T$_2$	A-B	150	1.000	130	0
T$_3$	B-C	100	1.500	110	10
T$_4$	C-R$_2$	150	2.000	130	0

A adutora é agora formada por trechos em série. Deve-se determinar o diâmetro equivalente da adutora para calcular a vazão transportada. Sabe-se que nos trechos em série a soma das perdas nos trechos é igual à perda total. Então, pela expressão de Hazen, tem-se:

$$H_p = h_{p1} + h_{p2} + h_{p3} + h_{p4}$$

Simplificando:

$$\frac{L}{C^{1,85} \times De^{4,87}} = \frac{L_1}{C_1^{1,85} \times D_1^{4,87}} + \frac{L_2}{C_2^{1,85} \times D_2^{4,87}} + \frac{L_3}{C_3^{1,85} \times D_3^{4,87}} + \frac{L_4}{C_4^{1,85} \times D_4^{4,87}}$$

Substituindo os valores conhecidos e admitindo que $L = L_1 + L_2 + L_3 + L_4$ e que $C = 100$, para o conduto fictício (substituto), tem-se:

$$\frac{5.000}{100^{1,85} \times De_{10}^{4,87}} = \frac{500}{110^{1,85} \times 0,1^{4,87}} + \frac{1.000}{130^{1,85} \times 0,15^{4,87}} + \frac{1.500}{110^{1,85} \times 0,1^{4,87}} + \frac{2.000}{130^{1,85} \times 0,15^{4,87}}$$

$$\frac{0,9976}{De_{10}^{4,87}} = 6.200,026 + 1.263,689 + 18.600,079 + 2.527,378$$

$$De_{10} = 0,121 \, m$$

O diâmetro equivalente $D_{e10} = 0,121$ m aplicado na extensão da linha ($L = 5.000$ m), para a rugosidade ($C = 100$), será capaz de aduzir a mesma vazão que transportam os 4 trechos T_1, T_2, T_3, T_4, instalados em série. Pode-se agora calcular a vazão transportada, após 10 anos de funcionamento, e com 2 trechos novos com 150 mm.

$$Q_{10T} = 0,2785 \times 100 \times 0,121^{2,63} \times \left(\frac{100}{5.000}\right)^{0,54} = 0,0130 \, m^3/s = 13,0 \, l/s$$

Registrou-se um acréscimo de vazão de 10,2 l/s (adutora nova) para 13,0 l/s. Antes da substituição dos trechos T_2 e T_4, como já foi visto, a vazão era a seguinte, após 10 anos de uso:

$$Q_{10} = 0,2785 \times 110 \times 0,1^{2,63} \times \left(\frac{100}{5.000}\right)^{0,54} = 0,00868 \, m^3/s = 8,68 \, l/s$$

Observe-se que neste cálculo foi utilizado o diâmetro primitivo ($D = 100$ mm) e o coeficiente do FoFo para 10 anos de uso ($C = 110$). A vazão calculada é menor em consequência do envelhecimento da adutora. Na solução via Epanet, a vazão na adutora constituída de 2 trechos novos de 150 mm e 2 trechos com 10 anos de operação é mostrada no Quadro 3.25.

Passados outros 10 anos, ou após 20 anos de operação, a adutora assumiu as características indicadas no Quadro 3.26.

QUADRO 3.25 Adutora com dois trechos novos de 150 mm

Identificador do Trecho	Comprimento m	Diâmetro mm	Rugosidade	Vazão LPS	Velocidade m/s
Tubulação T1	500	100	110	13.19	1.68
Tubulação T2	1000	150	130	13.19	0.75
Tubulação T3	1500	100	110	13.19	1.68
Tubulação T4	2000	150	130	13.19	0.75

QUADRO 3.26 Situação da adutora após 20 anos de operação

Trecho	D_i (mm)	L_i (m)	C_i	Idade
T_1	100	500	100	20 anos
T_2	150	1.000	110	10 anos
T_3	100	1.500	100	20 anos
T_4	150	2.000	110	10 anos

Haverá um novo diâmetro equivalente determinado da seguinte forma:

$$\frac{5.000}{100^{1,85} \times De_{20}^{4,87}} = \frac{500}{100^{1,85} \times 0,1^{4,87}} + \frac{1.000}{110^{1,85} \times 0,15^{4,87}} + \frac{1.500}{100^{1,85} \times 0,1^{4,87}} + \frac{2.000}{110^{1,85} \times 0,15^{4,87}}$$

$$\frac{0,99763}{De_{20}^{4,87}} = 7.395,542 + 1.721,310 + 22.186,625 + 3.442,620$$

$$De_{20} = 0,11677\ m$$

Com esse diâmetro equivalente calcula-se a vazão após 20 anos de uso:

$$Q_{20} = 0,2785 \times 100 \times 0,11677^{2,63} \times \left(\frac{100}{5.000}\right)^{0,54} = 0,01187\ m^3/s = 11,87\ l/s$$

Neste cálculo adotou-se $C = 100$ e $D_{e20} = 0,11677\ m$, sendo mantidos os valores "escolhidos" para C e "calculado" para D_e, na etapa da determinação anterior. Como era esperado, a vazão caiu em relação ao seu valor na década anterior. No Epanet o resultado está contido no Quadro 3.27.

Pode-se agora estudar como as vazões Q_B e Q_C serão extraídas. Caso a extração seja realizada em apenas um ponto (B ou C), a solução será semelhante àquela sugerida no Exercício resolvido 3.3, que estudou a alimentação intermediária entre dois reservatórios. O cenário está descrito na Figura 3.34.

Antes de iniciar os cálculos deve-se encontrar os diâmetros equivalentes dos trechos em série R_1AB e BCR_2. As características dos trechos estão assinaladas no Quadro 3.28.

Os diâmetros equivalentes foram calculados pela expressão que permite a determinação do diâmetro equivalente para condutos em série.

$$\frac{1.500}{100^{1,85} \times De_{1+2}^{4,87}} = \frac{500}{100^{1,85} \times 0,1^{4,87}} + \frac{1.000}{110^{1,85} \times 0,15^{4,87}} \therefore De_{1+2} = 0,120\ m$$

$$\frac{3.500}{100^{1,85} \times De_{3+4}^{4,87}} = \frac{1.500}{100^{1,85} \times 0,1^{4,87}} + \frac{2.000}{110^{1,85} \times 0,15^{4,87}} \therefore De_{3+4} = 0,115\ m$$

QUADRO 3.27 Vazão na adutora após 20 anos de operação

Identificador do Trecho	Comprimento m	Diâmetro mm	Rugosidade	Vazão LPS	Velocidade m/s
Tubulação T1	500	100	100	11.87	1.51
Tubulação T2	1000	150	110	11.87	0.67
Tubulação T3	1500	100	100	11.87	1.51
Tubulação T4	2000	150	110	11.87	0.67

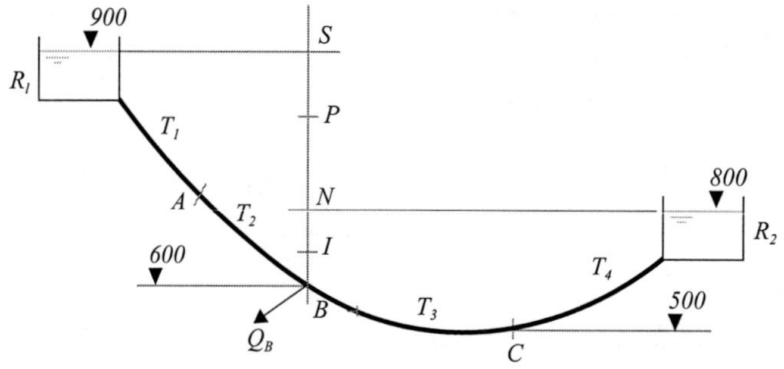

FIGURA 3.34 Adução com tomada intermediária.

QUADRO 3.28 Especificação dos trechos R_1AB e BCR_2

Subtrecho	D (mm)	L_i (m)	C_i	idade (anos)	trecho	L (m)	$C^{(1)}$	D_e (mm)$^{(2)}$
T_1	100	500	100	20	R_1AB	1.500	100	120
T_2	150	1.000	110	10				
T_3	100	1.500	100	20	BCR_2	3.500	100	115
T_4	150	2.000	110	10				

Nota: [1] arbitrado; [2] calculado.

Definidos os diâmetros equivalentes pode-se determinar as vazões máximas do sistema considerando as formas de funcionamento a seguir:

a. Vazão máxima em B admitindo contribuição única de R_1 (linha piezométrica em N). Neste caso, toda a vazão do trecho R_1AB será consumida em B. Não haverá vazão no trecho BCR_2.

$$Q_B = 0{,}2785 \times 100 \times 0{,}12^{2,63} \times \left(\frac{900-800}{1.500}\right)^{0,54} = 0{,}0244 \; m^3/s = 24{,}4 \; l/s$$

Observe que foi utilizado $C = 100$, $L = 1.500\ m$ e $D = 0{,}12\ m$, conforme especificado no Quadro 3.29

QUADRO 3.29 Vazão do trecho R1AB consumida na seção B

Identificador do Trecho	Comprimento m	Diâmetro mm	Rugosidade	Vazão LPS
Tubulação T1	500	100	100	24.45
Tubulação T2	1000	150	110	24.45
Tubulação T3	1500	100	100	0.00
Tubulação T4	2000	150	110	0.00

QUADRO 3.30 Demanda na seção B do sistema

Identificador do Nó	Cota m	Consumo-Base LPS	Pressão m
Nó A	700	0	118.
Nó B	600	24.45	200.
Nó C	500	0	300.

b. Vazão máxima em B admitindo a contribuição simultânea de R_1 e R_2 (linha piezométrica em I).

Neste caso, a linha piezométrica passará por I, ponto situado abaixo de N, conforme assinalado na Figura 3.34. Quanto menor for a cota de I, maior será a vazão na seção B. Contudo, deve-se considerar que o reservatório R_2 é abastecido por R_1 e não poderá sustentar a vazão máxima na seção B por longo período.

A vazão máxima será alcançada quando a linha piezométrica, em B, ficar superposta à adutora. Esse limite teórico não é praticado pois a distribuição de água, a partir de B, se faria com pressões muito abaixo do mínimo aceitável. A hipótese de pressão zero em B só pode ser admitida caso as áreas a serem abastecidas estejam situadas em cota bastante inferior à cota de B. Sendo assim, é habitual a fixação de uma pressão mínima em B para o cálculo da vazão Q_B. Arbitrando a pressão mínima em B como 15 *mca* e sabendo que B está situado à cota 600 pode-se calcular a vazão máxima Q_B da seguinte forma:

$$Q_B = Q_{R1} + Q_{R2}$$

$$Q_B = 0{,}2785 \times 100 \times 0{,}12^{2{,}63} \times \left[\frac{900-(600+15)}{1.500}\right]^{0{,}54} +$$

$$+ 0{,}2785 \times 100 \times 0{,}115^{2{,}63} \times \left[\frac{800-(600+15)}{3.500}\right]^{0{,}54} = 0{,}062 \ m^3/s$$

A determinação dessa proposta por meio do Epanet chega ao resultado apresentado nos Quadros 3.31 e 3.32. No Quadro 3.31 as vazões dos condutos T_3 e T_4 têm sinal negativo justificado pela direção do fluxo que percorre esses condutos

QUADRO 3.31 Vazão nos trechos do sistema de adução

Identificador do Trecho	Comprimento m	Diâmetro mm	Rugosidade	Vazão LPS
Tubulação T1	500	100	100	43.04
Tubulação T2	1000	150	110	43.04
Tubulação T3	1500	100	100	-19.51
Tubulação T4	2000	150	110	-19.51

QUADRO 3.32 Vazão extraída no nó B submetido à pressão de 15 mca

Identificador do Nó	Cota m	Consumo-Base LPS	Pressão m
Nó A	700	0	-31.21
Nó B	600	62.55	15.01
Nó C	500	0	275.16

a partir do reservatório $R2$, direção oposta ao fluxo esperado para a alimentação de R_2. No Quadro 3.32 verifica-se que a pressão do nó A é negativa não autorizando uma eventual retirada de vazão. É oportuno mencionar que os dois métodos de cálculo estabeleceram resultados compatíveis.

c. Vazão máxima em B reforçada com adutora em paralelo

Para a aplicação da adutora em paralelo deve-se escolher um diâmetro comercial para estabelecer a nova linha. Seja por exemplo 150 *mm*. O material será ferro fundido novo com $C=130$. O comprimento da linha será idêntico ao da adutora primitiva (R_1AB), apesar dessa opção não ser obrigatória. Em certos casos a experiência aconselha a adoção de um percurso diferente do primeiro para evitar áreas recém-urbanizadas, vias congestionadas, terrenos agressivos, etc. Para a adoção do modelo de cálculo já analisado, deve-se determinar o diâmetro equivalente do trecho em paralelo com as características informadas no Quadro 3.33.

QUADRO 3.33 Diâmetro da adutora equivalente aos trechos em paralelo

Subtrecho	L (m)	C	D (mm)	Trecho	L (m)	C [1]	De[2] (mm)
R₁AB	1.500	100	120	RBp[3]	1.500	100	171
R₁B(novo)	1.500[1]	130	150[1]				

Nota: [1] valor escolhido; [2] valor calculado; [3] RBp trecho RB com condutos em paralelo.

O diâmetro da adutora que substitui as linhas em paralelo foi calculado com a seguinte expressão geral:

$$\frac{C_f \times D_e^{2,63}}{L_f^{0,54}} = \frac{C_1 \times D_1^{2,63}}{L_1^{0,54}} + \frac{C_2 \times D_2^{2,63}}{L_2^{0,54}}$$

Em que:

índice 1 = corresponde à linha R₁AB
índice 2 = corresponde à linha R₁B (novo)
C_f = coeficiente escolhido para a linha equivalente
L_f = comprimento escolhido para linha equivalente
D_e = diâmetro da linha equivalente

Tem-se, então:

$$\frac{100 \times D_e^{2,63}}{1,500^{0,54}} = \frac{100 \times 120^{2,63}}{1,500^{0,54}} + \frac{130 \times 150^{2,63}}{1,500^{0,54}}$$

$$D_e = 0,189\, m = 189\, mm.$$

Substituídas as linhas em paralelo por uma única adutora equivalente, pode-se refazer o cálculo da vazão em B:

$$Q_B = Q_{R1e} + Q_{R2}$$

$$Q_B = 0,2785 \times 100 \times 0,189^{2,63} \times \left[\frac{900 - (600+15)}{1.500}\right]^{0,54} + 0,2785 \times 100 \times 0,115^{2,63} \times \left[\frac{800 - (600+15)}{3.500}\right]^{0,54}$$

$$Q_B = 0,161\, m^3/s \rightarrow 161\, l/s$$

Observe que a contribuição de R_2 permaneceu inalterada e a contribuição de R_1 passou a contar com um diâmetro equivalente de 189 *mm*. Foi mantida a pressão de 15,0 *mca* na seção B. A linha em paralelo proporcionou o crescimento da vazão em B de 66,3 *l/s* para 161*l/s*. É esperado que cálculo semelhante ao realizado na seção B aplica-se à Q_C, vazão extraída em C, quando Q_B for nulo. A resolução dessa etapa no Epanet oferece os resultados contidos nos Quadros 3.34 e 3.35.

QUADRO 3.34 Demanda no nó *B* após a instalação da linha em paralelo

Identificador do Nó	Cota m	Consumo-Base LPS	Pressão m
Nó A	700	0	-30.94
Nó B	600	163	15.34
Nó C	500	0	275.21

QUADRO 3.35 Vazão nos trechos após a instalação da linha em paralelo

Identificador do Trecho	Comprimento m	Diâmetro mm	Rugosidade	Vazão LPS	Velocidade m/s
Tubulação T1	500	100	100	43.02	5.48
Tubulação T2	1000	150	110	43.02	2.43
Tubulação T3	1500	100	100	-19.49	2.48
Tubulação T4	2000	150	110	-19.49	1.10
Tubulação Tp	1500	150	130	100.49	5.69

O Quadro 3.35 indica que na linha em paralelo (*Tp*) fluirá a vazão de 100,49 *l/s*. As vazões nos trechos T_3 e T_4 são negativas para indicar que o fluxo se dá do reservatório R_2 para os nós C e B, ao contrário do que era esperado quando a adutora foi proposta. Deve ser observado, ainda, que há uma diferença de 2,0 *l/s* na vazão extraída no nó B entre os valores calculados pelo método tradicional e o método gerado no Epanet. Tal diferença decorre das várias aproximações de decimais verificadas nas determinações dos diâmetros equivalentes.

d. Vazão máxima nos nós *B* e *C*

Considere-se agora o cenário no qual Q_A e Q_B sejam diferentes de zero. O modelo a ser estudado está apresentado na Figura 3.35.

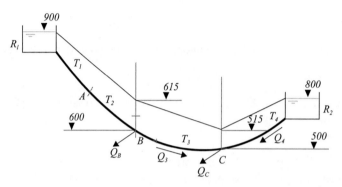

FIGURA 3.35 Adução com duas tomadas intermediárias.

Nesta nova configuração as pressões em *B* e *C* são desconhecidas assim como as vazões que percorrem os três trechos da adutora. Já foi determinado que o trecho R_1AB, constituído por dois subtrechos, T_1 e T_2, será representado por uma adutora única com diâmetro equivalente de 120 *mm*, $L = 1.500\ m$ e $C = 100$. Sabe-se também que o crescimento das vazões Q_B e Q_C produzirá uma queda da linha piezométrica nos pontos *B* e *C* que deve ser limitada pela pressão mínima de 15 *mca*. Admitindo essas condicionantes e ainda que a cota topográfica do ponto *C* é 500 *m*, pode-se escrever as equações:

$$Q_{1/2} = 0{,}2785 \times 100 \times 0{,}120^{2{,}63} \times \left(\frac{900 - (600 + 15)}{1.500}\right)^{0{,}54} \quad (I)$$

$$Q_{1/2} = Q_B + Q_3 \quad (II)$$

$$Q_4 = 0{,}2785 \times 110 \times 0{,}15^{2{,}63} \times \left(\frac{800 - (500 + 15)}{2.000}\right)^{0{,}54} \quad (III)$$

$$Q_4 + Q_3 = Q_C \quad (IV)$$

$$Q_3 = 0{,}2785 \times 100 \times 0{,}1^{2{,}63} \times \left(\frac{615 - 515}{1.500}\right)^{0{,}54} \quad (V)$$

A equação (I) determina a vazão no trecho $T_{1/2}$ admitindo que a linha piezométrica passará pela cota (600 + 15). A equação (II) representa o equilíbrio de vazões no nó *B*. As vazões afluentes (que chegam ao nó) são consideradas positivas e as efluentes (que saem do nó) são negativas. Por hipótese, na equação (II) fica estabelecido que a vazão Q_3 é efluente de *B* (*B* está a montante do trecho T_3). Essa suposição inicial pode ser confirmada ou rejeitada na sequência dos cálculos. Na equação (III) calcula-se a vazão Q_4 admitindo que a pressão em C será de 15 *mca*. Finalmente, a equação (IV) representa o equilíbrio de vazões no nó C e a equação (V) determina a vazão no trecho T_3. Resolvendo esse sistema de equações tem-se:

$Q_{1/2} = 0{,}043\ m^3/s$ (43 l/s)
$Q_4 = 0{,}073\ m^3/s$ (73 l/s)
$Q_3 = 0{,}015\ m^3/s$ (15 l/s)
$Q_B = Q_{1/2} - Q_3 = 0{,}043 - 0{,}015 = 0{,}028\ m^3/s$ (28 l/s)
$Q_C = Q_4 + Q_3 = 0{,}073 + 0{,}015 = 0{,}088\ m^3/s$ (88 l/s)

Esta proposta de cálculo, quando levada ao Epanet, chega aos resultados apresentados nos Quadro 3.36 e 3.37.

QUADRO 3.36 Vazões que fluem nos trechos de adução para a pressão de 15 mca em B e C

Identificador do Trecho	Comprimento m	Diâmetro mm	Rugosidade	Vazão LPS	Velocidade m/s
Tubulação T1	500	100	100	43.02	5.48
Tubulação T2	1000	150	110	43.02	2.43
Tubulação T3	1500	100	100	15.12	1.92
Tubulação T4	2000	150	110	-72.78	4.12

QUADRO 3.37 Vazões extraídas nos nós B e C operando simultaneamente

Identificador do Nó	Cota m	Consumo-Base LPS	Pressão m
Nó A	700	0	-30.94
Nó B	600	27.9	15.34
Nó C	500	87.9	15.46

EXERCÍCIO RESOLVIDO 3.6

Um sistema de adução é composto por uma linha adutora de 2.700 m de extensão, diâmetro de 200 mm e rugosidade dos condutos C = 100. Essa adutora interliga 2 reservatórios (R_1 e R_2), cujos níveis d'água estão às cotas 100 e 90 m. Pretende-se abastecer dois centros urbanos a partir dos pontos A e B, colocados ao longo da adutora, conforme indicado na Figura 3.36. Esses centros urbanos têm demanda crescente e o sistema adutor deve ser ajustado ao longo do tempo para manter os centros abastecidos. Analise como funcionará o sistema quando submetido às condições descritas a seguir, para que seja garantida uma pressão mínima de 20 mca nos nós A e B.

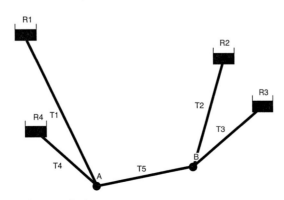

FIGURA 3.36 Sistema de adução em sua configuração final.

As características do sistema, inclusive dos acréscimos previstos, estão resumidos no Quadro 3.38.

QUADRO 3.38 Características físicas do sistema de adução

Trecho	L_i (m)	D_i (mm)	C_i	r_i
1	1.000	200	100	5.383,4
2	900	200	100	4.845,0
3	800	200	100	4.306,7
4	700	200	100	3.768,4
5	1.000	200	100	5.383,4

Nota: Li = comprimento do trecho; Di = diâmetro; Ci = coeficiente de rugosidade.

QUADRO 3.39 Nível d'água dos reservatórios

R_i	$(NA)_i$ (m)
1	100
2	90
3	80
4	70

Solução

1º Cenário: Determinação da vazão na adutora funcionando sem demandas intermediárias ($Q_A = Q_B = 0$).

Solução: Neste cenário tem-se o caso de adução simples analisado no Exercício 3.2. O modelo de adução simples está apresentado na Figura 3.37.

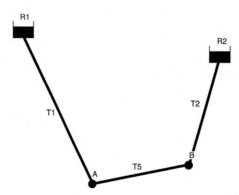

FIGURA 3.37 Adutora simples entre reservatórios R_1 e R_2.

O Epanet oferece os resultados indicados nos Quadros 3.40 e 3.41.

As pressões nos nós A e B superam a pressão mínima especificada no enunciado e a vazão em todos os trechos da adutora é de 18,92 l/s

2º Cenário: A adutora funcionando com a demanda de 30 l/s em A. A seção B com demanda nula ($Q_B = 0$)

Solução: Neste cenário tem-se o caso de adutora com uma alimentação intermediária. O Epanet oferece os resultados a seguir para pressões nos nós e vazões nos trechos conforme mostrado nos Quadros 3.42 e 3.43.

A demanda de 30l/s no nó A altera a distribuição de vazões nos trechos T1, T2 e T5. Os trechos T5 e T2 passam a abastecer o Reservatório R_2 com apenas 3,18 l/s sugerindo que a comunidade abastecida por R2 sofrerá escassez de água.

QUADRO 3.40 Pressões nos nós *A* e *B* da adutora sem demandas intermediárias

Identificador do Nó	Cota m	Consumo-Base LPS	Pressão m
Nó B	30	0	63.10
Nó A	20	0	76.55

QUADRO 3.41 Vazão e velocidade na adutora sem demandas intermediárias

Identificador do Trecho	Comprimento m	Diâmetro mm	Rugosidade	Vazão LPS	Velocidade m/s
Tubulação T1	1000	200	100	18.92	0.60
Tubulação T5	1000	200	100	18.92	0.60
Tubulação T2	900	200	100	18.92	0.60

QUADRO 3.42 Pressões nos nós *A* e *B* para a demanda intermediária de 30 *l/s* em *A*

Identificador do Nó	Cota m	Consumo-Base LPS	Pressão m
Nó B	30	0	60.11
Nó A	20	30	70.24

QUADRO 3.43 Vazões nos trechos para demanda intermediária de 30 *l/s* na seção *A*

Identificador do Trecho	Comprimento m	Diâmetro mm	Rugosidade	Vazão LPS	Velocidade m/s
Tubulação T1	1000	200	100	33.18	1.06
Tubulação T5	1000	200	100	3.18	0.10
Tubulação T2	900	200	100	3.18	0.10

3º Cenário: A adutora abastecendo as demandas de 30 *l/s* em *A* e de 20 *l/s* em *B*.

Solução: Neste cenário as pressões nos nós *A* e *B* continuam superando a pressão mínima estabelecida no enunciado conforme demonstrado no Quadro 3.44. A vazão no trecho *T5* continua reduzida e a vazão do trecho 2 passa a fluir do reservatório R_2 para o nó *B* conforme demonstrado no Quadro 3.45. Como é sabido, o reservatório *R2* é abastecido pelo Reservatório *R1* não sendo possível a manutenção dessa distribuição por longo tempo. Conclui-se que essa configuração do sistema não é sustentável.

QUADRO 3.44 Pressões nos nós *A* e *B* para as demandas $Q_A = 30$ *l/s* e $Q_B = 20$ *l/s*

Identificador do Nó	Cota m	Consumo-Base LPS	Pressão m
Nó B	30	20	58.23
Nó A	20	30	68.64

QUADRO 3.45 Vazões nos trechos para as demandas $Q_A = 30$ *l/s* e $Q_B = 20$ *l/s*

Identificador do Trecho	Comprimento m	Diâmetro mm	Rugosidade	Vazão LPS	Velocidade m/s
Tubulação T1	1000	200	100	36.02	1.15
Tubulação T5	1000	200	100	6.02	0.19
Tubulação T2	900	200	100	-13.98	0.45

4º Cenário: O nó A sendo alimentado por uma segunda adutora e consumindo vazão de 150 *l/s*.

Solução: Neste cenário, o módulo de adução corresponde ao caso clássico de abastecimento resolvido por Belanger (o problema dos 3 reservatórios).

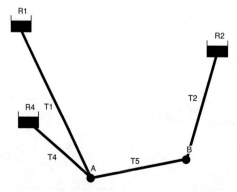

FIGURA 3.38 Sistema de adução com reforço do reservatório R_4.

QUADRO 3.46 Pressões em A e B após acréscimo do reservatório R_4

Identificador do Nó	Cota m	Consumo-Base LPS	Pressão m
Nó B	30	0	46.36
Nó A	20	150	41.21

A inclusão do reservatório R4, com a intenção de reforçar o abastecimento do nó A que demanda 150 l/s surtiu efeito para o nó A. Contudo, os trechos T_2 e T_5 que ligam o reservatório R_2 ao sistema de adução tiveram a situação de abastecimento agravada. Agora esses trechos precisam aduzir 42,08 l/s para abastecer o nó A, conforme mostrado no Quadro 3.47. Neste aspecto, o sistema de adução piorou a sua performance.

QUADRO 3.47 Vazões nos trechos após o acréscimo do reservatório R4

Identificador do Trecho	Comprimento m	Diâmetro mm	Rugosidade	Vazão LPS
Tubulação T1	1000	200	100	69.90
Tubulação T5	1000	200	100	-42.08
Tubulação T2	900	200	100	-42.08
Tubulação T4	700	200	100	38.02

5º Cenário: Verifique se a colocação de uma adutora, em paralelo com a adutora 1, daria resultado mais compensador do que a adutora 4.

Solução: O modelo de adução é:

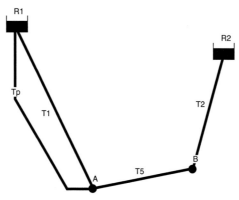

FIGURA 3.39 Sistema de adução com adutora em paralelo.

O Quadro 3.48 indica as pressões para as seções A e B mantidas as pressões propostas para esses nós. O Quadro 3.49 mostra que a pressão sobre os trechos T_5 e T_2 foi reduzida, contudo, esses condutos ainda transportam a vazão de 32,68 l/s, orientada de R_2 para a seção A. Dessa forma, o sistema de adução continua não sustentável.

QUADRO 3.48 Pressões em A e B após a inclusão de adutora em paralelo

Identificador do Nó	Cota m	Consumo-Base LPS	Pressão m
Nó B	30	0	51.46
Nó A	20	150	51.97

QUADRO 3.49 Vazões nos trechos de adução após a inclusão da adutora em paralelo

Identificador do Trecho	Comprimento m	Diâmetro mm	Rugosidade	Vazão LPS	Velocidade m/s
Tubulação T1	1000	200	100	58.66	1.87
Tubulação T5	1000	200	100	-32.68	1.04
Tubulação T2	900	200	100	-32.68	1.04
Tubulação Tp	1000	200	100	58.66	1.87

6º Cenário: Reforço do sistema com a linha 4, na seção A, e com a linha T_3, na seção B, para atender às demandadas de 150 l/s, simultaneamente, nessas seções.

Solução: O modelo de adução é:

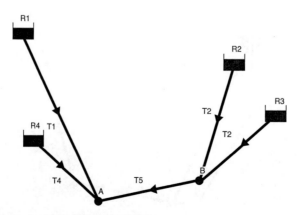

FIGURA 3.40 Sistema para suprir as demandas de 150 l/s nas seções A e B.

O Quadro 3.50 mostra o consumo de 150 *l/s* nas seções *A* e *B* e pressões de 16,39 *mca* e 26,34 *mca*, respectivamente. O Quadro 3.51 indica que o trecho *T5*, ligação entre as seções *A* e *B* não aduz vazão significativa. Então, conclui-se que os reservatórios R_1 e R_4 abastecem a seção *A* e os reservatórios R_2 e R_3 abastecem a seção *B*. O sistema continua não sustentável uma vez que o reservatório R_2 contribui com 78,83 *l/s* para a seção B.

QUADRO 3.50 Demandas e pressões nas seções *A* e *B*

Identificador do Nó	Cota m	Consumo-Base LPS	Pressão m
Nó B	30	150	16.39
Nó A	20	150	26.34

QUADRO 3.51 Vazões nos trechos do sistema de abastecimento

Identificador do Trecho	Comprimento m	Diâmetro mm	Rugosidade	Vazão LPS	Velocidade m/s
Tubulação T1	1000	200	100	83.29	2.65
Tubulação T5	1000	200	100	-1.82	0.06
Tubulação T2	900	200	100	-78.83	2.51
Tubulação T4	700	200	100	64.89	2.07
Tubulação T3	800	200	100	72.99	2.32

EXERCÍCIO RESOLVIDO 3.7

Uma bomba abastece um reservatório elevado vencendo altura manométrica de 20 *m*. Esse reservatório abastece uma comunidade que vem passando por rápida transformação devido a instalação de uma fábrica de processamento de bens duráveis. O prefeito local, pressionado pelos dirigentes da fábrica, precisa ampliar a instalação de bombeamento. A curva característica da bomba em funcionamento está mostrada no Quadro 3.52. As bombas recém-adquiridas são iguais à bomba em funcionamento. O conduto de recalque tem 100 *mm* de diâmetro, comprimento de 500 *m* e rugosidade *C* = 100. Estude como a bomba em funcionamento e as três outras bombas recém adquiridas podem ser instaladas para dar uma resposta imediata à nova demanda. A expectativa é que a vazão recalcada seja triplicada.

QUADRO 3.52 Curva característica da bomba em operação no recalque

Q (l/s)	0	5	10	15	20	25
H_{man} (mca)	30	25	20	15	10	5

Solução

Será usado o Epanet para simular as propostas de recalque. Para tanto, a primeira ação consiste no download do software, versão em português (do Brasil), a partir do site da Universidade Federal da Paraíba, conforme indicado a seguir.

Pesquisar no Google com a frase *download* Epanet UFPB LENHS ou acessar diretamente o site www.lenhs.ct.ufpb.br. Feito o *download*, deve ser acionado o ícone do software que apresentará a imagem mostrada na Figura 3.41.

FIGURA 3.41 Tela inicial do Epanet.

Clicando em "OK" chega-se ao mapa do software (em branco) sobre o qual será desenhado o sistema a ser calculado. Contudo, antes de iniciar o desenho do sistema é importante habilitar as unidades de medida a serem utilizadas na entrada de dados, assim como preparar o *software* para apresentar transcrição fidedigna das informações iniciais e demonstração amigável dos resultados dos cálculos. Deve ser escolhido o sistema LPS de unidades no qual os diâmetros são oferecidos em milímetros, os comprimentos em metros, as vazões em litros por segundo, as perdas de carga em metros por quilômetro e as pressões em metros de coluna d'água. Essa escolha é feita seguindo o caminho: *projeto / opções de simulação*, a partir da barra de ferramentas do Epanet. O resultado é mostrado na Figura 3.42.

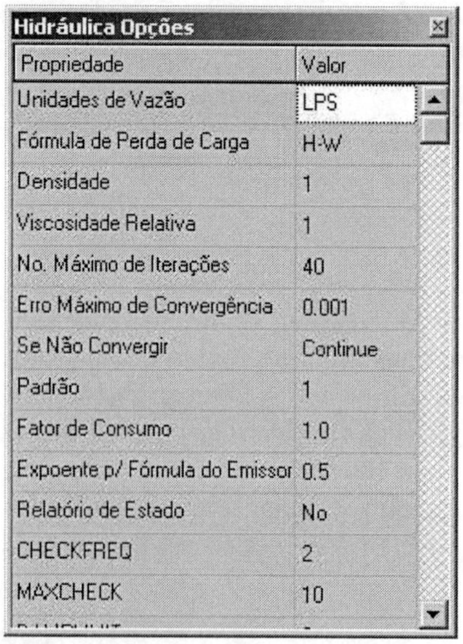

FIGURA 3.42 Escolha do sistema de unidades da simulação.

As opções de visualização são definidas com o caminho *visualizar / opções / notação / setas de escoamento / OK*, como mostram as Figuras 3.43 e 3.44.

FIGURA 3.43 Procedimento para apresentar no mapa identificadores de nós e trechos.

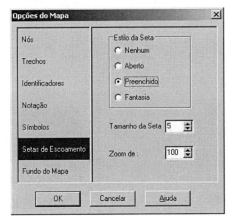

FIGURA 3.44 Procedimento para apresentar no mapa direções de escoamento.

Nessas figuras são mostradas as opções disponíveis no Epanet para se apresentar no mapa os nomes atribuídos a nós e trechos assim como os valores de variáveis correspondentes a nós e trechos a serem escolhidos para ilustrar a apresentação dos resultados. A forma das setas indicativas da direção do fluxo são escolhidas conforme indicado na Figura 3.43.

Concluída a definição do perfil de funcionamento do *software* tem início a modelagem do sistema a ser calculado. Na barra de ferramentas acima do mapa são encontradas as ferramentas por meio das quais é realizado o desenho do sistema. A primeira ferramenta, da esquerda para a direita, desenha o nó (seção) do sistema sobre o mapa. A segunda ferramenta desenha o reservatório que fornece a vazão demandada nos condutos subsequentes ou recebe as vazões a ele afluentes. A quarta ferramenta desenha o conduto do sistema. A quinta ferramenta adiciona uma bomba hidráulica sobre o mapa. Basta clicar sobre uma dessas ferramentas e clicar novamente sobre qualquer ponto do mapa para dar início à construção do sistema de adução. A construção do sistema em consideração terá início conforme mostrado na Figura 3.45.

A posição dos elementos do sistema sobre o Mapa não segue qualquer recomendação específica em termos de escala, proporcionalidade e cota já que a representação serve apenas para auxiliar o projetista a concatenar esses elementos, assim como, apresentar os resultados das simulações.

Dispostos os reservatórios e nó, deve ser acrescentado o conduto que liga o nó ao reservatório superior. O conduto será trazido para o desenho com um clique sobre a ferramenta (ícone), outro clique sobre o nó e finalmente um último

156 Elementos da Hidráulica

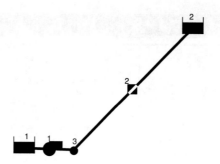

FIGURA 3.45 Definição dos reservatórios e nó no mapa.

clique sobre o reservatório. É importante inserir o trecho de recalque obedecendo ao sentido esperado do fluxo, para que se obtenha a vazão no trecho com sinal positivo. O resultado que representa a vazão será positivo quando o fluxo coincidir com o sentido do traçado do conduto e negativo quando houver discordância desses sentidos. A instalação da bomba será realizada com apoio de dois nós ou de um reservatório e um nó. Clica-se sobre o ícone e, em seguida, outro clique sobre o reservatório e, finalmente, o último clique sobre o nó.

Concluído o desenho do sistema de adução deve-se especificar as características de cada um dos seus elementos.

FIGURA 3.46 Especificação do reservatório do sistema de adução.

Para a especificação das características essenciais de cada elemento do sistema clica-se sobre o bloco de notas do navegador para ativar a janela de propriedades, conforme mostrado na Figura 3.46. Para definir o reservatório basta oferecer a cota do nível da água (linha com asterisco). Já para os condutos faz se necessário a especificação do comprimento (m), diâmetro (mm) e rugosidade. A identificação numérica oferecida pelo software (primeira linha das propriedades) pode ser, facultativamente, substituída por acrônimo que faça sentido no sistema que está sendo proposto.

A definição da bomba ou bombas a serem usadas passa pela especificação das respectivas curvas de funcionamento. Na janela de propriedade lança-se o nome da curva que representará a performance da bomba. No caso em estudo o nome

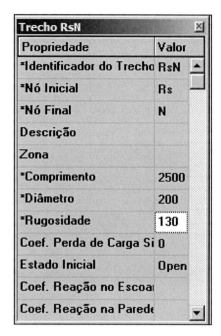

FIGURA 3.47 Especificação do conduto.

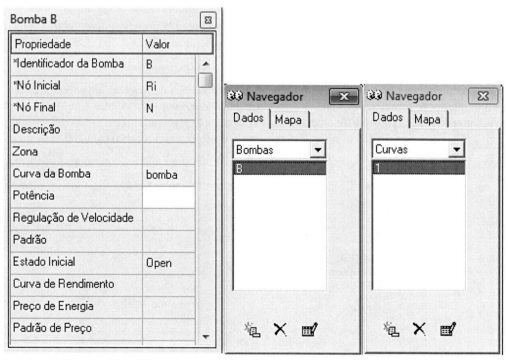

FIGURA 3.48 Especificação da bomba.

escolhido foi "bomba". Na sequência, seleciona-se a opção "curvas" dentre as disponíveis no navegador. Clica-se sobre o ícone , na janela do navegador, para abrir o editor de curva (curva da bomba), conforme indicado na Figura 3.49.

Na célula identificador faz-se a entrada do nome "bomba" para designar a curva da bomba em consideração. Conclui-se a operação preenchendo as colunas vazão e carga (altura manométrica) que definem a CCB da bomba. A CCB é desenhada pelo Epanet no quadro à direita da janela Editor de Curva. O Epanet permite que essa curva seja armazenada para futuras aplicações com o acionamento da opção "salvar". A gravação da curva é concluída com um clique sobre OK.

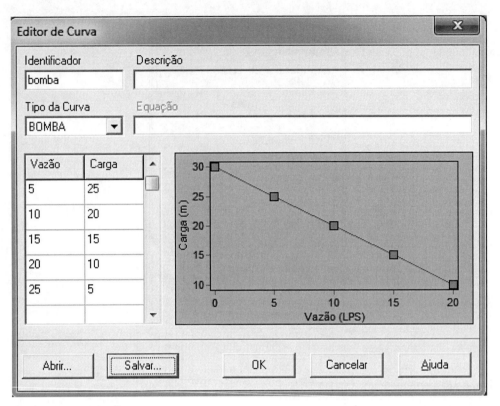

FIGURA 3.49 Definição da curva da bomba.

Na especificação do sistema em estudo atribuiu-se cota 120 m para o NA do reservatório superior e cota 100 m para o NA do reservatório inferior de forma que a diferença de cotas entre os níveis dos reservatórios seja igual à altura geométrica, conforme previsto no enunciado. Também foi especificado um nó entre os reservatórios para atender o requisito do *software* que prevê, ao menos, a especificação de um nó no sistema a ser calculado. O nó recebeu cota 100 m.

Especificado o sistema de recalque, pode ser feita a simulação da proposta clicando no ícone. Quando todos os elementos estiverem corretamente especificados surge na tela a frase "Simulação bem sucedida" conforme mostrado na Figura 3.50.

FIGURA 3.50 Mensagem de simulação bem-sucedida.

Os resultados da simulação podem ser apresentados na própria imagem do sistema ou descritos em relatórios específicos. Para a apresentação na imagem deve ser escolhida a opção "Mapa", no navegador, e ali especificar as variáveis a serem apresentadas. No caso em estudo foram escolhidas as variáveis "cota" para o nó e a variável "vazão" para os trechos, conforme mostrado nas Figuras 3.51 e 3.52.

Em resposta à especificação descrita, o Epanet registrou a vazão de 5,27 l/s para o trecho de recalque e as cotas 120 m para o *Rs*, 100 m para o *Ri* e 100 m para o nó, conforme mostrado na Figura 3.52.

FIGURA 3.51 Especificação dos resultados na imagem

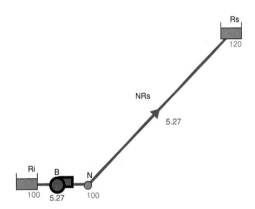

FIGURA 3.52 Recalque com vazão determinada após simulação.

Caso o relatório atenda melhor aos propósitos do usuário deve-se seguir o caminho *relatório / tabela / trecho da rede / colunas / OK*. Devem ser marcadas as colunas que apresentam as características de cada trecho e os resultados desejados conforme mostrado na Figura 3.53. No caso em estudo foram marcadas as colunas referentes a comprimento, diâmetro, rugosidade, vazão e velocidade. As três primeiras variáveis servem para a conferência da entrada de dados e as duas últimas oferecem os resultados da simulação, conforme indicado no Quadro 3.54.

Conclui-se desse exercício que a bomba em funcionamento recalca 5,27 *l/s* e o objetivo consiste em recalcar o triplo dessa vazão, ou 15,81 *l/s*. Em geral o crescimento da vazão resulta da instalação de um conjunto de bombas associadas em paralelo. Pode também incluir a instalação de condutos de recalque em paralelo com o conduto existente. Certamente o prefeito, ao adquirir as 3 bombas, estava certo de que seria possível, com a correta instalação do conjunto de bombas, triplicar a vazão recalcada. A seguir são feitos alguns arranjos de bombas e respectivas simulações.

Simulação 1: Duas bombas em paralelo

A simulação do recalque com duas bombas em paralelo não teve o condão de aumentar substancialmente a vazão recalcada. A vazão passou de 5,27 *l/s* (com 1 bomba recalcando) para 6,41 *l/s*. Ficou claro para o Prefeito e sua equipe técnica que a solução do recalque dependia de outras medidas. Contudo, antes de sugerir outras alterações no sistema de recalque é oportuno esclarecer o objetivo da inclusão do conduto N2N.

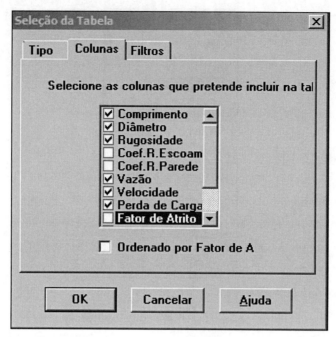

FIGURA 3.53 Escolha das colunas do quadro de resultados.

QUADRO 3.53 Pressão no nó do sistema

Identificador do Nó	Cota m	Pressão m
Nó N1	100	24.73
RNF Ri	100	0.00
RNF Rs	120	0.00

QUADRO 3.54 Vazão recalcada no sistema de bombeamento

Identificador do Trecho	Comprimento m	Diâmetro mm	Rugosidade	Vazão LPS	Velocidade m/s
Tubulação RsN1	500	100	100	5.27	0.67
Bomba B1	#N/A	#N/A	#N/A	5.27	0.00

Esse conduto serve para estabelecer a ligação entre os nós N2 e N. Para que a perda de carga nesse conduto não interfira no sistema ele foi especificado com comprimento de 1 m e diâmetro de 1.000 mm. A perda de carga nestas condições é ínfima. O resultado da simulação consta no Quadro 3.55.

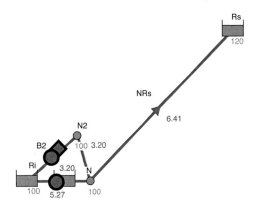

FIGURA 3.54 Instalação de recalque com duas bombas em paralelo.

QUADRO 3.55 Vazão no conduto de recalque primitivo

Identificador do Trecho	Comprimento m	Diâmetro mm	Rugosidade	Vazão LPS	Velocidade m/s	Perda de Carga m/km
Tubulação NRs	500	100	100	6.41	0.82	13.59
Tubulação N2N	1	1000	100	3.20	0.00	0.00
Bomba B	#N/A	#N/A	#N/A	3.20	0.00	-26.80
Bomba B2	#N/A	#N/A	#N/A	3.20	0.00	-26.80

Simulação 2: Duas bombas em paralelo com acréscimo de um conduto de recalque de 200 mm instalado em paralelo com o conduto primitivo

Esta simulação tem por objetivo esclarecer a importância da perda de carga no conduto de recalque nesse processo de transporte. Foi proposto conduto de recalque com diâmetro de 200 mm, comprimento de 500 m e rugosidade $C = 100$ a ser instalado em paralelo com o conduto de recalque primitivo, conforme indicado na Figura 3.55.

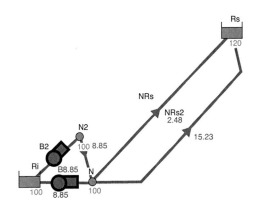

FIGURA 3.55 Duas bombas em paralelo com dois condutos de recalque em paralelo.

O resultado mostrado no Quadro 3.56 surpreendeu a equipe do Prefeito. Através do conduto de 200 *mm* de diâmetro passa praticamente toda a vazão necessária (15,23 *l/s*). No conduto primitivo flui outros 2,46 *l/s*. A solução foi alcançada com a metade da quantidade de bombas disponível. As duas outras bombas podem ser deixadas como reserva das que estiverem em funcionamento e também para futuras expansões do sistema de recalque. No Quadro 3.56 há ainda algumas informações interessantes. A perda de carga no conduto N2N é nula, como se pretendia. A perda de carga nos condutos em paralelo é baixa. Da ordem de 2,31 m/km ou 1,15 *mca* nos seus 500 *m* de extensão. Apesar dos condutos terem diâmetros muito diferentes a perda de carga é a mesma para ambos. Essa igualdade de perda de carga se deve à limitação imposta pelo nível do reservatório superior. A altura a ser vencida pelas bombas é de 21,15 *mca* constituída de 20,0 *m* da altura manométrica adicionada aos 1,15 *mca* da perda nos condutos. A velocidade do fluido nos condutos é baixa apontando para uma possível redução do diâmetro da segunda linha de recalque. A equipe do prefeito aventou a hipótese de manter uma única bomba em operação desde que a segunda linha de recalque seja mantida.

QUADRO 3.56 Vazões nos condutos de recalque em paralelo

Identificador do Trecho	Comprimento m	Diâmetro mm	Rugosidade	Vazão LPS	Velocidade m/s	Perda de Carga m/km
Tubulação NRs	500	100	100	2.46	0.31	2.31
Tubulação N2N	1	1000	100	8.85	0.01	0.00
Tubulação NRs2	500	200	100	15.23	0.48	2.31
Bomba B	#N/A	#N/A	#N/A	8.85	0.00	-21.15
Bomba B2	#N/A	#N/A	#N/A	8.85	0.00	-21.15

Simulação 3: Duas bombas em paralelo com acréscimo de conduto de recalque de 150 mm instalado em paralelo com o conduto primitivo

O resultado dessa simulação pode ser observado no Quadro 3.57. A redução do diâmetro do conduto em paralelo não permite o recalque da vazão desejada como se constata no Quadro 3.57. A perda de carga nos condutos passou para 2,58 *mca*. A vazão total recalcada atingiu a marca de 14,84 *l/s* sendo um pouco inferior à vazão almejada de 15,81 *l/s*. A negociação com os dirigentes da fábrica pode levar a acordo e aceitação da meta reduzida, tendo em vista a redução do custo da expansão.

QUADRO 3.57 Duas bombas em paralelo com acréscimo de conduto de 150 *mm* de diâmetro em paralelo ao conduto primitivo

Identificador do Trecho	Comprimento m	Diâmetro mm	Rugosidade	Vazão LPS	Velocidade m/s	Perda de Carga m/km
Tubulação NRs	500	100	100	3.80	0.48	5.16
Tubulação N2N	1	1000	100	7.42	0.01	0.00
Tubulação NRs2	500	150	100	11.04	0.62	5.16
Bomba B	#N/A	#N/A	#N/A	7.42	0.00	-22.58
Bomba B2	#N/A	#N/A	#N/A	7.42	0.00	-22.58

Simulação 4: Bomba única com acréscimo de conduto de recalque de 200 mm instalado em paralelo com o conduto primitivo

O resultado dessa simulação, conforme sugerida pela equipe técnica do prefeito, indicou resultado muito menor do que o desejado. A proposta foi prontamente descartada. A vazão recalcada atingiu 8,29 l/s, metade do desejável, conforme mostrado no Quadro 3.58.

QUADRO 3.58 Bomba única recalcando através de condutos em paralelo

Identificador do Trecho	Comprimento m	Diâmetro mm	Rugosidade	Vazão LPS	Velocidade m/s	Perda de Carga m/km
Tubulação NRs	500	100	100	1.34	0.17	0.75
Tubulação NRs2	500	200	100	8.29	0.26	0.75
Bomba B	#N/A	#N/A	#N/A	9.63	0.00	-20.37

Simulação 5: Duas bombas em série com acréscimo de conduto de recalque de 200 mm instalado em paralelo com o conduto primitivo

A solução do bombeamento convergiu para o uso de duas bombas e dois condutos de recalque. Na tentativa de promover um ajuste fino na proposta, optou-se por examinar o resultado da aplicação de duas bombas em série. As bombas em série são utilizadas quando se faz necessário aumentar o *shut off* do conjunto de bombas. Entretanto, em certas circunstâncias, verifica-se também um aumento na vazão do conjunto. Essa simulação tem por objetivo esgotar as possibilidades de aplicação de duas bombas. O arranjo das bombas em série é mostrado na Figura 3.56.

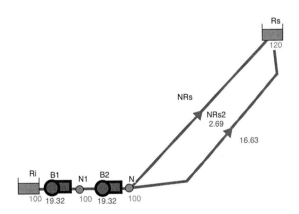

FIGURA 3.56 Arranjo das bombas em série.

Analisando o resultado contido no Quadro 3.59, constata-se que o arranjo de bombas em série leva a um resultado superior ao calculado no arranjo de bombas em paralelo. Deve, portanto, prevalecer esta solução. Em futura expansão do sistema, pode-se ajustar em paralelo dois conjuntos de duas bombas em série, totalizando 4 bombas iguais.

EXERCÍCIO RESOLVIDO 3.8

Uma pequena comunidade é abastecida por meio de rede ramificada, em forma de grelha, conforme mostrado na Figura 3.57.

Os trechos R-1, 1-2, 2-3, 3-4 e 4-5 integram o barrilete, medem 200,0 m individualmente e não distribuem água às residências. Os ramais 1-A, 2-B, 3-C, 4-D e 5-E distribuem água às residências a razão de 0,4 l/s a cada 100 m de conduto e

QUADRO 3.59 Vazões para sistema de recalque com bombas em série

Identificador do Trecho	Comprimento m	Diâmetro mm	Rugosidade	Vazão LPS	Velocidade m/s	Perda de Carga m/km
Tubulação NRs	500	100	100	2.69	0.34	2.72
Tubulação NRs2	500	200	100	16.63	0.53	2.72
Bomba B1	#N/A	#N/A	#N/A	19.32	0.00	-10.68
Bomba B2	#N/A	#N/A	#N/A	19.32	0.00	-10.68

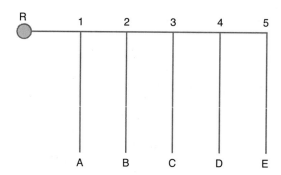

FIGURA 3.57 Rede de distribuição ramificada em grelha.

medem 1.000,0 m de extensão. A rede foi dimensionada com condutos de 200 mm de diâmetro ao longo do barrilete e com condutos de 100 mm de diâmetro nos ramais. Os condutos da rede têm rugosidade C = 130. A cidade foi construída sobre terreno relativamente plano. O reservatório R tem nível d'água situado 30 m acima do plano do terreno. A municipalidade, com intuito de garantir pressões adequadas aos consumidores, estabeleceu a pressão mínima de 25 mca para o barrilete e 15 mca para os trechos de distribuição. A comunidade recebe anualmente, em feriado religioso, grande quantidade de romeiros que multiplica por 3 a população da cidade. A rede de distribuição de água é impactada na mesma proporção. O prefeito contratou empresa especializada no dimensionamento de redes, solicitando projeto para construção do segundo reservatório que atenda adequadamente os romeiros e habitantes locais. A empresa contratada sugeriu que em vez de projetar novo reservatório seria mais adequado, do ponto de vista financeiro, projetar estações de bombeamento a serem instaladas na rede para serem ativadas apenas durante as festividades. São demandas anuais de curta duração que não justificam o grande investimento necessário à construção do segundo reservatório. A prefeitura concordou com a sugestão da empresa e a contratou para fazer os estudos necessários.

Solução

O projeto de definição de bombas e dos locais de instalação das casas de bombas teve início com o conhecimento das condições atuais de funcionamento do sistema. Foi utilizado o Epanet para a verificação das vazões e pressões nos nós na forma indicada na Figura 3.58 e nos Quadros 3.60 e 3.61.

Na especificação da rede ficou estabelecido que todos os nós estão assentados à cota 100 m e o NA do reservatório à cota 130 m. Foi estabelecido que todos os nós devem demandar 2 l/s. Esta decisão garante que os trechos de distribuição sejam percorridos pela vazão de 2 l/s, que é a vazão fictícia correspondente. Em cada conduto de distribuição 1A, 2B, 3C, 4D e 5E a vazão de acesso ao conduto é de 4 l/s e vai caindo ao abastecer as residências ao longo do trecho até zerar nas pontas secas A, B, C, D e E. A vazão fictícia é a média aritmética entre as vazões nos extremos do trecho de distribuição, no caso, 2 l/s. O Quadro 3.60 apresenta as cotas dos nós, o consumo-base (2 l/s), a carga hidráulica ou cota da linha piezométrica, e pressão

Conduto Forçado e Bomba Capítulo | 3 **165**

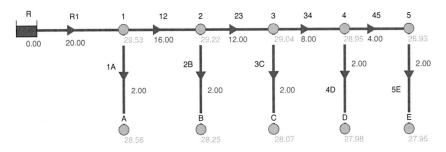

FIGURA 3.58 Rede de distribuição ramificada em grelha.

QUADRO 3.60 Pressões nos nós da rede ramificada em grelha para população estável

Identificador do Nó	Cota m	Consumo-Base LPS	Carga Hidráulica m	Pressão m
Nó 1	100	2	129.53	29.53
Nó 2	100	2	129.22	29.22
Nó 3	100	2	129.04	29.04
Nó 4	100	2	128.95	28.95
Nó 5	100	2	128.93	28.93
Nó A	100	2	128.56	28.56
Nó B	100	2	128.25	28.25
Nó C	100	2	128.07	28.07
Nó D	100	2	127.98	27.98
Nó E	100	2	127.96	27.96

QUADRO 3.61 Vazões nos trechos da rede ramificada em grelha para população estável

Identificador do Trecho	Comprimento m	Diâmetro mm	Rugosidade	Vazão LPS	Velocidade m/s	Perda de Carga m/km
Tubulação R1	200	200	130	20.00	0.64	2.35
Tubulação 12	200	200	130	16.00	0.51	1.55
Tubulação 23	200	200	130	12.00	0.38	0.91
Tubulação 34	200	200	130	8.00	0.25	0.43
Tubulação 45	200	200	130	4.00	0.13	0.12
Tubulação 1A	1000	100	130	2.00	0.25	0.97
Tubulação 2B	1000	100	130	2.00	0.25	0.97
Tubulação 3C	1000	100	130	2.00	0.25	0.97
Tubulação 4D	1000	100	130	2.00	0.25	0.97
Tubulação 5E	1000	100	130	2.00	0.25	0.97

nos nós. Todos os valores de pressão estão acima do valor mínimo. O Quadro 3.61 apresenta o comprimento, o diâmetro, a rugosidade, a vazão, a velocidade e a perda de carga nos trechos. Os resultados são satisfatórios. As vazões correspondem aos valores esperados, as velocidades são baixas e as perdas de carga são pequenas. Pode-se afirmar que o sistema atende com folga às necessidades da comunidade, quando os romeiros não estão presentes.

Agora será feita a simulação com a população triplicada após a chegada dos romeiros. Em vez de consumir 0,4 l/s por 100 m de conduto, a população local mais os romeiros passam a consumir 1,2 l/s a cada 100 m. O consumo em cada trecho de distribuição cresce para 12 l/s. A vazão total demandada pela rede no reservatório será de 60 l/s com a chegada dos romeiros. A vazão fictícia nos trechos de distribuição atinge 6 l/s. Em cada nó do sistema representado no Epanet será registrado o consumo-base de 6 l/s. Feita nova simulação após o ajuste do consumo-base em cada nó para representar a nova situação, chega-se aos resultados indicados nos Quadros 3.62 e 3.63.

QUADRO 3.62 Pressões nos nós da rede para a população triplicada

Identificador do Nó	Cota m	Consumo-Base LPS	Carga Hidráulica m	Pressão m
Nó 1	100	6	126.40	26.40
Nó 2	100	6	124.02	24.02
Nó 3	100	6	122.63	22.63
Nó 4	100	6	121.97	21.97
Nó 5	100	6	121.79	21.79
Nó A	100	6	119.01	19.01
Nó B	100	6	116.63	16.63
Nó C	100	6	115.23	15.23
Nó D	100	6	114.57	14.57
Nó E	100	6	114.39	14.39

QUADRO 3.63 Vazões nos trechos da rede para a população triplicada

Identificador do Trecho	Comprimento m	Diâmetro mm	Rugosidade	Vazão LPS	Velocidade m/s	Perda de Carga m/km
Tubulação R1	200	200	130	60.00	1.91	17.98
Tubulação 12	200	200	130	48.00	1.53	11.89
Tubulação 23	200	200	130	36.00	1.15	6.98
Tubulação 34	200	200	130	24.00	0.76	3.29
Tubulação 45	200	200	130	12.00	0.38	0.91
Tubulação 1A	1000	100	130	6.00	0.76	7.40
Tubulação 2B	1000	100	130	6.00	0.76	7.40
Tubulação 3C	1000	100	130	6.00	0.76	7.40
Tubulação 4D	1000	100	130	6.00	0.76	7.40
Tubulação 5E	1000	100	130	6.00	0.76	7.40

O exame dos Quadros 3.62 e 3.63 leva à conclusão de que a população triplicada ainda é atendida em sua demanda de água, contudo, os limites de pressão mínima (25 *mca* no barrilete e 15 *mca* nos trechos) não são respeitados em parte expressiva dos nós. Caso a quantidade de romeiros aumente pode acontecer escassez de água. A pressão se manifesta inadequada a partir do nó 2, ou seja, no início da distribuição. Então, a instalação da bomba deve ser feita no primeiro trecho da rede (R1) e deve ser capaz de bombear vazões superiores a 60 *l/s* que é a vazão máxima demandada ao reservatório pela população triplicada. Essa bomba ainda precisa elevar os 60 *l/s* a pelo menos 25 *mca* que é a pressão mínima estabelecida pela rede. Foi escolhida a bomba cuja curva característica é mostrada no Quadro 3.64.

QUADRO 3.64 Curva característica da bomba

Q (l/s)	0	20	40	60	80	100
Hm (mca)	40	35	30	25	20	15

A rede de distribuição com a bomba instalada no trecho R1 é mostrada na Figura 3.59. As pressões nos nós da rede estão apresentadas no Quadro 3.65. Os valores, à primeira vista, aparentam estar muito acima do previsto, sugerindo que a bomba escolhida tem potência superior à necessária.

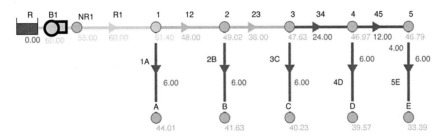

FIGURA 3.59 Sistema de distribuição em grelha após a instalação da bomba.

QUADRO 3.65 Pressões nos nós da rede após a instalação da bomba

Identificador do Nó	Cota m	Consumo-Base LPS	Carga Hidráulica m	Pressão m
Nó 1	100	6	151.40	51.40
Nó 2	100	6	149.02	49.02
Nó 3	100	6	147.63	47.63
Nó 4	100	6	146.97	46.97
Nó 5	100	6	146.79	46.79
Nó A	100	6	144.01	44.01
Nó B	100	6	141.63	41.63
Nó C	100	6	140.23	40.23
Nó D	100	6	139.57	39.57
Nó E	100	6	139.39	39.39
Nó NR1	100	0	155.00	55.00

QUADRO 3.66 Vazões nos trechos da rede após a instalação da bomba

Identificador do Trecho	Comprimento m	Diâmetro mm	Rugosidade	Vazão LPS	Velocidade m/s	Perda de Carga m/km
Tubulação 12	200	200	130	48.00	1.53	11.89
Tubulação 23	200	200	130	36.00	1.15	6.98
Tubulação 34	200	200	130	24.00	0.76	3.29
Tubulação 45	200	200	130	12.00	0.38	0.91
Tubulação 1A	1000	100	130	6.00	0.76	7.40
Tubulação 2B	1000	100	130	6.00	0.76	7.40
Tubulação 3C	1000	100	130	6.00	0.76	7.40
Tubulação 4D	1000	100	130	6.00	0.76	7.40
Tubulação 5E	1000	100	130	6.00	0.76	7.40
Tubulação R1	200	200	130	60.00	1.91	17.98
Bomba B1	#N/A	#N/A	#N/A	60.00	0.00	-25.00

Para avaliar a possibilidade de superdimensionamento foi realizada uma simulação na qual a população seria quadriplicada. O resultado consta do Quadro 3.67. Nessa circunstância as pressões estão próximas dos limites considerados satisfatórios. Nessa altura, a luz das estimativas de crescimento da quantidade de romeiros, deve ser mantida a aquisição dessa bomba ou escolhida outra menos potente. É a questão a ser levada à Prefeitura para decisão.

QUADRO 3.67 Pressões na rede em grelha para a população quadruplicada

Identificador do Nó	Cota m	Consumo-Base LPS	Carga Hidráulica m	Pressão m
Nó 1	100	8	143.87	43.87
Nó 2	100	8	139.82	39.82
Nó 3	100	8	137.44	37.44
Nó 4	100	8	136.32	36.32
Nó 5	100	8	136.01	36.01
Nó A	100	8	131.27	31.27
Nó B	100	8	127.22	27.22
Nó C	100	8	124.84	24.84
Nó D	100	8	123.71	23.71
Nó E	100	8	123.40	23.40
Nó NR1	100	0	150.00	50.00

QUADRO 3.68 Vazões da rede em grelha para a população quadruplicada

Identificador do Trecho	Comprimento m	Diâmetro mm	Rugosidade	Vazão LPS	Velocidade m/s	Perda de Carga m/km
Tubulação 12	200	200	130	64.00	2.04	20.26
Tubulação 23	200	200	130	48.00	1.53	11.89
Tubulação 34	200	200	130	32.00	1.02	5.61
Tubulação 45	200	200	130	16.00	0.51	1.55
Tubulação 1A	1000	100	130	8.00	1.02	12.60
Tubulação 2B	1000	100	130	8.00	1.02	12.60
Tubulação 3C	1000	100	130	8.00	1.02	12.60
Tubulação 4D	1000	100	130	8.00	1.02	12.60
Tubulação 5E	1000	100	130	8.00	1.02	12.60
Tubulação R1	200	200	130	80.00	2.55	30.63

EXERCÍCIO RESOLVIDO 3.9

Uma comunidade serrana é abastecida por conduto de 100 *mm* de diâmetro, em fofo, que acompanha o traçado de rodovia, com extensão de 5 km, que liga a margem direita do rio vermelho, que corre no fundo do vale, ao planalto que forma a borda do vale, situado 200 *m* acima da margem. A água de abastecimento provém de captação própria situada em córrego que corre no planalto. As residências abastecidas são distribuídas ao longo da estrada, em grupos isolados, sempre que há um espaço amplo entre a encosta e a estrada. Simplificando a distribuição e o consumo de água dos moradores da comunidade serrana pode-se admitir que há 4 núcleos residenciais, um núcleo a cada quilômetro de estrada, que reúnem 10 residências por núcleo, e consomem 864 litros, por residência, a cada 24 horas, em média. A comunidade serrana de moradores, em reunião, concordou em consultar engenheiro para identificar a causa ou causas de frequentes rompimentos do conduto que os abastece. Solicitou os estudos necessários e a elaboração de relatório circunstanciado propondo a solução para evitar os rompimentos. Aprovado o relatório as obras seriam contratadas.

Solução

O engenheiro após visitar o local e acompanhar o traçado da adutora, verificando seu estado de conservação, concluiu que a causa dos rompimentos estaria associada a excesso de pressão interna da linha. Elaborou o modelo do sistema de distribuição para testá-lo no Epanet. O modelo está representado na Figura 3.60.

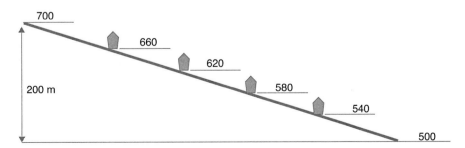

FIGURA 3.60 Modelo de distribuição de água na comunidade serrana.

No Epanet esse modelo foi especificado conforme indica a Figura 3.61.

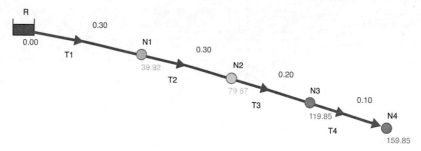

FIGURA 3.61 Abastecimento da comunidade serrana.

QUADRO 3.69 Pressões nos nós da rede de distribuição

Identificador do Nó	Cota m	Consumo-Base LPS	Carga Hidráulica m	Pressão m
Nó N1	660	0.1	699.92	39.92
Nó N2	620	0.1	699.87	79.87
Nó N3	580	0.1	699.85	119.85
Nó N4	540	0.1	699.85	159.85
RNF R	700	#N/A	700.00	0.00

QUADRO 3.70 Vazões nos trechos da rede de distribuição

Identificador do Trecho	Comprimento m	Diâmetro mm	Rugosidade	Vazão LPS	Velocidade m/s	Perda de Carga m/km
Tubulação T1	1000	100	100	0.40	0.05	0.08
Tubulação T2	1000	100	100	0.30	0.04	0.05
Tubulação T3	1000	100	100	0.20	0.03	0.02
Tubulação T4	1000	100	100	0.10	0.01	0.01

O exame das vazões nos trechos da rede indica que o conduto está superdimensionado. Nada deve ser corrigido nesse aspecto. Já as pressões nos nós, conforme mostrado no Quadro 3.69, são muito altas. Nó N2 com 79,87 *mca*, nó N3 com 119,85 *mca* e nó N4 com 159,85 *mca*. Os acidentes certamente foram motivados por excesso de pressão. Em consulta ao fabricante dos condutos foi esclarecido que o material dos condutos não deve receber pressão de serviço acima de 80 *mca*. O engenheiro, de posse dessa informação, simulou o funcionamento da adução instalando uma válvula de controle de pressão-a-jusante imediatamente após à seção N2 que apresenta pressão na fronteira da vazão máxima prescrita pelo fabricante. Essa válvula, no Epanet, tem o nome de PRV (*Pressure Reducing Valve*). A definição dessa válvula passa pela indicação do diâmetro do conduto adutor (100 *mm*) e a pressão a ser liberada a jusante. Neste caso foi prescrita a vazão de 40 *mca*, que é a pressão no nó N1 da adutora. A válvula deve ser aplicada entre dois nós. O engenheiro ajustou o modelo de rede criando um nó extra para aplicar a válvula. A aplicação da válvula no mapa do Epanet segue a mesma rotina da aplicação de bombas e de trechos. A simulação com a aplicação da válvula é apresentada na Figura 3.62 e os resultados indicados no Quadro 3.71.

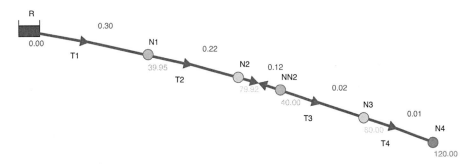

FIGURA 3.62 Adutora com válvula de quebra-de-pressão.

QUADRO 3.71 Pressões nos nós da adutora serrana após instalação da válvula

Identificador do Nó	Cota m	Consumo-Base LPS	Carga Hidráulica m	Pressão m
Nó N1	660	0.1	699.95	39.95
Nó N2	620	0.1	699.92	79.92
Nó NN2	620	0.1	660.00	40.00
Nó N3	580	0.01	660.00	80.00
Nó N4	540	0.01	660.00	120.00

A instalação da válvula de quebra-de-pressão reduziu a pressão no nó N3 que ficou no limite especificado pelo fabricante, contudo a pressão do nó N4 ainda excedeu o limite máximo. O engenheiro, então, acrescentou nova válvula a jusante de N3, conforme apresentado na Figura 3.63.

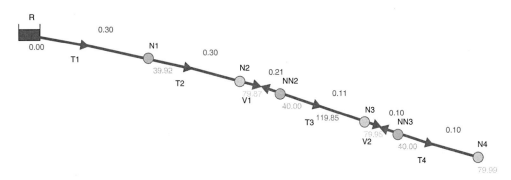

FIGURA 3.63 Adutora com duas válvulas de quebra-de-pressão.

As pressões nos nós, após a aplicação das duas válvulas de quebra-de-pressão, são apresentadas no Quadro 3.72. O resultado está dentro do limite estabelecido pelo fabricante, contudo, resultados com pressões menores poderiam ser obtidos desde que a calibração das válvulas de quebra de pressão liberasse a vazão para jusante a uma pressão menor, tal como 30 *mca* em lugar de 40 *mca*.

QUADRO 3.72 Pressões nos nós da adutora após aplicação de duas válvulas

Identificador do Nó	Cota m	Consumo-Base LPS	Carga Hidráulica m	Pressão m
Nó N1	660	0.1	699.92	39.92
Nó N2	620	0.1	699.87	79.87
Nó NN2	620	0.1	660.00	40.00
Nó N3	580	0.01	659.99	79.99
Nó NN3	580	0	620.00	40.00
Nó N4	540	0.1	619.99	79.99

3.2 EXERCÍCIOS A RESOLVER

EXERCÍCIO A RESOLVER 3.1

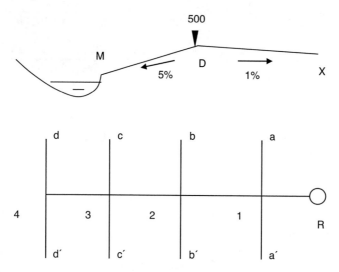

FIGURA 3.64 Perfil do terreno e rede ramificada de distribuição.

Uma área agrícola está sendo desenvolvida ao longo de um rio conforme mostrado na Figura 3.64. As glebas estão sendo abertas em uma faixa de largura média de 20 km, compreendida entre *D* e *X*. A cota do divisor de águas *D* é de 500 *m*. Entre D e a margem do rio há uma faixa mais estreita, com declividade média de 5% onde estão sendo instalados núcleos de trabalhadores rurais, a distâncias regulares de 5 km. Os núcleos têm basicamente 4 ruas residenciais e uma avenida central, conforme indicado na Figura 3.64. A avenida central é ladeada por lotes comerciais. Em cada rua (aa', bb', cc' e dd') estão demarcados 120 lotes, sendo 60 lotes a direita de quem desce a avenida e 60 lotes a esquerda. Assim, no trecho 1a, a direita de quem desce a avenida existem 60 lotes (30 a cada lado) e no trecho 1a′, a esquerda da avenida existem outros 60 lotes. Os trechos R1, 12, 23 e 34 têm 100 *m* de comprimento. Em cada lote dessa comunidade residirá uma família composta, em média, por 6 indivíduos consumindo 150 l/24 horas, por indivíduo.

1. Determine a população prevista para cada comunidade, a demanda global da comunidade por água em *l/s* e a demanda por lote. Apresente os cálculos realizados de forma clara e objetiva. Admita que os lotes comerciais consomem tanto quanto os lotes residenciais. Na contagem da população admita que os lotes comerciais são habitados por seis pessoas, por lote. Utilize o coeficiente de dia de maior consumo igual a 1,5 e da hora de maior consumo igual a 1,6.

Resposta

População prevista para a comunidade = 2.880 pessoas.
    Demanda total por água = 12 l/s.
    Demanda por lote = 0,025 l/s por lote.

2. Os condutos instalados na avenida central não distribuem água. O reservatório foi construído em D, na cota 500 *m* (solo) e seu nível d'água está na cota 510 *m*. A declividade do terreno é de 5% ao longo do trecho principal da rede. As ruas não apresentam qualquer declividade. O diâmetro do trecho principal foi fixado em 100 mm. O diâmetro de todos os trechos de distribuição foi fixado em 50 *mm*. O coeficiente de Hazen é C = 130 para todos os condutos. Determine a pressão no ponto, ou pontos, de menor pressão e no ponto, ou pontos, de maior pressão da rede. Nomeie estes pontos. Verifique se estas pressões estão compreendidas entre os limites mínimo (10 *mca*) e máximo da rede (50 *mca*). Justifique a sua escolha dos pontos de maior e menor pressão e apresente os cálculos necessários à escolha. Admita que os lotes têm 10 × 30 *m*, sendo a testada de 10 *m*.

Resposta

A menor pressão da rede está na seção do reservatório elevado (10 *mca*).
    A maior pressão na rede está na seção 4 (24,82 *mca*).
    As pressões estão compreendidas entre os limites máximo e mínimo.

3. A região está recebendo trabalhadores rurais atraídos pela oferta de empregos e salários mais altos gerados pela produção agrícola de escala. O pagamento regular de uma massa salarial gerou a demanda por serviços, antes inexistentes, que tem atraído um grupo diversificado de prestadores de serviços como mecânicos de automóveis, pedreiros, merceeiros, pintores, lojistas, pequenos empresários etc. Pensa-se em expandir as comunidades para dar abrigo a este novo contingente de trabalhadores. Um urbanista propôs que a rua aa′ seja ampliada 150 *m* em cada direção, a rua bb′ seja ampliada 100 *m*, em cada direção, e a rua cc′ ampliada 50 *m* em cada direção de forma que os novos lotes tivessem uma visão melhor do rio e sua margem oposta. Admitindo a expansão de comunidade conforme sugerido pelo urbanista, qual seria a nova população a ser atendida e a nova demanda por água? Verifique se o sistema de abastecimento atenderá à proposta de expansão, tendo em vista as pressões na rede. Determine a maior expansão possível do trecho aa′, garantida a pressão mínima de 10 *mca*. Admita que os lotes têm 10 × 30 *m*, sendo a testada de 10 *m*.

Resposta

Nova população a ser atendida = 3.600 habitantes.
    A nova demanda por água = 15 l/s.
    A expansão das ruas a1 e 1a′ não é viável caso se deseje preservar a pressão mínima de 10 mca.
    A maior comprimento das ruas a1 e 1a′, considerando a demanda da nova população é 260 m.

4. Para abastecer o reservatório R foi instalada a bomba cuja curva característica está indicada no Quadro 3.73. O recalque é feito por meio de um conduto de 100 *mm* de diâmetro, comprimento de 500 *m* e rugosidade expressa por C = 130. As cotas máxima e mínima do NA do rio são 473 e 470 *m*. O eixo da bomba está à cota 475 *m*. A captação será realizada ao fio d'água.
    Verifique se a bomba atende à demanda da comunidade segundo a disposição inicial. Determine a vazão recalcada. A vazão recalcada atenderá a expansão proposta pelo urbanista? Para efeito desta questão as perdas localizadas devem ser desprezadas bem como as perdas ao longo do trecho de sucção.

QUADRO 3.73 Curva característica da bomba (CCB)

Q(m³/h)	0	10	20	30	40	50	60
H_{man} (mca)	80	75	70	65	60	55	50
$(NPSH)_r$	2,5	2,5	3,0	3,0	3,5	3,5	4,0

Resposta

A bomba recalcará 13,19 *l/s* atendendo à demanda da população primitiva.
A bomba não atende à demanda da população expandida.

5. Verifique se há cavitação no sistema bomba-instalação para a vazão recalcada determinada na questão 4. Indique o que deve ser feito para evitar a cavitação, caso ela ocorra. O eixo da bomba está na cota 475 *m*. Para efeito desta questão admita que a água está a 20 °C, a perda de carga total na sucção é de 4 *m* e o coeficiente de segurança é de 20%.

Resposta

Há cavitação na bomba.
Para evitar a cavitação o eixo da bomba deve ser instalado abaixo da cota 471,31 *m*.

6. Está sendo estudada uma outra forma de expandir o número de residências (lotes) da comunidade dobrando o seu número original. Consiste em construir quatro novas ruas e uma avenida central, idênticas às originais, imediatamente ao lado da comunidade existente. O abastecimento das duas comunidades vizinhas será realizado por meio de uma malha, cujos lados serão constituídos pelos condutos paralelos das avenidas vizinhas e dois outros condutos com $C = 130$, diâmetro de 100 *mm* e comprimento de 1.000 *m* cujas extremidades estão ligadas a montante e a jusante das avenidas. A configuração da rede é mostrada na Figura 3.65. Apresente as equações que uma vez resolvidas determinam as vazões dos trechos da malha. Para efeito desta questão só existem os nós 1, 2, 3, 4, 5, 6, 7, e 8.

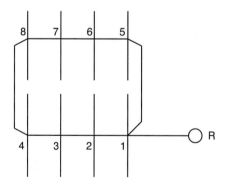

FIGURA 3.65 Expansão da comunidade.

Resposta

Equações em (n-1) nós.

Nó 1: $0,024 - Q_{15} - Q_{12} - 0,003 = 0$
Nó 2: $Q_{12} - Q_{23} - 0,003 = 0$
Nó 3: $Q_{23} - Q_{34} - 0,003 = 0$
Nó 4: $Q_{34} - Q_{48} - 0,003 = 0$
Nó 5: $Q_{15} - Q_{56} - 0,003 = 0$
Nó 6: $Q_{56} - Q_{67} - 0,003 = 0$
Nó 7: $Q_{67} - Q_{78} - 0,003 = 0$

Equação na malha.

$$r_{12} \times Q_{12}^{1,85} + r_{23} \times Q_{23}^{1,85} + r_{34} \times Q_{34}^{1,85} + r_{48} \times Q_{48}^{1,85} - r_{78} \times Q_{78}^{1,85} - r_{67}$$
$$\times Q_{67}^{1,85} - r_{56} \times Q_{56}^{1,85} - r_{15} \times Q_{15}^{1,85} = 0$$

7. Determine as pressões nos nós da malha da Questão 6. Apresente o resultado em forma tabular. Verifique se as pressões máxima e mínima estão sendo atendidas. Use o software Epanet. Os trechos 15 e 84 têm o comprimento de 1.000 m, $C = 130$ e $D = 100$ mm. Apresente ainda em forma tabular as vazões, as perdas de carga e as perdas de carga por unidade de comprimento nos trechos. Observe que os nós 1 e 5 estão na mesma cota, assim como as duplas de nós 2 e 6, 3 e 7 e 4 e 8.

Resposta

QUADRO 3.74 Pressões nos nós e perda de carga nos trechos

Nó	Cota solo (m)	Cota Lp (m)	Pressão (mca)
1	495	500,36	5,36
2	490	496,98	6,98
3	485	494,85	9,85
4	480	493,69	13,69
5	495	489,52	-5,48
6	490	489,11	-0,89
7	485	489,06	4,06
8	480	489,12	9,12

Trecho	Q (l/s)	V (m/s)	J (m/km)	h_p (m)
R1	24	3,06	96,42	9,64
12	13,63	1,73	33,79	3,37
23	10,63	1,35	21,32	2,13
34	7,63	0,97	11,53	1,15
48	4,63	0,59	4,57	4,57
15	7,37	0,94	10,84	10,84
56	4,37	0,56	4,12	0,41
67	1,37	0,17	0,48	0,04
78	–1,63	0,21	0,66	0,06

8. Prevendo possíveis dificuldades de abastecimento, os defensores da proposta sobre a duplicação da comunidade populacional advogam a instalação de uma bomba a montante do trecho 15 para ser utilizada nas horas de maior demanda. A curva característica da bomba escolhida está apresentada no Quadro 3.75. Verifique se a instalação da bomba redistribui adequadamente as pressões na malha ou introduz outros desequilíbrios. Apresente em forma tabular as pressões nos nós e as vazões, velocidades e perdas de carga nos trechos.

QUADRO 3.75 Curva característica da bomba para a malha

Q (m³/h)	0	5	10	15	20	25
H_{man} (mca)	20	18	16	14	12	10

Resposta

QUADRO 3.76 Pressões nos nós, vazões, velocidades e perdas de carga por metro na malha

Nó	Cota Lp (m)	Pressão com bomba (mca)	Pressão sem bomba (mca)
1	500,36	5,36	5,36
2	498,12	8,12	6,98
3	496,89	11,89	9,85
4	496,38	16,38	13,69
5	496,91	1,91	-5,48
6	495,90	5,90	-0,89
7	495,53	10,53	4,06
8	495,50	15,50	9,12

Trecho	Q com bomba (l/s)	Q sem bomba (l/s)	V (m/s)	J (m/km)	hp (m)
R1	24,00	24,00	3,06	96,42	9,64
12	10,90	13,63	1,39	22,35	2,23
23	7,90	10,63	1,01	12,32	1,23
34	4,90	7,63	0,62	5,09	0,50
48	1,90	4,63	0,24	0,88	0,88
15	10,10	7,37	1,29	19,41	19,41
56	7,10	4,37	0,90	10,10	1,01
67	4,10	1,37	0,52	3,61	0,36
78	1,10	-1,63	0,14	0,32	0,03

9. O aumento da demanda da comunidade por água resultante da duplicação dos consumidores produzirá um provável déficit no recalque. Determine o déficit em litros por segundo e proponha uma associação de bombas iguais à existente para abastecer o reservatório de forma a atender a demanda duplicada.

Resposta

O déficit de abastecimento é de 10,81 *l/s*.

A solução para o abastecimento é a constituição de recalque com 3 bombas associadas em série.

10. Diante dos resultados dos cenários estudados escolha uma das propostas de expansão a ser implementada sugerindo modificações que a torne mais eficiente em termos de pressões e de economia. Justifique a sua proposta. Não é necessário fazer qualquer cálculo para responder esta questão. Faça sua proposta com base nos seus conhecimentos de hidráulica e nos cálculos já realizados.

Resposta

As duas propostas estudadas não atenderão à demanda por água dos residentes futuros. A implantação de novos lotes (casas) nas ruas 4dd' e 3cc' é viável em termos de pressão hidráulica nos nós da rede, mas não atende à proposta do urbanista. Uma possível solução seria a construção de novo reservatório e novas ruas, em tudo semelhante ao projeto inicial, viabilizando a duplicação da população inicial. Essa solução pode ser implantada repetidas vezes permitindo o assentamento de novos residentes em quantidade superior a qualquer possível adaptação do sistema atual.

EXERCÍCIO A RESOLVER 3.2

Um sistema de distribuição de água é integrado por subsistemas de bombeamento, adução e distribuição. Os condutos forçados dos subsistemas têm as características indicadas no Quadro 3.77.

QUADRO 3.77 Características do sistema de adução de água

Trecho	D_i (mm)	L_i (m)	C_i
recalque + sucção	200	250	120
adução (R1-X)	250	4.500	130
adução (X-R2)	250	2.500	130
adução (R3-X)	200	3.000	100
adução (R2-M)	250	1.000	100

O subsistema de adução abastece uma malha, situada a jusante do reservatório R_2, que consome 46 l/s, quando em operação. As características da malha de distribuição de água constam no Quadro 3.78.

QUADRO 3.78 Características da malha de distribuição de água

Trecho	L (m)	D (mm)	C	NÓ	Demanda (l/s)	Cota (m)
MN (1)	2.000	250	130	M	8	390
NO (2)	2.000	250	130	N	12	385
OP (3)	2.000	250	130	O	15	380
PM (4)	2.000	250	130	P	11	380

Pretende-se expandir o sistema de distribuição instalando uma segunda malha com características idênticas àquela em funcionamento, inclusive no consumo. Analise as condições de funcionamento do sistema em suas condições atuais e auxilie no estudo da sua adaptação para receber uma segunda malha.

1. Determine as pressões existentes nos nós da malha atual. O reservatório R_2, que abastece a malha está assentado à cota 400 m e tem o NA à cota 430 m. Sabendo que a pressão mínima esperada na rede é de 30 mca, verifique se esse requisito está sendo atendido. Especifique as vazões e velocidades dos trechos da malha. Use o software Epanet.

Resposta

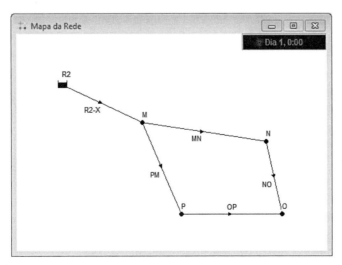

FIGURA 3.66 Malha descrita no Epanet.

QUADRO 3.79 Pressões nos nós da malha

Identificador do Nó	Cota m	Consumo LPS	Pressão m
Nó M	390	8.00	33.97
Nó N	385	12.00	37.51
Nó O	380	15.00	42.27
Nó P	380	11.00	42.55

2. Determine a vazão transportada pela adutora R_1-X-R_2 nas condições atuais. Informe a capacidade da adutora no atendimento da demanda atual. Caso a segunda malha seja instalada a jusante da primeira (a partir do nó O), a adutora será capaz de suprir a nova demanda sem receber qualquer modificação? Justifique. O nó X está na cota 380 m. Determine, ainda, a pressão em X, a velocidade e a perda por unidade de comprimento na adutora.

Resposta

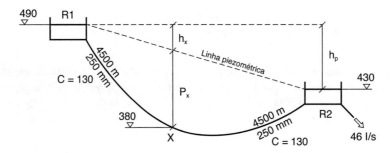

FIGURA 3.67 Adutora $R1XR2$ na condição inicial de funcionamento.

A adutora transporta 72,3 l/s
A adutora não será capaz de suprir a demanda de duas redes de distribuição
A pressão na seção X é de 71,4 mca
A velocidade do escoamento na adutora é de 1,47 m/s
A perda de carga por unidade de comprimento da adutora é de 8,57 m/km

3. A adutora, nas condições atuais, atenderia a demanda das duas malhas caso a segunda malha seja instalada a partir da seção X? Justifique. Determine a velocidade, a perda de carga por unidade de comprimento e a vazão em cada trecho da adutora.

Resposta

A malha abastecida na seção X da adutora seria atendida, porém a malha abastecida pelo reservatório $R2$ sofreria escassez de água.
No trecho R1-X: Q_1 = 85,8 l/s; V_1 = 1,75 m/s e J_1 = 11,76 m/km
No trecho X-R2: Q_2 = 39,8 l/s; V_2 = 0,81 m/s e J_2 = 2,83 m/km

Conduto Forçado e Bomba **Capítulo | 3** 179

4. Verifique se a bomba cuja curva característica está indicada no Quadro 3.80 atende à demanda de uma malha, individualmente, e das duas malhas em conjunto. No cálculo da curva característica da instalação despreze as cargas acidentais e considere a soma do comprimento de recalque e sucção igual a 250 *m*. Determine a vazão recalcada e a altura manométrica correspondente. Apresente, em forma tabular, a curva característica da instalação.

QUADRO 3.80 Curva característica da bomba

H_{man} (mca)	115	112	109	106	103
Q (m³/h)	0	60	120	180	240
NPSH (m)	1,0	1,5	1,5	2,0	2,0

Resposta

QUADRO 3.81 Curva característica da instalação

Q (m³/h)	0	60	120	180	240	300
Q (m³/s)	0	0,0166	0,0333	0,0500	0,0667	0,0833
H_{man} (mca)	100	100,48	101,77	103,76	106,39	109,67

A vazão recalcada é 206 m³/h ou 57,22 *l/s* e a altura manométrica é 104,8 *mca*.
   O recalque atende à demanda de uma malha apenas.

5. O nível do reservatório fonte (de onde está sendo bombeada a vazão) varia entre as cotas 395 (max) e 390 (min). A bomba instalada no local tem eixo horizontal e está à cota 397 *m*. A temperatura da água varia entre 15 e 20 °C. A perda de carga na sucção é de 1,5 *m* para efeito desta questão. Verifique se a bomba está sujeita à cavitação e especifique em que condições isso pode ser evitado. Nesta determinação adote o coeficiente de segurança de 5%. Indique a cota máxima do eixo da bomba para ser evitada a cavitação. A bomba poderá funcionar afogada? Para efeito desta questão considere apenas uma bomba em funcionamento.

Resposta

Há cavitação na bomba.
   A bomba deve ter seu eixo na cota 396 *m* para ser evitada a cavitação.
   A bomba não ficará afogada se instalada na cota na cota 396 *m*.

6. A empresa de consultoria que estudou a expansão do sistema sugeriu a instalação da segunda malha no ponto X, desde que seja construído o reservatório R₃, com nível d'água na cota 450 *m* e alimentação independente, conectado ao ponto X por adutora com D_3 = 200 *mm*, L_3 = 3000 *m* e C_3 = 100. Você concorda com esta proposta? Qual será a pressão na seção X caso esta proposta seja implementada? Qual é a perda de carga entre o reservatório R_2 e a seção *X*?

Resposta

A solução da empresa de consultoria não é adequada pois o recalque não é capaz de suprir a nova demanda da adutora R1-X.
   A pressão na seção X é de 61,77 *mca*.
   A perda de carga entre R2 e X é de 11,77 *mca*.

7. O engenheiro que opera o sistema atual acredita que a instalação da segunda malha, em *X*, só será viável caso seja colocada nova adutora no trecho de recalque e outra no trecho R_1-*X*, ambas em paralelo com as primitivas e mantendo as mesmas características físicas (*D*, *L* e *C*) assim como instalar uma nova bomba, em paralelo com a existente e igual a ela (mesma *CCB*). Você concorda com esta opinião? Justifique. Apresente a nova curva característica da bomba e a nova curva característica da instalação. Determine a vazão recalcada nesta circunstância. Use o método gráfico para determinar a vazão. Considere que o engenheiro não concorda com a instalação do reservatório R_3.

Resposta

O sistema de recalque atenderá à demanda global (2 redes). A malha de distribuição de vazões suprida pela seção X será atendida. A segunda malha não será atendida caso seja instalada a jusante da primeira malha.

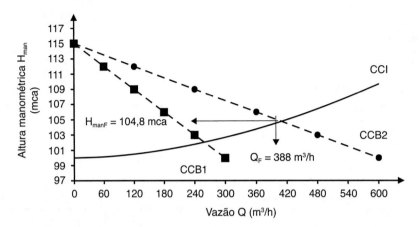

FIGURA 3.68 *CCI* e *CCB* segundo a proposta do engenheiro.

8. Caso você fosse convidado pela comunidade atendida pela malha primitiva para esclarecê-la, em assembleia, sobre as consequências da instalação da segunda malha no ponto O e no ponto X, quais consequências você enumeraria?

Resposta

A instalação da segunda malha no nó O, a jusante da primeira malha, dobrará a demanda sobre o reservatório R2. Caso a adutora R1-X-R2, atenda à esta nova demanda, o abastecimento estará garantido. Contudo, as pressões nos nós da primeira malha serão diminuídas em horas do dia de maior consumo.

A instalação da segunda malha na seção X, na adutora R1-X-R2, reduzirá a vazão disponível em R2 e pode dar causa a desabastecimento durante os períodos de maior consumo do ano (verão). O crescimento do consumo de água em X pode resultar em permanente desabastecimento dos consumidores da malha primitiva. Para a comunidade atendida pela primeira malha, é mais seguro a instalação da nova malha no ponto O a jusante da malha existente.

9. A empresa de consultoria recomenda que a segunda malha, caso instalada em X, tenha os diâmetros reduzidos. Você concorda com esta proposta? Como você dimensionaria a malha? Considere que a empresa propõe a instalação do reservatório R_3, mas não considera a instalação de novos condutos entre R_1 e a seção X. Para efeito desta questão considere que os nós da malha alimentada via seção X estão nas cotas especificadas no quadro das definições iniciais. O trecho XM tem as características do trecho R2M.

Resposta

A pressão no nó M' da malha suprida a partir da seção X será maior do que a pressão no nó M da malha suprida a partir do reservatório R2 já que a perda de carga hp será a mesma nos dois condutos de ligação X-M' e R2-M (mesma demanda e mesmo conduto) e a altura piezométrica em X é maior do que em R2. Como a pressão disponível na seção X é maior, os diâmetros da nova malha podem ser reduzidos, aumentando a perda de carga em cada trecho, até o limite mínimo de pressão nos nós.

10. Qual das propostas apresentadas você considera mais aplicável? A do engenheiro ou a da empresa de consultoria? Justifique. Você apresentaria alguma modificação à proposta selecionada? Apresente facultativamente a modificação justificando-a.

Resposta

A proposta mais aplicável é a do engenheiro, pois viabiliza o funcionamento de todo o sistema. A instalação de conduto em paralelo, no trecho R1X, com 300 *mm* de diâmetro, em vez de 250 *mm*, possivelmente permitirá instalar a segunda malha a jusante da malha primitiva, aumentando a flexibilidade do sistema. Esta proposta é viável pois a segunda adutora com 300 *mm* de diâmetro permitirá que no trecho XR2 seja aduzida vazão superior a 92 *l/s*.

EXERCÍCIO A RESOLVER 3.3

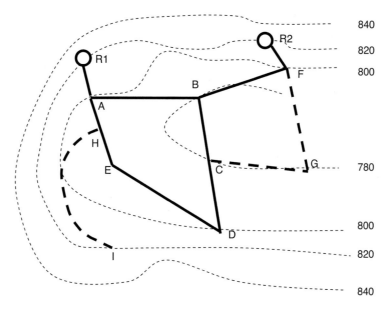

FIGURA 3.69 Malhas da rede de distribuição.

Um sistema malhado de distribuição de água para consumo humano tem a forma descrita na Figura 3.69. A malha I (traço contínuo) será construída imediatamente e a malha II, no futuro. Os nós da malha I são os de nome A, B, C, D e E. A alimentação dos trechos de distribuição da malha I se fará nas seções 1, 2, 3, 4, 5 e 6, segundo as vazões indicadas no Quadro 3.82. A malha I é abastecida pelo reservatório R1.

QUADRO 3.82 Vazões demandadas ao longo dos trechos da malha

Seção	1	2	3	4	5	6
q_i (l/s)	16	6	16	14	7	15

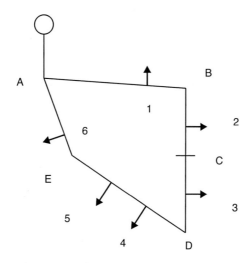

FIGURA 3.70 Malha com demandas para os trechos de distribuição.

As distâncias das seções de consumo aos nós são indicadas no Quadro 3.83.

QUADRO 3.83 Comprimentos dos trechos da malha

Trechos	R1 – A	A – 1	1 – B	B – 2	2 – C	C – 3
Li (m)	300	500	300	300	300	300
Trechos	3 – D	D – 4	4 – 5	5 – E	E – 6	6 – A
Li (m)	300	300	400	300	100	400

1. Redistribua as vazões demandadas pela população, atendidas pela malha I, alocando-as nos nós. Determine a vazão de cada nó aplicando o método da proporcionalidade das distâncias aos nós. Determine a vazão do trecho R1-A. As cotas dos nós das duas malhas, no solo, são as indicadas no Quadro 3.84. A pressão máxima admitida na rede é de 150 mca e a pressão mínima de 30 mca. O NA do reservatório R1 está na cota 835 m. Nos trechos da malha não haverá distribuição às residências.

QUADRO 3.84 Cota do solo nos nós

Nó	A	B	C	D	E
Cota (m)	800	780	780	800	798
Nó	F	G	H	I	R1 e R2
Cota (m)	800	780	799	820	820

Resposta

As vazões reunidas nos nós são: $Q_a = 9$ l/s; $Q_b = 13$ l/s; $Q_c = 11$ l/s; $Q_d = 19,9$ l/s e $Q_e = 21,1$ l/s.

2. Especifique os diâmetros a serem adotados nos trechos da malha I e no trecho R1-A. O diâmetro mínimo para a rede malhada é 150 mm. Busque uma solução econômica especificando, no máximo, 3 diâmetros diferentes de condutos. Determine as vazões e velocidades nos trechos A-B, B-C, C-D, D-E e E-A. Determine as pressões nos nós. Assuma a rugosidade representada por $C = 120$ em todos os condutos. Apresente os resultados na forma tabular, indicando os comprimentos dos trechos, os diâmetros e as cotas da linha piezométrica nos nós. Utilize o software Epanet.

Resposta

QUADRO 3.85 Vazões e velocidades nos trechos e pressões nos nós da malha I

Trecho	L (m)	D (mm)	C	Q (l/s)	V (m/s)
R1-A	300	300	120	74,00	1,05
A-B	800	200	120	31,85	1,01
B-C	600	200	120	15,85	0,60
C-D	600	150	120	7,85	0,44
A-E	500	200	120	33,15	1,06
E-D	1.000	150	120	12,05	0,68
Nó	Cota (solo)	Demanda (l/s)	Cota (LP)	Pressão (mca)
A	800	9	833,72	33,72
B	780	13	828,56	48,56
C	780	11	827,09	47,09
D	800	19,9	825,91	25,91 (*)
E	798	21,1	830,24	32,24

*Pressão menor do que a mínima.

3. Analise os resultados encontrados na Questão 2 e faça sugestões para ajustar o projeto aos limites impostos pela municipalidade, otimizando os dispêndios. Teça comentários sobre a proposta inicial para os diâmetros formulada na Questão 2. Determine as perdas de carga nos trechos R1–A, A-E e E-D. Examine e conclua sobre as velocidades nos trechos. Espera-se, em futuro próximo, acrescentar a malha II ao projeto para abastecer uma área industrial, a ser criada. A segunda malha será apoiada nos nós C e B demandando as vazões $Q_G = 30$ l/s e $Q_F = 20$ l/s. A segunda malha será também alimentada pelo reservatório R2, situado na cota 820 m (no solo), cujo NA estará na cota 835 m. Os comprimentos dos novos trechos estão indicados no Quadro 3.86. A rugosidade ainda é expressa por $C = 120$.

QUADRO 3.86 Comprimentos dos trechos da malha II

Trecho	R2 - F	F – B	F – G	G – C
L (m)	400	1000	700	800

Resposta

As vazões finais estão próximas das vazões arbitradas inicialmente, indicando a adequação dos diâmetros. As velocidades nos trechos não são excessivas. A pressão máxima admissível foi respeitada. A pressão mínima admissível não foi respeitada em D. As perdas nos trechos R1-A, AE e ED não são apreciáveis. As perdas de carga são:

$h_{R1-A} = 835 - 800 - P_A = 35 - 33{,}72 = 1{,}28$ mca
$h_{AE} = 800 + P_A - (798 + P_E) = 2 + 33{,}72 - 32{,}24 = 3{,}48$ mca
$h_{ED} = 798 + P_E - (800 + P_D) = -2 + 32{,}24 - 25{,}91 = 4{,}33$ mca

O diâmetro do trecho ED pode ser alterado para 200 mm. A expansão desse diâmetro tem por finalidade diminuir a perda de carga no trecho ED resultando em aumento da pressão no nó D. Caso essa medida seja insuficiente para alcançar as pressões desejáveis, providência semelhante pode ser tomada no trecho CD e/ou AE.

4. Apresente o sistema de equações que permitirá o cálculo das novas vazões dos trechos das duas malhas.

Resposta

- *Para (n-1) nós:*

    Nó A: $Q_{R1A} - Q_{AB} - Q_{AE} - q_A = 0$
    Nó B: $Q_{AB} + Q_{FB} - Q_{BC} - q_B = 0$
    Nó C: $Q_{BC} + Q_{GC} - Q_{CD} - q_C = 0$
    Nó D: $Q_{CD} + Q_{ED} - q_D = 0$
    Nó F: $Q_{R2A} - Q_{FB} - Q_{FG} - q_F = 0$
    Nó G: $Q_{FG} - Q_{GC} - q_G = 0$

    Nessas equações a vazão q_i corresponde à demanda do nó i.

- *Para m malhas*

    Malha 1: $r_{AB} \times Q_{AB}^{1,85} + r_{BC} \times Q_{BC}^{1,85} + r_{CD} \times Q_{CD}^{1,85} + r_{ED} \times Q_{ED}^{1,85} - r_{AE} \times Q_{AE}^{1,85} = 0$
    Malha 2: $r_{FG} \times Q_{FG}^{1,85} + r_{GC} \times Q_{GC}^{1,85} - r_{BC} \times Q_{BC}^{1,85} - r_{FB} \times Q_{FB}^{1,85} = 0$

- Equações complementares de percurso

    Trajeto superior: $r_{R2F} \times Q_{R2F}^{1,85} + r_{FB} \times Q_{FB}^{1,85} - r_{AB} \times Q_{AB}^{1,85} - r_{R1A} \times Q_{R1A}^{1,85} = 0$
    Trajeto intermediário: $r_{R2F} \times Q_{R2F}^{1,85} + r_{FG} \times Q_{FG}^{1,85} + r_{GC} \times Q_{GC}^{1,85} - r_{BC} \times Q_{BC}^{1,85} - r_{AB} \times Q_{AB}^{1,85} - r_{R1A} \times Q_{R1A}^{1,85} = 0$

5. Especifique os diâmetros dos trechos R2-F, F-G, G–C e F-B. Determine as vazões nos trechos das duas malhas funcionando em conjunto e calcule e analise as pressões nos nós, as velocidades e vazões nos trechos. Comente sobre o atendimento dos limites estabelecidos pela municipalidade. Continua válido o limite de 3 diâmetros diferentes para os trechos das duas malhas. Utilize o software Epanet. Utilize os diâmetros propostos na Questão 2 para os trechos da malha I. Examine possíveis inversões de fluxo.

QUADRO 3.87 Vazões nos trechos e pressões nos nós das malhas I e II

Trecho	L (m)	D (mm)	C	Q (l/s)	V (m/s)	J (m/km)	Variação Q (l/s)
R1-A	300	300	120	63,67	0,90	3,23	-10,33
A-B	800	200	120	23,41	0,75	3,65	-8,44
B-C	600	200	120	19,78	0,63	2,67	0,93
C-D	600	150	120	9,74	0,55	2,92	1,89
A-E	500	200	120	31,26	0,99	6,23	-1,89
E-D	1.000	150	120	10,16	0,57	3,16	-1,89
R2-F	400	300	120	60,33	0,85	2,92	
F-B	1.000	150	120	9,37	0,53	2,72	
F-G	700	200	120	30,96	0,99	6,13	
G-C	200	150	120	0,96	0,05	0,04	

Nó	Cota (solo)	Demanda (l/s)	Cota (LP)	Pressão (mca)	Variação P (mca)
A	800	9	834,03	34,03	0,31
B	780	13	831,11	51,11	2,55
C	780	11	829,51	49,51	2,42
D	800	19,9	827,76	27,76 (*)	1,85
E	798	21,1	830,91	32,91	0,67
F	800	20	833,83	33,83	
G	780	30	829,54	49,54	

*Pressão menor do que a mínima.

6. Na sua opinião o fato de R1 e R2 terem os respectivos NA à cota 835 m é benéfico, prejudicial ou indiferente? Caso a determinação da cota do NA de R2 estivesse ao seu encargo, qual seria ela? Esta resposta não requer cálculos. Justifique a sua resposta.

Resposta

Quando há mais de um reservatório no sistema de distribuição, a alteração do NA de um deles provoca uma redistribuição de vazões nas malhas alterando as pressões nos nós, mas sem relação proporcional com as variações dos NNAA. Reservatórios com NNAA à mesma cota tendem a harmonizar as pressões nos nós e as vazões nos trechos. A elevação do NA de um deles resulta no aumento das pressões dos nós mais próximos e também na elevação das vazões dos trechos mais próximos. Como as extensões dos trechos R1-A-B-C-D e R2-F-B-C-D são aproximadamente iguais, não há grande interesse em alterar o NA de R2.

7. Analise o novo quadro de vazões e de pressões e conclua se a segunda malha prejudicará ou beneficiará o funcionamento da primeira malha. Analise essa possível interferência trecho a trecho.

Resposta

A introdução da segunda malha beneficiou os trechos AB, AE e ED, que passaram a aduzir menor vazão e, consequentemente, produzir menor perda de carga. Nos trechos BC (comum às malhas) e CD houve pequeno acréscimo de vazão. Os dois trechos realmente beneficiados foram os de nome R1-A e A-B. No trecho de ligação com o reservatório R1 (R1-A), a vazão passou de 74 l/s para 63,67 l/s enquanto no trecho A-B a vazão passou de 31,85 l/s para 23,41 l/s. O benefício aqui referido tem relação com a ocorrência de menor perda de carga para trecho com menor vazão.

8. Pressões da comunidade determinaram a abertura de uma nova rua segundo o traçado H-I, indicado na Figura 3.69. A cota de H, no solo, é 798 m. A cota de I, no solo, é 820 m. Para viabilizar a pressão mínima em I, em certas horas do dia, pretende-se instalar, imediatamente a jusante de H, bomba cujas características são indicadas no Quadro 3.88. Ao longo dos 1.000 m da nova rua serão consumidos 20 l/s. A pressão mínima nos trechos ramificados é de 15 mca.

QUADRO 3.88 Curva característica da bomba (*CCB*)

Hman (mca)	30	25	20	15
Q (l/s)	0	10	20	30

A distância A-H é de 200 *m*. Especifique o diâmetro do trecho H-I. Determine a pressão em I, sem a intervenção da bomba. Verifique se a instalação da bomba garantirá a pressão mínima no trecho H-I. Para efeito desta questão considere apenas a malha inicial em operação, na qual *H* é um novo nó da malha I. Caso uma bomba, isoladamente, não atenda à pressão mínima, estude a possibilidade da instalação de duas bombas, em série, iguais à especificada. Trace um esquema informando os resultados ou apresente-os em forma tabular. *C* = 120. Continue usando os diâmetros da malha I sugeridos na Questão 2.

Resposta

Sem a instalação da bomba as pressões (entre parênteses) são menores do que o valor mínimo aceitável. A instalação de uma bomba é suficiente à promoção de distribuição com pressões satisfatórias.

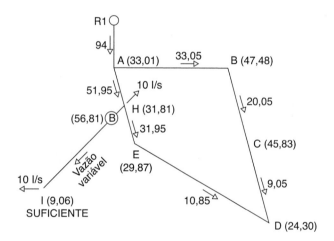

FIGURA 3.71 Pressão no trecho HI.

9. Um segundo projetista sugeriu que a bomba fosse transferida para uma seção imediatamente a jusante de A de forma a beneficiar, não apenas, a rua H-I mas também os trechos A-E e E-D. Verifique se esta proposta tem fundamento. Para efeito desta questão considere apenas a malha inicial em operação. Trace um esquema informando os resultados ou apresente-os em forma tabular.

Resposta

A bomba especificada recalca até 30 *l/s* submetida a uma pressão manométrica de 15 *mca*. Como a vazão no trecho AH atinge 53,85 *l/s* conclui-se que o recalque com a bomba indicada não é viável e que a proposta do projetista deve considerar bomba que recalque 55 *l/s* ou mais.

10. Indique uma razão que desaconselhe a aplicação de bomba ou bombas em operação permanente em sistema de distribuição de água. Justifique.

Resposta

A principal razão que desaconselha o uso de bomba em rede de distribuição de água é o elevado custo da energia elétrica necessária ao acionamento das bombas de recalque. A pressão na rede será mantida enquanto a bomba estiver ligada. A bomba ou bombas devem ser instaladas e acionadas ao longo das horas de maior consumo, durante o período de desenvolvimento de solução mais barata do ponto de vista operacional. Uma proposta alternativa consiste em usar o recalque para alimentar reservatório superior, ao longo das horas de energia barata (em geral nas madrugadas), que, então, abasteceria os usuários por meio de distribuição da água por gravidade.

EXERCÍCIO A RESOLVER 3.4

Um condomínio para famílias de classe média terá como unidade habitacional uma residência construída em terreno de $10 \times 30\ m$ (testa de $10\ m$) onde residirá uma família constituída, em média, por 6 pessoas, cada uma delas consumindo $300\ l$ de água a cada 24 horas. Os lotes de $10 \times 30\ m$ serão dispostos em agrupamentos de 20 unidades, na forma apresentada na Figura 3.72.

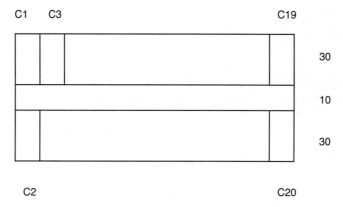

FIGURA 3.72 Agrupamento de residências do tipo B.

O agrupamento de 20 lotes será denominado agrupamento B. O espaço entre lotes será utilizado para o acesso de pessoas e veículos, além dos condutos de distribuição de água e dos demais serviços públicos. A largura entre linhas de lotes será igual a 1/10 da dimensão maior do agrupamento, não devendo ultrapassar $100\ m$. Vinte agrupamentos do tipo B serão reunidos de forma a constituir um agrupamento do tipo A. O espaço entre conjuntos segue a regra anterior de 1/10 da dimensão maior, não devendo ultrapassar $100\ m$.

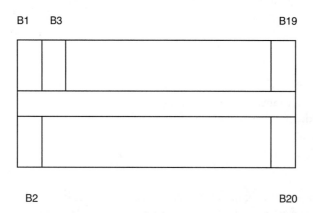

FIGURA 3.73 Agrupamento de residências do tipo A.

Vinte agrupamentos do tipo A formam um agrupamento do tipo H, seguindo a mesma lei de formação. O endereço típico das famílias será Hxx Axx Bxx Casa xx. Os agrupamentos do tipo H serão dispostos segundo um hexágono, ficando a parte central reservada a formação de um parque. O abastecimento de água potável desses agrupamentos será realizado por meio de uma malha hexagonal conforme mostrado na Figura 3.74. A malha será alimentada por uma adutora com 30 km de extensão cujo perfil está descrito na Figura 3.75. A adutora atingirá o nó 1 da malha onde será construído um reservatório de forma cilíndrica. A adutora receberá água do reservatório Ra cujo NA está na cota $1.200\ m$. O reservatório será abastecido por sistema de recalque, conforme descrito oportunamente.

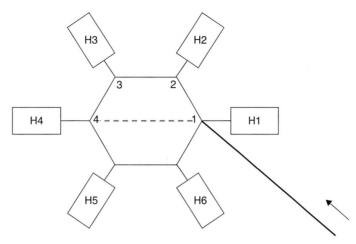

FIGURA 3.74 Agrupamento de residências do tipo H.

A partir destas informações coopere na definição do projeto respondendo às seguintes questões:

1. Determine a população e a demanda por água potável, em litros por segundo, dos agrupamentos dos tipos A, B e H. Considere os coeficientes da hora e do dia de maior demanda iguais a 1,2.

Resposta

QUADRO 3.89 Demanda por água de cada agrupamento

Agrupamento	Quantidade de lotes	População	Demanda (l/s)
B	20	20 × 6 = 120	0,6
A	20 × 20 = 400	400 × 6 = 2.400	12,0
H	400 × 20 = 8.000	8.000 × 6 = 48.000	240,0

2. Faça um esquema representando a distribuição da água no agrupamento do tipo B. Determine o comprimento e o diâmetro único do conduto central a ser utilizado e determine a pressão mínima inicial para ser mantida a pressão de 10 mca na entrada dos dois últimos lotes. Considere $C = 120$. O terreno é plano e está na cota 1.000 m. Escolha diâmetros comerciais.

Resposta

Comprimento do conduto central = 95 m
Diâmetro do conduto central = 50 mm
Pressão mínima inicial = 10,1 mca

3. Faça um esquema representando a distribuição da água no agrupamento do tipo H. Determine o comprimento e o diâmetro único do conduto central a ser utilizado e determine a pressão necessária à seção inicial (montante) para ser mantida a pressão requerida nos condutos subsequentes. Considere $C = 120$. O terreno é plano e está na cota 1.000 m. Escolha diâmetros comerciais.

Resposta

Comprimento do conduto central = 2.565 m
Diâmetro do conduto central = 400 mm
Pressão mínima inicial = 24,9 mca

4. Determine as vazões e diâmetros nos trechos de 3.000 m (todos os comprimentos iguais) da malha hexagonal. Determine o NA mínimo do reservatório cilíndrico, situado no nó 1 da malha, para garantir a pressão mínima nos trechos subsequentes dos agrupamentos. Considere $C = 120$. O terreno é plano e está na cota 1.000 m. Escolha diâmetros comerciais.

Resposta

QUADRO 3.90 Determinação das perdas de carga nos trechos da malha

Trecho	Q_0 (l/s)	D (mm)	J (m/km)	h_p (mca)
1-2	600	700	3,32	9,96
2-3	360	550	4,17	12,51
3-4	120	350	4,93	14,79
1-6	600	700	3,32	9,96
6-5	360	550	4,17	12,51
5-4	120	350	4,93	14,79

5. Na tentativa de reduzir a cota do NA do reservatório situado no nó 1 da malha hexagonal foi proposta a ligação dos nós 1 e 4 com um conduto do mesmo diâmetro do trecho 1-2. Determine o novo NA do reservatório e verifique se a proposta é adequada. Indique o trecho crítico quanto a perda de carga e o nó ou nós críticos quanto a pressão. Considere C = 120 para o novo conduto. Os diâmetros dos demais trechos devem ser mantidos conforme definido na Questão 4.

Resposta

QUADRO 3.91 Vazões nos trechos da malha que abastecem os agrupamentos do tipo H

Trecho	D (mm)	L (m)	J (m/km)	h_p (mca)	Q (l/s)
1-2	700	3.000	1,70	5,11(*)	416,52
2-3	550	3.000	1,13	3,38	176,52
4-3	350	3.000	1,53	4,60	63,48
1-4	700	6.000	0,65	3,89	246,96
1-6	700	3.000	1,70	5,11(*)	416,52
6-5	550	3.000	1,13	3,38	176,52
4-5	350	3.000	1,53	4,60	63,48

*Trechos com alta perda de carga.

6. A adutora que alimenta o nó 1 tem o perfil indicado na Figura 3.75. Os pontos M, N e P, da adutora, têm cotas e distâncias do reservatório de montante indicadas no Quadro 3.92.

QUADRO 3.92 Cotas e distâncias das seções da adutora RaR1

Seção	Cota terreno (m)	Distância Ra (m)
Ra	1.170	0
M	1.000	5.000
N	1.170	10.000
P	950	20.000

A cota do NA do reservatório Ra é 1.200 m. Determine o diâmetro desta adutora para atender à demanda da malha hexagonal, assim como a pressão na seção N. A cota do reservatório R1 foi calculada na questão 5. C = 120. O comprimento total da adutora é de 30 km.

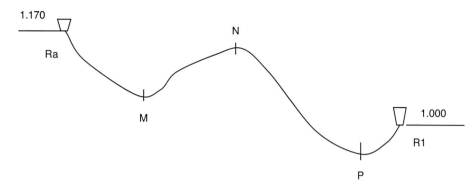

FIGURA 3.75 Perfil da adutora Ra-R1.

Resposta

Diâmetro da adutora = 875 *mm*
Pressão na seção N = –25,53 *mca*

7. Em qual dos pontos referidos na questão 6 (M, N ou P) você retiraria 200 *l/s* para abastecer uma comunidade a ser implantada entre *R*a e *R*1 caso os estudos de viabilidade sejam satisfatórios. Justifique a sua resposta e comente as consequências desta retirada para os moradores atendidos pela malha hexagonal.

Resposta

QUADRO 3.93 Pressões e vazões na adutora na extração de vazão nas seções *M* e *P*

	Pressão nos nós (*mca*)			$Q_{(P\;R1)}$ *l/s*
	M	N	P	
Situação Inicial	172,23	-25,54	138,93	1.424,73
Retirada em *M*	165,98	-30,54	136,43	1.389,74
Retirada em *P*	169,88	-30,25	129,51	1.288,73

A retirada de 200 *l/s* em M mantém alta a vazão no trecho PR1, beneficiando a comunidade formada pelos residentes nos agrupamentos do tipo H. A vazão em PR1 se mantém relativamente alta em consequência de a maior vazão ficar restrita ao trecho *R*aM. Considerando a demanda inicial da população da malha hexagonal (240 × 6 = 1.4440 *l/s*), pode-se concluir que faltará água nos dias de maior demanda caso o abastecimento da nova comunidade seja feita a partir de qualquer das seções citadas da adutora.

8. A adutora RaR1 será suprida por um sistema elevatório que atenderá inicialmente à demanda da malha hexagonal. Pretende-se, no futuro, adicionar outras bombas a este sistema, semelhantes às primeiras, de forma a atender a demanda de uma malha adicional. No recalque a expansão será alcançada com a instalação de conduto, em paralelo, idêntico ao necessário à fase inicial. Prevendo esta expansão, dimensione os condutos de recalque e de sucção. Especifique o arranjo da bomba de recalque de forma a atender a vazão de uma malha e de duas malhas, no futuro. A curva característica da bomba disponível está indicada no Quadro 3.94.

QUADRO 3.94 Curva característica da bomba

Q (m^3/h)	0	3.000	6.000	9.000	12.000
Hman (*mca*)	180	140	100	60	20
$(NPSH)_r$ (*mca*)	3	4	4	5	5

O nível regularizado do reservatório fonte está à cota 1.000 m. A extensão do conduto de recalque é de 700 m. A perda de carga na sucção está avaliada em 1/20 da perda ao longo do conduto de recalque. Admita que as perdas acidentais no conduto de recalque são desprezíveis. C = 120.

Resposta

Duas bombas associadas em série recalcam a demanda de uma malha hexagonal. A associação em paralelo de duas bombas associadas em série recalcam a demanda de duas malhas hexagonais.

9. Determine a altura do eixo da bomba em relação ao nível do reservatório fonte para ser evitada a cavitação. O NPSH requerido pela bomba está definido no Quadro 3.94. Verifique se esta altura sofrerá alteração quando do bombeamento da vazão para o atendimento das duas malhas hexagonais. Adote um coeficiente de segurança de 20% e admita a água a 20 °C.

Resposta

Para atender a demanda de uma malha a primeira bomba da associação em série deve ter seu eixo instalado até 3,95 *m* acima do NA do reservatório origem. Para o recalque da demanda de duas malhas, o eixo das bombas diretamente ligadas ao reservatório fonte podem ser instaladas com eixo até 4,05 *m* acima das águas desse reservatório. Essa expansão de altura de recalque se deve à divisão da vazão total requerida em duas metades cabendo a cada conjunto de duas bombas ligadas em série bombear metade da vazão total.

10. O arranjo de quatro bombas proposto na Questão 9 tem o inconveniente de depender de grande quantidade de equipamentos elétricos (os motores elétricos) e de seus acessórios (circuitos elétricos e chaves de controle e de segurança). Informe como todo esse aparato de recalque pode ser reduzido tornando as instalações mais simples. Nessa apreciação considere a forma da CCB da bomba a ser escolhida.

Resposta

A bomba a ser escolhida deve ter CCB diferente da sugerida nas questões anteriores em dois aspectos. Em primeiro lugar a nova bomba deve ter *shut off* de 220 *mca* ou maior. A bomba especificada no Quadro 3.94 tem *shut off* de apenas 180 *mca*. Em segundo lugar a CCB da nova bomba deve ser mais horizontalizada, ou seja, deve perder pouca altura manométrica a proporção que aumenta a vazão recalcada. Dessa forma, pode ser necessária uma associação em série para atendimento da demanda de 2 malhas hexagonais, porém a associação em paralelo fica descartada.

EXERCÍCIO A RESOLVER 3.5

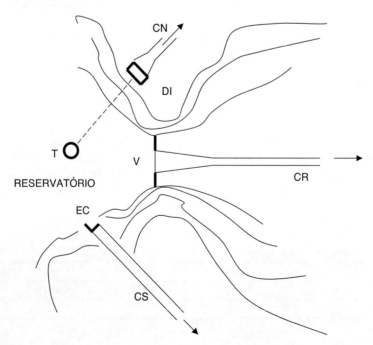

FIGURA 3.76 Barramento e partes acessórias.

Para abastecer um empreendimento agrícola, o rio *R* foi barrado com uma barragem de concreto provida de vertedor (*V*) em sua crista. Dois canais principais, o canal norte (*CN*) e o canal sul (*CS*), conduzem a água requerida para as glebas a serem cultivadas. A alimentação do canal norte será realizada por meio da tomada d'água (*T*), em forma de torre, situada no interior do reservatório, sendo o fluxo controlado por meio de comportas. O canal sul será alimentado à margem do reservatório sendo o fluxo controlado por meio de comporta de segmento. Responda às questões enunciadas a seguir para auxiliar na definição do projeto do vertedouro da barragem, seus canais e peças acessórias de controle.

1. No trajeto do canal sul há um extenso vale a ser ultrapassado. Pretende-se vencer este obstáculo geográfico com a construção de um sifão invertido. As transições entre o canal sul e o sifão, a montante e a jusante deste, serão realizadas com auxílio de poços, conforme indicado na Figura 3.77. As características do canal sul, a montante e a jusante do sifão, são: $Q = 45,56$ m^3/s, $b = 40,0$ m, $n = 0,014$, $I = 1/4.000$ m/m e $y_n = 1,03$ m. O sifão terá 4 linhas independentes de seção circular, comprimento de 3.000 m, $C = 120$ e $D = 2,0$ m. Determine a cota do fundo do canal, a jusante do sifão sabendo que na seção de transição, a montante, o fundo do canal está à cota 1.100 m. Para efeito desta questão despreze a perda de carga na passagem entre o canal e o sifão, a montante, e entre o sifão e o canal sul, a jusante.

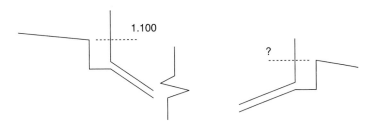

FIGURA 3.77 Extremidades do sifão invertido.

Resposta

A cota do fundo do canal na seção a jusante do sifão é $1.086,03$ m.

2. Aventou-se a hipótese de substituir as quatro linhas do sifão por uma galeria retangular moldada *in loco* cuja base seja metade da altura. Determine as dimensões dessa galeria para que a cota de jusante do canal continue com o valor determinado na questão anterior. Adote $C = 110$ para a rugosidade do conduto, $L = 3.000$ m e $Q = 45,56$ m^3/s.

Resposta

A galeria deve ter $2,29$ m de base e $4,58$ m de altura.

3. As águas conduzidas pelo canal norte, em determinada seção, devem ser elevadas 20 m ($H_g = 20$ m) para atingir uma área a ser irrigada, conforme indicado na Figura 3.78. Pretende-se usar a bomba cuja curva característica está indicada na Quadro 3.95. Especifique o número de bombas e o arranjo a ser utilizado para efetuar o recalque pretendido, sabendo que o canal norte conduz $12,97$ m^3/s na seção do recalque. Sabe-se que o conduto de recalque mede 100 m, tem rugosidade $C = 120$ e diâmetro de 800 mm. As perdas acidentais no recalque são desprezíveis. As perdas na sucção são avaliadas em 10% das perdas no recalque.

QUADRO 3.95 Curva característica da bomba

Q (m^3/h)	0	3.600	7.200	10.800	14.400	18.000
H_{man} (mca)	40	35	30	25	20	15
$(NPSH)_r$	2,0	2,5	3,0	3,5	4,0	4,5

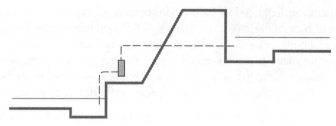

FIGURA 3.78 Estação de elevação da vazão do canal.

Resposta

Devem ser usadas 4 bombas independentes.

4. Pretende-se reforçar o abastecimento de uma cidade quando o sistema de irrigação estiver ocioso, durante a estação chuvosa. Para tanto, o poço de transição de montante, descrito na Questão 1, será interligado ao sistema adutor da cidade por meio de um conduto de $D_r = 200$ mm de diâmetro, comprimento de $L_r = 1.000$ m e $C_r = 120$. A adutora descrita interceptará a adutora existente na seção P, dividindo-a em dois trechos. O trecho a montante de P tem $L_1 = 1.000$ m, $C_1 = 100$, $D_1 = 250$ mm. O trecho a jusante de P tem $L_2 = 7.000$ m, $C_2 = 100$ e $D_2 = 250$ mm. A adutora existente aduz água entre os reservatórios R_1 (NA = 1.100 m), a montante, e R_2 (NA = 1.000 m), a jusante. Apresente um desenho esquemático do sistema proposto. Determine a vazão atual da adutora que conduz água entre R_1 e R_2 e a pressão no ponto P, nas condições atuais. Determine as vazões dos trechos após a implantação do reforço e a pressão no ponto P. A cota do ponto P é 950 m.

Resposta

Vazão atual da adutora R1-R2 = 68,2 l/s.
Pressão no ponto P = 137,50 mca (antes da ligação do reforço).
Vazão R1-P = 40,92 l/s; Vazão P-R2 = 71,12 l/s; Vazão reforço = 30,19 l/s.
Pressão em P = 145,11 mca (após reforço).

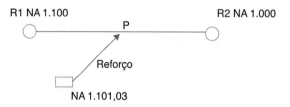

FIGURA 3.79 Reforço na adutora R1-R2.

5. Opine sobre a proposta de reforço do sistema de abastecimento descrito na Questão 4. No seu entendimento o que deve ser feito para o reservatório R_2 receber mais água? Não será necessário recalcular o sistema.

Resposta

Sem o reforço, o reservatório R2 recebe 68,2 l/s. Após a ligação do reforço, na forma proposta, R2 receberá 71,2 l/s, registrando pequeno acréscimo de 3 l/s. O sistema de irrigação não deve ser alterado para atender o reforço de R2. O sistema de adução também não deve ter condutos substituídos ou trechos reforçados. Resta a opção de substituir o conduto de reforço escolhendo diâmetro maior com condutos fabricados com materiais que permitam acabamento mais uniforme traduzido por C maior.

6. Verifique se uma nova adutora, entre R_1 e P, com $L_n = 2.000$ m, $C_n = 120$ e $D_n = 300$ mm é uma solução mais conveniente ao sistema do que o reforço proposto na questão 4. Justifique. Qual é a vazão afluente em R_2 após a instalação da nova adutora entre R_1 e P?

Resposta

O trecho R1-P primitivo tem 1.000 m de extensão, diâmetro de 250 mm e rugosidade C = 100. O novo conduto, em paralelo, segue trajeto diferenciado, com extensão de 2.000 m, D = 300 mm e C = 120. O trecho P-R2 permanece inalterado. Esse novo sistema aduz 72,0 l/s, praticamente nada alterando na alimentação de R2.

7. Proponha um sistema de equações capaz de determinar as vazões do conjunto de condutos descrito na Questão 6.

Resposta

$$Q_1 + Q_n = Q_2$$

$$Q_1 = 0{,}2785 \times C_1 \times D_1^{2{,}63} \times \left[\frac{h}{L_1}\right]^{0{,}54}$$

$$Q_n = 0{,}2785 \times C_n \times D_n^{2{,}63} \times \left[\frac{h}{L_n}\right]^{0{,}54}$$

$$Q_2 = 0{,}2785 \times C_2 \times D_2^{2{,}63} \times \left[\frac{C_{R1} - C_{R2} - h}{L_2}\right]^{0{,}54}$$

8. A cidade é abastecida por duas malhas (malha I e II) conforme indicado na Figura 3.80. Pretende-se ampliar o abastecimento adicionando ao sistema a malha III. As características das malhas e as vazões demandadas nos nós estão indicadas nos Quadros 3.96 e 3.97. Verifique, inicialmente, se as duas malhas atendem à demanda atual e à pressão mínima de 15 mca nos nós determinado no código de obras da cidade. O reservatório R_2 está assentado na cota 970 e tem o nível d'água na cota 1.000.

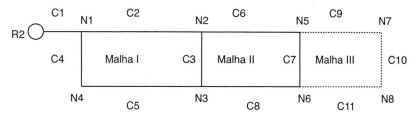

FIGURA 3.80 Rede malhada de distribuição de água.

QUADRO 3.96 Diâmetros dos trechos da rede malhada

Conduto	C1	C2	C3	C4	C5	C6	C7	C8	C9	C10	C11
Li (m)	1.000	1.000	500	500	1.000	800	500	800	1.200	500	1.200
Ci	90	90	90	90	90	100	100	100	110	110	110
Di (mm)	300	200	150	200	150	150	150	200			

QUADRO 3.97 Demandas nos nós da rede malhada

Nó	N1	N2	N3	N4	N5	N6	N7	N8
Cota (m)	960	980	960	970	970	980	960	970
Demanda (l/s)	5	7	10	20	8	15	10	20

Resposta

A adutora transporta 68,2 l/s para o reservatório R2. A demanda da rede é de 65 l/s. A adutora precisa ser reforçada para atender a demanda da malha 3. As pressões nos nós N2, N5 e N6 estão abaixo da pressão mínima.

QUADRO 3.98 Pressões nos nós das malhas I e II

Nó	N1	N2	N3	N4	N5	N6
Pressão (mca)	34,28	5,27	22,28	18,93	11,27	1,06

9. Verifique se o sistema constituído de 3 malhas (as duas em funcionamento e a terceira a ser adicionada) atenderá à comunidade na forma anunciada na Questão 8. Verifique se deve ser construído o reservatório R3, com NA à cota 980 m, situado a 500 m do nó N5 e a 800 m do nó N7, para auxiliar no abastecimento da cidade. Descreva os benefícios e os inconvenientes dessa proposta. Os condutos necessários devem ser sugeridos pelo executante (comprimento, diâmetro e coeficiente de rugosidade) assim como a especificação do conduto de ligação.

Resposta

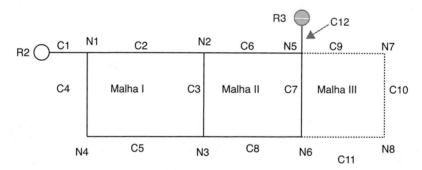

FIGURA 3.81 Sistema de malhas expandido com reservatório adicional R3.

QUADRO 3.99 Diâmetros dos trechos da rede malhada

Conduto	C1	C2	C3	C4	C5	C6	C7	C8	C9	C10	C11	C12
Li (m)	1.000	1.000	500	500	1.000	800	500	800	1.200	500	1.200	500
Ci	90	90	90	90	90	100	100	100	110	110	110	110
Di (mm)	300	200	150	200	150	150	150	200	200	150	150	250

QUADRO 3.100 Pressões nos nós das malhas I, II e III

Nó	N1	N2	N3	N4	N5	N6	N7	N8
Pressão (mca)	53,65	3,31	19,27	17,77	9,11	-2,67	15,16	3,25

10. Descreva os benefícios e os inconvenientes da proposta de abastecimento detalhada na Questão 9.

Resposta

O sistema de distribuição malhado, na forma proposta da questão 9 não atende à população a ser abastecida. São sugeridas as seguintes alterações como proposição inicial: passar o trecho C12 para 300 *mm* e o trecho C7 para 200 *mm*.

A nova superfície de pressões é mostrada no Quadro 3.101.

QUADRO 3.101 Pressões nos nós das malhas I, II e III com R3 na cota 980 m

Nó	N1	N2	N3	N4	N5	N6	N7	N8
Pressão (*mca*)	33,88	3,99	20,51	18,22	9,60	−1,08	15,91	4,25

A solução ainda não atendeu às necessidades de pressão nos nós. Como segunda medida corretiva sugere-se a fixação do NA do reservatório R3 na cota 1.000 *m*.

QUADRO 3.102 Pressões nos nós das malhas I, II e III com R3 na cota 1.000 *m*

Nó	N1	N2	N3	N4	N5	N6	N7	N8
Pressão (*mca*)	37,38	15,47	32,17	23,79	26,79	11,77	32,00	19,26

EXERCÍCIO A RESOLVER 3.6

O abastecimento de uma comunidade se fará em três etapas conforme descrito na Figura 3.82.

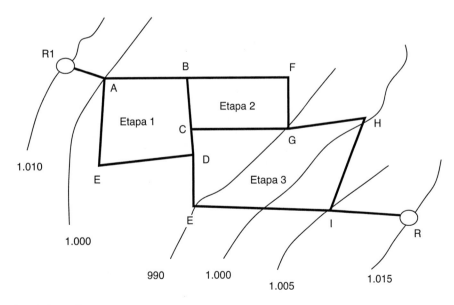

FIGURA 3.82 Cotas dos nós das malhas.

Responda às questões a seguir para avaliar as propostas apresentadas no projeto e verificar se elas atenderão à demanda da comunidade.

1. Os diâmetros especificados para a primeira e segunda etapas atenderão às demandas dos nós e garantirão a pressão mínima de 20 *mca*, sem ultrapassar a pressão máxima de 50 *mca*, estabelecidas para ao sistema? Justifique.

QUADRO 3.103 Demandas nos nós das malhas

Nó	Cota (m)	Demanda nós (l/s) 1ª Etapa	Demanda nós (l/s) 2ª Etapa	Demanda nós (l/s) 3ª Etapa
R1 (solo)	1.010			
R1 (NA)	1.030			
R2 (solo)	1.015			
R2 (NA)	1.035			
A	1.000	20	20	20
B	980	10	20	20
C	980	20	30	40
D	980	20	20	30
E	980	15	15	15
F	980		30	30
G	990		10	20
H	1.000			30
I	1.005			15
J	990			20
TOTAL		85	145	240

QUADRO 3.104 Características físicas dos trechos

Trecho		L (m)	C	D (mm)
R1 – A	0	500	100	400
A – B	1	1.000	100	300
B – C	2	1.200	100	200
C – D	3	700	100	200
D – E	4	1.200	100	250
E – A	5	2.000	100	300
B – F	6	1.400	120	250
F – G	7	1.300	120	150
G – C	8	1.300	120	150
G – H	9	800	130	
H – I	10	2.100	130	
I – J	11	1.800	130	
J – D	12	700	130	
I – R2	13	600	130	

Resposta

2. O reservatório R2, da terceira etapa, poderá funcionar como reservatório de compensação ou deve ter uma alimentação independente? Justifique. Responda a esta questão examinando a rede proposta, sem efetuar cálculos.

QUADRO 3.105 Pressões nos nós das malhas I e II

Nó	Demanda (l/s)	Pressão (mca)	Cota (m)
A	20	27,44	1.000
B	20	41,13	980
C	30	36,47	980
D	20	37,82	980
E	15	41,90	980
F	30	37,30	980
G	10	25,74	990

Resposta

O reservatório de compensação típico contribui para o abastecimento de uma seção intermediária, durante o dia, sendo abastecido durante a noite, quando a seção intermediária não consome ou consome muito pouco. O abastecimento do reservatório de compensação, portanto, é realizado por gravidade. No caso em análise o abastecimento de R2, por gravidade, não é viável uma vez que a cota de R2 é superior à cota de R1. Então, R2 deve ser abastecido por meio de bombas.

3. Escolha os diâmetros a serem utilizados nos trechos G–H, H–I, I–J, J–D e I–R2, da terceira etapa. Justifique a sua escolha.

Resposta

QUADRO 3.106 Diâmetros dos trechos da malha III

Trecho	R2-I	H-I	H-G	I-J	D-J
Diâmetro (mm)	300	250	150	250	150

4. Calcule e apresente as pressões nos nós, referentes à terceira etapa, em forma tabular. Verifique se estas pressões, são iguais ou superiores à pressão mínima estabelecida, mantidos os diâmetros escolhidos na questão 3. Caso não atendam, indique as alterações a serem introduzidas no sistema para que seja assegurada a pressão mínima em todos os nós. Não será necessário refazer os cálculos.

Resposta

QUADRO 3.107 Pressão nos nós das malhas I, II e III

Nó	A	B	C	D	E
Pressão (mca)	27,64	41,67	37,25	39,72	42,94
Nó	F	G	H	I	J
Pressão (mca)	38,18	27,34	22,96	26,05	36,04

Nota: $20 \leq P \leq 50\ mca$

5. Examine as vazões nos trechos da terceira etapa e indique aqueles que devem ter o diâmetro reduzido ou aumentado para que o sistema funcione de forma equilibrada. Justifique.

Resposta

A vazão no trecho CG é muito pequena indicando uma possível redução de diâmetro.

198 Elementos da Hidráulica

6. O fato do reservatório R2 estar em cota superior ao do reservatório R1 indica que R2 deve contribuir, para o sistema, com vazão maior do que R1? Não sendo assim, qual fator favorece uma maior contribuição? Como você procederia para que R2 contribua com vazão maior do que R1, caso a contribuição de R1 seja maior?

Resposta

A vazão de contribuição do reservatório é diretamente proporcional às variáveis C e/ou D do conduto de ligação entre o reservatório e a malha. Aumentando o diâmetro aumenta a vazão. A elevação do reservatório R2 promoverá a inversão do fluxo nos trechos FG, BC e ED favorecendo a contribuição desse reservatório para o sistema de malhas.

7. Na sua opinião, a ligação R2-H seria mais adequada à harmonização do sistema do que a ligação R2-I? Justifique. Admita que as distâncias R2–H e R2–I e os diâmetros nos trechos são iguais.

Resposta

Caso a entrada, na rede, da vazão do reservatório R2 se desse na seção H, o núcleo de maiores demandas constituído pelos nós H, G e F seria atendido mais prontamente, evitando-se percurso do fluxo por distâncias maiores.

8. Caso seja decidida a alimentação do reservatório R2 de forma independente, a municipalidade dispõe de várias bombas, todas iguais, cuja curva característica é indicada no Quadro 3.108.

QUADRO 3.108 Curva característica da bomba

Q (m³/h)	54	108	162	216	270	324
Hman (mca)	100	90	80	70	60	50
$(NPSH)_r$ (mca)	1,5	2,0	2,5	2,5	2,5	3,0

Há um manancial de água disponível cuja superfície está à cota 900 m. A distância de recalque é estimada em 2.000 m. Admite-se que as perdas acidentais na sucção e no recalque não ultrapassam a 5% da perda ao longo da canalização de recalque e que as perdas ao longo do conduto de sucção são desprezíveis. Indique o diâmetro da tubulação de recalque (C = 120) e o arranjo a ser utilizado para alimentar o reservatório R2.

Resposta

O diâmetro do conduto de sucção é 300 mm. O arranjo é formado por um conjunto de duas bombas dispostas em série, montado em paralelo com outro conjunto de duas bombas montadas em série, totalizando 4 bombas. Alternativamente pode-se compor um conjunto de 4 bombas dispostas em série.

9. Indique a cota do eixo da bomba ou bombas a serem utilizadas no recalque da vazão para alimentar o reservatório $R2$, sem ocorrência de cavitação. Admite-se que a água esteja habitualmente na temperatura de 20 °C.

Resposta

A cota máxima do eixo da primeira bomba do arranjo de 4 bombas dispostas em série é 903,89 m.

10. Indique como deve ser estruturado o recalque caso a demanda do reservatório $R2$ cresça 50%. Justifique.

Resposta

A bomba disponível não é adequada para o recalque de 547 m³/h (152 l/s). Deve ser escolhida bomba mais adequada a essa demanda.

EXERCÍCIO A RESOLVER 3.7

O vale do córrego I está passando por rápido desenvolvimento. Em 1990 havia apenas a comunidade A que consumia 10 l/s. Para atender a essa demanda foi construída uma barragem que regularizou a vazão do córrego e adutora RA. Em 2000 a demanda da comunidade A passou para 15 l/s e surgiu a comunidade B que consumia 5 l/s. Em 2010 foi fundada a comunidade C, consumindo 2 l/s. O consumo das comunidades vem evoluindo a proporção que o vale se industrializa. Os consumos nos nós e demais características do sistema são mostrado nos Quadros 3.109, 3.110, 3.111 e 3.112.

QUADRO 3.109 Consumos reais/esperados das comunidades por ano calendário (l/s)

Ano	A	B	C	Soma
1990	10			10
2000	15	5		20
2010	18	15	2	35
2020	23	43	11	77
2030	40	80	20	140

QUADRO 3.110 Características das adutoras

Trecho	RA	AP	PB	PN	NS	BQ	TQ
Comprimento (km)	20	30	40	50	2	60	5
Diâmetro (mm)	200	200	200	300	300	300	300
Material	FoFo	FoFo	FoFo	FoFo	FoFo	FoFo	FoFo

QUADRO 3.111 Valores de C para FoFo

C	130	115	100	90	80
Número de anos	novo	10	20	30	40

QUADRO 3.112 Cotas dos NNAA dos reservatórios

Reservatório	R	A	B	C	N	Q
Cota (m)	590	550	480	470	620	640

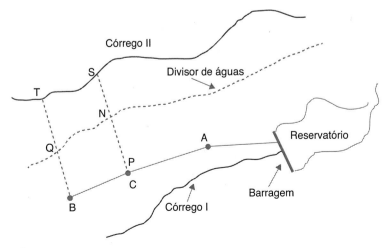

FIGURA 3.83 Vale do córrego I.

Analise a evolução do sistema de abastecimento e auxilie na definição de sua expansão respondendo às seguintes questões:

1. Em 1990 foi construída a barragem R e a adutora RA mostradas na Figura 3.83. Calcule a vazão disponível para a comunidade A nesse ano.

Resposta

Vazão disponível de 18,3 l/s.

2. Em 2000 foi construída a adutora APB e reforçado o trecho RA com uma segunda linha adutora, de mesmo diâmetro e mesmo material, funcionando em paralelo com a anterior. Indique quando a comunidade B foi melhor abastecida. Em 2000 ou 2010? Indique a vazão suprida e a carência ou superávit de oferta de água em cada um desses anos. Observe-se que a adutora APB é anterior à comunidade C. Em consequência, o reservatório da comunidade C é abastecido por uma derivação instalada na adutora.

Resposta

Em 2000 a comunidade B tinha déficit de abastecimento de 3,8 l/s.
Em 2010 a comunidade B tinha déficit de abastecimento de 4,7 l/s.

3. Na sua opinião, qual das comunidades (A, B ou C) estava desatendida em 2010? Sugira alterações nas obras realizadas até 2010 para que o atendimento à demanda, até aquele ano, fosse mais adequado.

Resposta

Em 2010 as comunidades A e C estavam plenamente atendidas. A comunidade B tinha déficit de 4,7 l/s. A duplicação da adutora AP com segunda linha em paralelo e novo trecho independente entre o reservatório e a cidade A abasteceriam as três comunidades.

4. Em 2020, a demanda global das 3 comunidades (A, B e C) não poderá ser atendida pelo córrego I que tem sua vazão regularizada em 50 l/s. Optou-se por reforçar o sistema com águas do córrego II. Para tanto pretende-se que suas águas sejam bombeadas para o reservatório elevado situado em N (NA em 620 m) e deste conduzidas a seção P da adutora APB. Indique quais serão as direções do fluxo e o valor numérico das vazões nos trechos AP, PB e NP, após a implantação do reforço. Como ficam atendidas as demandas das comunidades A, B e C ao ser aplicada esta proposta?

Resposta

No trecho AP passará a vazão 8,79 l/s na direção de P para A. No trecho PB passará a vazão 15,4 l/s na direção de P para B. No trecho NP passará a vazão 35,19 l/s na direção de N para P. A comunidade A será atendida a partir de N e R. A comunidade C será atendida a partir de N. A comunidade B terá déficit de abastecimento de 27,6 l/s.

5. Há uma segunda proposta de reforço, a ser implantada em 2020, que consiste em abastecer a comunidade B diretamente de reservatório situado em Q (NA em 640 m) por meio de linha de adução, em FoFo, com diâmetro de 300 mm e extensão de 60 km. Esta proposta é melhor do que a descrita na Questão 4? Justifique. Como fica o abastecimento das comunidades A, B e C, caso seja adotada esta solução? Para efeito desta questão considere o sistema implantado até o ano de 2010.

Resposta

A demanda da comunidade B será plenamente atendida pela adutora QB. A demanda da comunidade A será atendida pelo reservatório A. Na comunidade C não será plenamente atendida.

6. Ofereça solução, considerando apenas a adução, para o abastecimento das 3 comunidades no ano 2030. Especifique como cada comunidade deve ser atendida caso seja adotada a sua proposta. Ela deve considerar o sistema construído até 2010 e a sugestão descrita na Questão 5.

Resposta

Comunidade A abastecida exclusivamente pelo reservatório R. Comunidade C atendida com exclusividade pela adutora NP. Comunidade B abastecida pela adutora QB reforçada com outra linha independente da existente. As ligações entre comunidades devem permanecer para atender situações de emergência.

7. Em 2020, na seção T do córrego II, está prevista a instalação de bombas centrífugas para recalcar a vazão que suprirá a adutora QB, conforme proposto e calculado na Questão 5. A curva característica dessas bombas está apresentada no Quadro 3.113.

QUADRO 3.113 Curva característica da bomba

H_{man} (mca)	200	160	120	100
Q (m³/h)	0	100	200	240

Indique quantas bombas serão necessárias e como elas devem ser associadas. A captação na seção T, será realizada à cota 450 m. Para efeito desta questão despreze as perdas acidentais na sucção e no recalque do trecho TQ (D = 300 mm, em FoFo) e considere o comprimento de TQ (sucção mais recalque) igual a 5 km.

Resposta

Duas bombas ligadas em série atendem à demanda da adutora.

8. A comunidade B vem crescendo rapidamente. A oferta de água, em 2020 para todos os usos, se faz a partir do reservatório B, com NA à cota 480 m. A linha principal de distribuição tem a forma indicada a Figura 3.84.

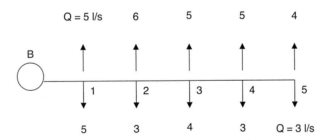

FIGURA 3.84 Linha principal de distribuição.

QUADRO 3.114 Trechos principais do sistema de distribuição

Trecho	B – 1	1 – 2	2 – 3	3 – 4	4 – 5
L (m)	500	1.000	500	500	1.000
C	100	100	100	100	100

QUADRO 3.115 Cotas dos nós

Nó	B	1	2	3	4	5
Cota (m)	450	450	440	440	430	430

Especifique os diâmetros dos trechos para que a pressão mínima em qualquer ponto dos trechos principais do sistema de distribuição seja de 15 *mca*. Use condutos de 200 e 150 *mm*, em FoFo. Caso a sua primeira proposta não atenda ao objetivo especificado não efetue novo cálculo. Indique apenas as modificações a serem introduzidas na solução.

Resposta

Os trechos B-1, 1-2 e 2-3 devem ter 200 *mm* e os demais 150 *mm*.

9. O prefeito da comunidade B pretende instalar a população migrante até 2030 em área vizinha à atual ocupação urbana, de forma a abastecê-la prolongando a linha principal de distribuição e criando os nós 6, 7, 8 etc. Você considera esta proposta factível? Justifique. Caso não seja, como deve ser alocada a população migrante que consumirá como está previsto, 37 *l/s* perfazendo um total de 80 *l/s* até o ano 2030?

Resposta

A proposta do prefeito, caso implementada, produzirá queda de pressão nos trechos em funcionamento. Não deve ser adotada. Os novos habitantes devem ser alocados e abastecidos por nova linha a ser implantada em direção que conte com declividade favorável.

10. Mantida a tendência de crescimento da demanda por água é de se prever o esgotamento da capacidade de abastecimento dos córregos I e II. Diante desta expectativa, que medida você aconselharia aos administradores das 3 comunidades para evitar a convivência com permanente escassez de água?

Resposta

O sistema democrático não admite o cerceamento ao livre deslocamento das pessoas. Elas continuarão afluindo para locais onde a economia abra novas oportunidades de empregos e o recebimento de bons salários. Aos prefeitos restam suas opções: exploração da água do subsolo, caso ela exista, e a importação de água disponível em bacias vizinhas. Em cidades litorâneas pode-se dessalinizar a água do mar. Em qualquer dessas soluções, ò déficit pode ser reduzido com a adoção de práticas de reúso da água servida e armazenamento da água da chuva.

EXERCÍCIO A RESOLVER 3.8

O projeto de assentamento de uma comunidade prevê a constituição de 9 setores distintos, no que concerne ao uso da água, classificados conforme o tipo de ocupação e respectivo consumo de água. Estes setores estão dispostos conforme indicado na Figura 3.85. A proposta inicial para o projeto de distribuição de água prevê a construção de uma ou mais malhas, cujos nós serão fixados próximos aos centros de gravidade dos setores, em conformidade com os arruamentos e outras áreas públicas. A demanda de cada nó depende do tipo de ocupação da área respectiva. No Quadro 3.116 estão destacados alguns exemplos de cálculo da demanda por nó.

QUADRO 3.116 Setores conforme tipo de ocupação e consumo de água

SETOR	2	6	7	9
Tipo de ocupação	Casas populares	Indústrias	Prédios 3 andares + pilotis	Casas classe média
Dimensão do lote/área ($m \times m$)	7×10	100×100	Apto 200 m^2	20×30
Número de famílias por lote/área	1	–	1	1
Número de integrantes da família	5	–	4	4
Consumo em litros, por integrante, em 24 horas	140	–	300	300
Consumo por lote/área	–	1,16	–	–
% de ocupação do setor	80	70	25	50
Demanda por lote/área (l/24 horas por ha)	8×10^4	7×10^4	$4,5 \times 10^4$	1×10^4

Nota: $d_2 = 0,8$ ocupação $\times$ (1 família $\times$ 5 pessoas $\times$ 140 l/24 horas) / (7×10) = 8 l / 24 h por m^2 = 8×10^4 l /24 h por ha
$d_7 = 0,25$ ocupação $\times$ (3 andares $\times$ 1 família $\times$ 4 pessoas $\times$ 300 l/24 horas) / 200 m^2 = 4,5 l / 24 h por m^2 = $4,5 \times 10^4$ l /24 h por ha

No Quadro 3.117 são especificados os setores e outras características importantes para o projeto de distribuição de água.

QUADRO 3.117 Setores a serem abastecidos

Setor	CG do setor	Altitude CG (m)	Atividade	Área setor (ha)	Demanda l/24 h por ha
1	A	970	residencial	150,00	5×10^4
2	B	980	residencial	225,00	8×10^4
3	C	985	residencial	187,50	6×10^4
4	D	970	residencial	150,00	$1,5 \times 10^4$
5	E	980	comercial	300,00	10×10^4
6	F	985	industrial	306,25	7×10^4
7	G	970	residencial	120,00	$4,5 \times 10^4$
8	H	985	serviços	131,25	6×10^4
9	I	980	residencial	200,00	1×10^4

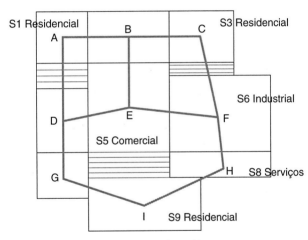

FIGURA 3.85 Malhas da rede com nós nos centros de gravidade das áreas abastecidas.

Ofereça uma proposta de rede malhada de distribuição para atender às demandas dos nós respondendo às seguintes questões.

1. Proponha uma rede malhada, ligando os nós, composta de 1, 2 ou 3 malhas. As áreas hachuradas indicam áreas verdes que não serão ocupadas. Os condutos das malhas, no entanto, podem atravessar estas áreas, se necessário. Descreva no Quadro 3.118 a geometria da rede malhada. A proposta deve, necessariamente, procurar atender, com prioridade, os nós com demanda concentrada de vazão.

QUADRO 3.118 Geometria da rede

NNó	Demanda (l/s)	Malha	Trecho	NO Montante	NO jusante	L (m)	D (mm)
A							
B							
C							

2. A proposta de abastecimento indicada na Figura 3.86 é constituída de uma malha mas atende aos demais nós com ramais. Indique uma vantagem e uma desvantagem desse arranjo. Justifique.

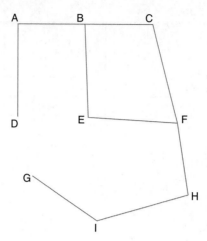

FIGURA 3.86 Rede de distribuição de água com uma malha.

Resposta

Trata-se de uma rede mista (malhada + ramificada). Vantagem: atende em malha os nós com maior demanda, preservando o abastecimento em caso de ruptura do conduto. Desvantagem: percursos maiores resultam, em geral, em diâmetros maiores.

3. Os setores A, B e C estão situados ao norte, conforme mostrado na Figura 3.86. A leste e a oeste existem lagos que podem abastecer o assentamento podendo, cada um, oferecer até 700 *l/s* de vazão. Indique em qual nó, a leste (C, F ou H) e/ou a oeste (A, D ou G), deve ser feita inserção de vazão. Justifique.

Resposta

A inserção da vazão na malha pode ser feita nos nós A ou D, no lado oeste. Preferencialmente em D para ligar diretamente o nó E ao reservatório do lado oeste R_W. A inserção pode ser feita no nó C ou F, preferencialmente em C, no lado este. O nó C, por demandar maior vazão deve ser atendido com preferência.

4. Determine o diâmetro a ser usado em cada trecho da(s) malha(s) e o diâmetro do(s) trecho(s) de alimentação a leste e/ou oeste da proposta de distribuição apresentada no Quadro 3.119. Registre os diâmetros, inclusive o de alimentação da rede, no Quadro 3.119. Para tornar a construção mais rápida e a manutenção do sistema menos onerosa, especifique até 5 diâmetros diferentes.

QUADRO 3.119 Diâmetros dos trechos das malhas de distribuição

Trecho	AE	EC	AD	BE	CF	DE
D (mm)	250	550	350	250	550	550
Trecho	EF	DG	FH	GI	IH	
D (mm)	250	350	350	250	250	

Resposta

Os condutos de ligação com os reservatórios de leste e oeste têm 700 *mm* de diâmetro. Os nós D e C ligam os reservatórios às malhas.

5. Especifique as equações próprias do sistema definido na Questão 4 que, ao serem resolvidas, fornecerão os valores das vazões em cada trecho, assim como, as pressões nos nós.

Conduto Forçado e Bomba Capítulo | 3   205

6. O NA do reservatório de alimentação da rede, a leste, pode ser alocado até à cota 1.020 m. O NA do reservatório, a oeste, pode ser alocado até à cota 1.030 m. A extensão da adutora, a leste, é de 2 km e a oeste de 3 km. O coeficiente de Hazen que representa a rugosidade dos condutos é C = 120. Especifique a cota do NA do(s) reservatório(s) e equilibre as malhas colocando as pressões determinadas no Quadro 3.120. Registre as vazões, perdas de carga e velocidades nos trechos e pressões nos nós no Quadro 3.120.

QUADRO 3.120 Vazão nos trechos e pressões nos nós da rede

Trecho	NO montante	NO jusante	Vazão (l/s)	Velocidade (m/s)	Perda de carga (m/km)	Pressão montante (mca)	Pressão jusante (mca)
AB	A	B	12,25		0,37	42,27	31,80
BC	C	B	181,53		1,17	31,80	31,80
AD	D	A	99,05	1,03	3,46	42,27	42,27
BE	E	B	14,52		0,51	31,80	31,80
CF	C	F	284,21		2,69	28,44	23,40
DE	D	E	396,80	1,67	5,00	49,18	32,69
EF	E	F	35,08	0,94	2,60	32,69	23,40
DG	D	G	105,51	1,10	3,89	49,18	43,94
FH	F	H	71,19	0,74	1,87	23,40	21,05
GI	G	I	43,01	0,88	3,80	43,94	27,58
IH	I	H	19,91		0,91	27,58	21,05
RwD	Rw	D	627,36	1,63	3,61		49,18
ReC	Re	C	595,94	1,55	3,28		28,44

7. Analise os resultados encontrados e indique em qual segmento a rede não atende a especificação de pressão mínima (20 mca) e pressão máxima (100 mca). Indique as correções a serem introduzidas na rede para que as pressões atendam aos limites máximo e mínimo determinados. Estas correções não devem ser genéricas mas envolver dados quantitativos.

Resposta

QUADRO 3.121 Alterações de diâmetros dos trechos das malhas

Trecho	ReC	CF	FH	IH
D testado	700	550	350	250
D sugerido	800	700	550	350

A alteração de diâmetro deve ser testada individualmente já que a primeira alteração sugerida pode tornar desnecessária a alteração seguinte.

8. Uma rede ramificada tem início no trecho que liga os nós C e F e sua demanda é de 10 l/s. A seção de montante dessa rede ramificada está situada a 1/4 da distância CF, medida a partir do nó C, no interior do setor S3. Sabe-se que ao fim do trecho ramificado, de comprimento L, a pressão é de 10 mca. A rede ramificada atende a demanda de residências situadas nos dois lados da rua. Considerando que as residências estão situadas em lotes de testada de 20 m, a razão de duas residências por lote, e que a família dessa área é constituída por 6 pessoas, determine o consumo médio esperado de cada pessoa em 24 horas. Considere C = 120 e determine o diâmetro a ser aplicado no trecho.

Resposta

O diâmetro do conduto é de 125 *mm*. O consumo individual é de 88,78 litros a cada 24 horas.

9. Os NNAA dos lagos a leste e oeste estão na cota 900 *m*. O recalque será realizado em duas etapas em qualquer deles. A primeira etapa elevará a vazão definida na Questão 6 até a cota 980 e posteriormente um segundo recalque elevará esta mesma vazão até a cota do NA do respectivo reservatório. O mercado oferece as bombas especificadas no Quadro 3.122. Descreva como deve ser realizado o bombeamento da primeira etapa de um dos lados (leste ou oeste). Especifique claramente a sua opção de cálculo. Considere que a perda na sucção será igual a 1/20 da perda no recalque. A adutora de recalque tem uma extensão de 2.000 *m* e *C* = 120. Estabeleça o diâmetro do recalque e indique o tipo de bomba a ser adotado e a necessidade de associação, se houver.

QUADRO 3.122 Curvas características das bombas

bomba	Vazão (m^3/h)					
	0	500	1.000	1.500	2.000	2.500
Alturas manométricas (*mca*)						
A	80	65	45	20		
B	120	65				
C	60	58	52	50	48	42

Resposta

O diâmetro de recalque é 700 *mm*. A altura geométrica é Hg = 80 *m*. Devem ser associadas em série três bombas do tipo C para recalcar a vazão demandada de 677,12 *l/s*.

10. Na sua opinião o recalque em duas etapas favorece o sistema de elevação? Justifique apresentando as vantagens e desvantagens desse método.

Resposta

A associação de bombas em etapas de recalque envolve dificuldades como sincronismo de funcionamento, multiplicação de locais de operação e manutenção e necessidade da construção de reservatório intermediário.

As vantagens do bombeamento em etapa são: a aquisição e operação de bombas de menor potência e reduzir a necessidade da instalação de aparatos de amortecimento de golpe de aríete.

Capítulo 4

Orifício

4.1 DEFINIÇÃO

Orifício é uma abertura de perímetro fechado, instalado abaixo da linha d'água em parede ou fundo de câmara, reservatório ou canal.

4.2 APLICAÇÃO PRÁTICA

O orifício é utilizado como medidor de vazão, elo de comunicação entre componentes de sistema hidráulico, condutor de vazões excedentes, regulador de vazão em sistema de drenagem, dispositivo de efeitos ornamentais em chafarizes etc.

4.3 MODELO MATEMÁTICO

O modelo clássico de orifício foi descrito por Torricelli na forma apresentada na Figura 4.1.

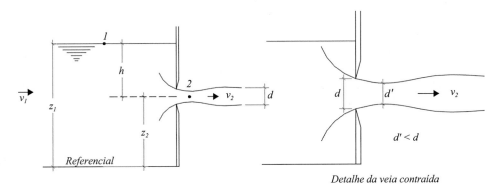

FIGURA 4.1 Modelo clássico de orifício.

As condições experimentais de Torricelli são:

1. a superfície da água está submetida à pressão atmosférica
2. a velocidade de aproximação do fluido é nula ($v_1 = 0$)
3. o orifício está localizado a uma distância razoável do fundo e das paredes laterais do reservatório
4. o orifício tem bordas delgadas
5. a carga sobre o orifício (h), medida na vertical entre o baricentro do orifício e o nível d'água, é muito maior do que sua dimensão vertical (m) ou diâmetro (d)
6. o jato é lançado na atmosfera (é livre)
7. a carga h é constante (escoamento permanente)

Torricelli observando esse fenômeno concluiu, experimentalmente, que $v = \sqrt{2 \times g \times h}$ sendo v a velocidade do jato, g a aceleração da gravidade e h a coluna de água sobre o baricentro do orifício.

Modernamente, aplica-se o conceito de energia, de Bernoulli, para a determinação da velocidade do jato, na seção contraída, atendidas as condições descritas.

Na seção 1 (a montante do orifício): $H_1 = z_1 + \dfrac{P_{atm}}{\gamma} + \dfrac{v_1^2}{2g}$

Na seção 2 (de contração): $H_2 = z_2 + \frac{P_{atm}}{\gamma} + \frac{v_2^2}{2g}$

Nessas equações:

H = energia total na seção considerada
z = posição da seção em relação a um referencial arbitrário
P_{atm} = pressão da atmosfera sobre a superfície considerada
$\frac{P_{atm}}{\gamma}$ = coluna d'água correspondente à pressão atmosférica – altura piezométrica
V_1 = velocidade de aproximação do fluido a montante do orifício
V_2 = velocidade do jato efluente do orifício
$\frac{v^2}{2 \times g}$ = taquicarga ou altura de pressão dinâmica

Admitindo inexistir perda de carga entre essas seções:

$z_1 + \frac{P_{atm}}{\gamma} + \frac{v_1^2}{2g} = z_2 + \frac{P_{atm}}{\gamma} + \frac{v_2^2}{2g}$ (Equação da Energia)

como:
$v_1 = 0$ (por definição)
$z_1 - z_2 = h$
Conclui-se que:

$$h = \frac{v_2^2}{2 \times g} \quad \therefore \quad v_2 = \sqrt{2 \times g \times h}$$

que é a expressão de Torricelli. Ela determina a velocidade teórica do jato. A velocidade real será calculada por meio da expressão $v = c_v \sqrt{2 \times g \times h}$, na qual c_v (coeficiente de velocidade) é um numeral, determinado experimentalmente, que depende da forma do orifício e da sua carga. Para as condições do experimento de Torricelli, $c_v \approx 1{,}0$. A vazão é determinada considerando o escoamento permanente (coluna d'água inalterada sobre o baricentro do orifício). Então: $Q = a' \times v$, na qual a' é a área da seção contraída do jato e v a velocidade do jato nessa seção. Como a determinação experimental de a' não é simples, usa-se a transformação a seguir:

$$c_c = \frac{a'}{a} \quad \therefore \quad a' = a \times c_c$$

Em que:

c_c = coeficiente de contração do jato
a = área nominal do orifício

fazendo:

$c = c_c \times c_v$

Conclui-se que:

$$Q = c \times a \times \sqrt{2 \times g \times h}$$

Na qual C é o coeficiente de vazão, obtido experimentalmente. O valor de C está próximo de $c = 0{,}6$ para as condições descritas por Torricelli.

APLICAÇÃO 4.1.

Um orifício retangular de borda delgada com 0,20 m de altura e 0,30 m de largura, com carga de 9,9 m, terá a velocidade do jato calculada como se segue.

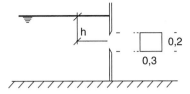

FIGURA 4.2 Orifício retangular com borda delgada.

$$v = c_v \times \sqrt{2 \times g \times h}$$
$$v = 1{,}0 \times \sqrt{2 \times 9{,}81 \times 9{,}9} = 13{,}93 \ m/s$$

Verterá por este orifício a vazão:

$$Q = c \times a \times \sqrt{2 \times g \times h}$$
$$Q = 0{,}6 \times 0{,}2 \times 0{,}3 \times \sqrt{2 \times 9{,}81 \times 9{,}9} = 0{,}502 \ m^3/s$$

4.4 VARIAÇÕES DO MODELO MATEMÁTICO

A proporção que as condições do experimento de Torricelli não podem ser garantidas em aplicações práticas, o modelo matemático original deve ser adaptado como apresentado a seguir:

a Quando a velocidade de aproximação é diferente de zero
Neste caso, a equação da energia torna-se:

$$z_1 + \frac{v_1^2}{2g} = z_2 + \frac{v_2^2}{2g}; \quad z_1 - z_2 = h$$

então:

$$v_2 = \sqrt{2 \times g \times \left(h + \frac{v_1^2}{2 \times g}\right)}$$

V_1 é a velocidade de aproximação do fluido a montante do orifício. Deve ser considerada em canais nos quais o fluxo chega ao orifício com velocidade apreciável. As cotas z_1 e z_2 são as alturas que medem as distâncias verticais entre as seções consideradas e um referencial arbitrário, conforme mostrado na Figura 4.1.

APLICAÇÃO 4.2.

O orifício retangular de borda delgada com 0,20 m de altura e 0,30 m de largura, com carga de 9,9 m, terá a vazão acrescida, conforme calculado a seguir, quando a velocidade de aproximação for de 2,5 m/s.

$$v = \sqrt{2 \times g \times \left(h + \frac{v_1^2}{2 \times g}\right)}$$

$$v = \sqrt{2 \times 9{,}81 \times \left(9{,}9 + \frac{2{,}5^2}{2 \times 9{,}81}\right)} = 14{,}16 \ m/s$$

$$Q = c \times a \times v = c_v \times c_c \times a \times v$$

$$Q = c_c \times c_v \times a \times \sqrt{2 \times g \times \left(h + \frac{v_1^2}{2 \times g}\right)}$$

$$Q = 0{,}6 \times 1{,}0 \times (0{,}2 \times 0{,}3) \times 14{,}16 = 0{,}510 \ m^3/s$$

b Quando a superfície do líquido não está submetida à pressão atmosférica (o jato continua livre)
A equação da energia se transforma em:

$$z_1 + \frac{p_1}{\gamma} + \frac{v_1^2}{2g} = z_2 + \frac{P_{atm}}{\gamma} + \frac{v_2^2}{2g}$$

como:

$$v_1 = 0 \; e \; z_1 - z_2 = h$$

Resulta em:

$$v_2 = \sqrt{2 \times g \times \left(h + \frac{p_1 - p_{atm}}{\gamma}\right)}$$

Nesta equação p_1 é a pressão exercida sobre a superfície líquida. Para que isso aconteça o fluido deve estar no interior de uma câmara. Para que a vazão eflua através do orifício para o exterior é necessário que p_1 seja maior do que p_{atm} ($p_1 > p_{atm}$).

c Quando o orifício está próximo de uma lateral, ou do fundo do canal ou reservatório

Neste caso, as trajetórias das partículas que se deslocam junto à lateral ou junto ao fundo do canal ou reservatório não sofrem contração, ou desvio. Em decorrência da manutenção da trajetória inicial, a passagem da partícula, através do orifício, se verifica com menor perda de energia. Registra-se, então, um acréscimo de vazão para a mesma carga e para a mesma área de orifício. Os casos mais comuns de contração incompleta são mostrados na Figura 4.3.

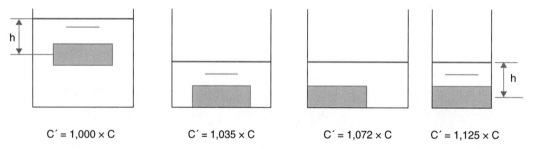

FIGURA 4.3 Posição do orifício em relação às paredes laterais e ao fundo.

O modelo matemático que permite a determinação da velocidade do fluxo através do orifício deve ser ajustado com a alteração do coeficiente de vazão.

Orifício junto ao fundo ou parede lateral: $c' = 1{,}035 \times c$
Orifício junto ao fundo e a uma lateral: $c' = 1{,}072 \times c$
Orifício junto ao fundo e às duas laterais: $c' = 1{,}125 \times c$

Outra forma de ajustar o coeficiente de vazão foi proposta por Bidone, conforme apresentado a seguir:

$$c' = \left(1 + 0{,}1523 \times \frac{p'}{p}\right) \times c \quad \text{para a seção quadrada,}$$

$$c' = \left(1 + 0{,}1550 \times \frac{p'}{p}\right) \times c \quad \text{para a seção retangular, sendo } \frac{p'}{p} < \frac{3}{4};$$

$$c' = \left(1 + 0{,}1280 \times \frac{p'}{p}\right) \times c \quad \text{para a seção circular, sendo } \frac{p'}{p} < \frac{2}{3};$$

Nessas equações p' é a extensão do perímetro sem contração e p o perímetro completo do orifício. A vazão através do orifício com contração incompleta será, então, calculada por:

$$Q = c' \times a \times \sqrt{2 \times g \times h}$$

APLICAÇÃO 4.3.

O orifício retangular de borda delgada com 0,20 m de altura, 0,30 m de largura e carga de 9,9 m, quando posicionado junto a parede lateral, apresentará a seguinte vazão:

$$Q = c' \times a \times \sqrt{2 \times g \times h};\ c' = 1{,}035 \times c$$

$$Q = 1{,}035 \times 0{,}60 \times 0{,}20 \times 0{,}30 \times \sqrt{2 \times 9{,}81 \times 9{,}9} = 0{,}519\ m^3/s$$

Alternativamente poderia ser utilizado o modelo matemático devido a Bidone:

$$Q = c' \times a \times \sqrt{2 \times g \times h} = \left(1 + 0{,}155 \times \frac{p'}{p}\right) \times c \times a \times \sqrt{2 \times g \times h}$$

$$Q = \left(1 + 0{,}155 \times \frac{0{,}20}{2 \times (0{,}20 + 0{,}30)}\right) \times 0{,}60 \times 0{,}20 \times 0{,}30 \times \sqrt{2 \times 9{,}81 \times 9{,}9} = 0{,}517\ m^3/s$$

Esse orifício favorece a passagem de 0,51 m^3/s, quando afastado da parede, conforme determinado na Aplicação 4.2.

d Quando o orifício tem borda espessa

Enquanto a espessura da parede é igual ou inferior à metade da altura do orifício, tudo se passa como se a borda fosse delgada. Para espessura superior à metade da altura do orifício este passa a ser considerado de borda espessa.

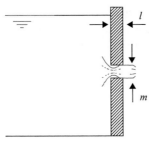

FIGURA 4.4 Orifício de borda espessa $\left(l > \dfrac{m}{2}\right)$.

Quando a espessura da parede corresponde 2 a 3 vezes a altura do orifício, fica caracterizado o funcionamento de bocal. A vazão nos bocais é superior a dos orifícios. Seu valor é determinado com o auxílio dos coeficientes aconselhados no Quadro 4.1.

QUADRO 4.1 Valores dos coeficientes de vazão em bocais selecionados			
Bocal ajustado	$C_c = 1{,}00$	$C_v = 0{,}96$	$c = 0{,}96$
Cilíndrico externo (l = 3d)	$C_c = 1{,}00$	$C_v = 0{,}82$	$c = 0{,}82$
Cilíndrico reentrante (l = 3d)	$C_c = 1{,}00$	$C_v = 0{,}70$	$c = 0{,}70$
Bocal convergente (ângulo central = 10°; l = 2,5 × diâmetro de saída)	$C_c = 0{,}95$	$C_v = 0{,}99$	$c = 0{,}94$
Bocal divergente (ângulo central = 5°30'; l = 9 × diâmetro interno)	–	–	$c = 1{,}34$

Nota: C_c = coeficiente de contração; C_v = coeficiente de velocidade; C = coeficiente de vazão; l = extensão do bocal; e d = diâmetro ou altura do orifício.

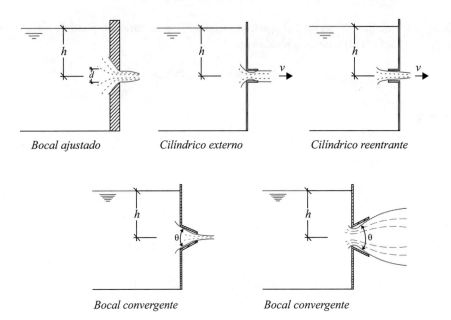

FIGURA 4.5 Tipos de bocais.

Os valores para coeficientes de vazão em bocais mostrados no Quadro 4.1 explicam a razão da saída de máquinas hidráulicas e de foguetes serem realizadas por meio de bocais divergentes. Esse tipo de bocal favorece as maiores vazões efluentes. Quando o bocal tem comprimento muito superior à altura do orifício, o coeficiente de vazão é depreciado para refletir a resistência ao deslocamento do fluido ao longo do conduto. O valor do coeficiente de vazão será tanto menor quanto maior for o comprimento do conduto, podendo atingir o valor $c = 0,3$. Esta situação caracteriza o "tubo curto". Segundo Fanning, podem ser utilizados os coeficientes de vazão para tubos curtos apresentados no Quadro 4.2.

QUADRO 4.2 Coeficientes de vazão para tubos curtos – C_t por comprimento do tubo L

L (m)	10d	25d	50d	75d
C_t	0,770	0,674	0,643	0,588
L (m)	100d	125d	150d	175d
C_t	0,548	0,512	0,485	0,462
L (m)	200d	225d	250d	275d
C_t	0,440	0,420	0,405	0,386

Ct = coeficiente de vazão; L = comprimento; e d = diâmetro do tubo curto.

A vazão efluente do tubo curto será calculada por meio da expressão: $Q = c_t \times a \times \sqrt{2 \times g \times h}$;

APLICAÇÃO 4.4.

O orifício retangular de borda delgada de 0,20 m de altura e 0,30 m de largura, com carga de 9,9 m, ao receber uma projeção de 0,90 m perpendicular à parede, formando um bocal, conforme indicado na Figura 4.6, verterá a vazão calculada a seguir:

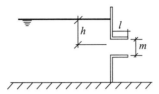

FIGURA 4.6   Bocal em orifício.

$l = 0,90$ m; $m = 0,20$ m; $h = 9,9$ m; $\dfrac{l}{m} = \dfrac{0,90}{0,20} = 4,5$ (bocal cilíndrico externo)

$$v = c_v \times \sqrt{2 \times g \times h};$$
$$v = 0,82 \times \sqrt{2 \times 9,81 \times 9,9} = 11,43 \ m/s$$
$$Q = a \times c \times v; \quad Q = a \times c_c \times c_v \times v$$
$$Q = 0,20 \times 0,30 \times 1,0 \times 11,43 = 0,685 \ m^3/s$$

Observa-se que os valores $c_v = 0,82$ e $c = 0,82$ são válidos para $l = 3 \times m$. No caso em análise, esta relação é igual a $l = \dfrac{0,90}{0,20}$, ou $l = 4,5$ m, evidenciando um resultado aproximado.

e   Quando a carga sobre o orifício é pequena

Sempre que a carga sobre o orifício (h) for inferior ao dobro de sua dimensão vertical, não pode ser aplicado o conceito de velocidade média da partícula do jato. Neste caso não há um único V aplicável a qualquer partícula. Na verdade há um v_1 para a faixa 1, v_2 para a faixa 2, etc. A vazão através do orifício será a soma das vazões que passam nas diversas faixas segundo as quais ele está dividido.

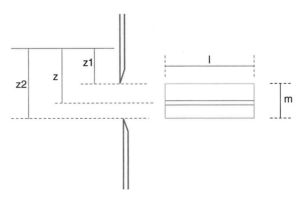

FIGURA 4.7   Elemento diferencial em orifício retangular.

✓ Para o orifício retangular tem-se:

$$dQ = c \times l \times dz \times \sqrt{2 \times g \times z} \rightarrow Q = \frac{2}{3}cl\sqrt{2g}\left[z_2^{3/2} - z_1^{3/2}\right]$$

✓ Para orifício triangular com base para baixo, a integração leva a (Elza Brilhante, UnB, 2000):

$$Q = 2\frac{cb}{m}\sqrt{2g}\left[\frac{1}{5}\left(z_2^{5/2} - z_1^{5/2}\right) - \frac{z_1}{3}\left(z_2^{3/2} - z_1^{3/2}\right)\right]$$

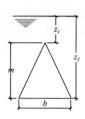

✓ Para orifício triangular com base para cima (Elza Brilhante, UnB, 2000):

$$Q = \frac{cb}{m}\sqrt{2g}\left[\frac{2}{3}z_2\left(z_2^{3/2} - z_1^{3/2}\right) - \frac{2}{5}\left(z_2^{5/2} - z_1^{5/2}\right)\right]$$

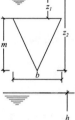

✓ Para orifício circular (Vantuil, UnB, 1999):

$$Q = \frac{2}{3}cR\sqrt{2g\pi}\left[\left(h + \frac{R\sqrt{\pi}}{2}\right)^{3/2} - \left(h - \frac{R\sqrt{\pi}}{2}\right)^{3/2}\right]$$

✓ Orifício trapezoidal com a base maior para baixo (Romancini, UnB, 2001):

$$Q = c\sqrt{2g}\left[\frac{2}{3}\left(z_2^{3/2} - z_1^{3/2}\right)L + \frac{b}{z_2 - z_1}\left(\frac{2}{5}z_2^{5/2} - \frac{2}{3}z_1z_2^{3/2} + \frac{4}{15}z_1^{5/2}\right)\right]$$

✓ Orifício trapezoidal com base maior para cima (Romancini, UnB, 2001):

$$Q = c\sqrt{2g}\left[\frac{2}{3}\left(z_2^{3/2} - z_1^{3/2}\right)L + \frac{2b}{z_2 - z_1}\left(\frac{1}{5}z_1^{5/2} - \frac{1}{3}z_2z_1^{3/2} + \frac{2}{15}z_2^{5/2}\right)\right]$$

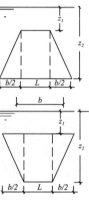

FIGURA 4.8 Cálculo de vazão em orifícios de seção triangular, circular e trapezoidal.

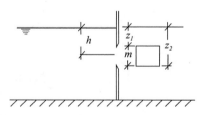

FIGURA 4.9 Orifício retangular submetido a pequena carga.

APLICAÇÃO 4.5.

O orifício retangular de 0,20 *m* de altura e 0,30 *m* de largura com carga de 0,30 *m*, borda delgada, verterá a seguinte vazão:

$$h = 0,30; l = 0,30 \text{ e } m = 0,20$$

Requisito para pequena carga: $h < 2 \times m$, ou seja, $0,3 < 2 \times 0,2$

$$z_1 = h - \frac{1}{2} \times m = 0,30 - \frac{0,20}{2} = 0,20 \, m,$$

$$z_2 = h + \frac{1}{2} \times m = 0,30 + \frac{0,20}{2} = 0,40 \, m$$

$$Q = \frac{2}{3} \times c \times l \times \sqrt{2 \times g} \times \left[z_2^{3/2} - z_1^{3/2} \right]$$

$$Q = \frac{2}{3} \times 0,60 \times 0,30 \times \sqrt{2 \times 9,81} \times \left[0,40^{3/2} - 0,20^{3/2} \right] = 0,0869 \, m^3/s$$

Observa-se que a área do orifício não interfere diretamente na determinação da vazão efluente, segundo o modelo matemático do orifício de pequena carga. A forma do orifício passa a ter significado, em consequência da integração (soma) das vazões das faixas, segundo as quais o orifício foi subdividido. Assim, um orifício submetido à carga de 0,30 m e área 0,06 m^2 (0,3 $\times$ 0,2), de forma triangular, com a base na horizontal, abaixo do vértice, verterá a vazão calculada a seguir:

$$m = 0,20$$

$$\frac{1}{2} m \times b = 0,20 \times 0,30 \therefore$$

$$\frac{1}{2} \times 0,20 \times b = 0,06 \therefore b = 0,60$$

Sendo:

m = altura do triângulo
b = base do triângulo

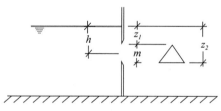

FIGURA 4.10 Orifício triangular de pequena carga.

Então, o orifício triangular com base $b = 0,60 \, m$ e altura $m = 0,2 \, m$ tem a mesma área e estará submetido à mesma carga do orifício retangular de área 0,3 $\times$ 0,2 m. Através do orifício triangular verterá a vazão efluente determinada a seguir:
Aplicando o modelo matemático devido a Elza Brilhante, tem-se:

$$z_1 = h - \frac{m}{2} = 0,30 - \frac{0,20}{2} = 0,20$$

$$z_2 = h + \frac{m}{2} = 0,30 + \frac{0,20}{2} = 0,40$$

$$Q = 2 \times \frac{c \times b}{m} \times \sqrt{2 \times g} \times \left[\frac{1}{5} \times \left(z_2^{5/2} - z_1^{5/2} \right) - \frac{z_1}{3} \times \left(z_2^{3/2} - z_1^{3/2} \right) \right]$$

$$Q = 2 \times \frac{0,6 \times 0,6}{0,2} \times \sqrt{2 \times 9,81} \times \left[\frac{1}{5} \times \left(0,4^{5/2} - 0,2^{5/2} \right) - \frac{0,2}{3} \times \left(0,4^{3/2} - 0,2^{3/2} \right) \right] = 0,091 \, m^3/s$$

Apesar do orifício triangular ter a mesma área do orifício retangular e estar submetido à mesma carga, o orifício triangular permite a passagem de vazão maior, em consequência das faixas mais extensas (até $b = 0,6 \, m$) estarem submetidas a cargas maiores.

f Quando o jato é lançado em corpo d'água

Quando o nível d'água de jusante ultrapassa a aresta superior do orifício, diz-se que o orifício está afogado. Neste caso, a equação da energia será escrita da seguinte forma:

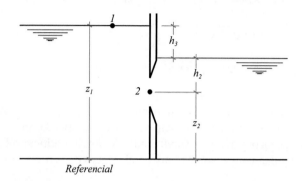

FIGURA 4.11 Orifício afogado.

$$z_1 + \frac{p_{atm}}{\gamma} + \frac{v_1^2}{2 \times g} = z_2 + \frac{p_{atm}}{\gamma} + h_2 + \frac{v_2^2}{2 \times g}$$

Em que:

$\frac{p_{atm}}{\gamma}$ = coluna d'água correspondente à pressão atmosférica aplicada sobre as superfícies de montante e jusante

h_2 = coluna d'água existente sobre o baricentro do orifício (ponto 2)

Como:

$$z_1 - z_2 = h_3 + h_2 \; e \; v_1 = 0$$

Resulta que:

$$h_3 + h_2 = h_2 + \frac{v_2^2}{2 \times g} \quad \rightarrow \quad v_2 = \sqrt{2 \times g \times h_3}$$

Observe que nessa equação, h_3 corresponde à diferença dos níveis de montante e jusante. Diz-se, então, que *a carga do orifício afogado é igual à diferença de níveis d'água de montante e jusante.*

Quando o afogamento não é completo, o orifício fica dividido em duas porções. Na porção superior, o jato é admitido livre; na porção inferior, o jato está afogado. A vazão do orifício será a soma das vazões de cada porção. Tem-se, então:

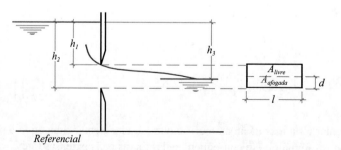

FIGURA 4.12 Orifício parcialmente afogado.

$$Q_{livre} = \frac{2}{3} \times c_l \times l \times \sqrt{2 \times g} \times \left(h_3^{3/2} - h_1^{3/2}\right)$$

$$Q_{afogada} = c_{afogado} \times l \times (h_2 - h_3) \times \sqrt{2 \times g \times h_3}$$

$$Q_{orifício} = Q_{livre} + Q_{afogada}$$

Para os orifícios afogado e parcialmente afogado não existe uma orientação clara para a escolha do coeficiente de vazão. Quando o orifício está situado junto ao fundo do canal deve ser adotado o coeficiente de vazão proposto por Henry. Nos demais casos devem ser promovidos estudos laboratoriais.

APLICAÇÃO 4.6.

O orifício retangular de borda delgada de 0,20 m de altura (m) e 0,30 m de largura (l), com carga (h) de 9,9 m, lança a vazão efluente em reservatório de barragem cujo NA o submerge (afoga), ficando 2,0 m acima de sua soleira superior (r = 2,0 m). A vazão, agora, será calculada da seguinte forma:

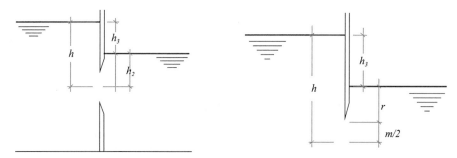

FIGURA 4.13 Orifício afogado com área de 0,2 × 0,3 m.

$$r = 2,0\ m;\quad h = 9,9\ m;\quad m = 0,20\ m;$$

$$h_3 = h - \left(r + \frac{m}{2}\right) = 9,9 - \left(2,0 + \frac{0,2}{2}\right) = 7,8\ m;$$

$$v = c_v \times \sqrt{2 \times g \times h_3} = 1 \times \sqrt{2 \times 9,81 \times 7,8} = 12,37\ m/s$$

$$Q = a \times c_c \times c_v \times v$$

$$Q = 0,2 \times 0,3 \times 0,6 \times 12,37 = 0,445\ m^3/s$$

Foi adotado o valor c_c = 0,6 para o coeficiente de contração e c_v =1,0 para o coeficiente de velocidade. Esta escolha provavelmente levará a uma vazão superior à real.

g Interveniência simultânea de vários fatores

Quando vários fatores divergem das condições experimentais de Torricelli, eles devem ser representados na equação da energia. A título de exemplo, considere o caso no qual há velocidade de aproximação, o orifício está afogado e junto ao fundo. A equação da energia será, então, escrita da seguinte forma:

$$z_1 + \frac{P_{atm}}{\gamma} + \frac{v_1^2}{2 \times g} = z_2 + \frac{P_{atm}}{\gamma} + h_2 + \frac{v_2^2}{2 \times g}$$

$$z_1 - z_2 = h_3 + h_2$$

Em que:

v_1 = é a velocidade de aproximação
h_3 = diferença dos níveis d'água de montante e jusante
h_2 = coluna d'água sobre o orifício a jusante

A equação se transforma em:

$$h_3 + h_2 + \frac{v_1^2}{2\times g} = h_2 + \frac{v_2^2}{2\times g}$$

$v_2 = \sqrt{2\times g \times \left(h_3 + \frac{v_1^2}{2\times g}\right)}$ velocidade teórica

$v_2 = c_v \sqrt{2\times g \times \left(h_3 + \frac{v_1^2}{2\times g}\right)}$ velocidade real

$$Q = 1{,}035 \times c \times a \times \sqrt{2\times g \times \left(h_3 + \frac{v_1^2}{2\times g}\right)}$$

Em que:
A constante 1,035 corrige o valor do coeficiente de vazão levando em conta o fato do orifício estar junto ao fundo.

Observe que a consideração de interveniências simultâneas em orifícios de grande altura em relação à carga (ou de pequena carga) pode levar a integrações complexas.

APLICAÇÃO 4.7.

O orifício de ligação entre duas câmaras é circular ($\phi = 0{,}20\ m$). A velocidade do fluido na câmara C_1 é de 2 m/s e seu tirante é de 3,0 m. Na câmara C_2 o tirante é de 2,5 m. Uma horizontal paralela ao fundo das câmaras, distante deste 1,5 m, é tangente ao círculo em sua parte inferior. Determine a expressão apropriada ao cálculo da vazão e seu valor numérico, sabendo que reina, na câmara C_1, a pressão 150 kPa e na câmara C_2 a pressão de 120 kPa (10 kPa = 1 mca).

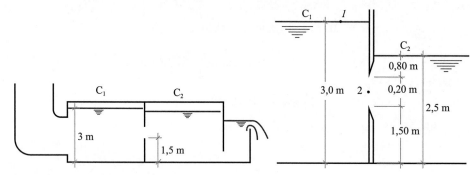

FIGURA 4.14 Orifício de ligação entre câmaras.

Aplicando o conceito de energia aos pontos 1 e 2 tem-se:

$$z_1 + \frac{p_1}{\gamma} + \frac{V_1^2}{2\times g} = z_2 + \frac{p_2}{\gamma} + \frac{V_2^2}{2\times g}$$

Em que:

z_1 = elevação do ponto 1 em relação ao fundo (referencial): $z_1 = 3{,}2\ m$;

$\dfrac{p_1}{\gamma}$ = pressão na superfície da câmara C_1, em *mca*:

$$\frac{p_1}{\gamma} = \frac{150}{10^4} \frac{kPa}{N/m^3} = \frac{150 \times 1.000}{10^4} \frac{N/m^2}{N/m^3} = 15\, mca$$

V_1 = velocidade do fluxo na câmara 1: $V_1 = 2,0$ m/s
z_2 = elevação do ponto 2 em relação ao fundo: $z_2 = 1,50 + 0,10 = 1,60$ m
$\frac{p_2}{\gamma}$ = pressão sobre o ponto 2, em *mca*

$$\frac{p_2}{\gamma} = (0,80 + 0,10) + \frac{120.000}{10^4} = 12,9\, mca$$

V_2 = velocidade das partículas do jato do orifício

$$V_2 = \sqrt{2 \times g \times \left[(z_1 - z_2) + \frac{p_1 - p_2}{\gamma} + \frac{V_1^2}{2 \times g}\right]}$$

$$Q = c \times \frac{\pi \times D^2}{4} \times V_2$$

$$V_2 = \sqrt{2 \times 9,81 \times \left[(3 - 1,6) + (15 - 12,9) + \frac{2^2}{2 \times 9,81}\right]} = 8,52\, m/s$$

$$Q = 0,6 \times \frac{3,14 \times 0,2^2}{4} \times 8,52 = 0,160\, m^3/s$$

h Orifício gerado por comporta

Quando a comporta está parcialmente aberta, forma-se um orifício entre a aresta inferior da comporta e o fundo do canal ou soleira. Nas comportas planas de acionamento vertical, com jato livre, a vazão efluente pode ser calculada com base nos modelos matemáticos para orifícios já apresentados, caso não se disponha de ferramental teórico melhor adaptado. O mesmo não acontece nas comportas de superfície vedante curva e nas comportas planas com abertura por meio de rotação, nas quais a forma de escoamento do fluido é importante no efeito final.

I Comporta plana de acionamento vertical (sluice)

A vazão que passa sob a comporta plana de acionamento vertical é melhor definida pelo modelo de Henry.

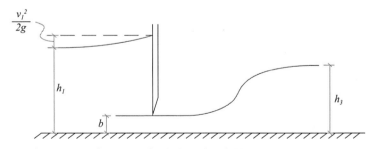

FIGURA 4.15 Comporta plana de acionamento vertical com variáveis do modelo de Henry.

$$Q = c \times b \times l \times \sqrt{2 \times g \times h_1}$$

Em que:

c = coeficiente de vazão
b = abertura da comporta
h_1 = tirante a montante

l = largura da comporta
$b \times l$ = área do orifício sob a comporta

A determinação da vazão, segundo este modelo, deve ser antecedida da verificação do possível afogamento do jato. Quando há uma rampa acentuada a jusante da comporta, como mostrado na Figura 4.16, o valor de h_3, medido em relação ao fundo de montante, é considerado nulo ($h_3 \approx 0$). Então, fica caracterizada a descarga livre. Para a determinação do coeficiente de vazão do orifício, no ábaco de Henry, calcula-se h_1/b, e na interseção da vertical passando por h_1/b, no eixo das abcissas, e da curva de descarga livre, faz-se a leitura de c, sobre o eixo das ordenadas.

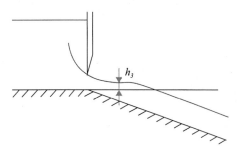

FIGURA 4.16 Comporta plana com jato livre.

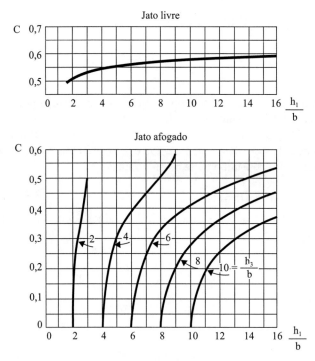

FIGURA 4.17 Coeficiente de vazão para comporta plana de acionamento vertical.

Quando h_3 tem valor superior a b, fica tecnicamente caracterizado o afogamento do orifício. Na prática, no entanto, deve-se comparar os valores de h_1/b e h_3/b. Quando h_1/b é muito maior do que h_3/b, apesar do afogamento técnico, tudo se passa como se a descarga fosse livre. A velocidade do jato será capaz de afastar o tirante de jusante. Confirma-se este caso quando a curva h_3/b considerada não intercepta a vertical traçada sobre o eixo das abcissas no ponto h_1/b. Quando não há disparidade entre h_1/b e h_3/b, o valor de c será determinado no eixo das ordenadas na altura de cruzamento da curva h_3/b e da vertical traçada no eixo das abcissas, sobre h_1/b. Observe-se ainda que, sendo $h_1/b = h_3/b$, a interseção da curva e da vertical se fará sobre o eixo das abcissas resultando em $c = 0$ e $Q = 0$. Fisicamente, este caso acontece quando $h_1 = h_3$ mantendo-se o equilíbrio hidrostático entre as seções de montante e jusante.

APLICAÇÃO 4.8.

Considere-se uma comporta plana, de acionamento vertical, instalada em canal, de seção retangular, com largura de 2,0 m. Considerando a abertura da comporta b = 0,2 m, o nível do NA de montante de 1,5 m e o nível de jusante de 0,50 m, todos contados a partir do fundo do canal, determinar a vazão que passa sob a comporta.

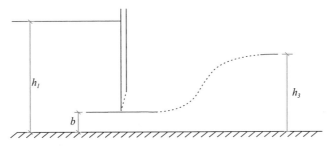

FIGURA 4.18 Comporta plana com abertura b.

$$l = 2,0 m \qquad \frac{h_1}{b} = \frac{1,5}{0,2} = 7,5$$
$$b = 0,2 m$$
$$h_1 = 1,5 m \qquad \frac{h_3}{b} = \frac{0,5}{0,2} = 2,5$$
$$h_3 = 0,5 m$$

No gráfico de Henry, em $\frac{h_1}{b} = 7,5$, no eixo das abscissas, traça-se uma vertical. Verifica-se que *não ocorre* interseção desta vertical com a curva $\frac{h_3}{b} = 2,5$ (curva imaginária entre $\frac{h_3}{b} = 2$ e $\frac{h_3}{b} = 4$). Caracteriza-se, assim, escoamento com lâmina livre. O coeficiente de vazão será, então, determinado sobre o eixo das ordenadas correspondendo à intersecção da curva de descarga livre com a vertical traçada em $\frac{h_1}{b} = 7,5$ sobre o eixo das abscissas. Tem-se, então, c = 0,57.

A vazão será:

$$Q = c \times b \times l \times \sqrt{2 \times g \times h_1}$$
$$Q = 0,57 \times 0,2 \times 2,0 \times \sqrt{2 \times 9,81 \times 1,5} = 1,237 \; m^3/s$$

Caso o tirante de jusante fosse $h_3 = 1,2$ m o coeficiente de vazão seria c = 0,28, determinado sobre o eixo das ordenadas, na intersecção da vertical sobre o ponto $\frac{h_1}{b} = 7,5$, no eixo da abscissas, e da curva $\frac{h_3}{b} = \frac{1,2}{0,2} = 6$. A vazão seria determinada por:

$$Q = c \times b \times l \times \sqrt{2 \times g \times h_1}$$
$$Q = 0,28 \times 0,2 \times 2,0 \times \sqrt{2 \times 9,81 \times 1,5} = 0,607 \; m^3/s$$

II Comporta de segmento

Quando a comporta é de segmento, o cálculo segue raciocínio semelhante ao desenvolvido no caso da comporta plana. Neste modelo, no entanto, leva-se em consideração a velocidade de aproximação e a perda de carga na comporta, por meio da variável:

$$a = h_1 + \frac{v_1^2}{2 \times g} = h_3 + \frac{v_3^2}{2 \times g} + \Delta H$$

Em que:

h_1 = tirante a montante
v_1 = velocidade a montante
h_3 = tirante a jusante
v_3 = velocidade a jusante
ΔH = perda de carga na comporta

Na verdade, *a* é a energia específica a montante da comporta.

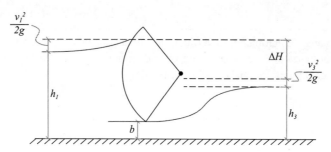

FIGURA 4.19 Comporta de segmento.

Quando h_3 pode ser desprezada, pelas razões já expostas, a descarga será livre, sendo c determinado por meio de uma das curvas b/a. Observe que, sendo V_1 pequena ($V < 1 m/s$) a taquicarga $\dfrac{v_1^2}{2 \times g}$ pode ser desprezada, por ser menor do que 0,05 mca, resultando em $a = h_1$. Neste caso, os valores de b/a = 0,1; 0,2; 0,3; ... do gráfico da Figura 4.20 podem ser entendidos como b/h_1 = 0,1; 0,2; ..., ou seja, a abertura é 1/10, 2/10, 3/10, ... do tirante a montante. Quando o tirante de jusante (h_3) não pode ser desprezado, deve-se inicialmente calcular a razão h_3/a que permitirá escolher um dos buquês de curvas. Quando V_1 é pequena, pode-se fazer $h_3/a = h_3/h_1$, tornando visível que cada buquê representa uma relação entre o tirante de montante e de jusante. Quando $h_3/h_1 = 0{,}2$ significa que $h_1 = 5 \times h_3$. Da mesma forma, quando $h_3/h_1 = 0{,}4$ significa que $h_1 = 2{,}5 \times h_3$. Então, a proporção que, no gráfico da Figura 4.20, a relação h_1/h_3 cresce, os níveis de montante e jusante, representados nos buquês, estarão progressivamente mais próximos. Em situações reais, os valores de h_3/a serão quase sempre diferentes de 0,2; 0,4; ..., conforme apresentados no ábaco, exigindo uma escolha do projetista. Observe que uma escolha à direita leva a um h_1 mais próximo de h_3, resultando em vazões menores. Assim, uma escolha à direita resultará em vazões calculadas menores do que as vazões reais. A escolha à esquerda produz resultado contrário. Escolhido o buquê a ser utilizado, deve-se selecionar a curva b/a a ser considerada. O cruzamento desta curva com a vertical que passa no eixo das abcissas no ponto h_1/a permitirá determinar o valor do coeficiente de vazão c, sobre o eixo das abcissas.

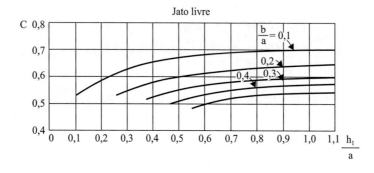

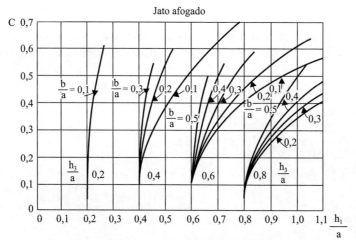

FIGURA 4.20 Coeficiente de vazão para comporta de segmento.

A vazão que passa na comporta será determinada por:

$$Q = c \times b \times l \times \sqrt{2 \times g \times h_1}$$

Em que:

c = coeficiente de vazão
b = abertura da comporta
h_1 = tirante a montante da comporta
l = largura da comporta

APLICAÇÃO 4.9.

Caso a comporta plana, na Aplicação 4.8, seja substituída por uma comporta de segmento, instalada no mesmo canal de seção retangular, com largura de 2,0 m, mantidas as mesmas condições de uso (h_1 = 1,5 m, b = 0,2 m e h_3 = 0,5 m) a vazão será determinada da forma apresentada a seguir. A velocidade de fluxo a montante da comporta de segmento, não pode ser determinada, uma vez que a vazão não é conhecida. Admite-se, então, que essa velocidade é pequena, podendo ser desprezada. Esta hipótese de cálculo deve ser confirmada (ou não) ao fim da determinação da vazão. Resulta desta hipótese que, $a = h_1$. Pode-se, então, calcular:

$$\frac{h_1}{a} = \frac{h_1}{h_1} = 1,0$$

$$\frac{h_3}{a} = \frac{h_3}{h_1} = \frac{0,5}{1,5} = 0,33$$

Estes valores permitem concluir que o tirante de jusante não interfere no escoamento, já que a vertical sobre $\frac{h_1}{a} = 1,0$ não intersecta o buquê de curvas $\frac{h_s}{a} = 0,33$. Tem-se, portanto, escoamento livre. Determina-se na sequência:

$$\frac{b}{a} = \frac{b}{h_1} = \frac{0,2}{1,5} = 0,13$$

A curva da descarga livre, com $\frac{b}{a} = \frac{b}{h_1} = 0,13$, é interceptada pela vertical que passa, no eixo das abscissas, em $\frac{h_1}{a} = 1,0$ permitindo a determinação do coeficiente de vazão c = 0,67. A vazão na comporta é determinada por:

$$Q = c \times b \times l \times \sqrt{2 \times g \times h_1}$$
$$Q = 0,67 \times 0,2 \times 2,0 \times \sqrt{2 \times 9,81 \times 1,5} = 1,45 \; m^3/s$$

Conhecida a vazão, torna-se possível a determinação da velocidade, no canal, a montante da comporta.

$$V = \frac{Q}{A} = \frac{1,45}{2 \times 1,5} = 0,48 \; m/s$$

É uma velocidade baixa que conduz a uma taquicarga:

$$\frac{V^2}{2 \times g} = \frac{0,48^2}{2 \times 9,81} = 0,011$$

O valor real de a (energia específica) será:

$$a = h_1 + \frac{V_1^2}{2 \times g} = 1,5 + 0,011 = 1,511$$

Conclui-se, então, que a hipótese inicial pode ser aceita. Quando a hipótese é rejeitada, retoma-se o cálculo da vazão admitindo como verdadeira a velocidade calculada na hipótese inicial. Repete-se o cálculo algumas vezes até que os valores da velocidade e vazão se estabilizem. Para simular o afogamento do orifício, admita-se que o tirante de jusante seja $h_3 = 1,2\ m$. O afogamento diminui o escoamento sob a comporta fortalecendo a assunção de baixa velocidade a montante da comporta. Então,

$$a = h_1 = 1,5\ m$$

$$\frac{h_1}{a} = \frac{h_1}{h_1} = 1,0$$

$$\frac{h_3}{a} = \frac{h_3}{h_1} = \frac{1,2}{1,5} = 0,8$$

$$\frac{b}{a} = \frac{b}{h_1} = \frac{0,2}{1,5} = 0,13$$

Com esses parâmetros retira-se do ábaco da comporta de segmento, o coeficiente de vazão $c = 0,35$. Este valor, lido sobre o eixo das ordenadas, é determinado na intersecção da vertical ao eixo das abscissas, traçada sobre $\frac{h_1}{a} = 1,0$, e a curva $\frac{b}{a} = 0,2$ (a curva $\frac{b}{a} = 0,13$ não existe no ábaco), do buquê $\frac{h_3}{a} = 0,8$.

A vazão será determinada como se segue.

$$Q = c \times b \times l \times \sqrt{2 \times g \times h_1} = 0,35 \times 0,20 \times 2,0 \times \sqrt{2 \times 9,81 \times 1,5} = 0,759\ m^3/s$$

A velocidade do fluxo, no canal, a montante da comporta, será:

$$V = \frac{Q}{A} = \frac{0,759}{1,5 \times 2,0} = 0,25\ m/s$$

Aceita-se, portanto, a hipótese de pequena velocidade.

III Comporta plana com rotação

A comporta plana acionada por rotação, segue o modelo apresentado na Figura 4.21.

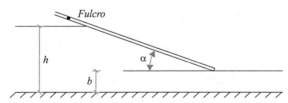

FIGURA 4.21 Comporta plana com rotação em fulcro.

Este modelo não considera a velocidade de aproximação nem possível afogamento. A vazão será determinada da seguinte forma:

$$Q = c \times b \times l \times \sqrt{2 \times g \times h}$$

Em que:

c = coeficiente de vazão
b = abertura da comporta
h = tirante a montante da comporta
l = largura da comporta

O valor do coeficiente de vazão é selecionado no Quadro 4.3, no qual α é o ângulo que a comporta faz com a horizontal.

QUADRO 4.3 Coeficiente de vazão para comporta plana com rotação

h/b	\multicolumn{9}{c}{Inclinação α (em graus)}
	15	20	30	40	50	60	70	80	90
2	0,720	0,696	0,659	0,628	0,603	0,583	0,568	0,556	0,549
3	0,766	0,745	0,706	0,670	0,639	0,612	0,593	0,577	0,564
4	0,796	0,774	0,731	0,693	0,660	0,632	0,608	0,589	0,574
5	0,814	0,790	0,747	0,708	0,673	0,644	0,619	0,598	0,580
6	0,825	0,802	0,759	0,719	0,683	0,652	0,626	0,604	0,585
7			0,767	0,726	0,690	0,659	0,633	0,610	0,590
8			0,774	0,733	0,696	0,664	0,637	0,614	0,593
9			0,780	0,737	0,700	0,668	0,642	0,618	0,596
10			0,784	0,741	0,703	0,672	0,645	0,621	0,598

Observe que, a proporção que a comporta gira em torno do seu fulcro, em movimento de abertura, o ângulo α diminui e o coeficiente de vazão aumenta para um mesmo h/b. Isto acontece em razão das trajetórias das partículas de fluído que, para ângulos α pequenos são muito mais lineares, facilitando a manutenção da velocidade. Para um mesmo ângulo α o coeficiente de vazão crescerá seguindo o crescimento de h/b, isto é, quanto maior o tirante, maior c e também maior será Q.

IV Comporta circular de acionamento vertical em orifício circular

A comporta circular de acionamento vertical, instalada em orifício circular tem a vazão calculada da forma a seguir, segundo Vital (UnB, 1999).

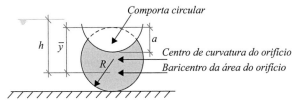

FIGURA 4.22 Comporta circular em orifício circular.

A vazão nesse orifício será calculada como se segue.

$$Q = A \times c \times \sqrt{2 \times g \times h}$$

Em que:

A = área livre do orifício (hachurada)

$$A = 2 \times \left(R - \frac{a}{2}\right) \times \sqrt{R^2 - \left(R - \frac{a}{2}\right)^2} + 2 \times R^2 \times arcsen\left[\frac{R - \frac{a}{2}}{R}\right]$$

a = altura obstruída do orifício
R = raio do orifício
h = carga sobre o baricentro da área livre do orifício
h = cota NA – cota centro de curvatura – $R + \tilde{y}$.
$\tilde{y}$ = distância entre o baricentro e a cota superior do orifício

$$\tilde{y} = \frac{\pi \times R^3 - \frac{a}{2} \times (\pi \times R^2 - A)}{A}$$

c = coeficiente de vazão a ser determinado em estudos laboratoriais

APLICAÇÃO 4.10.

Um orifício circular de 1,0 m de diâmetro é controlado por comporta circular de mesmo diâmetro. Determine a vazão deste orifício quando a comporta estiver a meio curso ($a = R$), o nível d'água na cota 10 m e o centro do orifício na cota 3 m. O coeficiente de vazão está estimado em 0,55.

A aplicação do modelo matemático de Vital atende ao roteiro a seguir.

A área do orifício é determinada por (arcsen em radianos):

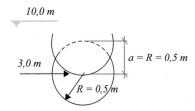

FIGURA 4.23 Comporta circular com $a = R$.

$$A = 2 \times \left(R - \frac{a}{2}\right) \times \sqrt{R^2 - \left(R - \frac{a}{2}\right)^2} + 2 \times R^2 \times arcsen\left[\frac{R - \frac{a}{2}}{R}\right]$$

$$A = 2 \times \left(0,5 - \frac{0,5}{2}\right) \times \sqrt{0,5^2 - \left(0,5 - \frac{0,5}{2}\right)^2} + 2 \times 0,5^2 \times arcsen\left[\frac{0,5 - \frac{0,5}{2}}{0,5}\right]$$

$$A = 0,478 \ m^2$$

A distância entre o baricentro da área molhada e a cota da aresta superior do orifício é determinada por:

$$\tilde{y} = \frac{\pi \times R^3 - \frac{a}{2} \times (\pi \times R^2 - A)}{A}$$

$$\tilde{y} = \frac{3,14 \times 0,5^3 - \frac{0,5}{2} \times (3,14 \times 0,5^2 - 0,4783)}{0,4783} = 0,660 \ m$$

A carga hidráulica sobre o baricentro da área molhada será:

h = cota NA − cota centro de curvatura − $R + \tilde{y}$.
$h = 10 − 3 − 0,5 + 0,66 = 7,16 \ m$

A vazão efluente será:

$$Q = A \times c \times \sqrt{2 \times g \times h}$$

$$Q = 0,478 \times 0,55 \times \sqrt{2 \times 9,81 \times 7,16} = 3,11 \ m^3/s$$

V Comporta retangular de acionamento vertical em orifício circular

Quando o orifício circular é controlado por comporta retangular, a vazão é calculada da seguinte forma:

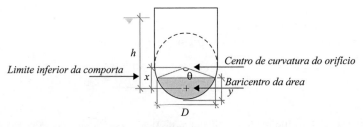

FIGURA 4.24 Comporta retangular em orifício circular.

$$Q = A \times c \times \sqrt{2 \times g \times h}$$

Em que:

A = área livre do orifício (hachurada)

$$A = \frac{1}{8} \times (\theta - sen\theta) \times D^2$$

θ = ângulo central que limita o fechamento da comporta (em radianos)
y = abertura vertical da comporta

$$y = \frac{D}{2} \times \left(1 - \cos\frac{\theta}{2}\right)$$

x = distância do baricentro da área molhada do orifício ao centro de curvatura do orifício

$$x = \frac{2}{3} \times \frac{\left(\frac{D}{2}\right)^3 \times sen^3 \frac{\theta}{2}}{\frac{1}{2} \times \left(\frac{D}{2}\right)^2 \times (\theta - sen\theta)}$$

h = carga sobre o orifício
h = cota NA − cota do centro de curvatura + x
c = coeficiente de vazão a ser determinado em estudos laboratoriais

VI Esforços sobre comporta plana

Outra questão a considerar no dimensionamento da comporta é o cálculo da resultante (π) dos esforços sobre ela aplicados, assim como a determinação do ponto de aplicação desta resultante.

- Comporta com superfície vedante plana

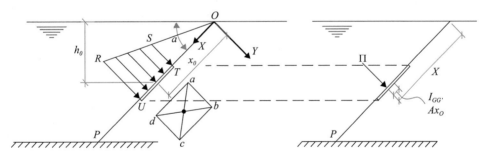

FIGURA 4.25 Resultante dos esforços sobre comporta em superfície vedante plana.

Na Figura 4.25, a comporta abcd, ajustada a um plano vertical cujo traço sobre o plano do papel é OP, recebe um esforço representado pelo diagrama de pressões cuja projeção sobre o plano do papel é RSTU. A resultante que representa o diagrama de pressões é π, determinada da seguinte forma:

$$\pi = \gamma \times A \times h_0$$

Em que:

π = resultante dos esforços aplicados sobre a comporta
γ = peso específico do fluído
A = área da comporta
h_0 = profundidade do centro de gravidade da comporta

A resultante π é perpendicular à superfície da comporta plana e seu ponto de aplicação definido por:

$$X = x_0 + \frac{I_{GG'}}{A \times x_0}$$

Em que:

X = distância ao longo do plano que contém a comporta, medida a partir da origem do eixo OX
x_0 = distância da origem dos eixos ao centro de gravidade da comporta
$I_{GG'}$ = momento de inércia da área da comporta em relação a um eixo paralelo a OY, passando pelo centro de gravidade da área da comporta
A = área da comporta

FIGURA 4.26 Posição do centro de gravidade, área e momento de inércia das comportas.

Forma da comporta	Posição do baricentro (z)	Área (A)	Momento de inércia ($I_{GG'}$)
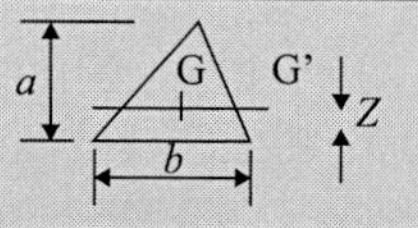 Triângulo	$\dfrac{a}{3}$	$\dfrac{ab}{2}$	$\dfrac{a^3 b}{36}$
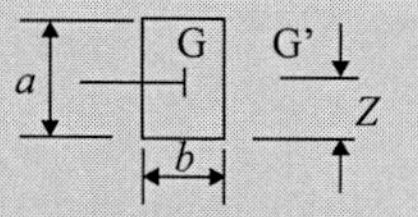 Retângulo	$\dfrac{a}{2}$	ab	$\dfrac{a^3 b}{12}$
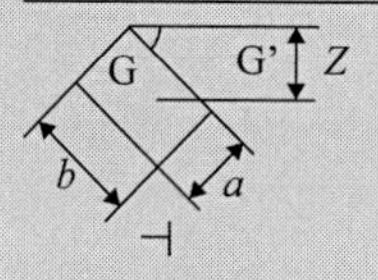 Retângulo inclinado	$\dfrac{a\cos\theta + b\,\mathrm{sen}\,\theta}{2}$	ab	$\dfrac{a^3 b \cos^2\theta + a b^3 \mathrm{sen}^2\theta}{12}$
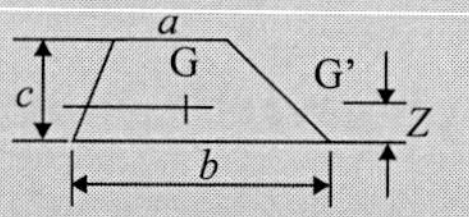 Trapézio	$\dfrac{c}{3} \times \dfrac{2a+b}{a+b}$	$c \times \dfrac{a+b}{2}$	$\dfrac{c^3}{36} \times \dfrac{a^2 + 4ab + b^2}{a+b}$
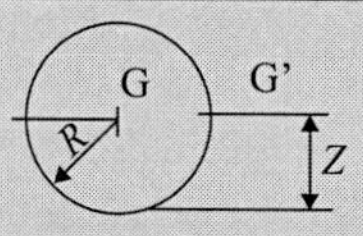 Círculo	R	πR^2	$\dfrac{\pi}{4} R^4$
Semicírculo 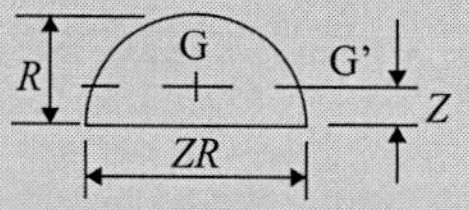	$0{,}42 \times R$	$\dfrac{\pi}{2} R^2$	$0{,}11 \times R^4$
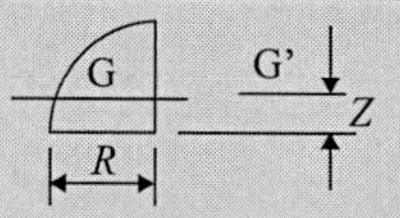 Quarto de círculo	$0{,}42 \times R$	$\dfrac{\pi}{4} R^2$	$0{,}05 \times R^4$
Elipse 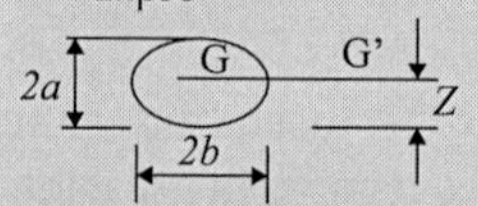	a	πab	$\dfrac{\pi}{4} a^3 b$
Segmento circular 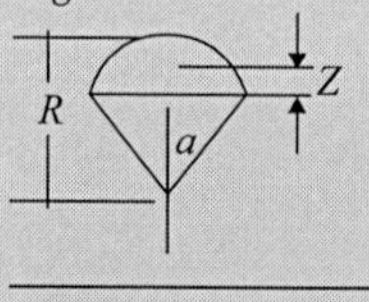	$Z = (i)$ $Z^I = \dfrac{2}{3} \dfrac{R^3 \mathrm{sen}^3 \alpha}{A}$	$\dfrac{1}{2} R^2 (2\alpha - \mathrm{sen}\,2\alpha)$	(ii)
Setor circular 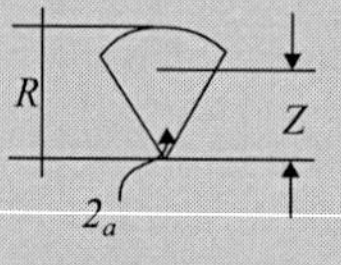	$Z = \dfrac{2}{3} \times \dfrac{R\,\mathrm{sen}\,\alpha}{\alpha}$	$\dfrac{R^2}{2}(2\alpha)$	(iii)

(i) $R \times \left(\dfrac{4 \times \text{sen}^3 \alpha}{6 \times \alpha - 3 \times \text{sen} 2\alpha} - \cos \alpha \right)$

(ii) $\dfrac{A \times R^2}{4} \times \left(1 + \dfrac{2 \times \text{sen}^3 \alpha \times \cos \alpha}{\alpha - \text{sen} \alpha \times \cos \alpha} \right)$

(iii) $\dfrac{A \times R^2}{4} \times \left(1 + \dfrac{\text{sen} \alpha \times \cos \alpha}{\alpha} \right)$

a Quando há água a montante e a jusante da comporta, o diagrama de pressões resultante é mostrado na Figura 4.27. A resultante das forças de pressão será:

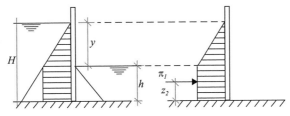

FIGURA 4.27 Diagrama de pressões com água a montante e a jusante da comporta.

$$\pi_2 = \dfrac{1}{2} \times \gamma \times l \times (H^2 - h^2)$$

Em que:

π_2 = resultante dos esforços quando as duas faces estão premidas
γ = peso específico do fluido
l = vão da comporta (largura)
H = tirante a montante
h = tirante a jusante

O ponto de aplicação de π_2 ficará afastado da soleira da comporta, à distância Z_2 do fundo do canal, determinada como se segue.

$$z_2 = \dfrac{H^3 - h^3}{3 \times (H^2 - h^2)}$$

b A comporta de fundo submetida às pressões de montante e jusante terá como resultante a expressão a seguir *desde que o tirante de jusante seja igual ou inferior à altura da comporta.*

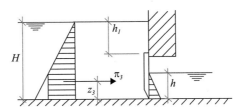

FIGURA 4.28 Diagrama de pressões quando o nível de jusante não afoga a comporta de fundo.

$$\pi_3 = \dfrac{1}{2} \times \gamma \times l \times (H^2 - h_1^2 - h^2)$$

Seu ponto de aplicação, contado a partir da soleira, será:

$$z_3 = \dfrac{(H - h_1)^2 \times (H + 2 \times h_1) - h^3}{3 \times (H^2 - h_1^2 - h^2)}$$

Em que:

H = tirante a montante
l = vão da comporta
h_1 = tirante acima da comporta
h = tirante a jusante

c Quando o tirante de jusante for maior do que a altura da comporta, a resultante das pressões, segundo Gilberto Tannus (UnB, 2004), será:

$$\Pi_4 = \gamma \times l \times h_c \times (H - h)$$

O ponto de aplicação desta resultante, contado a partir do fundo, será:

$$z_4 = \frac{h_c}{2}$$

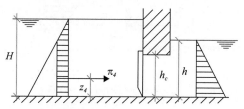

FIGURA 4.29 Diagrama de pressões quando o nível de jusante afoga a comporta de fundo.

Convém observar que a resultante será expressa em Newtons (N), quando o peso específico for apresentado em Newtons por metro cúbico (N/m³), a área em metros quadrados (m²) e as distâncias em metros. Os diagramas de pressões serão expressos em Pascal (Pa ou N/m²).

APLICAÇÃO 4.11.

Uma comporta plana, de acionamento vertical, está inteiramente abaixada, vedando o fluxo em um canal. O canal é retangular com largura de 2 m. O tirante, a montante da comporta, é de 1,5 m. Não há água a jusante da comporta. A resultante do digrama de pressões aplicada sobre a comporta será:

$$\pi = \gamma \times A \times h_0$$

Em que:

γ = peso específico da água: $\gamma = 10^4$ N/m³ (1tf/m³)
A = área premida: $A = h_1 \times b = 1,5 \times 2,0 = 3,0\ m^2$
h_0 = profundidade do centro de gravidade da comporta

$h_0 = \dfrac{h_1}{2} = \dfrac{1,5}{2} = 0,75$ (seção retangular)

$\pi = 10^4 \times 3 \times 0,75 = 2,25 \times 10^4\ N$

A resultante está aplicada sobre a comporta, a uma distância da superfície igual a:

$$X = x_0 + \frac{I_{GG'}}{A \times x_0}$$

Em que:

x_0 = distância do NA ao centro de gravidade da comporta: $x_0 = \dfrac{h_1}{2} = \dfrac{1,5}{2} = 0,75\ m$
A = área premida: $A = h_1 \times b = 1,5 \times 2,0 = 3,0\ m^2$
$I_{GG'}$ = momento de inércia da área da comporta em relação a um eixo que passa pelo centro de gravidade:
$I_{GG'} = \dfrac{h_1^3 b}{12} = \dfrac{1,5^3 \times 2,0}{12} = 0,56\ m^4$

$$X = 0{,}75 + \frac{0{,}56}{3 \times 0{,}75} = 0{,}999 \ m$$

O ponto de aplicação da resultante ficará 1,0 m abaixo da superfície ou 0,5 m a partir do fundo do canal. Admitindo um tirante a jusante da comporta no valor de 0,5 m, a nova resultante será:

$$\pi_2 = \frac{1}{2} \times \gamma \times l \times (H^2 - h^2)$$

Em que:

γ = peso específico da água: $\gamma = 10^4$ N/m³ (1tf/m³)
l = largura do canal: $l = b = 2{,}0 \ m$
H = tirante de montante: $H = 1{,}5 \ m$
h = tirante de jusante: $h = 0{,}5 \ m$

$$\pi_2 = \frac{1}{2} \times 10^4 \times 2 \times (1{,}5^2 - 0{,}5^2) = 2 \times 10^4 \ N$$

Essa resultante será aplicada sobre a comporta a uma distância, do fundo, igual a:

$$z_2 = \frac{H^3 - h^3}{3 \times (H^2 - h^2)}$$

$$z_2 = \frac{1{,}5^3 - 0{,}5^3}{3 \times (1{,}5^2 - 0{,}5^2)} = 0{,}54 \ m$$

VII Esforço sobre comporta com superfície vedante não plana (curvatura segundo plano vertical)

O diagrama de pressões sobre uma superfície curva cilíndrica é apresentado na Figura 4.30. Nesta figura, os vetores são perpendiculares à superfície e têm intensidade ($\gamma \times h_i$), sendo γ o peso específico do fluído e h_i a profundidade do seu ponto de aplicação. Considerando a complexidade desse diagrama, prefere-se determinar a intensidade da sua resultante, e o respectivo ponto de aplicação, por meio das suas componentes horizontal e vertical, conforme indicado na Figura 4.31.

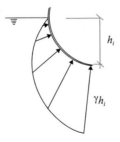

FIGURA 4.30 Diagrama de pressões sobre superfície cilíndrica com curvatura, segundo plano vertical.

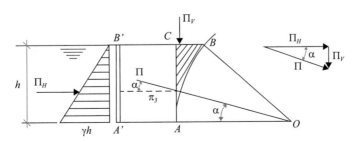

FIGURA 4.31 Superfície vedante com curvatura segundo plano vertical.

A componente horizontal (Π_H), da resultante (Π), é igual à pressão hidrostática exercida sobre a projeção da superfície premida refletida no plano vertical. Será determinada pela expressão matemática.

$$\pi_H = \gamma \times A_H \times h_0'$$

Em que:

Π_H = componente horizontal da resultante do esforço exercida sobre a superfície premida
γ = peso específico do fluído
A_H = área da superfície premida projetada sobre um plano perpendicular ao plano do papel
h_0' = profundidade do centro de gravidade da área projetada

No caso ilustrado na Figura 4.31, a comporta de segmento cuja superfície premida é representada pelo arco AB é projetada sobre o plano vertical gerando a superfície retangular representada pelo traço A'B'. Sobre este último aplica-se o diagrama de pressões triangular mostrado na Figura 4.31 cuja resultante é Π_H. Sendo retangular a área projetada, resulta que:

$$h_0' = \frac{h}{2}$$

$$A_H = h \times b$$

Em que:

b = largura da comporta

A componente vertical (Π_V) é igual ao peso do volume de fluído delimitado pela superfície premida (AB), pelas projetantes verticais tiradas pelo contorno da superfície líquida (AC e B) e pela superfície livre do fluído (CB). A seção desse volume é representada pela área hachurada ABC. A componente vertical, portanto, será calculada por:

$$\Pi_V = \gamma \times A_{BC} \times b$$

Em que:

Π_V = componente vertical da resultante do esforço exercido sobre a superfície premida da comporta
γ = peso específico do fluído
A_{ABC} = área hachurada ABC
b = largura da comporta

Vale lembrar que a componente vertical, no caso exemplificado, tem uma ação de cima para baixo, em razão da posição da superfície vedante da comporta. Este, no entanto, não é o único arranjo possível. Na Figura 4.32 estão descritos dois outros possíveis arranjos, dentre vários, para a superfície vedante.

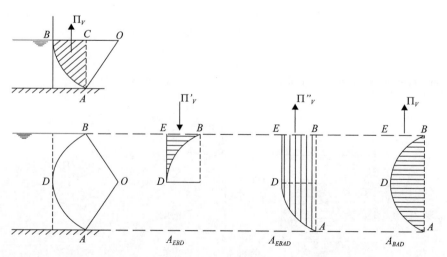

FIGURA 4.32 Área geradora da componente vertical.

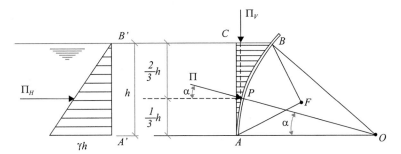

FIGURA 4.33 Resultante de pressões aplicadas sobre superfície curva.

Convém observar que a resultante Π passará pelo centro de curvatura da superfície vedante (O) quando esta é estabelecida a partir de um único centro. O ponto de aplicação P desta resultante estará situado a 1/3 do tirante (h), contado a partir do fundo, no caso em consideração, por ser este o ponto onde está aplicada a componente horizontal de Π_H. Caso o raio OP esteja situado abaixo do fulcro F, centro de fixação e giro da comporta, a resultante Π contribuirá para o fechamento da comporta. Caso o raio OP estivesse situado acima do fulcro F, a resultante contribuiria para a abertura da comporta. Na prática, a comporta não se movimenta espontaneamente como resultado do momento gerado pela resultante em torno do fulcro, contudo, o esforço para abri-la é menor permitindo a redução da potência do motor que irá movimentá-la.

Caso a comporta seja tangente a uma reta que faça um ângulo β com a horizontal, conforme mostrado na Figura 4.34, a área a ser considerada para o cálculo da componente vertical será A_{AKB}. É uma situação mais complexa, do ponto de vista geométrico, e deve ser evitada sempre que possível.

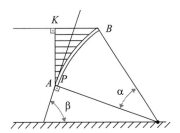

FIGURA 4.34 Comporta tangente a uma reta inclinada segundo ângulo β com a horizontal.

APLICAÇÃO 4.12.

Uma comporta de segmento, com a superfície vedante tangente a uma vertical junto ao fundo, submetida ao esforço proporcionado por um tirante de 1,5 m, está montada em canal de seção retangular, com largura de 2,0 m, conforme indicado na Figura 4.35. A resultante dos esforços aplicados sobre esta comporta e seu ponto de aplicação são determinados da forma indicada a seguir:

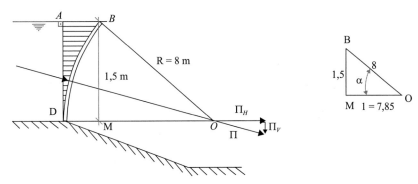

FIGURA 4.35 Comporta de segmento tangente a uma vertical ao fundo do canal.

A distância $\overline{MO}$ será:

$$8^2 = 1,5^2 + l^2 \therefore l = 7,85 \, m$$
$$DM = 8 - 7,85 = 0,15 \, m$$
$$tg\alpha = \frac{1,5}{l} = \frac{1,5}{7,85} = 0,191 \therefore \alpha = 10,81°$$

A área do setor *OBD* é:

$$S_{OBD} = \frac{10,81}{360} \times \frac{\pi \times D^2}{4} = 6,03 \, m^2$$

A área do triângulo *BMO*, tem o valor:

$$S_{BMO} = \frac{7,85 \times 1,5}{2} = 5,88 \, m^2$$

A área do retângulo *ABDM* é:

$$S_{ABDM} = 0,15 \times 1,5 = 0,225 \, m^2$$

A área *BDM* é:

$$S_{BDM} = S_{BDO} - S_{BMO} = 6,03 - 5,88 = 0,15 \, m^2$$

A área *ABD* é:

$$S_{ABD} = S_{ABMD} - S_{BDM} = 0,225 - 0,15 = 0,075 \, m^2$$

A componente vertical da resultante é:

$$\pi_V = S_{ABD} \times \gamma \times b = 0,075 \times 10^4 \times 2,0 = 0,15 \times 10^4 \, N$$

A componente horizontal será:

$$\pi_H = \gamma \times A_H \times h_0 = 10^4 \times 1,5 \times 2,0 \times \frac{1,5}{2} = 2,25 \times 10^4 \, N$$

A resultante dos esforços será:

$$\pi = \sqrt{\pi_V^2 + \pi_H^2} = \sqrt{(0,15 \times 10^4)^2 + (2,25 \times 10^4)^2} = 2,25 \times 10^4 \, N$$

Esta resultante fará um ângulo com a horizontal determinado por:

$$\beta = arctg \frac{\pi_V}{\pi_H} = arctg \frac{0,15 \times 10^4}{2,25 \times 10^4} = 3,81°$$

VIII Esforço sobre comporta com superfície vedante não plana (curvatura segundo plano horizontal)

A comporta tipo visor apresenta o traço horizontal, definido por arco de círculo, quando cortada por plano horizontal. A abertura dessa comporta acontece quando esta gira em torno dos fulcros F_1 e F_2, situados em ambos os lados da comporta. Na Figura 4.36 a comporta subentende uma semicircunferência, mas arcos menores podem ser utilizados. A superfície vedante é pressionada por um diagrama de pressões triangular. Na base, a pressão é $\gamma \times h$, sendo h a profundidade da água. A pressão será aplicada sempre perpendicular à superfície vedante. Resulta daí que a pressão aplicada ao longo da vertical BB' será integralmente transmitida aos fulcros F_1 e F_2. A pressão aplicada no ponto genérico *M* terá componente paralela à reta *AC* que anulará a componente de mesmo valor e sinal contrário aplicada no ponto *N*, simétrico de *M*, em relação à reta *OB*.

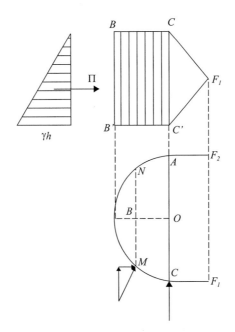

FIGURA 4.36 Comporta visor em corte.

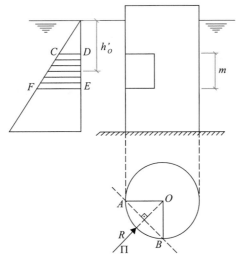

FIGURA 4.37 Comporta sobre orifício em torre.

A componente da pressão em *M*, paralela à reta *OB*, será transmitida ao fulcro F_1, mas tem valor inferior à pressão aplicada em *B*. A pressão aplicada em *C* será inteiramente anulada pela pressão aplicada em *A*.

A resultante das pressões aplicadas sobre a superfície vedante será determinada pela expressão:

$$\pi = \gamma \times A_H \times h_0'$$

Em que:

Π = resultante das pressões exercidas sobre a superfície da comporta tipo visor
γ = peso específico do fluido
A_H = área da superfície premida projetada sobre um plano vertical que passa pelas extremidades da comporta tipo visor
h_0' = profundidade do centro de gravidade da área projetada (metade da altura submersa)

A resultante passará pelo plano de simetria da comporta, segundo a orientação da reta OB, a um terço do tirante, contado a partir do fundo, já que o diagrama é triangular.

Superfície vedante semelhante àquela aplicada na comporta visor pode ser adaptada ao orifício situado em tomada d'água em forma de torre. Neste caso, o acionamento da comporta é vertical, o diagrama de pressões tem a forma trapezoidal e a comporta subentende, geralmente, um arco de círculo igual ou inferior a {1/4} da circunferência, conforme mostrado na Figura 4.37.

A resultante continua sendo calculada pela expressão matemática.

$$\pi = \gamma \times A_H \times h_0'$$

Em que:

Π = resultante das pressões exercidas sobre a superfície da comporta tipo visor
γ = peso específico do fluido
A_H = área da superfície premida projetada sobre um plano vertical que passa pelas extremidades da comporta. A aresta superior da área projetada é a corda que liga A e B
h_0' = profundidade do centro de gravidade da área projetada (da superfície até a metade da altura da área projetada)

A resultante Π será perpendicular à corda AB, passará pelo centro gerador do arco ARB e será aplicada no centro de gravidade da área do diagrama $CDEF$, mostrado na Figura 4.38, determinado da seguinte forma:

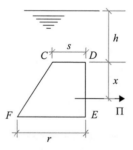

FIGURA 4.38 Resultante de diagrama de pressão trapezoidal.

$$x = \frac{m}{3} \times \frac{s + 2 \times r}{s + r}$$

Em que:

x = distância entre a aresta superior do orifício e o ponto de aplicação da resultante
m = altura do orifício
h = profundidade da aresta superior do orifício
s = pressão na soleira superior do orifício $s = \gamma \times h$
r = pressão na soleira inferior do orifício $r = \gamma \times (h + m)$

APLICAÇÃO 4.13.

Um canal retangular com largura de 2,0 m é inteiramente fechado por meio de uma comporta visor, em arco de círculo, cujo diâmetro tem 2,0 m. Determine o valor da resultante dos esforços sobre esta comporta e seu ponto de aplicação, quando o tirante, a montante da comporta, é 1,5 m. A jusante da comporta o tirante deve ser considerado nulo, resultado da inclinação do fundo do canal a jusante da comporta.

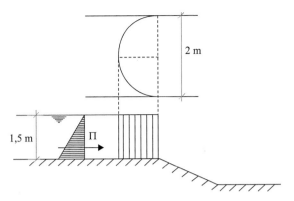

FIGURA 4.39 Comporta visor em canal.

A resultante será determinada por:

$$\Pi = \gamma \times A_H \times h_0$$

Em que:

γ = peso específico do fluido: N/m^3
A_H = projeção, sobre um plano vertical, da área da comporta: $A_H = 1,5 \times 2,0 = 3,0\ m^2$
h_0 = profundidade do centro de gravidade da área projetada: $h_0 = \dfrac{1,5}{2} = 0,75\ m$

$\Pi = 10^4 \times 3,0 \times 0,75 = 2,25 \times 10^4\ N$

O ponto de aplicação passa a uma distância de $\dfrac{1,5}{3} = 0,5\ m$, contado a partir do fundo.

IX A carga não é constante

Quando a carga não é constante, o escoamento no orifício será do tipo não permanente. O decréscimo da carga resulta da falta de alimentação do reservatório, ou de alimentação insuficiente. É o tipo de escoamento que ocorre quando uma eclusa é esvaziada sob a ação da gravidade (sem bombeamento) ou quando reservatório de água potável cede vazão sem realimentação ou com alimentação insuficiente para igualar ou superar a vazão efluente.

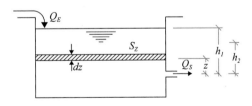

FIGURA 4.40 Orifício com carga variável.

A equação geral do escoamento é:

$$(Q_S - Q_E)\,dt = -S_z\,d_z$$

Em que:

$Q_S - Q_E$ = diferencial de vazão extraída do reservatório
$(Q_S - Q_E)\,dt$ = volume de água extraído no intervalo de tempo dt

S_z = área molhada na seção no tirante z
$S_z dz$ = volume de água correspondente à faixa dz
Z = carga sobre o orifício correspondente à faixa dz

Nas eclusas e reservatórios cilíndricos, a área S_z permanece constante a proporção que z varia. Quando a vazão efluente (de saída) – Q_S – acontece por meio de orifício, ou "tubo curto", pode-se admitir:

$$Q_S = a \times c \times \sqrt{2 \times g \times z}$$

Interessa, no dimensionamento de eclusas, a determinação do tempo de esvaziamento do reservatório. Admitindo, na equação geral, $Q_E = 0$ e $Q_S = a \times c \times \sqrt{2 \times g \times z}$, o tempo de esvaziamento será determinado por:

$$t = -\int_{h_1}^{h_2} \frac{S_Z \times dz}{c \times a \times \sqrt{2 \times g \times z}}$$

Integrando, tem-se:

$$t = \frac{S_Z \times (h_1 - h_2)}{\frac{1}{2}(c \times a \times \sqrt{2 \times g \times h_1} + c \times a \times \sqrt{2 \times g \times h_2})} = \frac{S_Z \times (h_1 - h_2)}{\frac{1}{2} \times c \times a \times \sqrt{2 \times g} \times (\sqrt{h_1} + \sqrt{h_2})}$$

Nesta última equação, h_2 é uma altura especificada, menor do que h_1, conforme mostrado na Figura 4.40. O tempo de completo escoamento do reservatório ($h_2 = 0$) será:

$$t = \frac{2 \times S_Z \times h_1}{c \times a \times \sqrt{2 \times g \times h_1}}$$

Para uma contribuição constante ($Q_E = cte$), sendo $Q_E < Q_S$, a equação do tempo será:

$$t = -\int_{h_1}^{h_2} \frac{S_Z \times dz}{c \times a \times \sqrt{2 \times g \times z} - Q_E}$$

O escoamento permanecerá enquanto a vazão afluente (vazão de entrada Q_E) for superior ou igual à vazão efluente (vazão de entrada Q_S). A igualdade de vazões ($Q_S = Q_E$) acontecerá para o tirante h_0, isto é, a vazão efluente será igual à vazão afluente. O tempo necessário para o nível do reservatório deixar a altura h_1 e atingir a altura h_2, de forma que $h_1 > h_2 > h_0$, é dado por:

$$t = \frac{2 \times S_Z}{c \times a \times \sqrt{2 \times g}} \times \left[\sqrt{h_1} - \sqrt{h_2} + \sqrt{h_0} \times \ln \frac{\sqrt{h_1} - \sqrt{h_0}}{\sqrt{h_2} - \sqrt{h_0}} \right]$$

Quando h_2 for igual a h_0, o denominador $(\sqrt{h_2} - \sqrt{h_0})$ se anulará gerando uma indeterminação. Para evitar essa dificuldade matemática, deve-se definir h_2 maior que h_0, porém, próximo de h_0, o suficiente para a determinação do tempo t_0 com precisão satisfatória. Ao fim desse tempo, o nível d'água variará de h_1 para h_0, resultando na igualdade das vazões afluente e efluente.

APLICAÇÃO 4.14.

Uma caixa d'água cilíndrica tem seção circular, com diâmetro de 2 *m* e tirante de 3 *m*. Admitindo que o escoamento da água armazenada se faz por meio de um orifício de 50 *mm* de diâmetro, determine o tempo de esvaziamento completo dessa caixa.

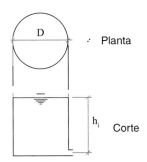

FIGURA 4.41 Caixa d'água cilíndrica de seção circular.

O tempo de esvaziamento completo da caixa d'água será calculado por:

$$t = \frac{2 \times S \times h_1}{c \times a \times \sqrt{2 \times g \times h_1}}$$

Em que:

S = área da seção da caixa: $S = \dfrac{\pi \times D^2}{4} = \dfrac{\pi \times 2^2}{4} = 3{,}14\ m^2$

h_1 = carga inicial sobre o orifício: $h_1 = 3 - \dfrac{0{,}050}{2} = 2{,}975\ m$

c = coeficiente de vazão do orifício: $c = 0{,}6$

a = área nominal do orifício: $a = \dfrac{\pi \times d^2}{4} = \dfrac{\pi \times 0{,}050^2}{4} = 0{,}00196\ m^2$

Tempo de completo esvaziamento da caixa d'água:

$$t = \frac{2 \times 3{,}14 \times 2{,}975}{0{,}6 \times 0{,}00196 \times \sqrt{2 \times 9{,}81 \times 2{,}975}} = 2079{,}4s = 34{,}6\ min$$

A vazão efluente inicial será dada por:

$$Q_s = c \times a \times \sqrt{2 \times g \times h_1} = 0{,}6 \times 0{,}00196 \times \sqrt{2 \times 9{,}81 \times 2{,}975}$$

$$Q_s = 0{,}00898\ m^3/s$$

A proporção que o tirante da caixa diminuir, a vazão efluente Q_s decrescerá. Caso entre na caixa uma vazão afluente $Q_e \geq Q_s$, a caixa não esvaziará, ao contrário, poderá transbordar. Caso a vazão afluente Q_e seja menor do que a vazão efluente inicial Q_s, o nível de reservatório cairá de forma mais lenta, se comparado com o tempo de esvaziamento, quando $Q_e = 0$. Como a vazão efluente (Q_s) diminui, acompanhando o abaixamento do NA, em determinado momento, as vazões afluente e efluente se igualarão. Elas serão iguais para o tirante (h_0), quando será verdadeiro: $Q_e = c \times a \times \sqrt{2 \times g \times h_0}$ sendo h_0 o tirante que proporcionará a igualdade das vazões de entrada e saída. Na caixa dágua em análise, admitindo $Q_e = 0{,}006\ m^3/s$, o tirante para o qual a vazão afluente se igualará à vazão efluente será:

$$0{,}006 = 0{,}6 \times 0{,}00196 \times \sqrt{2 \times 9{,}81 \times h_0}\quad \therefore\quad h_0 = 1{,}326\ m$$

O tempo necessário para ser atingida a igualdade de vazões $Q_a = Q_e$ será determinada quando se admitir $h_2 = h_0 + \Delta h_0$ na equação a seguir:

$$t = \frac{2 \times S}{c \times a \times \sqrt{2 \times g}} \times \left[\sqrt{h_1} - \sqrt{h_2} + \sqrt{h_0} \times \ln \frac{\sqrt{h_1} - \sqrt{h_0}}{\sqrt{h_2} - \sqrt{h_0}} \right]$$

Em que:

$$S = 3,14 \ m^2; \quad a = 0,00196 \ m^2; \quad h_1 = 2,975 \ m;$$
$$h_0 = 1,326 \ m; \quad c = 0,6; \quad h_2 = 1,326 + 0,074 = 1,4 \ m$$

Observe que Δh_0 foi escolhido arbitrariamente e vale 5,6 % de h_0.

$$t = \frac{2 \times 3,14}{0,6 \times 0,00196 \times \sqrt{2 \times 9,81}} \times \left[\sqrt{2,975} - \sqrt{1,4} + \sqrt{1,326} \times \ln \frac{\sqrt{2,975} - \sqrt{1,326}}{\sqrt{1,4} - \sqrt{1,326}} \right]$$

$$t = 4.672,33 \quad s = 77,87 \quad min = 1,29 \ h$$

Esse é o tempo para o qual o tirante se tornará estável transformando o escoamento em permanente.

Capítulo 5

Vertedouro

5.1 DEFINIÇÃO

Vertedouro ou vertedor* é um entalhe na parte superior de uma parede ou barramento sobre a qual pode escoar uma vazão. Os orifícios submetidos à carga inferior à metade de sua altura funcionam como vertedores.

5.2 APLICAÇÃO PRÁTICA

Os vertedores são utilizados como medidores de vazão, como reguladores de nível de reservatórios, repartidores de vazão e como extravasores de vazões excedentes, especialmente, em barragens e canais.

5.3 MODELO MATEMÁTICO

O modelo matemático que descreve o vertedor é apresentado na Figura 5.1.

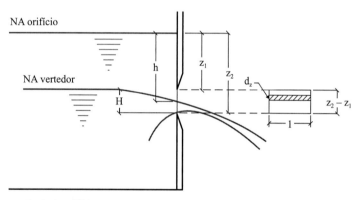

FIGURA 5.1 Vertedor como consequência do orifício.

O aparato mostrado na Figura 5.1 operará como orifício retangular de pequena carga enquanto $2(z_2 - z_1) > h > \frac{z_2 - z_1}{2}$. Para cargas menores do que $\frac{z_2 - z_1}{2}$ o aparato funcionará como vertedor, quando $z_2 = H$ e $z_1 = 0$. Então: $h < \frac{z_2}{2}$.

A vazão no orifício retangular de pequena carga é calculada por:

$$Q = \int_{z_1}^{z_2} c \, l \, dz \sqrt{2g \, z} = \frac{2}{3} c \, l \sqrt{2g} \left(z_2^{3/2} - z_1^{3/2} \right)$$

Fazendo, nessa equação, $z_1 = 0$ e $z_1 = H$, chega-se ao modelo matemático que permite determinar a vazão em vertedores retangulares:

$$Q = \frac{2}{3} \times c \times l \times \sqrt{2 \times g} \times H^{3/2} = m \times l \times \sqrt{2 \times g} \times H^{3/2}$$

No qual:

$$m = \frac{2}{3} c = \frac{2}{3} \times 0{,}6 = 0{,}4$$

---

*Vertedouro, vertedor, sangradouro e descarregador são usados como sinônimos.

Bazin propôs que m seja uma função da carga H na forma:

$$m = 0{,}405 + \frac{0{,}003}{H}$$

A expressão que permite o cálculo da vazão em vertedor deriva, portanto, do modelo de orifício retangular. Valem, para essa expressão geral, as restrições dos modelos matemáticos para orifícios. Destacam-se as condicionantes a seguir:

- A velocidade de aproximação deve ser nula ($v_1 = 0$).
- A lâmina vertente deve estar submetida à pressão atmosférica.
- O vertedor deve ter parede vertical.
- A soleira do vertedor deve ser delgada.
- O vertedor é retangular, já que a expressão de origem é própria do orifício retangular.
- A soleira do vertedor deve estar posicionada perpendicularmente ao fluxo.

APLICAÇÃO 5.1.

Um vertedor de soleira delgada com 3 m de comprimento, instalado em canal retangular de 3 m de largura tem por finalidade elevar o NA do canal 1,5 m acima do fundo. Determine a vazão efluente quando existir uma carga de 0,5 m sobre a soleira do vertedor.

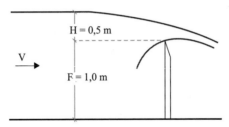

FIGURA 5.2 Vertedor retangular em canal.

$H = 0{,}5\ m;\ l = 3{,}0\ m;$

$Q = m \times l \times \sqrt{2 \times g} \times H^{3/2}$ em que: $m = \dfrac{2}{3} \times c = \dfrac{2}{3} \times 0{,}6 = 0{,}4$

$$Q = 0{,}4 \times 3{,}0 \times \sqrt{2 \times 9{,}81} \times 0{,}5^{3/2} = 1{,}879\ m^3/s$$

$V = \dfrac{Q}{A} = \dfrac{1{,}879}{3 \times 1{,}5} = 0{,}41\ m/s$ (velocidade de aproximação pode ser desprezada, por ser de pequeno valor).

5.4 VARIAÇÕES DO MODELO MATEMÁTICO

Na medida em que as condições de aplicação do modelo matemático descrito no item anterior podem não estar presentes em aplicações práticas, o modelo deve ser adaptado, conforme sugerido a seguir:

a A velocidade de aproximação é diferente de zero

Neste caso, deve ser aplicada a expressão matemática que define a vazão em orifícios retangulares que considera $v_1 \neq 0$, para integração faixa a faixa, da seguinte forma:

$$Q = c \times a \times \sqrt{2 \times g \times \left(\dfrac{v^2}{2 \times g}\right)}$$

Em que:

$a = l \times dz$ – área da faixa
v = velocidade aproximação, considerada constante
$h = z$ – carga sobre a faixa de área $l \times dz$

A integração leva ao desenvolvimento a seguir:

$$dQ = c \times l \times \sqrt{2 \times g} \times \int_{z_1}^{z_2} \sqrt{\left(z + \frac{v^2}{2 \times g}\right)} dz$$

Resulta da integração.

$$Q = \frac{2}{3} \times c \times l \times \sqrt{2 \times g} \times \left[\left(z_2 + \frac{v^2}{2 \times g}\right)^{3/2} - \left(z_1 + \frac{v^2}{2 \times g}\right)^{3/2}\right]$$

Fazendo:

$$z_1 = 0$$
$$V = \frac{Q}{A} = \frac{Q}{L \times (H+P)} \quad e \quad z_2 = H$$

Em que:

L = largura do canal a montante do vertedor

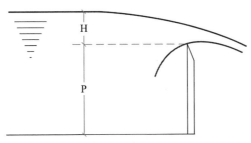

FIGURA 5.3 Vertedor de soleira delgada com elevação da soleira P sobre o fundo do canal.

Chega-se a:

$$Q = \frac{2}{3} \times c \times \left[1 + c_1 \times \frac{H^2}{(H+P)^2}\right] \times l \times \sqrt{2 \times g} \times H^{3/2}$$

Bazin determinou, experimentalmente, que:

$\dfrac{2}{3} c = \left(0{,}405 + \dfrac{0{,}003}{H}\right)$ e $c_1 = 0{,}55$

Para chegar ao modelo de Bazin para $V \neq 0$, apresentado a seguir:

$$Q = \left(0{,}405 + \frac{0{,}003}{H}\right) \times \left[1 + 0{,}55 \times \frac{H^2}{(H+P)^2}\right] \times l \times \sqrt{2 \times g} \times H^{3/2}$$

A observar que:

- Essa expressão, que considera a velocidade de aproximação, não apresenta a variável V.
- Quando $V = 0$, o termo $\left[1 + 0{,}55 \times \dfrac{H^2}{(H+P)^2}\right]$ se aproxima da unidade, podendo ser ignorado.

APLICAÇÃO 5.2.

Um vertedor de soleira delgada com 3,0 m de comprimento, instalado em canal retangular de 3,0 m de largura, com velocidade de aproximação supostamente apreciável, tem a soleira, transversal ao canal, instalada a 1,0 m acima do fundo. Determine a vazão que passa sobre o vertedor quando a carga é de 0,5 m.

$$H = 0{,}5\ m,\quad P = 1{,}0\ m,\quad l = 3{,}0\ m$$

$$Q = \left(0{,}405 + \frac{0{,}003}{H}\right) \times \left[1 + 0{,}55 \times \frac{H^2}{(H+P)^2}\right] \times l \times \sqrt{2 \times g} \times H^{3/2}$$

$$Q = \left(0{,}405 + \frac{0{,}003}{0{,}5}\right) \times \left[1 + 0{,}55 \times \frac{0{,}5^2}{(0{,}5+1{,}0)^2}\right] \times 3 \times \sqrt{2 \times 9{,}81} \times 0{,}5^{3/2}$$

$$Q = 2{,}048\ m^3/s$$

$$V = \frac{Q}{A}$$

$$V = \frac{2{,}048}{3 \times (0{,}5 + 1{,}0)} = 0{,}455\ m/s$$

Como a velocidade de aproximação é pequena, a vazão poderia ser calculada pela expressão simplificada:

$$Q = m \times l \times \sqrt{2 \times g} \times H^{3/2}$$

$$Q = 0{,}4 \times 3{,}0 \times \sqrt{2 \times 9{,}81} \times 0{,}5^{3/2}$$

$$Q = 1{,}87\ m^3/s$$

Este resultado equivale a 91% da vazão calculada pelo método anterior. Esta diferença decorre da aplicação dos fatores:

$$\left(0{,}405 + \frac{0{,}003}{0{,}5}\right) = 0{,}411\ \text{(aumenta a vazão em 1,1%, uma vez que é usual, se usar } m = 0{,}4\ )$$

$$\left[1 + 0{,}55 \times \frac{0{,}5^2}{(0{,}5+1{,}0)^2}\right] = 1{,}076\ \text{(aumenta a vazão em 7,6%)}$$

b O vertedor retangular está afastado das paredes laterais da câmara ou do canal

A proximidade do orifício do fundo ou paredes laterais altera, para mais, a vazão efluente. Nos vertedores acontece fenômeno semelhante. Quando a soleira do vertedor retangular se estende entre as paredes laterais do canal, diz-se que a lâmina não sofre contração lateral ($n = 0$). Quando a soleira não toca as paredes do canal, diz-se que há contração lateral da lâmina em ambos os lados ($n = 2$). A vazão, neste último caso, é menor para o mesmo comprimento nominal de soleira.

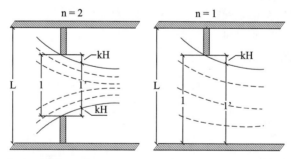

FIGURA 5.4 Vertedor afastado das paredes laterais do canal.

Francis propôs a expressão a seguir para corrigir os cálculos da vazão em vertedores com contração lateral:

$$l' = l - n \times k \times H;$$

Em que:

l – largura nominal do vertedor
l' – largura contraída da lâmina vertente
n – número de contrações laterais

$k = 0{,}1$ a $0{,}035$
$k = 0{,}1$ – para lateral em ângulo reto
$k = 0{,}035$ – para lateral arredondada

A expressão do vertedor assume a formatação a seguir:

$$Q = m \times l' \times \sqrt{2 \times g} \times H^{3/2} \rightarrow Q = m \times (l - n \times k \times H) \times \sqrt{2 \times g} \times H^{3/2}$$

O modelo matemático de Bazin pode receber a correção de Francis, ficando da seguinte forma:

$$Q = \left(0{,}405 + \frac{0{,}003}{H}\right) \times \left[1 + 0{,}55 \times \frac{H^2}{(H+P)^2}\right] \times (l - n \times k \times H) \times \sqrt{2 \times g} \times H^{3/2}$$

Convém observar que o modelo que considera a contração nos vertedores usa abordagem diferente da utilizada nos orifícios. Nos orifícios, o coeficiente de vazão é multiplicado por valor superior à unidade quando o orifício está junto ao fundo ou laterais. Nos vertedores, a correção é feita a menor no comprimento nominal da soleira dependendo da posição desta em relação às laterais do canal.

APLICAÇÃO 5.3.

Um vertedor de soleira delgada, instalado em canal retangular de 3,0 m de largura, tem 2 m de soleira nominal que se estende a partir de um dos lados do canal. A velocidade do fluxo, a montante do vertedor é considerada desprezível. Determine a vazão vertida sobre a soleira quando a carga for de 0,5 m.

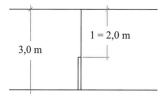

FIGURA 5.5 Vertedor retangular com contração lateral.

$$l = 2{,}0 \text{ m}; \quad H = 0{,}5 \text{ m}; \quad n = 1, \quad k = 0{,}1$$

$$Q = m \times (l - n \times k \times H) \times \sqrt{2 \times g} \times H^{3/2}$$

$$Q = 0{,}4 \times (2 - 1 \times 0{,}1 \times 0{,}5) \times \sqrt{2 \times 9{,}81} \times 0{,}5^{3/2} = 1{,}22 \text{ m}^3/s$$

c A lâmina vertente está submetida à pressão diferente da pressão atmosférica
A lâmina contraída é naturalmente arejada, mas a lâmina não contraída ($n = 0$) pode ficar submetida a uma pressão diferente da atmosférica em consequência do arrastamento de parte do ar confinado entre a lâmina vertente, as paredes laterais do canal e a parede do vertedor. A extração gradativa da massa de ar confinada leva à modificação da lâmina vertente que pode passar pelos estágios mostrados na Figura 5.6.

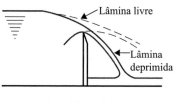
m' = 1,06 m = 0,460

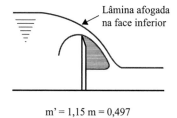
m' = 1,15 m = 0,497

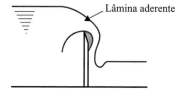
m' = 1,23 m = 0,533

FIGURA 5.6 Diversos estágios da lâmina contraída.

A modificação do formato da lâmina resulta da redução gradativa da pressão na sua face inferior. A consequência prática é o aumento da vazão efluente para a mesma carga. Determina-se a vazão, nessa circunstância, promovendo um ajuste no valor do coeficiente de vazão. A vazão passa a ser calculada da seguinte forma:

$$Q = m' \times l \times \sqrt{2 \times g} \times H^{3/2}$$

- Lâmina livre: $m' = 0{,}433$, ou seja, $(m' = 1{,}00 \times m)$
- Lâmina deprimida: $m' = 0{,}460$, ou seja, $(m' = 1{,}06 \times m)$
- Lâmina afogada na face inferior: $m' = 0{,}497$, ou seja, $(m' = 1{,}15 \times m)$
- Lâmina aderente: $m' = 0{,}533$, ou seja, $(m' = 1{,}23 \times m)$

Nas quais:

$$m = \frac{2}{3} \times c$$

Pode parecer atraente utilizar vertedores retangulares com lâmina aderente aproveitando-se da maior tiragem que a aderência proporciona. Na prática, o uso dessa estratégia não é confiável devido à instabilidade da lâmina aderente, que pode se tornar livre com pequenas perturbações no escoamento.

d Vertedor afogado

Quando o nível de jusante ultrapassa a cota da soleira, diz-se que o vertedor retangular está afogado. Neste caso, a vazão é determinada, segundo Bazin, pela expressão:

$$Q = m \times \left[1{,}05 \times \left(1 + \frac{1}{5} \times \frac{H_1}{P_1}\right) \times \sqrt[3]{\frac{H - H_1}{H}} \right] \times l \times \sqrt{2 \times g} \times H^{3/2}$$

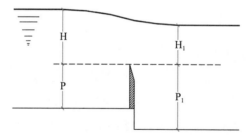

FIGURA 5.7 Vertedor retangular afogado.

APLICAÇÃO 5.4.

Um vertedor de soleira delgada, instalado em canal retangular de 3,0 m de largura, tem a soleira instalada a 1,0 m acima do fundo. Determine a vazão que flui sobre a soleira quando o tirante a montante é de 1,30 m e o tirante de jusante é de 1,10 m.

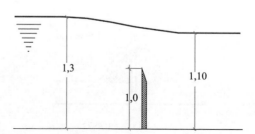

FIGURA 5.8 Vertedor retangular afogado.

$$H = 1,3 - 1,0 = 0,30\ m$$
$$H_1 = 1,10 - 1,0 = 0,10\ m$$
$$P_1 = P = 1,0\ m$$

$$Q = m \times \left[1,05 \times \left(1 + \frac{1}{5} \times \frac{H_1}{P_1}\right) \times \sqrt[3]{\frac{H - H_1}{H}}\right] \times l \times \sqrt{2 \times g} \times H^{3/2}$$

$$Q = 0,4 \times \left[1,05 \times \left(1 + \frac{1}{5} \times \frac{0,10}{1,0}\right) \times \sqrt[3]{\frac{0,3 - 0,1}{0,3}}\right] \times 3 \times \sqrt{2 \times 9,81} \times 0,3^{3/2}$$

$$Q = 0,8171\ m^3/s$$

Caso o vertedor não estivesse afogado e a carga de montante fosse H, a vazão seria:

$$Q = m \times l \times \sqrt{2 \times g} \times H^{3/2}$$
$$Q = 0,4 \times 3,0 \times \sqrt{2 \times 9,81} \times 0,3^{3/2}$$
$$Q = 0,87\ m^3/s$$

e A parede do vertedor é inclinada

Sendo a parede inclinada para jusante, o fluxo ultrapassará a soleira do vertedor retangular consumindo menos energia em consequência do melhor ajuste das trajetórias das partículas à posição da parede. A passagem do fluxo consumirá mais energia, pela razão contrária, quando a parede do vertedor estiver inclinada para montante. O cálculo da vazão deve considerar essa disposição favorável ou desfavorável da seguinte forma, segundo Boussinesq:

$$Q = m \times \left[1 + 0,39 \times \frac{\alpha^\circ}{180}\right] \times l \times \sqrt{2 \times g} \times H^{3/2}$$

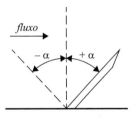

FIGURA 5.9 Vertedor de parede inclinada.

QUADRO 5.1 Coeficiente de redução/acréscimo de vazão resultante da inclinação da parede do vertedor em relação a uma vertical

α (em graus)	−60	−45	−30	−15	0	+15	+30	+45	+60
$1 + 0,39 \times \frac{\alpha^\circ}{180}$	0,870	0,902	0,935	0,967	1,000	1,032	1,065	1,097	1,130

APLICAÇÃO 5.5.

Um vertedor de soleira delgada, instalado em canal retangular de 3,0 m de largura, tem por finalidade elevar o NA do canal 1,5 m acima do fundo. Determine a vazão vertida sobre a soleira quando a carga for de 0,5 m e a parede do vertedor estiver inclinada, para jusante, 30° em relação a uma vertical ao fundo.

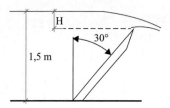

FIGURA 5.10 Vertedor de parede inclinada em canal.

Aplicando o modelo matemático dos vertedores com a correção de Boussinesq, tem-se:

$$Q = m \times \left[1 + 0{,}39 \times \frac{\alpha^\circ}{180}\right] \times l \times \sqrt{2 \times g} \times H^{3/2}$$

$$Q = 0{,}4 \times \left[1 + 0{,}39 \times \frac{30}{180}\right] \times 3 \times \sqrt{2 \times 9{,}81} \times 0{,}5^{3/2} = 2{,}0 \ m^3/s$$

f   A soleira do vertedor retangular é espessa

Há uma grande diversidade de vertedores de soleira espessa. Os vertedores mais comuns são as soleiras de fundo e os vertedores de crista de barragem (Ogee). As soleiras ficam sobre o fundo do canal e podem ser do tipo retangular com bordas vivas, retangular com o bordo de montante arredondado, triangular, trapezoidal etc.

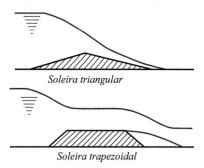

FIGURA 5.11 Seções de soleiras de fundo de canal.

O modelo retangular tem a seção apresentada na Figura 5.12.

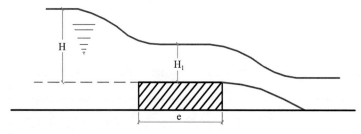

FIGURA 5.12 Soleira espessa de seção retangular.

e – espessura do vertedor de soleira espessa
H – carga sobre o vertedor de soleira espessa
H_1 – tirante sobre o vertedor de soleira espessa

Os tirantes H_1 e H mantêm a relação $H_1 = \frac{2 \times H}{3}$, uma vez que sobre o vertedor ocorre escoamento crítico (fronteira entre o escoamento subcrítico e o escoamento supercrítico). O cálculo da vazão sobre a soleira depende da relação $\frac{e}{H}$, conforme mostrado no Quadro 5.2.

QUADRO 5.2 Vazão sobre vertedor retangular de soleira espessa

Espessura do vertedor	Vazão sobre o vertedor
$e < \dfrac{H}{2}$ (soleira delgada)	$Q = m \times l \times \sqrt{2 \times g} \times H^{3/2}$
$\dfrac{H}{1,5} \le e \le 3 \times H$	$Q = m \times \left(0,70 + 0,185 \times \dfrac{H}{e}\right) \times l \times \sqrt{2 \times g} \times H^{3/2}$
$e > 3 \times H$	$Q = 1,55 \times l \times H^{3/2}$

Quando $e > 3 \times H$, a vazão que flui sobre o vertedor é calculada por $Q = 1,55 \times l \times H^{3/2}$, segundo Lesbros. O coeficiente de vazão está compreendido entre 1,92 e 1,36, dependendo da rugosidade da soleira. Soleira muito lisa deve ter $m\sqrt{2g} = 1,92$, e soleira com superfície mais rugosa $m\sqrt{2g} = 1,36$. Não há proposta para o cálculo da vazão que flui sobre o vertedor de soleira espessa para cargas no intervalo $\dfrac{H}{2} < e < \dfrac{H}{1,5}$. O estudo do funcionamento da soleira retangular espessa muitas vezes esbarra no desconhecimento antecipado da relação $\dfrac{e}{H}$, o que dificulta a escolha do instrumental mais adequado ao cálculo da vazão. Quando $\dfrac{e}{H}$ é desconhecido, o cálculo da vazão deve partir da hipótese inicial, que considera verdadeira a relação $\dfrac{e}{H} > 3$. Determinada a vazão ou a carga, examina-se a validade da hipótese. No caso de rejeição da proposta inicial, o cálculo é refeito a partir da segunda hipótese, formulada após a conclusão dos cálculos referentes à primeira hipótese. A segunda hipótese de cálculo também deve ter a aplicabilidade testada.

O vertedor do tipo Crump é uma soleira triangular conforme mostrado na Figura 5.13. A metodologia de cálculo da vazão, indicada a seguir, foi proposta por Wessel e Rooseboom.

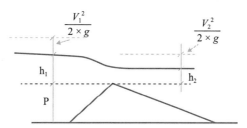

FIGURA 5.13 Vertedor triangular tipo Crump afogado.

Devem ser observadas algumas limitações no uso do vertedor tipo Crump, tais como: h_1 maior ou igual a 0,06 m, P maior ou igual a 0,06 m, b (extensão da crista) maior ou igual a 0,30 m, a relação h_1/P menor ou igual a 3,5 e a relação b/h_1 maior ou igual a 2,0. A vazão será determinada da seguinte forma para o vertedor operando com lâmina livre (sem afogamento).

$$Q = c \times \frac{2}{3} \times \sqrt{\frac{2}{3} \times g} \times b \times H_1^{3/2}$$

Em que:

C = coeficiente de vazão determinado por: $c = 1,163 \times \left[1 - \dfrac{0,0003}{h_1}\right]^{1/2}$

b = comprimento da crista do vertedor (transversal ao eixo do canal)

H_1 = energia específica a montante do vertedor determinada por: $H_1 = h_1 + \dfrac{V_1^2}{2 \times g}$

Quando o vertedor Crump está afogado a vazão é determinada da seguinte forma:

$$Q = c \times f \times \frac{2}{3} \times \sqrt{\frac{2}{3} \times g} \times b \times H_1^{3/2}$$

Sendo:

f = fator de afogamento que reduz a vazão

QUADRO 5.3 Cálculo do fator de afogamento do vertedor do tipo Crump

$\dfrac{H_2}{H_1}$	f
$\dfrac{H_2}{H_1} \leq 0{,}75$	$f = 1{,}0$
$0{,}75 < \dfrac{H_2}{H_1} \leq 0{,}93$	$f = 1{,}035 \times \left[0{,}817 - \left(\dfrac{H_2}{H_1}\right)^4 \right]^{0{,}0647}$
$0{,}93 < \dfrac{H_2}{H_1} < 0{,}985$	$f = 8{,}686 - 8{,}403 \times \left(\dfrac{H_2}{H_1}\right)$

No cálculo da vazão que flui sobre a soleira do vertedor Crump há uma dificuldade inicial a ser vencida, relativa à determinação da velocidade do fluxo no canal a montante do vertedor, quando esta é desconhecida. Como primeira aproximação é aconselhável admitir $V = 0$. Segundo essa hipótese, $H_1 = h_1 + 0$. Calcula-se, assim, o valor da vazão em primeira aproximação.

$$Q_0 = 1{,}163 \times \left[1 - \dfrac{0{,}0003}{h_1}\right] \times \dfrac{2}{3} \times \sqrt{\dfrac{2}{3} \times g} \times b \times h_1^{3/2}$$

Determinado o valor aproximado da vazão (Q_0), calcula-se a velocidade do escoamento a montante do vertedor fazendo. $V_0 = \dfrac{Q_0}{A}$, sendo A a área molhada do canal.

A energia específica no canal será então.

$$H_1 = h_1 + \dfrac{V_0^2}{2 \times g}$$

Assim, pode-se calcular a vazão no canal com o modelo de vertedor Crump chegando-se a um segundo resultado. Esse cálculo pode ser repetido iterativamente até que o valor da energia cinética (H) se estabilize. Quando o vertedor Crump está afogado e as velocidades a montante e jusante são desconhecidas, além do processo iterativo proposto deve-se também testar o valor do fator de afogamento f, iniciando pelo valor $f = 1$. Após cada aproximação do valor real da vazão deve ser verificado o valor de $\dfrac{H_2}{H_1}$ para a definição adequada do fator de afogamento em conformidade com o disposto no Quadro 5.3

Outra aplicação importante da soleira espessa é identificada pelo título "vertedor de crista de barragem" ou vertedor *Ogee*. Este vertedor, instalado na aresta superior (crista) da barragem, apesar de não apresentar perfil delgado, apresenta o mesmo desempenho desse último. Determina este funcionamento a forma da seção do vertedor, que acompanha a trajetória da face inferior da lâmina vertente do vertedor livre arejado. Na Figura 5.14, a área hachurada corresponde à área da seção

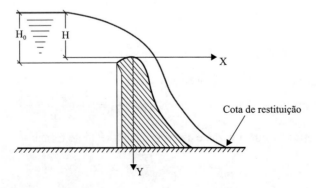

FIGURA 5.14 Vertedor de crista de barragem (vertedor *Ogee*).

do volume de ar sob a lâmina nos vertedores de soleira delgada de lâmina livre e também à seção do volume de concreto nos vertedores de crista de barragem.

Francis propõe as expressões a seguir para o cálculo das vazões que fluem sobre o vertedor de crista de barragem:

$$Q = 1{,}838 \times l \times H_0^{3/2} = 2{,}196 \times l \times H^{3/2}$$

Em que:

H – carga sobre o vertedor de crista de barragem medida entre o nível d'água e seu ponto mais alto

H_0 – carga sobre o vertedor de soleira delgada medida entre o nível d'água e a cota da soleira delgada do vertedor de lâmina livre

O traçado do perfil desse vertedor, desde a origem do par de eixos XY, colocado no ponto mais alto da crista, até a cota de restituição, é dado pela equação:

$$X^n = K \times H_d^{n-1} \times Y$$

As constantes K e n dessa equação estão apresentadas no Quadro 5.4. A variável H_d é a carga de projeto, estabelecida em conformidade com as vazões que passarão pelo vertedor.

QUADRO 5.4 Constantes da equação que gera a forma do vertedor de crista de barragem (Ogee)

(v) : (h)	(v) : (h)	K	n
1:0 (vertical)	3:0	2,000	1,850
1:0,33	3:1	1,936	1,836
1:0,66	3:2	1,939	1,810
1:1,00	3:3	1,873	1,776

O ajuste do perfil, entre a origem dos eixos e a cota da soleira do vertedor delgado de referência, é definido por meio de método gráfico aconselhado por Chow. Esse artifício permite calcular a vazão no vertedor de crista de barragem (soleira espessa) utilizando as fórmulas do vertedor de soleira delgada.

Na sua expressão mais simples, o ajuste do perfil pode ser considerado da seguinte forma: $r = \dfrac{5}{16} \times H$

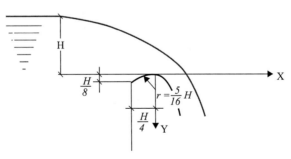

FIGURA 5.15 Método gráfico para ajuste do perfil do vertedor de crista de barragem.

A vazão no vertedor de crista de barragem de seção reta deve ser calculada com o mesmo instrumental aplicado às soleiras.

$$Q = 1{,}55 \times l \times H^{3/2}$$

Em que:

l = comprimento da soleira
H = carga sobre vertedor

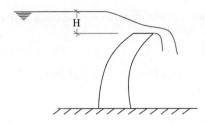

FIGURA 5.16 Vertedor de soleira reta em barragem.

Os vertedores circulares do tipo tulipa são vertedores de forma circular, em planta, funcionando de forma análoga a dos vertedores planos. A vazão neste vertedor será calculada pela expressão de Mason:

$$Q = m \times \pi \times D \times \sqrt{2 \times g} \times H^{3/2}$$

Em que:

$$m = \frac{2}{3} \times c = 0,4$$

$\pi \times D$ = comprimento da soleira
H = carga sobre a soleira
g = aceleração da gravidade

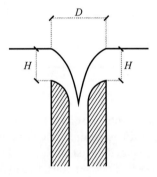

FIGURA 5.17 Vertedor tulipa.

APLICAÇÃO 5.6.

Uma soleira retangular de arestas vivas, com espessura de 3,0 m, está instalada em canal retangular com 1,5 m de largura. A soleira tem altura de 1,0 m, contada a partir do fundo do canal, no qual flui a vazão de 2,0 m^3/s. A elevação do NA, a montante da soleira, será determinada da seguinte forma:

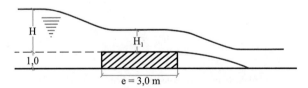

FIGURA 5.18 Soleira retangular sobre o fundo de canal.

Admitindo $e > 3 \times H$, tem-se:

$$Q = 1,55 \times l \times H^{3/2}$$

$$2,0 = 1,55 \times 1,5 \times H^{3/2} \therefore H = 0,90$$

$e = 3,0\ m\ (e > 3 \times H)$ hipótese confirmada.

O NA a montante da soleira terá a seguinte altura sobre o fundo do canal:

$$H + 1,0 = 0,90 + 1,0 = 1,9\ m$$

Sobre a soleira haverá um tirante de:

$$H_1 = \frac{2}{3} \times H = \frac{2}{3} \times 0,90 = 0,60\ m$$

APLICAÇÃO 5.7.

A vazão de 10 m^3/s deve extravasar (sangrar) de um reservatório. A lâmina sobre o vertedor não deve ser superior a 0,30 m.
O comprimento do vertedor de crista de barragem necessário a atender às condições apresentadas seria:

$$Q = 2,196 \times l \times H^{3/2}$$
$$10 = 2,196 \times l \times 0,3^{3/2} \therefore l = 27,71\ m$$

O diâmetro do vertedor tulipa seria:

$$Q = m \times \pi \times D \times \sqrt{2 \times g} \times H^{3/2}$$
$$10 = 0,4 \times 3,14 \times D \times \sqrt{2 \times 9,81} \times 0,3^{3/2} \therefore D = 10,93\ m$$

g Vertedor com soleira oblíqua em relação ao eixo do canal
Os vertedores retangulares oblíquos ou de soleira curva são necessários quando se pretende obter pequenas cargas sobre a soleira ou cargas maiores com pequenas oscilações de altura de carga. A pequena variação da carga é importante quando se deseja a regularização de nível dos trechos de montante dos canais. Estes vertedores também são utilizados quando se pretende uma carga menor do que a gerada por um vertedor retangular, perpendicular à corrente.

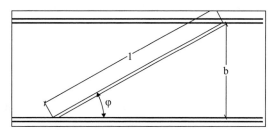

FIGURA 5.19 Vertedor de soleira oblíqua em relação ao eixo do canal.

A vazão do vertedor retangular oblíquo é determinada pela expressão:

$$Q = m \times x \times l \times \sqrt{2 \times g} \times H^{3/2}$$

Em que:

l – comprimento da soleira oblíqua $l = \dfrac{b}{\operatorname{sen}\varphi}$, sendo b a largura do canal
x – coeficiente de correção da vazão devido à obliquidade do vertedor, apresentado no Quadro 5.5
H – carga sobre a soleira do vertedor oblíquo retangular

QUADRO 5.5 Coeficiente de correção da vazão devido à obliquidade da soleira do vertedor em relação ao eixo do canal

φ (graus)	15	30	45	60	75	90
x	0,86	0,91	0,94	0,96	0,98	1,00

João Neto e Vantuil (UnB, 1999) transformaram os valores desse quadro em função, permitindo a interpolação de resultados de φ da seguinte forma:

$$x = 0{,}6872 \times \varphi^{0{,}0825}$$

O modelo matemático para a determinação da vazão no vertedor de soleira obliqua, instalado em canal, se transforma em:

$$Q = m \times (0{,}6872 \times \varphi^{0{,}0825}) \times \frac{b}{\sin \varphi} \times \sqrt{2 \times g} \times H^{3/2}$$

O ângulo φ, medido em graus, define a obliquidade do vertedor em relação ao eixo do canal.

Vale observar que a obliquidade leva a uma vazão menor por metro de soleira, já que x é menor do que 1. Contudo, a vazão no vertedor retangular será maior graças ao valor de l, comprimento da soleira do vertedor, ser muito superior a b, largura do canal. O vertedor composto de vários segmentos oblíquos é chamado vertedor labirinto.

A vazão nos vertedores retangulares de soleira curva são calculadas, segundo Wex, com as expressões indicadas na Figura 5.20.

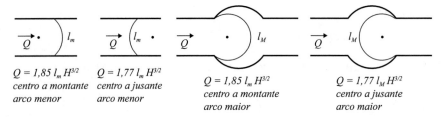

FIGURA 5.20 Vertedores de soleira curva (arco de círculo).

QUADRO 5.6 Modelo matemático para cálculo da vazão em vertedor em arco de círculo

	Centro a montante	Centro a jusante
Arco menor	$Q = 1{,}85 \times l_m \times H^{3/2}$	$Q = 1{,}77 \times l_m \times H^{3/2}$
Arco maior	$Q = 1{,}85 \times l_M \times H^{3/2}$	$Q = 1{,}77 \times l_M \times H^{3/2}$

O coeficiente de vazão do vertedor com centro a jusante ($c = 1{,}77$) é menor do que o coeficiente do vertedor com centro de curvatura a montante ($c = 1{,}85$) resultante da convergência das partículas em direção ao centro de curvatura que impõe maior dificuldade de ajuste às diversas trajetórias quando o centro de curvatura está a jusante, como se observa na Figura 5.21.

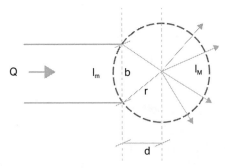

FIGURA 5.21 Definição do vertedor de soleira circular de arco maior.

O cálculo do comprimento da soleira (l_m ou l_M) se faz da forma indicada a seguir, para *arcos de círculo*:

1. Fixar r (raio do círculo) e b (largura do canal de seção retangular). Quando o canal tiver seção trapezoidal, o mais aconselhável é fazer $b = T$, sendo T a largura da seção trapezoidal na superfície da área molhada.

2. Calcular:

$$d = \frac{1}{2}\sqrt{4r^2 - b^2}$$

3. Calcular:

$$l_m = 2r\, arctg\, \frac{b}{2d} \quad ou \quad l_M = 2\pi r - l_m$$

Vale observar que b, largura do canal, é a corda do arco capaz de um ângulo α escolhido. Este ângulo será tanto maior quando menor for o raio r. No limite, α será igual a 90° quando r for igual a $\frac{b}{2}$. Habitualmente, deseja-se α com pequeno valor para que l_M seja bastante longo.

Como última observação, vale acrescentar que, quando α for igual ou superior a 45°, o vertedor circular pode ser calculado como oblíquo, pois o cálculo é mais simples e os resultados muito semelhantes entre si. O vertedor de soleira curva pode ser formatado com arcos de outras curvas geométricas, além do arco de círculo. Podem ser utilizados arcos de parábola, arcos de hipérbole etc.

APLICAÇÃO 5.8.

Um vertedor parabólico com largura de 10 m segundo uma transversal ao eixo do canal e comprimento de 10 m segundo o eixo do canal, descrito segundo a parábola $y = a \times x^2$, na qual $a = 0{,}4$, está instalado em canal de seção retangular, com 12,0 m de largura, de forma que o eixo longitudinal dessa parábola coincide com o eixo de simetria do canal. Os espaços entre as extremidades da parábola e as bordas do canal estão fechadas com paredes perpendiculares ao eixo do canal, sobre as quais não flui água. Determine a vazão que flui no canal quando a carga sobre o vertedor for de 0,5 m.

Solução

Segundo o enunciado do exercício, em cada margem do canal há uma parede, sobre a qual não flui água, que ocupa o espaço de 1,0 m ligando a extremidade da parábola à respectiva margem do canal. O comprimento da soleira do vertedor parabólico é calculado como mostrado a seguir:

$$l = \frac{1}{2} \times \sqrt{16 \times y^2 + T^2} + \frac{T^2}{8 \times y} \times \ln\left[\frac{4 \times y + \sqrt{16 \times y^2 + T^2}}{T}\right]$$

Nessa equação, um ponto genérico da parábola será representado por $P(x;y)$ e T mede a distância entre as extremidades da parábola. Então, para $T = 2x$, quando $y = 10$, na equação $y = a \times x^2$, resulta que $T = 10$. Pode-se então calcular o comprimento da parábola da seguinte forma:

$$l = \frac{1}{2} \times \sqrt{16 \times 10^2 + 10^2} + \frac{10^2}{8 \times 10} \times \ln\left[\frac{4 \times 10 + \sqrt{16 \times 10^2 + 10}}{10}\right] \quad \therefore \quad l = 23{,}21\, m$$

A vazão que flui sobre a soleira do vertedor será calculada com se segue.

$$Q = m \times l \times \sqrt{2 \times g} \times H^{3/2}$$
$$Q = 0{,}4 \times 23{,}21 \times \sqrt{2 \times 9{,}81} \times 0{,}5^{3/2} \quad \therefore \quad Q = 14{,}54\, m^3/s$$

Os vertedores retangulares oblíquos e circulares podem ser combinados formando vertedores compostos, como o bico de pato, mostrado na Figura 5.22.

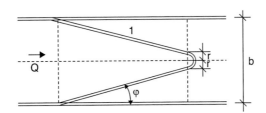

FIGURA 5.22 Vertedor bico de pato.

Neste caso, são dois vertedores oblíquos ligados por um vertedor curvo. A vazão desse vertedor será calculada pela expressão:

$$Q = 2 \times \left[(0{,}6872 \times \varphi^{0{,}0825}) \times 0{,}4 \times \frac{\frac{b}{2} - r}{\operatorname{sen}\varphi} \times \sqrt{2 \times g} \times H^{3/2} \right] + \frac{2 \times \pi \times r}{2} \times 1{,}85 \times H^{3/2}$$

Vale observar que:

$0{,}6872 \times \varphi^{0{,}0825}$ representa a correção x do vertedor oblíquo

$\dfrac{\frac{b}{2} - r}{\operatorname{sen}\varphi}$ é o comprimento da soleira do vertedor oblíquo

$\dfrac{2 \times \pi \times r}{2}$ é o comprimento da soleira do vertedor semicircular

0,4 é o valor de m

H é a carga sobre a soleira

φ é o ângulo do trecho oblíquo (especificado em graus)

b é a largura do canal

Convém observar que no vertedor bico de pato o ajuste entre o semicírculo e os vertedores oblíquos não é perfeito do ponto de vista geométrico, contudo, do ponto de vista da hidráulica, essa disposição produz resultados satisfatórios além de abreviar o cálculo do comprimento da soleira.

APLICAÇÃO 5.9.

Um vertedor de soleira curva, em arco de círculo, será instalado em canal retangular de 2,0 m de largura. Deve fluir sobre o vertedor a vazão de 1,72 m^3/s. A carga sobre o vertedor não deve ser superior a 0,10 m. O comprimento da soleira será:

$$Q = 1{,}85 \times l_M \times H^{3/2}$$

$$1{,}72 = 1{,}85 \times l_M \times 0{,}1^{3/2} \therefore l_M = 29{,}38 \ m$$

Foi escolhido o arco maior com centro a montante. O arco menor não seria viável em canal com largura de 2,0 m, uma vez que $l_M = 29{,}38 \ m$. O centro a montante leva a uma soleira de extensão menor, já que o coeficiente de vazão para a vazão efluente é igual a 1,85. Tem-se então:

$$\begin{cases} l_M = 2 \times \pi \times r - l_m \\ l_m = 2 \times r \times \operatorname{arctg} \dfrac{b}{2 \times d} \\ d = \dfrac{1}{2} \times \sqrt{4 \times r^2 - b^2} \end{cases} \text{sendo:} \quad \begin{array}{l} l_M = 29{,}38 \ m \\ b = 2{,}0 \ m \end{array}$$

$$l_M = 2 \times 3{,}14 \times r - 2 \times r \times \operatorname{arctg} \frac{b}{\sqrt{4 \times r^2 - b^2}}$$

$$29{,}38 = 2 \times 3{,}14 \times r - 2 \times r \times \operatorname{arctg} \frac{2}{\sqrt{4 \times r^2 - 2^2}}$$

$$r = 5{,}0 \ m$$

Nesta operação, a calculadora deve estar ajustada para operar com ângulos em radianos.

$$d = \frac{1}{2} \times \sqrt{4 \times r^2 - b^2} = \frac{1}{2} \times \sqrt{4 \times 5^2 - 2^2} = 4{,}90 \ m$$

Na seção do vertedor a parede lateral do canal deve ser adaptada de forma a contornar a soleira do vertedor para, a seguir, voltar à forma retangular.

Outro vertedor capaz de verter vazões altas mantendo pequenas cargas é o bico de pato. Este vertedor é dimensionado da seguinte forma:

$$Q = 2 \times \left[\left(0{,}6872 \times \varphi^{0{,}0825} \right) \times 0{,}4 \times \frac{\frac{b}{2} - r}{\operatorname{sen}\varphi} \sqrt{2 \times g} \times H^{3/2} \right] + \pi \times r \times 1{,}85 \times H^{3/2}$$

As variáveis já fixadas são:

$$Q = 1{,}72 \ m^3/s; \ b = 2{,}0 \ m; H = 0{,}10 \ m$$

São incógnitas φ e r.

Na equação do bico de pato algumas variáveis têm valor relativamente constante. A extremidade do bico de pato terá os valores a seguir, quando for estabelecido o valor de r.

QUADRO 5.7 Valores do raio *versus* $\pi \times r \times 1{,}85 \times H^{\{3/2\}}$

r	0,5	0,2	0,1
$\pi \times r \times 1{,}85 \times H^{\{3/2\}}$	0,09185	0,03674	0,01837

A correção da vazão, em consequência da obliquidade do vertedor, pouco varia como se constata no Quadro 5.8.

QUADRO 5.8 Comprimento do trecho oblíquo do vertedor *versus* ϕ

φ (graus)	10	15	20	25
$0{,}6872 \times \varphi^{0{,}0825}$	0,830	0,860	0,879	0,896

Pode-se, então, com o objetivo de escolher φ e r, construir o Quadro 5.9.

QUADRO 5.9 Determinação do valor do raio de geração da soleira em arco de círculo

φ (graus)	r	A equação será	Q (m^3/s)
10	0,5	$Q = 2 \times \left[0{,}83 \times 0{,}4 \frac{1 - 0{,}5}{0{,}17365} \times 0{,}14 \right] + 0{,}09185$	0,35
10	0,2	$Q = 2 \times \left[0{,}83 \times 0{,}4 \frac{1 - 0{,}2}{0{,}17365} \times 0{,}14 \right] + 0{,}03674$	0,46
10	0,1	$Q = 2 \times \left[0{,}83 \times 0{,}4 \frac{1 - 0{,}1}{0{,}17365} \times 0{,}14 \right] + 0{,}01837$	0,50

Constata-se, assim, que o vertedor bico de pato não será capaz de permitir o extravasamento da vazão de 1,72 m^3/s em canal retangular com 2,0 m de largura, mantida a carga $H = 0{,}10 \ m$.

APLICAÇÃO 5.10.

Um vertedor oblíquo composto ou vertedor labirinto é constituído por 4 soleiras dispostas segundo dois pares de soleiras convergentes, cujas extremidades de jusante são interligadas por paredes cegas transversais ao eixo longitudinal do canal. A parede é considerada cega quando não permite fluxo sobre o coroamento. As extremidades de montante das soleiras oblíquas vertentes são também ligadas por paredes cegas com extensão de 1 m. Finalmente, as extremidades externas dos pares de soleiras vertentes são conectadas às margens do canal por paredes cegas de 1 m de extensão. Sabendo que as soleiras vertentes têm 10 m de extensão, altura em relação ao fundo do canal $P = 1,5\ m$, coeficiente de vazão $m = 0,3$ e ângulo de inclinação $\phi = 15°$ em relação ao eixo do canal, determine a vazão que fluirá no canal e respectiva velocidade, quando a carga sobre as soleiras for de 0,5 m. A vazão sobre o vertedor labirinto é determinada como se segue.

$$Q = n \times [m \times x \times l \times \sqrt{2 \times g} \times H^{3/2}]$$

Sendo:

n = quantidade de soleiras vertentes de mesmo comprimento ($n = 4$)
m = coeficiente de vazão da soleira ($m = 0,3$)
x = coeficiente de correção da vazão devido à obliquidade da soleira ($x = 0,86$ para $\phi = 15°$)
l = comprimento da soleira ($l = 10\ m$)
H = carga sobre a soleira ($H = 0,5\ m$)

Então, a vazão será:

$$Q = 4 \times [0,3 \times 0,86 \times 10 \times \sqrt{2 \times 9,81} \times 0,5^{3/2}] = 16,16\ m^3/s$$

A largura do canal será: 3,0 m (paredes de montante) + 2,0 m (paredes de jusante) + 10,35 (4 × 10 × sin 15) (espaço transversal ocupado pelos vertedores oblíquos) = 15,35 m.

A velocidade da corrente será:

$$V = \frac{Q}{A} = \frac{16,16}{15,35 \times (1,5 + 0,5)} = 0,526\ m/s$$

A posição limite para o vertedor oblíquo acontece quando $\varphi = 0$. Tem-se, então, o vertedor retangular lateral que é utilizado para a extração de vazões excedentes que ocorrem nos canais quando se verifica erro de operação de comporta, invasão de *run-off* (escoamento superficial de áreas adjacentes), ou contribuição direta da chuva ao longo do canal.

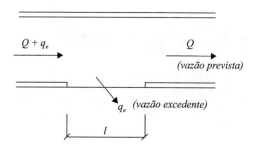

FIGURA 5.23 Vertedor lateral.

Na maioria dos casos, deseja-se dimensionar o comprimento da soleira l do vertedor lateral para que a vazão excedente q_e seja extraída do canal. Convém lembrar, desde já, que o escoamento no intervalo l da soleira do vertedor retangular lateral é permanente variado, uma vez que as variáveis que caracterizam o escoamento (Q, V, R, y etc.) tomam valores diferentes, seção a seção, apesar de permanecerem invariantes em uma mesma seção, desde que seja mantida a vazão de montante $Q + q_e$. No intervalo da soleira, portanto, não se aplica o modelo de Chezy ou Manning desenvolvidos para canais em escoamento permanente e uniforme.

A carga sobre o vertedor retangular lateral assume diversas formas, de acordo com o tipo de escoamento estabelecido no canal. Serão considerados apenas os dois casos mais comuns.

A Figura 5.24A mostra a forma da carga sobre a soleira do vertedor retangular lateral quando o escoamento no canal é *supercrítico*. Mostra-se que y_0 (tirante do canal na seção de montante) corresponde à vazão $Q + q_e$, em escoamento permanente uniforme, enquanto o tirante y_1 corresponde à vazão Q. A Figura 5.24B mostra a forma da carga sobre a soleira do vertedor quando escoamento no canal é *subcrítico*. Indica que $H_1 > H_0$, contrariando, à primeira vista, o resultado esperado. Justifica-se que H_1 seja maior que H_0 com a curva de Koch, que apresenta as vazões possíveis de ocorrer em um canal, em função do tirante, mantida a energia específica constante.

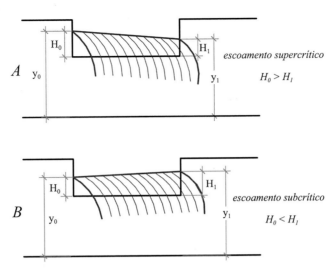

FIGURA 5.24 Escoamento subcrítico e supercrítico no vertedor lateral.

A curva de Koch é definida pela função:

$$Q = A \times \sqrt{2 \times g \times (E_e - y)}$$

Em que:

Q – vazão no canal
A – área molhada no canal
E_e – energia específica do escoamento
y – profundidade do escoamento
g – aceleração da gravidade

A curva de Koch mostra claramente que, no escoamento subcrítico, uma redução da vazão do canal (Q_1 para Q_2) resulta na elevação do tirante (y_1 para y_2), quando a energia específica não varia. Sendo assim, deve-se, em primeiro lugar, determinar a energia específica do escoamento e o tirante y_0 para a vazão ($Q_1 + q_e$) da seguinte forma:

$$Q + q_e = \frac{A}{n} \times R^{2/3} \times I^{1/2}$$

Em que:

A – área molhada do escoamento no canal
n – coeficiente de Manning que representa a rugosidade da seção molhada
R – raio hidráulico da seção molhada
I – declividade longitudinal do canal

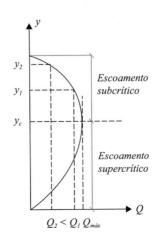

FIGURA 5.25 Curva de Koch.

Caso o canal tenha seção retangular:

$$A = b \times y_0; \quad R = \frac{b \times y_0}{b + 2 \times y_0}$$

Substituindo estas expressões na equação anterior, determina-se o valor do tirante y_0. Calcula-se, então, a energia específica:

$$E_e = y_0 + \frac{(Q + q_e)^2}{2 \times g \times (b \times y_0)^2};$$

Em que:

$$V_0^2 = \frac{(Q + q_e)^2}{(b \times y_0)^2}$$

Admite-se que, por ser relativamente curta a soleira do vertedor, a energia específica se mantenha inalterada ao longo da sua extensão. Sendo assim, é possível a determinação de y_1 do seguinte modo:

$$E_e = y_1 + \frac{Q^2}{2 \times g \times (b \times y_1)^2}$$

A jusante da soleira, a vazão volta ao valor Q (a vazão excedente foi expurgada). Determinados os tirantes y_1 e y_0, é possível o cálculo de cargas sobre a soleira, a montante e a jusante, H_0 e H_1, uma vez que a cota da soleira do vertedor retangular lateral é conhecida. Chega-se, então, ao modelo matemático para a determinação da vazão excedente atribuída a Bazin, conforme apresentado a seguir:

$$q_e = \frac{2}{5} \times m \times l \times \sqrt{2 \times g} \times \frac{H_1^{5/2} - H_0^{5/2}}{H_1 - H_0}$$

Nessa expressão, própria para escoamento subcrítico:

q_e = vazão excedente, a ser extraída do canal por meio do vertedor lateral
l = comprimento do vertedor lateral

$$m = \frac{2}{3c} = \frac{2}{3} \times 0,6 = 0,4$$

H_0 = tirante sobre a soleira do vertedor a montante: $H_0 = y_0 - P$ (Figura 5.24)
P = altura da soleira do vertedor em relação ao fundo do canal
H_1 = tirante sobre a soleira do vertedor a jusante: $H_1 = y_1 - P$ (Figura 5.24)

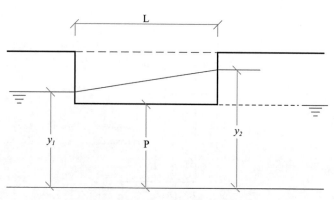

FIGURA 5.26 Determinação do comprimento do vertedor lateral por De Marchi.

De Marchi propõe a expressão a seguir para a determinação do comprimento do vertedor lateral:

$$L = \frac{3}{2} \times \frac{b}{c} \times (\phi_2 - \phi_1)$$

$$\phi_i = \frac{2 \times E_0 - 3 \times P}{E_0 - P} \sqrt{\frac{E_0 - y_i}{y_i - P}} - 3 \times arcsen \sqrt{\frac{E_0 - y_i}{y_i - P}}$$

Em que:

L = comprimento do vertedor lateral
b = largura do canal retangular
c = coeficiente de vazão
E_0 = energia específica para $Q + q_e$;

$$E_0 = y_1 + \frac{(Q + q_e)^2}{2 \times g \times b^2 \times y_1^2}$$

P = altura da soleira do vertedor
y_1 = tirante a montante da soleira
y_2 = tirante a jusante da soleira

y_2 calculado para o mesmo E_0, porém com a vazão Q (após extração da vazão excedente)

$$E_0 = y_2 + \frac{Q^2}{2 \times g \times b^2 \times y_2^2}$$

APLICAÇÃO 5.11.

Um canal de seção retangular transporta 4,347 m^3/s, com tirante de 1,0 m, largura de 5,0 m e declividade longitudinal 1/5.000 m/m. O canal é revestido de concreto com n = 0,013. Admite-se que, em decorrência de erro operacional, a vazão atinge o valor de 6,371 m^3/s quando o tirante alcançará o valor de 1,3 m. O dimensionamento do vertedor lateral capaz de expurgar a vazão excedente atende ao seguinte roteiro:

A vazão excedente é determinada por: 6,371 – 4,347 = 2,02 m^3/s. A soleira do vertedor deve ser posicionada na lateral do canal 1,0 m acima do fundo, de forma que a vazão esperada (4,347 m^3/s) tenha livre trânsito no canal. Quando a vazão excedente percorrer o canal, ela terá uma energia específica determinada da seguinte forma:

$$E_e = y_e + \frac{V_e^2}{2 \times g}$$

A velocidade do escoamento será:

$$V_e = \frac{Q_e}{A_e} = \frac{6,371}{5 \times 1,3} = 0,98 \; m/s$$

A energia específica será:

$$E_e = 1,3 + \frac{0,98^2}{2 \times 9,81} = 1,34 \; mca$$

Admite-se que haverá conservação de energia ao longo da extensão do vertedor lateral. A jusante do vertedor o tirante será, então:

$$E_e = y_j + \frac{V_j^2}{2 \times g}$$

Em que:

$$V_j = \frac{Q}{A_j}$$

$$E_e = y_j + \frac{Q^2}{2 \times g \times (b \times y_j)^2}$$

A vazão Q será a vazão do canal sem a parcela excedente. (Q = 4,347 m^3/s).
Então:

$$1,34 = y_j + \frac{4,347^2}{2 \times 9,81 \times 5^2 \times y_j^2} \quad \therefore \quad y_j = 1,32\, m$$

Há, portanto, um acréscimo de 2,0 cm no tirante, ao longo do vertedor lateral, apesar da vazão ter sido expurgada. A jusante do vertedor lateral, o fluxo reassumirá o regime permanente uniforme, voltando a vazão de 4,347 m^3/s a ocupar o tirante de 1,0 m. Essa configuração é indicada na Figura 5.27.

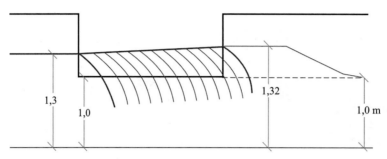

FIGURA 5.27 Vertedor lateral em escoamento subcrítico.

A montante do vertedor lateral, o NA ultrapassará a soleira do vertedor em H_0 = 1,3 − 1,0 = 0,30 m e a jusante, o NA ultrapassará a soleira do vertedor em H_1 = 1,32 − 1,0 = 0,32 m.

O comprimento do vertedor lateral será determinado da seguinte forma:

$$Q_e = \frac{2}{5} \times m \times l \times \sqrt{2 \times g} \times \frac{H_1^{5/2} - H_0^{5/2}}{H_1 - H_0}$$

$$6,371 - 4,347 = \frac{2}{5} \times 0,4 \times l \times \sqrt{2 \times 9,81} \times \frac{0,32^{5/2} - 0,3^{5/2}}{0,32 - 0,3}$$

$$l = 6,61\, m$$

O comprimento do vertedor lateral, segundo a proposta de Marchi, será:

$$L = \frac{3}{2} \times \frac{b}{c} \times (\phi_2 - \phi_1)$$

$$\phi_i = \frac{2 \times E_0 - 3 \times P}{E_0 - P} \times \sqrt{\frac{E_0 - y_i}{y_i - P}} - 3 \times arcsen \sqrt{\frac{E_0 - y_i}{y_i - P}}$$

Em que:

b = largura do canal retangular: b = 5,0 m
c = coeficiente de vazão: c = 0,6
E_0 = energia específica para $Q + q_e$: E_0 = 1,34 mca
P = altura da soleira do vertedor: P = 1,0 m
y_1 = tirante a montante da soleira: y_1 = 1,30 m
y_2 = tirante a jusante da soleira: y_2 = 1,32 m

Os tirantes y_1 e y_2 foram determinados considerando a conservação de energia ao longo da extensão do vertedor lateral. Substituindo os valores conhecidos no modelo de Marchi, tem-se:

$$\phi_2 = \frac{2 \times 1,34 - 3 \times 1,0}{1,34 - 1,0} \times \sqrt{\frac{1,34 - 1,32}{1,32 - 1,0}} - 3 \times arcsen \sqrt{\frac{1,34 - 1,32}{1,32 - 1,0}}$$

$$\phi_2 = -0,99334$$

$$\phi_1 = \frac{2\times 1{,}34 - 3\times 1{,}0}{1{,}34 - 1{,}0} \times \sqrt{\frac{1{,}34 - 1{,}30}{1{,}30 - 1{,}0}} - 3\times arcsen\sqrt{\frac{1{,}34 - 1{,}30}{1{,}30 - 1{,}0}}$$

$$\phi_1 = -1{,}46505$$

$$L = \frac{3}{2}\times \frac{5}{0{,}6}[-0{,}99334 - (-1{,}46505)] = 5{,}896\ m$$

A diferença entre as extensões calculadas para a soleira do vertedor lateral é pequena e está associada aos valores dos coeficientes de vazão $c = 0{,}6$ e $m = 0{,}4$ que devem ser melhor definidos a partir de estudos laboratoriais.

5.5 VERTEDOR COM SEÇÃO NÃO RETANGULAR

Além da seção retangular, o vertedor pode ter a seção triangular, trapezoidal e circular. Podem ser construídas seções compostas cuja vazão será a soma das vazões vertidas nas suas partes constituintes.

A vazão do vertedor composto mostrado na Figura 5.28 é a soma da parte trapezoidal 1 e da parte retangular 2.

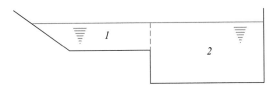

FIGURA 5.28 Vertedor de seção composta.

a) O vertedor triangular é mais adequado quando a vazão varia desde valores muito pequenos a valores altos. Observe-se que, mesmo nas vazões pequenas, a carga ainda pode ser medida com precisão.

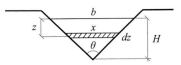

FIGURA 5.29 Vertedor de seção triangular.

A vazão será dada pela expressão:

$$Q = \int_0^H c\times \sqrt{2\times g\times z}\times \left(b - b\times \frac{z}{H}\right)dz = \frac{4}{15}\times c\times \sqrt{2\times g}\times b\times H^{3/2}$$

Na equação anterior $\left(b - b\times \frac{z}{H}\right)$ representa a largura da faixa (x) e $\left(b - b\times \frac{z}{H}\right)dz$ a sua área. Esta expressão pode ser colocada em função do ângulo central do vertedor fazendo $b = 2\times H\times \tan\frac{\theta}{2}$ então:

$$Q = \frac{8}{15}\times c\times \tan\frac{\theta}{2}\times \sqrt{2\times g}\times H^{5/2}$$

Para $\theta = 90°$ (ângulo central reto): $Q = 1{,}4 \times H^{5/2}$

b) O vertedor trapezoidal associa as vantagens do vertedor triangular, para pequenas vazões, e do vertedor retangular para grandes vazões. Para o vertedor trapezoidal com lados igualmente inclinados, pode-se usar a soma das vazões parciais da seguinte forma:

$$Q = \frac{2}{3}\times c\times l\times \sqrt{2\times g}\times H^{3/2} + \frac{8}{15}\times c\times \sqrt{2\times g}\times H^{5/2}\times \tan\alpha$$

A segunda parcela do modelo matemático representa a vazão que flui no vertedor triangular de ângulo central 2α, obtido pela soma das áreas dos triângulos retângulos laterais representados na Figura 5.30.

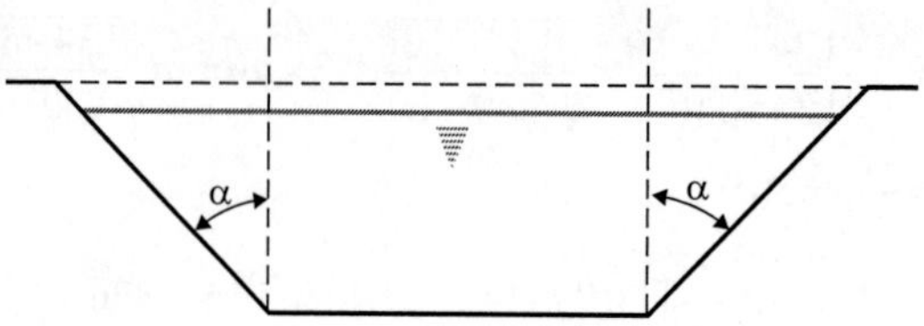

FIGURA 5.30 Vertedor trapezoidal com lados igualmente inclinados.

Romancini (UnB, 2001) propôs o modelo matemático a seguir para o cálculo da vazão no vertedor trapezoidal de seção com lados com inclinações diferentes.

$$Q = 2 \times c \times \sqrt{2 \times g} \times \left[\frac{b \times h^{3/2}}{3} + \frac{2 \times h^{5/2}}{15} \times \left(\frac{W}{N} + \frac{W'}{N'} \right) \right]$$

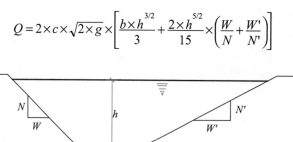

FIGURA 5.31 Vertedor trapezoidal com lados com inclinações diferentes.

Em que:

N, N', W e W' definem as declividades dos lados do vertedor
$c = 0,6$
h – carga sobre o vertedor
b – comprimento da soleira horizontal

O vertedor Cipoletti é um vertedor trapezoidal com inclinações dos lados na proporção 1(H):4(V) para compensar a redução de descarga que haveria no vertedor retangular, de mesmo comprimento de soleira, em consequência da contração lateral. A vazão neste vertedor é calculada da seguinte forma:

$$Q = 1,86 \times l \times H^{3/2}$$

Em que:

l – comprimento da soleira horizontal
H – carga sobre a soleira

Neste vertedor, devem ser observados os seguintes limites: soleira horizontal maior do que 3 a 4 vezes a carga sobre a soleira ($l > 3a4 \times H$), a altura da soleira deve ser maior do que o triplo da carga sobre a soleira ($P > 3 \times H$), e a largura do canal deve ser maior do que o sétuplo da carga sobre a soleira ($b > 7 \times H$).

c) No vertedor circular segundo plano vertical, conforme mostrado na Figura 5.32, a vazão é calculada pela expressão:

$$Q = 1,518 \times D^{0,693} \times H^{1,807}$$

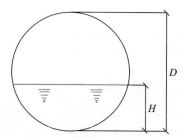

FIGURA 5.32 Vertedor de seção circular.

Em que:

D – diâmetro do círculo

H – carga sobre a soleira

Esse vertedor é menos preciso na definição da vazão em consequência da extrema sensibilidade da equação que a calcula. Pequenas variações de H levam a grandes variações de Q.

APLICAÇÃO 5.12.

Determinar a vazão que passa no vertedor trapezoidal, de bordas delgadas, com laterais inclinadas $\dfrac{N}{W}=\dfrac{1}{3}$ e $\dfrac{N'}{W'}=\dfrac{1}{5}$ m/m, com base (soleira horizontal) de 1,5 m, quando submetido a uma carga de 0,30 m. Aplicando a expressão proposta por Romancini tem-se:

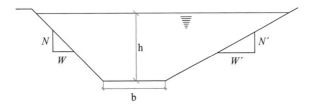

FIGURA 5.33 Vertedor trapezoidal com inclinações laterais diferentes.

$$Q = 2 \times c \times \sqrt{2 \times g} \times \left[\frac{b \times h^{3/2}}{3} + \frac{2 \times h^{5/2}}{15} \times \left(\frac{W}{N} + \frac{W'}{N'} \right) \right]$$

$$Q = 2 \times 0{,}6 \times \sqrt{2 \times 9{,}81} \times \left[\frac{1{,}5 \times 0{,}3^{3/2}}{3} + \frac{2 \times 0{,}3^{5/2}}{15} \times \left(\frac{3}{1} + \frac{5}{1} \right) \right]$$

$$Q = 0{,}71 \; m^3/s$$

5.6 VERTEDORES PROPORCIONAIS

Os vertedores já estudados têm a curva-chave de forma parabólica. A curva-chave é utilizada para a determinação da vazão do vertedor quando a sua carga é lida em régua graduada, afastada da soleira 5 a $10H$. Quando a curva-chave é parabólica, extrapolar valores de cargas não observadas leva, quase sempre, a grandes imprecisões. O vertedor proporcional tem a curva-chave retilínea de forma a facilitar extrapolações (leituras de vazões superiores às esperadas). Em geral, os vertedores proporcionais têm soleira retangular horizontal e as soleiras laterais ou ombreiras convergentes. A base retangular mantém uma relação entre seus lados maior e menor (comprimento e altura, respectivamente) que varia entre 3 e 25. Quanto maior a relação b/a, *menor* será a altura do retângulo quando comparada ao comprimento da soleira. As relações de maior valor numérico resultam em vazões menores, para a mesma carga. A carga (H) nesses vertedores deve ser maior do que a altura vertical da base (a)

a) O vertedor proporcional Sutro tem a forma indicada na Figura 5.34, em que:

a – altura mínima da carga

H – carga sobre a soleira horizontal, sendo $H = a + y$

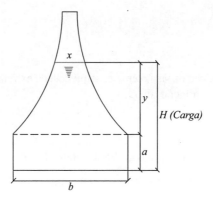

FIGURA 5.34 Vertedor proporcional Sutro.

A forma da soleira lateral ou ombreira é determinada pela expressão:

$$\frac{x}{b} = 1 - \frac{2}{\pi} \times arctg\sqrt{\frac{y}{a}}$$

A vazão do vertedor Sutro é calculada com o modelo matemático a seguir:

$$Q = 2{,}74 \times \sqrt{a \times b} \times \left(H - \frac{a}{3}\right)$$

Observe que esta equação é uma reta.

$$Q = f(H)$$

b) O vertedor proporcional Di Ricco tem a definição mostrada na Figura 5.35.
A vazão é calculada por meio da expressão:

$$Q = K \times L \times \sqrt{a} \times \left(H + \frac{5}{8} \times a\right)$$

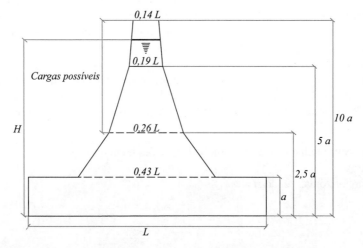

FIGURA 5.35 Vertedor proporcional Di Ricco.

A expressão é válida para cargas compreendidas entre $2,5\,a < H < 10\,a$ e para bases compreendidas entre $\frac{10}{3} < \frac{L}{a} < 25$. Os valores da constante K de Di Ricco são apresentados no Quadro 5.10.

QUADRO 5.10 Constantes do vertedor proporcional Di Ricco

L/a	3	5	7	10	15	20
K	2,094	2,064	2,044	2,022	1,991	1,978

Observa-se de comparações entre estes vertedores que para uma mesma carga, o vertedor Sutro escoa vazão muito superior ao vertedor Di Ricco. Analisando como estes vertedores foram projetados, conclui-se, também, sobre a razão do melhor desempenho do vertedor Sutro. As paredes curvas do vertedor Sutro são lançadas a partir dos extremos de sua área base, enquanto no vertedor Di Ricco, o trapézio inferior está centrado sobre a área base, correspondendo, na maior dimensão horizontal, a apenas 0,46 da soleira (menos da metade). Em resumo, a área molhada do vertedor Sutro é maior para uma mesma carga, o que resulta em maior vazão. Observa-se ainda que a reta-chave do vertedor Sutro é muito mais inclinada (mais próxima de uma vertical) do que a reta-chave do vertedor Di Ricco. Resulta daí que o vertedor Sutro é mais sensível à variação de carga.

APLICAÇÃO 5.13.

A determinação da curva-chave do vertedor Sutro, com $a = 0,2\,m$ e base $b = 1,0\,m$ é feita da forma indicada a seguir. Admitindo que a base do vertedor Sutro está posicionada $0,20\,m$ acima do fundo do canal, indique o tirante a montante do vertedor para a vazão de $0,40\,m^3/s$.

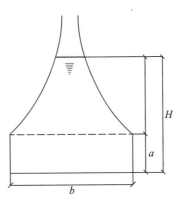

FIGURA 5.36 Variáveis do vertedor Sutro.

A curva-chave do vertedor Sutro será determinada da seguinte forma:

$$Q = 2,74 \times \sqrt{a \times b} \times \left(H - \frac{a}{3}\right)$$

$$Q = 2,74 \times \sqrt{0,2 \times 1,0} \times \left(H - \frac{0,2}{3}\right)$$

$$Q = 1,22537 \times (H - 0,06667)$$

A partir dessa curva-chave é possível determinar as vazões esperadas para diversas cargas (H), conforme disposto no Quadro 5.11.

QUADRO 5.11 Reta-chave do vertedor Sutro (a = 0,2 m e b = 1,0 m)

H (m)	0,2	0,3	0,4	0,5	0,6	0,7
Q (m³/s)	0,163	0,285	0,408	0,530	0,653	0,776

O tirante do canal a montante do vertedor Sutro será: 0,20 + 0,4 = 0,6 m, contado a partir do fundo do canal para a vazão de 0,40 m³/s.

Capítulo 6

Exercícios Resolvidos sobre Orifício e Vertedor

EXERCÍCIO RESOLVIDO 6.1

Um orifício retangular de borda delgada de 0,20 *m* de altura e 0,30 *m* de largura está instalado na parede de uma barragem de cheia, descarregando água em um canal. Determine a curva vazão (pelo orifício) *versus* cota (do nível d'água do reservatório) nas seguintes condições:

a) soleira do orifício: cota 300 *m*
   fundo do canal a jusante: cota 280 *m*
   nível superior do reservatório: cota 310 *m*

b) soleira do orifício: cota 280 *m*
   fundo do canal a jusante: cota 280 *m*
   nível superior do reservatório: cota 310 *m*

c) soleira do orifício: cota 281 *m*
   fundo do canal a jusante: cota 280 *m*
   nível d'água do canal a jusante: cota 283 *m*
   nível superior do reservatório: cota 310 *m*

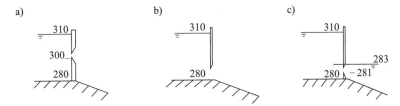

FIGURA 6.1 Orifícios em barragem de cheia.

Solução

A barragem de cheia atenua o impacto das enchentes, promovendo a regularização do trecho superior (próximo à cabeceira) do rio. O orifício, ou os orifícios instalados nesse tipo de barragem, usualmente, mantêm uma pequena carga e o reservatório da barragem permanece praticamente vazio na maior parte do tempo. Com a chegada da onda de cheia, ou cabeça d'água, a carga do orifício aumenta rapidamente, acompanhando o enchimento do reservatório. O orifício, então, deixa passar apenas a vazão correspondente à carga resultante do enchimento do reservatório. Assim, o dimensionamento das barragens de cheia envolve, entre outras questões, a fixação da altura total da barragem necessária à retenção do volume de água excedente e a localização e dimensionamento do orifício que determinará a vazão efluente (que passa) capaz de ser absorvida pelo canal ou rio a jusante, eliminando ou, ao menos, atenuando inundações indesejáveis.

a) soleira do orifício: cota 300
   fundo do canal a jusante: cota 280 *m*
   nível superior do reservatório: cota 310 *m*

Neste primeiro caso, pode-se afirmar, com segurança, que o jato do orifício não será influenciado pelo nível do canal de jusante. Como o nível do reservatório está, inicialmente, à cota 310 *m*, conclui-se que o orifício funcionará com grande carga já que esta é maior que o dobro da altura do orifício. Assim, a vazão será determinada por:

$$Q = c \times a \times \sqrt{2 \times g \times h}$$

Em que:

h = carga sobre o orifício medida entre o nível d'água superior, a montante, até o baricentro do orifício
$h_i = 310 - (300 + 0,10) = 9,9\ m$ – carga inicial sobre o orifício
$c = 0,6$ – coeficiente de vazão segundo Poncelet e Lesbros para $h \geq 0,20\ m$
$a = 0,20 \times 0,30 = 0,06\ m^2$ (área do orifício).

A vazão inicial será, portanto:

$$Q = 0,6 \times 0,06 \times \sqrt{2 \times 9,81 \times 9,9} = 0,502\ m^3/s$$

Para as demais cotas de nível d'água as vazões estão registradas no Quadro 6.1.

QUADRO 6.1 Vazões em orifício a meia altura da barragem para cargas selecionadas

cota (m)	310	308	306	304	302
h (m)	9,9	7,9	5,9	3,9	1,9
Q (m^3/s)	0,502	0,448	0,387	0,315	0,220

Esses resultados estão plotados na Figura 6.2.

Esta primeira posição do orifício em relação ao fundo do canal e nível d'água é a que permite melhor definição teórica do fenômeno. A posição do orifício a meia altura garante também uma reservação correspondente ao volume de água retido entre a cota da soleira e a cota do fundo do reservatório. A reservação é uma característica das barragens de estiagem, então, caso o orifício seja único e colocado à meia altura, o reservatório caracterizará uma barragem mista. O reservatório poderá ser inteiramente esvaziado caso exista um segundo orifício junto ao fundo, cuja vazão poderá ser somada a do orifício anterior para compor a vazão efluente da barragem. Vale ainda salientar que os cálculos realizados admitiram a velocidade de aproximação do fluido igual a zero, já que a montante do orifício há o reservatório da barragem na qual a área molhada é supostamente muito grande. Este raciocínio está correto quando a carga está plenamente desenvolvida, mas admite uma margem de incorreção, no início da enchente, quando a velocidade está presente, principalmente para o orifício localizado junto ao fundo do reservatório.

b) soleira do orifício: cota 280 m
fundo do canal: cota 280 m
nível superior do reservatório: cota 310 m

Neste caso, a soleira do orifício está junto ao fundo. A rigor, não existe uma soleira como no caso anterior. As partículas de água têm trajetórias paralelas ao fundo em sua proximidade. Estas partículas não sofrem contração como acontece com aquelas que ultrapassam o orifício próximo a borda superior ou junto aos lados. Este fato requer um ajuste no modelo de cálculo da vazão. Uma outra questão a ser verificada nos orifícios de fundo é a possível interferência do nível de jusante. Este cuidado é essencial quando a vazão efluente é lançada em canais de dimensões reduzidas e em corpos de água cujo nível sofra variações sazonais como a maré (em mares) e o nível dos lagos. No caso a ser tratado, está subentendido que o nível de jusante não influencia o funcionamento do orifício devido à inclinação do terreno a jusante da barragem.

Assim, a vazão será determinada por:

$$Q = \left[1 + 0,155 \times \frac{p'}{p}\right] \times c \times a \times \sqrt{2 \times g \times h}$$

Em que:

$p' = 0,30$ parte do perímetro onde não há contração
$p = 2 \times 0,30 + 2 \times 0,20 = 1,0\ m$ perímetro do orifício

$$\frac{p'}{p} = 0,3 \left(\frac{p'}{p} < 0,75\ segundo\ Bidone\right)$$

$c = 0,6$ (Poncelet e Lesbros p/ altura $\geq 0,2\ m$)
$a = 0,20 \times 0,30 = 0,06\ m^2$ área do orifício

$h = 310 - (280 + 0,1) = 29,9$ m carga do orifício
$g = 9,81$ m/s² (aceleração da gravidade)

$$c' = \left(1 + 0,155 \times \frac{p'}{p}\right) \times c = 1,0465 \times c \quad (Bidone)$$

Simplificando a questão da contração, pode-se aplicar o coeficiente de contração aconselhado por Poncelet e igual a $(1,035 \times c)$. Os resultados, na prática, não seriam muito diferentes.

A vazão por este orifício será:

$$Q = 1,0465 \times 0,6 \times 0,06\sqrt{2 \times 9,81 \times 29,9} = 0,912 \text{ m}^3/\text{s}$$

Cotejando este resultado com o do caso anterior, para a mesma cota do reservatório, verifica-se um expressivo aumento de vazão (0,912 m³/s contra 0,501 m³/s). Estes valores mostram claramente a importância da posição do orifício bem como da carga sobre este para o controle de possíveis enchentes a jusante da barragem. Para as demais cotas do nível d'água as vazões serão as apresentadas no Quadro 6.2.

QUADRO 6.2 Vazões em orifício de fundo para cargas (cotas) selecionadas

Cota (m)	310	308	306	304	302	298	294	290	286	282
Q (m³/s)	0,912	0,881	0,849	0,816	0,781	0,706	0,622	0,525	0,405	0,230

Os resultados registrados no Quadro 6.2 estão plotados no gráfico da Figura 6.2.

c) soleira do orifício: cota 281 m
fundo do canal a jusante: cota 280 m
nível superior do reservatório: cota 310 m
nível d'água a jusante do reservatório: 283 m

Neste caso, deve-se considerar a influência do tirante d'água a jusante da barragem. Esta lâmina d'água ocorre quando a vazão efluente tem que se adaptar à geometria e caraterísticas de um canal ou quando o deságue acontece nas águas de um lago (ou oceano) cujo nível varia e cuja cota possa submergir o orifício. Quando se trata de um lago ou oceano, o nível de suas águas não será constante. Isto pode acontecer se houver um controle artificial do nível do lago. A solução aqui considerada toma, portanto, a cota 283 m arbitrariamente. O conhecimento completo das vazões possíveis no orifício será alcançado ao se aplicar esta mesma solução para outros níveis do lago (ou oceano), gerando uma superfície-chave. Deve-se ainda chamar a atenção para a independência relativa que existe entre o nível do lago e a enchente da barragem. Relativa, pois o nível do lago pode estar alto e as cheias serem menores ou vice-versa. Não se pode esquecer, no entanto, que as maiores cheias do rio e as maiores cotas do lago ocorrerão na estação das chuvas. Correlação mais bem-definida entre níveis de jusante e vazões efluentes ocorrerá quando as águas excedentes fluírem em canal. O nível do canal será diretamente ligado à vazão efluente do orifício. Considerando o caso mais simples, quando o nível de jusante foi fixado na cota 283 m, determinaram-se as vazões efluentes da seguinte forma:

$$Q = c \times a \times \sqrt{2 \times g \times \Delta h}$$

Em que:

$c = 0,6$ coeficiente de vazão segundo Poncelet e Lesbros para $h \geq 0,20$ m (admite-se que os coeficientes de vazão para orifícios submersos são aproximadamente iguais aos dos orifícios livres)
$a = 0,06$ m² área do orifício
$\Delta h = 310 - 283 = 27,0$ m diferença de níveis de montante e jusante do orifício
$g = 9,81$ m/s² aceleração da gravidade

Assim, a vazão para a situação descrita será:

$$Q = 0,6 \times 0,06 \times \sqrt{2 \times 9,81 \times 27} = 0,829 \text{ m}^3/\text{s}$$

Para as demais cotas de nível d'água as vazões são as mostradas no Quadro 6.3.

QUADRO 6.3 Vazões no orifício submerso ou afogado para cargas (cotas) selecionadas

Cota (m)	310	308	306	304	302	298	294	290	286
Q (m³/s)	0,829	0,797	0,765	0,731	0,695	0,618	0,529	0,422	0,276

Esses resultados estão plotados no gráfico da Figura 6.2.

As vazões, no caso do orifício afogado, são menores que as calculadas para o orifício de fundo por duas razões. Em primeiro lugar, a soleira do orifício foi elevada em 1 m, reduzindo a carga disponível. Em segundo lugar, a lâmina a jusante também contribui para reduzir a carga que passa a ser medida como a diferença dos níveis de montante e jusante.

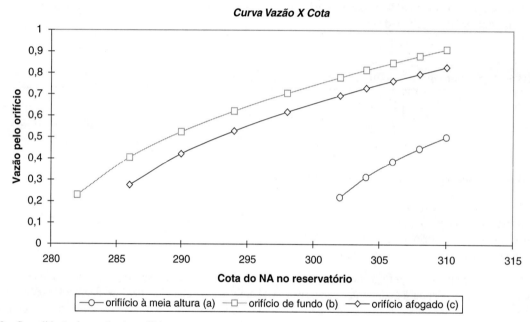

FIGURA 6.2 Consolidação das vazões dos orifícios.

EXERCÍCIO RESOLVIDO 6.2

Uma barragem de cheia formada por uma parede de concreto com 0,5 m de espessura tem um orifício quadrado, com lados medindo 0,5 m e soleira à cota 100 m. A vazão extravasada acessa um canal. Pretende-se calcular a vazão que eflui através do orifício quando a água atingir várias cotas no reservatório e no canal a jusante. A barragem emerge à superfície do solo à cota 99 m. Determine a vazão no orifício nas seguintes situações:

a) cota do nível d'água no reservatório = 100,4 m
   cota do nível d'água no canal < 99,5 m
   bordas do orifício chanfradas (recortadas em ângulo ou delgadas)
b) cota do nível d'água no reservatório = 100,4 m
   cota do nível d'água no canal < 99,5 m
   bordas do orifício retas
c) cota do nível d'água no reservatório = 101 m
   cota do nível d'água no canal < 99,5 m
   bordas do orifício chanfradas
d) cota do NA no reservatório = 103 m
   cota do NA no canal < 99,5 m
   bordas do orifício chanfradas

e) cota do NA no reservatório = 103 m
   cota do NA no canal < 99,5 m
   bordas do orifício em forma de bocal com l = 1,2 m
f) cota do NA no reservatório = 103 m
   cota do NA no canal < 99,5 m
   bordas do orifício chanfradas

Solução

Antes de examinar a solução deste exercício, deve-se tomar ciência das observações iniciais feitas no Exercício 6.1 relativas ao funcionamento da barragem de cheia.

a) cota no reservatório = 100,4 m
cota no canal < 99,5 m
bordas chanfradas

O orifício a ser estudado é quadrado com soleira à cota 100 m e lado de 0,5 m. A aresta superior está, portanto, na cota 100,5 m. Enquanto o nível d'água, no reservatório, estiver abaixo da cota 100,5 m, não haverá, do ponto de vista hidráulico, um orifício em funcionamento e, sim, um vertedor. Admite-se, assim, que a lâmina d'água será livre, o vertedor delgado e que o nível de jusante não interfere em seu funcionamento. Tomando a fórmula de Bazin para vertedores de soleira delgada, calcula-se a vazão:

$$Q = m \times l' \times \sqrt{2 \times g} \times H^{3/2} \text{ válida para } 0,10\ m < H < 0,60\ m$$

$$m = \left[0,405 + \frac{0,003}{H}\right] \times \left[1 + \frac{0,55 \times H^2}{(H+P)^2}\right] \text{ e}$$

$$l' = l - n \times c' \times H$$

Nas quais:

$H = 100,4 - 100 = 0,4\ m$ (carga d'água sobre o vertedor)
$P = 100,0 - 99,0 = 1,0\ m$ (elevação da soleira do vertedor)
$l = 0,50\ m$ (comprimento da soleira do vertedor)
$n = 2$ (número de contrações laterais)
$c' = 0,1$ (coeficiente de contração)

Assim:

$$m = \left[0,405 + \frac{0,003}{0,4}\right] \times \left[1 + \frac{0,55 \times 0,4^2}{(0,4+1)^2}\right] = 0,431$$

$l' = 0,5 - 2 \times 0,1 \times 0,4 = 0,42$

Como se sabe, o segundo termo na expressão matemática de "m", coeficiente de vazão devido a Bazin, leva em conta a velocidade de aproximação do fluido, junto ao vertedor e, no caso em questão, tem o valor de 1,045. Isto significa que a vazão é acrescida de 4,5% devido à velocidade de aproximação. O coeficiente de vazão está, na verdade, entre parênteses, na expressão matemática de "m" e vale 0,412. Este coeficiente pode ser simplificado adotando-se a expressão $m = \frac{2}{3} \times c = \frac{2}{3} \times 0,6 = 0,4$, sendo "$c$" o coeficiente de vazão dos orifícios. As contrações laterais deste vertedor são consideradas na correção do comprimento da soleira, segundo a expressão de l'.

A vazão terá o valor:

$$Q = 0,431 \times 0,42 \times \sqrt{2 \times 9,81} \times 0,4^{3/2} = 0,203\ m^3/s$$

Caso se utilizasse a expressão na sua forma mais simples, o resultado seria:

$$Q = 0,4 \times 0,5 \times \sqrt{2 \times 9,81} \times 0,4^{3/2} = 0,224\ m^3/s\ (10,3\%\ superior)$$

b) cota no reservatório = 100,4 m
cota no canal, 99,5 m
bordas do orifício retas

A aresta superior do orifício está à cota 100,5 m e, como a cota do reservatório é 100,4 m, continua funcionando como um vertedor, no entanto de soleira espessa. Quando a borda do vertedor não é delgada, deve-se considerar o seu grau de espessura. Neste caso:

$$\frac{e}{H} = \frac{0,5}{0,4} = 1,25 \text{ (valor menor do que 3,0)},$$

Em que:

$e = 0,5\ m$ (espessura da parede)

Então:

$$Q = m \times x \times l' \times \sqrt{2 \times g} \times H^{3/2}$$

Em que:

$$x = 0,7 + 0,185 \times \frac{H}{e} = 0,848$$

Tomando os demais valores calculados no caso anterior:

$$Q = 0,431 \times 0,848 \times 0,42 \times \sqrt{2 \times 9,81} \times 0,4^{3/2} = 0,172\ m^3/s$$

A redução da vazão ocorre devido ao contato da veia líquida com a superfície da soleira. É possível que, na situação considerada, a veia líquida fique colada à parede da barragem. A aderência é mais comum quando a carga é pequena e não há arejamento forçado da lâmina (quando ela é projetada por efeito de borda, por exemplo). Deve-se, então, alterar o coeficiente "m" para considerar a veia aderente. Quando a veia é livre, viu-se que $m = 0,431$. Sendo a veia aderente:

$$m = 0,431 \times 1,23 = 0,53$$

A vazão com lâmina aderida será:

$$Q = 0,530 \times 0,848 \times 0,42 \times \sqrt{2 \times 9,81} \times 0,4^{3/2} = 0,212\ m^3/s$$

Segundo Bazin, a vazão do vertedor aumenta a proporção que a lâmina deixa de ser livre e passa a deprimida (6% de acréscimo), afogada na face inferior (15% de acréscimo) e aderente (23% de acréscimo), em média, segundo valores registrados em suas experiências. Caso seja adotada uma projeção da soleira do vertedor, com largura total de 1,20 m, para garantir o "descolamento" da veia líquida, tem-se:

$$\frac{e}{H} = \frac{1,20}{0,4} = 3,00 \text{ (caracteriza soleira espessa)}$$

Então, segundo Lesbros:

$$Q = m \times l' \times \sqrt{2 \times g} \times H^{3/2}$$
$$Q = 0,35 \times 0,42 \times \sqrt{2 \times 9,81} \times 0,4^{3/2} = 0,164\ m^3/s$$

Segundo Koch, o modelo matemático para o cálculo da vazão será:

$$Q = 1,705 \times l' \times H^{3/2} = 1,705 \times 0,42 \times 0,4^{3/2} = 0,181\ m^3/s$$

O coeficiente 1,705 representa o produto $m \times \sqrt{2 \times g}$ que pode variar entre $1,92 \geq m \times \sqrt{2 \times g} \geq 1,36$, segundo outros autores, de acordo com a rugosidade da superfície da soleira espessa. Superfícies lisas permitem o uso de $m \times \sqrt{2 \times g} = 1,92$ enquanto nas superfícies muito rugosas aconselha-se o uso de $m \times \sqrt{2 \times g} = 1,36$. Não havendo informação sobre a rugosidade da superfície o mais aconselhável será adotar $m \times \sqrt{2 \times g} = 1,55$, que é um valor médio sugerido por Lesbros.

$$Q = 1,55 \times 0,42 \times 0,4^{3/2} = 0,164\ m^3/s$$

c) cota do reservatório = 101,0 m
   cota do canal < 99,5 m
   bordas do orifício chanfradas

Como a cota do nível d'água no reservatório é superior à cota da aresta superior do orifício (100,5 m), tem-se um orifício funcionando, do ponto de vista hidráulico. Como a carga hidráulica é pequena em relação à altura do orifício, deve-se pesquisar o enquadramento do fluxo segundo o caso de orifício de grande altura em relação à carga (orifício com pequena carga).

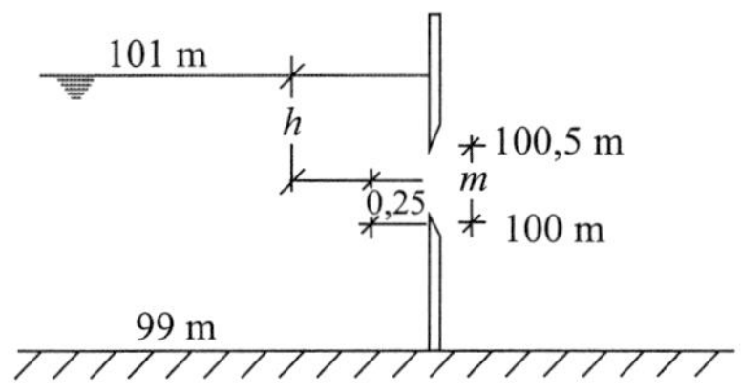

FIGURA 6.3 Orifício de grande altura em relação à carga.

A altura do orifício é m e a carga é h. O orifício será considerado de grande altura em relação à carga quando $h < 2 \, x \, m$. No caso em estudo:

$$m = 0,5 \text{ e } h = 101 - (100 + 0,25) = 0,75 \; (0,75 < 2 \times 0,5)$$

Fica confirmada a ocorrência de orifício de grande altura ou de pequena carga. Como se trata de um orifício quadrado, a vazão será calculada com o modelo matemático indicado a seguir, que se aplica a casos de orifício com largura constante:

$$Q = \frac{2}{3} \times c \times l \times \sqrt{2 \times g} \times \left(z_2^{3/2} - z_1^{3/2}\right)$$

Em que:

$c = 0,605$ (coeficiente de vazão segundo Poncelet e Lesbros)
$l = 0,50 \, m$ (largura do orifício)
$Z_2 = 101,0 - 100,0 = 1,0 \, m$ (distância entre o nível d'água do reservatório e a soleira inferior do orifício)
$Z_1 = 101,0 - 100,5 = 0,5 \, m$ (distância entre o nível d'água do reservatório e a borda superior ou soleira superior do orifício)

Calcula-se, assim, a vazão efluente através do orifício:

$$Q = \frac{2}{3} \times 0,605 \times 0,5 \times \sqrt{2 \times 9,81} \times (1^{3/2} - 0,5^{3/2}) = 0,577 \, m^3/s$$

d) cota do reservatório = 103,0 m
cota do canal < 99,5 m
bordas do orifício chanfradas

Sendo a altura do orifício $m = 0,50$, qualquer carga superior a 1 m ($h = 2 \times m = 2 \times 0,5$), concorre para o orifício funcionar com grande carga. Assim, $h = 1 \, m$ será definida pela cota $100 + 0,25 + 1,00 = 101,25 \, m$. A cota do reservatório em 103,0 m o transforma em orifício submetido a grande carga. A vazão será então calculada por:

$$Q = c \times a \times \sqrt{2 \times g \times h}$$

Em que:

$c = 0,605$ (coeficiente de vazão segundo Poncelet e Lesbros)
$a = 0,5 \times 0,5 = 0,25 \, m^2$ (área do orifício)
$h = 103,0 - (100,0 + 0,25) = 2,75 \, m$ (carga hidráulica sobre o orifício)

Assim:

$$Q = 0,605 \times 0,25 \times \sqrt{2 \times 9,81 \times 2,75} = 1,11 \, m^3/s$$

admite-se, neste caso, jato livre.

e) cota do reservatório = 103,0 m
cota do canal < 99,5 m
borda em forma de bocal com $l = 1,2 \, m$

Como a abertura na parede da barragem funcionará, ora como vertedor, ora como orifício, e considerando necessário o afastamento do jato do paramento da barragem, propõe-se um bocal para o orifício. O bocal reto constrói-se projetando todo o perímetro do orifício perpendicularmente ao paramento, numa extensão total de 1,2 m, conforme proposto. A descarga do bocal será:

$$Q = c_b \times a \times \sqrt{2 \times g \times h}$$

Na qual c_b é o coeficiente de vazão do bocal reto. O valor deste coeficiente é determinado em função do valor de l/d, sendo l a extensão do bocal (1,2 m) e d sua dimensão vertical (0,5 m). Neste caso:

l/d = 1,2/0,5 = 2,4 e, segundo Lúcio Santos, c_b = 0,82
a = 0,25 m² (área do orifício)
h = 103,0 − (100,0 + 0,25) = 2,75 m (carga hidráulica sobre o orifício)

Assim:

$$Q = 0,82 \times 0,25 \times \sqrt{2 \times 9,81 \times 2,75} = 1,506 \text{ m}^3/\text{s}$$

É fácil observar que o bocal proporcionou um acréscimo de cerca de 35% na vazão em relação ao mesmo orifício sem bocal.

f) cota do reservatório = 103,0 m
cota do canal = 100,2 m
bordas do orifício chanfradas

Pretende-se, agora, estudar a influência do nível de jusante sobre a vazão. O caso em análise prevê um afogamento parcial do orifício, que fica dividido em duas áreas. A área superior corresponde ao funcionamento de um orifício comum. A área inferior corresponde ao funcionamento de um orifício afogado. A vazão do orifício será a soma das vazões parciais em questão. Caso o nível da água a montante da barragem estivesse acima da cota do NA de jusante e abaixo da cota da borda superior do orifício deveria ser considerado o caso de escoamento em vertedor afogado. Caso, finalmente, a cota do NA de jusante fosse superior à cota do NA de montante, o reservatório seria invadido com vazão reversa até que os níveis de montante e jusante se igualassem.

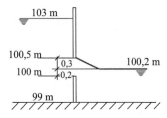

FIGURA 6.4 Orifício parcialmente afogado.

Retornando ao caso em análise e considerando em primeiro lugar a área superior do orifício, tem-se:

$$h = 103,0 - \left[100,2 + \frac{0,3}{2}\right] = 2,65 \ (verificando: \ h > 2 \times 0,3)$$

Ficou constatado que a parte emersa do orifício funcionará submetida a grande carga, medida entre o nível d'água e o centro da parte emersa.

c = 0,6
a = 0,30 × 0,50 = 0,15 m²

Assim:

$$Q = 0,6 \times 0,15 \times \sqrt{2 \times 9,81 \times 2,65} = 0,649 \text{ m}^3/\text{s}$$

Vale observar que não há estudos detalhados sobre o valor do coeficiente de vazão para este caso. Adotou-se, então, um valor genérico. Na hipótese de h < 0,6 m, ou seja, h < 2 × 0,3, a expressão a ser utilizada seria a de orifício de grande altura em relação à carga.

Considerando agora a área inferior:

$$Q = c \times a \times \sqrt{2 \times g \times \Delta h}$$

Em que:

$c = 0{,}604$ (coeficiente de vazão por Hamilton Smith)
$a = 0{,}20 \times 0{,}50 = 0{,}1\ m^2$ (área do orifício submerso)
$\Delta h = 103{,}00 - 100{,}20 = 2{,}80\ m$ (diferença entre os níveis de montante e jusante do orifício)

Portanto:

$$Q = 0{,}604 \times 0{,}1 \times \sqrt{2 \times 9{,}81 \times 2{,}80} = 0{,}448\ m^3/s$$

A vazão total do orifício (Q_t) será dada pela soma das vazões Q_s e Q_i:

$$Q_t = 0{,}649 + 0{,}448 = 1{,}097\ m^3/s$$

Comparando este resultado com os calculados nas situações anteriores, tem-se:

QUADRO 6.4 Vazões de orifícios selecionados com bocal

Borda chanfrada sem interferência do nível d'água de jusante	$Q = 1{,}11\ m^3/s$
Bocal reto sem interferência do nível d'água de jusante	$Q = 1{,}50\ m^3/s$
Borda chanfrada com nível d'água de jusante na cota 100,20 m	$Q = 1{,}09\ m^3/s$

Caso todo o orifício fique afogado, com nível d'água de jusante igual a 100,50 m, a vazão será:

$$Q_i = 0{,}604 \times 0{,}25 \times \sqrt{2 \times 9{,}81 \times (103 - 100{,}5)} = 1{,}058\ m^3/s$$

Observa-se que o afogamento progressivo causará a queda da descarga do orifício. Finalmente, é oportuno assinalar que a metodologia de Henry não se aplica a este caso, já que há contração lateral nas bordas do orifício.

EXERCÍCIO RESOLVIDO 6.3

Um circuito hidráulico é composto de um tubo de adução, três câmaras, dois orifícios e um vertedor, como descrito na Figura 6.5.

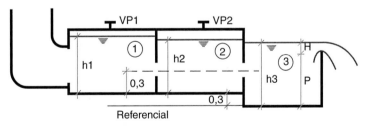

FIGURA 6.5 Orifício em circuito hidráulico.

Nas câmaras 1 e 2 são mantidas as pressões p_1 e p_2, respectivamente, pelas válvulas VP1 e VP2. Os orifícios entre câmaras têm diâmetros: $\phi_{12} = \phi_{23} = 0{,}10\ m$, cujos centros são instalados sobre o eixo longitudinal do circuito, situado a 0,30 m acima do fundo. O coeficiente de vazão dos orifícios é $c = 0{,}60$. O fundo da câmara 3 está rebaixado 0,30 m em relação ao fundo das câmaras 1 e 2 e o vertedor ocupa toda a sua largura de 2 m. A velocidade da água nas três câmaras será determinada por:

$$V_i = \frac{Q}{2 \times h^i}$$

Determine:

a) O modelo matemático para o cálculo da velocidade do fluxo no orifício entre as câmaras 1 e 2.
b) O modelo matemático para o cálculo da vazão no orifício entre as câmaras 2 e 3.
c) O modelo matemático mais indicado para o cálculo da vazão no vertedor.

Solução

O circuito hipotético sugerido no exercício em análise favorece a dedução de expressões adequadas ao cálculo da velocidade e vazão em orifícios e vertedores que envolvem simultaneamente a ocorrência de pressão, velocidade de aproximação e afogamento. É uma situação que foge dos padrões normais e sua análise pode ser útil em casos não convencionais.

a) Aplicando o trinômio de Bernoulli na seção central da câmara 1 e na seção entre as câmaras 1 e 2, tem-se:

$$(0{,}30 + h_1) + \frac{p_1}{\gamma} + \frac{V_1^2}{2 \times g} = 0{,}60 + \left[(h_2 - 0{,}30) + \frac{p_2}{\gamma}\right] + \frac{V_{12}^2}{2 \times g}$$

Nesse modelo matemático os termos têm o significado a seguir, mantido como referencial o fundo da câmara 3:
Elevação do NA da câmara 1 em relação ao referencial: $z_1 = 0{,}30 + h_1$
Elevação do baricentro do orifício entre as câmaras 1 e 2 em relação ao referencial: $z_2 = 0{,}30 + 0{,}30 = 0{,}60\ m$
Coluna d'água sobre o baricentro do orifício entre as câmaras 1 e 2: $h_2 - 0{,}30$
Velocidade do jato no orifício entre as câmaras 1 e 2: V_{12}
Coluna d'água correspondente à pressão sobre a superfície do fluido na câmara 1: $\frac{p_1}{\gamma}$

Coluna d'água correspondente à pressão sobre a superfície do fluido na câmara 2: $\frac{p_2}{\gamma}$, sendo $\frac{p_1}{\gamma} > \frac{p_2}{\gamma}$

Sabe-se, ainda, que:

$$V_1 = \frac{Q}{A_1} = \frac{Q}{2 \times h_1}$$

Substituindo a expressão da velocidade na primeira equação e operando tem-se:

$$\frac{V_{12}^2}{2 \times g} = (h_1 - h_2) + \left(\frac{p_1 - p_2}{\gamma}\right) + \frac{Q^2}{8 \times g \times h_1^2}$$

$$V_{12} = \sqrt{2 \times g \times \left[(h_1 - h_2) + \left(\frac{p_1 - p_2}{\gamma}\right)\right] + \frac{Q^2}{4 \times h_1^2}}$$

b) Aplicando o trinômio de Bernoulli na seção central da câmara 2 e na seção entre as câmaras 2 e 3, tem-se:

$$(0{,}30 + h_2) + \frac{p_2}{\gamma} + \frac{V_2^2}{2 \times g} = 0{,}60 + \left[(h_3 - 0{,}60) + \frac{p_a}{\gamma}\right] + \frac{V_{23}^2}{2 \times g}$$

Nesse modelo matemático os termos têm o significado a seguir, mantido o fundo da câmara 3 como referencial:
Coluna d'água sobre o baricentro do orifício entre as câmaras 2 e 3: $h_3 - 0{,}60$
Coluna d'água correspondente à pressão atmosférica sobre a superfície da câmara 3: $\frac{p_a}{\gamma}$
Velocidade do jato do orifício entre as câmaras 2 e 3: V_{23}
Substituindo V_2 por $\frac{Q}{2 \times h_2}$ e operando, tem-se:

$$\frac{V_{23}^2}{2 \times g} = (0{,}30 + h_2 - h_3) + \left(\frac{p_2 - p_a}{\gamma}\right) + \frac{Q^2}{8 \times g \times h_2^2}$$

$$V_{23} = \sqrt{2 \times g \times \left[(0{,}30 + h_2 - h_3) + \left(\frac{p_2 - p_a}{\gamma}\right)\right] + \frac{Q^2}{4 \times h_2^2}}$$

A vazão será calculada por:

$$Q = c \times \left(\frac{\pi \times \phi_{23}^2}{4}\right) \times V_{23}$$

Em que:

$\phi_{23} = 0{,}10\ m$
$c = 0{,}60$

c) Para a determinação da vazão no vertedor deve-se considerar que há velocidade de aproximação, não há contração lateral, a lâmina é livre, a soleira é delgada, o vertedor é reto e a parede vertical. Adotando a fórmula de Bazin, que leva em conta a velocidade de aproximação:

$$Q = m \times l \times \sqrt{2 \times g} \times H^{3/2}$$

sendo:

$$m = \left(0{,}405 + \frac{0{,}003}{H}\right) \times \left[1 + 0{,}55 \times \frac{H^2}{(H+P)^2}\right]$$

A expressão entre colchete considera a velocidade de aproximação, mas não considera a contração da lâmina vertente sobre o vertedor já que o fluxo está confinado entre as paredes da câmara 3.

EXERCÍCIO RESOLVIDO 6.4

Calcular a vazão e a força resultante aplicada sobre uma comporta plana, inclusive o ponto de aplicação dessa resultante, quando ela for operada nas seguintes condições:

a) sendo a comporta elevada verticalmente com aberturas de 1 e 2 m.
b) sendo esta girada, em torno do ponto P, no sentido da corrente, de tal forma que as projeções verticais das aberturas sejam 1 e 2 m.

A comporta de 5 m de largura está instalada num reservatório, conforme indica a Figura 6.6, e deságua em canal de fuga de grandes dimensões, admitindo-se que o tirante do canal não interfira na vazão da comporta.

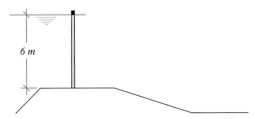

FIGURA 6.6 Comporta plana de acionamento vertical (*sluice*).

Solução

a) Elevação vertical de 1 e 2 m.

A vazão será determinada como para um orifício de fundo pela expressão:

$$Q = c \times a \times \sqrt{2 \times g \times h_1}$$

Em que:

c = coeficiente de vazão, segundo Henry
a = área nominal do orifício
h_1 = carga a montante da comporta

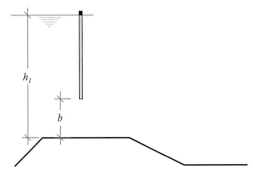

FIGURA 6.7 Abertura em comporta plana de acionamento vertical (*sluice*).

QUADRO 6.5 Determinação da vazão em comporta plana (jato livre)

b (m)	h_1/b	c	Vazões calculadas ($Q - m^3/s$)
1	6	0,56	$Q_1 = 0,56 \times 1 \times 5 \times (2 \times 9,81 \times 6)^{1/2} = 30,379$
2	3	0,53	$Q_2 = 0,53 \times 2 \times 5 \times (2 \times 9,81 \times 6)^{1/2} = 57,504$

Para os casos em estudo, tem-se o cálculo vazão detalhado no Quadro 6.5.

Caso fosse adotada a estrita concepção de orifício, o modelo matemático seria:

$$Q = c \times a \times \sqrt{2 \times g \times h}$$

Em que:

$c = 0,6$ – (coeficiente de vazão)
a = (área do orifício)
h = (carga sobre o orifício)

Assim:

$$Q = 0,6 \times 1 \times 5 \times \sqrt{2 \times 9,81 \times 5,5} = 31,163 \text{ m}^3/\text{s} \quad (> 2,5\%)$$

$$Q = 0,6 \times 2 \times 5 \times \sqrt{2 \times 9,81 \times 5} = 59,427 \text{ m}^3/\text{s} \quad (> 3,3\%)$$

Os resultados obtidos com o modelo matemático simplificado são superiores, porém com pouca diferença para os resultados reais. A aplicação do conceito de orifício de jato livre em comportas de fundo torna-se inviável quando a descarga, a jusante da comporta, forma um tirante de altura significativa. Apenas para exemplificar, imagine-se que o tirante a jusante seja de 4 m para as mesmas aberturas de 1 e 2 m (caso de lago a jusante). Neste caso, tem-se:

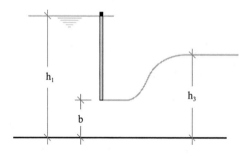

FIGURA 6.8 Influência do nível de jusante.

QUADRO 6.6 Vazões calculadas admitindo o jato afogado ($h_1 = 6,0$ m)

b (m)	$\dfrac{h_1}{b}$	h_3	$\dfrac{h_3}{b}$	c	$Q = c \times a \times (2 \times g \times h_1)^{1/2}$
1	6	4	4	0,4	21,699 m³/s
2	3	4	2	0,5	54,249 m³/s

Aplicando a metodologia de cálculo de orifício afogado chega-se aos resultados a seguir:

$$Q = c \times a \times \sqrt{2 \times g \times \Delta h}$$

com:

$Q_{1af} = 1,125 \times 0,6 \times 1 \times 5 \times \sqrt{2 \times 9,81 \times (6-4)} = 21,14 \text{ m}^3/\text{s} \ (Q = 21,699 \ m^3/s - \text{Henry})$

$Q_{2af} = 1,125 \times 0,6 \times 2 \times 5 \times \sqrt{2 \times 9,81 \times (6-4)} = 42,28 \text{ m}^3/\text{s} \ (Q = 54,249 \ m^3/s - \text{Henry})$

Resta esclarecido que a aplicação do conceito de orifício afogado pode levar a resultados questionáveis dependendo do grau de afogamento do orifício. O valor do coeficiente de vazão é o elemento que promove as maiores divergências. É prudente, nestes casos, adotar a metodologia proposta por Henry.

A resultante dos esforços aplicados sobre a superfície plana e vertical da comporta será determinada da seguinte forma:

$$F = \gamma \times A \times h_0$$

Em que:

γ = peso específico do fluido
A = área submetida à pressão
h_o = profundidade do baricentro da área submetida à pressão

No caso em consideração, para $\gamma = 10.000$ N/m³ (água), os resultados são apresentados no Quadro 6.7.

QUADRO 6.7 Resultante aplicada sobre superfície plana ($h_1 = 6,0$ m e $l = 5,0$ m)

b (m)	h (m)	A (m²)	h_o (m)	F (N)
1	5	25	2,5	62,5 × 10⁴
2	4	20	2,0	40,0 × 10⁴

Nota: A altura da comporta submetida à pressão é ($h = h_1 - b$).

As forças podem ser expressas em *tf* com os resultados a seguir (para água, $\gamma = 1$ *tf*/m³):

$$F_1 = 1 \times 25 \times 2,5 = 62,5 \text{ } tf$$

$$F_2 = 1 \times 20 \times 2,0 = 40,0 \text{ } tf$$

Os pontos de aplicação das forças serão calculados por:

$$X = X_0 + \frac{I_{CG}}{A \times X_0}$$

Em que:

Xo = coordenada do centro de gravidade segundo o eixo que passa sobre a superfície premida com origem na superfície da água. Quando a comporta é vertical: $X_0 = h_0$
I_{CG} = momento de inércia em relação ao eixo paralelo ao eixo y que passa pelo centro de gravidade da área submetida à pressão
A = área submetida à pressão. A área em consideração (área do orifício) é um retângulo com 1 e 2 *m* de altura (*p*) e base de 5 *m* (*q*), cujo momento de inércia é calculado da seguinte forma:

$$I_{cg} = \frac{p^3 \times q}{12}$$

O ponto de aplicação da resultante está situado sobre eixo que passa sobre o baricentro da comporta a uma distância X da superfície da água conforme indicado no Quadro 6.8.

QUADRO 6.8 Ponto de aplicação da resultante de esforços aplicados sobre superfície plana ($h_1 = 6,0$ m e $l = 5,0$ m)

b (m)	h (m)	Xo (m)	A (m²)	p (m)	q (m)	I_{cg}	Xi (m)
1	5	2,5	25	5	5	52,083	3,33
2	4	2,0	20	4	5	26,666	2,66

Como, neste caso, o prisma de pressão hidráulica aplicado sobre a superfície da comporta tem forma triangular, pode-se encontrar o ponto de aplicação mais facilmente, considerando o centro de gravidade de tal seção (triângulo: 2/3 da altura):

$$X_1 = \frac{2}{3} \times h = \frac{2}{3} \times 5 = 3{,}33 \text{ m}$$

$$X_2 = \frac{2}{3} \times h = \frac{2}{3} \times 4 = 2{,}66 \text{ m}$$

Deve ser considerado que além das forças estáticas aplicadas sobre a comporta, sob a qual passa o fluxo, ainda se manifestam forças dinâmicas que não foram aqui consideradas por se tratar de matéria não incluída no escopo deste livro.

b) Giro em torno de P

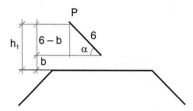

FIGURA 6.9 Rotação da comporta plana.

Neste cenário deve ser ajustado o valor do ângulo α de forma que a abertura b seja igual a 1 m e depois igual a 2 m. Os valores dos coeficientes de vazão estão determinados no Quadro 6.9.

$$Q = c \times b \times l \times \sqrt{2 \times g \times h_1}$$

QUADRO 6.9 Coeficiente de vazão da comporta plana girando em torno do fulcro P

b (m)	$\sin^{-1}\left(\frac{6-b}{6}\right)$ (graus)	h_1 (m)	$\frac{h_1}{b}$	c
1	56,44	6	6	0,665
2	41,81	6	3	0,670

Em que:

c = coeficiente de vazão
b = abertura da comporta
h_1 = carga sobre a comporta
l = largura da comporta

As vazões para as duas aberturas, serão:

$$Q_1 = 0{,}665 \times 1 \times 5 \times \sqrt{2 \times 9{,}81 \times 6} = 36{,}075 \text{ m}^3/\text{s} \quad (> 18{,}74\%)$$

$$Q_2 = 0{,}670 \times 2 \times 5 \times \sqrt{2 \times 9{,}81 \times 6} = 72{,}69 \text{ m}^3/\text{s} \quad (> 26{,}08\%)$$

Comparando estes resultados com os resultados de vazões para comportas de acionamento vertical (*sluice*) nota-se significativo aumento da vazão, decorrente do melhor ajuste das veias líquidas à posição da comporta.

A força sobre a superfície plana inclinada, à semelhança da comporta vertical, será dada por:

$$F = \gamma \times A \times h_0$$

Na qual h_o (profundidade do centro de gravidade da comporta) será definido como $h_0 = \dfrac{6-b}{2}$.

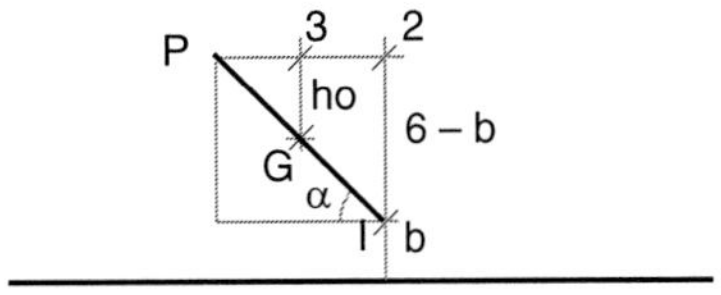

FIGURA 6.10 Profundidade do baricentro da comporta.

Calcula-se o valor de h_0 considerando a semelhança entre os triângulos P2I e P3G, mostrados na Figura 6.10, na qual G é o centro de gravidade da comporta.

Convém esclarecer que a área pressionada da comporta que gira em torno de fulcro permanece com a mesma medida exposta à pressão, no caso, 6,0 m de extensão e 5,0 m de largura. Contudo, ao girar, a comporta recebe a influência de um triângulo de pressões cuja base será tanto menor quanto menor for o ângulo α, conforme mostrado na Figura 6.11. No limite, para $\alpha = 0$ graus, a pressão sobre a comporta é nula. Essa redução de pressão é refletida em h_0 que tem seu valor reduzido a proporção que o ângulo de abertura da comporta diminui.

Então, a área submetida à pressão é determinada conforme a seguir:

$$A_1 = (6) \times 5 = 30 \ m^2$$

$$A_2 = (6) \times 5 = 30 \ m^2$$

As forças aplicadas para as duas aberturas de comporta são:

$$F_1 = 10^4 \times 30 \times \frac{(6-1)}{2} = 750 \ KN$$

$$F_2 = 10^4 \times 30 \times \frac{(6-2)}{2} = 600 \ KN$$

Fazendo-se a cubagem do diagrama de pressões, tem-se:

$$F_1 = \frac{5 \times \gamma \times 6}{2} \times 5 = 75 \times 10^4 \ N = 750 \ KN$$

$$F_2 = \frac{4 \times \gamma \times 6}{2} \times 5 = 60 \times 10^4 \ N = 600 \ KN$$

Deve-se, ainda, levar em conta a direção da resultante aplicada sobre a superfície premida. Na comporta vertical, as resultantes das forças aplicadas são horizontais. Na comporta inclinada, as resultantes passam a fazer um ângulo de 90-α com a horizontal manifestando-se de baixo para cima, perpendicularmente à superfície premida, conforme mostrado na Figura 6.11.

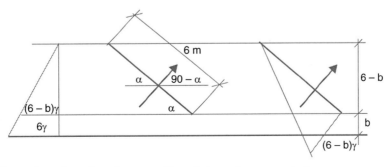

FIGURA 6.11 Ponto de aplicação da resultante dos esforços exercidos pela água sobre a comporta plana.

Os pontos de aplicação das resultantes são determinados de forma semelhante, conforme mostrado no Quadro 6.10.

QUADRO 6.10 Pontos de aplicação das resultantes sobre a comporta plana

b (m)	X_c (m)	A (m^2)	p (m)	q (m)	ICG (m^4)	X(m)
1	3	30	6	5	90	4,0
2	3	30	6	5	90	4,0

Idêntico resultado é alcançável com:

$$X_1 = X_2 = \frac{2}{3} \times 6 = 4,0 \ m$$

EXERCÍCIO RESOLVIDO 6.5

Um reservatório tem a forma mostrada na Figura 6.12. O reservatório é abastecido continuamente de forma que seu nível d'água permanece na cota 100 m. Calcule a vazão de um orifício circular com diâmetro igual a 0,10 m, nas seguintes condições:

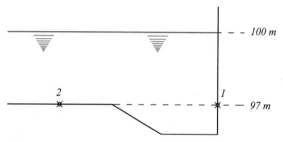

FIGURA 6.12 Possíveis posições do orifício.

a) centrado no ponto 1, com borda delgada
b) centrado no ponto 1, com bocal reto de comprimento de 0,25 m
c) centrado no ponto 1, com bocal convergente, ângulo central de 15°, de comprimento igual a 0,25 m
d) centrado no ponto 1, com bocal divergente, ângulo central 5°30', de comprimento igual a 0,25 m
e) centrado no ponto 1, com bocal reto reentrante, com comprimento de 0,25 m
f) centrado no ponto 2 em todas as condições de descarga previstas nos itens anteriores

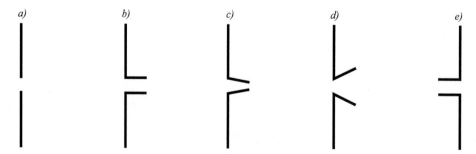

FIGURA 6.13 Orifícios e bocais aplicados sobre orifícios.

Solução

a) Orifício livre: admite-se, neste primeiro caso, que o orifício lança o jato na atmosfera, segundo o modelo proposto por Torricelli. A vazão será calculada como indicado a seguir:

$$Q = c \times a \times \sqrt{2 \times g \times h}$$

Em que:

$c = 0{,}596$ (coeficiente de vazão para orifícios circulares, por Hamilton Smith, carga de 3 m)

$a = \dfrac{\pi \times 0{,}1^2}{4} = 0{,}0078$ m² (área nominal do orifício)

$g = 9{,}81$ m/s^2 (aceleração da gravidade)

$h = 100 - 97 = 3$ m (carga sobre o orifício)

$$Q = 0{,}596 \times 0{,}0078 \times \sqrt{2 \times 9{,}81 \times 3} = 0{,}0357 \text{ m}^3/\text{s}$$

b) Bocal reto: com a adaptação do bocal reto (de comp. 0,25) no orifício, a área nominal continua a mesma, assim como a carga. O coeficiente de vazão, no entanto, é diferente. A relação $\dfrac{l}{d}$, comprimento do bocal pelo diâmetro, permite a seleção do coeficiente de vazão.

$\dfrac{l}{d} = \dfrac{0{,}25}{0{,}10} = 2{,}5 \rightarrow c = 0{,}82$, segundo o Professor Lúcio dos Santos

A vazão será então:

$$Q = 0{,}82 \times 0{,}0078 \times \sqrt{2 \times 9{,}81 \times 3} = 0{,}049 \text{ m}^3/\text{s}$$

c) Bocal convergente: com a adaptação do bocal convergente, a área e a carga continuam inalteradas. O coeficiente de vazão será dado por:

$$\theta = 15^\circ \rightarrow c = 0{,}938$$

A vazão será calculada da seguinte forma:

$$Q = 0{,}938 \times 0{,}0078 \times \sqrt{2 \times 9{,}81 \times 3} = 0{,}056 \text{ m}^3/\text{s}$$

É interessante lembrar que, apesar do coeficiente de vazão no bocal convergente ser definido pelo seu ângulo central, faz-se necessário que a relação l/D_e, comprimento do bocal dividido pelo diâmetro externo (da saída da seção), fique ao redor de 2,5 a 3,0. No caso específico:

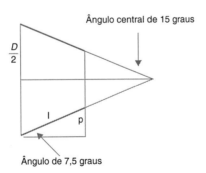

FIGURA 6.14 Diâmetro interno e externo no bocal convergente.

$$l = 0{,}25\ m;\ D = 0{,}10\ m$$

$$\operatorname{sen} 7{,}5 = \dfrac{p}{l} \quad \therefore \quad p = 0{,}326$$

$$\dfrac{D_e}{2} = \dfrac{D}{2} - p \quad \therefore \quad D_e = 0{,}0348\ \text{m}$$

A relação l/D_e será:

$$\dfrac{0{,}25}{0{,}0348} = 7{,}197$$

Conclui-se que o comprimento sugerido é demasiado longo, favorecendo a resistência ao escoamento. O comprimento deve ser corrigido para:

$$l = 2,5 \times De$$

Em que:

$$D_e = D - 2 \times p$$

$$p = l \times sen\ 7,5$$

Substituindo, tem-se:

$$l = 2,5 \times (D - 2 \times l \times sen\ 7,5)$$

para:

$$D = 0,10\ m \therefore l = 0,15\ m$$

Caso o comprimento seja mantido igual a 0,25 m, a vazão real do bocal será, provavelmente, inferior à calculada em razão da maior resistência oferecida pelas paredes do bocal.

d) Bocal divergente: a adaptação do bocal divergente não altera a área nominal do orifício, nem sua carga. O coeficiente de vazão será dado por:

$$D = 5°30' \rightarrow c = 1,34$$

A vazão será calculada conforme indicado a seguir:

$$Q = 1,34 \times 0,0078 \times \sqrt{2 \times 9,81 \times 3} = 0,0801\ m^3/s$$

O comprimento do bocal divergente deve ser testado uma vez que o valor deste coeficiente de vazão é válido para $\frac{L}{D} \approx 9$. O valor de l deve, então, ser:

$$l = 9 \times 0,1 = 0,9\ m$$

Como o comprimento de bocal é menor do que o necessário para que este funcione corretamente, a vazão do bocal provavelmente será próxima à do orifício livre, enquanto l, seu comprimento, for igual a 0,25 m.

e) Bocal reentrante: neste caso, a área e a carga continuam inalterados no bocal reentrante. O coeficiente de vazão é c = 0,75, quando l > 2 ϕ. Neste caso específico, l = 0,25 e ϕ = 0,10, logo a condição é satisfeita. A vazão é calculada da seguinte forma:

$$Q = 0,75 \times 0,0078 \times \sqrt{2 \times 9,81 \times 3} = 0,0448\ m^3/s$$

f) Bocal com descarga vertical: nos orifícios com descarga vertical, a vazão é determinada como se segue.

$Q = c \times a \times \sqrt{2 \times g \times (h + \delta)}$ (orifício no plano horizontal)
Em que:

$h + \delta$ = carga total sobre a seção contraída
δ = distância vertical entre o plano do orifício e a seção contraída

Quando h é suficientemente grande, pode-se desprezar o acréscimo de carga δ. Nos orifícios circulares, $\delta \approx \phi/2$.

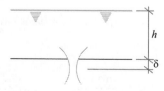

FIGURA 6.15 Descarga vertical em orifício de fundo.

Com os valores a considerar, tem-se:

$\sqrt{2 \times g \times h} = \sqrt{2 \times 9{,}81 \times 3{,}0} = 7{,}672$ (orifício no plano vertical)

$\sqrt{2 \times g \times (h+\delta)} = \sqrt{2 \times 9{,}81 \times \left(3 + \dfrac{0{,}1}{2}\right)} = 7{,}735$ (0,8% maior)

Essa diferença é pequena, na prática. Pode-se, então, considerar que os valores das vazões no ponto 2, em todos os casos considerados, serão muito próximos dos valores calculados no ponto 1. O mesmo não aconteceria caso a carga fosse menor e/ou o diâmetro do orifício fosse maior. Apenas para esclarecer, serão refeitos os cálculos em duas situações distintas.

Primeiro para h = 1 m (carga menor):

$\sqrt{2 \times g \times h} = \sqrt{2 \times 9{,}81 \times 1{,}0} = 4{,}429$ (orifício no plano vertical)

$\sqrt{2 \times g \times h} = \sqrt{2 \times 9{,}81 \times \left(1 + \dfrac{0{,}1}{2}\right)} = 4{,}538$ (2,4 % maior)

Agora, para $\phi = 0{,}4$ m (diâmetro maior):

$\sqrt{2 \times g \times h} = \sqrt{2 \times 9{,}81 \times 1{,}0} = 4{,}429$ (orifício no plano vertical)

$\sqrt{2 \times g \times h} = \sqrt{2 \times 9{,}81 \times \left(1 + \dfrac{0{,}4}{2}\right)} = 4{,}852$ (9,5 % maior)

Sem dúvida alguma, a dimensão (diâmetro) do orifício influencia mais a vazão quando o jato do orifício é vertical (quando o orifício está no plano horizontal). Reunindo os resultados calculados no Quadro 6.11, verifica-se que o bocal divergente é o dispositivo mais eficiente para a retirada de vazão de máquinas hidráulicas.

QUADRO 6.11 Vazão em orifício circular no plano vertical com $\phi = 0{,}10$ m – Vazões para carga h = 3 m

Tipo de adaptação	Q (m³/s)	c	% Q
orifício de borda delgada	0,0357	0,596	100
bocal reto reentrante	0,0448	0,750	125
bocal reto externo	0,0490	0,820	137
bocal convergente	0,0560	0,938	157
bocal divergente	0,0801	1,340	224

EXERCÍCIO RESOLVIDO 6.6

Um canal de seção retangular, com largura de fundo $b = 2{,}0$ m e altura total de 4,0 m (distância entre fundo e borda), tem suas vazões calculadas em função do tirante, conforme especificado no Quadro 6.12.

QUADRO 6.12 Vazões do canal de seção retangular (b = 2,0 m)

Tirante h (m)	1,0	1,5	2,0	2,5	3,0
vazão Q (m³/s)	3,98	6,75	9,65	12,67	15,66

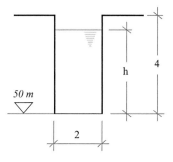

FIGURA 6.16 Variáveis do canal de seção retangular.

Deseja-se instalar um vertedor nesse canal para medir as vazões ocorrentes. Para efeito de referência, a seção do canal na qual será instalado o vertedor tem o fundo à cota 50,00 m. Para a determinação do vertedor mais adequado, analise as opções a seguir:

a) tirante do canal: h = 3,0 m
   cota da soleira do vertedor: 53,5 m
   vertedor retangular (lâmina arejada)
   desnível a jusante do vertedor, conforme indicado na Figura 6.17.

b) tirante do canal: h = 3,0 m
   cota da soleira do vertedor: 52,0 m
   vertedor retangular
   sem desnível entre montante e jusante

c) tirante do canal: h = 3,0 m
   cota da soleira do vertedor: 53,5 m
   vertedor curvo com $\varphi = 15°$

d) tirante do canal: h = 3,0 m
   cota da soleira do vertedor: 53,5 m
   vertedor oblíquo com $\varphi = 15°$

Solução

a) Tirante do canal: h = 3,0 m, Q = 15,66 m³/s e cota da soleira do vertedor = 53,5 m.

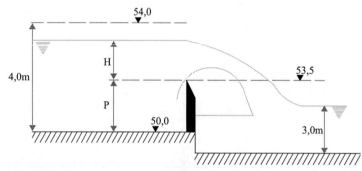

FIGURA 6.17 Vertedor com lâmina arejada.

Ao ser instalado no canal, o vertedor promoverá elevação do nível de montante até formar a carga H capaz de dar passagem a 15,66 m³/s sobre a soleira. A jusante do vertedor, a água retorna ao seu nível normal (na situação estudada: h = 3,0 m). Sem o vertedor, haveria uma folga de 1,0 m entre o nível do canal e sua borda. A questão que se coloca é se a carga H será inferior a 0,5 m, ou seja, a diferença entre 54,0 (cota da margem) e 53,5 (cota do vertedor). Caso H supere 0,5 m, o canal transbordará.

Aplicando o modelo matemático devido a Bazin, tem-se:

$$Q = \left(0,405 + \frac{0,003}{H}\right) \times \left(1 + 0,55 \times \frac{H^2}{(H+p)^2}\right) \times 1 \times \sqrt{2xg} \times H^{3/2}$$
$$(0,10\ m < H > 0,60\ m)$$

$$Q = \left(0,405 + \frac{0,003}{H}\right) \times \left(1 + 0,55 \times \frac{H^2}{(H+3,5)^2}\right) \times 2 \times \sqrt{2 \times 9,81} \times H^{3/2}$$

Em que:

H = carga sobre o vertedor
P = 3,5 m (elevação da soleira do vertedor, 53,5 – 50,0 = 3,5 m)
l = 2,0 m (comprimento do vertedor)
g = 9,81 m/s² (aceleração da gravidade)

Como se têm valores conhecidos para as variáveis, encontra-se H para a vazão especificada:

$$Q = 15,66\ m^3/s \rightarrow H = 2,5\ m$$

Comprova-se, portanto, o transbordamento do canal. É interessante observar que a altura *P* representa um obstáculo ao fluxo, sendo que valores maiores de *P* exigem uma carga *H* maior sobre a soleira do vertedor. Também constata-se que, para uma mesma carga, a vazão diminui com o aumento de *P*. Apenas para exemplificar, utilizando o modelo matemático de Bazin (l = 2,0 *m*), são determinadas as vazões a seguir para diferentes cargas e alturas do vertedor, registradas no Quadro 6.13.

QUADRO 6.13 Vazões em canal retangular segundo Bazin (m^3/s)

H (m)	P = 3,0 m	P = 3,5 m	P = 4,0 m
2,7	17,93	17,62	17,38
2,6	16,84	16,59	16,37
2,5	15,84	15,58	15,38

Deve-se, ainda, observar que a carga *H* = 2,5 *m* ultrapassa em muito o limite (0,10 < *H* < 0,60 *m*) aconselhado pelo autor para a utilização de seu modelo matemático. É mais uma razão para suspeitar dos valores calculados. Para estes cálculos, não se admitiu a hipótese de depressão da lâmina vertente. Não foi considerada, também, nenhuma contração, já que o vertedor atravessa transversalmente toda a extensão do canal.

b) Tirante do canal: *h* = 3,0 *m* → *Q* = 15,66 m^3/s
cota da soleira do vertedor: 52,0 *m*

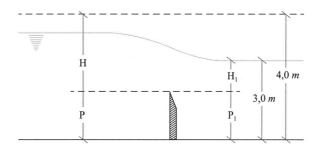

FIGURA 6.18 Vertedor afogado.

Na tentativa de manter o nível a montante do vertedor igual ou inferior a 4,0 *m*, reduziu-se a cota da soleira do vertedor para 52,0 *m*. As alturas *P* e *P*1 serão iguais a 2,0 *m*. A vazão, agora, será calculada com outro modelo matemático devido a Bazin.

$$Q = \left[1,05 + \left(1 + \frac{H_1}{(5 \times P_1)}\right) \times \left(\frac{(H - H_1)}{H}\right)^{1/3}\right] \times m \times l \times \sqrt{2 \times g} \times H^{3/2}$$

Em que:

H_1 = 3 – 2 = 1 *m* (submersão da soleira a jusante)
P_1 = 2,0 *m* (altura da soleira a jusante)
H = carga sobre a soleira
m = coeficiente de Bazin, determinado por:

$$m = \left(0,405 + \frac{0,003}{H}\right) \times \left[1 + 0,55 \times \frac{H^2}{(H + P)^2}\right]$$

l = 2,0 *m* (comprimento do vertedor).

É oportuno observar que não há contração a considerar. Substituindo as variáveis na fórmula matemática, obtém-se:

$$Q = 15,66 \, m^3/s \quad e \quad H = 1,64 \, m.$$

Observa-se que, somando $P + H$, encontra-se: $2{,}0 + 1{,}64 = 3{,}64\ m\ (< 4{,}0\ m)$. Esta solução é possível. O vertedor, no entanto, funcionará afogado, o que nem sempre é aconselhável. Para evitar o afogamento, pode-se aprofundar o canal a jusante do vertedor de forma que $P1 > P$.

c) Tirante do canal: $h = 3{,}0\ m\ (Q = 15{,}66\ m^3/s)$

cota da soleira do vertedor: $53{,}5\ m$

vertedor curvo com $\varphi = 15°$

Outra estratégia válida para manter a carga dentro dos limites previamente estabelecidos inclui o alongamento da crista do vertedor. Será testado o vertedor curvo com $\varphi = 15°$ especificando o centro do círculo a montante da soleira do vertedor. Segundo Wex, nessa circunstância, a vazão por metro do vertedor será dada por:

$$q = 1{,}85 \times H^{3/2}$$

Em que:

q = vazão calculada em m^3/s, por metro de soleira
H = carga sobre a soleira, em metros

Resta, ainda, calcular o comprimento da soleira a ser determinado por:

$$\operatorname{sen} \frac{\alpha}{2} = \frac{l}{r} \quad \text{sendo} \quad l = \frac{b}{2} \quad e \quad b = 2{,}0\ m$$

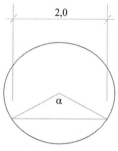 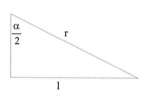

FIGURA 6.19 Variáveis do vertedor com soleira em arco de círculo.

Arbitrando $\alpha = 150° = 2{,}62\ rad$
Resulta em:

$$\operatorname{sen} \frac{150}{2} = \frac{l}{r} \therefore r = 1{,}035\ m$$

$$C = \alpha \times r$$

Em que:

C = comprimento da soleira do vertedor, em metros
r = raio que inscreve o vertedor
α = ângulo que limita o arco C, em radianos

Então:

$$C = 2{,}62 \times 1{,}035 = 2{,}71\ m$$

Observe-se que $l = 2\ m$ para o vertedor reto enquanto $C = 2{,}71\ m$ para o vertedor curvo ($\phi = 15°$). Ao se utilizar $C = 2{,}71\ m$, tem-se um ganho significativo no comprimento da soleira. A vazão no vertedor curvo será:

$$Q = q \times C = 1{,}85 \times H^{3/2} \times 2{,}71$$

Sendo q a vazão sobre o vertedor por metro de soleira.

Assim, para $Q = 15,66 \ m^3/s$, encontra-se $H = 2,19 \ m$
Percebe-se que este valor não atende ao desejado, já que:

$$P + H = 3,5 + 2,19 = 5,69 \ m \ (> 4,0 \ m)$$

Ainda pode ser considerado o arco maior que leva a um comprimento de soleira maior. Isto, no entanto, exige uma adaptação da seção do canal.

d) Vertedor oblíquo com $\varphi = 15°$
cota da soleira: 53,5 m

Para garantir uma folga entre o nível d'água e a borda do canal, será testado um vertedor oblíquo. Será calculado o comprimento do vertedor para a fixação da folga desejada. Estabelecendo uma folga de 0,20 m, encontra-se, para a carga máxima:

$$H_{máx} = 4 - (f + P) = 4 - (0,20 + 3,5) = 0,30 \ m$$

Nessas condições, idealiza-se um vertedor oblíquo na forma de "triângulo" (essa forma não gera grandes diferenças de vazão em relação ao vertedor oblíquo comum). Segundo esta disposição, cada lado terá l/2 de comprimento, desconsiderando o efeito diferenciado que ocorre na extensão do vértice do vertedor.

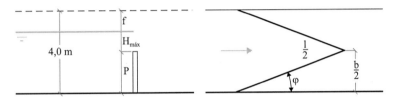

FIGURA 6.20 Vertedor oblíquo.

A vazão do vertedor oblíquo é calculada pela expressão de Boileau, como se segue:

$$Q = m \times x \times l \times \sqrt{2 \times g} \times H^{3/2}$$

Em que:

m = coeficiente de vazão de Bazin ou equivalente. Pode ser adotado o coeficiente simplificado $m = \dfrac{2}{3} \times c = \dfrac{2}{3} \times 0,6 = 0,4$
x = coeficiente dependente do ângulo φ de inclinação da soleira em relação ao eixo do canal. Para $\varphi = 15° \rightarrow x = 0,86$
l = comprimento da soleira
H = carga sobre o vertedor

No caso em consideração, para a vazão dada:

$$15,66 = 0,4 \times 0,86 \times l \times \sqrt{2 \times 9,81} \times 0,3^{3/2} \therefore l = 62 \ m$$

Cada lado terá, portanto, a extensão de 31 m. Esse comprimento de soleira irá requerer a seguinte largura de canal:

$$\sin \varphi = \frac{b/2}{l/2} \therefore b/2 = l/2 \times \sin \varphi = 31 \times \sin 15 = 8,02 \ m$$

Encontra-se, geometricamente, que um lado da soleira ocupa uma largura transversal igual a 8,02 m. Como medida é superior à semilargura do canal, conclui-se que a solução não é viável. Já que a largura do canal é um fator limitante, será fixado o comprimento do vertedor no espaço disponível. Então:

$$\frac{l}{2} = \frac{\frac{b}{2}}{\sin 15} \therefore l = 7,7 \ m$$

Retornando à equação de Boileau, encontra-se uma carga $H = 1,21 \ m$. Este valor ultrapassa, em muito, o H_{max} antes estabelecido. Conclui-se a partir dos resultados dos tipos de vertedores estudados, que a altura da soleira do vertedor deve ser considerada criteriosamente para se chegar a um resultado satisfatório. Essa variável tem importância considerável não sendo, em geral, analisada com o cuidado que merece.

EXERCÍCIO RESOLVIDO 6.7

Na tentativa de evitar o efeito da contração e a depleção da veia líquida, comum nos vertedores retangulares, pretende-se utilizar vertedores triangulares e trapezoidais. Para tornar mais comparáveis os resultados obtidos nas várias opções disponíveis de vertedores, a carga de cálculo será fixada em 0,5 m, a área molhada em 2 m^2 e a velocidade de aproximação considerada nula. Mantendo estes referenciais, determine as vazões dos seguintes vertedores:

a) Vertedor triangular
b) vertedor trapezoidal com ângulo $\theta/2 = 45°$
c) vertedor Cipoletti
d) vertedor circular

Solução

Antes do início do cálculo solicitado, convém verificar qual a vazão do vertedor retangular com as mesmas características:

$$H = 0,5 \ m; \ H \times l = 2,0 \ m^2 \ e \ V = 0 \ m/s$$

segundo o modelo matemático de Francis:

$$Q = 1,838 \times l \times H^{3/2}$$

No qual:

l = comprimento da soleira do vertedor $l = \dfrac{2}{H} = \dfrac{2}{0,5} = \dfrac{2}{0,5} = 4,0 \ m$

H = carga sobre o vertedor ($H = 0,5 \ m$)
$Q = 1,838 \times 4 \times 0,5^{3/2} = 2,599 \ m^3/s$

Caso fossem consideradas duas contrações laterais, o resultado seria:

$$Q = 1,838 \times \left[4 - 2 \times \left(\dfrac{1}{10}\right) \times 0,5\right] \times 0,5^{3/2} = 2,534 \ m^3/s \ (2,5\% \ \text{menor do que } 2,599)$$

Caso existisse uma depleção moderada, a vazão seria cerca de 6% superior à vazão com lâmina livre, como foi constatado por Bazin.

a) Vertedor triangular ($H = 0,5 \ m$, $A = 2,0 \ m^2$, $V = 0 \ m/s$, $c = 0,6$)

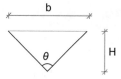

FIGURA 6.21 Vertedor Triangular.

Sabe-se que, no triângulo isósceles, mostrado na Figura 6.21 é verdadeira a relação a seguir:

$$b = 2 \times H \times \dfrac{\tan \theta}{2}$$

A área deste triângulo será:

$$A = \dfrac{b \times H}{2}$$

Substituindo os valores conhecidos:

$$2,0 = \dfrac{2 \times 0,5 \times \tan \dfrac{\theta}{2} \times 0,5}{2} \ \therefore \ \theta = 165,75°$$

A vazão do vertedor triangular será calculada da seguinte forma:

$$Q = \frac{8}{15} \times c \times tg\left(\frac{\theta}{2}\right) \times \sqrt{2 \times g} \times H^{5/2}$$

sendo:

c = coeficiente de vazão
θ = ângulo do vértice do vertedor
H = carga do vertedor

Substituindo os valores:

$$Q = \frac{8}{15} \times 0,6 \times 8 \times \sqrt{2 \times 9,81} \times 0,5^{5/2} = 2,0 \text{ m}^3/\text{s}$$

Esta vazão corresponde a 77% da vazão calculada para o vertedor retangular, no entanto, o ângulo central do vertedor triangular de 165,74° é muito superior ao habitual. O ângulo de 90° é, frequentemente, o mais encontrado. A aplicação de ângulo próximo a 180° (próximo do vertedor retangular) pode lançar dúvidas sobre o resultado do modelo. Para esclarecer esta questão, o vertedor triangular será substituído por quatro vertedores triangulares, cuja soma das áreas molhadas seja 2 m^2 e cujas cargas sejam iguais a 0,5 m. Admitir-se-á que um vertedor não interferirá no escoamento de outro, apesar desta afirmativa não ser rigorosamente verdadeira. Assim:

$$A = 0,5 = \frac{b \times H}{2} = \frac{2 \times H \times \tan\frac{\theta}{2} \times H}{2}$$

Como $H = 0,5$ m
Resulta que: $\theta = 126,86°$
Agora tem-se um valor muito mais próximo de 90°, como era pretendido. A vazão de cada vertedor será:

$$Q = \frac{8}{15} \times 0,6 \times 2,0 \times \sqrt{2 \times 9,81} \times 0,5^{5/2} = 0,5 \text{ m}^3/\text{s}$$

Sendo essa a vazão de um vertedor triangular, a vazão total dos quatro vertedores será igual a 2 m^3/s. Não ocorreu alteração alguma, pois a área neste modelo matemático, determinada pelo ângulo θ, variou segundo sua tangente, e a carga permaneceu constante.

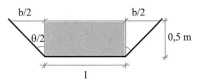

FIGURA 6.22 Vertedor trapezoidal.

b) A vazão do vertedor trapezoidal resulta da soma das vazões de um vertedor retangular e de um triangular, conforme mostrado na Figura 6.22.

Neste caso, onde $A = 2,0$ m², encontra-se pela equação da área do trapézio e pela figura:

$$A = 2,0 = \frac{\left[\left(2 \times \frac{b}{2} + l\right) + l\right]}{2} \times H$$

Sabendo que $\frac{\theta}{2} = 45°$

$$b = 2 \times H \times \tan\frac{\theta}{2} \therefore b = 2 \times 0,5 \times 1 = 1,0 \text{ m}$$

Substituindo o valor de *b* na expressão da área, encontra-se: $l = 3,5\ m$

A vazão será calculada por:

$$Q = \frac{2}{3} \times c \times l \times \sqrt{2 \times g} \times H^{3/2} + \frac{8}{15} \times c \times \tan\frac{\theta}{2} \times \sqrt{2 \times g} \times H^{5/2}$$

$$Q = \frac{2}{3} \times 0,6 \times 3,5 \times \sqrt{2 \times 9,81} \times 0,5^{3/2} + \frac{8}{15} \times 0,6 \times \tan 45 \times \sqrt{2 \times 9,81} \times 0,5^{5/2}$$

A vazão calculada será:

$$Q = 2,443\ m^3/s$$

A vazão do vertedor trapezoidal é 22% superior ao desempenho do vertedor triangular e 6% inferior ao do vertedor retangular)

c) O vertedor Cipolletti é um vertedor trapezoidal com as faces inclinadas na proporção de 1:4 (h:v). Sendo assim, é possível calcular o ângulo com a vertical, já que:

$$\tan\frac{\theta}{2} = \frac{1}{4} \therefore \frac{\theta}{2} = 14,03° \therefore \theta = 28,06°$$

Da mesma forma que o vertedor trapezoidal anterior, a área será dada por:

$$A = 2,0 = \frac{\left[\left(2 \times \frac{b}{2} + l\right) + l\right]}{2} \times H$$

com a área do trapézio sendo:

$$b = 2 \times H \times \tan\frac{\theta}{2} \therefore b = 2 \times 0,5 \times \tan 14,03 = 0,250$$

Substituindo o valor de *b* na expressão da área, encontra-se:

$$l = 3,875\ m$$

A vazão no vertedor Cipoletti é calculada pela expressão matemática:

$$Q = 1,86 \times l \times H^{3/2}$$

sendo:

l = comprimento da base menor do trapézio
H = carga do vertedor

Substituindo os valores, encontra-se:

$$Q = 2,548\ m^3/s$$

Utilizando a expressão matemática generalizada para vertedores trapezoidais, encontra-se:

$$Q = \frac{2}{3} \times c \times l \times \sqrt{2 \times g} \times H^{3/2} + \frac{8}{15} \times c \times \tan\frac{\theta}{2} \times \sqrt{2 \times g} \times H^{5/2}$$

$$Q = \frac{2}{3} \times 0,6 \times 3,875 \times \sqrt{2 \times 9,81} \times 5^{3/2} + \frac{8}{15} \times 0,6 \times \tan 14,03 \times \sqrt{2 \times 9,81} \times 5^{5/2}$$

$Q = 2,489\ m^3/s$ (2,3% inferior ao resultado da expressão de Cipoletti)

O resultado do modelo de Cipoletti é 2% inferior à vazão calculada para o vertedor retangular.

d) O vertedor circular é definido da forma indicada na Figura 6.23.

A área molhada do vertedor será dada por:

$$A = \frac{1}{8} \times (\theta - sen\ \theta) \times D^2$$

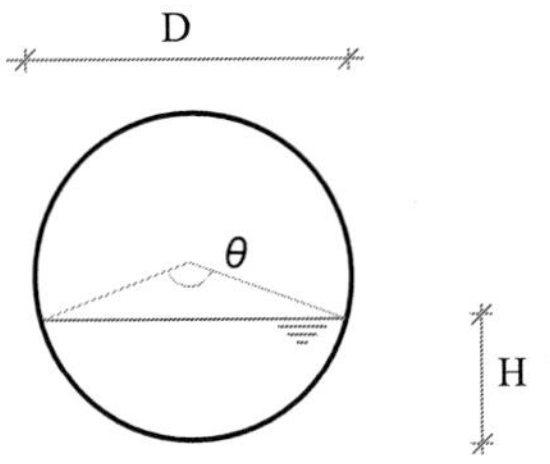

FIGURA 6.23 Vertedor circular em plano vertical.

A relação entre o ângulo e a carga será:

$$H = \frac{D}{2} \times \left(1 - \cos\frac{\theta}{2}\right)$$

Substituindo os valores conhecidos e resolvendo o sistema:

$$2 = \frac{1}{8} \times (\theta - sen\,\theta) \times D^2$$

$$0,5 = \frac{D}{2} \times \left(1 - \cos\frac{\theta}{2}\right)$$

encontra-se:

$$16 = \frac{(\theta - sen\,\theta)}{\left(1 - \cos\frac{\theta}{2}\right)^2}$$

Resolvendo iterativamente a equação, vê-se que:

$$\theta = 38° \; e \; D = 18,35\,m$$

A vazão no vertedor será determinada por:

$$Q = 1,518 \times D^{0,693} \times H^{1,807}$$

Em que:

D = diâmetro do vertedor
H = carga do vertedor
$Q = 1,518 \times 18,35^{0,693} \times 0,5^{1,807} = 3,258 \; m^3/s$

Observe que esse vertedor terá como soleira um arco de círculo, cujo comprimento será determinado por:

$$c = r \times \alpha = \frac{D}{2} \times \frac{38 \times \pi}{180} = \frac{21,6}{2} \times \frac{38 \times 3,14}{180} = 6,131\,m$$

A extensão superior do tirante, ou corda subentendida pelo ângulo central, será:

$$l = 2 \times r \times sen\frac{\alpha}{2} = 2 \times 9,17 \times sen\frac{38}{2} = 5,97\,m$$

A área real para $\theta = 38°$ e $D = 18,35\,m$ será:

$$A = \frac{1}{8} \times (\theta - sen\,\theta) \times D^2$$

$$A = \frac{1}{8} \times (0,663 - 0,6156) \times 18,35^2 = 1,995\,m^2$$

A vazão determinada é a maior dentre as vazões dos vertedores testados. Essa diferença resultou da grande sensibilidade da equação, fazendo com que mínimas variações de θ produzam grandes variações em Q. Não convém, portanto, comparar seus resultados com os de outros tipos de vertedor. As vazões calculadas estão reunidas para comparações no Quadro 6.14.

296 Elementos da Hidráulica

QUADRO 6.14 Desempenho comparativo de vertedores selecionados ($A = 2\ m^2$; $H = 0,5\ m$)

TIPO	b (m)	θ/2 (graus)	Q (m³/s)	variação%
Retangular	4,0	—	2,599	100
Triangular	—	82,87	2,000	77
Trapezoidal	3,500	45,00	2,442	94
Cipoletti	3,875	14,03	2,548	98

Conclui-se, a partir dos resultados, que a forma do vertedor é muito importante na determinação da vazão efluente, para uma mesma carga e mesma área de fluxo. Os vertedores retangular e Cipoletti têm vazões muito próximas. O vertedor retangular alia simplicidade e grande capacidade de vazão com cargas menores.

EXERCÍCIO RESOLVIDO 6.8

Analise o funcionamento de duas baterias de vertedores proporcionais (Sutro e Di Ricco), a serem utilizados em laboratório, com soleiras de 0,05; 0,10; 0,15 e 0,20 m e relação entre as dimensões da base retangular (comprimento *versus* altura) iguais a 3 e 5. Determine a equação da reta-chave para a soleira 0,10 m de ambos os vertedores.

Solução

Nos vertedores proporcionais, a vazão varia com a primeira potência da altura da carga hidráulica. Esses vertedores têm, portanto, uma reta-chave ao invés de uma curva-chave (vazão × carga). Em geral, os vertedores proporcionais têm uma soleira retangular e seus lados são convergentes. A base retangular mantém uma relação entre seus lados maior e o menor (comprimento e altura, respectivamente) que varia entre 3 e 25. Quanto maior a relação, menor será a altura do retângulo quando comparado à soleira. As relações de maior valor numérico resultam em vazões menores, para a mesma carga. Para viabilizar uma comparação entre as vazões desses vertedores, adotaram-se as relações *b/a* (Sutro) e *l/a* (Di Ricco) iguais a 3 e 5, conforme indicado no enunciado. Padronizaram-se, ainda, as cargas nos valores 0,05; 0,10; 0,15 e 0,20 m.

A vazão no vertedor Di Ricco é determinada por meio do modelo matemático indicado a seguir:

$$Q = K \times l \times \sqrt{a} \times \left(H + \frac{5}{8} \times a\right)$$

Em que:

K = coeficiente que varia em função da relação *l/a*
$K = 2,094$ para $l/a = 3$
$K = 2,064$ para $l/a = 5$
l = comprimento da soleira do vertedor
a = altura do retângulo da base
H = carga hidráulica, contada a partir da soleira

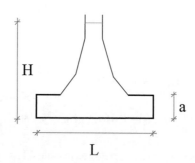

FIGURA 6.24 Vertedor Di Ricco.

QUADRO 6.15 Vazão no vertedor Di Ricco para bases selecionadas

l (m)	l/a	K	a (m)	Vazão (l/s) para H (m)			
				0,05	0,10	0,15	0,20
0,05	3	2,094	0,016	0,8	1,4	2,1	2,8
	5	2,064	0,010	0,5	1,1	1,6	2,1
0,10	3	2,094	0,033	1,8	4,5	6,5	8,4
	5	2,064	0,020	1,8	3,2	4,7	6,2
0,15	3	2,094	0,050	5,7	9,2	12,7	16,2
	5	2,064	0,030	3,7	6,3	9,0	11,7
0,20	3	2,094	0,066	9,8	15,2	20,5	25,9
	5	2,064	0,040	6,1	10,3	14,4	18,6

Os valores das vazões foram organizados no Quadro 6.15. As vazões variam desde $0,5 \times 10^{-3}$ m^3/s (0,5 l/s) a $25,9 \times 10^{-3}$ m^3/s (25,9 l/s).

A vazão do vertedor Sutro é determinada por meio do modelo matemático indicado a seguir:

$$Q = 2,74 \times \sqrt{a \times b} \times \left(H - \frac{a}{3}\right)$$

Em que:

b = comprimento da soleira
a = altura do retângulo da base
H = carga do vertedor, contada a partir da soleira

Para permitir uma comparação entre os desempenhos dos vertedores Di Ricco e Sutro os valores das vazões do vertedor Sutro foram organizados no Quadro 6.16 para os mesmos valores utilizados no Quadro 6.15. As vazões do vertedor Sutro variam desde 2×10^{-3} m^3/s (2 l/s) a 56×10^{-3} m^3/s.

QUADRO 6.16 Vazão no vertedor Sutro para bases selecionadas

b (m)	b/a	K	a (m)	Vazão (l/s) para H (m)			
				0,05	0,10	0,15	0,20
0,05	3	2,094	0,016	3	7	11	15
	5	2,064	0,010	2	6	9	12
0,10	3	2,094	0,033	6	14	21	29
	5	2,064	0,020	5	11	17	23
0,15	3	2,094	0,050	8	19	31	43
	5	2,064	0,030	7	16	25	35
0,20	3	2,094	0,066	9	24	40	56
	5	2,064	0,040	9	21	33	45

Dos resultados obtidos, conclui-se que:

- Para uma mesma carga, o vertedor Sutro escoa vazão muito superior à vazão do vertedor Di Ricco.
- A reta-chave do vertedor Sutro é muito mais inclinada do que a reta-chave do vertedor Di Ricco.

Resulta daí que o vertedor Sutro é mais sensível à variação de carga.

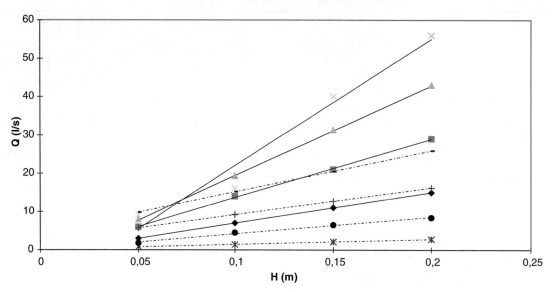

FIGURA 6.25 Gráfico comparativo entre resultados dos vertedores Sutro e Di Ricco para cargas hidráulicas selecionadas.

Nota: As linhas contínuas correspondem aos resultados do vertedor Sutro, enquanto as pontilhadas pertencem ao vertedor Di Ricco. As linhas superiores (maior vazão para uma mesma carga H) correspondem aos vertedores com bases maiores (b, no vertedor Sutro e L, no vertedor Di Ricco).

Do ponto de vista construtivo, há diferenças a considerar entre esses vertedores. As paredes do vertedor Sutro são definidas pela equação:

$$\frac{x}{b} = 1 - \frac{2}{\pi} \tan^{-1} \sqrt{\frac{y}{a}}$$

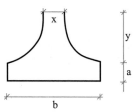

FIGURA 6.26 Vertedor Sutro.

Nessa equação, x e y são as coordenadas de cada ponto medidas a partir da base. Já as paredes do vertedor Di Ricco são definidas por segmentos de reta cujos espaçamentos e alturas são dimensionadas em função de l e a. No topo (altura de $10 \times a$), a distância entre paredes é igual a $0,14 \times l$, e sobre a área da base essa distância é de $0,46 \times l$. As distâncias intermediárias são $0,19 \times l$ e $0,26 \times l$, ficando respectivamente a $5,0 \times a$ e $2,5 \times a$ de altura, medidas a partir da soleira. Ora, é fácil concluir sobre a dificuldade construtiva do vertedor Sutro e sobre as possíveis imprecisões resultantes de defeitos construtivos. Observando como estes vertedores foram projetados, conclui-se, também, sobre a causa que leva ao melhor desempenho do vertedor Sutro para uma mesma carga. As paredes curvas do vertedor Sutro são lançadas a partir dos extremos da área base desse vertedor, enquanto no vertedor Di Ricco, o trapézio inferior está centrado sobre sua área base, correspondendo, na sua maior dimensão horizontal, a apenas 0,46 da soleira (menos da metade).

Em resumo, a área molhada do vertedor Sutro é maior para uma mesma carga, o que resulta em maior vazão. As equações das retas-chave podem ser calculadas por:

$$(y - y_1) = m \times (x - x_1)$$

Em que:

m = coeficiente angular da reta; $m = \dfrac{y_2 - y_1}{x_2 - x_1}$

y_i; x_i = coordenadas do ponto i sobre a reta-chave

As curvas-chave são construídas conforme mostrado no Quadro 6.17.

QUADRO 6.17 Equações das retas-chave dos vertedores Di Ricco e Sutro

l (m)	l/a (b/a)	vertedor	Q_1 (y_1)	Q_2 (y_2)	H_1 (x_1)	H_2 (x_2)	m	equação Q = ax + y
0,10	3	Di Ricco	1,797	8,4	0,05	0,2	0,044	0,044 × H + 1,797
0,10	3	Sutro	6,0	29,0	0,05	0,2	0,153	0,153 × H + 6,0

No Quadro 6.17 as variáveis têm os valores colhidos na Figura 6.25.

$H_1 = 0{,}05$ (valor de x_1)
$H_2 = 0{,}20$ (valor de x_2)
$Q_1 = 1{,}797$ ou $6{,}0$ (valor de y_1)
$Q_2 = 8{,}4$ ou $29{,}0$ (valor de y_2)

$$m = \frac{y_2 - y_1}{x_2 - x_1}$$

Quando a carga é nula ($H = 0$), a vazão deve também ser nula, em qualquer vertedor. Estas equações, no entanto, não oferecem este resultado. Conclui-se, em decorrência, que as equações não se aplicam a cargas pequenas. No caso tratado, as equações devem ser desconsideradas para cargas inferiores a uma fração da altura do retângulo, base a, a ser definida, até porque abaixo desta altura o vertedor deixa de ser proporcional e passa a ser retangular.

EXERCÍCIO RESOLVIDO 6.9

Calcule a força total aplicada sobre uma comporta de segmento, com as características fornecidas a seguir, quando instalada em três posições:

a) com eixo de simetria na horizontal
b) com aresta inferior tangente a uma vertical ao fundo
c) com aresta superior tangente a uma vertical ao nível d água

Características:

raio do arco de círculo $R = 8\ m$
ângulo central do segmento $\alpha = 60°$
comprimento da soleira (vão livre) $b = 5\ m$

Solução

I. Observando a Figura 6.27 (a), verifica-se que o arco *BCD* representa a seção cega (vedante) da comporta de segmento. Admite-se que esta comporta é cilíndrica, ou seja, todas as suas seções ao longo da largura têm a mesma forma. O ponto "*O*" é o fulcro da comporta, ponto em torno do qual ela gira. Esse giro deve ser ascendente, já que no ponto *D* a comporta toca a soleira e veda a passagem do fluido. Admite-se, também, que o nível d'água a montante atinge a cota da extremidade superior *B*, o que gera maior esforço possível sobre a comporta. Caso este nível seja ultrapassado, formar-se-á uma lâmina sobre a comporta, e a aresta superior funcionará como vertedor retangular. Normalmente isto é evitado com a abertura da comporta, passando o excesso de vazão entre a comporta e a soleira. A abertura da comporta, portanto, reduz os esforços aplicados sobre a superfície vedante.

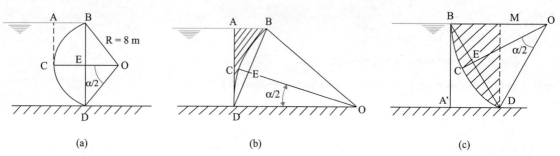

FIGURA 6.27 Variáveis da comporta de segmento.

Sabe-se que a pressão estática em determinado ponto de um líquido é dada por:

$$p = \gamma \times h$$

Em que:

γ = peso específico do fluido
h = profundidade considerada

Aplicando este conceito à superfície do segmento, chega-se ao diagrama de pressões mostrado na Figura 6.28, na qual a pressão no ponto B é nula, sendo igual a $\gamma \times h$ em D, sendo h a profundidade do ponto D. As setas representam as forças elementares (pressão) aplicadas, sempre perpendiculares à superfície vedante.

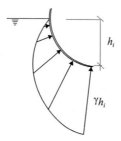

FIGURA 6.28 Diagrama de pressões sobre superfície cilíndrica curva segundo plano vertical.

Esta abordagem dificulta a determinação da resultante dos esforços aplicados sobre a superfície curva. Simplifica-se o cálculo considerando as componentes vertical e horizontal de cada uma dessas forças elementares aplicadas sobre a superfície curva. As forças aplicadas entre B e C, mostradas na Figura 6.29 geram componentes verticais dirigidas para baixo, enquanto as forças aplicadas entre C e D geram componentes verticais dirigidas para cima, sempre proporcionais à altura de submersão. Segundo essa nova conceituação determinam-se os seguintes esforços aplicados sobre BCD:

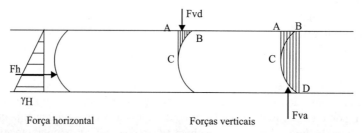

FIGURA 6.29 Componentes horizontal e vertical da resultante das forças aplicadas na comporta de segmento com eixo de simetria paralelo ao fundo.

A componente vertical, ou impulsão, é igual ao peso do volume de líquido delimitado pela superfície premida, pelo nível d'água e pelas projetantes verticais tiradas pelo contorno da superfície. Para a quantificação de Fvd e Fva, calculam-se os volumes correspondentes às áreas hachuradas considerando-os ao longo de toda a extensão da comporta. Assim:

$$F_{vd} = S_{abc} \times Y \times b$$

Em que:

S_{abc} = área hachurada *ABC*
γ = peso específico do fluido
b = largura da comporta

Seguindo o mesmo raciocínio, encontra-se para *Fva*:

$F_{va} = S_{abcd} \times \gamma \times b$ (força vertical ascendente)

A força vertical resultante será:

$F_v = (S_{abcd} - S_{abc}) \times \gamma \times b$ (força vertical ascendente)

A rigor, F_v não resulta da diferença entre F_{va} e F_{vd}. Essas forças são coplanares, mas não agem segundo o mesmo eixo, já que seus pontos de aplicação estão afastados em relação ao eixo vertical de aplicação de F_v. Na verdade, existe ainda a ser considerado um momento que tende a fechar a comporta, sendo na grande maioria dos casos, desprezado.

Verifica-se, também, que:

$S_{abcd} - S_{abc} = S_{bcd}$ (área do segmento)
então:

$$F_v = S_{bcd} \times \gamma \times b$$

Em que:

$$S_{bcd} = \frac{1}{2} \times R^2 \times (\alpha - \sin \alpha)$$

$$\gamma = 10.000 \text{ N/m}^3$$

$$Fv = \frac{1}{2} \times 8^2 \times (1,046 - sen\, 60) \times 10.000 \times 5 = 28,79 \times 10^4 \, N = 28,79 \, tf$$

Verifica-se que a componente vertical é igual ao empuxo exercido verticalmente sobre o sólido. A componente horizontal é igual à resultante da pressão hidrostática exercida sobre a projeção da superfície premida sobre um plano perpendicular ao papel. Então:

$$F_h = \gamma \times h_0 \times A_h$$

Em que:

γ = peso específico do fluido
h_o = profundidade do centro de gravidade da área
A_h = projeção horizontal da área premida

$$F_h = 10.000 \times \frac{BD}{2} \times (BD \times b)$$

Sabe-se que:

$$BD = 2 \times 8 \times sen\, 30 = 8,0 \, m$$

Substituindo os valores, encontra-se:

$$F_h = 10.000 \times \frac{8}{2} \times 8 \times 5 = 160 \times 10^4 \, N = 160 \, tf$$

A resultante sobre a comporta será:

$$R^2 = F_h^2 + F_v^2 \therefore R = \sqrt{(160 \times 10^4)^2 + (28,79 \times 10^4)^2} = 162,56 \times 10^4 \, N = 162,56 \, tf$$

Essa resultante passa pelo fulcro O e faz um ângulo β com a horizontal.

$$\beta = \tan^{-1}\frac{F_v}{F_h} = 10,2°$$

II. A Figura 6.27 (b) mostra a posição da comporta com uma componente vertical descendente. Observa-se que, sendo o arco tangente à vertical AD, o ângulo ADO é reto. Sendo o ângulo BOD de 60°, resulta que o ângulo BDA é de 30°. Então, o triângulo ABD é semelhante ao triângulo OEB, podendo-se estabelecer as relações de semelhança:

$$\frac{\frac{H}{2}}{AB} = \frac{R}{H} \therefore AB = \frac{H^2}{2\times R} = \frac{8^2}{2\times 8} = 4 \text{ m}$$

O valor de AD será:

$$AD = \frac{AB}{\tan 30} = 6,92 \approx 7,0 \text{ m}$$

Utilizando a mesma metodologia do item (I), pode-se calcular F_v e F_h. Assim, calcula-se o módulo da componente vertical, que neste caso estará dirigida para baixo:

$$F_v = S_{abcd} \times \Upsilon \times b = [S_{abd} - S_{bcde}] \times \gamma \times b$$

$$F_v = \left[\frac{4\times 7}{2} - \frac{1}{2}\times 8^2 \times (1,046 - \sin 60)\right] \times 10.000 \times 5$$

$$F_v = 41,2\times 10^4 \ N = 41,2 \ tf$$

Para a componente horizontal:

$$F_h = \gamma \times h_0 \times A_h$$

$$F_h = 10.000 \times \frac{AD}{2} \times (AD \times b)$$

$$F_h = 10.000 \times \frac{7}{2} \times (7\times 5) = 122,5\times 10^4 \ N = 122.5 \ tf$$

O módulo da resultante será:

$$R^2 = F_h^2 + F_v^2 = 122,5^2 + 41,2^2 \therefore R = 129,24 \ tf$$

O ângulo da resultante com a horizontal será:

$$\beta = \tan^{-1}\frac{F_v}{F_h} = \tan^{-1}\frac{41,2}{122,5} = 18,58°$$

III. O raciocínio utilizado em (I) e (II) continua válido. Observando a Figura 6.27 (c), verifica-se que o triângulo OEB é proporcional ao triângulo A'BD e ocorre a relação de semelhança:

$$\frac{BE}{A'D} = \frac{R}{BD} \therefore A'D = \frac{BE\times H}{R} = 4 \text{ m}$$

No triângulo A'BD, encontra-se:

$$BA' = 8\times \cos 30° = 6,92 \ m \cong 7,0 \ m$$

A impulsão, que neste caso estará direcionada para cima, será o peso do líquido contido no volume, determinado pelo produto da área da seção BMDC e do comprimento da soleira b. Assim:

$$F_v = S_{bmdc} \times \gamma \times b = (S_{bmd} + S_{bcde}) \times \gamma \times b$$

$$F_v = \left[\frac{4\times 7}{2} + \frac{1}{2}\times 8^2 \times (1,046 - sen\ 60)\right] \times 10.000 \times 5 = 98,79\times 10^4 \ N = 98,79 \ tf$$

Analogamente, para a força horizontal:

$$F_h = \gamma \times h_0 \times A_h$$

$$F_h = 10.000 \times \frac{7}{2} \times (7 \times 5) = 122{,}50 \times 10^4 \ N = 122{,}5 \ tf$$

O módulo da resultante será calculado por:

$$R^2 = F_h^2 + F_v^2 \quad \therefore \quad R = 157{,}37 \times 10^4 \ N = 157{,}37 \ tf$$

O ângulo da força resultante com a horizontal será:

$$\beta = \tan^{-1} \frac{F_v}{F_h} = \tan^{-1} \frac{98{,}79}{122{,}5} = 38{,}88°$$

Os resultados obtidos foram reunidos no Quadro 6.18.

QUADRO 6.18 Componentes horizontal e vertical das resultantes das pressões aplicadas sobre a comporta de segmento

Posição	F_h (10^4 N)	F_v (10^4 N)	R (10^4 N)	β(graus)	NA (m)
1- eixo de simetria na horizontal	160,00	28,79	162,56	↑ 10,20	8,0
2- aresta inferior tangente à vertical	122,50	41,20	129,24	↓ 18,58	7,0
3- aresta superior tangente à vertical	122,50	98,79	157,37	↑ 38,88	7,0

É fácil verificar que a posição da comporta deve ser avaliada com cuidado, pois a sua colocação pode resultar em consequências significativas nos esforços a serem considerados.

O Quadro 6.18 mostra claramente que:

- Nos arranjos *a* e *c*, os esforços tendem a abrir a comporta enquanto no arranjo *b* estes tendem a fechá-la.
- O nível d'água retido a montante varia em 1 *m*, dependendo da posição da comporta.

Além disso, deve-se notar que, no arranjo *b*, o fulcro poderá ficar muito próximo (ou imerso) à veia líquida efluente, o que poderá trazer problemas de manutenção.

Capítulo 7

Canal

7.1 DEFINIÇÃO

Canal é um conduto de seção aberta ou fechada, parcialmente cheia, que transporta água, sob a ação da gravidade, com a superfície líquida submetida à pressão atmosférica. Os canais podem ser naturais ou artificiais.

7.2 APLICAÇÃO PRÁTICA

Os canais são largamente utilizados nos sistemas de drenagem urbana ou rural (esgotos domésticos ou águas pluviais), nos sistemas de abastecimento de água potável, na alimentação de turbinas, nos sistemas de irrigação, como vias navegáveis etc.

7.3 TIPOS DE ESCOAMENTO

O escoamento em canal pode ser permanente ou não permanente. O escoamento será permanente quando seus parâmetros característicos permanecerem inalterados em uma seção qualquer durante um espaço de tempo relativamente longo. É o tipo de escoamento que se instala naturalmente em canais prismáticos de declividade constante. O escoamento não permanente acontece em canais prismáticos ou naturais sempre que o escoamento precisa se adaptar a novas condições de equilíbrio dinâmico. A abertura ou fechamento de comporta que admite água no canal promove escoamento não permanente, pois altera o equilíbrio existente antes do movimento de abertura ou fechamento da comporta. Após um lapso de tempo, o escoamento encontra um novo estado de equilíbrio e volta a ser permanente. O escoamento permanente pode ser uniforme ou variado. É uniforme quando os parâmetros característicos do escoamento não se alteram entre seções próximas. A manutenção de igual tirante ao longo do canal prismático com declividade constante é um indicador claro de escoamento permanente uniforme. O escoamento variado pode se apresentar como gradualmente variado ou rapidamente variado. O primeiro caso acontece em canais prismáticos, a montante de vertedores. O escoamento varia rapidamente no ressalto hidráulico quando o escoamento passa de supercrítico (grande velocidade e pequeno tirante) para subcrítico (pequena velocidade e grande tirante) em poucos metros.

7.4 MODELO MATEMÁTICO – ESCOAMENTO PERMANENTE UNIFORME

Para o escoamento permanente uniforme tem-se o modelo apresentado na Figura 7.1.

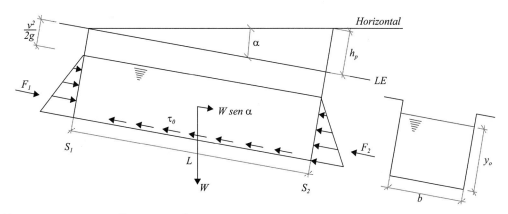

FIGURA 7.1 Escoamento permanente uniforme em canal.

Em que:

b = largura da seção
P = perímetro molhado; $P = b + 2 \times y_0$ (para seção retangular)
I = declividade longitudinal
h_p = perda de carga entre as seções S_1 e S_2

As forças aplicadas sobre o volume que flui entre as seções S_1 e S_2 são:
F_1 = resultante das pressões aplicadas em S_1
F_2 = resultante das pressões aplicadas em S_2
$W \times \sin \alpha$ = componente do peso do volume entre S_1 e S_2, na direção do escoamento
$\tau_0 \times P \times L$ = resistência ao escoamento produzida entre o volume líquido, as margens e o fundo do canal
τ_0 = tensão média de cisalhamento atuando ao longo da superfície de contato água-canal

As forças aplicadas sobre o volume líquido devem estar em equilíbrio para o escoamento ser uniforme. Então:

$$F_1 - F_2 + W \times \operatorname{sen} \alpha - \tau_0 \times P \times L = 0$$

como:

$$y_1 = y_2$$

resulta que:

$$F_1 = F_2$$

Em que:

y_1 = tirante na seção 1
y_2 = tirante na seção 2

então:

$$W \times \operatorname{sen} \alpha = \tau_0 \times P \times L$$

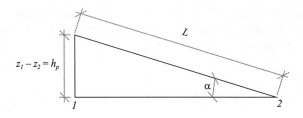

FIGURA 7.2 Declividade do canal.

fazendo:

$$\operatorname{sen} \alpha = \frac{z_1 - z_2}{L} = \frac{h_p}{L} \quad e \quad \operatorname{tg} \alpha = I$$

Em que:

$z_1 - z_2$ = diferença de cotas das seções S_1 e S_2 em relação a um referencial arbitrário
I = declividade longitudinal do canal

Admitindo sen α = tg α, para pequenos valores de α, pode-se escrever:

$$I = \frac{h_p}{L} = J$$

Em que:

J = perda de carga unitária por unidade de comprimento
O peso do volume de fluido entre as seções 1 e 2 é: $W = \gamma \times A \times L$

Em que:

A = área molhada
L = distância entre as seções 1 e 2
AL = volume de água entre as seções 1 e 2

Como:

sen α = tg α, para pequenos valores de α, tem-se:
$\tau_0 = \gamma \times R \times \text{tg}\,\alpha$
$\tau_0 = \gamma \times R \times I$
τ_0 é a tensão média de cisalhamento sobre o perímetro molhado, ou tensão trativa.

Experimentalmente, sabe-se que a perda de carga em canais é:

- Proporcional ao quadrado da velocidade média na seção – V^2
- Diretamente proporcional à superfície de atrito entre a água, as paredes e o fundo – PL
- Inversamente proporcional à área da seção – A.

Pode-se, portanto, escrever:

$$hp = k \times V^2 \times P \times L / A = k \times V^2 / R \times L$$

$$\frac{h_p}{L} = k \times \frac{V^2}{R} = J = I \text{ (para pequenas declividades)}$$

Então:

$$V = C \times \sqrt{R} \times I$$

Esta é a apresentação matemática de Chézy para o escoamento permanente uniforme em canais prismáticos. A vazão será determinada por:

$$Q = A \times V = A \times C \times \sqrt{R \times I}$$

A partir da fórmula de Chézy, outros pesquisadores propuseram modelos matemáticos para o cálculo da vazão em canais onde o escoamento é permanente e uniforme. Manning propôs que o coeficiente C de Chézy seja considerado:

$$C = \frac{1}{n} R^{1/6}$$

A vazão pode, então, ser calculada com a expressão:

$$Q = \frac{A}{n} \times R^{2/3} \times I^{1/2}$$

Em que:

n = coeficiente de rugosidade de Manning
A expressão de Manning ainda pode ser escrita da seguinte forma:

$$Q = \frac{A}{n} \times \left(\frac{A}{P}\right)^{2/3} \times \left(\frac{\Delta H}{L}\right)^{1/2}$$

Em que:

A = área molhada
P = perímetro molhado
ΔH = diferença de cotas entre as seções consideradas
L = distância entre as seções consideradas

APLICAÇÃO 7.1.

Um canal de seção retangular com largura $b = 3\ m$ liga os pontos A e B distantes, entre si, $L = 1.000\ m$. O desnível entre esses pontos é $\Delta H = 3\ m$. A altura entre o fundo do canal e a sua borda é $H_B = 1,5\ m$. As paredes do canal são revestidas de argamassa de cimento. Quando a seção molhada tiver um tirante $y = 1,0\ m$, o canal apresentará as seguintes condições de funcionamento:

- Declividade longitudinal: $I = \dfrac{\Delta H}{L} = \dfrac{3}{1.000}\ m/m$
- Coeficiente de rugosidade: $n = 0,013$ (argamassa de cimento)
- Tirante: $y = 1,0\ m$
- Área molhada: $A = y \times b = 1,0 \times 3,0 = 3,0\ m^2$
- Perímetro molhado: $P = b + 2y = 3,0 + 2 \times 1,0 = 5,0\ m$
- Vazão: $Q = \dfrac{A}{n} \times R^{2/3} \times I^{1/2} = \dfrac{A}{n} \times \left(\dfrac{A}{P}\right)^{2/3} \times \left(\dfrac{\Delta H}{L}\right)^{1/2}$

$$Q = \dfrac{3}{0,013} \times \left(\dfrac{3}{5}\right)^{2/3} \times \left(\dfrac{3}{1.000}\right)^{1/2} = 8,99\ m^3/s$$

- Velocidade média: $V = \dfrac{Q}{A} = \dfrac{8,99}{3,0} = 2,99\ m/s$
- Tensão trativa: $\tau_0 = \gamma \times R \times I = \gamma \times \dfrac{A}{P} \times I$

$$\gamma = 10.000\ N/m^3$$

$$\tau_0 = 10^4 \times \dfrac{3,0}{5,0} \times \dfrac{3,0}{1.000} = 0,0018 \times 10^4 = 18\ Pa$$

7.5 A FORMA DA SEÇÃO TRANSVERSAL

O modelo matemático do escoamento permanente uniforme foi apresentado com seção retangular, mas é válido para qualquer outra seção. Na expressão de Manning, a área da seção e o perímetro molhado devem ser traduzidos da forma indicada no Quadro 7.1, de acordo com a seção transversal escolhida para o canal.

QUADRO 7.1 Parâmetros das seções dos canais

Seção	A (área molhada)	P (perímetro molhado)	T (largura na superfície)
Retangular	$b \times y$	$b + 2y$	b
Trapezoidal	$(b + zy)\,y$	$b + 2y\sqrt{1+z^2}$	$b + 2zy$
Circular, $y = \dfrac{d}{2}(1 - \cos\dfrac{\theta}{2})$	$\dfrac{1}{8}(\theta - \mathrm{sen}\,\theta)d^2$	$\dfrac{1}{2}\theta \times d$	$\left(\mathrm{sen}\dfrac{\theta}{2}\right)d$
Triangular	$z \times y^2$	$2y\sqrt{1+z^2}$	$2zy$

QUADRO 7.1 Parâmetros das seções dos canais *(Cont.)*

Seção	A (área molhada)	P (perímetro molhado)	T (largura na superfície)
$y > r\,;\,T = b + 2r$	$\left(\dfrac{\pi}{2}-2\right)r^2+(b+2r)y$	$(\pi-2)\,r+b+2y$	$b+2r$
	$\dfrac{T^2}{4z}-\dfrac{r^2}{z}(1-z\cot^{-1}z)$	$\dfrac{T}{z}\sqrt{1+z^2}-\dfrac{2r}{z}(1-z\cot^{-1}z)$	$2\left[z(y-r)+r\sqrt{1+z^2}\right]$
$z = 1\,;\,H = a\sqrt{2}$	$y \geq \dfrac{H}{2}$ $\dfrac{H^2}{2}-(H-y)^2$ $H = a\sqrt{2}$	$y \geq \dfrac{H}{2}$ $2y\sqrt{2}$	$2(H-y)$
(1) Parábola	$\dfrac{2}{3}\times T \times y$	(2)	$B\sqrt{\dfrac{y}{Y}}$
	$T \times \left(y - \dfrac{T}{4z}\right)$	$2y + \dfrac{T}{z}\left(\sqrt{1+z^2}-1\right)$	T

(1) Equação da parábola: $y = \dfrac{x^2}{(2\times p)}$ ou $x^2 = (2p)\times y$ na qual $2 \times p = \dfrac{\left(B/2\right)^2}{Y}$

(2) Perímetro da área molhada: $P = \dfrac{1}{2}\times\sqrt{16\times y^2+T^2} + \dfrac{T^2}{8\times y}\times\ln\left(\dfrac{4\times y+\sqrt{16\times y^2+T^2}}{T}\right)$

O raio hidráulico é calculado como $R = \dfrac{A}{P}$, a profundidade média ou hidráulica é calculada como $D = \dfrac{A}{T}$ e o fator de condução é $K = \dfrac{AR^{2/3}}{n}$.

APLICAÇÃO 7.2.

Um conduto de águas pluviais de seção circular, com $d = 0,5$ m, declividade longitudinal $I = 1/1.000$ m/m, confeccionado em concreto, foi dimensionado para transportar a vazão de projeto a meia seção. As demais condições de funcionamento são:

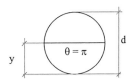

FIGURA 7.3 Seção circular com tirante a meia seção.

- Rugosidade: $n = 0{,}013$ (concreto)
- Área molhada: $A = \frac{1}{8}(\theta - \text{sen}\,\theta)d^2 = \frac{1}{8}(\pi - \text{sen}\,\pi) \times 0{,}5^2 = 0{,}098\ m^2$
- Perímetro molhado: $P = \frac{1}{2}\theta d = \frac{1}{2} \times 3{,}14 \times 0{,}5 = 0{,}785\ m$
- Largura na superfície $(T = d)$; $T = \left(\text{sen}\,\frac{\theta}{2}\right)d = \left(\text{sen}\,\frac{3{,}14}{2}\right) \times 0{,}5 = 0{,}5$
- Vazão:

$$Q = \frac{A}{n} \times R^{2/3} \times I^{1/2} = \frac{A}{n} \times \left(\frac{A}{P}\right)^{2/3} \times I^{1/2} = \frac{0{,}098}{0{,}013} \times \left(\frac{0{,}098}{0{,}785}\right)^{2/3} \times \left(\frac{1}{1.000}\right)^{1/2} = 0{,}0595\ m^3/s$$

- Velocidade: $V = \frac{Q}{A} = \frac{0{,}0595}{0{,}098} = 0{,}607\ m/s$
- Raio hidráulico: $R = \frac{A}{P} = \frac{0{,}098}{0{,}785} = 0{,}125\ m$
- Tirante: $y = \frac{D}{2} = \frac{0{,}50}{2} = 0{,}25\ m$
- Energia específica: $E_e = y + \frac{V^2}{2g} = 0{,}25 + \frac{0{,}607}{2 \times 9{,}81} = 0{,}268\ mca$
- Tensão trativa:

$$\tau_0 = \gamma \times R \times I = 10^4 \times \frac{A}{P} \times I = 10^4 \times \frac{0{,}098}{0{,}785} \times \frac{1}{1.000} = 0{,}00012 \times 10^4 = 1{,}2\ Pa$$

- Profundidade hidráulica: $D = \frac{A}{T} = \frac{0{,}098}{0{,}5} = 0{,}196\ m$
- Fator de condução: $K = \frac{A \times R^{2/3}}{n} = \frac{0{,}098 \times 0{,}125^{2/3}}{0{,}012} = 2{,}04\ m^3/s$

O canal submetido a ampla variação de vazões pode ter a seção composta de tal forma que o escoamento transcorra de forma adequada tanto para vazões mínimas quanto para vazões máximas. Na seção trapezoidal composta indicada na Figura 7.4 a vazão mínima flui na seção trapezoidal simples e a vazão máxima na seção composta.

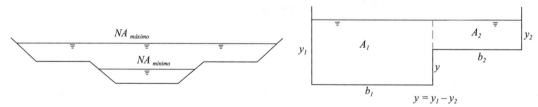

FIGURA 7.4 Seções compostas.

A área e o perímetro da seção retangular composta, indicada na Figura 7.4, são determinados pela soma dessas variáveis nas subáreas, conforme indicado no Quadro 7.2.

QUADRO 7.2 Área e perímetro na seção composta

Subárea	Área	Perímetro
1	$b_1 y_1$	$y_1 + b_1 + y$
2	$b_2 y_2$	$b_2 + y_2$
Total	$b_1 y_1 + b_2 y_2$	$y_1 + b_1 + y + b_2 + y_2$

Observe-se que a distância tracejada $y_1 - y$ não é considerada no cálculo do perímetro. É importante que a seção composta seja dividida em subseções geométricas que mantenham as relações $A = f(y)$ e $P = f(y)$ de forma a propiciar o cálculo da área e do perímetro de cada uma delas em função do tirante. Não há uma regra estabelecida que norteie este fracionamento. As somas das áreas e perímetros parciais determinam a área e perímetro da seção composta. A vazão pode, então, ser determinada com aplicação do modelo de Manning.

APLICAÇÃO 7.3.

Um canal tem a seção composta indicada na Figura 7.5, rugosidade expressa por $n = 0,013$, declividade longitudinal $I = 1/5.000$ m/m. A vazão mínima do canal ($Q = 5,79$ m^3/s) fluirá na seção trapezoidal que tem largura do fundo $b = 1,0$ m, declividade lateral $z = 1,5$ e altura (tirante) $y = 1,68$ m. A área superior da seção composta é formada por dois patamares horizontais, cada um com extensão igual à metade da base horizontal inferior do trapézio. A declividade lateral da área superior será traduzida por $z = 0$ e a vazão de cheia é 8 m^3/s. O tirante total para a vazão máxima será determinado da seguinte forma:

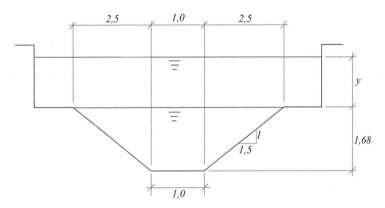

FIGURA 7.5 Seção composta.

A seção global será decomposta em seções geométricas de tal forma que as relações $A = f(y)$ e $P = f(y)$ sejam conhecidas. Não há regra única para esta decomposição devendo o projetista promover ensaios até a obtenção de um resultado considerado satisfatório. No caso em estudo será efetuada a divisão indicada a seguir:

a) para o retângulo central:

$$A = 1,0 \times (y + 1,68)$$
$$P = 1,0$$

Note-se que o perímetro se restringiu ao fundo de 1,0 m.

b) para a seção retangular com fundo inclinado (metade de cada lado do retângulo central):

$$A = 5 \times \left[(y + 1,68) - \frac{5}{4 \times 1,5} \right] = 5 \times (y + 0,85)$$
$$P = 2 \times \sqrt{1,68^2 + 2,5^2} = 6,0$$

o perímetro também se restringiu aos fundos inclinados.

c) para as duas seções retangulares das extremidades:

$$A = 0,5 \times y$$

$$P = 0,5 + y$$

o perímetro incluiu uma lateral e o fundo.

Admitindo y = 0,21 m resulta que o tirante global será y = 1,68 + 0,21 = 1,89 m. As áreas e perímetros parciais serão:

a) para o retângulo central:

$$A = 1,0 \times (y + 1,68) = 1,89 \, m^2$$

$$P = 1,0 \, m$$

b) para a seção retangular com fundo inclinado

$$A = 5 \times (y + 0,85) = 5,30 \, m^2$$

$$P = 6,0 \, m$$

c) para as duas áreas retangulares das extremidades

$$A = 0,5 \times y = 0,105 \, m^2$$

$$P = 0,5 + y = 0,71 \, m$$

A área e perímetro da seção composta serão:

$$A_T = 1,89 + 5,30 + 2 \times 0,105 = 7,4 \, m^2$$

$$P_T = 1,0 + 6,0 + 2 \times 0,71 = 8,42 \, m$$

Aplicando o modelo de Manning obtém-se:

$$Q = \frac{A}{n} \times R^{2/3} \times I^{1/2}$$

$$Q = \frac{7,4}{0,013} \times \left(\frac{7,4}{8,42}\right)^{2/3} \times \left(\frac{1}{5000}\right) = 7,38 \, m^3/s$$

Como o resultado foi inferior a 8 m^3/s, deve-se repetir estes cálculos para y = 0,22, y = 0,23 m ... até ser alcançada a vazão esperada.

Podem ser projetadas formas especiais de seção que facilitem o escoamento, quando se pretende transportar água onde há sólidos minerais e/ou orgânicos em suspensão. Neste caso, a manutenção da velocidade é essencial. A seção deve ser projetada de forma que o transporte de pequenas vazões seja feito em áreas molhadas compatíveis (também pequenas) com a manutenção da velocidade de arraste. As seções mais conhecidas são as ovais e as formadas com arcos de círculo.

As curvas $V = f\left(\frac{y}{d}\right)$ e $Q = f\left(\frac{y}{d}\right)$ das seções fechadas mostram uma característica comum a elas. Tanto a velocidade como a vazão assumem, em determinados tirantes, valores superiores àqueles da seção cheia. Deve-se este fato ao crescimento lento do perímetro molhado para valores intermediários do tirante e ao crescimento rápido do perímetro molhado para valores do tirante próximos da altura total. A velocidade máxima, na seção circular, acontecerá para $\frac{y}{d} \approx 0,83$ ($\theta = 257,50°$) e a descarga máxima para $\frac{y}{d} \approx 0,95$ ($\theta = 308°$).

Quando o solo no qual o canal de seção aberta será construído não é resistente, o corte do terreno deve ser feito de modo a respeitar o ângulo de equilíbrio desse solo, quando submerso. Mesmo quando o canal é revestido, este ângulo deve ser observado para ser garantida a estabilidade da seção do canal quando o revestimento for danificado por veículos, raízes de vegetais, insetos, animais cavadores, equipamento de limpeza, intemperismo ou outras causas.

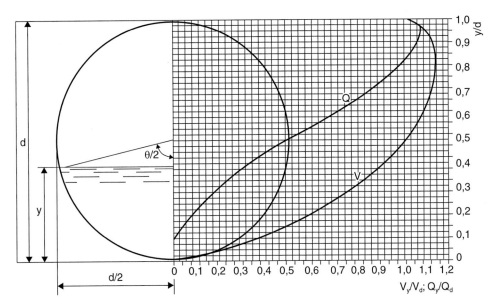

FIGURA 7.6 Vazões e velocidades em canal de seção circular.

O Quadro 7.3 sugere a declividade lateral da seção para cada tipo de solo, como uma orientação geral a ser confirmada em experimentos locais.

QUADRO 7.3 Declividade lateral da seção do canal segundo tipo de solo

Tipo de solo	z
Rocha compacta, concreto	0
Rocha estratificada, alvenaria de pedra	0,5
Terra muito compacta	1,0
Terra compacta	1,5
Cascalho	1,8
Saibro	2,0
Areia, aterro	3,0
Outros terrenos menos resistentes	4,0 a 5,0

7.6 SEÇÃO ECONÔMICA

Uma parte substancial do custo da construção do canal é atribuído à escavação do solo. Em consequência, canais com seção compacta são mais econômicos. Uma outra parcela importante do custo total do canal está relacionada com o revestimento da seção para evitar perdas de água por infiltração. Canais com perímetro reduzido em relação à área são, portanto, mais econômicos. A seção econômica será encontrada quando P for mínimo na equação:

$$Q = \frac{A}{n} \times \left(\frac{A}{P}\right)^{2/3} \times I^{1/2}$$

A equação do perímetro derivada e igualada a zero indica as seções de perímetro mínimo a saber:

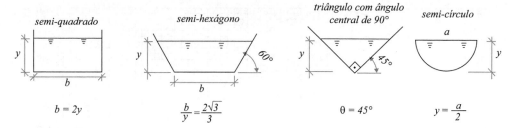

FIGURA 7.7 Seções econômicas típicas.

A forma de derivar a equação do perímetro leva a mais de uma solução para a seção econômica. Para a seção transversal trapezoidal, tem-se.

$$A = b \times y + y^2 \times \cot\theta$$

Em que:

$$b = \frac{A}{y} - y \times \cot\theta$$

$$P = b + \frac{2 \times y}{\text{sen }\theta}$$

Substituindo na equação do perímetro o valor de b, tem-se:

$$P = \frac{A}{y} - y \times \cot\theta + \frac{2 \times y}{\text{sen }\theta}$$

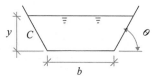

FIGURA 7.8 Seção trapezoidal.

Pode-se admitir que θ deva ser constante na equação de P, já que cada solo tem um ângulo de equilíbrio, quando submerso. Derivando a equação do perímetro e igualando a zero, chega-se ao requisito que ao ser atendido faz a seção do canal ser de perímetro mínimo.

$$y = \sqrt{\frac{\text{sen }\theta}{2 - \cos\theta}} \times \sqrt{A}$$

QUADRO 7.4 Valores de $y/\sqrt{A}$ para declividades transversais selecionadas

z	3,00	2,50	2,00	1,75	1,50	1,25	1,00	0,75	0,50	0,25
θ (graus)	18,43	21,80	26,56	29,54	33,69	38,66	45,00	53,13	63,43	75,96
$y/\sqrt{A}$	0,548	0,589	0,636	0,662	0,689	0,716	0,740	0,756	0,759	0,743

As outras variáveis que definem a seção trapezoidal de perímetro mínimo são:

$$T = 2 \times y \times \sqrt{1+z^2}$$
$$b = 2 \times y \times (\sqrt{1+z^2} - z)$$
$$P = 2 \times y \times (2 \times \sqrt{1+z^2} - z)$$
$$A = y^2 \times (2 \times \sqrt{1+z^2} - z)$$
$$R = \frac{y}{2}$$

Estas equações definem a seção econômica. Na equação, $b = 2 \times y \times (\sqrt{1+z^2} - z)$ quando $\theta = 90°$ ou $z = 0$ (seção retangular), resulta em $b = 2y$, caso do semiquadrado. Na equação inicial do perímetro, ainda pode-se admitir y e θ variando, chegando-se a:

$$\frac{b}{y} = \frac{1 - \cot^2 \theta}{\cot \theta}$$

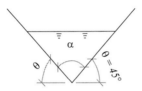

FIGURA 7.9 Seção triangular de perímetro mínimo.

Esta condição também leva à construção de seções econômicas, do ponto de vista conceitual. Nesta equação, quando se faz $b = 0$, caso da seção triangular, chega-se a:

$$\frac{1 - \cot^2 \theta}{\cot \theta} = 0 \rightarrow \cot^2 \theta = 1 \therefore \theta = 45° \text{ ou } (z = 1)$$

Então, α deve ser igual a 90° como se observa na Figura 7.9.

A equação $\frac{b}{y} = \frac{1 - \cot^2 \theta}{\cot \theta}$ pode ser escrita como $\frac{b}{y} = \frac{1 - z^2}{z}$, já que $z = \cot \theta$. A largura do fundo da seção b e o tirante y são variáveis positivas, logo a relação b/y será também positiva. O numerador $1 - z^2$ será positivo quando $z^2 < 1$, isto é, quando $\theta > 45°$. A equação representará a seção triangular quando $z = 1$ ($\theta = 45°$), como já foi dito. Para seções com $\theta < 45$, ou $z > 1$ a relação b/y, segundo esta equação, será negativa, não refletindo a declividade lateral de um canal real.

APLICAÇÃO 7.4.

O canal de seção retangular especificado na Aplicação 7.1 ($b = 3$ m, $L = 1.000$ m, $\Delta H = 3$ m, $y = 1,0$ m, $I = 1/1.000$ m/m, $n = 0,013$ e altura entre fundo e borda $H_B = 1,5$ m) não tem seção econômica. Caso seu tirante cresça, este canal se aproximará do semiquadrado, como determinado no Quadro 7.5.

QUADRO 7.5 Variação da vazão no canal retangular

y	A (m²)	P (m)	R = A/P (m)	Q (m³/s)	V (m/s)	τ_0 (Pa)
1,0	3,0	5,0	0,60	8,99	2,99	18,0
1,2	3,6	5,4	0,66	11,50	3,19	19,8
1,4	4,2	5,8	0,72	14,26	3,39	21,6

Nota: $b = 3,0$ m; $L = 1.000$ m; $\Delta H = 3,0$ m; $n = 0,013$; $I = 1/1.000$ m/m; $\gamma = 10^4$ N/m^3.

No limite, sem qualquer folga entre NA e borda, o tirante $y = 1,5\ m$ leva ao semiquadrado com as seguintes características:

QUADRO 7.6 Vazão no canal com seção molhada igual ao semiquadrado

y	A (m²)	P (m)	$R = A/P$ (m)	Q (m³/s)	V (m/s)	τ_0 (Pa)
1,5	4,5	6,0	0,75	15,65	3,47	22,5

Nota: $b = 3,0\ m$; $L = 1.000\ m$; $\Delta H = 3,0\ m$; $n = 0,013$; $I = 1/1.000\ m/m$; $\gamma = 10^4\ N/m^3$.

Um segundo canal retangular, de mesma área molhada ($A = 4,5\ m^2$), diferente do semiquadrado, transportará vazão menor conforme mostrado a seguir. Seja o canal com $b = 4,0\ m$ e tirante $\frac{4,5}{4,0} = 1,125\ m$. Transportará a vazão:

$$Q = \frac{4 \times 1,125}{0,013} \times \left(\frac{4 \times 1,125}{4 + 2 \times 1,125}\right)^{2/3} \times \left(\frac{3}{1000}\right)^{1/2} = 15,2\ (< 15,65)$$

O seu perímetro também será maior conforme indicado a seguir:

$$P = 2 \times y + b = 2 \times 1,125 + 4,0 = 6,25\ m\ \ (> 6,0\ m)$$

APLICAÇÃO 7.5.

Um canal de seção trapezoidal, mesmo não sendo um semi-hexágono, pode ter seção econômica ou de máxima eficiência, desde que atenda à condição a seguir, como já foi mostrado:

$$y = \sqrt{\frac{\operatorname{sen}\theta}{2 - \cos\theta}}\sqrt{A}$$

Considere o canal trapezoidal com declividade lateral 1:z, sendo $z = 1,73$ (próprio para cascalho), $n = 0,013$, $I = \frac{3}{1.000}\ m/m$

$$\operatorname{tg}\theta = \frac{1}{1,73}\ \ \therefore\ \ \theta = \operatorname{arctg}\frac{1}{1,73} = 30°$$

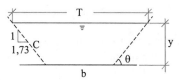

FIGURA 7.10 Seção trapezoidal.

Daí resulta que:

$$y = \sqrt{\frac{\operatorname{sen}30°}{2 - \cos 30°}} \times \sqrt{A} = 0,66402 \times \sqrt{A}$$

As demais dimensões da seção são:

$$T = 2 \times y \times \sqrt{1 + z^2} = 2 \times 0,66402 \times \sqrt{A} \times \left(\sqrt{1 + 1,73^2}\right) = 2,65372 \times \sqrt{A}$$

$$b = 2 \times y \times \left(\sqrt{1 + z^2} - z\right) = 2 \times 0,66402 \times \sqrt{A} \times \left(\sqrt{1 + 1,73^2} - 1,73\right) = 0,35621 \times \sqrt{A}$$

$$P = 2 \times y \times \left(2 \times \sqrt{1 + z^2} - z\right) = 2 \times 0,66402 \times \sqrt{A} \times \left(2 \times \sqrt{1 + 1,73^2} - 1,73\right) = 3,00993 \times \sqrt{A}$$

É possível, agora, a aplicação da equação de Manning.

$$Q = \frac{A}{0,013} \times \left(\frac{A}{3,01 \times \sqrt{A}}\right)^{2/3} \times \left(\frac{3}{1.000}\right)^{1/2}$$

Para a área de 5 m², tem-se a vazão:

$$Q = \frac{5}{0{,}013} \times \left(\frac{5}{3{,}01 \times \sqrt{5}}\right)^{2/3} \times \left(\frac{3}{1000}\right)^{1/2} = 17{,}28 \; m^3/s$$

A seção terá as seguintes dimensões:

$$b = 0{,}356 \times \sqrt{A} = 0{,}356 \times \sqrt{5} = 0{,}796 \; m$$
$$y = 0{,}664 \times \sqrt{A} = 0{,}664 \times \sqrt{5} = 1{,}485 \; m$$
$$T = 2{,}6537 \times \sqrt{A} = 2{,}6537 \times \sqrt{5} = 5{,}93 \; m$$

A largura, na superfície, também pode ser calculada da seguinte forma:
$T = b + 2 \times z \times y = 0{,}796 + 2 \times 1{,}73 \times 1{,}485 = 5{,}93$ (confirmado)

A área pode ser recalculada em função das demais dimensões:
$A = \dfrac{T+b}{2} \times y = \dfrac{5{,}93 + 0{,}796}{2} \times 1{,}485 = 4{,}994$ ($\approx 5{,}0$) (confirmado)

7.7 O COEFICIENTE DE MANNING

Manning e outros pesquisadores determinaram o valor do coeficiente n para vários tipos de revestimento da seção, conforme indicado no Quadro 7.07. Nas seções construídas com materiais heterogêneos, o valor do coeficiente de Manning deve ser proporcional ao perímetro de cada material constituinte, da seguinte forma:

$$n = \left[\frac{\sum_i^m \left(P_i \times n_i^{3/2}\right)}{P}\right]^{2/3}$$

Esta expressão, devida a Horton e Einstein, admite que a velocidade de escoamento tem aproximadamente o mesmo valor em cada parte do perímetro. Esta mesma equação também se aplica a seções compostas. Quando as velocidades nas diversas subáreas forem muito diferentes, entre si, pode-se adotar a expressão de Pavloski e outros:

$$n = \left[\frac{\sum_1^m \left(P_i \times n_i^2\right)}{P}\right]^{1/2}$$

Em que:

P = perímetro da seção composta
P_i = perímetro de cada trecho ou subárea
n_i = rugosidade de cada trecho ou subárea

O valor de n, nas seções compostas, pode ser determinado experimentalmente aplicando o conceito a seguir, derivado da expressão de Manning.

$$n = \frac{A}{Q} \times \left(\frac{A}{P}\right)^{2/3} \times I^{1/2}$$

Em que:

Q = vazão determinada por método volumétrico nos canais de pequeno porte ou pelo método das velocidades em canais maiores
A = área molhada medida *in loco*
P = perímetro molhado medido *in loco*
I = declividade longitudinal do canal

APLICAÇÃO 7.6.

Caso o canal retangular definido na Aplicação 7.1 ($b = 3 \; m$, $\Delta H = 3 \; m$, $L = 1.000 \; m$, $H_B = 1{,}5 \; m$, $y = 1{,}0 \; m$) tenha o fundo executado com pedras irregulares ($n_b = 0{,}040$) e as paredes construídas com alvenaria de pedra aparelhada ($n = 0{,}014$), o coeficiente de Manning para a seção será calculado da seguinte forma:

Será adotado o modelo matemático de autoria de Horton.

$$n = \left[\frac{\sum_{i=1}^{m}\left(P_i \times n_i^{3/2}\right)}{P}\right]^{2/3}$$

$$n_s = \left(\frac{0,0272}{5,0}\right)^{2/3} = 0,0310$$

Observe que neste caso adota-se uma velocidade média $V = Q/A$ para toda a seção.

QUADRO 7.7 Valores do coeficiente de rugosidade de Manning

Canal artificial	$n \left[\frac{s}{m^{1/3}}\right]$
Conduto de ferro fundido sem revestimento	0,014
Conduto de ferro galvanizado	0,015
Conduto de vidro	0,011
Conduto em cerâmica vitrificada	0,015
Conduto de tijolos	0,015
Conduto de cimento alisado	0,012
Conduto de concreto	0,015
Condutos e aduelas de madeira	0,012
Conduto de prancha de madeira aplainada	0,013
Conduto de alvenaria de pedra com argamassa	0,025
Conduto de alvenaria de pedra seca	0,033
Calha metálica lisa	0,013
Calha metálica corrugada	0,028
Canal de terra, retilíneo e uniformes	0,023
Canal em rocha irregular	0,045
Canal dragado	0,030
Canal com leito pedregoso	0,035
Canal com leito gramado	0,030

QUADRO 7.8 Cálculo do coeficiente de rugosidade da seção do canal

Trecho	P_i (m)	n_i	$P_i n_i^{3/2}$
Fundo	3,0	0,040	0,0240
Lateral	1,0	0,014	0,0016
Lateral	1,0	0,014	0,0016
soma	5,0	-	0,0272

7.8 A VELOCIDADE

A velocidade da água no canal dependerá fundamentalmente da declividade longitudinal. Grandes declividades geram grandes velocidades e vice-versa. As grandes declividades estão associadas igualmente a tensões de cisalhamento altas, já que $\tau_0 = \gamma \times R \times I$, como já se viu. Sendo assim, deve-se sempre verificar a velocidade do fluxo no canal para que esta não ultrapasse os valores indicados no Quadro 7.9, por tipo de solo ou revestimento, quando pode ser causa de erosão e destruição da seção projetada. Junto às comportas e orifícios, os canais e dutos em concreto podem ser revestidos com chapas de aço quando as velocidades regulares ultrapassarem 6 *m/s*.

QUADRO 7.9 Velocidade máxima por tipo de revestimento

Material	V_M (m/s)
Concreto	6,0
Rocha compacta	4,0
Alvenaria	3,0
Cascalho grosso	1,8
Argila dura	1,5
Areia grossa	0,6
Areia fina	0,3

A velocidade de escoamento muito baixa, por outro lado, concorre para a deposição de partículas sólidas minerais ou orgânicas, transportadas pela corrente, além de proporcionar o desenvolvimento de algas e crescimento de plantas submersas que obstruem a seção. Aconselha-se, então, a manutenção de velocidades mínimas, de acordo com o disposto no Quadro 7.10.

QUADRO 7.10 Velocidade mínima por material transportado

Material transportado pela água	V_m (m/s)
Águas com suspensões finas	0,30
Águas transportando areias finas	0,45
Águas residuárias (esgoto)[1]	0,60

[1] No dimensionamento de canais que transportam águas servidas, usa-se o conceito de tensão trativa $\sigma = \gamma \times R \times I$ cujo valor mínimo aceitável é $\sigma = 1,0$ Pa

7.9 BORDA LIVRE

A borda livre ou folga é igual à diferença de cotas entre o coroamento da margem e o nível d'água no canal, para a vazão de projeto.

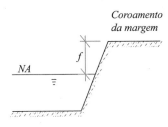

FIGURA 7.11 Borda livre ou folga na seção do canal.

A borda livre é proposta como medida de segurança contra transbordamento. Quanto maior a borda livre, maior a segurança e também mais dispendiosa a escavação e o revestimento. Isto não se aplica quando a seção é executada em cortes, caso em que a profundidade do corte será decorrente da manutenção da declividade do canal. A escolha de uma borda livre está diretamente relacionada com a vazão excedente prevista para o canal, caso a sua operação não seja adequada ou aconteçam eventos meteorológicos ou hidrológicos pouco prováveis (com grande tempo de recorrência). A vazão extraordinária pode representar um acréscimo de 10% ou mais sobre a vazão de projeto e tem um novo NA (y_e) a ela associado.

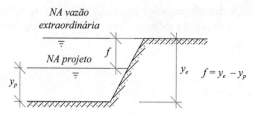

FIGURA 7.12 Vazão extraordinária ocupando a borda livre.

Em que:

f = folga
y_e = tirante da vazão extraordinária
y_p = tirante da vazão de projeto

A folga pode ser estabelecida como a diferença entre o tirante correspondente à vazão extraordinária (y_e) e o tirante correspondente à vazão de projeto (y_p). A folga admite valores menores quando o canal está provido com outros dispositivos de segurança como, por exemplo, vertedores laterais. A folga tende a ser mais dilatada quando as áreas circunvizinhas são economicamente valiosas ou densamente povoadas.

APLICAÇÃO 7.7.

O canal retangular descrito na Aplicação 7.1 (b = 3 m, ΔH = 3 m, L = 1.000 m, H_B = 1,5 m, y = 1,0 m, I = 3/1.000 m/m, n = 0,013) tem como folga.

$$f = H_B - y = 1{,}5 - 1{,}0 = 0{,}5 \; m$$

$$Q_{máx} = \frac{3 \times 1{,}5}{0{,}013} \times \left(\frac{3 \times 1{,}5}{3 + 2 \times 1{,}5}\right)^{2/3} \times \left(\frac{3}{1.000}\right)^{1/2} = 15{,}65 \; m^3/s$$

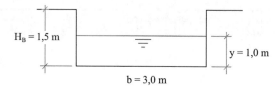

FIGURA 7.13 Borda livre em canal de seção retangular.

Em relação à vazão prevista (Q = 8,99 m^3/s), a vazão excedente representa um acréscimo determinado pela seguinte proporção: 8,99 está para 100%, assim como, 15,65 está para x. Então: x = 174,08%.

O acréscimo é de: ΔQ = 174,08 – 100 = 74,08%.

7.10 DECLIVIDADE LONGITUDINAL

A declividade longitudinal do canal deve acompanhar a declividade natural do terreno, sempre que for possível. Nos canais construídos em encosta, a declividade pode ser escolhida pelo projetista e varia, habitualmente, entre 1/1.000 a 1/10.000 m/m para garantir a proposta (sen α = tg α) do modelo matemático. Quando a declividade do canal precisa ser *superior* à declividade do terreno, a seção tende a ficar progressivamente mais profunda, aumentando o volume e o custo da escavação, especialmente quando o nível do aquífero é ultrapassado. Isto pode acontecer em planícies litorâneas quando o canal tem o seu curso dividido em trechos, sendo a vazão bombeada, ao fim de cada trecho, para o início do trecho seguinte, situado em cota mais elevada.

Caso a declividade do canal precise ser *inferior* à declividade do terreno a seção tende a ficar progressivamente acima da superfície do solo, construída em aterro. Habitualmente se faz a opção por um traçado sinuoso, aumentando o denominador da relação $I = \frac{\Delta H}{L}$ para ser mantida a declividade desejável do canal. Quando o aumento do comprimento do canal é inviável do ponto de vista econômico ou quando a topografia inviabiliza um traçado alternativo, o canal deve ser constituído de segmentos. A vazão é, então, lançada ao fim de um segmento para o início do segmento seguinte por meio de uma queda livre (drop), macrorrugosidade ou plano inclinado, conforme descrito a seguir:

a. Queda livre
Na queda livre, a vazão é projetada para vencer o desnível H, conforme indicado na Figura 7.14.

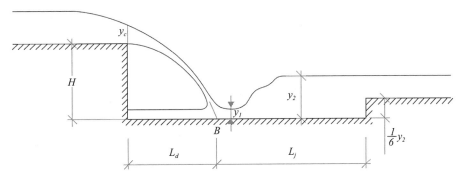

FIGURA 7.14 Queda livre.

A geometria da queda livre, quando o escoamento é subcrítico, pode ser resumida nas equações a seguir, de Rand, Moore e outros:

$$\frac{y_1}{H} = 0{,}54 \times \left(\frac{y_c}{H}\right)^{1{,}275} \text{ sendo } y_c = \sqrt[3]{\frac{Q^2}{g \times b^2}} \text{ para canais retangulares}$$

$$\frac{y_2}{H} = 1{,}66 \times \left(\frac{y_c}{H}\right)^{0{,}81} \; ; \; \frac{L_d}{H} = 4{,}30 \times \left(\frac{y_c}{H}\right)^{0{,}09} \; ; \; L_j = 6{,}9 \times (y_2 - y_1)$$

Uma sucessão de degraus constitui uma escada hidráulica. Neste caso:

- a altura da soleira terminal deve ser: $H_s = y_2 - y_c$
- a altura total da escada será: $H_T = n \times H$, sendo n é o número de degraus
- a extensão total da escada será: $L_T = n \times (L_d + L_j) + (n - 1) \times e_d$, sendo e_d a espessura da soleira terminal
- a espessura da soleira terminal, quando pequena, pode ser incluída na extensão L_j resultando em: $L_T = n \times (L_d + L_j)$

APLICAÇÃO 7.8.

O canal retangular especificado na Aplicação 7.1 ($b = 3\ m$, $\Delta H = 3\ m$, $L = 1.000\ m$, $H_B = 1{,}5\ m$, $Q = 8{,}99\ m^3/s$, $y = 1{,}0\ m$, $n = 0{,}013$) deve ultrapassar um desnível de 2 m, em forma de degrau.

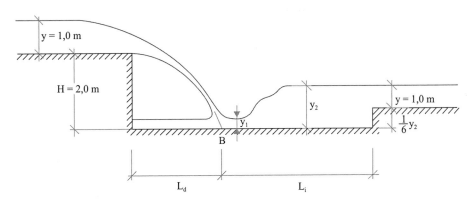

FIGURA 7.15 Queda livre em canal de seção retangular.

O trecho, a jusante do degrau, será especificado por meio das relações a seguir, segundo Rand e outros:

$$\frac{y_1}{H} = 0{,}54 \times \left(\frac{y_c}{H}\right)^{1{,}275}$$

Na qual y_c é o tirante crítico do canal. O tirante crítico do canal retangular é calculado da seguinte forma:

$$y_c = \sqrt[3]{\frac{Q^2}{g \times b^2}} = \sqrt[3]{\frac{8{,}99^2}{9{,}81 \times 3^2}} = 0{,}970 \ m$$

O tirante no ponto de contato do jato será:

$$y_1 = 2{,}0 \times 0{,}54 \times \left(\frac{0{,}97}{2{,}0}\right)^{1{,}275} = 0{,}42 \ m$$

O tirante y_2 após o ressalto (tirante conjugado) será:

$$\frac{y_2}{H} = 1{,}66 \times \left(\frac{y_c}{H}\right)^{0{,}81}$$

$$y_2 = 2{,}0 \times 1{,}66 \times \left(\frac{0{,}97}{2{,}0}\right)^{0{,}81} = 1{,}847 \ m$$

O comprimento da bacia a montante de B, será:

$$\frac{L_d}{H} = 4{,}30 \times \left(\frac{y_c}{H}\right)^{0{,}09}$$

$$L_d = 2{,}0 \times 4{,}3 \times \left(\frac{0{,}97}{2{,}0}\right)^{0{,}09} = 8{,}057 \ m$$

O comprimento da bacia a jusante de B, será:

$$L_j = 6{,}9 \times (y_2 - y_1) = 6{,}9 \times (1{,}847 - 0{,}42) = 9{,}84 \ m$$

Esta expressão determina a extensão do ressalto hidráulico formado a jusante do ponto de lançamento do jato. Como será visto adiante, esta expressão não é válida para todos os tipos de ressalto.

O comprimento total da bacia será:

$$L_T = L_d + L_j = 8{,}05 + 9{,}84 = 17{,}89 \ m$$

A altura da soleira terminal será:

$$H_s = \frac{1}{6} \times y_2 = \frac{1}{6} \times 1{,}847 = 0{,}307 \ m$$

b. Macrorrugosidade

A macrorrugosidade é uma rampa com inclinação 1(V) : 2(H), munida de blocos de concreto, que evita a aceleração do fluido que vence o desnível. A macrorrugosidade deve ser projetada para a vazão máxima do canal. Pode ser usada desde que a vazão por metro de largura de canal seja inferior a 2 m^3/s por metro. Condições ideais de escoamento se estabelecem com metade dessa vazão por metro de largura do canal. A velocidade do fluido na entrada da rampa deve ser pequena.

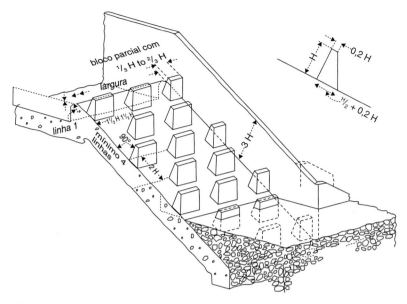

FIGURA 7.16 Macrorrugosidade.

A seção do canal, a montante da rampa, pode ser ajustada para reduzir a velocidade do fluxo, caso o escoamento seja supercrítico. A velocidade ajustada do canal, imediatamente antes da macrorrugosidade, deve ser menor do que as indicadas no Quadro 7.11.

QUADRO 7.11 Velocidade máxima da vazão por metro de largura do canal

q (m^3/s por m)	0,56	1,13	1,70
v (m/s)	0,7	1,5	2,3

Velocidades de entrada na rampa superiores às indicadas fazem o fluxo passar sobre as primeiras linhas de blocos, diminuindo a eficiência da rampa. A altura de cada bloco é determinada por $H = 0,8 \times \sqrt[3]{\dfrac{q^2}{g}}$, na qual q é a vazão por metro de largura do canal. A largura de cada bloco é igual a $1,5H$. O espaçamento entre linhas de blocos deve ser de $2H$ e, entre blocos, o espaçamento deve ser de $1,5H$. Observe-se que o intervalo entre blocos de uma linha é obstruído por um bloco na linha seguinte. A parede lateral da macrorrugosidade deve ter, no mínimo, $3H$ de altura. A rampa deve ter ao menos 4 linhas de blocos para manter o perfeito funcionamento do conjunto. As linhas de blocos devem ser previstas até ser atingida a cota a jusante, ficando pelo menos uma linha de blocos enterrada. O fundo do canal receptor, imediatamente a jusante da macrorrugosidade, deve ser revestido com enrocamento de pedra, composto por pedras de 15 a 30 cm de diâmetro.

APLICAÇÃO 7.9.

Caso fosse escolhida uma rampa provida com macrorrugosidade para vencer o desnível de 2 m, no canal especificado na Aplicação 7.1 ($b = 3$ m, $\Delta H = 3$ m, $L = 1.000$ m, $H_B = 1,5$ m, $y = 1,0$ m, $Q = 8,99$ m^3/s, $n = 0,013$) o seu dimensionamento atenderia ao roteiro a seguir.

A vazão por metro de largura de canal é:

$q = \dfrac{Q}{b} = \dfrac{8,99}{3} \approx 3$ m^3/s por metro ($> 2,0$ m^3/s por metro)

A velocidade do escoamento no canal, conforme calculado na Aplicação 7.1 é:
$V = 2,99$ m/s ($> 2,3$ m/s para $q = 1,70$ m^3/s por metro)

Tanto a velocidade quanto a vazão por metro desaconselham o uso da macrorrugosidade. Para ajustar o fluxo às condições ideais, pode-se alargar um trecho do canal, a montante da macrorrugosidade, com simultâneo abaixamento do fundo, de forma a atender à equação: $Q = AV$.

$$A = \frac{Q}{V} = \frac{8,99}{1,0} = 8,99 \ m^2$$

Na qual, a velocidade V foi fixada de modo a atender às condições requeridas pela macrorrugosidade.

QUADRO 7.12 Alargamento do canal a montante $A = b \times y = 8,99$

b (m)	3,5	4,0	4,5	5,0	5,5	6,0
y (m)	2,5	2,3	2,0	1,8	1,6	1,5
b × y (m²)	8,75	9,2	9,0	9,0	8,8	9,0

Observe que a proposta na qual $y = 3,0 \ m$, ou maior, recai automaticamente na solução anterior (*drop*).

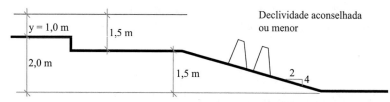

FIGURA 7.17 Novo desnível para a macrorrugosidade.

Foi escolhido o alargamento com $b = 6,0 \ m$ e $y = 1,5 \ m$. O desnível, em consequência, passou a vencer uma diferença de cotas de 1,5 m, já que, 0,5 m foi escavado para gerar a área de 9 m² (1,5 × 6,0 m).

A velocidade no alargamento passou para:

$V = \dfrac{Q}{A} = \dfrac{8,99}{1,5 \times 6,0} = 0,99 \ m/s$ (como planejado)

A vazão por metro de largura passou para:

$q = \dfrac{Q}{b} = \dfrac{8,99}{6,0} = 1,49 \ m^3/s$ por metro

A altura do bloco será, então:

$$H = 0,8 \times \sqrt[3]{\frac{q^2}{g}} = 0,8 \times \sqrt[3]{\frac{1,49^2}{9,81}} = 0,49 \ m \approx 0,5 \ m$$

O espaçamento entre linhas de bloco será:

$$espaçamento = 2H = 2 \times 0,49 = 0,98 \ m \approx 1,0 \ m$$

A parede lateral da rampa terá de altura:

$$altura = 3H = 3 \times 0,49 = 1,47 \ m \approx 1,5 \ m$$

A dimensão transversal do bloco, assim como o espaçamento transversal entre blocos é:

espaçamento transversal $= 1,5 \times H = 1,5 \times 0,49 = 0,73 \ \therefore m \approx 0,70 \ m$

Largura do topo do bloco:

$$largura = 0,2H = 0,2 \times 0,48 = 0,096$$

largura $= 20,0 \ cm$ (valor mínimo)

A base do bloco tem a dimensão:

$$base = \frac{H}{2} + 0{,}2H = \frac{0{,}49}{2} + 0{,}20 \text{ (valor mínimo)} = 0{,}44 \approx 0{,}45$$

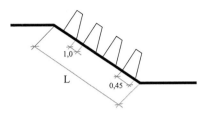

FIGURA 7.18 Linhas de blocos na macrorrugosidade.

O comprimento da macrorrugosidade deve ser estendido de forma que a macrorrugosidade tenha ao menos 4 linhas de blocos, da seguinte forma:

$$L = 0{,}45 + 3 \times 1{,}0 = 3{,}45 \; m$$

A declividade real da macrorrugosidade será:

$$P_H = \sqrt{3{,}45^2 - 1{,}5^2} = 3{,}76 \; m$$

$$z = \frac{1 \times 3{,}76}{1{,}5} = 2{,}5$$

declividade real $l = 1 : 2{,}5$

c. Plano inclinado

Na solução plano inclinado, o fundo do canal liga em rampa, em inclinação constante, a seção de jusante do trecho elevado à seção de montante do trecho inferior, conforme indicado na Figura 7.19.

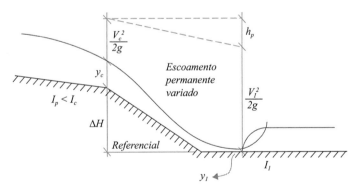

FIGURA 7.19 Plano inclinado.

A declividade no plano inclinado é elevada, atingindo valores como: 1/5, 1/10 e 1/20 *m/m*. A extensão do plano, em geral, não é suficiente para o estabelecimento do escoamento permanente uniforme, de modo que o tirante, na seção do trecho inferior, deve ser calculado com a aplicação do conceito de energia, da forma a seguir, quando há escoamento subcrítico a montante:

Energia a jusante do trecho superior: $\Delta H + y_c + \dfrac{V_c^2}{2g}$

Energia a montante do trecho inferior: $y_1 + \dfrac{V_1^2}{2g} + h_p$

Nas quais:

y_c = tirante crítico
V_c = velocidade crítica
h_p = perda de carga no percurso

Quando o trecho é curto, pode-se admitir a conservação de energia e, então, $h_p = 0$.
O tirante y_1 será:

$$\Delta H + y_c + \frac{V_c^2}{2 \times g} = 0 + y_1 + \frac{V_1^2}{2 \times g}$$

$$y_1 = \Delta H + y_c + \frac{V_c^2 - V_1^2}{2 \times g}$$

Como o escoamento é permanente: $V = \frac{Q}{A}$.

Para a seção retangular: $A = b \times y$;
Então:

$$y_1 = \Delta H + y_c + \frac{Q^2}{2 \times g \times b^2} \times \left(\frac{1}{y_c^2} - \frac{1}{y_1^2} \right)$$

Adiante, será visto que o tirante crítico y_c pode ser determinado, para a seção retangular, da seguinte forma:

$$y_c = \sqrt[3]{\frac{Q^2}{g \times b^2}}$$

Substituindo este valor na equação, resulta em:

$$y_1 = f(Q,\ b,\ g,\ \Delta H)$$

o que permite a determinação de y_1.
Quando o escoamento a montante é supercrítico, a equação inicial é:

$$\Delta H + y_n + \frac{V_n^2}{2 \times g} = 0 + y_1 + \frac{V_1^2}{2 \times g} + h_p$$

Em que:
y_n = tirante normal no escoamento supercrítico
V_n = velocidade normal no escoamento supercrítico
Para a seção retangular tem-se então:

$$y_1 = \Delta H + y_n - h_p + \frac{Q^2}{2 \times g \times b^2} \times \left(\frac{1}{y_n^2} - \frac{1}{y_1^2} \right)$$

APLICAÇÃO 7.10.

Caso fosse escolhido um plano inclinado para vencer o desnível de 2m, no canal especificado na Aplicação 7.1 ($b = 3\ m$, $H_B = 1{,}5\ m$, $y = 1{,}0\ m$, $Q = 8{,}99\ m^3/s$, $n = 0{,}013$, $I = 3/1.000\ m/m$ etc) o seu dimensionamento atenderia ao roteiro a seguir:

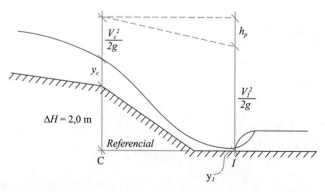

FIGURA 7.20 Plano inclinado com escoamento subcrítico a montante.

Aplicando o conceito de energia entre as seções C e 1, tem-se:

$$\Delta H + y_c + \frac{V_c^2}{2 \times g} = y_1 + \frac{V_1^2}{2 \times g} + h_p$$

Considerando $h_p = 0$, em razão da proximidade das seções, tem-se:

$$y_c = \sqrt[3]{\frac{Q^2}{g \times b^2}} = \sqrt[3]{\frac{8,99^2}{9,81 \times 3^2}} = 0,97\,m$$

$$V_c = \frac{Q}{A_c} = \frac{8,99}{3 \times 0,97} = 3,09\,m/s$$

$$2,0 + 0,97 + \frac{3,09^2}{2 \times 9,81} = y_1 + \frac{Q^2}{2 \times 9,81 \times (3 \times y_1)^2} + 0$$

$$3,4566 = y_1 + 0,4577 \times \frac{1}{y_1^2} \therefore \quad y_1 = 0,385\,m$$

$$V_1 = \frac{Q}{A_1} = \frac{8,99}{3 \times 0,385} = 7,78\,m/s$$

7.11 CONCEITO DE ENERGIA ESPECÍFICA

O estudo do escoamento em canais prismáticos diante de alterações da seção, tais como, estreitamento ou alargamento, elevação do fundo, mudança de declividade e outros, requer a introdução do conceito de energia específica, conforme exposto a seguir. O conceito foi proposto por Bakhmeteff, sendo designado por:

$$E_e = y + \frac{V^2}{2 \times g}$$

Este conceito resulta do ajuste do referencial arbitrário sobre o fundo do canal, eliminando assim a parcela relativa à posição da seção na expressão geral da energia:

$$H = z + y + \frac{V^2}{2g}$$

Como o escoamento é permanente, pode-se admitir $V = \frac{Q}{A}$ e substituir este valor na equação da energia específica ficando com:

$$E_e = f(y)$$

Isso permite traçar a curva da energia específica, quando $Q = cte$, da seguinte forma:

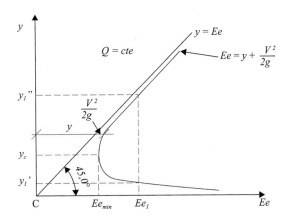

FIGURA 7.21 Curva da energia específica.

Essa curva permite concluir que:

- a curva da energia tem 2 ramos e uma energia específica mínima associada ao tirante crítico y_c;
- a vazão Q pode fluir no canal segundo o tirante y'_1 e a declividade I'_1, em escoamento rápido ou supercrítico (pequeno tirante), ou segundo o tirante y''_1 e declividade I''_1, em escoamento lento ou subcrítico (grande tirante);
- o tirante crítico y_c é o limite inferior dos tirantes de escoamento subcrítico e limite superior dos tirantes de escoamento supercrítico;
- a curva da energia específica $\left(E_e = y + \dfrac{V^2}{2g}\right)$ é assintótica à reta $y = E_e$ e ao eixo E_e;
- os tirantes y' e y'' são denominados recíprocos, alternados ou correspondentes;
- quando as curvas das energias específicas correspondentes às várias vazões são desenhadas no mesmo gráfico, verifica-se que os tirantes críticos estão alinhados segundo a reta $y_c = \dfrac{2}{3} E_e$;
- quando as curvas das energias específicas correspondentes às várias vazões são desenhadas no mesmo gráfico, as curvas das vazões maiores estão mais à direita;
- quanto maior a vazão do canal, maior será a energia específica mínima para escoá-la.

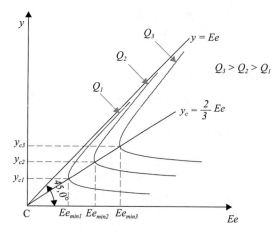

FIGURA 7.22 Várias curvas da energia específica.

O ponto mínimo da curva da energia específica pode ser encontrado quando se deriva a respectiva equação e se iguala a zero o resultado. Resulta desta operação a equação:

$$\frac{Q^2 \times T_c}{g \times A_c^3} = 1$$

Ela exprime a condição própria do escoamento crítico que ocorre segundo o tirante crítico y_c.
Nesta equação, tem-se:

Q = vazão do canal
T_c = largura, na superfície, da área molhada crítica
A_c = área molhada crítica
g = aceleração da gravidade

Quando a seção é retangular:

$$T_c = b$$

$$A_c = b \times y_c$$

Resultando na equação:

$$y_c = \sqrt[3]{\frac{Q^2}{g \times b^2}}$$

Quando a seção é triangular:

$$T_c = 2 \times z \times y_c$$
$$A_c = z \times y_c^2$$

Resultando na equação:

$$\frac{Q^2 \times (2 \times z \times y_c)}{g \times (z \times y_c^2)^3} = 1$$

$$y_c = \left(\frac{2 \times Q^2}{g \times z^2}\right)^{1/3}$$

Quando a seção é parabólica tem-se:

$$y_c = \frac{3}{2} \times \sqrt[3]{\frac{Q^2}{g \times T^2}}$$

A energia específica mínima ou energia crítica será calculada da seguinte forma:

$E_{\min} = E_c = y_c + \dfrac{V_c^2}{2g}$, na qual $V_c = \dfrac{Q}{A_c}$

Na equação da energia específica, quando se considera $E_e = cte$, pode-se calcular o valor da vazão da seguinte forma:

$$E_e = y + \frac{V^2}{2 \times g} = y + \frac{Q^2}{2 \times g \times A^2} \quad (Q = A \times V)$$

Fazendo: $A = y \times b$, para a seção retangular, chega-se a:

$$Q = y \times b \times \sqrt{2 \times g \times (E_e - y)} \quad \text{ou} \quad Q = f(y)$$

A partir desta expressão é viável o traçado da curva $Q = f(y)$, denominada curva de Koch, como é indicado na Figura 7.23.

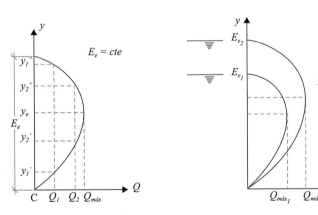

FIGURA 7.23 Curvas de Koch.

Esta curva permite concluir que:

- a curva de Koch tem 2 ramos e uma vazão máxima associada ao tirante crítico;
- a vazão Q_1 pode escoar no canal segundo o tirante y_1' e declividade I_1', em escoamento rápido ou supercrítico (pequeno tirante), ou segundo o tirante y_1'' e declividade I_1'', em escoamento lento ou subcrítico (grande tirante);
- o tirante y_c é o limite inferior dos tirante correspondentes ao escoamento subcrítico e o limite superior dos tirantes correspondentes ao escoamento supercrítico;
- a curva de Koch tem vazão nula quando o tirante inexiste ($y = 0$), quando não passa água no canal, e também quando o tirante é igual a E_e. Neste último caso, não há gradiente hidráulico e, portanto, não pode haver escoamento, mas sim equilíbrio hidrostático;
- os tirantes y_1' e y_1'' do gráfico de Koch são denominados recíprocos, alternados ou correspondentes;

- prova-se que o tirante crítico corresponde a 2/3 da energia específica $\left(y_c = \frac{2}{3} \times E_e\right)$;
- quando as curvas de Koch correspondentes a várias energias específicas são desenhadas em um mesmo gráfico, os pontos de vazão máxima *não estão*, necessariamente, alinhados segundo uma reta, ao contrário do que acontece com as curvas da energia específica;
- quando as curvas de Koch correspondentes às várias energias específicas são desenhadas em um mesmo gráfico, as curvas correspondentes às energias específicas maiores estarão mais à direita;
- quanto maior for a energia específica tomada como constante, maior será a vazão máxima obtida;
- quando a vazão é reduzida de Q_2 para Q_1, o tirante passa de y'_2 para y'_1, no escoamento supercrítico, sendo $y'_1 < y'_2$, e o tirante passa de y''_2 para y''_1, no escoamento subcrítico, sendo $y''_1 > y''_2$.

Como se verifica na curva de Koch, a vazão é máxima quando o tirante é crítico. Assim, é válida a condição:

$$\frac{Q^2 \times T_c}{g \times A_c^3} = 1$$

daí conclui-se:

$$Q_{max} = \sqrt{\frac{g \times A_c^3}{T_c}}$$

Para o canal de seção retangular, tem-se:

$$T_c = b \text{ e } A_c = b \times y_c$$

Então:

$$Q_{max} = \sqrt{\frac{g \times b^3 \times y_c^3}{b}} = b \times \sqrt{g \times y_c^3}$$

Para as demais seções a área e a largura da superfície molhada na seção crítica são determinadas após a seção primitiva ser transformada na seção retangular equivalente na qual o tirante é a profundidade média D e a largura da seção molhada será igual à extensão da superfície da área molhada da seção primitiva. O tirante crítico será determinado pela expressão:

$$y_c = \frac{2}{3} \times E_e$$

Em que:

y_c = tirante crítico
E_e = energia específica da seção primitiva

Para completar a determinação das variáveis correspondentes ao escoamento crítico, pode-se acrescentar que a declividade longitudinal, para manter o escoamento crítico, será determinada por:

$$I_c = \left[\frac{Q \times n}{A_c \times R_c^{2/3}}\right]^2$$

A condição crítica $\frac{Q^2 \times T_c}{g \times A_c^3} = 1$, pode ser reescrita, levando em conta que $V_c = \frac{Q}{A_c}$, da seguinte maneira:

$$\frac{V_c^2 \times T_c}{g \times A_c} = 1$$

Como a profundidade média ou profundidade hidráulica é igual a

$$D_c = \frac{A_c}{T_c}$$

Pode-se escrever:

$$\frac{V^2}{g \times D_c} = 1 \quad \therefore \quad V_c = \sqrt{g \times D_c}$$

Na seção retangular:

$$D_c = y_c \quad \therefore \quad V_c = \sqrt{g\, y_c}$$

Partindo da condição crítica também, conclui-se que:

$$\frac{Q^2 \times T_c}{g \times A_c^3} = 1 \quad \therefore \quad \frac{V_c^2 \times T_c}{g \times A_c} = 1 \quad \therefore \quad \frac{V_c^2}{g \times D_c} = 1$$

Extraindo a raiz quadrada de ambos os membros dessa equação e igualando a F, conclui-se que:

$$F = \frac{V}{\sqrt{g \times D}} \quad (D = y,\ \text{na seção retangular})$$

F é o número de Froude.
Quando:

$F = 1$: o escoamento é crítico
$F < 1$: o escoamento é subcrítico
$F > 1$: o escoamento é supercrítico

O número de Froude, na verdade, compara a velocidade média do canal V, com a velocidade da onda solitária $\sqrt{g\,y}$. Quando V é superior à velocidade da onda solitária, o número de Froude é maior do que 1 e o escoamento é supercrítico. Quando é menor do que 1, o escoamento é subcrítico. Esta conclusão permite uma observação prática quando se gera onda contra a corrente no canal para testar o tipo de escoamento observado. Caso as ondas geradas se propaguem para montante o escoamento será subcrítico, já que $V < \sqrt{g\,y}$. Caso sejam arrastadas para jusante o escoamento será supercrítico, já que $V > \sqrt{g\,y}$.

APLICAÇÃO 7.11.

Um canal de seção retangular tem $b = 5\ m$, $Q = 8{,}744\ m^3/s$, $I = \dfrac{1}{3.000}\ m/m$, $n = 0{,}015$ e $y = 1{,}5\ m$. O conceito de energia se aplica da seguinte forma:

$$Q = \frac{A}{n} \times \left(\frac{A}{P}\right)^{2/3} \times I^{1/2}$$

$$Q = \frac{5 \times 1{,}5}{0{,}015} \times \left(\frac{5 \times 1{,}5}{5 + 2 \times 1{,}5}\right)^{2/3} \times \left(\frac{1}{3.000}\right)^{1/2} = 8{,}744\ m^3/s$$

$$V = \frac{Q}{A} = \frac{8{,}744}{1{,}5 \times 5} = 1{,}166\ m/s$$

A energia específica é:

$$E_e = y + \frac{V^2}{2 \times g} = 1{,}5 + \frac{1{,}166^2}{2 \times 9{,}81} = 1{,}5693\ mca$$

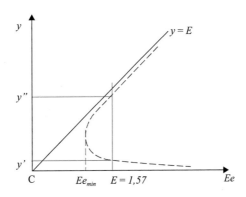

FIGURA 7.24 Energia específica.

Esta energia está associada ao tirante $y'' = 1{,}5\ m$ (escoamento subcrítico). O tirante recíproco será:

$$E_e = y' + \frac{Q^2}{2\times 9{,}81\times (5\times y')^2}$$

$$E_e = 1{,}569 = y' + \frac{8{,}744^2}{2\times 9{,}81\times (5\times y')^2} = y' + 0{,}1559\times \frac{1}{(y')^2}$$

$$y' = 0{,}36\ m$$

O tirante crítico para a seção retangular é determinado por:

$$y_c = \sqrt[3]{\frac{Q^2}{g\times b^2}} = \sqrt[3]{\frac{8{,}744^2}{9{,}81\times 5^2}} = 0{,}678\ m$$

O tirante recíproco $y' = 0{,}36\ m$ é menor do que o tirante crítico indicando um escoamento supercrítico, conforme esperado. A declividade necessária à manutenção desse tirante recíproco é:

$$I = \left(\frac{Q\times n}{A\times R^{2/3}}\right)^2 = \left[\frac{8{,}744\times 0{,}015}{(5\times 0{,}36)\times \left[\frac{5\times 0{,}36}{5+2\times 0{,}36}\right]^{2/3}}\right]^2 = 0{,}02477\ m/m = \frac{24{,}77}{1.000}\ m/m$$

A energia mínima para o escoamento da vazão, $Q = 8{,}744\ m^3/s$, está associada ao tirante crítico da seguinte forma:

$$V_c = \frac{Q}{A_c} = \frac{8{,}744}{5\times 0{,}678} = 2{,}579\ m/s$$

$$E_{min} = y_c + \frac{V_c}{2g} = 0{,}678 + \frac{2{,}579^2}{2\times 9{,}81} = 1{,}017\ mca$$

Admitindo a energia $E_e = 1{,}5693\ mca$ constante, a maior vazão que pode percorrer o canal, mantida essa energia específica, é dada por:

$$Q_{max} = y_c\times b\times \sqrt{2\times g\times (E_e - y_c)}$$

$$Q_{max} = \frac{2}{3}\times E_e\times b\times \sqrt{2\times g\times \left(E_e - \frac{2}{3}\times E_e\right)}$$

$$Q_{max} = \frac{2}{3}\times 1{,}5693\times 5\times \sqrt{2\times 9{,}81\times \left(1{,}5693 - \frac{2}{3}\times 1{,}5693\right)} = 16{,}75\ m^3/s$$

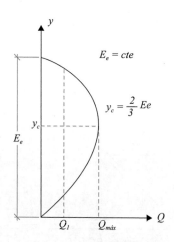

FIGURA 7.25 Curva de Koch.

Observe que já havia sido calculado o tirante crítico y_c = 0,678 m para a vazão Q = 8,744 m^3/s com o auxílio da expressão:

$$y_c = \sqrt[3]{\frac{Q^2}{g \times b^2}} = \sqrt[3]{\frac{8,744^2}{9,81 \times 5^2}} = 0,678 \ m$$

Para a vazão máxima Q_{max} = 16,75 m^3/s o tirante crítico correspondente será:

$$y_{c\,max} = \sqrt[3]{\frac{Q_{max}^2}{g \times b^2}} = \sqrt[3]{\frac{16,75^2}{9,81 \times 5^2}} = 1,046 \ m$$

Chega-se ao mesmo resultado fazendo:

$$y_{c\,max} = \frac{2}{3} E_e = \frac{2}{3} \times 1,5693 = 1,046 \ m$$

A vazão máxima pode, ainda, ser calculada por:

$$Q_{max} = b \times \sqrt{g \times y_c^3} = 5 \times \sqrt{9,81 \times \left(\frac{2}{3} \times 1,5693\right)^3} = 16,75 \ m^3/s$$

O número de Froude para Q_{max}, fazendo $D = y$, na seção retangular, será:

$$F = \frac{V}{\sqrt{g \times D}} = \frac{V}{\sqrt{g \times y}} = \frac{\frac{Q_{max}}{A_{max}}}{\sqrt{g \times y}} = \frac{\frac{16,75}{5 \times 1,046}}{\sqrt{9,81 \times 1,046}} = 0,9998 \approx 1,0$$

conforme esperado.

7.12 CONCEITO DE QUANTIDADE DE MOVIMENTO

Chama-se quantidade de movimento ou impulsão ao produto mV, no qual, m é a massa do corpo e V a sua velocidade. Este produto explica, por exemplo, a razão de uma bala (munição) causar tão pouco dano quando lançada manualmente (pouca massa associada a baixa velocidade, mV baixo) e tanto dano quando lançada por uma arma (ainda pouca massa, mas com grande velocidade, mV alto). A impulsão também é importante para explicar a razão de certos fenômenos hidráulicos que, à primeira vista, parecem ferir a lógica dos fluidos. Um deles é a passagem do escoamento supercrítico para subcrítico que se dá em canais de pequena declividade quando estão a jusante de canais de grande declividade, conforme mostrado na Figura 7.26.

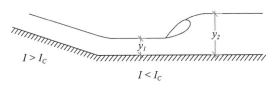

FIGURA 7.26 Quantidade de movimento em ressalto hidráulico.

O tirante y_2 é maior do que o tirante y_1 e, entre estes níveis, forma-se uma onda estacionária que constitui o ressalto. É uma situação diferente da habitual, explicável com o conceito de impulsão. As forças que agem sobre a massa de água compreendida entre os dois tirantes, traduzidas em conformidade com a 2ª Lei de Newton, permitem escrever.

$$\frac{\gamma Q}{g}(V_1 - V_2) = \Pi_1 - \Pi_2 - T + W \operatorname{sen} \alpha$$

Em que:

$\frac{\gamma Q}{g}$ = massa por unidade de tempo

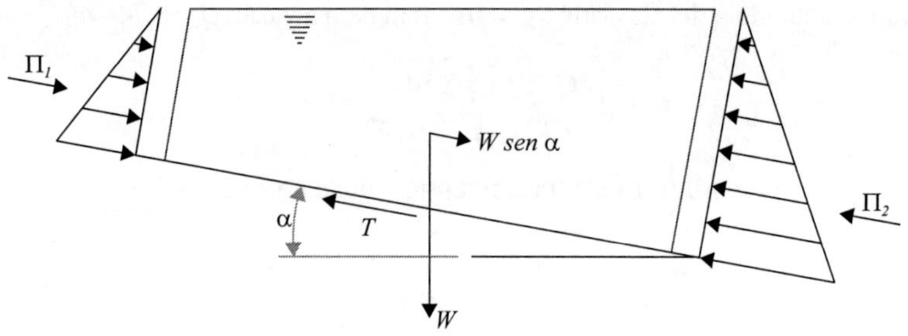

FIGURA 7.27 Forças aplicadas no modelo de ressalto.

$\dfrac{\gamma Q}{g}(V_1 - V_2)$ = variação da quantidade de movimento
Π_1 = resultante do diagrama de pressões na seção 1
Π_2 = resultante do diagrama de pressões na seção 2
$W\operatorname{sen}\alpha$ = componente do peso do líquido na direção do escoamento
T = força de cisalhamento devido ao arraste entre o fluido e as paredes e fundo do canal

Fazendo:

$$\Pi_1 = \gamma A_1 \bar{y}_1$$
$$\Pi_2 = \gamma A_2 \bar{y}_2$$

Sendo $\bar{y}_1$ a profundidade do centro de gravidade da seção molhada.
Fazendo ainda:

$$V_1 = \dfrac{Q}{A_1}$$
$$V_2 = \dfrac{Q}{A_2}$$

Considerando o fundo do canal horizontal ($I = 0$), para desprezar a componente $W\operatorname{sen}\alpha$ e fazendo $T = 0$, devido à proximidade das seções 1 e 2, conclui-se que:

$$\bar{y}_1 A_1 + \dfrac{Q^2}{gA_1} = \bar{y}_2 A_2 + \dfrac{Q^2}{gA_2}$$

Esta equação mostra que a impulsão na seção 1 é igual à impulsão na seção 2, ou seja, a grande velocidade do fluido da seção 1 equilibra o tirante maior da seção 2, permanecendo o conjunto estável. Quando a velocidade V_1, aumenta por alguma razão, o conjunto tende a se deslocar para jusante (descendo o canal). Quando o tirante y_2 aumenta, o conjunto se desloca para montante (subindo o canal).

A impulsão $\bar{y}_1 A + \dfrac{Q^2}{gA}$ reescrita como $A\left(\bar{y} + \dfrac{V^2}{g}\right)$ tem alguma semelhança com a energia específica $E_e = y + \dfrac{V^2}{2g}$ e, por esta razão, é chamada de força específica $F_e = A\left(\bar{y} + \dfrac{V^2}{g}\right)$. Como não se trata de uma força, mas algo muito mais complexo, esta denominação pode resultar em interpretação viciosa.

Aplicando o conceito de impulsão às seções 1 e 2 do ressalto, chega-se à expressão $y_2 = \dfrac{y_1}{2}\left(\sqrt{1 + 8F_1^2} - 1\right)$, que permite o cálculo do tirante de jusante conhecidas as condições de escoamento na seção de montante, *em canais retangulares*. Vale lembrar que:

$F = \dfrac{V_1}{\sqrt{g\, y_1}}$ para canais retangulares.

A equação da impulsão $M = \bar{y}A + \dfrac{Q^2}{gA}$ pode ser transformada em $M = f(y)$, desde que Q, a vazão, seja constante, dando origem à curva da impulsão ou momentum (M), na língua inglesa.

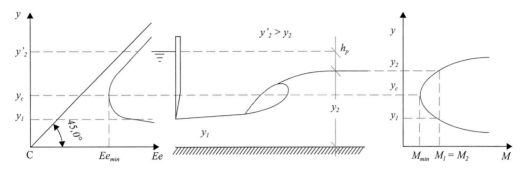

FIGURA 7.28 Curva da impulsão ou momentum.

A curva M tem as características a seguir:

- a curva da impulsão tem 2 ramos e uma impulsão mínima ($Q = cte$) associada ao tirante crítico y_c;
- os tirantes y_1 e y_2 são denominados conjugados;
- caso a vazão se altere, haverá uma nova curva M representando a quantidade de movimento;
- vazões maiores resultarão em curvas M a direita das curvas correspondentes às vazões menores;
- o tirante y_2'', na Figura 7.29, indicará o escoamento do fluido em regime subcrítico e y_2' indicará o escoamento em regime supercrítico (pequeno tirante e alta velocidade);

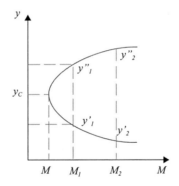

FIGURA 7.29 Alturas conjugadas do ressalto.

- o *tirante conjugado* de y_1 é menor do que o *tirante recíproco* de y_1 já que, no primeiro caso, há, evidentemente, perda de carga, enquanto no segundo, admite-se a conservação de energia, conforme mostrado na Figura 7.28.

A curva M explica a origem da diversidade de tipos de ressalto. O ressalto formado em razão da impulsão M_1 terá como alturas conjugadas, y_1' e y_1'', enquanto o ressalto com impulsão M_2 terá, como alturas conjugadas, y_2' e y_2''. É fácil verificar que a altura do primeiro ressalto $\Delta y_1 = y_1'' - y_1'$ é inferior à altura do segundo ressalto $\Delta y_2 = y_2'' - y_2'$ constituindo, no real, fenômenos de característica físicas diferentes entre si.

Costuma-se classificar os ressaltos na forma mostrada no Quadro 7.13.

QUADRO 7.13 Classificação dos ressaltos

Número de Froude – F_1	Nome do ressalto
$1,1 < F_1 < 1,7$	Ondular
$1,7 \leq F_1 < 2,5$	Pré-ressalto
$2,5 \leq F_1 < 4,5$	Fraco (*weak*)
$4,5 \leq F_1 < 9,0$	Estável ou permanente (*steady*)
$F_1 \geq 9,0$	Forte (*strong*)

Dada a diversidade dos ressaltos, é importante caracterizá-los por meio de variáveis complementares:

- altura do ressalto: $\Delta y = y_2 - y_1$, sendo: $y_2 = \frac{y_1}{2}\left(\sqrt{1+8F_1^2}-1\right)$, para a seção retangular
- consumo de energia: $\Delta E = E_1 - E_2 = \frac{(y_2-y_1)^3}{4y_2 y_1}$
- eficiência ou capacidade de dissipação: $\eta = \frac{\Delta E}{E_1} = 1 - \frac{E_2}{E_1}$
- energia residual do ressalto: $Er = \frac{E_2}{E_1}$
- comprimento do ressalto, segundo Vantuil e João Neto (UnB, 1999):

para $1,7 \leq F_1 \leq 8$

$$L = y_2 \times (0,0153 \times F_1^3 - 0,3225 \times F_1^2 + 2,2708 \times F_1 + 0,87)$$

para $8 < F_1 \leq 20$

$$L = y_2 \times (-0,0057 \times F_1^2 + 0,1041 \times F_1 + 5,7195)$$

A quantidade de movimento, como já foi descrito, foi definida a partir da equação:

$$\frac{\gamma Q}{g} \times (V_1 - V_2) = \pi_1 - \pi_2 - T + w \times \text{sen}\,\alpha$$

Na qual ($w \times \text{sen}\,\alpha$) é a componente do peso do fluido na direção do escoamento. Essa componente é nula quando o trecho do canal, no qual se forma o ressalto, é horizontal. Simplifica-se, assim, a dedução da expressão numérica da quantidade de movimento, obtendo-se:

$$M = \bar{y}A + \frac{Q^2}{gA}$$

Quando o fundo tem inclinação acentuada, a componente do peso não pode ser desprezada chegando-se à expressão a seguir para a determinação da altura conjugada:

$$y_2 = \frac{y_1}{2}\left(\sqrt{1+8G^2}-1\right)$$

Em que:

y_2 = altura conjugada de y_1, medida na vertical, quando $I > 0$

$$G = \frac{F_1}{\sqrt{\cos\theta - \frac{K \times L \times sen\theta}{d_2 - d_1}}}$$

K = constante que varia com F_1 [$K = f(F_1)$]
L = comprimento do ressalto
d_1 e d_2 = tirantes conjugados medidos perpendicularmente ao fundo
θ = ângulo de inclinação do canal

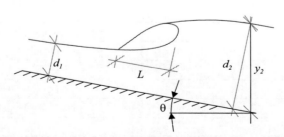

FIGURA 7.30 Ressalto em canal de fundo inclinado.

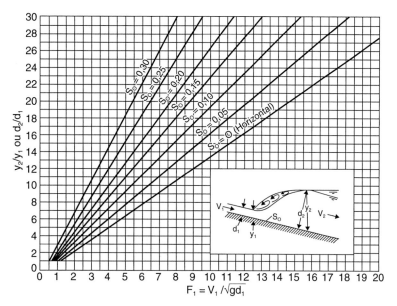

FIGURA 7.31 Tirantes conjugados em canais de fundo inclinado.

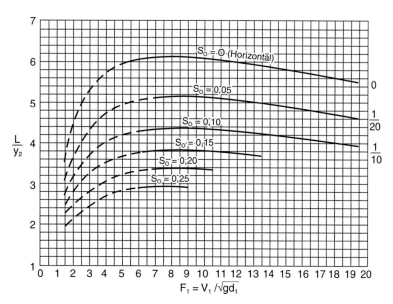

FIGURA 7.32 Comprimento do ressalto em canais de fundo inclinado.

Para facilitar a determinação do tirante conjugado e do comprimento do ressalto que se verifica em canal de fundo inclinado, o *U. S. Bureau of Reclamation* propõe dois gráficos reproduzidos nas Figuras 7.31 e 7.32.

O primeiro gráfico permite a determinação da altura conjugada para as declividades 0,05; 0,10; 0,15; ... ; 0,30 *m/m*. Quando se transforma estas declividades em fração ordinária, cujo numerador é unitário, obtém-se, respectivamente: 1/20; 1/10; 1/6,6; ... ;1/3,3 *m/m*. Quando são comparadas estas declividades com as declividades longitudinais habituais em canais (1/1.000, 1/2.000, 1/5.000, ...) verifica-se que as primeiras não se ajustam ao uso corrente. Conclui-se que, para efeito prático, nas declividades comuns dos canais, é desnecessária a consideração da declividade longitudinal no cálculo das características do ressalto. Todavia, quando a declividade longitudinal do canal está compreendida entre 1/20 e 1/3,3 *m/m*, o ressalto produzido terá tanto mais altura quanto maior for a declividade longitudinal do canal. Quanto ao comprimento do ressalto, conclui-se que, quanto maior a declividade longitudinal do canal, menor será o seu comprimento.

APLICAÇÃO 7.12.

Um canal de seção retangular com $Q = 8,744$ m^3/s, $b = 5,0$ m, $n = 0,015$, $y_c = 0,678$ m, $I = 1/3.000$ m/m e $y_n = 1,5$ m vence um desnível de 8,0 m com um trecho de canal de grande declividade. As características do escoamento, a jusante do desnível, são determinadas a seguir:

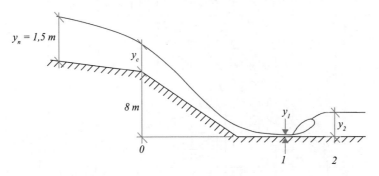

FIGURA 7.33 Tirantes no canal a jusante do plano inclinado.

A vazão $Q = 8,744$ m^3/s flui no trecho de montante segundo o tirante normal $y_n = 1,5$ m. A jusante do desnível, mantida a declividade $I = 1/3.000$ m/m, o tirante voltará ao valor $y_n = 1,5$ m. O escoamento a montante e a jusante da rampa, após a seção 2, é subcrítico. No trecho intermediário o escoamento é supercrítico movido pela grande declividade. Há, em consequência, dois ajustamentos do tirante. No primeiro deles, a montante do trecho fortemente inclinado, a vazão passará com tirante crítico na seção 0. Na seção 1 ocorre um tirante característico do ajustamento a jusante do trecho com forte inclinação, quando ocorre o tirante conjugado supercrítico do ressalto hidráulico. A variação de energia entre as seções 0 e 1 pode ser descrita da seguinte forma:

$$z_0 + y_c + \frac{V_c^2}{2g} = y_1 + \frac{V_1^2}{2g} + h_p$$

Em que:

z_0 = desnível entre as seções 0 e 1
y_c = tirante crítico
V_c = velocidade crítica

$$V_c = \frac{Q}{A_c} = \frac{8,744}{5 \times 0,678} = 2,545 \ m/s$$

h_p = perda de carga entre as seções 0 e 1
Substituindo os valores conhecidos no modelo matemático e considerando a perda de carga entre as seções 0 e 1 desprezável, tem-se:

$$8 + 0,678 + \frac{2,545^2}{2 \times 9,81} = y_1 + \frac{V_1^2}{2g} + 0$$

como:

$$V_1 = \frac{Q}{A_1} = \frac{Q}{b \times y_1}$$

$$9,0 = y_1 + \frac{8,744^2}{2 \times 9,81 \times 5^2} \times \frac{1}{y^2}$$

$$y_1 = 0,132 \ m$$

$$V_1 = \frac{Q}{A_1} = \frac{8,744}{5 \times 0,132} = 13,248 \ m/s$$

O número de Froude na seção 1 é:

$$F_1 = \frac{V_1}{\sqrt{gy_1}} = \frac{13,248}{\sqrt{9,81 \times 0,132}} = 11,642$$

O tirante conjugado de y_1 é:

$$\frac{y_2}{y_1} = \frac{1}{2} \times \left(\sqrt{1+8F_1^2} - 1\right)$$

$$y_2 = \frac{0,132}{2} \times \left(\sqrt{1+8 \times 11,642^2} - 1\right)$$

$$y_2 = 2,1 \ m$$

$$V_2 = \frac{Q}{A_2} = \frac{8,744}{5 \times 2,10} = 0,832 \ m/s$$

O modelo matemático utilizado na determinação do tirante conjugado y_2 é apropriado para trechos de canal de fundo horizontal. Este resultado, portanto, é aproximado. Para a declividade de 1/3.000, no entanto, este resultado é considerado aceitável.

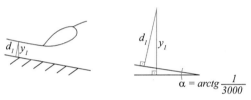

FIGURA 7.34 Tirantes segundo uma vertical e perpendicular ao fundo.

A verificação dessa conclusão pode ser feita da seguinte forma:

$$\alpha = arctg \frac{1}{3.000} = 0,0191°$$

$$\cos \alpha = \frac{d_1}{y_1}$$

$$d_1 = 0,132 \times \cos 0,0191 = 0,1319 \ m$$

Como a declividade do canal é realmente muito pequena, resulta, na prática, que $d_1 = y_1$.
Para o trecho de canal com fundo inclinado:

$$F_1 = \frac{V_1}{\sqrt{g \times d_1}} = \frac{13,248}{\sqrt{9,81 \times 0,1319}} = 11,646$$

Este valor, na prática, não é diferente do calculado para fundo horizontal. Para o ressalto, são ainda calculadas as características a seguir:

Altura: $\Delta y = y_2 - y_1 = 2,10 - 0,13 = 1,97 \ m$

Perda de energia: $\Delta E = \frac{(y_2 - y_1)^3}{4 \times y_2 \times y_1} = \frac{(2,10 - 0,13)^3}{4 \times 2,10 \times 0,13} = 7,00 \ mca$

Energia a montante: $E_1 = y_1 + \frac{V_1^2}{2g} = 0,13 + \frac{13,248^2}{2 \times 9,81} = 9,07 \ mca$

Energia a jusante: $E_2 = y_2 + \frac{V_2^2}{2g} = 2,10 + \frac{0,832^2}{2 \times 9,81} = 2,13 \ mca$

Eficiência: $\eta = \frac{\Delta E}{E_1} = \frac{9,07 - 2,13}{9,07} = 0,77 \ (77\%)$

Energia residual: $E_r = \frac{E_2}{E_1} = \frac{2,13}{9,07} = 0,23 \ (23\%)$

Comprimento do ressalto:

$$L = y_2 \times \left(-0,0057 \times F_1^2 + 0,1041 \times F_1 + 5,7195\right)$$
$$L = 2,10 \times \left(-0,0057 \times 11,646^2 + 0,1041 \times 11,646 + 5,7195\right)$$
$$L = 12,93 \ m$$

Este ressalto é do tipo forte ($F_1 > 9,0$)

7.13 ADMISSÃO DA VAZÃO NO CANAL

A água transportada pelo canal provém, quase sempre, de lago natural, rio ou reservatório de barragem. Há canais alimentados por bombas que recalcam água do aquífero ou de corpos d'água situados em cota inferior à cota da soleira da seção de entrada do canal, porém, estes casos são menos comuns devido ao custo do recalque. A alimentação por meio de bomba é mais comum em canais de pequeno porte.

Na admissão de água no canal, podem ser consideradas as seguintes situações principais:

a Canal de pequena declividade longitudinal, com entrada livre, captando vazão em lago natural ou artificial

A velocidade da água no lago é nula ou está próxima de zero. No canal, se instalará o escoamento permanente uniforme, com baixa velocidade, desde a seção de entrada. No lago, próximo da seção de entrada do canal, o NA sofrerá uma depleção de forma que a energia potencial, associada a cada seção, seja parcialmente transformada em energia de velocidade. A velocidade de cada partícula, então, passará progressivamente de zero para V, velocidade de percurso no canal. A vazão admitida no canal e o tirante respectivo serão determinados por meio da resolução do sistema:

$$\begin{cases} Q = A \times \sqrt{2 \times g \times (E_e - y)} \\ Q = \dfrac{A}{n} \times R^{2/3} \times I^{1/2} \end{cases}$$

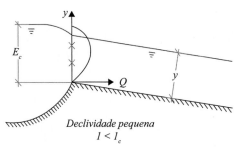

FIGURA 7.35 Admissão de água em canal de pequena declividade com entrada livre.

Em que:

Q = vazão
A = área molhada ($A = b \times y$ para seção retangular)
E_e = energia específica
R = raio hidráulico $\left(R = \dfrac{A}{P} = \dfrac{by}{b + 2y}, \text{para canais retangulares}\right)$
I = declividade longitudinal do canal

A primeira equação traduz as condições impostas pela seção de entrada (A e E_e).

A segunda equação reflete as condições de escoamento no canal. Em geral, são conhecidos E_e, I, b, n e são determinados Q e y. O tirante crítico será determinado por meio da expressão:

$$\dfrac{Q^2 \times T}{g \times A^3} = 1$$

Para a seção retangular: $y_c = \sqrt[3]{\dfrac{Q^2}{g \times b^2}}$

b Canal de grande declividade longitudinal, com entrada livre, captando vazão em lago natural ou artificial

A velocidade da água no lago é nula. Ocorre a depleção descrita no caso anterior. No canal se instalará, inicialmente, um escoamento permanente gradualmente variado supercrítico e posteriormente um escoamento permanente uniforme supercrítico (grande velocidade). Na seção de entrada do canal, o tirante será crítico determinado por:

$$y_c = \dfrac{2}{3} \times E_e$$

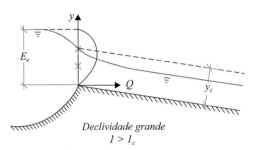

FIGURA 7.36 Admissão de água em canal de grande declividade com entrada livre.

Caso a seção de entrada seja retangular, o tirante crítico pode ser também calculado por:

$$y_c = \sqrt[3]{\dfrac{Q^2}{gb^2}}$$

Em que:

y_c = tirante crítico para a seção retangular
Q = vazão no canal
g = aceleração da gravidade
b = largura do fundo da seção retangular

Como a vazão não é conhecida, a última expressão não permite a determinação do tirante crítico. A vazão pode ser calculada pela expressão matemática.

$$Q = A\sqrt{2 \times g \times (E_e - y_c)}$$

Em que:

A = área da seção molhada na entrada do canal, ou $A = b \times y_c$ para a seção retangular
E_e = diferença de cotas entre o NA do reservatório e do fundo do canal na seção de entrada
y_c = tirante na seção de entrada

Pode-se, ainda, calcular a vazão por meio da expressão $Q_{max} = \sqrt{\dfrac{g \times A_c^3}{T_c}}$ levando em conta que, na seção de entrada, o tirante é crítico e a vazão máxima.

Quando a seção não for retangular, deve-se, em primeiro lugar, transformá-la em seção retangular equivalente para, só então, determinar a vazão máxima.

Observe que as condições de escoamento do líquido no canal não interferem na vazão de entrada, como aconteceu no caso anterior. Deve, ainda, ser destacado que a energia específica na entrada do canal, quando a declividade do canal é grande, será a energia específica de qualquer seção do canal, assim como acontece com o correspondente tirante crítico. Esta conclusão não se aplica inteiramente ao primeiro caso (pequena declividade) quando a relação $y_c = \dfrac{2}{3} \times E_e$ só vigora na seção de entrada do canal. Quando a declividade é pequena, além das condições de entrada, deve-se levar em conta as condições de escoamento no canal. Como última observação deve-se lembrar que a energia específica (a altura do tirante do lago medida em relação à soleira do canal na seção de entrada) é considerada constante ou inalterada nos cálculos apresentados, pois sua variação ocorre a longo prazo acompanhando a variação do nível do reservatório. O valor de energia específica na estação chuvosa é bem maior do que na estação seca, promovendo grandes vazões na estação chuvosa e vazões menores na estação seca. Quando a vazão no canal precisa ser constante, como acontece na alimentação de turbinas, a entrada do canal deve ser controlada por comporta. Vale lembrar que os canais dedicados à irrigação devem operar durante a estação seca, quando há menos água disponível no reservatório.

c Canal captando vazão sangrada em vertedor de barragem

A vazão sangrada em vertedor de crista de barragem deve ser devolvida ao rio barrado, a jusante do barramento. A devolução, dependendo do arranjo barragem-vertedor, conjugado à topografia da seção do barramento, requer a construção de canal curto ou túnel seguido de canal. Quando a vazão sangrada passa por vertedor seguido de canal curto e íngreme, chamado de canal de restituição, para vencer a altura da barragem, a velocidade do escoamento pode atingir valores altos junto à cota do pé da barragem, conforme indicado na Figura 7.37.

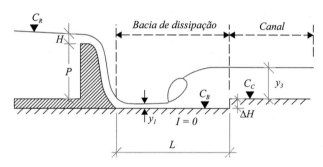

FIGURA 7.37 Bacia de dissipação.

A vazão sangrada percorrerá o canal subsequente ou rio receptor, situado a jusante do canal de restituição, com velocidade muito menor, de forma que se faz necessária a adaptação das condições do escoamento, ao longo do comprimento L, trecho no qual se localiza a bacia de dissipação. Esta bacia permite a fixação e torna mais compacto o ressalto hidráulico que se formará quando o escoamento passar de supercrítico (alta velocidade) para subcrítico (baixa velocidade). Para a correta definição das características da bacia a ser utilizada, faz-se necessário o cálculo do número de Froude na seção 1, da seguinte forma:

$$F_1 = \frac{V_1}{\sqrt{g\, y_1}} \text{ (bacia com seção retangular)}$$

A velocidade do escoamento (V_1) e o tirante (y_1), na seção 1, são calculados considerando a conservação de energia entre as seções de montante e jusante do vertedor.

$$C_R - C_B = y_1 + \frac{V_1^2}{2g}$$

Em que:

C_R = cota do nível d'água no reservatório
C_B = cota do fundo da bacia de dissipação
V_1 = velocidade na seção 1

$$V_1 = \frac{Q}{A_1}$$

A vazão sangrada pode ser calculada pela fórmula de Francis para vertedores de crista de barragem:

$$Q = 2{,}196 \times l \times H^{3/2}$$

Em que:

l = comprimento da soleira do vertedor
H = carga sobre o vertedor

Quando a barragem tem soleira plana e espessa, a vazão deve ser determinada pela expressão:

$$Q = 1{,}55 \times l \times H^{3/2}$$

que difere da anterior apenas pelo valor do coeficiente de vazão.

Caso a hipótese de conservação de energia não seja aceitável, costuma-se especificar a altura $\dfrac{H}{2}$ como perda neste percurso, da seguinte forma:

$$C_R - C_B = y_1 + \frac{V_1^2}{2 \times g} + \frac{H}{2}$$

O número de Froude na seção 1 varia diretamente com o desnível do barramento $C_R - C_B$. Quanto maior o desnível, maior a velocidade V_1 no pé da barragem e maiores as precauções a serem tomadas na bacia de dissipação. Os arranjos mais comuns na bacia são reunidos em quatro modelos, denominados USBR I a IV propostos pelo *United States Bureau of Reclamation* (USBR). A escolha de um destes modelos deve ser feita considerando o número de Froude, a velocidade do fluxo e a vazão por metro de largura da seção 1, na forma indicada no Quadro 7.14.

QUADRO 7.14 Escolha do modelo de bacia de dissipação

USBR	F_1	V_1 (m/s)	q (m³/s por metro)	Δh
I	$1 < F_1 < 1{,}7$			$0{,}1\, y_2$
II	$F_1 > 4{,}5$	$V_1 > 15$		$0{,}05\, y_2$
III	$F_1 > 4{,}5$	$V_1 < 18$	$q \leq 18$	$-0{,}17\, y_2$
IV	$2{,}5 \leq F_1 \leq 4{,}5$			$0{,}1\, y_2$

Nota: Não há opção disponível para o intervalo $1{,}7 < F_1 < 2{,}5$.

Os modelos das diversas bacias são apresentados nas Figuras 7.38, 7.39 e 7.41.

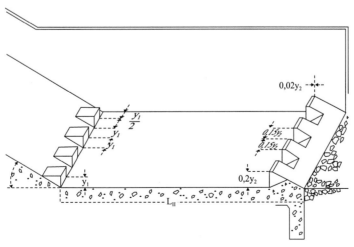

FIGURA 7.38 Bacia de dissipação USBR II.

344 Elementos da Hidráulica

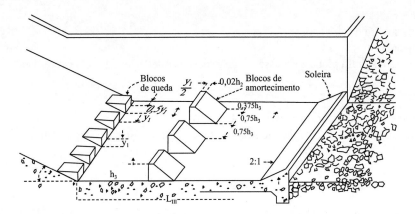

FIGURA 7.39 Bacia de dissipação USBR III.

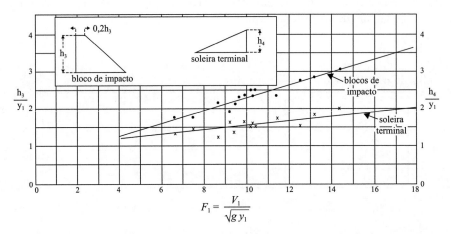

FIGURA 7.40 Altura do bloco de impacto e da soleira terminal da bacia USBR III.

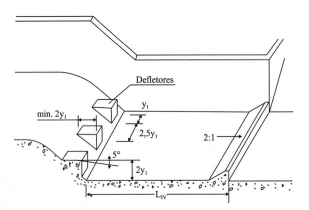

FIGURA 7.41 Bacia de dissipação USBR IV.

Convém observar que blocos e soleiras das bacias II, III e IV estão especificados em função das características do escoamento na seção 1, a montante do ressalto. A bacia de dissipação I é desprovida de blocos e soleiras.

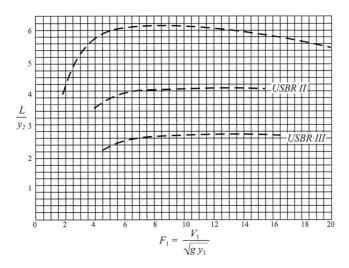

FIGURA 7.42 Comprimento do ressalto hidráulico livre e das bacias USBR II e III.

APLICAÇÃO 7.13.

Um canal tem seção retangular, com base igual a 4 m, n = 0,013, declividade longitudinal de 1/4.000 m/m. Ele recebe águas de um lago natural. Não há qualquer controle de vazão na entrada do canal. A vazão admitida no canal será determinada da seguinte forma:

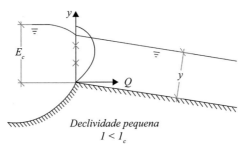

FIGURA 7.43 Admissão de água em canal de pequena declividade.

A declividade do canal é considerada pequena, como hipótese inicial. Propõe-se que a vazão admitida escoará em regime subcrítico. Deve-se, então, considerar a capacidade de escoamento na seção de entrada e no canal em conjunto, conforme definido pelas equações:

$$Q = \frac{A}{n} \times R^{2/3} \times I^{1/2} \quad (canal)$$

$$Q = A \times \sqrt{2 \times g \times (E_e - y)} \quad (entrada)$$

Como se trata de um canal de seção retangular, resulta que:

$$Q = \frac{b \times y}{n} \times \left(\frac{b \times y}{b + 2 \times y}\right)^{2/3} \times I^{1/2}$$

$$Q = b \times y \times \sqrt{2 \times g \times (E_e - y)}$$

Arbitrando a carga sobre a seção de entrada do canal $E_e = 3\ m$, tem-se:

$$Q = \frac{4 \times y}{0,013} \times \left(\frac{4 \times y}{4 + 2 \times y}\right)^{2/3} \times \left(\frac{1}{4.000}\right)^{1/2}$$

$$Q = 4 \times y \times \sqrt{2 \times 9,81 \times (3 - y)}$$

$$y = 2,905\ m$$

$$Q = 15,8\ m^3/s$$

O tirante crítico é determinado por:

$$y_c = \sqrt[3]{\frac{Q^2}{g \times b^2}} = \sqrt[3]{\frac{15,8^2}{9,81 \times 4^2}} = 1,16\ m$$

Como o tirante normal ($y = 2,905\ m$) é maior do que o tirante crítico fica confirmada a hipótese inicial sobre o escoamento no canal.

A velocidade do escoamento é:

$$V = \frac{Q}{A} = \frac{15,8}{2,905 \times 4} = 1,36\ m/s$$

Aplicando a equação da energia específica no escoamento do canal tem-se:

$$E_e = y + \frac{V^2}{2 \times g} = 2,905 + \frac{1,36^2}{2 \times 9,81} = 2,999 \approx 3,0\ m$$

Caso o canal tivesse uma grande declividade, tal como, $I = 1/250\ m/m$, a hipótese inicial de cálculo seria de escoamento supercrítico. Então bastaria atender à equação de entrada do canal para a determinação da vazão.

$$Q = b \times y_c \times \sqrt{2 \times g \times (E_e - y_c)}$$

Em que:

$$y_c = \frac{2}{3} \times E_e$$

Arbitrando, ainda, a carga $E_e = 3,0\ m$ sobre a seção de entrada, tem-se:

$$Q = 4 \times \left(\frac{2}{3} \times 3\right) \times \sqrt{2 \times 9,81 \times \left(3 - \frac{2}{3} \times 3\right)}$$

$$Q = 35,43\ m^3/s$$

O tirante crítico pode, também, ser calculado da seguinte forma:

$$y_c = \sqrt[3]{\frac{Q^2}{g \times b^2}} = \sqrt[3]{\frac{35,43^2}{9,81 \times 4^2}} = 2,0\ m$$

O tirante normal de escoamento seria:

$$Q = \frac{A}{n} \times \left(\frac{A}{P}\right)^{2/3} \times I^{1/2}$$

$$35,43 = \frac{4 \times y_n}{0,013} \times \left(\frac{4 \times y_n}{4 + 2y_n}\right)^{2/3} \times \left(\frac{1}{250}\right)^{1/2}$$

$$y_n = 1,86\quad (y_n < y_c\ \text{supercrítico})$$

Como o tirante normal é menor do que o tirante crítico fica comprovada a validade da hipótese de escoamento supercrítico.

7.14 ESCOAMENTO PERMANENTE GRADUALMENTE VARIADO – MODELO MATEMÁTICO

O escoamento permanente gradualmente variado típico acontece a montante de vertedores instalados em canais, conforme mostrado na Figura 7.44.

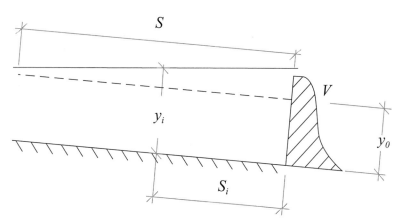

FIGURA 7.44 Escoamento permanente gradualmente variado a montante de vertedor.

Sem o vertedor V, o fluido percorreria o canal segundo o tirante y_0 em escoamento permanente uniforme. O trecho de comprimento S tem tirante compreendido entre y_0 e Y, sendo Y determinado pelo vertedor. Ambos são, portanto, conhecidos. No trecho de canal influenciado pelo vertedor o escoamento é permanente gradualmente variado. A questão que se põe é a determinação da distância S_i compreendida entre o tirante no vertedor e o tirante y_i, sendo $y_0 \leq y_i < Y$. O modelo matemático a ser estudado está descrito a seguir.

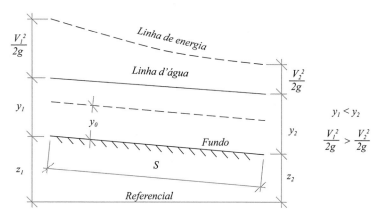

FIGURA 7.45 Modelo do escoamento permanente gradualmente variado.

A equação inicial é:

$$z_1 + y_1 + \frac{V_1^2}{2g} = z_2 + y_2 + \frac{V_2^2}{2g} + h_p$$

Em que:

$$h_p = \int_1^2 \frac{V^2}{C^2 R} ds$$

A partir dessa equação chega-se a:

$$\frac{dy}{ds} = \frac{I - \dfrac{V^2}{C^2 R}}{1 - \dfrac{V^2 T}{gA}} = \frac{I - \dfrac{Q^2}{C^2 A^2 R}}{1 - \dfrac{Q^2 T}{gA^3}}$$

Em que:

$\dfrac{dy}{ds}$ = variação do tirante ao longo do trecho ds
C = coeficiente de Chézy
I = declividade longitudinal do canal
T = largura da seção molhada na superfície d'água
V = velocidade média na seção do canal
$V = C \times \sqrt{R \times I}$ (Equação de Chézy)

A partir da equação de Chézy, própria para o escoamento permanente uniforme, conclui-se que $I = \dfrac{V^2}{C^2 R}$. Assim, o numerador da parte central da equação do escoamento gradualmente variado, $I - \dfrac{V^2}{C^2 R}$, tende para zero quando o tirante y tende para y_0. Resulta que, próximo do fim do remanso, $\dfrac{dy}{ds}$ tende para zero, ou seja, o escoamento variado tende para o escoamento uniforme. Já foi comentado que $\dfrac{Q^2 T}{gA^3} = 1$ é uma característica do escoamento crítico. Então, o denominador $1 - \dfrac{Q^2 T}{gA^3}$, da parte final da equação, tende para zero quando o tirante y se aproxima do tirante crítico. Neste caso, $\dfrac{dy}{ds}$ tende para infinito. Na prática, não há infinito, mas quando y tende para y_c, o tirante fica verticalizado, caracterizando o tipo de escoamento próprio do ressalto hidráulico.

Para integrar esta equação, Bakhmeteff a simplificou criando os conceitos de "fator de condução" (K) e de "expoente hidráulico" (N). O fator de condução (K) reúne todas as variáveis definidoras da seção molhada presentes na fórmula de Chézy.

$$Q = AC\sqrt{R\,I}$$

Fazendo:

$$K = AC\sqrt{R}$$

Resulta:

$$Q = K\sqrt{I}$$

Em que:

C = coeficiente de Chézy que representa a rugosidade do leito do canal
R = raio hidráulico
I = declividade longitudinal
A = área molhada
K = fator de condução

O fator de condução (K) se relaciona com o expoente hidráulico (N) da seguinte maneira:

$$K^2 = \Delta \times y^N$$

Na qual Δ é uma constante. A introdução dessas variáveis permitiu a transformação da complexa expressão do escoamento gradualmente variado em uma função muito mais simples, como se verifica a seguir:

$$\frac{dy}{ds} = \frac{1}{I} \times \frac{1 - \dfrac{K_0^2 I}{K^2 I_c}}{1 - \left(\dfrac{K_0}{K}\right)^2}$$

Em que:

K_0 = coeficiente de condução para o escoamento permanente uniforme
K = coeficiente de condução para o tirante y_i
I = declividade longitudinal do canal
I_c = declividade crítica do canal

para finalmente chegar à equação da distância S, após a integração.

$$S = \frac{y_0}{I} \times \left\{ X_1 - X_2 + (1-\beta) \times \left[-\int_{x_1}^{x_2} \frac{dx}{x^N - 1} \right] \right\}$$

Em que:

S = distância entre as seções 1 e 2
y_0 = tirante normal
I = declividade longitudinal do trecho 1-2
$X_1 = \frac{y_1}{y_0}$ = profundidade relativa na seção 1
$X_2 = \frac{y_2}{y_0}$ = profundidade relativa na seção 2
$\beta = \frac{I}{I_c}$ = relação entre declividades
N = expoente hidráulico

O cálculo de S, portanto, requer o conhecimento do expoente hidráulico N que pode ser determinado pela expressão:

$$N = \frac{2y}{3A}\left(3T - 2R\frac{dP}{dy}\right)$$

Para a seção trapezoidal, o resultado é:

$$N = \frac{10}{3} \times \frac{1 + 2 \times z \times \left(\frac{y}{b}\right)}{1 + z \times \left(\frac{y}{b}\right)} - \frac{8}{3} \times \frac{\sqrt{1+z^2} \times \left(\frac{y}{b}\right)}{1 + 2 \times \sqrt{1+z^2} \times \left(\frac{y}{b}\right)}$$

Para a seção retangular, tem-se:

$$N = \frac{10}{3} - \frac{8}{3} \times \frac{\left(\frac{y}{b}\right)}{1 + 2 \times \left(\frac{y}{b}\right)}$$

Nessas expressões matemáticas, o valor de y deve ser calculado como a média aritmética de y_1 e y_2, já que o tirante varia entre as seções 1 e 2. Para a maioria dos canais de seção aberta, o gráfico log K versus log y resulta em uma curva que pode ser assimilada a uma reta, conforme mostrado na Figura 7.46.

Essa característica orienta para uma possível determinação do expoente hidráulico N, para outras seções, a partir de sua definição primitiva, dada por Bakhmeteff.

Por definição, tem-se:

$$K^2 = \Delta \times y^N$$

Em que:

K = fator de condução
Δ = constante
y = tirante
N = expoente hidráulico

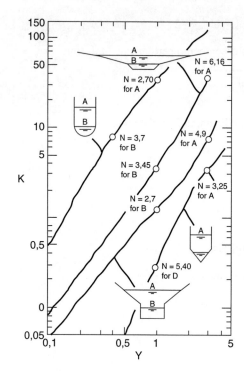

FIGURA 7.46 Coeficiente de condução para várias seções.

Aplicando logaritmo a ambos os membros desta equação resulta em:

$$2 \times \log K = \log \Delta + N \times \log y$$

Admitindo log Δ tendendo a zero, pode-se escrever:

$$2 \times \log K = N \times \log y$$

$$N = 2 \times \frac{\log K}{\log y}$$

Como o valor do tirante y e do fator de condução K variam ao longo do remanso, conforme se viu no gráfico da Figura 7.46, convém considerar esta variação na forma indicada na Figura 7.47.

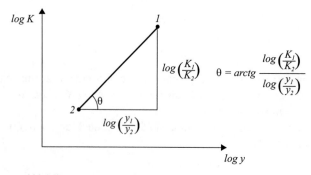

FIGURA 7.47 Determinação do expoente hidráulico.

O expoente hidráulico será determinado da seguinte forma:

$$N = 2 \times \frac{(\log K_1 - \log K_2)}{(\log y_1 - \log y_2)} = 2 \times \frac{\log\left(\frac{K_1}{K_2}\right)}{\log\left(\frac{y_1}{y_2}\right)} = 2 \times tg\theta$$

Determinado o valor de N, pode-se empreender a integração referida. Caso uma calculadora do tipo HP esteja disponível, pode-se usar a seguinte sequência de instruções:

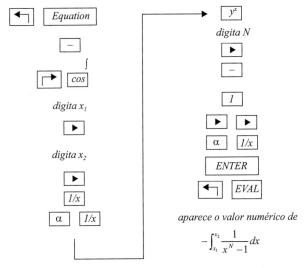

FIGURA 7.48 Comandos para integrar a função $-\int_{x1}^{x2} \frac{1}{x^N - 1} dx$.

A calculadora executa, na verdade, uma soma de número elevado de parcelas conforme proposto em um dos vários métodos de integração numérica disponíveis. Esta operação pode também ser executada no Excel na forma sugerida a seguir:

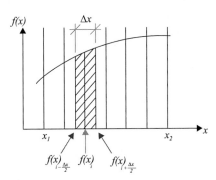

FIGURA 7.49 Faixas para integração via planilha Excel.

O intervalo $(x_2 - x_1)$ é dividido em intervalos menores. Quanto menor o intervalo Δx, mais preciso será o resultado obtido. Aconselha-se a adoção de 500 intervalos. Então:

$$\Delta x = \frac{x_2 - x_1}{500}$$

Quando se multiplica $f(x)_i$ por Δx, obtém-se a área de uma faixa sob a curva conforme indicado na Figura 7.49. Sendo Δx muito pequeno, a variação entre $f(x)_{i-\frac{\Delta x}{2}}$ e $f(x)_{i+\frac{\Delta x}{2}}$ será mínima, permitindo a identificação da área trapezoidal a um retângulo. A soma de todas as faixas oferece a área entre a curva e o eixo das abcissas, que é a interpretação de integral definida.

$$-\int_{x1}^{x2} f(x) dx = -\int_{x1}^{x2} \frac{1}{x^N - 1} dx$$

A soma das áreas dos retângulos é feita, numericamente, da seguinte forma:

$$-\int_{x1}^{x2} \frac{1}{x^N - 1} dx = \left[\frac{f(x_1)}{2} + \frac{f(x_2)}{2} + \sum_{i=1}^{n} f(x_i) \right] \Delta x$$

Para a determinação de β convém, ainda, lembrar que:

$$I_c = \left(\frac{Q \times n}{A_c \times R_c^{2/3}} \right)^2$$

Na qual:

$$R_c = \frac{A_c}{P_c}$$

Quando a seção é retangular, tem-se:

$$y_c = \sqrt[3]{\frac{Q^2}{g \times b^2}} \qquad A_c = b \times y_c \qquad P_c = b + 2 \times y_c$$

Quando a seção tem forma diferente da retangular, deve-se recorrer à expressão geral

$$\frac{Q^2 \times T_c}{g \times A_c^3} = 1$$

A área A_c e a largura da seção molhada na superfície (T_c) devem ser substituídas pelas expressões das formas da seção respectiva. Quando se determina a distância entre duas seções, o resultado mais ajustado à realidade será alcançado quando forem adotados os cuidados a seguir:

a. a seção 1 deve estar a jusante da seção 2 em quase todos os tipos de remanso. Quando o valor de S for negativo basta inverter a posição das seções 1 e 2 para que o valor de S fique positivo, com o mesmo valor absoluto;
b. uma das seções (seção 1 ou 2) deve ser facilmente identificável. Caso contrário, a origem da distância S fica indefinida. A distância S deve ser medida a partir da seção do vertedor, a partir da seção que marca a mudança de declividade, no canal, enfim, tendo como origem uma seção conhecida;
c. o tirante da seção y, ao fim do remanso, não deve ser igual a y_0, já que $\frac{dy}{ds}$ tende para zero quando y tende para y_0, ampliando o valor significativo de S. O mais adequado será tomar:

$y = y_0 + \Delta y_0$ nos remansos dos tipos $M1$ e $S1$; e
$y = y_0 - \Delta y_0$ nos remansos dos tipos $M2$ e $S2$.
Δy_0 deve variar entre 2 e 10% de y_0, a critério do projetista.

A aplicação da equação de Bakhmeteff, resultante da *integração direta* da equação do escoamento gradualmente variado, apesar dos cuidados que exige, permite a determinação da distância entre dois tirantes quaisquer conhecidos, em canais de diferentes seções, sem o completo mapeamento do perfil do remanso.

Quando convém a determinação completa do perfil do remanso, há outros métodos menos exigentes. Um deles é um método numérico denominado *direct step* que consiste em:
Pode-se escrever a partir do modelo, mostrado na Figura 7.50.

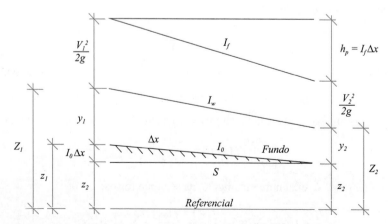

FIGURA 7.50 Variáveis do método numérico – *Direct Step*.

$$I_0 \times \Delta x + y_1 + \frac{V_1^2}{2g} = y_2 + \frac{V_2^2}{2g} + I_f \times \Delta x$$

Em que:

I_0 = declividade longitudinal do fundo do canal
I_f = declividade da linha de energia entre as seções 1 e 2

Δx = distância entre as seções 1 e 2

$$I_0 \Delta x = z_1 - z_2;$$
$$I_f \Delta x = h_p$$

Fazendo:

$$E_1 = y_1 + \frac{V_1^2}{2g}$$
$$E_2 = y_2 + \frac{V_2^2}{2g}$$
$$I_0 \times \Delta x + E_1 = E_2 + I_f \times \Delta x$$
$$I_0 \times \Delta x - I_f \times \Delta x = E_2 - E_1$$

Conclui-se que:

$$\Delta x = \frac{E_2 - E_1}{I_0 - I_f} = \frac{\Delta E}{I_0 - I_f}$$

Na qual:

$$I_f = \left(\frac{nV}{R^{2/3}}\right)^2 = \frac{n^2 V^2}{R^{4/3}}$$

Chega-se a Δx, que é o intervalo entre duas seções, utilizando a planilha mostrada no Quadro 7.15.

QUADRO 7.15 Determinação da extensão do remanso segundo o método *Direct Step*

y	A	$R^{4/3}$	V	$V^2/2g$	E	ΔE	I_f	$\bar{I}_f$	$I_0 - \bar{I}_f$	Δx	$\Sigma \Delta x$
(01)	(02)	(03)	(04)	(05)	(06)	(07)	(08)	(09)	(10)	(11)	(12)

Em que:
(01) = profundidades arbitradas
(02) = área molhada
(03) = raio hidráulico
(04) = velocidade $\left(V = \frac{Q}{A}\right)$
(05) = taquicarga $\left(\frac{V^2}{2g}\right)$
(06) = energia específica $\left(E = y + \frac{V^2}{2g}\right)$
(07) = variação de energia entre uma seção e a anterior ($\Delta E = E_i - E_{i+1}$)
(08) = declividade da linha de energia $\left(I_f = \frac{n^2 V^2}{R^{4/3}}\right)$
(09) = declividade média da linha de energia ($\bar{I}_f = I_{f+1} - I_f$)
(10) = diferença entre declividade longitudinal do canal e a declividade média da linha de energia
(11) = distância entre a seção considerada e a anterior $\left(\Delta x = \frac{\Delta E}{I_0 - I_f}\right)$
(12) = somatório das distâncias parciais que fornece a distância entre a primeira seção considerada e a seção atual

APLICAÇÃO 7.14.

Aplicar o método *direct step* a um canal de seção retangular com largura de fundo igual a 7 m, seção construída em concreto (n = 0,015), declividade longitudinal 1/10 m/km e tirante normal de 3 m. Em determinada seção, o tirante foi elevado à cota 3,75 m, acima do fundo, em decorrência da parada de turbinas. A partir destes dados, foi aplicado o método que resultou na planilha mostrada no Quadro 7.16.

QUADRO 7.16 Cálculo do remanso pelo método *Direct Step*

y (m)	A (m²)	R (m)	V (m/s)	V²/2g	E (m)	ΔE	I_f	I_f^*	$I - I_f^*$	Δx (m)	x (m)
(1)	(2)	(3)	(4)		(5)	(6)	(7)	(8)	(9)	(10)	(11)
3,75	26,25	1,810	0,734	0,0275	3,777	#	5,50E-05	#	#	#	#
3,65	25,55	1,787	0,754	0,0290	3,679	0,098	5,91E-05	5,70E-05	4,30E-05	2.291,0	2.291,0
3,55	24,85	1,762	0,776	0,0307	3,581	0,098	6,36E-05	6,13E-05	3,87E-05	2.542,4	4.833,4
3,45	24,15	1,737	0,798	0,0325	3,482	0,098	6,86E-05	6,61E-05	3,39E-05	2.896,5	7.730,0
3,35	23,45	1,712	0,822	0,0344	3,384	0,098	7,42E-05	7,14E-05	2,86E-05	3.430,8	11.160,7
3,25	22,75	1,685	0,847	0,0366	3,287	0,098	8,05E-05	7,74E-05	2,26E-05	4.326,4	15.487,2
3,20	22,40	1,672	0,860	0,0377	3,238	0,049	8,40E-05	8,22E-05	1,78E-05	2.751,8	18.239,0
3,15	22,05	1,658	0,874	0,0389	3,189	0,049	8,76E-05	8,58E-05	1,42E-05	3.433,6	21.672,6
3,10	21,70	1,644	0,888	0,0402	3,140	0,049	9,15E-05	8,95E-05	1,05E-05	4.663,4	26.336,0
3,05	21,35	1,630	0,903	0,0415	3,092	0,049	9,56E-05	9,35E-05	6,45E-06	7.543,0	33.879,0
3,02	21,14	1,621	0,912	0,0424	3,062	0,029	9,82E-05	9,69E-05	3,09E-06	9.434,3	43.313,3

Nota: Canal de seção retangular: b = 7 m; Q = 19,274 m³/s; n = 0,015; I = 1,0 × 10⁻⁴ m/m.
(1) = profundidades do remanso
(2) = área da seção molhada: A = y × b, sendo b = 7 m
(3) = raio hidráulico da seção molhada: $R = \dfrac{A}{P} = \dfrac{A}{b+2y} = \dfrac{A}{7+2\times y}$
(4) = velocidade média do escoamento: $V = \dfrac{Q}{A}$
(5) = energia específica: $E = y + \dfrac{V^2}{2g}$
(6) = variação da energia específica: $(\Delta E = E_{i-1} - E_i)$
(7) = declividade da linha de energia calculado por: $I_f = \left[\dfrac{nV}{R^{2/3}}\right]^2$
(8) = declividade média da linha de energia no intervalo Δx: $I_f^* = \dfrac{I_{fi} + I_{fi-1}}{2}$
(9) = declividade do canal menos declividade média: $I - I_f^*$
(10) = extensão do trecho entre os tirantes y_i e y_{i-1}: $\Delta x = \dfrac{\Delta E}{I - I_f^*}$
(11) = somatório das extensões dos trechos: $x_i = \Sigma \Delta x_i$

O ajuste do perfil do fundo do canal ao perfil do solo leva a traçados que resultam em remansos que são classificados de acordo com a declividade longitudinal do canal e da posição que o perfil do remanso assume em relação ao tirante normal e ao tirante crítico deste canal. O espaço acima desses dois referenciais é conhecido como área 1. O espaço compreendido entre estes referenciais é conhecido como área 2 e, abaixo deles, a área leva o identificador 3. Tem-se então os remansos nomeados conforme disposto na Figura 7.51.

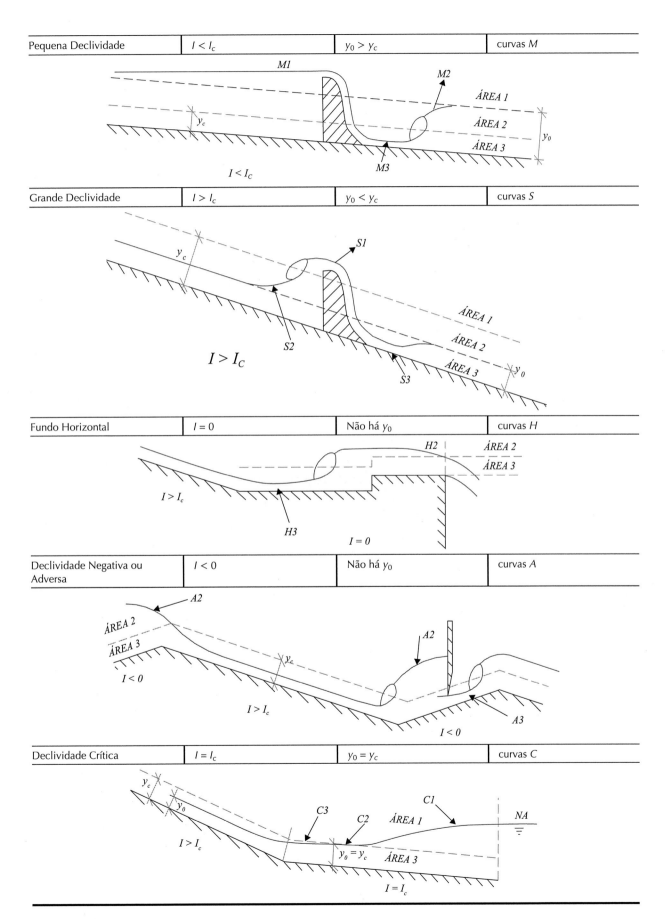

FIGURA 7.51 Remansos nas declividades aplicáveis em canais.

APLICAÇÃO 7.15.

No canal de seção retangular, estudado na Aplicação 7.13, com base igual a 4 m, n = 0,013, I = 1/4.000 m/m, será instalado um vertedor que elevará o nível de água, na seção do vertedor, 3,5 m acima do fundo. O remanso formado a montante do vertedor é definido da forma indicada na Figura 7.52.

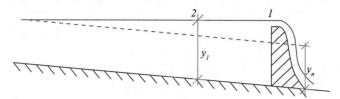

FIGURA 7.52 Remanso do tipo M1.

Nas condições descritas na Aplicação 7.13, a vazão que percorre o canal é $Q = 15,8\ m^3/s$, segundo o tirante $y_n = 2,90\ m$. O tirante crítico é $y_c = 1,16\ m$.

As profundidades relativas são:

$$x_1 = \frac{y_1}{y_n} = \frac{3,5}{2,90} = 1,20$$

$$x_2 = \frac{y_2}{y_n} = \frac{1,02 \times 2,90}{2,90} = 1,02 \text{ (para comprimento total do remanso)}$$

A declividade crítica é:

$$I_c = \left(\frac{Q \times n}{A_c \times R_c^{2/3}}\right)^2$$

$$R_c = \frac{A_c}{P_c} = \frac{4 \times 1,16}{4 + 2 \times 1,16} = 0,734\ m$$

$$A_c = 4 \times 1,16 = 4,64\ m^2$$

$$I_c = \left(\frac{15,8 \times 0,013}{4,64 \times 0,734^{2/3}}\right)^2 = 0,00296\ m/m$$

O quociente entre declividades é:

$$\beta = \frac{I}{I_c} = \frac{\frac{1}{4.000}}{0,00296} = 0,08446$$

O expoente hidráulico é:

$$N = \frac{10}{3} - \frac{8}{3} \times \frac{\frac{y}{b}}{1 + 2 \times \frac{y}{b}}$$

$$y = \frac{y_1 + y_2}{2} = \frac{3,5 + 2,958}{2} = 3,23$$

$$\frac{y}{b} = \frac{3,23}{4} = 0,80$$

$$N = \frac{10}{3} - \frac{8}{3} \times \frac{0,80}{1 + 2 \times 0,80} = 2,51$$

$$-\int_{x_1}^{x_2} \frac{1}{x^N - 1} dx = -\int_{1,20}^{1,02} \frac{1}{x^{2,51} - 1} dx = 0,866$$

$$S = \frac{y_n}{I}\left\{x_1 - x_2 + (1-\beta)\times\left[-\int_{x_1}^{x_2}\frac{1}{x^N-1}dx\right]\right\}$$

$$S = \frac{2,90}{\frac{1}{4.000}}\{1,20 - 1,02 + (1 - 0,08446)\times 0,866\}$$

$S = 11.285\ m$ é o comprimento total do remanso.

Aplicando o método *Direct Step* tem-se o resultado:

$$A = 4\times y \qquad V = \frac{15,8}{A} \qquad \Delta E = E_{i+1} - E_i \qquad \bar{I}_f = \frac{I_{fi+1} + I_{fi}}{2}$$

$$P = 4 + 2y \qquad E = y + \frac{V^2}{2g} \qquad I_f = \frac{n^2 V^2}{R^{4/3}} \qquad \Delta x = \frac{\Delta E}{I_0 - \bar{I}_f}$$

$$R = \frac{A}{P}$$

Como se observa, os resultados são muito próximos.

QUADRO 7.17 Determinação do comprimento do ressalto – método *Direct Step*

	m²	m	m	m/s	m	m	m/m	m/m		
Y	A	P	R	V	E	ΔE	I_f	Ī_f	Δx	ΣΔx
3,5	14,0	11,0	1,27	1,13	3,56	–	0,00016	–	–	–
3,4	13,60	10,80	1,26	1,16	3,47	0,096	0,00017	0,000162	1.091,26	1.091,26
3,3	13,20	10,60	1,25	1,20	3,37	0,096	0,00018	0,000174	1.264,22	2.355,48
3,2	12,80	10,40	1,23	1,23	3,28	0,095	0,00020	0,000188	1.537,96	3.893,44
3,1	12,40	10,20	1,22	1,27	3,18	0,095	0,00021	0,000203	2.035,21	5.928,66
3,0	12,00	10,00	1,20	1,32	3,04	0,094	0,00023	0,000221	3.213,78	9.142,44
2,958	11,83	9,92	1,19	1,34	3,05	0,039	0,00024	0,000234	2.459,25	11.601,70

7.15 SEÇÃO DE DESÁGUE

A vazão transportada pelo canal é lançada diretamente em rio, lago ou oceano quando se trata de sistema de drenagem de águas pluviais. Nos sistemas de abastecimento de água potável, a água aduzida em canal é lançada em reservatórios. Nestes sistemas, a seção do canal na qual a água o deixa, sendo lançada em outro corpo d'água ou outro elemento constituinte do sistema, é denominada seção de deságue. Em sistemas de irrigação, a vazão aduzida em canal pode ser distribuída entre os parceleiros (donos de parcelas irrigadas), ao longo do sistema, resultando na sua redução progressiva até o abastecimento da última área irrigada, quando esta se extingue. Neste tipo de sistema, não há uma seção de deságue, mas inúmeras seções de entrega.

O perfil do escoamento nos canais, nas proximidades da seção de deságue, depende da declividade do canal e da cota do nível d'água do corpo receptor. Há três casos principais:

a. Canal com pequena declividade *(I < Ic)*

Os diversos perfis de escoamento são mostrados na Figura 7.53.

Quando a declividade é pequena *(I < Ic)*, o tirante crítico é menor do que o tirante normal. Na seção de deságue, a interseção desses tirantes com uma vertical ao plano das águas gerará os pontos A e B. No canal, a vazão se desloca mantendo o tirante normal até que o nível do corpo receptor interfere no seu posicionamento. Para níveis *NA1*, no corpo receptor, de cota igual ou inferior a A, o perfil de escoamento será *P1*, do tipo M2. Para níveis *NA2*, de cota inferior a B e igual ou superior a A, o perfil de escoamento será *P2*, também do tipo M2. Nestes dois casos, o canal deságua segundo o regime de escoamento permanente gradualmente variado, em remanso de abaixamento. Quando o corpo receptor tem o nível d'água na cota B *(NA3)*, o canal deságua em escoamento permanente, uniforme (não há remanso). Para níveis *NA4*, de cota acima de B, formar-se-á um remanso de elevação do tipo M1. A vazão desaguará segundo o perfil *P3*. Vale observar que os perfis *P1* e *P2* concorrem para o aumento da velocidade ao longo do eixo

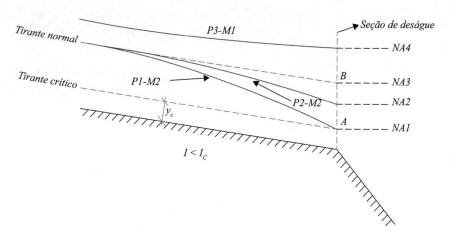

FIGURA 7.53 Deságue em canal com pequena declividade.

do canal, facilitando a penetração da vazão no corpo receptor e podendo gerar erosão nas margens e fundo. O perfil *P3* manterá grandes áreas molhadas e baixas velocidades facilitando a deposição de partículas sólidas transportadas pela corrente. Quando *NA4* crescer rapidamente, poderá se registrar inversão de fluxo na seção de deságue durante o período de crescimento do *NA* do corpo receptor. O crescimento muito rápido e de grande amplitude pode gerar ondas para montante (pororoca).

b. Canal com grande declividade *(I > Ic)*

Os diversos perfis de escoamento são mostrados na Figura 7.54.

Quando a declividade é acentuada (*I > Ic*), o tirante normal é menor do que o tirante crítico. Na seção de deságue, a interseção desses níveis com a vertical ao plano das águas gerará os pontos *C* e *D*. No canal, a vazão se deslocará mantendo o tirante normal até que o nível do corpo receptor interfira no seu posicionamento. Para níveis *NA5*, no corpo receptor, de cota igual ou inferior a *C*, a vazão mergulhará no corpo receptor mantendo-se o escoamento permanente uniforme com tirante y_n. Para níveis *NA6*, de cota superior a *C* e igual ou inferior a *D*, formar-se-á um remanso de elevação *P4*, do tipo *S2*. A curvatura do perfil será peculiar no limite superior desse *NA* (*P5* para *NA7*) quando se apresentará uma clara inflexão na superfície do escoamento. Os níveis *NA8*, de cota superior a *D*, levam a uma completa redefinição do perfil do escoamento. Nas proximidades do tirante crítico, formar-se-á um ressalto hidráulico com um remanso do tipo *S2*, a montante, e outro, do tipo *S1*, a jusante. O remanso *S1* não ficará claramente identificado para valores de *NA8* próximos de *D*.

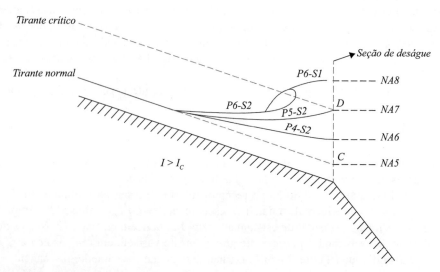

FIGURA 7.54 Deságue em canal com grande declividade.

c. Canal de fundo plano *(I = 0)*

Quando o fundo do canal é plano (*I* = 0), não existe escoamento permanente uniforme.

Não há, portanto, tirante normal, mas há tirante crítico, já que o tirante crítico não depende da declividade. Na seção retangular, por exemplo, o tirante crítico, como já foi visto, é calculado por:

$$y_c = \sqrt[3]{\frac{Q^2}{gb^2}}$$

Para qualquer declividade, inclusive para as negativas ou adversas, o tirante crítico será o mesmo. O escoamento típico no canal, quando o fundo é plano (*I* = 0), é do tipo permanente variado com decréscimo do tirante ao longo do eixo do canal. A declividade do perfil de escoamento será equivalente à declividade do fundo, no escoamento permanente uniforme, para a fluição da vazão em questão. É evidente que um trecho de canal com fundo horizontal não deve ser longo para não causar dificuldades ao escoamento. Quando, a montante do trecho plano, existe um trecho com grande declividade (*I* > *Ic*), o escoamento no trecho plano será conhecido estabelecendo-se um dos perfis mostrados na Figura 7.55.

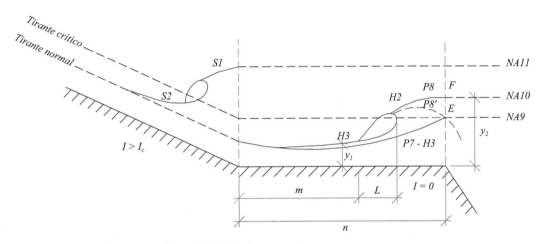

FIGURA 7.55 Fundo plano quando a montante há grande declividade.

A montante do trecho plano, a vazão escoará segundo o perfil do tirante normal. Ao atingir o trecho plano, o fluxo deixa de ser paralelo ao fundo e passa por um achatamento devido a inércia do escoamento. O tirante, então, passa por um mínimo e inicia uma adaptação às novas condições impostas ao escoamento. Caso o comprimento do trecho horizontal (*n*) seja menor do que o comprimento do ressalto (*L*), somado ao comprimento (*m*) do trecho submetido a escoamento variado, a montante da seção do tirante conjugado y_1 (*n* < *m* + *L*), o ressalto não terá espaço para se formar e a vazão se lançará ao corpo receptor em escoamento supercrítico com o perfil *P7*, do tipo *H3*. Caso *n* > *m* + *L*, mantido o nível d'água no reservatório abaixo ou igual a *NA9*, o perfil do escoamento será do tipo *P8'*, gerando as curvas de remanso *H3*, a montante, e *H2*, a jusante. Este ressalto não é estável e pode facilmente ser deslocado para jusante resultando na formação sucessiva de ressaltos seguidos de arrastamento.

Caso *n* > *m* + *L* e a cota do corpo receptor seja igual a *F* (*NA10*), o ressalto se formará e será estável, uma vez que os tirantes conjugados y_1 e y_2 estarão a montante e a jusante do ressalto.

Caso *n* > *m* + *L* e o *NA* do corpo receptor ultrapasse a cota *F*, o ressalto será empurrado para montante e as curvas do remanso, caso existam, serão do tipo *S1* e *S2*.

Quando, a montante do trecho plano, existe um trecho com pequena declividade (*I* < *Ic*), o escoamento no trecho plano acontecerá conforme indicado na Figura 7.56.

As curvas de remanso, no trecho horizontal, serão sempre do tipo *H2*. Enquanto o nível d'água do corpo receptor estiver na cota igual ou inferior a *G*, o trecho de pequena declividade não será influenciado e o menor valor do tirante será y_C. Quando o nível d'água do corpo receptor se aproximar de *H* ou for mais elevado do que este, o trecho de montante será progressivamente influenciado pelo remanso, gerando um remanso do tipo *M1* no trecho com declividade *I* < I_C, que dará continuidade ao remanso *H2*, no trecho horizontal.

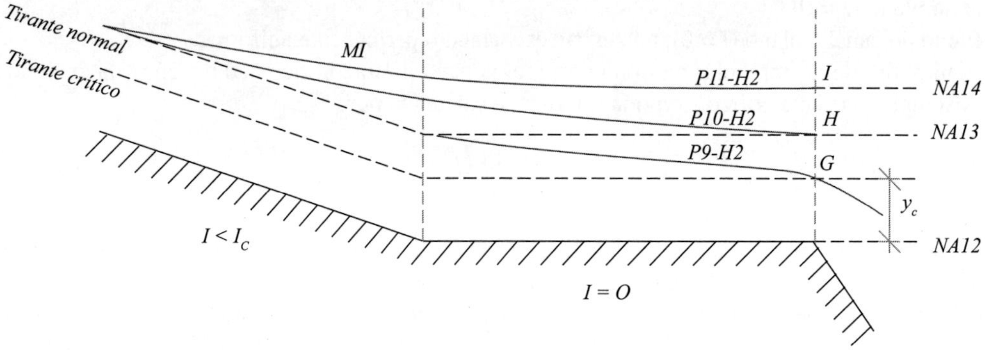

FIGURA 7.56 Fundo plano quando a montante há pequena declividade.

7.16 ELEVAÇÃO DO FUNDO DO CANAL

O fundo do canal pode ser elevado para a instalação de condutos atravessando o leito, evitar o afloramento de rochas, permitir a construção de túnel sob o canal para facilitar a passagem de animais selvagens ou dar passagem a veículos e máquinas à vau. Quando isto é necessário, a seção fica da forma mostrada na Figura 7.57.

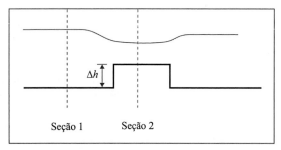

FIGURA 7.57 Elevação do fundo do canal.

A energia específica, na *seção 1*, é determinada a partir da *cota C* e na *seção 2*, sobre o fundo elevado, a partir da cota $C + \Delta h$. A curva da energia específica, na seção 1, é mostrada na Figura 7.58.

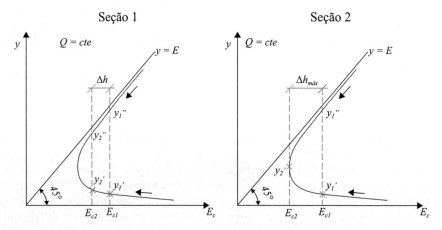

FIGURA 7.58 Curva de energia específica na seção 1.

O fundo do canal na *seção 2* está Δh acima do fundo da *seção 1*. Como a energia específica é calculada a partir do fundo do canal, deve-se considerar essa diferença traçando, no gráfico, a vertical que dista Δh da vertical que passa por E_1. É fácil perceber que a energia E_2, na *seção 2*, equivale a E_1, na *seção 1*.

Conclui-se, então, que, na *seção 2*, o tirante será y_2'', no escoamento subcrítico, sendo y_2'' e y_1'', e será y_2', no escoamento supercrítico, sendo $y_2' > y_1'$. O fundo pode ser elevado ainda mais até que a vertical que representa a *seção 2* seja tangente à curva da energia específica. Nesse momento, o tirante na *seção 2* será crítico e pode-se escrever:

$$E_1 = \Delta h_{max} + E_c$$
$$\Delta h_{max} = E_1 - E_c$$

Sabe-se, ainda, que:

$$E_c = y_c + \frac{V_c^2}{2g}$$

O tirante crítico, na seção retangular, é determinado por:

$$y_c = \sqrt[3]{\frac{Q^2}{gb^2}}$$

O tirante crítico depende apenas da vazão e da largura do fundo do canal. Como estas variáveis não sofrem alteração ao longo da extensão elevada, pode-se concluir que o tirante na seção 2 será y_c, sendo o valor da elevação máxima:

$$\Delta h_{máx} = E_1 - \left(y_c + \frac{V_c^2}{2g}\right)$$

Na qual:

$$V_c = \frac{Q}{A_c} = \frac{Q}{b \times y_c}$$

Caso a elevação do fundo supere o valor máximo $\Delta h_{máx}$, não se sustenta a hipótese de conservação de energia e deve-se buscar o modelo de vertedor de soleira espessa para representar o fenômeno.

APLICAÇÃO 7.16.

O canal de seção transversal retangular com $b = 4\ m$, $Q = 15,8\ m^3/s$, $I = \dfrac{1}{4.000}\ m/m$, $n = 0,013$, $y = 2,90\ m$, $y_c = 1,167\ m$ terá o fundo elevado. A elevação máxima será:

$$E_1 = \Delta h_{max} + E_c$$
$$\Delta h_{max} = E_1 - E_c$$

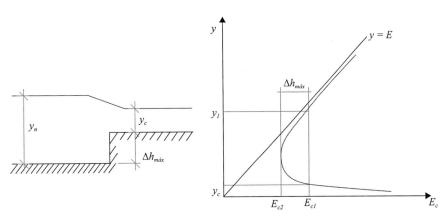

FIGURA 7.59 Elevação do fundo do canal.

$$y_c = 1,167 \ m$$

$$V_c = \frac{Q}{A_c} = \frac{15,8}{4 \times 1,167} = 3,384 \ m/s$$

$$E_c = y_c + \frac{V_c^2}{2g} = 1,167 + \frac{3,384^2}{2 \times 9,81} = 1,75 \ mca$$

$$V_1 = \frac{Q}{A_1} = \frac{15,8}{4 \times 2,90} = 1,362 \ m/s$$

$$E_1 = y_1 + \frac{V_1^2}{2g} = 2,90 + \frac{1,362^2}{2 \times 9,81} = 2,994 \ mca$$

$$\Delta h_{max} = E_1 - E_c = 2,994 - 1,75 = 1,24 \ m$$

7.17 VARIAÇÃO DA LARGURA DO CANAL

A seção do canal, ao longo do seu eixo, precisa, algumas vezes, sofrer expansão ou estreitamento para aproveitar a escavação natural do terreno ou um trecho de canal existente, atravessar área edificada, ajustar o tirante etc. Será considerado o caso do estreitamento, mostrado na Figura 7.60.

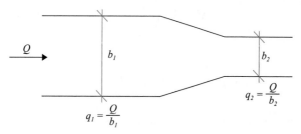

FIGURA 7.60 Variação da largura do canal.

Quando a vazão e a declividade do fundo são mantidas e a seção varia, conforme mostrado na Figura 7.60, a curva da energia específica pode ser apresentada na forma da Figura 7.61. No gráfico apresentado na Figura 7.61, as curvas de energia específica foram construídas com a variável $q = Q/b$ uma vez que esse trecho de canal tem a largura b_1, a montante, e a largura b_2, a jusante. A curva da energia específica correspondente à largura b_1 é identificada por $q_1 = Q/b_1$ e a curva da energia correspondente à largura b_2 é identificada pela curva $q_2 = Q/b_2$. Neste contexto, q_1 e q_2 são entendidos como vazões. Observe-se que a curva identificada por q_2 se apresenta a direita da curva identificada por q_1, já que q_1 é menor do que q_2. Admite-se que ao longo da transição exista conservação de energia. Esta hipótese permite o traçado da reta vertical no eixo das energias (horizontal) correspondente à energia específica do escoamento do canal.

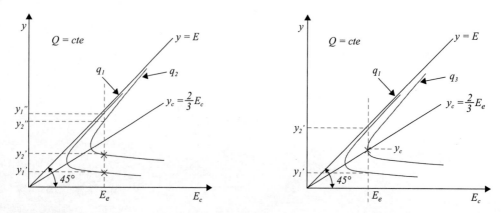

FIGURA 7.61 Curva de energia específica quando há variação da largura do canal.

Quando o escoamento no canal é subcrítico, o tirante y_1'', na seção b_1, passará para y_2'', na *seção* b_2, sendo $y_1'' > y_2''$. Quando o escoamento no canal é supercrítico, o tirante y_1', na seção b_1, passará para y_2', na seção b_2, sendo $y_1' < y_2'$.

Caso o estreitamento seja mais acentuado, a nova largura b_3, sendo $b_3 < b_2$, originará uma terceira curva com $q_3 = \frac{Q}{b_3}$, a ser traçada a direita da curva q_2. O limite do estreitamento ocorrerá quando a curva q_3 for tangente à vertical E, quando o tirante de escoamento, no trecho b_3, será crítico. Pode-se, então, escrever:

$$\frac{Q^2 \times T_{c3}}{g \times A_{c3}^3} = 1$$

Para a seção retangular:

$$T_{c3} = b_3 \quad A_{c3} = b_3 \times y_{c3}$$

e então:

$$b_3 = \sqrt{\frac{Q^2}{g \times y_{c3}^3}}$$

Que é a menor largura que o canal pode apresentar mantendo o conceito de conservação de energia. Na equação de b_3, a variável y_{c3} não é conhecida, mas pode ser calculada por meio da equação:

$$E = E_c = y_{c3} + \frac{V_{c3}^2}{2g}$$

Na qual:

$$V_c = \frac{Q}{b_3 \times y_{c3}}$$

Resultando em:

$$E = y_{c3} + \frac{Q^2}{2 \times g \times b_3^2 \times y_{c3}^2}$$

Convém observar que y_c está sobre a reta definida pela equação $y_c = \frac{2}{3} \times E_e$.

Caso o estreitamento seja b_4, sendo b_4 menor do que b_3, a energia disponível na seção b_1 não será suficiente para transformar a altura da água em velocidade, de forma que a vazão Q passe em seção tão estreita. Durante certo tempo, a vazão na seção b_4 será inferior a Q, sendo a diferença armazenada até que o desnível entre as seções b_1 e b_4 seja suficiente para que, em b_4, o tirante se iguale ao tirante crítico. Nestas circunstâncias, a seção deve ser entendida como um vertedor.

Os medidores do tipo Parshall ou de regime crítico promovem um estrangulamento na seção do canal, chamado *garganta*, de forma que o escoamento seja crítico na seção estrangulada. Assim, haverá apenas um tirante possível para cada vazão. Esse tirante é o tirante crítico.

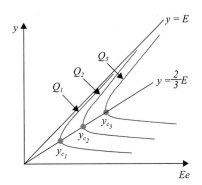

FIGURA 7.62 Tirante crítico para cada uma das vazões do canal.

Os medidores do tipo Parshall são utilizados para medir vazões em correntes que conduzem sólidos em suspensão. A velocidade elevada do fluido no interior desse tipo de medidor evita a deposição dos sólidos. Existem inúmeros modelos de medidor do tipo Parshall, mas a sua aplicação requer:

a. a escolha do tamanho de medidor adequado à medição do intervalo de vazões existente;
b. a definição da curva-chave do medidor;
c. a fixação da cota da soleira do medidor escolhido para ser evitado o seu afogamento;
d. a verificação de possíveis extravasamentos a montante do medidor.

O medidor adequado será escolhido dentre um elenco de medidores ofertados pelos fabricantes/projetistas. A verificação da adequação deve considerar a compatibilidade entre a maior largura do medidor e a largura do canal, assim como, o intervalo de vazões medidas com precisão pelo modelo indicado. Tomando como exemplo o modelo de medidor apresentado na Figura 7.63, deve-se verificar, em primeiro lugar, o menor medidor capaz de receber a vazão máxima do canal.

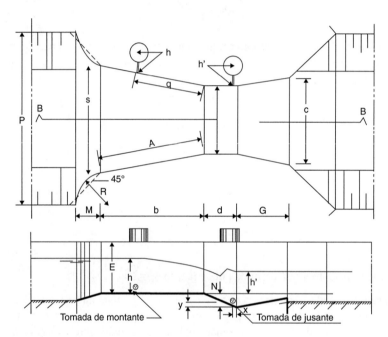

FIGURA 7.63 Medidor tipo Parshall (Lencastre, 1983).

O medidor com garganta $l = 8\ ft$ (2438,4 mm) registra vazões de até 3,949 m^3/s. Esse medidor tem dimensão máxima transversal dada por $S = 3.397\ mm$, conforme consta no Quadro 7.18.

Caso o canal tenha largura igual ou superior a esta dimensão (S), o medidor pode ser adotado. Caso contrário, um trecho do canal deve ser alargado para receber o medidor. Quando o canal tem largura superior à largura S, as laterais do medidor podem ser prolongadas para proceder ao ajuste necessário entre medidor e canal.

Definido o medidor, pela sua garganta, é possível estabelecer a sua curva-chave $Q = K \times h^u$. Os valores de K e μ constam do Quadro 7.19 e estão associados à garganta de cada medidor. Para a garganta $l = 10\ ft$, os coeficientes são: $K = 7,463$ e $\mu = 1,60$.

A equação $Q = 7,463 \times h^{1,60}$ permite, portanto, a determinação das vazões medidas desde que se conheça a leitura da régua instalada na soleira do vertedor. A vazão é expressa em m^3/s e a leitura da régua h é medida em metros. No Quadro 7.19 também está assinalada a relação h'/h que indica o limite de afogamento para cada dimensão de medidor (garganta). Nessa relação de tirantes, h especifica a altura de água sobre a soleira e h' representa a altura do tirante a jusante medida em relação à soleira do medidor.

Quando a relação entre as leituras do NA (h'/h) é superior ao limite indicado no Quadro 7.19, pelo projetista, diz-se que o medidor está afogado. O afogamento do medidor leva ao cálculo da vazão superior à vazão real, conforme descrito a seguir.

QUADRO 7.18 Dimensões do medidor tipo Parshall (Lencastre, 1983)

Dimensões (mm)

l[1]	l (mm)	A	a	b	c	S	E	d	G	K	M	N	P	R	X	Y
1"	25,4	363	242	356	93	167	229	76	203	19	–	29	–	–	8	13
2"	50,8	414	276	406	135	214	254	114	254	22	–	43	–	–	16	25
3"	76,2	467	311	457	178	259	457	152	305	25	–	57	–	–	25	38
6"	152,4	621	414	610	394	397	610	305	610	76	305	114	902	406	51	76
9"	228,6	879	587	864	381	575	762	305	457	76	305	114	1060	406	51	76
1'	304,8	1372	914	1343	610	845	914	610	914	76	381	229	1492	508	51	76
1'6"	457,2	1448	965	1419	762	1026	914	610	914	76	381	229	1676	508	51	76
2'	609,6	1524	1016	1495	914	1206	914	610	914	76	381	229	1854	508	51	76
3'	914,4	1676	1118	1645	1219	1572	914	610	914	76	381	229	2222	508	51	76
4'	1219,2	1829	1219	1794	1524	1937	914	610	914	76	457	229	2211	610	51	76
5'	1524,0	1981	1321	1943	1829	2302	914	610	914	76	457	229	3080	610	51	76
6'	1828,80	2134	1422	2092	2134	2667	914	610	914	76	457	229	3442	610	51	76
7'	2133,6	2286	1524	2242	2438	3032	914	610	914	76	457	229	3810	610	51	76
8'	2438,4	2438	1626	2391	2743	3397	914	610	914	76	457	229	4172	610	51	76
10'	3048		1829	4267	3658	4756	1219	914	1829	152	–	343	–	–	305	229
12'	3658		2032	4877	4470	5607	1524	914	2438	152	–	343	–	–	305	229
15'	4572		2337	7620	5588	7620	1829	1219	3048	229	–	457	–	–	305	229
20'	6096		2845	7620	7315	9144	2134	1829	3658	305	–	686	–	–	305	229
25'	7620		3353	7620	8941	10668	2134	1829	3962	305	–	686	–	–	305	229
30'	9144		3861	7925	10566	12313	2134	1829	4267	305	–	686	–	–	305	229
40'	12192		4877	8230	13818	15481	2134	1829	4877	305	–	686	–	–	305	229
50'	15240		5893	8230	17272	18529	2134	1829	6096	305	–	686	–	–	305	229

(1) em polegadas/pés.

QUADRO 7.19 Vazões medidas e curvas-chave dos medidores do tipo Parshall (Lencastre, 1983)

Garganta l polegadas/pés	(mm)	Limite de Q (m^3/s) Mínimo	Limite de Q (m^3/s) Máximo	Constantes da Fórmula $Q = Kh^u$ K	Constantes da Fórmula $Q = Kh^u$ u	Limite de h'/h
1"	25,4	$0,09 \times 10^{-3}$	$5,4 \times 10^{-3}$	0,0604	1,55	0,50
2"	50,8	0,18	13,2	0,1207	1,55	0,50
3"	76,2	0,77	32,1	0,1771	1,55	0,50
6"	152,4	1,50	111	0,3812	1,58	0,60
9"	228,6	2,50	251×10^{-3}	0,3354	1,53	0,60
1'	304,8	3.324	0,457	0,6909	1,522	0,70
1'6"	457,2	4,80	0,695	1,056	1,538	0,70
2'	609,6	12,1	0,937	1,438	1,550	0,70
3'	914,4	17,6	1,437	2,184	1,566	0,70
4'	1219,2	35,8	1,923	2,953	1,538	0,70
5'	1524,0	44,1	2,424	3,232	1,587	0,70
6'	1828,80	74,1	2,929	4,519	1,595	0,70
7'	2133,6	85,8	3,438	5,312	1,607	0,70
8'	2438,4	$97,2 \times 10^{-3}$	3,949	6,112	1,607	0,70
10'	3048	0,16	6,28	7,463	1,60	0,80
12'	3658	0,19	14,68	8,859	1,60	0,80
15'	4572	0,23	25,04	10,96	1,60	0,80
20'	6096	0,31	37,97	14,45	1,60	0,80
25'	7620	0,38	47,14	17,94	1,60	0,80
30'	9144	0,46	56,33	21,44	1,60	0,80
40'	12192	0,60	74,70	28,43	1,60	0,80
50'	15240	0,75	93,04	35,41	1,60	0,80

O perfil $a_1 b_1 c_1$ pertence ao escoamento da vazão Q que percorre o medidor resultando nas leituras h (na soleira de montante) e h' (a jusante do medidor). Quando o tirante do canal, a jusante do medidor é elevado artificialmente para $(h' + \Delta h')$, em consequência de operação equivocada de comporta ou obstrução eventual da calha, o tirante de montante passa para $(h + \Delta h)$ de forma a manter um diferencial de tirantes entre montante e jusante que viabilize a passagem de vazão pelo medidor. Quando o tirante $(h + \Delta h)$ é aplicado à curva-chave, conforme ilustrado na Figura 7.64, calcula-se a vazão $Q + \Delta Q$

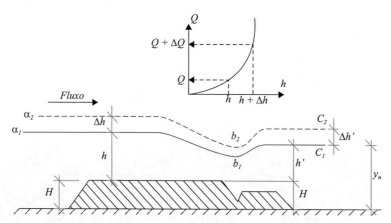

FIGURA 7.64 Efeito do afogamento sobre a leitura da vazão na curva-chave.

em lugar da vazão verdadeira Q. O resultado apresenta um erro ΔQ. Isto indica a importância de manter o medidor "livre" (sem afogamento). Para garantir a relação h'/h abaixo do valor limite – limite de afogamento – fez-se necessário elevar a soleira do vertedor a uma altura H acima do fundo do canal.

A elevação da soleira será calculada da seguinte forma:

$$H = y_n - h' = y_n - h_{max} \times \left(\frac{h'}{h}\right)_{lim}$$

Em que:

H = elevação da soleira do medidor
y_n = tirante normal de escoamento da vazão Q em escoamento permanente uniforme
h' = altura do NA na garganta do medidor, sendo $h' = h_{max} \times \left(\frac{h'}{h}\right)_{lim}$
$h_{máx}$ = altura do NA na soleira de montante correspondente à vazão máxima a ser medida
$(h'/h)_{lim}$ = relação h'/h indicada como limite de afogamento

Quando o afogamento é inevitável, faz-se necessário corrigir o valor da vazão calculada. A correção consiste em eliminar dessa vazão calculada, a parcela ΔQ. O acréscimo ΔQ é determinado no gráfico da Figura 7.65, no qual entra-se com o valor de h (altura da água sobre a soleira) no eixo das ordenadas para se extrair o valor ΔQ no eixo das abcissas. As retas h'/h determinam o ponto de leitura de ΔQ. Após a determinação da elevação H da soleira, conclui-se a escolha do medidor de vazão com a verificação de possível extravasamento em consequência da elevação da soleira do medidor. O canal tem uma altura medida entre a cota do fundo e a cota da margem. É essencial que a elevação do tirante sobre a soleira $(H + h)$ seja inferior à altura da margem do canal.

2 – *Parshall de* 10' a 50'

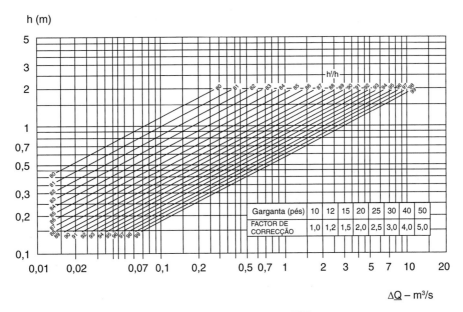

FIGURA 7.65 Medidor tipo Parshall 10' a 50' – correção da vazão medida (Lencastre, 1983).

Quando esta condição não é atendida, parte da vazão será perdida por extravasamento. Convém observar que o nível da água sobre a soleira é declinante de forma que a condição expressa na condição altura da margem $> H + h$ é uma aproximação. Quando a altura se aproximar desse limite, devem ser empreendidos estudos mais detalhados sobre um possível extravasamento.

APLICAÇÃO 7.17.

O canal de seção transversal retangular com $b = 4$ m, $Q = 15,8$ m³/s, $V_1 = 1,362$ m³/s, $I = \dfrac{1}{4.000}$ m/m, $n = 0,013$, $y_1 = 2,9$ m, $y_c = 1,167$ m terá a seção reduzida. A redução máxima será determinada da seguinte forma:

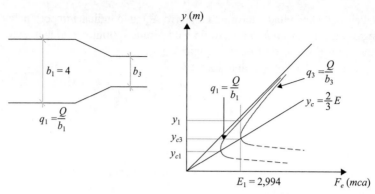

FIGURA 7.66 Máxima redução de seção com conservação de energia.

$$q_1 = \frac{Q}{b_1} = \frac{15,8}{4} = 3,95$$

$$E_1 = y_1 + \frac{V_1^2}{2 \times g} = 2,90 + \frac{1,362^2}{2 \times 9,81} = 2,994 \ mca$$

$$y_{c3} = \frac{2}{3} \times E_1 = \frac{2}{3} \times 2,994 = 1,996 \ m$$

Na seção reduzida tem-se:

$$\frac{Q^2 \times T}{g \times A^3} = 1$$

Como a seção é retangular tem-se:

$$\frac{Q^2 \times T_3}{g \times (b_3 \times y_{c3})^3} = 1 \quad e \quad T_3 = b_3$$

$$\frac{15,8^2 \times b_3}{9,81 \times (b_3 \times 1,996)^3} = 1$$

Então: $b_3 = 1,79 \ m$

7.18 TRANSIÇÃO

A hipótese de conservação de energia foi aplicada quando se tratou da variação da largura, elevação do fundo ou mudança de declividade do canal. Esta hipótese, para se verificar na prática, requer alguns cuidados no ajustamento das seções consideradas, quando são diferentes entre si. Quando o ajustamento da calha respeita a progressiva adaptação das veias líquidas, a hipótese da conservação de energia pode ser considerada válida. Caso contrário, esta hipótese deve ser rejeitada e introduzida uma perda de carga na seção de transição a ser definida em conformidade com o tipo de ajustamento proposto. O trecho de canal, de seção variável, que perfaz o ajustamento entre seções diferentes, garantindo a adaptação das veias líquidas de modo a minimizar as perdas de carga, é chamado genericamente de *transição*. A transição mais comum liga trecho de seção trapezoidal a outro trecho de seção retangular, ou vice-versa, tendo estes trechos a mesma declividade ou declividades diferentes. Aqui, tratar-se-á de um modelo mais simples de transição na qual os trechos de montante e jusante são ajustados por meio de retas (transição reta).

I Redução da seção – transição de seção retangular para seção retangular Admite-se, nesta definição, que o trecho de jusante tem declividade maior do que o trecho de montante. É aplicável nas mudanças de declividade longitudinal no canal, considerando a passagem do escoamento subcrítico para o escoamento supercrítico. O projeto da transição reta de redução de seção requer as definições a seguir:

(a) Definição das características da área molhada, vazão, declividade longitudinal, folga e cota de fundo da seção de montante.
A folga corresponderá à elevação do NA, caso a vazão cresça, superando a vazão de projeto.

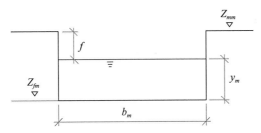

FIGURA 7.67 Definição das características da área molhada.

(b) Definição das características da área molhada e folga da seção de jusante, assim como da declividade longitudinal, mantida a vazão definida no item anterior. Observe que as cotas de margem e fundo de jusante serão definidas ao longo dos cálculos.

(c) Definição do comprimento da transição (L) que admite um ângulo de 12,5°, determinado experimentalmente.

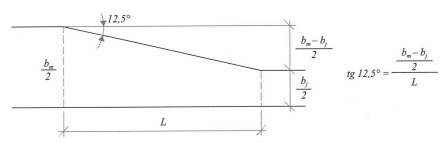

FIGURA 7.68 Definição do comprimento da transição.

Este comprimento será dividido em n partes sendo n o número de seções intermediárias a serem calculadas;

(d) Determinação do perfil do NA que admite uma variação global de cota igual a $\Delta y = k \times \left(\dfrac{V_j^2}{2 \times g} - \dfrac{V_m^2}{2 \times g} \right)$, na qual k é um coeficiente que reflete uma perda de carga. O coeficiente k varia entre 1,0 e 1,3. Este coeficiente estará próximo de 1,0 quando as velocidades do escoamento a montante e a jusante da transição forem iguais ou inferiores a 1 m/s. Convém observar que V_j é maior do que V_m, uma vez que a declividade de jusante I_j é maior do que a declividade de montante I_m.

O perfil do NA se ajustará segundo dois arcos de parábola conforme mostrado na Figura 7.69. Quando Δy for muito pequeno, pode se admitir que o NA se ajuste segundo uma reta. Observe-se que na hipótese de $V_2 = V_1$, em decorrência da participação de outras variáveis, Δy será nulo e o perfil do NA será determinado por uma reta horizontal;

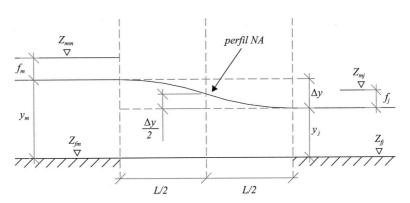

FIGURA 7.69 Determinação do perfil do NA.

(e) Determinação das cotas de margem e fundo da seção de jusante, desprezando a perda de carga resultante da resistência ao escoamento do fundo e laterais, seguindo as expressões:

$$Z_{fj} = Z_{fm} + y_m - \Delta y - y_j$$
$$Z_{mj} = Z_{mm} - f_m - \Delta y + f_j$$

Em que:

Z_{fj} = cota do fundo a jusante da transição
Z_{fm} = cota do fundo a montante da transição
y_m = tirante do canal a montante da transição
Δy = abaixamento do perfil do NA na transição resultante da variação da velocidade
y_j = tirante do canal a jusante da transição
Z_{mj} = cota da margem a jusante da transição
Z_{mm} = cota da margem a montante da transição
f_m = folga entre o NA e a margem do canal a montante da transição
f_j = folga entre o NA e a margem do canal a jusante da transição

Desta forma, a margem se ajustará entre a cota Z_{mm} e a cota Z_{mj} e o fundo se ajustará entre a cota Z_{fm} e a cota Z_{fj}.

(f) Distribuição do abaixamento do *NA* calculado por $\Delta y = k \times \left(\dfrac{V_j^2}{2g} - \dfrac{V_m^2}{2g} \right)$, segundo o perfil escolhido, isto é, uma reta ou ramos de parábola. A partir desta proposta são determinadas as características de cada seção intermediária.

Caso a transição seja dividida em 10 seções, o nível d'água da quinta seção sofrerá um abaixamento igual a $\dfrac{\Delta y}{2}$. Na décima seção, abaixará Δy. A curva que representa o nível d'água é uma parábola cuja equação é $a = m \times x^2$. Para $x = \dfrac{L}{2}$, a será igual a $\dfrac{\Delta y}{2}$.

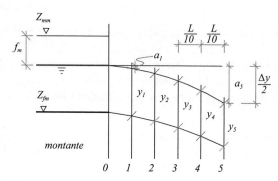

FIGURA 7.70 Perfil do NA na metade a montante da transição.

O coeficiente m será, então:

$$m = \frac{\dfrac{\Delta y}{2}}{\left(\dfrac{L}{2}\right)^2}$$

Na metade de jusante da transição o abaixamento do NA atenderá à lei de formação a seguir:

$$a_j = \frac{\Delta y}{2} + \frac{\dfrac{\Delta y}{2}}{\left(\dfrac{L}{2}\right)^2} \times (x_j - x_5)^2 \cdots\cdots para \left[x \geq \frac{L}{2} \right]$$

A equação geral para o abaixamento do nível d'água até $\frac{L}{2}$, será:

$$a_i = \frac{\frac{\Delta y}{2}}{\left(\frac{L}{2}\right)^2} \times x_i^2 \qquad \left[x \leq \frac{L}{2}\right]$$

(g) Redução da largura da transição retangular

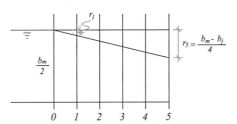

FIGURA 7.71 Redução da largura da transição, seção a seção.

A largura da seção será reduzida de $\frac{b_m}{2}$, a montante, para $\frac{b_j}{2}$, a jusante. A meia transição, isto é, na quinta seção, a largura terá sido reduzida $r_5 = \frac{b_m - b_j}{4}$. A expressão geral da redução da largura é:

$$r_i = \frac{\frac{b_m - b_j}{2}}{10} \times i$$

Em que:

b_m = largura da seção de montante
b_j = largura da seção de jusante
i = indicador da seção em consideração

A largura da transição em cada seção será:
$b_i = b_m - 2r_i$

(h) Variação da velocidade seção a seção

Como foi visto, a velocidade varia de V_m para V_j enquanto o fluido percorre a transição. Essa variação resulta da aceleração das partículas quando uma fração da cota do nível d'água é transformada em velocidade. A variação da velocidade ao longo da transição é de tal ordem que a cada décimo de extensão da transição, ela deve crescer:

$$V = V_j - \frac{V_m}{10}$$

A velocidade e cada seção da transição será determinada da seguinte maneira:

$$Vi = Vm + \Delta V \times i$$

(i) Determinação da área molhada

A área molhada em cada peça será determinada pela relação:

$$A_i = \frac{Q}{V_i}$$

(j) Determinação do tirante na transição retangular

A determinação do tirante será realizada com maior ou menor dificuldade em função da forma da seção da transição. A transição de seção retangular apresenta a menor dificuldade. A largura da seção será definida por:

$$\frac{b_i}{2} = \frac{b_m}{2} - r_i \quad \therefore \quad b_i = b_m - 2r_i$$

Quando a seção é trapezoidal, define-se T_i e b_i, de forma semelhante. O tirante na seção retangular será determinado por:

$$y_i = \frac{A_i}{b_i}$$

(k) Perda de carga na transição

Ao percorrer a transição, a vazão vence a resistência ao escoamento, como acontece em qualquer outro trecho do canal. Sabe-se que nos canais onde há escoamento permanente uniforme, verifica-se:

$$J_i = I_i \quad \therefore \quad \frac{h_{pi}}{\Delta L} = I_i \quad \therefore \quad h_{pi} = I_i \times \Delta L$$

Em que:

J_i = perda de carga por unidade de comprimento na seção
I_i = declividade longitudinal na seção
h_{pi} = perda de carga no comprimento ΔL

A declividade longitudinal na seção será determinada por:

$$I_i = \left[\frac{Q \times n}{A_i \times R_i^{2/3}} \right]^2$$

Na qual a vazão e o coeficiente de Manning são conhecidos. A área molhada da seção A_i, o tirante y_i e a largura da peça b_i foram calculados previamente.* A perda de carga entre as seções $(i-1)$ e (i) será:

$$h_{pi} = \Delta L \times I_i$$

A perda de carga entre as seções de montante e jusante será:

$$h_{pmj} = \sum_{i=1}^{n} h_{pi}$$

Convém observar que esta perda de carga ocorre pela resistência da seção ao escoamento, como ocorre em qualquer outro trecho do canal, enquanto a perda de carga traduzida pelo coeficiente k se deve à adaptação das veias líquidas ao percorrer a transição.

(l) Perfil do NA considerando a perda de carga ao longo da transição

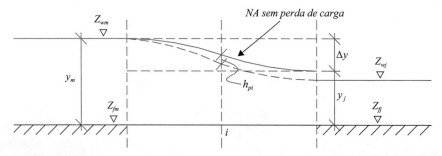

FIGURA 7.72 Perda de carga na transição.

---

*O raio hidráulico da seção será determinado como se segue: $R_i = A_i / b_i + 2y_i$

$$R_i = \frac{A_i}{b_i + 2y_i}$$

A cota do NA a jusante, considerando a perda de carga ao longo da transição, será:

$$Z_{wj} = Z_{wm} - \Delta y - h_{pmj}$$

A cota do fundo do canal a jusante da transição será dado p :

$$Z_{fj} = Z_{fm} + y_m - \Delta y - h_{pmj} - y_j$$

A cota da margem do canal a jusante da transição será dada por:

$$Z_{mj} = Z_{mm} - f_m - \Delta y - h_{pmj} + f_j$$

Em que:

Z_{wj} = cota do NA a jusante
Z_{wm} = cota do NA a montante
Z_{fj} = cota do fundo a jusante da transição
Z_{fm} = cota do fundo a montante da transição
Δy = abaixamento do perfil do NA na transição resultante da variação da velocidade
y_j = tirante do canal a jusante da transição
Z_{mj} = cota da margem a jusante da transição
Z_{mm} = cota da margem a montante da transição
f_m = folga entre o NA e a margem do canal a montante da transição
f_j = folga entre o NA e a margem do canal a jusante da transição.

A perda de carga h_{pmj} pode ser desconsiderada quando o comprimento da transição for pequeno e as laterais e fundo forem lisos.

II Expansão da seção – transição de seção retangular para seção retangular

A transição entre uma seção retangular com largura menor, a montante, e uma seção retangular com largura maior, a jusante, segue, em linhas gerais, a metodologia apresentada na transição retangular de redução de seção. Na transição retangular de expansão, a velocidade do escoamento à montante pode ser superior à velocidade do escoamento à jusante, especialmente, quando a declividade do trecho de jusante é menor do que a declividade do trecho de montante. Resulta daí que o tirante do escoamento a montante pode ser menor do que o tirante do escoamento a jusante. Isto pode não acontecer quando a largura do canal de jusante for superior à largura do canal de montante. Como regra geral, pode-se esperar que a expansão de seção esteja enquadrada nas condições indicadas a seguir.

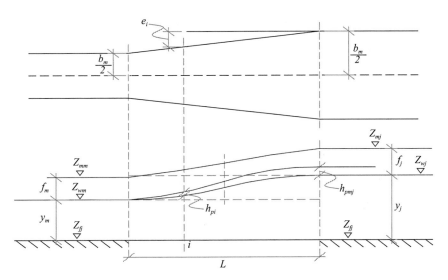

FIGURA 7.73 Transição com seção de jusante expandida.

L = comprimento da transição: $L = \dfrac{\dfrac{b_j - b_m}{2}}{tg\,12,5°}$

Δy = elevação do perfil do NA: $y = k \times \left(\dfrac{V_m^2}{2g} - \dfrac{V_j^2}{2g} \right)$ sendo $(1,0 < k < 1,3)$

Z_{wj} = cota do NA de jusante: $Z_{wj} = Z_{wm} + \Delta y - h_{pmj}$
Z_{fj} = cota do fundo a jusante: $Z_{fj} = Z_{fm} + y_m + \Delta y - h_{pmj} - y_j$
Z_{mj} = cota da margem a jusante: $Z_{mj} = Z_{mm} - f_m + \Delta y - h_{pmj} + f_j$

H_{pmj} = perda de carga ao longo da transição: $h_{pmj} = \sum_{i=1}^{n} h_{pi}$

APLICAÇÃO 7.18.

Um canal de seção retangular com $b_m = 4\ m$, $Q = 15,787\ m^3/s$, $y_m = 2,90$ m, $I_m = \dfrac{1}{4.000}$ m/m, $H = 3,02$ m e $n = 0,013$ deve ter sua largura reduzida para $b_j = 3,5\ m$, aumentada a declividade longitudinal para $I_j = \dfrac{1}{2.000}$ m/m e mantida a rugosidade.

A cota da margem a montante é 800 m. A transição entre as seções de montante e jusante será definida da seguinte forma:
1 – Seção de montante

$$b_m = 4,0\ m \quad H_m = 3,02\ m \quad f_m = 3,02 - 2,90 = 0,12\ m$$

A folga é suficiente para conter a vazão de $Q = 16,620\ m^3/s$, sem transbordamento.

$$V_m = \dfrac{Q}{A_m} = \dfrac{15,787}{4 \times 2,9} = 1,36\ m/s$$

2 – Seção de jusante

$$b_j = 3,5\ m$$
$$15,787 = \dfrac{3,5 \times y_j}{0,013} \left(\dfrac{3,5 \times y_j}{3,5 + 2 y_j} \right)^{2/3} \left(\dfrac{1}{2.000} \right)^{1/2}$$
$$y_j = 2,55\ m$$

Para admitir a vazão de 16,620 m^3/s a calha a jusante, com a respectiva declividade, deve ter a altura $H_j = 2,66\ m$

$$H_j = 2,66\ m$$
$$f_j = 2,66 - 2,55 = 0,11\ m$$
$$V_j = \dfrac{Q}{A_j} = \dfrac{15,787}{3,5 \times 2,55} = 1,76\ m/s$$

3 – Comprimento da transição

$$tg\,12,5° = \dfrac{\dfrac{b_m - b_j}{2}}{L} \quad \therefore \quad tg\,12,5° = \dfrac{\dfrac{4,0 - 3,5}{2}}{L}$$
$$L = 1,128\ m$$

4 – Variação da cota do NA

$$\Delta y = \left(\dfrac{V_j^2}{2g} - \dfrac{V_m^2}{2g} \right) = \left(\dfrac{1,76^2}{2 \times 9,81} - \dfrac{1,36^2}{2 \times 9,81} \right) = 0,063\ m$$

Não foi considerada perda alguma por efeito de forma ($k = 1$). Devido a pequena variação de altura do NA pode-se admitir uma variação reta. Como a transição é pequena despreza-se a perda de carga devido à resistência da seção.

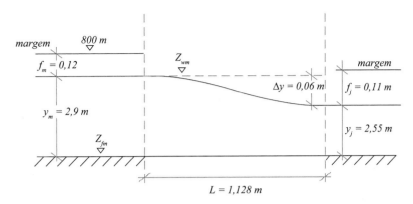

FIGURA 7.74 Perfil da transição.

5 – Cotas das margens e fundo de jusante
$Z_{mm} = 800$ Cota da margem a montante

$$Z_{wm} = 800 - 0{,}12 = 799{,}88 \ m$$
$$Z_{fm} = 800 - 0{,}12 - 2{,}9 = 796{,}98 \ m$$
$$Z_{wj} = Z_{wm} - \Delta y = 799{,}88 - 0{,}06 = 799{,}82 \ m$$
$$Z_{fj} = Z_{wm} - \Delta y - y_j = 799{,}88 - 0{,}06 - 2{,}55 = 797{,}27 \ m$$
$$Z_{mj} = Z_{wm} - \Delta y + f_j = 799{,}88 - 0{,}06 + 0{,}11 = 799{,}93 \ m$$

As margens de montante e jusante serão ligadas por retas. A cota do fundo a cada seção intermediária, entre montante e jusante será determinada a partir das respectivas profundidades.

$$y_i = \frac{A_i}{b_i}$$

Na qual:

$$b_i = b_m - 2r_i$$

$$r_i = \frac{\dfrac{b_m - b_j}{2}}{10} \times i$$

7.19 SOBRELEVAÇÃO NAS CURVAS

Quando o canal é retilíneo e a velocidade do escoamento é baixa, os conceitos "velocidade média" e "trajetória retilínea para as partículas" representam satisfatoriamente o escoamento real. Quando o trecho não é retilíneo, o escoamento é mais complexo e outras variáveis devem ser consideradas na representação do fenômeno. Além do vetor velocidade, orientado segundo o eixo do canal (V), deve ser considerada uma componente transversal da velocidade (V_t). Esta tem maior valor junto à parede externa da curva e trajetória em hélice (espiral). A relação $\dfrac{V_t^2}{V^2}$ mantém as seguintes relações:

a. decresce gradualmente com o crescimento da relação $\dfrac{r_c}{b}$
b. decresce com o crescimento da relação $\dfrac{y}{b}$
c. cresce com o crescimento de θ

I Escoamento subcrítico Quando o escoamento é subcrítico, a linha de energia e o perfil do NA se elevam na seção correspondente ao início da curva (A). A maior parte da elevação da linha de energia é dissipada ao longo da curva. A energia restante é restituída ao longo da extensão L_c. A elevação da linha de energia resulta da elevação do NA. O retorno da linha de energia à posição relativa de jusante acompanha o abaixamento do NA até ao tirante normal (y_n).

376 Elementos da Hidráulica

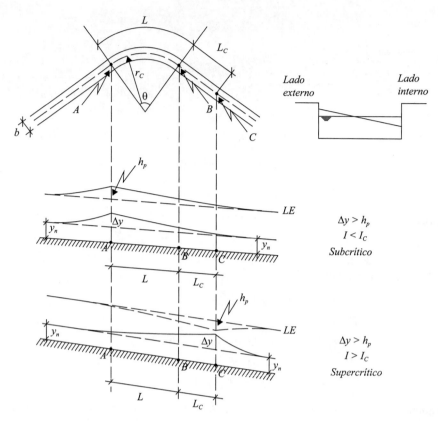

FIGURA 7.75 Variação do tirante do canal nas curvas.

II Escoamento supercrítico Quando o escoamento é supercrítico o tirante fica elevado na seção C, resultado do decréscimo da velocidade do escoamento ao longo da curva. A linha de energia sofre um abaixamento pois a parcela $V^2/2g$ é muito sensível ao abaixamento da velocidade. A jusante da curva, a velocidade média do canal cresce produzindo uma redução do tirante do NA e uma elevação da linha de energia. O nível d'água sofre uma sobrelevação na parte externa da curva. Esta pode ser determinada pela equação:

$$\Delta h = \frac{C^2}{2 \times g \times r_0^2 \times r_i^2} \times (r_0^2 - r_i^2)$$

Em que:

Δh = sobrelevação
g = aceleração da gravidade
r_0^2 = raio externo da curva
r_i^2 = raio interno da curva
C = constante de circulação, definida pelas equações:

$$Q = C \times \left[E - \frac{C^2}{2 \times g \times r_0 \times r_i} \right] \times \ln \frac{r_0}{r_i}$$

$$E = y + \frac{V_z^2}{2g}; \quad V_z = \frac{C}{r_c}$$

Em que:

E = energia específica em determinada seção
y = profundidade a distância r do centro de curvatura
V_z = velocidade na curva a distância r do centro de curvatura

De uma forma simplificada, a sobrelevação pode ser determinada pela equação de Grashof:

$$\Delta h = 2{,}30 \times \frac{V^2}{g} \times \log \frac{r_0}{r_i}$$

Em que:

V = velocidade média do fluxo no canal

APLICAÇÃO 7.19.

Um canal tem seção retangular, com base igual a 4 m, $n = 0{,}013$, declividade longitudinal de 1/4.000 m/m e vazão de 15,8 m^3/s. Em determinado trecho o eixo longitudinal faz uma curva de 90° segundo um raio central de 500 m. A sobrelevação do NA é calculada da seguinte forma:

$$Q = 15{,}8\ m^3/s; \qquad Q = \frac{A}{n} \times \left(\frac{A}{P}\right)^{2/3} \times I^{1/2}$$

$$15{,}8 = \frac{4 \times y_n}{0{,}013} \times \left(\frac{4 \times y_n}{4 + 2 \times y_n}\right)^{2/3} \times \left(\frac{1}{4.000}\right)^{1/2} \therefore y_v = 2{,}9\ m$$

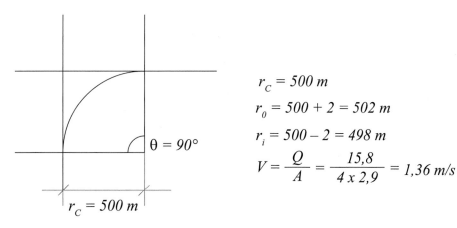

$r_C = 500\ m$
$r_0 = 500 + 2 = 502\ m$
$r_i = 500 - 2 = 498\ m$
$V = \dfrac{Q}{A} = \dfrac{15{,}8}{4 \times 2{,}9} = 1{,}36\ m/s$

FIGURA 7.76 Curva em canal.

De uma maneira simplificada, tem-se:

$$\Delta h = 2{,}30 \times \frac{V^2}{g} \times \log \frac{r_0}{r_i} = 2{,}30 \times \frac{1{,}36^2}{9{,}81} \times \log \frac{502}{498} = 0{,}00154\ m$$

De uma forma mais elaborada, tem-se:

$$\Delta h = \frac{C^2}{2 \times g \times r_0^2 \times r_i^2} \times (r_0^2 - r_i^2)$$

$$Q = C \times \left(E - \frac{C^2}{2 \times g \times r_0 \times r_i}\right) \times \ln \frac{r_0}{r_i}$$

$$E = y + \frac{V_z^2}{2 \times g}; \qquad V_z = \frac{C}{r_c}$$

Resolvendo o conjunto de equações por tentativas.

$$V_z = \frac{C}{500} \quad E = 2{,}9 + \frac{V_z^2}{2g} = 2{,}9 + \frac{V_f^2}{2 \times 9{,}81}$$

QUADRO 7.20 Determinação da constante de circulação

C	V_z (m/s)	E (mca)	Q (m³/s)
700	1,4	2,999	16,23
600	1,2	2,973	13,91
690	1,38	2,997	16,00
680	1,36	2,994	15,79

$$Q = C \times \left(E - \frac{C^2}{2 \times 9{,}8 \times 502 \times 498} \right) \times \ln \frac{502}{498}$$

$$Q = 680 \times \left(2{,}994 - \frac{680^2}{4{,}904 \times 921{,}5} \right) \times 0{,}008$$

$$Q = 15{,}8 \, m^{3/s}$$

$$\Delta h = \frac{C^2}{2 \times g \times r_0^2 \times r_i^2} \times \left(r_0^2 - r_i^2 \right)$$

$$\Delta h = \frac{680^2}{2 \times 9{,}81 \times 502^2 \times 498^2} \times \left(502^2 - 498^2 \right) = 0{,}00151 \, m$$

Resultado bastante próximo do anterior.

Capítulo 8

Exercícios Sobre Canal

8.1 EXERCÍCIOS RESOLVIDOS

EXERCÍCIO RESOLVIDO 8.1

Pretende-se construir um canal para transportar 1,0 m^3/s de água limpa entre as cotas 527 m e 470 m, distantes entre si 5 km, sobre terreno sílico-argiloso. Especifique as prováveis características desse canal.

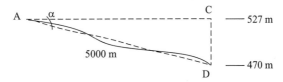

FIGURA 8.1 Perfil de terreno para futuro canal.

Solução

Este é um problema típico de dimensionamento de canal. Em primeiro lugar, analisa-se a declividade do terreno a ser vencido. O ângulo α é determinado por:

$$\operatorname{sen}\alpha = \frac{527-470}{5.000} = 0,0114$$

$$\alpha = \operatorname{sen}^{-1}\frac{57}{5.000} \quad \therefore \quad \alpha = 0,65°$$

Sem dúvida alguma, o ângulo é pequeno. O lado AC do triângulo ACD é igual a:

$$5.000^2 = AC^2 + 57^2 \Rightarrow AC = 4.999,675\, m$$

A tangente de α é igual a:

$$\operatorname{tg}\alpha = \frac{57}{4.999,675} = 0,0114$$

Verifica-se, então, que senα = tgα, até a quarta casa decimal, caracterizando, assim, um canal de pequena declividade. Então:

$$\operatorname{sen}\alpha = \operatorname{tg}\alpha = I = 0,0114\, m/m$$

Sendo que I é a declividade longitudinal do canal. Adotando a expressão de Chézy:

$$V = C \times \sqrt{R \times I} \quad e \quad Q = A \times V$$

Em que:

V = velocidade média da corrente líquida na seção do canal
C = coeficiente de Chézy que depende da natureza das paredes do canal
I = declividade longitudinal do canal
R = raio hidráulico $\Rightarrow R = A/P$
A = área molhada da seção
P = perímetro molhado da seção
Q = vazão do canal

Pode-se, ainda, utilizar a expressão de Manning que tem ampla aceitação nos dias atuais:

$$V = \frac{1}{n} \times R^{2/3} \times I^{1/2} \quad \text{e} \quad Q = A \times V$$

Em que:
n = coeficiente de Manning dependente da natureza das paredes
Nesse modelo matemático:

$$C = \frac{1}{n} \times R^{1/6}$$

A vazão, então, segundo Manning será:

$$Q = \frac{A}{n} \times \left[\frac{A}{P}\right]^{2/3} \times I^{1/2}$$

Nessa expressão matemática, tanto a área A como o perímetro P dependem da forma da seção.
Estudando inicialmente a seção retangular e aplicando Manning:

$$Q = \frac{b \times y}{n} \times \left[\frac{b \times y}{b + 2 \times y}\right]^{2/3} \times I^{1/2}$$

Quando é estabelecida a forma retangular para a seção, admite-se sempre o revestimento do canal em concreto ou outro material capaz de garantir a estabilidade dos seus lados. O canal de seção trapezoidal pode também ser revestido com argamassa sobre manta impermeável, principalmente quando há preocupação com infiltração de parte do volume transportado sobre o leito do canal e com a durabilidade da calha. Admite-se para o canal retangular revestimento de concreto $n = 0,013$. Substituindo os valores conhecidos:

$$1,0 = \frac{b \times y}{0,013} \times \left[\frac{b \times y}{b + 2 \times y}\right]^{2/3} \times 0,0114^{1/2}$$

Observa-se que existem muitas soluções possíveis para o dimensionamento da seção, sendo eleita a relação $b = 2y$ como satisfatória. Esta escolha, como será mostrado oportunamente, tem conexão com o conceito de eficiência da seção do canal. Porém existem inúmeras outras variáveis a considerar. Poderia interessar uma determinada largura (b) ou garantir uma profundidade máxima (ou mínima) da seção (y), ou até mesmo outra relação b/y que beneficiasse a construção com aplicação de certo equipamento disponível. A escolha é variada. Substituindo $b = 2y$ na fórmula de Manning, encontra-se:

$$y = 0,416 m \quad \text{e} \quad b = 0,833 m \quad \text{e} \quad b$$

A velocidade será:

$$V = \frac{Q}{A} = \frac{1,0}{0,416 \times 0,833} = 2,88 \ m/s$$

Esta velocidade é alta, porém compatível com a resistência proporcionada pelo concreto que aceita velocidades de até 6 m/s, tem-se então uma solução possível. Esta solução ainda tem a seu favor o fato da seção ser bastante compacta (menor perímetro molhado para maior vazão), requerendo menor quantidade de materiais. Em resumo, é mais barata. Poderia ocorrer, não é raro, que a velocidade fosse excessiva. Verificando-se esta hipótese, dever-se-ia determinar a velocidade que viabilizaria o projeto. Admitindo uma velocidade máxima, $V = 2$ m/s, a área molhada seria:

$$A = \frac{Q}{V} \quad \therefore \quad A = \frac{1,0}{2,0} = 0,5 \ m^2$$

como:

$$b = 2y$$

$$2 \times y^2 = 0,5$$

$$y = 0,50 \ m \quad \text{e} \quad b = 2y = 1,0 \ m$$

Para esses valores, deve ser definida uma nova declividade para o canal. Por Manning:

$$V = \frac{1}{n} \times \left[\frac{A}{P}\right]^{2/3} \times I^{1/2} \quad \therefore \quad 2 = \frac{1}{0,013} \times \left[\frac{0,5 \times 1,0}{1,0 + 2 \times 0,5}\right]^{2/3} \times I^{1/2}$$

$$I = 0,00429 \, m/m$$

Acontece que ao se adotar esta nova declividade (que não é a declividade natural do terreno) não seria possível vencer o desnível de 57 m existente entre as seções inicial e final. Ou seja, com a declividade inicial ($I = 0,0114 \, m/m$), vence-se os necessários 57 m de desnível entre as seções inicial e final, já com a nova declividade ($I = 0,00429 \, m/m$) vence-se apenas 21,45 m de desnível. Para resolver esta questão pode-se, por exemplo, alongar o trajeto do canal, estabelecendo o desenvolvimento total de:

$$\Delta H = I \times L$$

Em que:
I = declividade do canal
L = extensão do canal
ΔH = desnível a ser vencido
Então:

$$57 = 0,00429 \times L \Rightarrow L = 13.286,71 \, m$$

Com este comprimento o canal ficaria muito longo e sua construção excessivamente cara. Para contornar este inconveniente pode-se criar degraus no percurso primitivo de 5.000 m para que sejam vencidos os restantes 35,55 m (57,0 − 21,45). Caso fossem adotados degraus de 2,0 m de altura seriam necessários:

$\frac{35,55}{2,0} = 17,775$ degraus, a razão de um degrau a cada $281,2 \, m \left[\frac{5.000}{17,775}\right]$.

Pode-se determinar outros espaçamentos entre degraus seguindo a mesma metodologia mostrada no Quadro 8.1.

QUADRO 8.1 Quantidade de degraus e distância entre eles

Altura do degrau (m)	Números de degraus	Distância entre degraus (m)
1,5	23,70	210,97
2,0	17,77	281,37
2,5	14,22	351,61
3,0	11,85	421,94

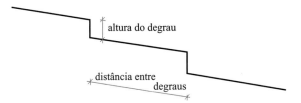

FIGURA 8.2 Degraus em canal.

O dimensionamento do canal de seção trapezoidal inicia-se pela escolha da seção transversal. Esta escolha requer a definição da inclinação do talude lateral, que deve garantir a estabilidade do solo. Aconselha-se uma inclinação de até 1:2 ($\theta = 26°34'$), sendo 1 m da vertical, no terreno sílico-argiloso solto. Então, pelas características do terreno: $z = 2$, $n = 0,0225$ e $V_{max} = 0,80 \, m/s$. Recorrendo novamente à equação de Manning:

$$Q = \frac{A}{n} \times \left[\frac{A}{P}\right]^{2/3} \times I^{1/2}$$

Em que:

$$P = b + 2 \times y \times \sqrt{1+z^2} \quad e \quad A = (b + z \times y) \times y$$

Substituindo os valores:

$$1,0 = \frac{(b+z \times y) \times y}{0,0225} \times \left[\frac{(b+z \times y) \times y}{b + 2 \times y \times \sqrt{1+z^2}} \right]^{2/3} \times 0,0114^{1/2}$$

Recai-se no caso das duas incógnitas. Escolhendo a relação de maior eficiência:

$$\frac{b}{y} = 2 \times \text{tg}\left(\frac{\theta}{2}\right)$$

sendo:

$$\theta = 26°34'$$

Substituindo na equação de Manning e resolvendo, encontra-se:

$$b = 0,223 \ m \quad e \quad y = 0,472 \ m$$

Para estes valores, a velocidade média na seção será igual a:

$$V = \frac{Q}{A} = \frac{1,0}{(0,223 + 2 \times 0,472) \times 0,472} = 1,813 \ m/s$$

A velocidade desenvolvida pelo fluido na seção trapezoidal, quando se adota o critério de máxima eficiência da seção ($V = 1,813$ m/s), é incompatível com a velocidade admissível do terreno ($V_{max} = 0,80$ m/s). A erosão causada por tal velocidade destruirá a seção do canal, caso ela seja moldada no terreno primitivo. Para contornar esta limitação pode-se revestir a seção do canal com argamassa (lembrando que isto modifica o coeficiente n, ou ainda, atenuar a velocidade para a velocidade limite, adotando menor declividade. Mais uma vez, essa segunda opção irá requerer um alongamento do canal ou a execução de degraus. O canal deverá ser obrigatoriamente revestido nas imediações dos degraus, caso contrário, a estabilidade da seção não será mantida. Não resta dúvida que a redução da declividade exigirá novo dimensionamento da seção molhada, que se fará nos mesmos moldes adotados para a seção retangular.

EXERCÍCIO RESOLVIDO 8.2

Determine as vazões do canal de seção fechada, seção circular, em concreto, com 0,5 m de diâmetro, nas seguintes situações: declividades 1/100 m/m e 1/10 m/m, e áreas molhadas de ¾ e ½ do diâmetro. Compare estes resultados com a vazão quando o canal estiver completamente cheio.

Solução

As características do canal são:

$n = 0,013$ (coeficiente de Manning para o concreto)
$D = 0,5 \ m$ (diâmetro do conduto adutor)
$y = ¾ \ D$ e $y = ½ \ D$ (profundidades do escoamento no canal, tirante)
$I = 1/10$ e $1/100$ (declividades longitudinais do canal)

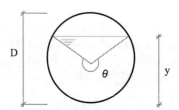

FIGURA 8.3 Canal de seção circular.

A geometria do canal é definida da seguinte forma:

$$A = \frac{1}{8} \times (\theta - \text{sen}\,\theta) \times D^2$$

$$R = \frac{1}{4} \times \left(1 - \frac{\text{sen}\,\theta}{\theta}\right) \times D$$

$$y = \frac{D}{2} \times \left(1 - \cos\frac{\theta}{2}\right)$$

Nas quais θ é o ângulo central que delimita o tirante.
Para $y = ¾\,D$, obtém-se:

$$y = \frac{3}{4} \times 0,5 = 0,375\ m$$

Para $y = ½\,D$, tem-se:

$$y = \frac{0,50}{2} = 0,25\ m \quad \therefore \quad \theta = 180°$$

Os valores das áreas e dos raios hidráulicos, para os cálculos das vazões são mostrados no Quadro 8.2.

QUADRO 8.2 Áreas e raios hidráulicos da seção do canal para os tirantes escolhidos

y (m)	θ (graus)	θ (rad.)	A (m²)	R (m)
¾ D = 0,375	240	4,18	0,157	0,150
½ D = 0,250	180	3,14	0,098	0,125

A vazão será calculada por meio do modelo matemático de Manning:

$$Q = \frac{A}{n} \times \left[\frac{A}{P}\right]^{2/3} \times I^{1/2}$$

Substituindo os valores conhecidos na equação de Manning, calculam-se as vazões no canal para os tirantes e declividades definidas no Quadro 8.3.

QUADRO 8.3 Vazões em canal circular para diferentes tirantes e declividades (m³/s)

Declividades (m/m)	1/10	1/100
y = ¾ D	0,221	0,070
y = ½ D	0,105	0,033

Os resultados demonstram claramente que os tirantes maiores produzem vazões maiores. Declividades maiores (rampas mais íngremes) também contribuem para maiores vazões. Quando a seção transversal de um canal de seção fechada fica inteiramente tomada pela água, a rigor não existe mais um canal. São ainda utilizadas as fórmulas de escoamento em canais, ao se admitir que o fenômeno está acontecendo, na prática, submetido à pressão atmosférica. Calcula-se a vazão no conduto, no limite de funcionamento entre canal e conduto forçado. Admitindo-se esta hipótese, o tirante será:

$$\theta = 360° \text{ e } y = D = 0,5\,m$$

$$A = \frac{\pi \times D^2}{4} = \frac{\pi \times 0{,}5^2}{4} = 0{,}196 \ m^2$$

$$P = \pi \times D = 1{,}570 \ m$$

$$R = \frac{A}{P} = \frac{0{,}196}{1{,}570} = 0{,}124 \ m$$

Assim:

$$Q = \frac{A}{n} \times \left[\frac{A}{P}\right]^{2/3} \times I^{1/2}$$

$$Q_{1/10} = \frac{0{,}196}{0{,}013} \times 0{,}124^{2/3} \times \left(\frac{1}{10}\right)^{1/2} = 0{,}208 \ m^3/s$$

$$Q_{1/100} = \frac{0{,}196}{0{,}013} \times 0{,}124^{2/3} \times \left(\frac{1}{100}\right)^{1/2} = 0{,}065 \ m^3/s$$

Os valores calculados para as vazões $Q_{1/10}$ e $Q_{1/100}$ se aproximam da vazão calculada para o tirante $y = \frac{3}{4}D$, resultado considerado aceitável no contexto teórico.

Pode-se ainda, admitindo o funcionamento da tubulação como conduto forçado, calcular a vazão pela expressão de Hazen-Willians.

$$Q = 0{,}2785 \times C \times D^{2,63} \times J^{0,54}$$

Em que:
$C = 120$ (coeficiente de Hazen-Willians que depende da rugosidade do conduto, no caso, a rugosidade do concreto)
$D = 0{,}5 \ m$ (diâmetro do conduto)
$J = $ perda de carga unitária

Como se trata de escoamento ocorrendo no limite entre canal e conduto forçado, admite-se a linha piezométrica superposta ao nível do canal. Segundo esta hipótese $I = J$. Assim considerando:

$$Q_{1/10} = 0{,}2785 \times 120 \times 0{,}5^{2,63} \times \left(\frac{1}{10}\right)^{0,54} = 1{,}557 \ m^3/s$$

$$Q_{1/100} = 0{,}2785 \times 120 \times 0{,}5^{2,63} \times \left(\frac{1}{100}\right)^{0,54} = 0{,}449 \ m^3/s$$

Comparando os resultados calculados quando o duto é considerado sob pressão e quando é considerado canal, encontra-se uma diferença inaceitável. Os resultados encontrados estão reunidos no Quadro 8.4.

QUADRO 8.4 Comparação entre resultados das vazões consideradas nos contextos de canal e conduto forçado

		Vazão (m^3/s)			
y	$I \equiv J$	Conduto	Canal	% (1)	% (2)
$y = D$	1/10	1,557	0,208	100	748,55
	1/100	0,449	0,065	100	690,76
$y = \frac{3}{4} D$	1/10	–	0,221	106	–
	1/100	–	0,070	107	–
$y = \frac{1}{2} D$	1/10	–	0,105	50	–
	1/100	–	0,033	50	–

Nota: % (1): percentagem da vazão calculada como canal com relação ao canal completamente cheio; % (2): percentagem da vazão calculada como canal com relação à vazão calculada como conduto forçado.

Na coluna correspondente ao cálculo do duto como canal há, aparentemente, uma incoerência. A vazão para $y = D$ é menor do que a vazão para $y = ¾ D$. Na verdade este resultado era esperado já que o perímetro molhado (e, consequentemente, o arraste) aumenta muito mais rapidamente que a área molhada quando y se aproxima de D. Como o perímetro molhado aparece no denominador da expressão para o cálculo da vazão, explica-se o resultado. Difícil de admitir são os valores da vazão quando considera-se o duto como conduto forçado. Esses resultados superam em muito a vazão do canal a tirante pleno, e não podem ser aceitos. Mesmo reduzindo-se o valor de C de 120 para 80 (maior rugosidade), o valor da vazão ainda é inadmissível. Conclui-se pela não aceitação do uso do modelo de condutos forçados nestes casos.

EXERCÍCIO RESOLVIDO 8.3

No projeto de canais, a vazão é, na maioria das vezes, um objetivo estabelecido a priori. Isto é, deseja-se definir uma seção de canal e uma declividade capazes de transportar a vazão desejada. Por uma questão de preferência e oportunidade, é habitual o estabelecimento prévio de algumas características da seção como, por exemplo, a forma e o material de revestimento a ser utilizado. Assim, são conhecidos o coeficiente de Manning (material), a forma da seção (retangular, circular...) e a vazão. Partindo destes quesitos básicos, fornecidos a seguir, deve ser estudada a forma da curva $y \times I$ (tirante *versus* declividade) em canal retangular. São dados: $b = 2,0\ m$ (largura do fundo), $n = 0,01$, $Q_1 = 1\ m^3/s$, $Q_2 = 1,5\ m^3/s$ e $Q_3 = 2\ m^3/s$.

Solução

Sabe-se que a inclinação longitudinal do canal está intimamente relacionada com a velocidade média da corrente líquida. Grandes declividades correspondem a grandes velocidades. O crescimento ou redução da velocidade também modifica a área molhada. Maiores velocidades implicam em menores tirantes. Como a área molhada, nos canais retangulares, é traduzida pelo produto de $y \times b$, na qual b é mantida ao longo de grandes extensões do mesmo canal, vale dizer que a velocidade (e a declividade) influencia diretamente o tirante líquido. Para traduzir esta relação pode-se construir o gráfico $I \times y$ para uma mesma vazão.

As vazões são determinadas no canal retangular pela fórmula matemática de Manning.

$$Q = \frac{A}{n} \times \left[\frac{A}{P}\right]^{2/3} \times I^{1/2}$$

Na qual, para a seção retangular:
$A = b \times y$ – área molhada
$P = b + 2 \times y$ – perímetro molhado
I = declividade longitudinal do canal
Substituindo esses valores no modelo de Manning.

$$Q = \frac{2 \times y}{0,01} \times \left[\frac{2 \times y}{2 + 2 \times y}\right]^{2/3} \times I^{1/2}$$

Desde que se fixe os valores de Q, acham-se as curvas desejadas ao se atribuir valores a y nesta equação, para se obter os valores correspondentes de I. No Quadro 8.5 estão calculados os valores da declividade longitudinal I para tirantes e vazões selecionadas.

QUADRO 8.5 Valores da declividade I ($m/m \times 10^{-3}$) para tirantes e vazões selecionadas

| Q (m³/s) | y (m) | | | | | |
	0,4	0,8	1,2	1,6	2,0	2,4
1,0	0,830	0,115	0,039	0,019	0,011	0,007
1,5	1,868	0,259	0,088	0,042	0,024	0,016
2,0	3,321	0,461	0,156	0,075	0,043	0,028

Os resultados registrados no Quadro 8.5 podem então ser representados no gráfico semilog $I \times y$ mostrado na Figura 8.4.
A Figura 8.4 demonstra claramente a afirmação inicial. A proporção que o tirante do canal diminui, a declividade longitudinal aumenta, para a mesma vazão. Mantido o tirante e aumentada a declividade, cresce a vazão. Este gráfico pode

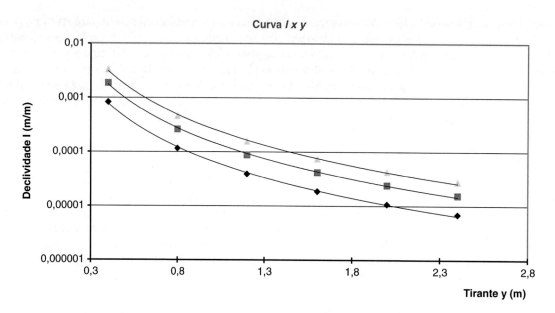

Nota: A curva superior corresponde à vazão de 2 m^3/s e as curvas imediatamente abaixo correspondem às vazões de 1,5 m^3/s e 1,0 m^3/s.

FIGURA 8.4 Declividade *versus* tirante (curva $I \times y$).

ser enriquecido com o traçado de curvas correspondentes a novas vazões. Outra forma de associar vazões a tirantes se obtém com o traçado da curva da energia específica. Sabe-se que essa energia é definida por:

$$E_e = y + \frac{V^2}{2 \times g}$$

Em que:
y = tirante do canal
$\frac{V^2}{2 \times g}$ = taquicarga (altura da energia correspondente à velocidade) associada à seção.

Fixando valores para a vazão Q, isto é, tornando-a constante e fazendo $V = Q/A$, tem-se:

$$E_e = y + \frac{Q^2}{2 \times g \times b^2 \times y^2} = y + \frac{Q^2}{78,48 \times y^2}$$

Pode-se montar um quadro com os valores conhecidos de vazão, arbitrando valores para y, e obtendo a energia específica, conforme mostrado no Quadro 8.6.

QUADRO 8.6 Energia específica (*mca*) para vazões selecionadas

Q (m^3/s)	y (m)									
	0,1	0,2	0,3	0,4	0,5	0,6	0,7	0,8	0,9	1,0
1,0	1,37	0,52	0,44	0,48	0,55	0,63	0,73	0,82	0,92	1,01
1,5	2,97	0,92	0,62	0,58	0,61	0,68	0,76	0,84	0,94	1,03
2,0	5,20	1,47	0,87	0,72	0,70	0,74	0,80	0,88	0,96	1,05

A Figura 8.5 mostra as curvas da energia específica para as vazões selecionadas.

Cada curva da energia específica passa por um mínimo no tirante y_{ci}, denominado tirante crítico (energia específica mínima). O escoamento com tirante superior a y_c é classificado como subcrítico ou lento e o escoamento com tirante menor

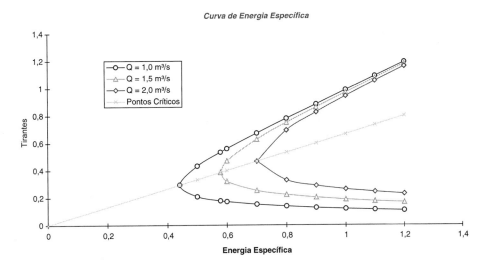

FIGURA 8.5 Curvas da energia específica para vazões selecionadas.

do que y_c é considerado supercrítico ou rápido. A reta que liga as alturas críticas das vazões consideradas divide o gráfico em duas áreas nas quais os possíveis escoamentos são subcríticos (acima da reta) ou supercríticos (abaixo da reta). A altura crítica, no canal retangular, é calculada por:

$$y_c = \sqrt[3]{\frac{Q^2}{g \times b^2}}$$

No Quadro 8.7 estão reunidos os valores conhecidos dos tirantes críticos.

QUADRO 8.7 Tirantes críticos para vazões selecionadas

Q (m³/s)	1,0	1,5	2,0
y_c (m)	0,294	0,386	0,467
E_{ec} (m)	0,441	0,578	0,701

Qualquer das duplas (y_c; E_{ec}) permite a determinação da reta crítica:

$$(y_{c2} - y_{c1}) = m(E_{e2} - E_{e1})$$

Substituindo qualquer dupla de valores (y_{ci}:E_{ei}) na equação da reta, acha-se: $m = 0,665$

Determina-se, então, a reta crítica, que agrega os tirantes críticos das vazões. Essa reta passa pela origem dos eixos, já que, para vazão nula o tirante crítico será nulo.

$$y_c - 0,38 = 0,665 \times (E_e - 0,58) \quad \therefore \quad y_c = 0,665 \times E_e - 0,0057 \cong 0,665 \times E_e$$

De um outro ponto de vista teórico pode-se chegar a resultados semelhantes. Substituindo a equação do tirante crítico na equação da energia específica, com o auxílio de $V = Q/A$, encontra-se:

$$y_c = \frac{2}{3} \times E_c = 0,667 \times E_c$$

que é um valor muito próximo do encontrado anteriormente.

A proximidade ou afastamento entre os coeficientes teórico e o analítico propicia uma avaliação do ajustamento dos pontos plotados no gráfico da Figura 8.5. A equação da reta crítica permite uma conclusão expedita sobre o regime de escoamento no canal, conhecida a energia específica em consideração.

A definição de ferramentas de análise que considerem a vazão constante é importante nos chamados canais adutores que têm como característica o transporte estável de vazões (sem retiradas nem contribuições) entre pontos considerados. Os canais que alimentam usinas ou abastecem cidades são (ou devem ser) deste tipo. Os canais distribuidores, como os canais de irrigação, têm a vazão alterada ao longo do percurso com sucessivas subtrações de vazão. Os canais de drenagem, ao contrário, recebem vazões tributárias que são recorrentemente somadas à vazão primitiva do canal. Então convém, nestes casos, contar com outros instrumentos que permitam definir o regime do escoamento com base em níveis e declividades. Um desses instrumentos é o gráfico vazão *versus* declividade que será construído a seguir.

Os canais costumam ter uma altura lateral máxima H que é a distância vertical do fundo ao coroamento da margem. O tirante y é a altura molhada e deve ser sempre menor ou igual a H para evitar o trasbordamento do canal. Chama-se folga a diferença $f = H - y$.

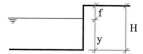

FIGURA 8.6 Folga em canal.

O canal, portanto, para uma determinada declividade longitudinal transportará uma vazão máxima quando seu tirante for igual a H. Exemplificando, admite-se um $H = 3,0$ m no canal analisado. A vazão máxima a ser alcançada para a declividade $I = 10^{-5}$ m/m será, por Manning:

$$Q = \frac{2\times 3}{0,01} \times \left[\frac{2\times 3}{2+2\times 3}\right]^{2/3} \times (10^{-5})^{1/2} = 4,953 \; m^3/s$$

Pode-se achar as vazões de seção plena para este canal utilizando a expressão:

$$Q = 495,289 \times (I)^{1/2}$$

QUADRO 8.8 Vazões para declividades longitudinais selecionadas

I (m/m)	10^{-5}	10^{-4}	10^{-3}	10^{-2}	10^{-1}
Q (m³/s)	1,566	4,953	15,665	49,538	156,654

Sendo o interesse identificar o regime de escoamento é necessário acrescentar a estes dados a declividade crítica e sua correspondente vazão crítica Q_c. Para tanto, conta-se com a equação de Manning e do tirante crítico, na qual existem três variáveis desconhecidas (y_c, Q_c e I_c). Para ultrapassar essa dificuldade atribuem-se valores a Q_c, na expressão matemática do tirante crítico, e encontram-se os valores y_c correspondentes. Substituindo, agora, esses valores de y_c na equação de Manning acham-se os valores de I_c correlatos. As vazões de seção plena, para as declividades críticas encontradas, serão calculadas por meio da equação $Q = 495,289 \times I^{1/2}$. Os resultados podem ser observados no Quadro 8.9.

Os resultados apresentados no Quadro 8.9 dão origem a duas curvas. A curva da vazão para seção plena Q_{sp} tem um desenvolvimento que a faz apresentar, de forma consistente, Q_{sp} maiores para declividades crescentes. A curva da vazão crítica Q_c apresenta dois ramos e um ponto mínimo, segundo o eixo das declividades. A declividade mínima desse quadro é $I = 3,53 \times 10^{-3}$ m/m e a partir dela desenvolvem-se os dois ramos da curva Q_c, sendo um ascendente e outro descendente. A forma geral do gráfico construído a partir dos valores do Quadro 8.9 é apresentado na Figura 8.7.

A parte do gráfico compreendida entre as duas curvas inclui vazões inferiores à vazão da seção plena (definido pela curva Q_{sp}) mas com declividades inferiores à declividade crítica gerando tirantes superiores ao tirante crítico, o que caracteriza escoamento subcrítico. O lado direito da curva crítica inclui pares (Q; I) que proporcionam escoamento supercrítico. Observa-se no Quadro 8.9 que para a vazão crítica $Q_c = 0,5$ m^3/s a declividade crítica calculada foi $I_c = 3,67 \times 10^{-3}$ m/m. Para a vazão de 1 m^3/s a declividade crítica diminuiu e para as vazões superiores a esta, a declividade aumentou sempre. Na vazão $Q_c = 1$ m^3/s a declividade crítica passou por um valor mínimo. Essa declividade é chamada de declividade limite. Qualquer declividade inferior a este limite não produzirá escoamento supercrítico. O ponto de encontro das duas curvas determina a maior declividade (I_{max}) segundo a qual o escoamento subcrítico pode ser alcançado neste canal.

QUADRO 8.9 Tirantes críticos para vazões plenas

Q_c (m³/s)	y_c (m)	I_c (m/m)	$^{(1)}Q_{sp}$ (m³/s)
0,1	0,063	4,61×10⁻³	33,63
0,2	0,100	4,14×10⁻³	14,35
0,3	0,132	3,82×10⁻³	30,61
0,5	0,185	3,67×10⁻³	30,00
0,7	0,232	3,58×10⁻³	29,63
1,0	0,294	3,53×10⁻³	29,42
10,0	1,366	4,71×10⁻³	33,99
20,0	2,168	5,97×10⁻³	38,27
30,0	2,841	7,04×10⁻³	41,55
40,0	3,442	8,03×10⁻³	44,38
60,0	4,503	9,79×10⁻³	49,00

$^{(1)}$ $Q_{sp} = 495,289 \times (I)^{1/2}$, para $y_c = 3,0$ m e $I \equiv Ic$

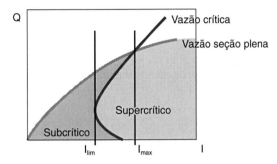

FIGURA 8.7 Curva vazão *versus* declividade longitudinal.

EXERCÍCIO RESOLVIDO 8.4

Determine a vazão de um canal que tem início num lago de nível constante, 3 m acima da soleira de entrada. O canal tem seção retangular, declividade igual a 1/2.000 (m/m), é revestido de argamassa (n = 0,013) e possui largura de 7 m.

Solução

O canal em consideração pode estar funcionando em regime supercrítico ou subcrítico. Quando o regime é supercrítico o escoamento a jusante da entrada do canal não interferirá na vazão. Neste caso, na seção de entrada do canal, o escoamento será crítico.

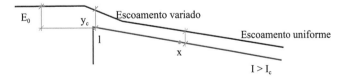

FIGURA 8.8 Entrada de água em canal (escoamento supercrítico).

Entre as seções 1 e x, o tirante y se ajustará variando desde y_c (em 1), até y_n (em x). O escoamento nesse trecho será gradualmente variado, formando uma curva de remanso do tipo S2, e tornando-se permanente uniforme a jusante de x. A vazão será calculada, caso se conheça o tirante crítico, por:

$$y_c = \frac{2}{3} \times E_0 = \sqrt[3]{\frac{Q^2}{g \times b^2}}$$

Em que:

Q = vazão no canal
E_o = energia específica na seção de entrada
b = largura no canal

A segunda hipótese admite o escoamento subcrítico no canal. Assim a vazão do escoamento é comandada pelas condições que prevalecem no canal. O nível do lago, próximo à entrada do canal, se ajustará até encontrar o nível do canal conforme mostrado na Figura 8.9.

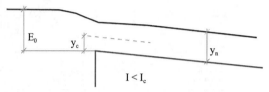

FIGURA 8.9 Entrada de água em canal (regime subcrítico).

A partir da entrada, o tirante do canal será y_n e a vazão fluirá em regime permanente uniforme. A vazão do canal deverá atender às duas equações a seguir:

$$Q = \frac{A}{n} \times \left(\frac{A}{P}\right)^{2/3} \times I^{1/2} \quad \text{e} \quad E_o = y + \frac{Q^2}{2 \times g \times A^2}$$

A primeira delas reflete as condições do escoamento permanente uniforme em canais. A segunda caracteriza a energia específica na seção de entrada do canal. A expressão da energia específica transformada dá origem à equação $Q = A \times \sqrt{2 \times g \times (E_o - y)}$, na qual E_o é uma constante estabelecida pelo nível d'água do lago. Plotados em gráfico, os pontos resultantes desta expressão geram a curva de Koch, que representa vazões *versus* tirantes. A curva de Koch passa por um máximo no tirante crítico. O escoamento com tirante superior a y_c será subcrítico ou lento. E_o poderá ser considerado constante quando o nível do lago não se alterar ou pouco se alterar por um período relativamente longo, mesmo quando um certo volume de água sangre pelo canal.

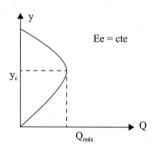

FIGURA 8.10 Curva de Koch ou curva Q.

Sendo o cálculo da vazão o objetivo pretendido, fica difícil conhecer à priori o tipo de escoamento do canal, uma vez que não se conhece $y_c = f(Q)$ ou $I_c = f(Q, y_c)$. Deve-se formular uma hipótese sobre o escoamento no canal e verificar a sua exatidão. A hipótese mais provável é a que considera $I < I_c$, ou seja, admite o canal como de pequena declividade. Essa situação é frequente. Estabelecendo esta hipótese e resolvendo o sistema das equações de Manning e da entrada do canal para os valores conhecidos ($I = 1/2.000$; $n = 0,013$; $b = 7\ m$; $E_o = 3\ m$), encontra-se:

$$3,0 = y + \frac{Q^2}{2 \times 9,81 \times (7 \times y)^2}$$

$$Q = \frac{7 \times y}{0,013} \times \left(\frac{7 \times y}{7 + 2 \times y}\right)^{2/3} \times \left(\frac{1}{2.000}\right)^{1/2}$$

Substituindo o valor de Q, da primeira equação, na segunda expressão:

$$[19{,}62 \times (3-y)]^{1/2} = 1{,}72 \times \left[\frac{7y}{7+2y}\right]^{2/3}$$

Encontra-se, finalmente, $y_n = 2{,}733\ m$
Determinando agora a vazão:

$$Q = 7 \times 2{,}733 \times \sqrt{2 \times 9{,}81 \times (3-2{,}733)} = 43{,}781\ m^3/s$$

Para esta vazão, o tirante crítico será:

$$y_c = \sqrt[3]{\frac{Q^2}{g \times b^2}} = \sqrt[3]{\frac{43{,}781^2}{9{,}81 \times 7^2}} = 1{,}586\ m$$

o que confirma a hipótese inicial, já que: $y_n = 2{,}733\ m > y_c = 1{,}586\ m$

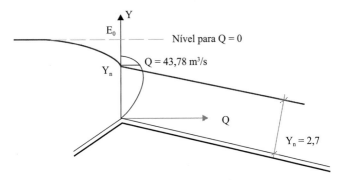

FIGURA 8.11 Curva de Koch na entrada do canal.

Quando o nível do canal, a jusante, é influenciado por fechamento de comporta ou elevação do nível do mar, ou o nível de outro lago, já não se aplicará esta metodologia, uma vez que o escoamento poderá se dar com um tirante na entrada do canal compreendido entre y_n e E_0. Assim acontecendo, a vazão do canal será cada vez menor a proporção que o tirante y crescer. O canal deixará de escoar quando a superfície da água, no canal, atingir a cota do lago. Caso o nível da água no canal atinja cota superior à do nível do lago, ocorrerá inversão de fluxo. Quando o tirante do canal y é maior do que y_n a vazão será determinada apenas pela equação $E_0 = y + \dfrac{Q^2}{2g \times A^2}$, da energia específica, na qual y será determinado a partir do nível da maré ou fechamento da comporta. Apesar do escoamento no canal ser subcrítico, a equação de Manning não se aplica no canal que tem seu nível de escoamento controlado por elemento externo.

EXERCÍCIO RESOLVIDO 8.5

Um canal de seção retangular, largura da base $b = 2{,}0\ m$, $n = 0{,}01$, transporta a vazão $Q = 31{,}30\ m^3/s$. No trecho inicial (1), a declividade longitudinal do canal é $I_1 = 0{,}06173\ m/m$ e no trecho (2), a declividade longitudinal é $I_2 = 0{,}00206\ m/m$. Os dois trechos são suficientemente longos para dar lugar ao escoamento permanente uniforme. Estude a influência sobre o escoamento do fechamento parcial de comportas de fundo situadas a jusante do trecho (1) e a jusante do trecho (2), considerados individualmente. Analise mais detalhadamente o escoamento rapidamente variado.

Solução

Em primeiro lugar é necessário caracterizar melhor o escoamento nos dois trechos:

a. No trecho (1), o tirante do escoamento permanente uniforme será determinado pela fórmula de Manning.

$$Q = \frac{A_1}{n} \times R_1^{2/3} \times I_1^{1/2}$$

Em que:

A_1 = área molhada do trecho 1
n = coeficiente de Manning
R_1 = raio hidráulico do trecho 1
I_1 = declividade longitudinal do trecho 1

Substituindo as variáveis conhecidas:

$$31{,}30 = \frac{2 \times y_1}{0{,}01} \times \left(\frac{2 \times y_1}{2 + 2 \times y_1}\right)^{2/3} \times 0{,}06173^{1/2}$$

Encontra-se:

$$y_1 = 1{,}0 \ m$$

O tirante crítico será calculado como se segue.

$$y_c = \sqrt[3]{\frac{Q^2}{g \times b^2}} = \sqrt[3]{\frac{31{,}30^2}{9{,}81 \times 2^2}} = 2{,}92 \ m$$

Como $y_1 < y_c$, o escoamento é supercrítico.

O fechamento parcial de uma comporta a jusante do trecho (1) resultará no perfil mostrado na Figura 8.12.

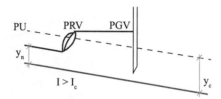

FIGURA 8.12 Ressalto devido à ação da comporta de fundo.

O escoamento permanente uniforme (*PU*) em regime supercrítico, fica restrito ao início (montante) do trecho (1) passando a escoamento permanente rapidamente variado (*PRV*), com ocorrência de ressalto, para a seguir se transformar em escoamento permanente gradualmente variado (*PGV*), nas proximidades da comporta de fundo, em regime subcrítico.

b. Para o trecho (2), o escoamento permanente uniforme ocorrerá com tirante y_2. Substituindo os valores conhecidos na expressão de Manning:

$$31{,}30 = \frac{2 \times y_2}{0{,}01} \times \left(\frac{2 \times y_2}{2 + 2 \times y_2}\right)^{2/3} \times 0{,}00206^{1/2}$$

Resolvendo a equação chega-se a:

$$y_2 = 4{,}0 \ m$$

No trecho (2), $y_2 > y_c$, portanto, o escoamento é subcrítico. É oportuno enfatizar que o tirante crítico não se modifica quando a declividade longitudinal do canal é alterada. O fechamento moderado de uma comporta a jusante do trecho (2) causará o perfil de escoamento mostrado na Figura 8.13.

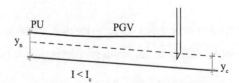

FIGURA 8.13 Remanso em escoamento subcrítico.

O escoamento permanente uniforme (*PU*), em regime subcrítico, na parte inicial de trecho (2), passará a escoamento permanente gradualmente variado (*PGV*) próximo à comporta (2).

Analisando o perfil do escoamento nos trechos (1) e (2), vistos em conjunto, registram-se os seguintes casos:

c. Sem interferência das comportas:

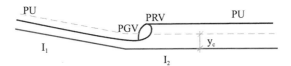

FIGURA 8.14 Mudança de declividade em canal sem comportas.

O escoamento no trecho (1) será permanente, uniforme, supercrítico com tirante $y = 1,0$ m. No trecho (2), o escoamento será inicialmente permanente, gradualmente variado, passará por permanente rapidamente variado (no ressalto) e voltará a permanente uniforme subcrítico na parte final do trecho, com tirante $y = 4,0$ m.

d. Com a comporta do trecho (1) parcialmente fechada:

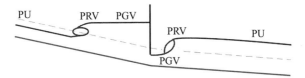

FIGURA 8.15 Comporta entre diferentes declividades.

O perfil do escoamento, neste caso, é uma composição de perfis já analisados em "a" e "c". Vale acrescentar que os níveis d'água imediatamente a montante e a jusante da comporta serão uma função do grau de fechamento desta. Quanto mais acentuado o fechamento da comporta maior será o nível de montante (maior carga sobre o orifício).

e. Com a comporta a jusante do trecho (2) parcialmente fechada:

FIGURA 8.16 Ressalto e remanso.

O perfil de escoamento volta a se modificar e várias situações podem ocorrer. Caso o nível a montante da comporta suba pouco além do tirante normal, retorna-se aos casos descritos em "b" e "c". Quando a comporta provocar uma grande elevação do nível de montante retorna-se ao caso descrito na Figura 8.16, quando o escoamento permanente uniforme desaparecerá do trecho (2) e o ressalto passará para o trecho (1). O ressalto pode ser inclusive afogado, desaparecendo inteiramente.

f. Com as duas comportas parcialmente fechadas:

FIGURA 8.17 Duas comportas ao fim das seções.

Tem-se novamente, neste caso, várias situações possíveis. Caso a comporta (2) eleve o nível pouco acima do tirante normal $y_2 = 4,0$ m, retorna-se aos casos *a* e *b*, já descritos. Para elevações maiores, o ressalto do trecho (2) será "empurrado" em direção à comporta do trecho (1), podendo ser inteiramente afogado.

O escoamento rapidamente variado (ressalto) deve atender à equação:

$$M = A \times y_0 + \frac{Q}{g} \times V = A \times y_0 + \frac{Q^2}{g \times A}$$

Em que:

A = área molhada
y_0 = profundidade do centro de gravidade da área molhada
Q = vazão

Com esta expressão pode-se construir a curva M, da quantidade de movimento, que tem a forma mostrada na Figura 8.18.

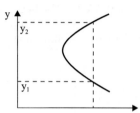

FIGURA 8.18 Curva da quantidade de movimento (M).

A curva M permite determinar as alturas conjugadas do ressalto (a montante e a jusante). Para o canal em consideração, a curva M tem os seguintes pares de valores:

QUADRO 8.10 Coordenadas da curva M

y (m)	$y_0 = y/2$ (m)	$A = 2 \times y$ (m²)	$M = A \times y_0 + \frac{Q^2}{g \times A}$ (m³)
1,0	0,5	2,0	50,944
2,0	1,0	4,0	28,972
3,0	1,5	6,0	25,648
4,0	2,0	8,0	28,486
5,0	2,5	10,0	34,989
6,0	3,0	12,0	44,324

Quando se almeja maior precisão na determinação das alturas conjugadas, em canais retangulares, pode-se adotar o modelo matemático a seguir:

$$y_2 = \frac{y_1}{2} \times \left(\sqrt{1 + 8 \times F_1^2} - 1 \right)$$

Em que:

y_1 = tirante a montante do ressalto
F_1 = número de Froude na seção a montante

Observe-se que os índices 1 ou 2 não se referem, neste caso, aos trechos (1) e (2) do canal e sim aos tirantes a montante e jusante do ressalto.

Caso se adote $y_1 = 2,0\ m$, tem-se:

$$F_1 = \frac{V_1}{\sqrt{g \times y_1}} = \frac{Q}{A_1 \times \sqrt{g \times y_1}} = \frac{31,30}{2 \times 2 \times \sqrt{9,81 \times 2}} = 1,767$$

Assim, a altura conjugada de y_1 será:

$$y_2 = \frac{2,0}{2} \times \left(\sqrt{1+8\times 1,767^2} - 1\right) = 4,096$$

A título de verificação da validade deste resultado pode-se substituir os valores de y_1 e y_2 na expressão da quantidade de movimento (M).

$$M = A \times y_0 + \frac{Q^2}{g \times A}$$

$$M_1 = 2\times 2\times \frac{2,0}{2} + \frac{31,30^2}{9,81\times 2\times 2} = 28,9667 \; m^3$$

$$M_2 = 2\times 4,1\times \frac{4,1}{2} + \frac{31,30^2}{9,81\times 4,1\times 2} = 28,4833 \; m^3$$

Deve-se observar, ainda, que estas expressões foram definidas para declividade longitudinal nula. Como a declividade do trecho (2) é pequena, os resultados são satisfatórios. O mesmo não deve ocorrer no trecho (1). Quando a declividade longitudinal é apreciável, calcula-se a altura conjugada com o modelo matemático apresentado a seguir:

$$y_2 = \frac{y_1}{2} \times \left(\sqrt{1+8\times G_1^2} - 1\right)$$

Em que:

$$G = \frac{F_1}{\sqrt{\cos\theta - \frac{K\times l\times \mathrm{sen}\theta}{y_2 - y_1}}} \quad \text{sendo } K = f(F_1) \text{ e } L = f(F_1)$$

Para contornar as dificuldades de cálculo, o *U.S.Bureau of Reclamation* desenvolveu um gráfico que oferece y_2/y_1 em função de F_1 e I. No trecho de maior declividade, para exemplificar, tem-se:

$$F_1 = \frac{V_1}{\sqrt{g\times y_1}} = \frac{Q}{A_1 \times \sqrt{g\times y_1}} = \frac{31,30}{2\times 1\times \sqrt{9,81\times 2}} = 5,0$$

$$I_1 = 0,06173$$

Pelo gráfico do USBR, para canais com grande declividade, tem-se: $\frac{y_2}{y_1} = 8,2 \therefore y_2 = 8,2 \times 1,0 = 8,2 \; m$

Pelo modelo matemático deduzindo a partir de $I = 0$, o resultado seria:

$$y_2 = \frac{1,0}{2} \times \left(\sqrt{1+8\times 5,0^2} - 1\right) = 6,5 \; m$$

Resultado inaceitável. Constata-se, assim, que não é possível o uso do modelo da quantidade de movimento para $I = 0$ em trecho de canal com grande declividade.

EXERCÍCIO RESOLVIDO 8.6

Um vertedor de crista de barragem lança a vazão sangrada em um canal retangular, de curta distância, com 5 m de largura, em concreto, conforme mostra a Figura 8.19. A jusante do trecho de fundo horizontal, há um canal com declividade $I = 1/10$, também em concreto ($n = 0,013$) e mesma largura. Sabendo que a soleira do vertedor está situada 20 m acima do piso de jusante e o comprimento da soleira é igual a 15 m, determine os tirantes do canal, ao pé do vertedor, para as vazões de 50, 100, 150 e 200 m^3/s. Estude as características do ressalto hidráulico que se formará para essas vazões e a bacia de dissipação que, nessa seção, poderá ser instalada.

Solução

Pode-se considerar que o vertedor tem, portanto, 15 m de soleira, e é seguido de um canal fortemente inclinado e curto, com largura variável, de forma a conduzir a vazão extravasada até ao canal com 5 m de largura, também com pequeno comprimento. Uma seção no eixo longitudinal desse conjunto mostra o perfil indicado na Figura 8.20.

396 Elementos da Hidráulica

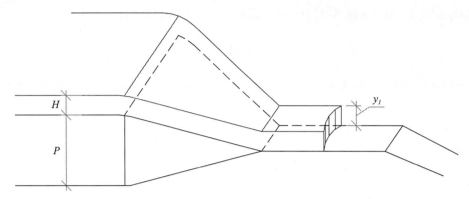

FIGURA 8.19 Vertedor de crista de barragem.

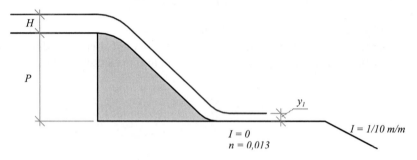

FIGURA 8.20 Vertedor em corte longitudinal.

No caso em apreciação, a crista do vertedor está 20,0 *m* acima do canal de fundo horizontal $P = 20$ *m*. A vazão do vertedor de crista de barragem pode ser calculada pelo modelo de Francis, que não prevê velocidade de aproximação na barragem:

$$Q = 2{,}196 \times l \times H^{3/2}$$

Em que:
l = comprimento da soleira do vertedor (no caso em questão, $l = 15$ *m*)
H = carga hidráulica sobre o vertedor

Com essa expressão matemática podem ser calculadas as cargas sobre o vertedor correspondentes às vazões estabelecidas no enunciado. A curva-chave do vertedor é apresentada no Quadro 8.11.

QUADRO 8.11 Curva-chave do vertedor

Q (m³/s)	50	100	150	200
H (m)	1,32	2,10	2,75	3,33

Para o cálculo do tirante ao pé do vertedor são feitas as seguintes suposições:

- a perda de carga "por arraste" no canal de seção variável é desprezável;
- o canal de seção variável é suficientemente "longo" para permitir a completa adaptação da veia líquida à seção de 5 *m* de largura, sem perda de energia.

Essas suposições, na maioria das vazes, permitem chegar a resultados adequados às aplicações práticas. Caso a perda de carga "por arraste" não possa ser desprezada, deve-se considerá-la igual a perda de carga obtida em canal de seção e comprimento comparáveis a este, submetido a escoamento permanente e uniforme. Pode-se, então, escrever a equação da energia à montante e a jusante do vertedor, tomando como referência o desenho da Figura 8.20.

$$H + P = y_1 + \frac{V_1^2}{2 \times g}$$

Sendo:

$V_1 = Q/A_1$ – velocidade na seção a jusante do vertedor
$P = 20\ m$ – altura da soleira do vertedor de crista de barragem
H – carga sobre o vertedor
$A_1 = y_1 \times b$ – área molhada na seção 1, a jusante do vertedor
b = largura do canal na seção 1

Substituindo os valores na equação, tem-se:

$$H + 20 = y_1 + \frac{Q^2}{2 \times g \times b^2 \times y_1^2}$$

Por meio dessa fórmula matemática encontram-se, para as vazões selecionadas, os seguintes tirantes y_1:

QUADRO 8.12 Tirantes a jusante do vertedor

Q (m³/s)	50	100	150	200
H (m)	1,32	2,10	2,75	3,33
y₁ (m)	0,49	0,98	1,47	1,96

A determinação das características do ressalto requer o cálculo do número de Froude, para a seção de entrada do canal horizontal, conforme disposto a seguir:

$$F_1 = \frac{V_1}{\sqrt{g\, y_1}}$$

Em que:

V_1 = velocidade na seção 1
g = aceleração da gravidade
y_1 = tirante na seção 1, a jusante do vertedor e a montante do ressalto

Calculam-se, então, os valores do número de Froude, na seção 1, para as diferentes vazões estudadas, conforme registrado no Quadro 8.13.

QUADRO 8.13 Número de Froude para os tirantes selecionados

Q (m³/s)	50	100	150	200
y₁ (m)	0,49	0,98	1,47	1,96
A₁ (m²)	2,45	4,9	7,35	9,80
V₁ (m/s)	20,41	20,41	20,41	20,41
F₁	9,31	6,58	5,37	4,65

$A_1 = b \times y_1 = 5 \times y_1$ e $V_1 = Q/A_1$

Vale observar que o número de Froude decresceu com o aumento da vazão. A queda desse valor resulta da aceitação da hipótese de igualdade de energia a montante e jusante do vertedor. Segundo esta hipótese, a altura da água, a montante ($H + P$) é igual a $y_1 + \frac{V_1^2}{2 \times g}$, tirante mais taquicarga a jusante do ressalto. A altura ($H + P$), a montante, no caso em consideração, pouco varia para as diversas vazões, em consequência do comprimento relativamente longo do vertedor, e pelo fato de que a altura P ser muito maior do que a altura H. Já a taquicarga $\frac{V_1^2}{2 \times g}$ fica bastante estável, contudo y_1 cresce bastante para dar passagem a grandes volumes de água em seção considerada estreita ($b = 5\ m$). Segundo Ven Te Chow, os ressaltos que apresentam o número de Froude, na seção de montante, no intervalo 4,5 e 9,0 são classificados como "ressaltos permanentes" (*Steady*).

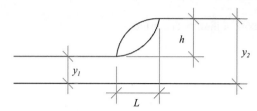

FIGURA 8.21 Variáveis do ressalto hidráulico.

As características representativas do ressalto são calculadas por:

- altura conjugada: $y_2 = \dfrac{y_1}{2} \times \left(\sqrt{1 + 8 \times F_1^2} - 1\right)$
- altura do ressalto: $h = y_2 - y_1$
- perda de carga: $\Delta E = E_1 - E_2$

$$\Delta E = \left(y_1 + \dfrac{V_1^2}{2 \times g}\right) - \left(y_2 + \dfrac{V_2^2}{2 \times g}\right)$$

- energia residual do ressalto: $E_f = \dfrac{E_2}{E_1}$ (Chow denomina este parâmetro de eficiência)
- comprimento do ressalto: L

Em que:

y_i = tirante do canal na seção i
E_i = energia específica na seção i
V_i = velocidade média da corrente na seção i

Essas variáveis têm os valores indicados no Quadro 8.14 para o caso em estudo.

QUADRO 8.14 Características do ressalto

Q (m³/s)	y₁ (m)	F₁	y₂ (m)	h (m)	E₁ (m)	E₂ (m)	ΔE (m)	E_f	L/y₂	L (m)
50	0,49	9,31	6,21	5,72	21,72	6,21	15,51	0,29	6,1	37,89
100	0,98	6,58	8,64	7,66	22,21	8,64	13,57	0,39	6,1	52,72
150	1,47	5,37	10,45	8,98	22,7	10,45	12,25	0,46	6,0	62,72
200	1,96	4,65	11,95	9,99	23,19	11,95	11,24	0,52	6,0	71,68

Os valores de L/y_2 foram escolhidos de acordo com a proposta do *United States Bureau of Reclamation*. Conclui-se dos quadros que:

- a perda de energia ΔE decresce com a elevação de y_1;
- a energia residual E_f cresce com a elevação de y_1 (a que passa);
- o comprimento do ressalto cresce com a elevação de y_1.

Pode-se comparar os ressaltos gerados pelas quatro vazões calculando suas variáveis relativas conforme mostrado no Quadro 8.15.

Verifica-se, facilmente, que os valores relativos encontrados estão muito próximos daqueles recomendados por Chow. Para a fixação do ressalto junto ao pé-do-vertedor é conveniente a instalação de uma bacia de dissipação. Existem vários modelos de bacias disponíveis na literatura, mas os mais divulgados são os denominados USBR I a USBR IV. A escolha desses modelos é feita principalmente pelo número de Froude, a montante da seção de instalação (escoamento supercrítico).

QUADRO 8.15 Variáveis relativas dos ressaltos

Q (m³/s)	F_1	E_1 (m)	y_2/E_1	h/E_1	y_1/E_1
50	9,31	21,718	0,29	0,26	0,023
100	6,58	22,208	0,39	0,35	0,044
150	5,37	22,698	0,46	0,40	0,065
200	4,65	23,188	0,52	0,43	0,085

Existem dois modelos de bacia aplicáveis quando $F_1 > 4,5$. A USBR II projetada para fluxos com velocidades superiores a 15 *m/s* e a USBR III para velocidades inferiores a 18 *m/s*. No caso em análise, no qual $V_1 = 20,41$ *m/s*, a USBR II deve ser a escolhida. Na entrada dessa bacia existe uma série de blocos afastados entre si uma distância y_1 e com altura igual a y_1. Nesse canal passarão várias vazões com tirantes y_1, variando entre 0,49 e 1,96 *m*. É conveniente dimensionar a bacia para o maior tirante, exceto quando este ocorrer em intervalos de tempo muito longos.

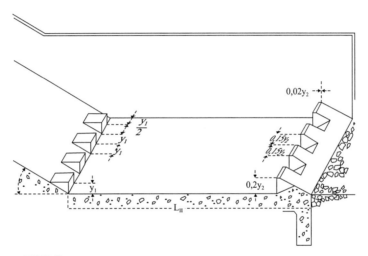

FIGURA 8.22 Bacia de dissipação USBR II.

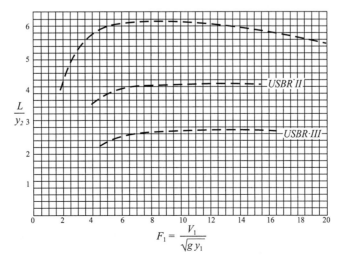

FIGURA 8.23 Comprimento de ressalto livre e nas bacias USBR II e III.

A extensão da bacia será definida pela relação $L/y_2 = f(F_1)$. No caso analisado, $F_1 = 4{,}65$ (para $y_1 = 1{,}96$) e $L/y_2 = 3{,}75$, o que leva a:

$$L = 3{,}75 \times 11{,}94 = 44{,}77 \ m$$

É interessante observar que a aplicação da bacia reduziu o comprimento do ressalto que, "livre", atingiria 71,68 m, conforme anunciado no Quadro 8.14. Finalmente, a USBR II tem na seção de jusante uma soleira terminal dentada com altura:

$$h_2 = 0{,}2 \times y_2 = 0{,}2 \times 11{,}95 = 2{,}39 \ m$$

Entre dentes há um espaço igual a:

$$e_2 = 0{,}15 \times y_2 = 0{,}15 \times 11{,}95 = 1{,}79 \ m$$

Antes de encerrar este exercício, convém observar que o instrumental teórico utilizado no cálculo do ressalto é válido quando $I = 0 \ m/m$, como foi proposto no enunciado do problema. Caso o trecho horizontal não existisse seria necessário iniciar a solução verificando se o ressalto se formará ou não. Esse fenômeno só acontecerá quando o escoamento passar de supercrítico para subcrítico. Em canais com escoamento subcrítico ao longo de toda a calha, ou totalmente supercrítico, não se formará ressalto. A declividade crítica que serve de referencial na determinação do tipo de escoamento no canal é calculada por:

$$I_c = \left(\frac{Q \times n}{A_c \times R_c^{2/3}} \right)^2$$

Na qual, para canais de seção retangular:

- $A_c = b \times y_c$
- $y_c = \sqrt[3]{\dfrac{Q^2}{g \times b^2}}$
- $R_c = \dfrac{A_c}{P_c} = \dfrac{b \times y_c}{b + 2 \times y_c}$

sendo:

y_c = tirante crítico para a vazão Q considerada
A_c = área molhada crítica
g = aceleração da gravidade
R_c = raio hidráulico crítico
P_c = perímetro molhado crítico

Para o caso em consideração ($Q = 200 \ m^3/s$; $b = 5 \ m$; $n = 0{,}013$):

$$y_c = \sqrt[3]{\frac{Q^2}{g \times b^2}} = \sqrt[3]{\frac{200^2}{9{,}81 \times 5^2}} = 5{,}46 \ m$$

- $A_c = 5 \times 5{,}46 = 27{,}32 \ m^2$
- $P_c = 5 + 2 \times 5{,}46 = 15{,}93 \ m$
- $R_c = 27{,}32 / 15{,}93 = 1{,}72 \ m$

$$I_c = \left(\frac{200 \times 0{,}013}{27{,}32 \times 1{,}72^{2/3}} \right)^2 = 0{,}00442 \ m/m$$

A declividade do canal de jusante do trecho de fundo horizontal é igual a 1/10 ou 0,10 m/m, muito superior à declividade crítica. Conclui-se, então, que não se formaria ressalto, caso o trecho de fundo plano não existisse. Na hipótese de uma redução de declividade ao longo desse canal, como a mostrada na Figura 8.24, na qual y_3 é superior à y_n, o ressalto se fixará em trecho inclinado e o instrumental teórico para a determinação de suas características difere do até então apresentado.

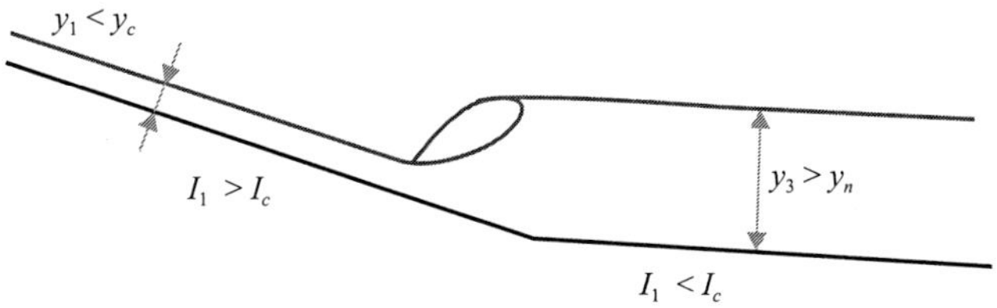

FIGURA 8.24 Ressalto formado por variação de declividade (regime).

A título de exemplo, será examinado o ressalto formado, nesse canal, quando a declividade mudar de $I_1 = 1/10$ m/m para $I_3 = 0{,}002$ m/m e o tirante de jusante (y_3) for mantido acima do tirante normal em razão do acionamento de comporta situada a jusante. A altura conjugada do ressalto formado em canal de fundo inclinado será calculada por meio do modelo matemático a seguir:

$$y_2 = \frac{y_1}{2} \times \left(\sqrt{1 + 8 \times G^2} - 1 \right)$$

Em que:

$$G = \frac{F_1}{\sqrt{\cos\theta - \dfrac{K \times L \times \operatorname{sen}\theta}{d_2 - d_1}}}$$

d_1 e d_2 = profundidades conjugadas medidas segundo uma perpendicular ao fundo
y_1 e y_2 = profundidades conjugadas medidas segundo a vertical
θ = ângulo de inclinação do fundo em relação à horizontal
K = constante
F_1 = número de Froude a montante do ressalto, no trecho de escoamento supercrítico

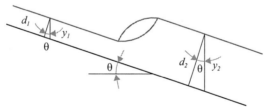

FIGURA 8.25 Ressalto em canal de fundo inclinado.

Chow contorna a dificuldade da definição de d_1, d_2 e K apresentando um ábaco que permite a determinação de y_2/y_1 em função de F_1 e I. O tirante de escoamento da vazão máxima ($Q = 200$ m³/s) no canal de inclinação $I = 1/10$ m/m será calculado por meio do modelo de Manning.

$$Q = \frac{A}{n} \times \left(\frac{A}{P} \right)^{2/3} \times I^{1/2}$$

Em que:

A = área molhada
P = perímetro molhado
I = declividade longitudinal
n = coeficiente de rugosidade de Manning

Substituindo os valores conhecidos, tem-se:

$$200 = \left[\frac{5 \times d_1}{0{,}013} \right] \times \left[\frac{5 \times d_1}{5 + 2 \times d_1} \right]^{2/3} \times \left[\frac{1}{10} \right]^{1/2}$$

$$d_1 = 1{,}65 \ m$$

O número de Froude, para esse tirante, será:

$$F_1 = \frac{V_1}{\sqrt{g \times d_1}} = \frac{Q}{A_1} \times \frac{1}{\sqrt{g \times d_1}} = \frac{200}{5 \times 1,65} \times \frac{1}{\sqrt{9,81 \times 1,65}} = 6,0$$

Para $F_1 = 6$ e $S_o = 1/10$ m/m o ábaco de Chow oferece:

$$\frac{y_2}{y_1} = \frac{d_2}{d_1} = 11,3$$

$$d_2 = 1,65 \times 11,3 = 18,6 \text{ } m$$

Os valores de y_1 e y_{2i} serão:

$$\cos\theta = d_1/y_1 = d_2/y_2$$

sabendo que: tg $\theta = I_1 = 1/10$ conclui-se que: $\theta = 5,7°$

$$y_1 = \frac{d_1}{\cos\theta} = \frac{1,65}{\cos 5,7} = 1,658$$

$$y_{2i} = \frac{d_2}{\cos\theta} = \frac{18,64}{\cos 5,7} = 18,73 \text{ } m$$

No trecho com declividade $I_3 = 0,002$ m/m o tirante normal de escoamento y_n será calculado pela fórmula de Manning.

$$200 = \frac{5 \times h_n}{0,013} \times \left[\frac{5 \times h_n}{5 + 2 \times h_n}\right]^{2/3} \times 0,002^{1/2}$$

$$y_n = 10 \text{ } m$$

Como o tirante normal de escoamento é muito inferior a $y_{2i} = 18,75$ m conclui-se que a hipótese de cálculo inicial só será viável com a elevação artificial do NA de jusante. Em condições normais de escoamento o ressalto ocorrerá conforme descrito na Figura 8.26. Nessa figura, o tirante no trecho compreendido entre o ponto de inflexão da declividade e d_1 variará gradualmente. As alturas conjugadas passam a ser d_1 e d_2, sendo $d_2 = y_n = 10$ m.

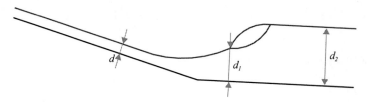

FIGURA 8.26 Ressalto livre em canal inclinado.

EXERCÍCIO RESOLVIDO 8.7

Um canal de seção retangular revestido de concreto ($n = 0,013$), largura de fundo $b = 5$ m, declividade longitudinal $I = 1,52 \times 10^{-5}$ m/m e altura lateral de 4 m (do fundo à borda) transporta diversificada gama de vazões variando seu tirante entre $y_{min} = 0,5$ m e $y_{max} = 3,5$ m. Para determinar as vazões que passam no canal, pretende-se instalar um medidor do tipo Parshall. Escolha o medidor mais adequado e construa quadros que facilitem a determinação das vazões, a partir das cargas registradas na régua de montante desse medidor

Solução

Inicialmente deve-se determinar o intervalo de vazões a ser medido. Pela fórmula de Manning, aplicável em canais de seção retangular, as vazões máxima e mínima podem ser calculadas da seguinte forma:

$$Q = \frac{b \times y}{n} \times \left[\frac{b \times y}{b + 2 \times y}\right]^{2/3} \times I^{1/2}$$

As vazões mínima e máxima a serem medidas são:

$$Q_{mín} = \frac{5 \times 0,5}{0,013} \times \left(\frac{5 \times 0,5}{5 + 2 \times 0,5}\right)^{2/3} \times \sqrt{1,52 \times 10^{-5}} = 0,418$$

$$Q_{máx} = \frac{5 \times 3,5}{0,013} \times \left(\frac{5 \times 3,5}{5 + 2 \times 3,5}\right)^{2/3} \times \sqrt{1,52 \times 10^{-5}} = 6,749$$

Conhecidas as vazões máxima e mínima, assim como a largura do canal, pode-se buscar o modelo de medidor mais adequado na tabela de definição geométrica dos medidores.

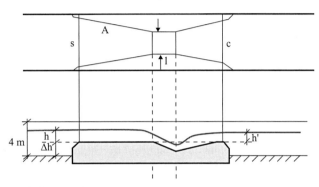

FIGURA 8.27 Instalação de medidor Parshall em canal.

QUADRO 8.16 Dimensões de medidores do tipo Parshall

l (ft)	s (mm)	c (mm)	$Q_{mín}$ (m³/s)	$Q_{máx}$ (m³/s)
8'	3397	2743	0,0972	3,949
10'	4756	3658	0,1600	8,280
12'	5607	4470	0,1900	14,680

Os medidores são referenciados pela largura da garganta l (seção mais estreita). Foram selecionados, em primeira aproximação, os medidores de 8, 10 e 12 pés considerando a necessária adaptação de sua maior dimensão transversal (s) à largura do canal ($b = 5\ m$). Nessa perspectiva, os dois primeiros medidores podem se encaixar à seção do canal com o prolongamento das laterais A, conforme indicado na Figura 8.27, até que estas toquem as paredes do canal. O último medidor exigiria um alargamento do canal conforme será analisado posteriormente. Consideram-se agora as vazões. A vazão mínima ($Q_{mín} = 0,418\ m^3/s$) é quantificada, ou medida, por qualquer dos medidores selecionados. O mesmo não acontece com a vazão máxima ($Q_{máx} = 6,749\ m^3/s$) que pode ser avaliada apenas pelos medidores de 10 e 12 pés. O medidor de $l = 8\ ft$ foi eliminado por não ser capaz de medir a vazão máxima do canal e o de $l = 12\ ft$ foi desconsiderado pela dificuldade em adaptá-lo ao canal. Desta análise surge o medidor Parshall de $l = 10\ ft$ como o mais indicado ao caso em consideração. Concluída a escolha, ficam em evidência as características e limites do medidor Parshall de 10 pés. A equação da curva-chave desse medidor é:

$$Q = K \times h^u$$

Em que:

Q = vazão que percorre o canal em metros cúbicos por segundo
$K = 7,463$ e $u = 1,60$ – constantes para o medidor de 10 pés
h = leitura da régua da soleira, em metros

logo:

$$Q = 7,463 \times h^{1,6}$$

sendo a carga hidráulica medida em metros e a vazão em metros cúbicos por segundo.

O limite de afogamento h'/h desse medidor é:

$$\frac{h'}{h} = 0,80$$

Em que:
h = a carga sobre o medidor, lida na régua da soleira
h' = a carga lida na régua da garganta, que mede a distância entre o nível de jusante do canal e a soleira do medidor

O limite de afogamento permite a definição da cota da soleira do medidor, para que todas as vazões sejam determinadas diretamente (sem correções).

A determinação da altura Δh, que corresponde à elevação da soleira do medidor Parshall, faz-se da seguinte forma:

$$\Delta h = y - h'$$

Essa equação resulta do fato do tirante do canal voltar a seu nível normal de escoamento a jusante do medidor. Para a vazão máxima, a mais desfavorável para um possível afogamento, o nível normal será $y = 3,5\ m$ ($Q_{máx} = 6,749\ m^3/s$). Sabe-se também que a carga h sobre o vertedor será:

$$6,749 = 7,463 \times h^{1,6} \quad \therefore \quad h = 0,939\ m$$

Conclui-se, então, que para ser garantido o limite de escoamento máximo sem afogamento $h'/h = 0,80$, deve-se ter:

$$h' = 0,80 \times h = 0,80 \times 0,939 = 0,751\ m$$

FIGURA 8.28 Elevação da soleira da calha.

A elevação da soleira do medidor Δh será:

$$\Delta h = y - h' = 3,5 - 0,751 = 2,749\ m$$

Deve-se agora verificar se esta cota da soleira não causará extravasamento a montante do medidor. Para tanto deve-se garantir: $\Delta h + h \leq$ altura da borda ($4,0\ m$). Sabe-se que:

$$2,749 + 0,939 < 4,0 \quad \therefore \quad 3,688 < 4,0$$

A folga, a montante do medidor Parshall, será:

$$f = 4,0 - 3,688 = 0,312\ m.$$

Conclui-se que a folga do escoamento normal ($f = 0,5\ m$) foi reduzida para $0,312\ m$ a montante do medidor. Definida a cota da soleira pode-se determinar as vazões que transitam no canal, conforme mostrado no Quadro 8.17, utilizando para tal a equação da curva-chave.

QUADRO 8.17 Medidor tipo Parshall 10 pés (cota soleira: 2,749 m)

carga h (m)	Q (m^3/s)	carga h (m)	Q (m^3/s)
0,1	0,187	0,6	3,295
0,2	0,568	0,7	4,218
0,3	1,087	0,8	5,222
0,4	1,723	0,9	6,305
0,5	2,462	0,939	6,749

A questão do afogamento pode ser desconsiderada, desde que seja construído um degrau no perfil do canal, imediatamente após o medidor, de tal forma que a seção do medidor seja seção de controle permanente do canal conforme disposto na Figura 8.29.

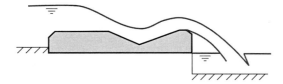

FIGURA 8.29 Degrau após Parshall.

O exemplo de canal estudado foi intencionalmente proposto para se ajustar a este tipo específico de medidor. Na prática, essa concordância nem sempre acontece. Bastaria que a seção do canal estudado tivesse tirante apreciável ou declividade acentuada para que surgissem dificuldades de ajustes. Caso o canal estudado, a título de exemplo, tivesse declividade $I = 3 \times 10^{-5}$ m/m as vazões seriam:

$$Q_{min} = \frac{5 \times 0,5}{0,013} \times \left[\frac{5 \times 0,5}{5 + 2 \times 0,5}\right]^{2/3} \times (3 \times 10^{-5})^{1/2} = 0,587 \ m^3/s$$

$$Q_{min} = \frac{5 \times 3,5}{0,013} \times \left[\frac{5 \times 3,5}{5 + 2 \times 3,5}\right]^{2/3} \times (3 \times 10^{-5})^{1/2} = 9,482 \ m^3/s$$

A vazão máxima, após esta alteração, não seria mais quantificada pelo medidor de 10 pés. Já constatou-se também que o medidor de 12 pés (o seguinte na tabela de Parshall) não se ajusta à seção do canal com $b = 5$ m. Isso sugere a construção de um trecho de canal com largura mínima de 5,6 m para, nele, instalar o medidor. Esse trecho de canal deve ser adaptado ao canal primitivo por meio de transições cujo projeto será considerado no momento oportuno. Definida a nova seção do trecho de canal, deve-se proceder como indicado desde o início do problema determinando, inclusive, os novos tirantes para as vazões mínima e máxima. Uma outra forma de ajustar o medidor ao canal consiste em estabelecer um trecho de pequena declividade onde ele seja instalado. Esta solução, no entanto, requer uma extensão maior de adaptação de forma a permitir o ajuste longitudinal da veia líquida às novas condições de escoamento. A busca de outro modelo de medidor, melhor adaptado às condições de escoamento no canal talvez seja a opção mais aconselhável.

EXERCÍCIO RESOLVIDO 8.8

Um canal de seção retangular com base $b = 7$ m, revestido de concreto ($n = 0,015$) e declividade longitudinal de 1/10 m/km, transporta água limpa com tirante de 3 m, quando em escoamento permanente uniforme. A água aduzida movimenta um grupo de turbinas instaladas a jusante do canal. Analise o remanso formado neste canal quando algumas turbinas forem desligadas produzindo uma elevação de nível d'água, junto à casa de máquinas, correspondente a 25, 50, 75 e 100% sobre o nível normal de escoamento.

Solução

Em primeiro lugar serão determinadas as características do escoamento no canal em escoamento permanente e uniforme. As características do canal são:

$$b = 7m, \ n = 0,015, \ I = 1/10 \ m/km \ e \ y = 3 \ m.$$

Com estes dados, determina-se a vazão pela fórmula de Manning:

$$Q = \frac{A}{n} \times R^{2/3} \times I^{1/2}$$

Em que:

A = área molhada (m^2)
R = raio hidráulico (m), igual à razão entre a área molhada e o perímetro molhado
b = largura do canal (m)

y = profundidade ou tirante (m)
n = coeficiente de rugosidade de Manning
I = declividade longitudinal do canal (m/m)

$$Q = \frac{7 \times 3}{0,015} \times \left(\frac{7 \times 3}{7 + 3 \times 2}\right)^{2/3} \times \left(\frac{1}{10.000}\right)^{1/2} = 19,274 \; m^3/s$$

O tirante crítico será:

$$y_c = \sqrt[3]{\frac{Q^2}{g \times b^2}} = \sqrt[3]{\frac{19,274^2}{9,81 \times 7^2}} = 0,918 \; m$$

E a declividade crítica, calculada pela fórmula de Manning, para este tirante crítico, será:

$$I_c = \left(\frac{Q \times n}{A_c \times R_c^{2/3}}\right)^2 = 0,00310 \; m/m$$

Como o tirante normal ($y = 3,0 \; m$) é superior ao tirante crítico ($y_c = 0,918$) e a declividade longitudinal é menor do que a declividade crítica, pode-se concluir que o escoamento normal no canal é subcrítico. Quando uma ou mais turbinas deixarem de operar, o volume de água correspondente à diferença entre a vazão admitida no canal e a vazão consumida pelas turbinas em atividade será armazenado na calha do canal e resultará na elevação do tirante. A elevação do nível d'água afetará uma determinada extensão do canal que passará a exibir escoamento gradualmente variado. O restante do canal, a montante do remanso, continuará apresentando escoamento permanente uniforme. A elevação geral de nível terá continuidade até que o nível da entrada do canal seja afetado e a vazão admitida reduzida ao valor de consumo. Neste cenário está implícito que o canal autocontrolará a vazão aduzida. Isto é possível quando a extensão, a declividade longitudinal e a altura lateral do canal forem compatíveis e a elevação total do nível d'água não implicar em transbordamento.

Outra forma de operar o canal será conseguida com a instalação de uma comporta na sua entrada cujo acionamento seja conjugado ao funcionamento do conjunto de turbinas. Neste caso, o desligamento de uma turbina promoverá o fechamento parcial da comporta, de forma que a vazão de entrada se igualará rapidamente à vazão consumida, minimizando o armazenamento no canal. Uma terceira forma de considerar a questão será descartando a vazão aduzida não turbinada por meio de um vertedor ou outro dispositivo de extravasamento.

Neste problema deseja-se estudar a forma e a extensão do remanso desenvolvido no canal quando o nível d'água junto à casa de máquina atingir níveis correspondentes a 25, 50, 75 e 100% acima do nível normal de escoamento. Esses percentuais correspondem aos níveis considerados no Quadro 8.18.

QUADRO 8.18 Níveis do canal junto às turbinas

%	100	125	150	175	200
Tirante (m)	3,0	3,75	4,50	5,25	6,00

O escoamento gradualmente variado se desenvolverá entre uma das novas alturas e o tirante normal ($y = 3,0 \; m$). A extensão do remanso S será calculada pela expressão matemática devida a Bakhmeteff:

$$S = \frac{y_n}{I} \times \left\{ x_1 - x_2 + (1 + \beta) \times \left[-\int_{x_1}^{x_2} \frac{dx}{x^N - 1} \right] \right\}$$

Em que:

y_n = tirante normal do escoamento permanente e uniforme
I = declividade longitudinal do canal
x_1 = profundidade relativa de jusante, igual a y_1/y_n
x_2 = profundidade relativa de montante, igual a y_2/y_n

β = declividade relativa, igual a I/I_c, sendo I_c a declividade longitudinal crítica
I_c = declividade longitudinal crítica
N = expoente hidráulico

$$N = \frac{10}{3} - \frac{8}{3} \times \frac{\left(\frac{y}{b}\right)}{1 + 2\times\left(\frac{y}{b}\right)}, \text{ para seções retangulares.}$$

Para a seção retangular há estabilidade de N (em torno do valor 2) para valores de y/b superiores a 6,0. Na seção circular a estabilidade não acontece e na seção trapezoidal N varia entre 3,5 e 5,5, dependendo do valor de z que determina a declividade lateral da seção. No cálculo do expoente hidráulico N, o mais prudente será usar a média aritmética das profundidades, do trecho em consideração. Tomem-se os valores numéricos do remanso compreendido entre os tirantes $y_1 = 3,75\ m$ e $y_2 = 3,00\ m$ para servir de exemplificação para os demais tirantes.

$$x_1 = \frac{y_1}{y_n} = \frac{3,75}{3,0} = 1,25$$

$$x_2 = \frac{1,02 \times y_2}{y_n} = \frac{1,02 \times 3,0}{3,0} = 1,02$$

Em vez de se considerar $y_2 = 3,0$ m, é mais conveniente usar tirante 2% superior ao tirante normal para minimizar o efeito de cauda de remanso que existe no cálculo de S, segundo o modelo de Bakhmeteff, que considera o encontro da linha de remanso com a linha do tirante normal acontecendo no infinito. Este percentual é arbitrário e pode ser aumentado ou reduzido. No caso em estudo, 2% representa 6 cm (3,06 m em vez de 3,00 m), que será o erro cometido.

$$\beta = \frac{I}{I_c} = \frac{\frac{1}{10.000}}{0,00310} = 0,0323$$

$$y = \frac{y_2 + y}{2} = \frac{3,75 + 3,0}{2} = 3,375$$

$$N = \frac{10}{3} - \frac{8}{3} \times \frac{\frac{3,375}{7}}{1 + 2\times\left(\frac{3,375}{7}\right)} = 2,679$$

$$S_{2\%} = \frac{3,0}{0,0001} \times \{1,25 - 1,02 + (1 + 0,0323) \times [0,833]\}$$

$$S_{2\%} = 32.797\ m$$

O resultado, sem dúvida, representa uma extensão considerável. Caso a escolha do percentual de acréscimo de y_0 recaia sobre 5%, em vez de 2%, para a elevação do nível normal, o resultado será.

$$S_{5\%} = \frac{3,0}{0,0001} \times \{1,25 - 1,05 + (1 + 0,0323) \times [0,516]\}$$

$$S_{5\%} = 22.011\ m$$

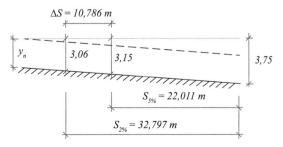

FIGURA 8.30 Variação do percentual do corte do remanso.

Observe que 5% de 3,0 *m* corresponde ao tirante de 3,15 *m*, ou seja, os 22 km calculados estão compreendidos entre os tirantes 3,75 *m* (a jusante) e 3,15 *m* (a montante). Ora, esta pequena variação na altura do tirante de referência (a montante) resultou na redução de 10 km na extensão total do remanso. Esta variação acontece, principalmente, devido à pequena declividade longitudinal do canal. Essas grandes variações aconselham a comparação dos resultados obtidos com os valores resultantes de um outro método de cálculo da extensão do remanso para então se concluir sobre a resposta a ser aceita. Será adotado o método *Direct Step*, aplicável a canais prismáticos, como segundo resultado. Esse método surge da aplicação do conceito de energia entre duas seções vizinhas distantes entre si Δx.

Sabe-se que:

$$z_1 + y_1 + \frac{V_1^2}{2g} = z_2 + y_2 + \frac{V_2^2}{2g} + h_f$$

como:

$E_1 = y_1 + \frac{V^2}{2g}$ (energia específica na seção 1)

$E_2 = y_2 + \frac{V_2^2}{2g}$ (energia específica na seção 2) h_f = perda de carga ao longo do trecho Δx

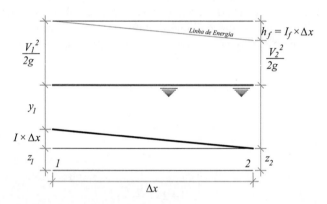

FIGURA 8.31 Método *Direct Step* para a determinação da extensão do remanso.

Então:
$h_f = I_f \times \Delta x$, na qual, I_f é a declividade da linha de energia.
$z_1 - z_2 = I \times \Delta x$.
Pode-se escrever:

$$z_1 + y_1 + \frac{V_1^2}{2 \times g} = z_2 + y_2 + \frac{V_2^2}{2 \times g} + h_f$$

$$z_1 + E_1 = z_2 + E_2 + h_f$$

$$I \times \Delta x + E_1 = E_2 + I_f \times \Delta x$$

$$\Delta x = \frac{E_2 - E_1}{I - I_f}$$

$$\Delta x = \frac{\Delta E}{I - I_f}$$

Aplica-se esse método calculando Δx por meio da planilha mostrada no Quadro 8.19.

QUADRO 8.19 Cálculo do remanso pelo método *Direct Step*

y (m)	A (m²)	R (m)	V (m/s)	V²/2g	E (m)	ΔE	I_f	I_f*	I – I_f*	Δx (m)	x (m)
(1)	(2)	(3)	(4)		(5)	(6)	(7)	(8)		(9)	(10)
3,75	26,25	1,810	0,734	0,0275	3,777	#	5,50E-05	#	#	#	#
3,65	25,55	1,787	0,754	0,0290	3,679	0,098	5,91E-05	5,70E-05	4,30E-05	2.291,0	2.291,0
3,55	24,85	1,762	0,776	0,0307	3,581	0,098	6,36E-05	6,13E-05	3,87E-05	2.542,4	4.833,4
3,45	24,15	1,737	0,798	0,0325	3,482	0,098	6,86E-05	6,61E-05	3,39E-05	2.896,5	7.730,0
3,35	23,45	1,712	0,822	0,0344	3,384	0,098	7,42E-05	7,14E-05	2,86E-05	3.430,8	11.160,7
3,25	22,75	1,685	0,847	0,0366	3,287	0,098	8,05E-05	7,74E-05	2,26E-05	4.326,4	15.487,2
3,20	22,40	1,672	0,860	0,0377	3,238	0,049	8,40E-05	8,22E-05	1,78E-05	2.751,8	18.239,0
3,15	22,05	1,658	0,874	0,0389	3,189	0,049	8,76E-05	8,58E-05	1,42E-05	3.433,6	21.672,6
3,10	21,70	1,644	0,888	0,0402	3,140	0,049	9,15E-05	8,95E-05	1,05E-05	4.663,4	26.336,0
3,05	21,35	1,630	0,903	0,0415	3,092	0,049	9,56E-05	9,35E-05	6,45E-06	7.543,0	33.879,0
3,02	21,14	1,621	0,912	0,0424	3,062	0,029	9,82E-05	9,69E-05	3,09E-06	9.434,3	43.313,3

Nota: $b = 7$ m; $Q = 19,274$ m³/s; $n = 0,015$; $I = 1,0 \times 10^{-4}$ m/m

(1) – profundidades do remanso
(2) – área da seção molhada: $A = y \times b$
(3) – raio hidráulico da seção molhada: $R = \dfrac{A}{P} = \dfrac{A}{(b+2 \times y)}$
(4) – velocidade média do escoamento: $V = Q/A$
(5) – energia específica: $E = y + V^2/2g$
(6) – diferença da energia específica: $\Delta E = E_{i-1} - E_i$
(7) – declividade da linha de energia calculado por: $I_f = \left[\dfrac{n \times V}{R^{2/3}}\right]^2$
(8) – declividade média da linha de energia no intervalo Δx: $I_f^* = \dfrac{(I_{fi} + I_{fi-1})}{2}$
(9) – extensão do trecho entre tirantes y_i e y_{i-1}: $\Delta x = \dfrac{\Delta E}{I - I_f^*}$
(10) – somatório das extensões dos trechos: $x_i = \Sigma \, \Delta x_i$

No Quadro 8.19 fica definido que pelo método *Direct Step*, entre os níveis 3,75 e 3,65 *m*, há uma distância de 2.291,0 *m*. Entre os tirantes 3,65 e 3,55 *m* a distância é 2.542,4 *m*, e assim sucessivamente. Finalmente entre 3,75 e 3,05 *m* tem-se a distância total de 33.879 m. Este resultado é compatível ao encontrado pelo método de Bakhmeteff que sugere a distância de 32.797,2 *m*, entre 3,75 e 3,05 *m* e a distância de 21.980 *m* entre 3,75 e 3,15 *m* de tirante. Pode-se ainda avaliar os resultados dos dois métodos, passo a passo, calculando as distâncias entre os níveis conhecidos pelo método de Bakhmeteff, conforme indicado no Quadro 8.20. Os resultados obtidos segundo as duas metodologias são apresentados no Quadro 8.21.

QUADRO 8.20 Método de Bakhmeteff aplicado entre tirantes intermediários

	y₂ (m)	x₂ (m)	y* (m)	y*/b	N	ψ (x₁)	ψ (x₂)	S (y₂ a y₁)	S (y_{i+1} a y_i)
	3,65	1,22	3,325	0,475	2,68	0,494	0,545	2.579,4	#
	3,55	1,18	3,275	0,468	2,69	0,494	0,591	5.004,0	2.424,6
	3,45	1,15	3,225	0,461	2,69	0,494	0,647	7.738,3	2.734,3
	3,35	1,12	3,175	0,454	2,70	0,494	0,746	11.804,2	4.065,9
	3,25	1,08	3,125	0,446	2,70	0,494	0,851	16.055,9	4.251,7
	3,20	1,07	3,100	0,443	2,71	0,494	0,896	17.949,5	1.893,6
(5%)	3,15	1,05	3,075	0,439	2,71	0,494	1,010	21.980,0	4.030,5
	3,10	1,03	3,050	0,436	2,71	0,494	1,186	27.930,5	5.950,5
(2%)	3,05	1,02	3,025	0,432	2,72	0,494	1,327	32.797,2	4.866,6

$y_1 = 3,75$ m; $x_1 = 1,25$ m; $b = 7$ m; $\beta = I/Ic = 0,0323$; $Q = 19,27$ m³/s

QUADRO 8.21 Comparação entre resultados dos métodos de cálculo da extensão do remanso

Comparação dos resultados Direct Step e Bakhmeteff

Intervalo de Nível	Distância		% Comparativa
	Direct Step	Bakhmeteff	Bak/D.S. * 100
3,75 a 3,65	2.291,0	2.579,4	112,6
3,75 a 3,55	4.833,4	5.004,0	103,5
3,75 a 3,45	7.730,0	7.738,3	100,1
3,75 a 3,35	11.160,7	11.804,2	105,8
3,75 a 3,25	15.487,2	16.055,9	103,7
3,75 a 3,15 (5%)	21.672,6	21.980,0	101,4
3,75 a 3,10	26.336,0	27.930,5	106,1
3,75 a 3,05 (2%)	33.879,0	32.797,2	96,8

Verifica-se que as distâncias entre alturas obtidas pelos dois métodos são muito próximas, exceto no primeiro trecho, quando os resultados divergiram cerca de 12,6%. Ficou claro que a cauda do remanso merece atenção já que a distância entre as alturas varia sensivelmente com a especificação de alguns centímetros a mais ou a menos. É conveniente estudar várias hipóteses de cálculo para se avaliar a real influência do remanso nessa região.

EXERCÍCIO RESOLVIDO 8.9

Um canal de seção retangular admite vazão a partir de um reservatório. O canal tem declividade longitudinal $I = 1/2.000$ m/m, coeficiente de Manning $n = 0,01$ m, largura da base $b = 5,0$ m, altura da caixa (entre fundo e borda) $H = 5,0$ m e vazão $Q = 50,0$ m³/s. Esse trecho se desenvolve por $L = 10,0$ km, a partir da cota 500,0 m, a montante, até a cota 495,0 m, a jusante. O canal deságua em reservatório cujo NA varia entre as cotas 499 m e 494 m. Determine a cota do nível d'água na seção de deságue quando o escoamento for permanente uniforme ao longo do canal, utilizando o software HEC RAS.

Solução

Os não usuários do REC HAS devem, em primeiro lugar, fazer o download do software HEC RAS recorrendo ao site www.hec.usace.army.mil/software/hec-ras/downloads.aspx. Antes de abrir o programa certifique-se que o separador da parte decimal dos valores numéricos é o ponto. A forma mais expedita de conseguir esse efeito é alterar o idioma em uso no computador para inglês dos Estados Unidos. Para tanto, deve ser percorrido o caminho *iniciar/painel de controle/relógio, idioma e Região/Região e Idioma/formatos/Inglês (Estados Unidos)/OK*. Neste ponto, o programa pode ser aberto clicando-se duas vezes sobre o ícone que fica disponível na área de trabalho do computador. A imagem da tela inicial do software é mostrada na Figura 8.32.

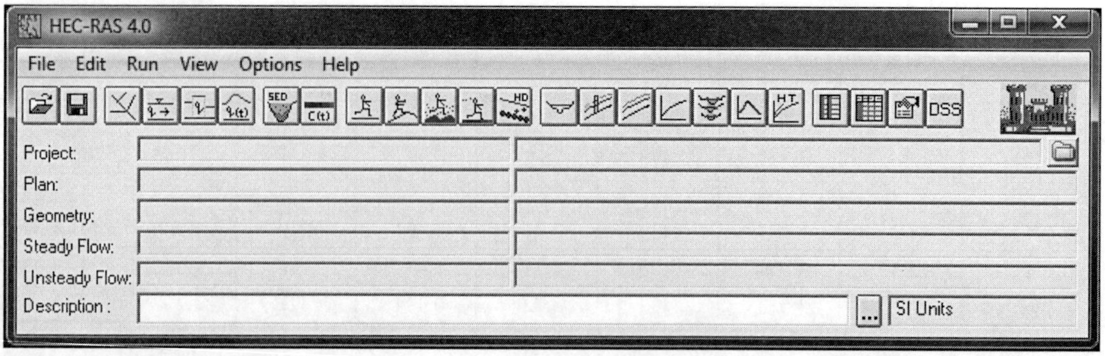

FIGURA 8.32 Tela inicial do HEC RAS.

Antes de prosseguir, deve-se verificar o sistema de unidades selecionado visível para o usuário no canto inferior direito da janela inicial do HEC RAS. Caso não esteja registrada a mensagem *SI Units*, o sistema de unidades deve ser alterado para tal. A seleção do sistema de unidades pode ser efetivada da seguinte forma: *Options/Unit system/System International (Metric System)/OK*. Concluída essa verificação, deve-se abrir um projeto no software por meio da seguinte instrução: *File/New Project*. Pode ser escolhida uma pasta para armazenar o projeto ou delegar essa escolha ao HEC RAS. Digite o nome "CANAL 1" na linha superior da janela para especificar o nome do novo projeto seguido de um clique em *OK*. O resultado é mostrado na Figura 8.33. Neste caso, facultativamente, foi escolhida a pasta C:\HEC RAS para armazenar os elementos do projeto. A descrição também é facultativa podendo ser introduzida, tão logo a janela inicial do software fique disponível. No caso, foi escrito "EXEMPLO 1" para identificar o projeto "CANAL 1".

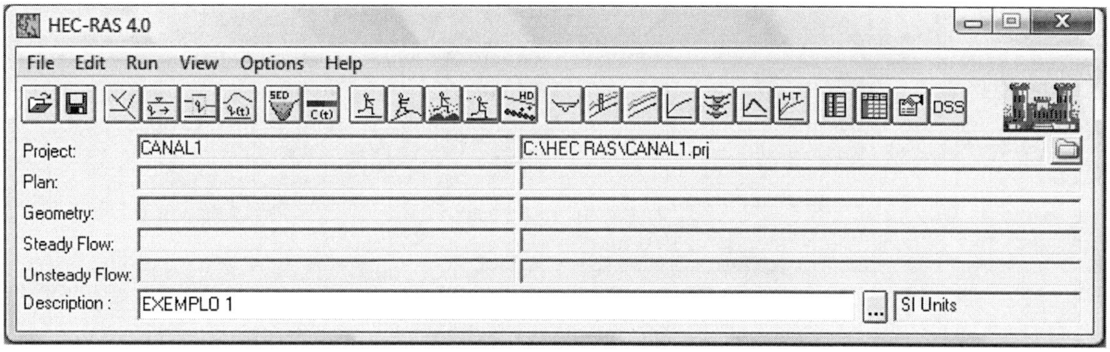

FIGURA 8.33 Nome do projeto registrado na tela inicial do REC HAS.

Nesse ponto, pode-se iniciar a entrada dos dados geométricos do canal e das respectivas seções. Os métodos tradicionais de cálculo permitem o dimensionamento do tirante normal em escoamento permanente uniforme e da velocidade do fluxo da seguinte forma:

$$Q = \frac{A}{n} \times [R]^{2/3} \times I^{1/2}$$

$$50 = \frac{5 \times y}{0,01} \times \left[\frac{5 \times y}{5 + 2 \times y}\right]^{2/3} \times \left[\frac{1}{2.000}\right]^{1/2} \therefore y = 3,483 \, m \text{ (compatível com a caixa do canal estabelecida em } H = 5,0 \, m\text{)}$$

$$V = \frac{Q}{A} = \frac{50}{3,483 \times 5} = 2,872 \, m/s$$

$$F = \frac{V}{\sqrt{g \times y}} = \frac{2,872}{\sqrt{9,81 \times 3,483}} = 0,491 \text{ (escoamento subcrítico)}$$

Conhecidas essas variáveis, pode-se iniciar a entrada da geometria do canal. Do enunciado conclui-se que a seção de jusante tem o fundo à cota 495,0 e as margens à cota 500,0 *m*. Já a seção de montante tem o fundo à cota 500,0 *m* e as margens à cota 505,0 *m*. Essas seções são identificadas por seus vértices na forma mostrada na Figura 8.34.

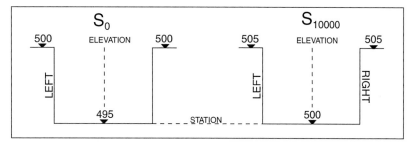

FIGURA 8.34 Seções de montante e jusante do canal.

No HEC RAS as seções são nomeadas (os nomes são números) de jusante para montante. É muito prático que a seção mais a jusante receba o nome zero (S_0). As seções a montante de S_0 devem receber nomes (números) que correspondam a distância da seção a ser nomeada até a seção mais a jusante (seção zero). Segundo essa orientação, a seção mais a montante do trecho em estudo receberá o nome 10.000 ($S_{10.000}$). Essa metodologia facilita a identificação de seções nas quais ocorrem alterações do escoamento. Os vértices dos retângulos que limitam as seções S_0 e $S_{10.000}$ serão admitidos no HEC RAS considerando pares de eixos, um par por seção, denominados *station* (eixo x) e *elevation* (eixo y). A entrada do dado é facilitada quando o eixo *elevation* (eixo y), que registra as cotas, coincide com o eixo de simetria da seção considerada. Essa escolha é facultativa, mas se revela muito prática em canais artificiais cilíndricos. Adotando o eixo de simetria como referencial, as seções S_0 e $S_{10.000}$ terão os vértices identificados na forma da Figura 8.35.

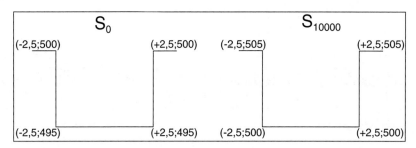

FIGURA 8.35 Coordenadas dos vértices das seções de montante e jusante do canal.

Neste ponto já existem informações para a entrada de dados da geometria do canal. Clique em *Edit/Geometric Data* para habilitar a janela *Geometric Data* conforme mostrado na Figura 8.36.

FIGURA 8.36 Janela de entrada dos dados geométricos do canal.

Para informar ao HEC RAS que será especificado um canal sem derivações entre as seções de montante e jusante, deve-se proceder da seguinte forma: clicar em *River Reach* posicionando o lápis virtual sobre qualquer ponto da tela de fundo branco e arrastá-lo até um outro ponto qualquer desse espaço, acionando duplo clique ao fim da linha traçada. Imediatamente após o duplo clique surgirá sobre a tela uma janela onde serão adicionadas as palavras "CANAL 1", em River, e "ÚNICO", em Reach, conforme mostrado na Figura 8.37. A identificação do canal 1 será concluída com um clique sobre *OK*.

Surgirá sobre a tela o traçado do canal e o respectivo nome conforme mostrado na Figura 8.38.

A entrada dos dados das seções transversais S_0 e $S_{10.000}$ pode ser realizada com a abertura da janela de seções após um clique sobre o ícone *Cross Section*. A janela de seções transversais será habilitada conforme indicado na Figura 8.39.

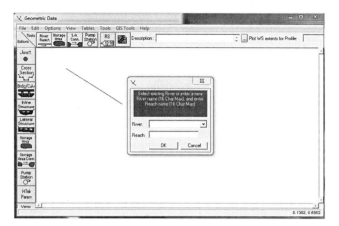

FIGURA 8.37 Identificação do canal no REC HAS.

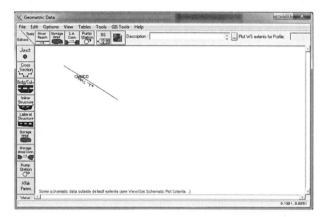

FIGURA 8.38 Tela após a identificação do canal.

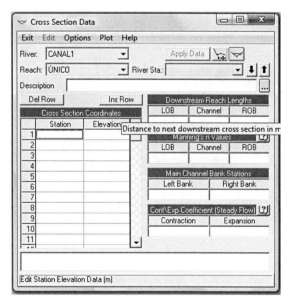

FIGURA 8.39 Janela *Cross Section Data* para entrada de dados das seções transversais.

O nome da seção a ser admitida é digitado após a seguinte sequência de cliques: *Options /Add a New Cross Section / Zero (0) / OK*. As seções são admitidas de jusante para montante. A primeira seção a ser admitida é a última seção a jusante. No campo *Description* pode ser, facultativamente, informado "seção de jusante". A seguir, devem ser oferecidas as coordenadas dos vértices da seção S_0 nas colunas *Station* e *Elevation* conforme indicado Figura 8.40.

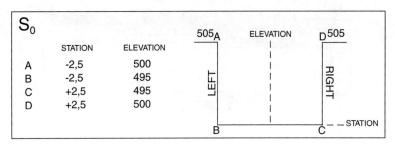

FIGURA 8.40 Entrada de dados da seção S_0.

Observe que a entrada dos dados deve ser feita da esquerda (*LEFT*), acima, para a direita (*RIGTH*), acima, percorrendo a seção de forma contínua. A entrada aleatória dos pontos característicos da seção resulta em um traçado equivocado e irreal da seção. Passa-se, a seguir, ao preenchimento dos dados *Downstream Reach Lengths*. Nos campos LOB, Channel e ROB devem ser preenchidos com os valores zero, zero e zero. Nesses campos são informadas as distâncias entre a seção referida e a seção imediatamente a jusante. Nesse caso, não há seção a jusante, de forma que os zeros indicam que S_0 é a seção mais a jusante. Channel se refere a parte central do canal, permanentemente inundada, LOB significa *Left Bank* ou margem esquerda e ROB significa *Right Bank* ou margem direita. As margens direita e esquerda do canal podem ficar inundadas ou secas dependendo da magnitude da vazão que percorre o canal. No caso em estudo, a seção é retangular, portanto, não se aplica esse conceito. Convém observar que o lado (ou margem) direito ou esquerdo é definido pelo observador que se encontra a montante, olhando a corrente fluindo para jusante. Em *Manning Values* deve ser informado o valor de 0,01 para LOB, *Channel* e ROB. O canal do exercício é cilíndrico, com superfícies laterais e o fundo revestidos com mesmo material (rugosidade). Em *Main Channel Bank Station* deve ser informado -2.5 para *Left Bank* e +2.5 para *Right Bank*. Esses valores determinam, sobre o eixo XX (*Station*), as distâncias das margens esquerda e direita em relação ao eixo vertical escolhido, no caso, o eixo de simetria. Finalmente, pode ser escolhido o zero para *Contraction* e *Expansion* no *Cont/Exp. Coefficient (Steady Flow)*, uma vez que nem o canal, nem o fluxo sofrem contração e/ou expansão ao longo do seu curso. Concluída a entrada de dados da seção S_0, clicar em *Apply Data* para dar entrada aos dados da seção. A direita da janela *Cross Section Data* a imagem da seção é desenhada no espaço próprio. Os pontos vermelhos à direita e a esquerda da seção na Figura 8.41 indicam as margens e os pontos pretos indicam os vértices do retângulo junto ao eixo das *Stations* (eixo XX).

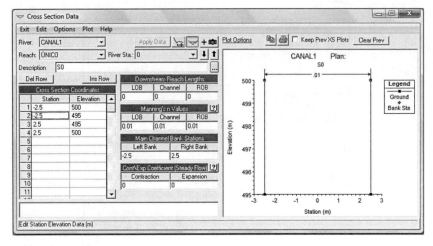

FIGURA 8.41 Entrada de dados da seção S_0.

Pode-se agora adicionar os dados da seção ($S_{10.000}$) situada a 10.000 m a montante da seção S_0. Para tanto, clica-se em *Options /Add a New Cross Section /10000* (na janela menor) / *OK*. As informações sobre a seção S_{10000} aparecem resumidas como na Figura 8.42.

Os cuidados com a entrada de dados são os mesmos descritos na seção S_0. No *Downstream Reach Lenght* deve, agora, ser escrito 10000 em LOB, *Channel* e ROB. Os valores de Manning continuam inalterados ($n = 0.01$), assim como, as distâncias -2.5 e +2.5 no *Main Channel Bank Station*. A contração e a expansão continuam iguais a zero. Fica, assim, concluída a entrada de dados da seção S_{10000} conforme indicado na Figura 8.43.

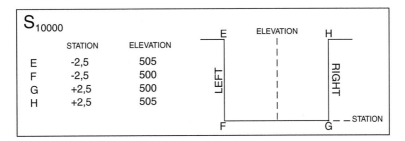

FIGURA 8.42 Coordenadas da seção S_{10000}.

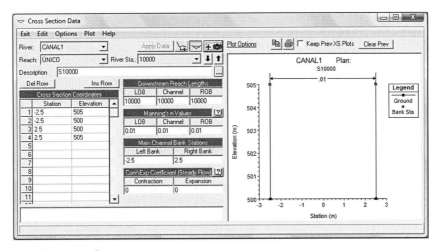

FIGURA 8.43 Entradas de dados da seção S_{10000}.

Esses valores devem ser internalizados no sistema com um clique em *Apply Data*. No canal em consideração, as duas seções descrevem um trecho único ao longo da extensão de 10.000 *m* de canal. Pode-se então, fechar a janela *Cross Section Data* e clicar em *Tools / XS Interpolation / Between 2Xs'* para a interpolação de seções entre a seções extremas (montante e jusante) já definidas. A interpolação é essencial para que o HEC RAS possa aplicar a equação da energia, seção a seção, e gerar os resultados desejados.

Diante da janela *XS Interpolation*, na qual as seções de montante e jusante já estão registradas, escolhe-se 100 *m* para *Distance Between 2X's*. Esta será a distância entre duas seções quaisquer entre montante e jusante. Quando a escolha da distância não contemplar um valor que permita a manutenção da precisão dos cálculos, o *software* apontará essa inadequação.

Clica-se, então, em *Interpolate New XS's* para executar o comando de interpolação. A janela *Geometric Data* apresentará o resultado da interpolação, conforme mostrado na Figura 8.45.

Os dados geométricos podem agora ser gravados com os seguintes comandos: *File / Save Geometric Data / Geometria do canal 1 / OK*. A janela inicial do HEC RAS ficará como na imagem mostrada na Figura 8.46.

Concluída a entrada da geometria do canal, deve ser providenciada a fixação da vazão que o percorrerá e os níveis do fluxo a serem observados nas seções de montante e/ou jusante que são as condições de contorno do escoamento. Para habilitar a janela *Stead Flow Data*, clique em *Edit / Steady Flow Data*. O resultado é apresentado na Figura 8.47.

A vazão que percorrerá o canal deve ser especificada no campo abaixo de PF1, em metros cúbicos por segundo. No caso em estudo registra-se 50 m^3/s. A seguir, deve ser aberta a janela para a especificação das condições de contorno. Clique sobre o botão *Reach Boundary Conditions* para habilitar a janela *Steady Flow Boundary Conditions*. Nessa janela estão disponíveis várias opções para caracterizar os níveis do fluxo nas seções de montante e de jusante do canal. Quando o escoamento no canal é subcrítico ($F < 1,0$) é requerida a especificação do nível de jusante. No escoamento supercrítico ($F > 1,0$) o nível de montante deve ser especificado. Quando, no trecho da simulação, ocorrer escoamento supercrítico seguido de subcrítico, ou vice-versa, as condições de montante e jusante devem ser definidas. No caso em estudo, o escoamento é subcrítico ($F = 0,491$). O enunciado do exercício informa que o nível de jusante varia entre as cotas 499 *m* e 494 *m*. O escoamento no canal será permanente e uniforme quando a cota do reservatório destino for igual à cota do fundo do canal, na seção de deságue, acrescida do tirante normal do escoamento para a vazão de 50,0 m^3/s (495 + 3,483 = 498,483 *m*). Ao propor essa hipótese de operação do canal pode-se clicar em *Downstream / Normal Depth*, admitindo que a vazão do canal será recebida

416 Elementos da Hidráulica

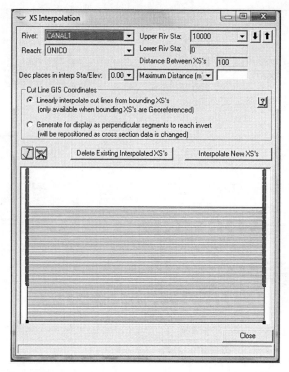

FIGURA 8.44 Seções interpoladas entre S_{10000} e S_0.

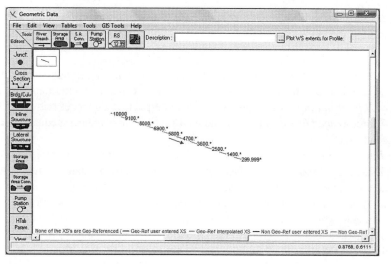

FIGURA 8.45 Resultado da interpolação de seções, a cada 100 m, entre montante e jusante.

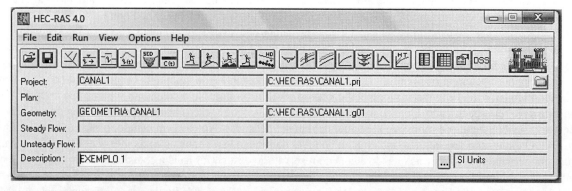

FIGURA 8.46 Janela inicial do HEC RAS mostrando os arquivos Canal 1 e Geometria Canal 1.

Exercícios Sobre Canal Capítulo | 8   417

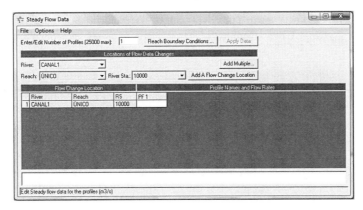

FIGURA 8.47   Janela *Stead Flow Data*.

no reservatório destino em escoamento permanente uniforme. Em consequência dessa escolha, surgirá a janela na qual deve ser introduzida a declividade longitudinal do canal (*Enter the downstream slope for normal depth computation for reach: ÚNICO for all profile*), conforme indicado na Figura 8.48.

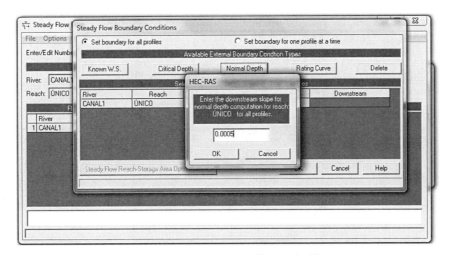

FIGURA 8.48   Registro da declividade do canal para escoamento permanente uniforme subcrítico.

Será digitada a declividade 0.0005 *m/m* (1/2.000), e em seguida clique na tecla *OK*. Concluída a especificação das condições de contorno, as janelas abertas podem ser fechadas sucessivamente até restar a janela *Steady Flow Data*. Nesta janela, clica-se em *File / Save Flow Data As* para a seguir nomear o arquivo com o título "vazão canal 1", completando a operação de salvamento com um clique em *OK*.

Na janela principal do HEC RAS surgirá o nome do arquivo gravado conforme indicado na Figura 8.49.

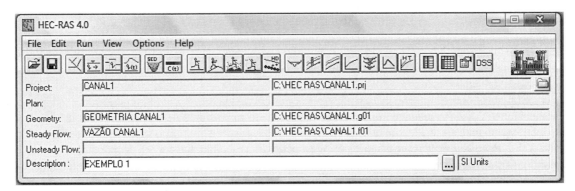

FIGURA 8.49   Janela principal com os nomes dos arquivos da geometria e vazão gravados.

Gravados os arquivos da geometria e da vazão é possível realizar a simulação da situação concebida para verificar como a vazão especificada percorrerá o canal. Clica-se em *Run / Steady Flow Analysis*, para abrir a janela da simulação mostrada na Figura 8.50.

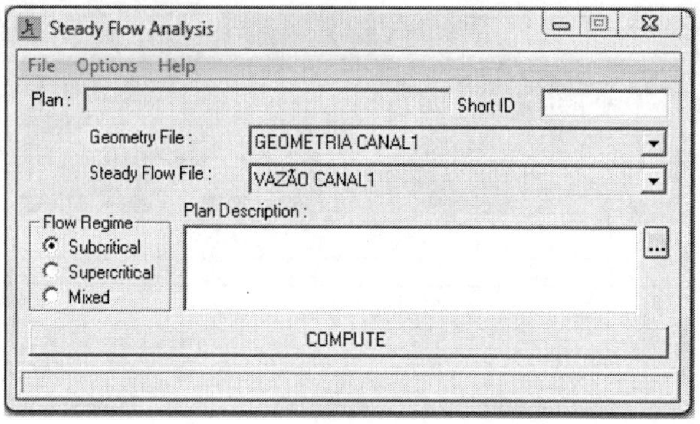

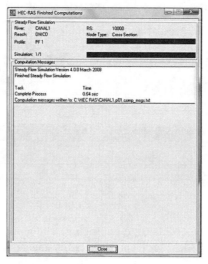

FIGURA 8.50 Janela da simulação.

O HEC RAS oferece automaticamente para a simulação os arquivos da geometria e vazão. Como o escoamento é subcrítico, clica-se em *Subcritical / Compute* para dar início à simulação. Ao fim de uma dezena de segundos surgirá a janela indicada na Figura 8.51 na qual é relatado o resultado da simulação.

FIGURA 8.51 Janela de informação do resultado da simulação.

Quando há inconsistências nos dados de entrada, especificamente nas condições de contorno, o HEC RAS, exibe uma lista de erros que deverão ser corrigidos antes de ser empreendida nova simulação.

Concluída com sucesso a simulação, os resultados ficam disponíveis no *software* e podem ser acessados nas formas gráfica e numérica. O caminho *View / Water Profile Plot* oferece uma visão geral do perfil do fundo e NA, ao longo do eixo longitudinal do canal, além de outras variáveis, conforme mostrado na Figura 8.52. O mesmo resultado é alcançado por meio do ícone.

O caminho *View / X-Y-Z Perspective Plots* oferece uma visão tridimensional do trecho selecionado do canal. É uma ferramenta interessante para a visualização do escoamento em seções específicas como as mostradas na Figura 8.53.

Na janela *X-Y-Z Perspective Plote*, no canto superior esquerdo, são escolhidas as seções de montante e jusante do trecho a ser observado. O trecho pode ser girado segundo uma visão em planta acionando *Rotation Angle* ou ter sua inclinação alterada por meio do *Azimute Angle*. Os resultados numéricos podem ser examinados seção a seção ou no conjunto das seções. Para a observação detalhada de uma seção deve ser seguido o caminho *View / Detailed Output Tables* ou

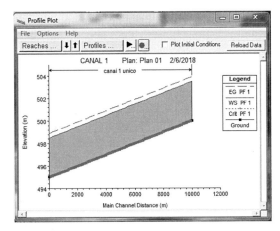

FIGURA 8.52 Perfil do escoamento da vazão em escoamento permanente uniforme.

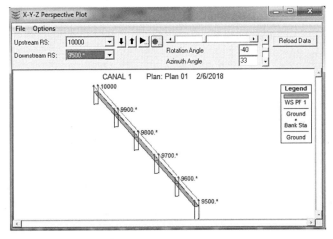

FIGURA 8.53 Visão tridimensional do escoamento no canal.

clicar sobre o ícone . O resultado desse comando é mostrado na Figura 8.54. Dela, podem ser extraídas, por exemplo, as informações: Vel. Total = 2.87 *m/s*; Max. Ch. Depth = 3,48 *m*; *Q*. Total = 50 m^3/s etc. É oportuno enfatizar que esses resultados foram calculados por métodos tradicionais no início desse exercício.

		Element	Left OB	Channel	Right OB
E.G. Elev (m)	503.90	Wt. n-Val.		0.010	
Vel Head (m)	0.42	Reach Len. (m)	100.00	100.00	100.00
W.S. Elev (m)	503.48	Flow Area (m2)		17.41	
Crit W.S. (m)		Area (m2)		17.41	
E.G. Slope (m/m)	0.000500	Flow (m3/s)		50.00	
Q Total (m3/s)	50.00	Top Width (m)		5.00	
Top Width (m)	5.00	Avg. Vel. (m/s)		2.87	
Vel Total (m/s)	2.87	Hydr. Depth (m)		3.48	
Max Chl Dpth (m)	3.48	Conv. (m3/s)		2236.3	
Conv. Total (m3/s)	2236.3	Wetted Per. (m)		11.97	
Length Wtd. (m)	100.00	Shear (N/m2)		7.13	
Min Ch El (m)	500.00	Stream Power (N/m s)	119.69	0.00	0.00
Alpha	1.00	Cum Volume (1000 m3)		174.13	
Frctn Loss (m)	0.05	Cum SA (1000 m2)		50.00	
C & E Loss (m)	0.00				

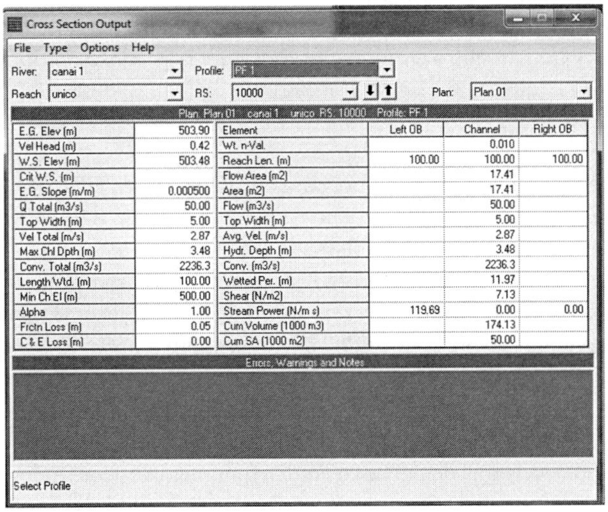

FIGURA 8.54 Variáveis do fluxo na seção 10000.

A observação de algumas variáveis do conjunto de seções é acessada por meio do caminho *View / Profile Summary Table*, conforme mostrado na Figura 8.55.

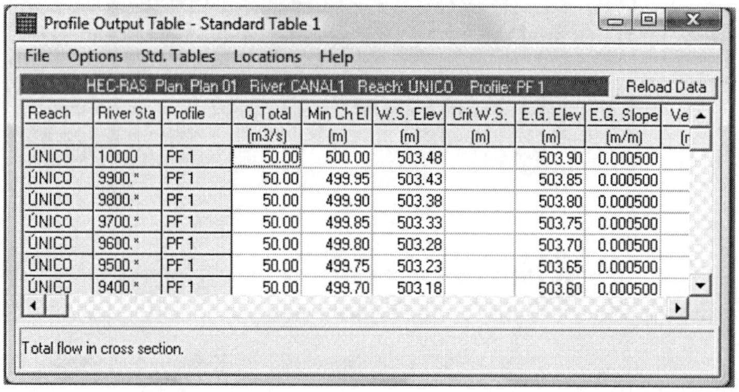

Reach	River Sta	Profile	Q Total	Min Ch El	W.S. Elev	Crit W.S.	E.G. Elev	E.G. Slope	Ve
			(m3/s)	(m)	(m)	(m)	(m)	(m/m)	(r
ÚNICO	10000	PF 1	50.00	500.00	503.48		503.90	0.000500	
ÚNICO	9900.*	PF 1	50.00	499.95	503.43		503.85	0.000500	
ÚNICO	9800.*	PF 1	50.00	499.90	503.38		503.80	0.000500	
ÚNICO	9700.*	PF 1	50.00	499.85	503.33		503.75	0.000500	
ÚNICO	9600.*	PF 1	50.00	499.80	503.28		503.70	0.000500	
ÚNICO	9500.*	PF 1	50.00	499.75	503.23		503.65	0.000500	
ÚNICO	9400.*	PF 1	50.00	499.70	503.18		503.60	0.000500	

FIGURA 8.55 Resultados para o conjunto de seções.

As seções ficam visíveis com o acionamento da barra de rolagem à direta. Observando especificamente a seção 5.000, após seguir o caminho *View / Detailed Output RS = 5000* (RS de *river station*), acha-se a velocidade total da seção, 2,87 *m/s*, e *Max.Ch.Depth* igual a 3,48m (profundidade hidráulica). Convém observar que nos canais retangulares a profundidade hidráulica é igual à profundidade do escoamento (tirante).

EXERCÍCIO RESOLVIDO 8.10

Um canal de seção retangular admite vazão a partir de um reservatório. O canal tem declividade longitudinal $I = 1/2.000$ *m/m*, coeficiente de Manning $n = 0{,}01$ *m*, largura da base $b = 5{,}0$ *m*, altura da caixa (entre fundo e borda) $H = 5{,}0$ *m* e vazão $Q = 50{,}0$ m^3/s. Esse trecho se desenvolve por $L = 10{,}0$ km, a partir da cota 500,0 *m*, a montante, até a cota 495,0 *m*, a jusante. O canal deságua em reservatório cujo NA varia entre as cotas 499 *m* e 494 *m*. Estude os perfis de escoamento desse canal para as cotas máxima e mínima do lago utilizando o software HEC RAS.

Solução

Neste exercício, a vazão e a geometria do canal do Exercício 8.9 foram mantidos. As condições de contorno, contudo, foram alteradas. A variação da cota do NA do reservatório promoverá escoamento permanente variado no trecho do canal próximo da seção de deságue. A solução do exercício passa, portanto, pela reformulação do arquivo que registra a vazão e as condições de contorno. Devem ser gerados dois novos arquivos que contemplem o ajuste do perfil de escoamento no canal aos níveis máximo e mínimo do reservatório. Um arquivo que considerará o remanso do tipo M1 que ajusta o tirante do canal ao nível máximo do reservatório e outro arquivo que considere o remanso do tipo M2 que ajusta o tirante do canal ao nível mínimo do reservatório.

a) Perfil do remanso M1.

Clicar sobre o ícone RAS, que está na área de trabalho, para abrir o software HEC RAS. A seguir, percorrer o caminho *File / Open Project / CANAL 1 / OK* para recuperar a projeto Canal 1 (Exercício 8.9). Abrir o arquivo "vazão canal 1" percorrendo o caminho *Edit Steady Flow data*. Essa ação dará acesso à janela *Steady Flow Data Vazão Canal 1*, conforme mostrado na Figura 8.57. Nessa janela mantem-se a vazão 50 m^3/s para fluir no canal. Clica-se sobre o botão *Reach Boundary Conditions* para alterar as condições de contorno no reservatório destino (a jusante). Na janela *Steady Flow Boundary Conditions* escolhe-se a opção "nível de jusante conhecido" clicando sobre o botão *Known W. S.* (*Water Still*). A janela *Set known water surface for flows* é habilitada para se inserir o nível d'água máximo do reservatório destino (499 *m*), conforme mostrado na Figura 8.56. A fixação do nível do reservatório é concluída com um clique sobre o botão *OK* da janela HEC RAS e sobre o botão *OK* da janela *Steady Flow Boundary Conditions*.

Essa informação deve ser gravada em forma de um novo arquivo por meio dos comandos *File / Save Flow Data As / Vazão Canal 1 499 / OK*, conforme mostra a Figura 8.57. Neste ponto, o Projeto Canal 1 tem dois arquivos para representar o fluxo no canal. Um arquivo para escoamento permanente uniforme e outro para escoamento permanente variado segundo o remanso M1.

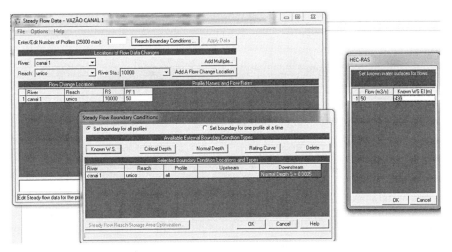

FIGURA 8.56 Fixação da cota do reservatório em 499 m.

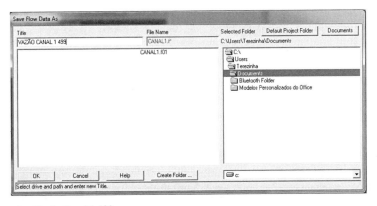

FIGURA 8.57 Gravação do arquivo Vazão Canal 1 499.

A simulação dessa nova condição de escoamento é feita por meio do acionamento dos seguintes comandos *Run / Steady Flow Analysis / Subcritical / Compute*. A conclusão, com sucesso, da simulação viabiliza a extração dos resultados. O perfil do escoamento fica visível, conforme mostrado na Figura 8.58, após a seguinte sequência de comandos: *View / Water Surface Profiles*.

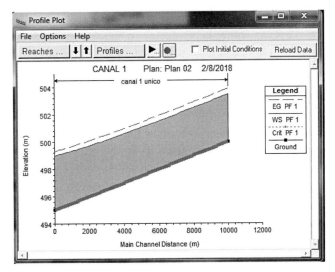

FIGURA 8.58 Perfil do remanso M1.

As condições de escoamento na seção 3.000 estão descritas na Figura 8.59, resultado obtido por meio dos seguintes comandos: / *Detailed Output Tables* / *RS 3000*.

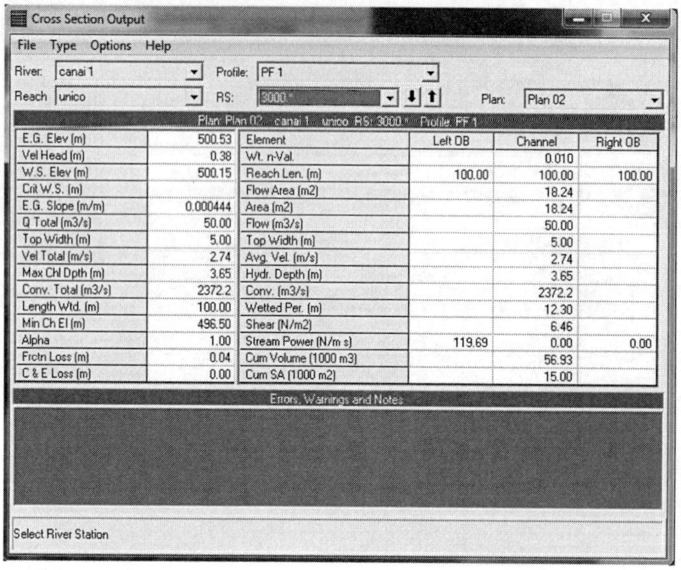

FIGURA 8.59 Variáveis da seção RS 3.000 (*river station*).

As consultas sucessivas às seções do canal, distantes entre si 1.000 m, permitem definir o remanso M1, conforme mostrado no Quadro 8.22.

QUADRO 8.22 Remanso M1 especificado segundo seções distantes entre si 1.000 m

S (m)	0	1.000	2.000	3.000	4.000	5.000	6.000	7.000	8.000	9.000	10.000
y (m)	4,00	3,84	3,73	3,65	3,59	3,56	3,53	3,52	3,51	3,50	3,49

Observe que o tirante normal, nesse canal, para a vazão de 50 m^3/s, é $y_n = 3{,}483$ m. Percebe-se pelos resultados do Quadro 8.22 que, a rigor, todo o trecho está influenciado pelo remanso. Do ponto de vista prático, contudo, as alterações do tirante se fazem mais intensamente nos 3.000 m de jusante. O comprimento do remanso M1 determinado pelo método de Bakhmeteff chega ao resultado indicado a seguir:

$$S = \frac{y_n}{I} \times \left\{ x_1 - x_2 + (1-\beta) \times \left[-\int_{x_1}^{x_2} \frac{1}{x^N - 1} \right] \right\}$$

$$S = \frac{3{,}483}{\frac{1}{2.000}} \times \left\{ 1{,}15 - 1{,}057 + (1 - 0{,}287) \times \left[-\int_{1{,}15}^{1{,}05} \frac{1}{x^{2{,}53} - 1} \right] \right\}$$

$$S = 2.770 \, m$$

Esse resultado é compatível com os valores do HEC RAS.

b. Perfil do remanso M2.

Para conhecer o remanso M2 deve-se abrir o arquivo "vazão canal 1 499" percorrendo o caminho *Edit Steady Flow data*. Essa ação dará acesso à janela *Steady Flow Data Vazão Canal 1 499*, conforme mostrado na Figura 8.60. Nessa janela mantém-se a vazão 50 m^3/s para fluir no canal. Clica-se sobre o botão *Reach Boundary Conditions* para alterar as condições de contorno na seção de deságue do canal. Na janela *Steady Flow Boundary Conditions* escolhe-se a opção *critical depth* uma vez que o nível do reservatório está na cota 494 *m*, abaixo da cota do fundo do canal na seção de deságue. Como o tirante crítico é o limite inferior do escoamento subcrítico, na seção de deságue o tirante será crítico. Essa definição deve ser concluída com um clique sobre o botão *OK* da janela *Steady Flow Boundary Conditions*. Essa informação deve ser gravada em forma de novo arquivo por meio da seguinte sequência de comandos: *File / Save Flow Data As / Vazão Canal 1 494 / OK*. A simulação dessa nova condição de escoamento tem curso com o acionamento dos seguintes comandos: *Run / Steady Flow Analysis / Subcritical / Compute*. A conclusão, com sucesso, da simulação viabiliza a extração dos resultados. O perfil do escoamento fica visível, conforme mostrado na Figura 8.60, após a seguinte sequência de comandos: *View / Water Surface Profiles*.

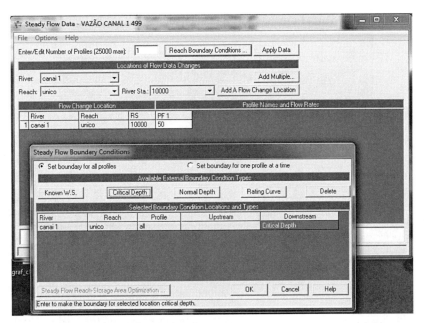

FIGURA 8.60   Fixação do tirante crítico para a seção de deságue do canal.

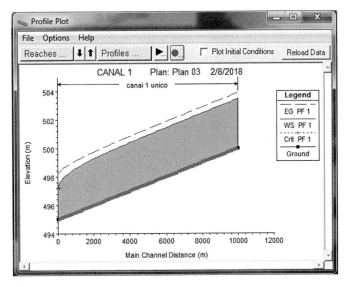

FIGURA 8.61   Perfil do remanso M2.

As condições de escoamento na seção zero estão descritas na Figura 8.62; resultado obtido por meio dos comandos *Detailed Output Tables / RS 0*. As consultas sucessivas às seções do canal, distantes entre si 1.000 *m*, permitem definir o remanso M2, conforme mostrado no Quadro 8.23.

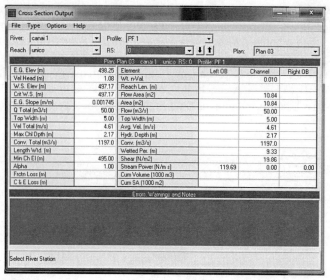

FIGURA 8.62 Variáveis da seção RS 0 (*river station*).

QUADRO 8.23 Remanso M1 especificado segundo seções distantes entre si 1.000 m

S (m)	0	1.000	2.000	3.000	4.000	5.000	6.000	7.000	8.000	9.000	10.000
y (m)	2,17	3,09	3,27	3,35	3,40	3,43	3,45	3,46	3,47	3,47	3,48

Observa-se, no Quadro 8.23, que o tirante do canal varia mais intensamente no trecho distante da seção de deságue até 3.000 m. Além dessa seção a intensidade da alteração do tirante fica bastante reduzida.

O tirante na seção zero do canal, segundo a Figura 8.62, é Max Chl Dph = 2.17 m. O tirante crítico é determinado da seguinte forma:

$$y_c = \sqrt[3]{\frac{Q^2}{g \times b^2}} = \sqrt[3]{\frac{50^2}{9{,}81 \times 5^2}} = 2{,}17 \ m$$

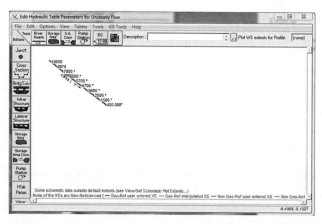

FIGURA 8.63 Geometria do canal.

Conclui-se que a formulação da operação do canal foi confirmada nos cálculos.

EXERCÍCIO RESOLVIDO 8.11

Um canal de seção retangular admite vazão a partir de um reservatório. O canal tem declividade longitudinal I = 1/2.000 *m/m*, coeficiente de Manning *n* = 0,01 *m*, largura da base *b* = 5,0 *m* e altura da caixa (entre fundo e borda) *H* = 5,0 *m*. Esse trecho se desenvolve por *L* = 10,0 km, a partir da cota 500,0 *m*, a montante, até a cota 495,0 *m*, a jusante. O canal deságua em reservatório cujo NA varia entre as cotas 499 *m* e 494 *m*. O tirante normal de escoamento nesse canal, para a vazão de 50 m^3/s é y_n = 3,483 *m*. Determine a maior vazão que pode ser admitida nesse canal. Determine a vazão extraída do canal por vertedor lateral retangular de 50,0 *m* de extensão, soleira espessa, instalada 3,5 *m* acima do fundo do canal, que se desenvolve entre as seções 8920 e 8970.

Solução

A maior vazão admitida no canal ocupará toda a caixa (y_n = 5,0 *m*) e será calculada como se segue.

$$Q = \frac{A}{n} \times R^{2/3} \times I^{1/2} = \frac{5 \times 5}{0,01} \times \left[\frac{5 \times 5}{5 + 2 \times 5}\right]^{2/3} \times \left[\frac{1}{2.000}\right]^{1/2} = 78,55 \ m/m$$

A instalação do vertedor na lateral do canal tem início com a recuperação do projeto CANAL 1 com a seguinte sequência de comandos: *File / Open Project / CANAL 1 / OK*. A seguir, deve ser recuperado o arquivo que armazena a geometria do canal por meio dos comandos *Edit / Geometric Data*, habilitando a janela apresentada na Figura 8.63.

Para adicionar o vertedor ao arquivo da geometria do canal, clica-se sobre o ícone para habilitar o *Lateral Structure Editor*, mostrado na Figura 8.64.

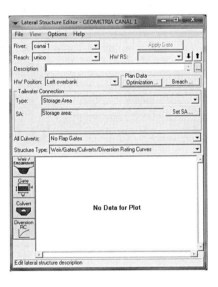

FIGURA 8.64 Editor da estrutura lateral.

A seção na qual será instalado o *upstream end* do vertedor será nomeada na janela habilitada com os comandos *Options / Add a Lateral Structure*. Na referida janela adiciona-se a seção 8970 atendendo ao comando: *Enter a new station for the new lateral structure in reach "único"*, conforme mostrado na Figura 8.65. Para concluir a operação clica-se sobre o ícone OK.

Para a definição da forma da soleira do vertedor clica-se sobre o ícone para abrir a janela *Lateral Weir Embankment*, mostrada na Figura 8.66.

Na janela de definição do vertedor deve ser registrado 50 *m* para comprimento do vertedor (*Weir Width*), *Standard Weir Eqn* para definir o modelo matemático de cálculo da vazão do vertedor, *Energy Grade* para ser usado o gradiente de energia no cálculo do vertedor lateral, 1.1 para o coeficiente de vazão do vertedor, *broad crested* para considerar a soleira espessa, 30 *m* para a distância entre o *upstream end* do vertedor até a seção imediatamente a montante (*HW Distance to Upstream XS*) e *to a point between two XS's* para indicar o destino da vazão excluída pelo vertedor lateral. Por fim, em *Weir Station and Elevation*, devem ser fornecidas as seções do vertedor lateral retangular iniciando pela seção *downstream end* do vertedor. Esses valores estão determinados no Quadro 8.24. Essas informações devem ser admitidas na geometria do canal com um clique em OK da janela *Lateral Weir Embankment*.

426 Elementos da Hidráulica

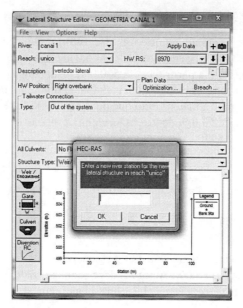

FIGURA 8.65 Janela para entrada da seção correspondente ao *upstream end* do vertedor lateral.

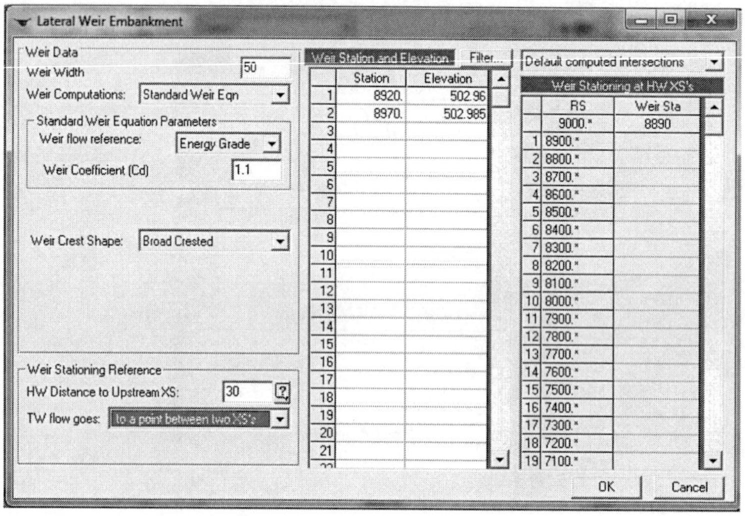

FIGURA 8.66 Lateral Structure Editor.

QUADRO 8.24 Seções que limitam o vertedor lateral

Downstream end			Upstream end		
Station	Cota fundo[1]	Elevation[2]	Station	Cota fundo[1]	Elevation[2]
8920	499,460	502,960	8970	499,485	502,985

[1] Cota do fundo = 495 + station × 0,0005; [2] Elevation = cota do fundo + 3,5

Para que o vertedor lateral seja efetivamente considerado na distribuição de vazões entre vertedor lateral e o canal, após vertedor, deve-se voltar ao editor de estrutura lateral e clicar em *optimization*. Abre-se a janela mostrada na Figura 8.67.

Nessa janela clica-se em *optimize* e posteriormente em OK. Caso seja conveniente desconsiderar o funcionamento do vertedor lateral, basta clicar novamente em *optimize* confirmando com outro clique em OK. Neste ponto, todas as janelas abertas devem ser fechadas até que reste apenas a janela *Geometric Data*. Na janela do editor ainda pode ser escolhida a margem de instalação do vertedor lateral entre *Right Overbank* e *Left overbank*. As informações sobre o vertedor lateral e

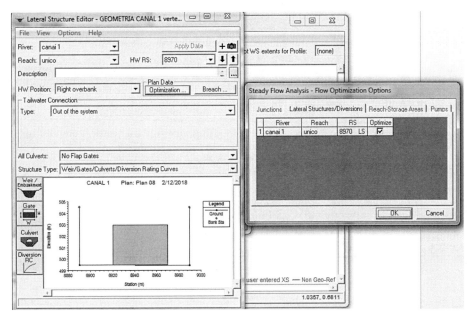

FIGURA 8.67 Janela para *Stead Flow Analysis*.

as informações sobre as seções do canal devem ser gravadas em arquivo próprio com os comandos *File / Save Geometric Data As / Geometria CANAL 1 vertedor / OK*. Concluída a inserção do vertedor lateral na geometria do canal, deve-se criar o arquivo de vazões por meio dos comandos *Edit / Steady Flow Data*. O resultado é apresentado na Figura 8.68. A maior vazão do canal é inserida no campo abaixo de PF1 no valor de 78 m^3/s. As condições de entorno ficam disponíveis quando se clica no botão *Reach Boundary Conditions*. Escolhe-se *normal depth* para condição de contorno de jusante acrescentando a declividade do canal igual a 0.0005 *m/m* na janela HEC RAS. Essa definição é concluída com um clique em OK. O arquivo de vazões é gravado com os comandos *File / Save Flow Data As / Vazão CANAL 1 vertedouro / OK*.

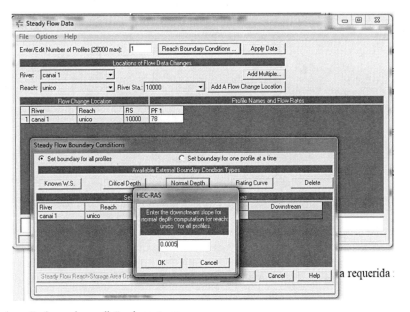

FIGURA 8.68 Definição da vazão do canal e condições de contorno.

A partir deste momento pode-se empreender a simulação para dar a resposta requerida no exercício. Para tanto, escreve-se: *Run / Steady Flow Analysis / Subcritical / Compute*. Para acessar o resultado mostrado no Quadro 8.25 devem ser ativados os comandos *View / Profile Summary*. Percebe-se nesse quadro que a vazão passa de 78 m^3/s, a montante do vertedor, para

428 Elementos da Hidráulica

QUADRO 8.25 Variáveis selecionadas entre seções 10.000 e 8.700

Reach	River Sta	Profile	Q Total (m3/s)	Min Ch El (m)	W.S. Elev (m)	Crit W.S. (m)	E.G. Elev (m)	E.G. Slope (m/m)	Vel Chnl (m/s)	Flow Area (m2)	Top Width (m)	Froude # Chl
unico	10000	PF 1	78.00	500.00	504.16		504.87	0.000778	3.75	20.79	5.00	0.59
unico	9900.*	PF 1	78.00	499.95	504.06		504.80	0.000799	3.79	20.56	5.00	0.60
unico	9800.*	PF 1	78.00	499.90	503.96		504.71	0.000823	3.84	20.32	5.00	0.61
unico	9700.*	PF 1	78.00	499.85	503.86		504.63	0.000851	3.89	20.05	5.00	0.62
unico	9600.*	PF 1	78.00	499.80	503.75		504.54	0.000884	3.95	19.75	5.00	0.63
unico	9500.*	PF 1	78.00	499.75	503.63		504.45	0.000924	4.02	19.40	5.00	0.65
unico	9400.*	PF 1	78.00	499.70	503.50		504.36	0.000974	4.10	19.00	5.00	0.67
unico	9300.*	PF 1	78.00	499.65	503.36		504.26	0.001039	4.21	18.53	5.00	0.70
unico	9200.*	PF 1	78.00	499.60	503.19		504.15	0.001130	4.35	17.93	5.00	0.73
unico	9100.*	PF 1	78.00	499.55	502.97	502.46	504.03	0.001275	4.56	17.10	5.00	0.79
unico	9000.*	PF 1	78.00	499.50	502.41	502.41	503.87	0.001933	5.36	14.56	5.00	1.00
unico	8970	Lat Struct										
unico	8900.*	PF 1	50.53	499.45	502.96		503.38	0.000500	2.88	17.56	5.00	0.49
unico	8800.*	PF 1	50.53	499.40	502.91		503.33	0.000500	2.88	17.56	5.00	0.49
unico	8700.*	PF 1	50.53	499.35	502.86		503.28	0.000500	2.88	17.56	5.00	0.49

50,53 m^3/s a jusante do vertedor. Verifica-se também que o escoamento é crítico ($F = 1,0$) na seção 9000, imediatamente a montante do vertedor.

EXERCÍCIO RESOLVIDO 8.12

Um trecho de rio e a seção de deságue de seu afluente estão mostrados na Figura 8.69. Tanto o rio como seu afluente foram divididos em trechos de tal forma que pode se admitir uma variação aproximadamente linear das características das seções entre duas seções mestras consecutivas.

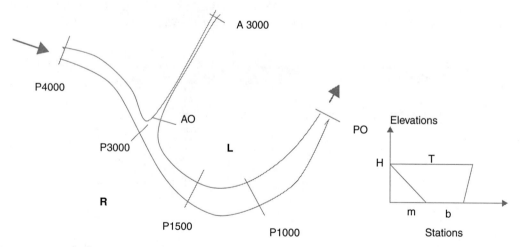

FIGURA 8.69 Trecho de rio e afluente.

As seções mestras do rio e do afluente estão definidas no Quadro 8.26, no qual m, b, T e H definem as seções, e E, R e L são as distâncias entre seções segundo o eixo central, margem direita (R) e margem esquerda (L). A rugosidade de todos os trechos deve ser representada por $n = 0.01$.

Determine o perfil de escoamento desse trecho do rio para as vazões de 800 m^3/s para o rio e 90 m^3/s para o afluente, usando o software HEC RAS.

Solução

Deve ser aberto um novo projeto no HEC RAS por meio dos comandos *File / New Project / CANAL 2 / OK*. A seguir, deve ser codificada a geometria dos trechos do rio e afluente com a interveniência dos comandos *Edit / Geometric Data*.

Na janela *Geometric Data*, clicar em *River Reach* e posicionar o lápis virtual sobre qualquer ponto da tela

QUADRO 8.26 Seções mestras ou seções características do rio e afluente

Seção	Cota fundo	m	b	T	H	Distâncias entre seções		
						E	R	L
P0	500	15	100	200	5	--	--	--
P1000	501	5	200	300	5	1.000	1.100	900
P1500	502	20	100	200	5	500	700	300
P3000	502	10	250	300	5	1.500	1.500	1.500
P4000	503	10	200	250	5	1.000	800	1.200
A0	504	0	40	40	3	--	--	--
A3000	505	0	30	30	3	3.000	3.000	3.000

Nota: E para eixo; R para rigth; L para left.

de fundo branco e o arrastar até um outro ponto qualquer desse espaço, acionando duplo clique ao fim da linha traçada. Imediatamente após o duplo clique surgirá, sobre a tela, uma janela na qual serão adicionadas as palavras "CANAL 2", em *River*, e "MONTANTE", em *Reach*, conforme mostrado na Figura 8.70. A identificação do canal 2, montante, será concluída com um clique sobre *OK*.

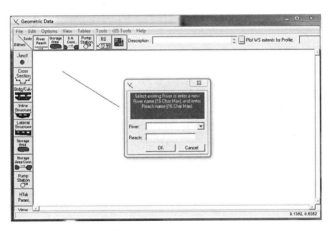

FIGURA 8.70 Traçado do trecho do rio a montante da confluência.

Essa operação deve ser repetida para o afluente de tal modo que as extremidades de jusante dos trechos se toquem. É importante esclarecer que os sentidos dos traçados devem coincidir com os sentidos das vazões, montante para jusante, uma vez que o software identificará com setas as direções dos fluxos após o traçado dos trechos. Para o afluente, deve-se nomear *River* como "AFLUENTE" e *Reach* como "ÚNICO". Na sequência, o software solicitará a identificação da junção que deve receber o nome "JUNÇÃO". Finalmente deve ser traçado o trecho de jusante do rio, a partir da junção, que será identificado por "RIO", em *River* e por "JUSANTE" em *Reach*. O desenho final do rio e seu afluente está mostrado na Figura 8.71. Convém observar que esse desenho representa apenas o eixo central dos trechos. Cada uma das seções será especificada nos passos seguintes na definição da geometria do rio e seu afluente.

A especificação das seções tem início com um clique no ícone . Abre-se a janela mostrada na Figura 8.72. Nessa janela seleciona-se em primeiro lugar o trecho de jusante do rio. A seguir, por meio dos comandos *Options / Add a new Cross Section*, abre-se a janela que nomeará a primeira seção a ser especificada.

Deve-se iniciar a especificação pela seção mais a jusante que receberá o nome zero (os nomes das seções são números). A geometria das seções está definida no enunciado do exercício e segue a lógica mostrada na Figura 8.73.

As demais variáveis da seção seguem o padrão já analisado. Em *Downstream Reach Lengths* são inseridos zeros, por se tratar da seção mais a jusante. Em *Manning's Values* é inserido o valor 0.01 para o canal central e margens direita e esquerda. Em *Main Channel Bank Station* deve ser informado zero para a margem esquerda (*L*) e 200 para a margem direita (*R*),

430 Elementos da Hidráulica

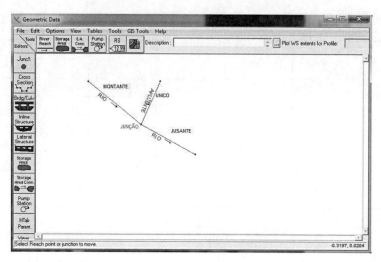

FIGURA 8.71 Mapeamento do rio e seu afluente.

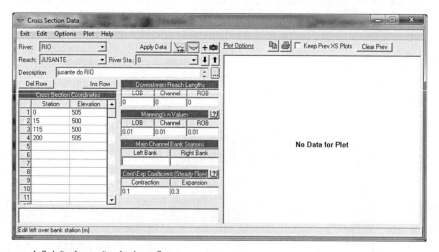

FIGURA 8.72 Janela para a definição das seções do rio e afluente.

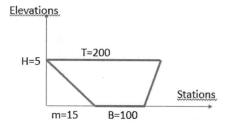

FIGURA 8.73 Definição das coordenadas da seção P0.

posicionando as margens da seção do canal. Vale lembrar que o eixo vertical (*elevations*) está posicionado junto à margem esquerda da seção. *Para Cont\Exp. Coefficient* (*Stead Flow*) pode-se aceitar os valores oferecidos pelo software (*default*) uma vez que há contração ou expansão entre as seções a serem especificadas. As demais seções serão especificadas segundo o mesmo padrão, mantida a sequência de jusante para montante. A seção 1.000 do trecho "Rio", Reach "Jusante" deve ser especificada conforme mostrado na Figura 8.74. Deve ser observado, nessa seção, que pela margem esquerda (*L*) a distância para a seção mais a jusante é 900 m, ou seja, LOB = 900 m. Para a margem direita a distância é 1.100 m (ROB = 1.100) e para o eixo central a distância é 1.000 m (channel = 1.000). As demais variáveis seguem as instruções já mencionadas.

A seção mais a montante do trecho do *river* "Rio", *reach* "jusante" é a seção da junção. Para essa junção concorrem o trecho de montante do rio, o trecho de jusante do rio e o afluente. Para evitar definições conflitantes, cada um desses trechos

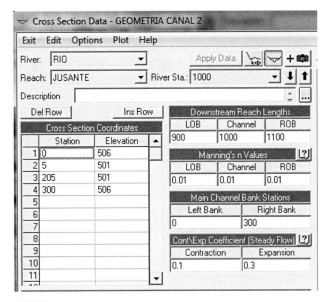

FIGURA 8.74 Especificação da seção P1000 do rio.

deve iniciar/finalizar na seção mais próxima possível da junção. Pretende-se, mais adiante, criar novas seções entre as seções mestras, por processo de interpolação, preenchendo os trechos do rio e afluente com seções suficientes para garantir a aplicação da equação da energia de forma a representar, com a precisão necessária, o fluir da vazão no rio e afluente. Como a interpolação futura será realizada a cada 50 m, conclui-se que a seção mais a montante do trecho de jusante do rio será a seção P2950. Ela será especificada como a seção P3000, conforme mostrado na Figura 8.75.

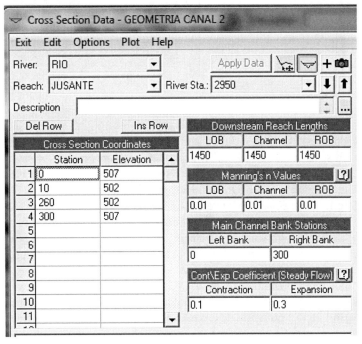

FIGURA 8.75 Especificação da seção P2950 do rio.

A seção mais a montante do trecho de jusante do rio será, portanto, a seção P2950, descrita na Figura 8.75. Para representar as características físicas da seção P2950 são acolhidas as características correspondentes da seção P3000. As distâncias entre as seções P2950 e P1000, imediatamente a jusante, devem ser alteradas para 1.450 m. Segundo esse raciocínio, a seção mais a jusante do trecho de montante do rio deve ser a seção P3050. Essa seção também adotará as características físicas da seção

P3000. A seção P3050 do trecho de montante do rio manterá, portanto, a distância de 100 m da seção P2950, a ser registrada no *Downstream Reach Lengths*. O afluente apresenta variação linear entre a seção A0 (base $b = 40$ m) e seção A3000 (base $b = 30$ m). Há um afunilamento regular da calha. Como não há continuidade do afluente para uma seção a jusante da junção, a distância entre essas seções A0 e A3000 pode ser definida como 3.000 m, dispensando-se a correção de 50 m correspondente ao afastamento da junção. Na definição da geometria da seção A0 deve registrar a distância zero em *Downstream Reach Lengths*, conforme mostrado na Figura 8.76. A elevação da seção A0 não seguiu o padrão da seção P3000. No Quadro 8.26 está definido que o fundo da seção A0 está pousado à cota 504, enquanto a seção P3000 está posicionada à cota 502 m. É o caso característico de solo rochoso. A entrada da vazão do afluente no rio se faz por meio de um desnível fato que reduz possíveis inundações do afluente diminuindo a ocorrência de retenções de vazão no seu leito. Deve, ainda, ser observado que a seção do afluente foi modelada como seção retangular. Finalmente, deve ser enfatizado que a seção P3000 serviu de referência para seções vizinhas, mas não foi incorporada à geometria do rio.

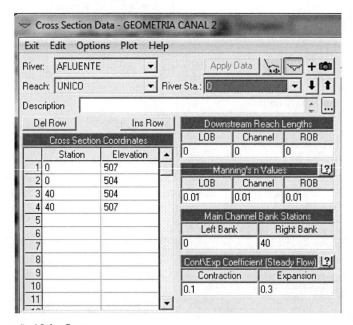

FIGURA 8.76 Especificação da seção A0 do afluente.

Concluída a entrada da geometria das seções mestras, passa-se para a interpolação das seções intermediárias. A partir da janela *Geometric Data* aplicam-se os comandos *tools / Xs interpolation / between 2 XS's* para acessar a janela mostrada na Figura 8.77. Para exemplificar foi considerada a interpolação de seções entre as seções mestras P2950 e P1500, que integram o trecho de jusante do rio, selecionado em *River* e *Reach*, no canto superior esquerdo da janela *XS Interpolation*. A seguir selecionam-se as seções 2950 e 1500 em *Upper Riv Sta* e *Lower Riv Sta* no canto superior direito da janela *XS Interpolation*.

Acrescenta-se, a seguir, a informação 50 em *Distance Between XS's*, para definir o espaço a ser considerado entre duas seções interpoladas. Essa medida é arbitrária. A distância menor favorece a precisão, porém cria obstáculos caso seja necessária a fixação de vertedores, pontes e barragens ao longo da calha do rio e de seu afluente. Caso a distância arbitrada entre seções não seja conveniente para a execução da simulação, o HEC RAS posta mensagem indicando a inadequação. A interpolação é realizada após o botão *Interpolate New XS's* ser pressionado. Surge na janela o desenho mostrado na Figura 8.77. As imagens do HEC RAS dão ao usuário a visão de montante para jusante. Assim, mais próximo do usuário, em primeiro plano, fica a seção P2950 e no fundo do desenho a seção P1500. Os demais trechos do rio e afluente devem passar pelo mesmo processo até que a definição geométrica seja completada. A seguir, grava-se o arquivo com os dados da geometria do rio e afluente, a partir da janela, por meio dos comandos *Geometric Data: File / Save Geometry Data As... / GEOMETRIA CANAL 2 / OK*. A Figura 8.78 mostra a janela de gravação.

A etapa seguinte da aplicação do *software* tem por objetivo especificar as vazões que percorrerão as diversas calhas e as condições de contorno do escoamento. A sequência de comandos apresentada a seguir abre a janela *Steady Flow Data*, a partir da janela inicial do HEC RAS: *Edit / Steady Flow Data*. Na janela apresentada na Figura 8.79 devem ser inscritas as vazões que percorrerão os trechos superior e inferior do rio e o trecho do afluente.

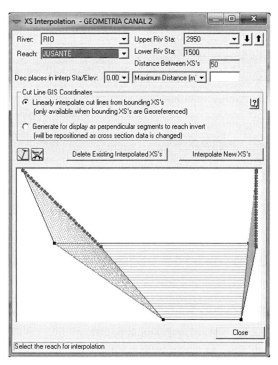

FIGURA 8.77 Interpolação de seções entre as seções mestras P2950 e P1500.

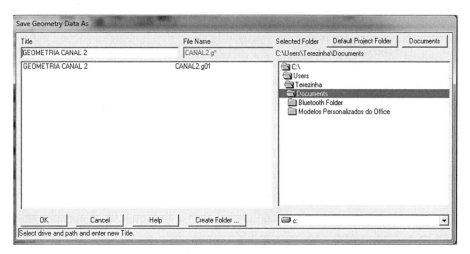

FIGURA 8.78 Gravação de arquivo com geometria do rio e afluente.

A calha do afluente será percorrida por 90 m^3/s. O trecho superior do rio receberá 800 m^3/s e o trecho inferior receberá a soma dessas vazões, conforme estabelecido no enunciado do exercício. Esses valores devem ser registrados na coluna *PF 1* da janela *Steady Flow Data*. A seguir, com um clique sobre o botão *Reach Boundary Conditions* abre-se a janela *Steady Flow Boundary Conditions*. Nessa janela são definidas as condições de contorno do escoamento. Um exame das declividades longitudinais dos diversos trechos do rio e do afluente permite concluir que o escoamento fluirá sempre em regime subcrítico. Neste caso, faz se necessário informar a declividade do segmento final do trecho de jusante do rio. O enunciado do exercício descreve o cenário de uma parte do rio sugerindo que este continuará correndo em trechos subsequentes não considerados no exercício. Essas informações sustentam a escolha de *Normal Depth* para a seção de jusante do trecho inferior do rio (P0). Então, usando o mouse, deve-se ativar a célula que está simultaneamente na linha *RIO JUSANTE* e sobre a coluna *Downstream*. Ativada a célula, clicar sobre o botão *Normal Depth*. Surgirá a janela do HEC RAS na qual deve ser registrada a declividade do segmento final do trecho de jusante do rio. Cita-se a declividade 0.001. Conclui-se a entrada de dados de vazão clicando sobre o botão *OK*, na janela do HEC RAS, e novamente sobre *OK* na janela *Steady Flow Boundary Conditions*. O arquivo das vazões deve ser gravado a partir da janela *Steady Flow Data*, com o auxílio dos comandos

434 Elementos da Hidráulica

FIGURA 8.79 Janela de lançamento das vazões que percorrerão as calhas do rio e afluente.

File / Save Flow Data As / VAZÃO CANAL 2 / OK. Neste ponto o software já recebeu a geometria dos canais e as vazões que os percorrerão. Já é possível propor uma simulação e examinar seus resultados. A janela *Steady Flow Analysis* promove a simulação. A sequência de comandos apresentada a seguir, a partir da janela inicial do HEC RAS, faculta o acesso a essa janela, mostrada na Figura 8.80: *Run / Steady Flow Analysis*.

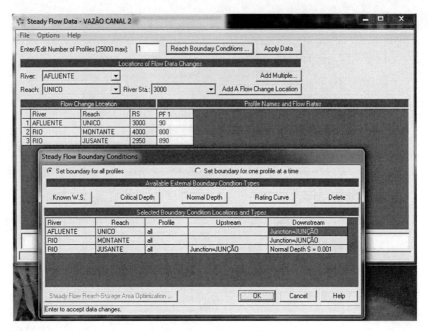

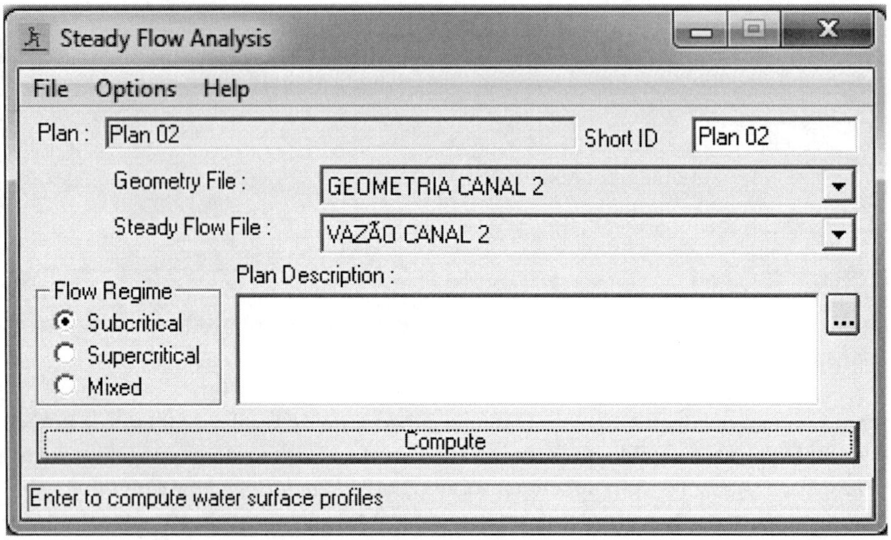

FIGURA 8.80 Janela que promove a aplicação das vazões nos canais especificados.

Nessa janela o HEC RAS já oferece as últimas versões dos arquivos referentes à geometria e às vazões. Para executar a simulação basta clicar sobre *Subcritical* e sobre o botão *compute*. O resultado da simulação é apresentado conforme mostrado na Figura 8.81, desde que não sejam encontradas inconsistências nos dados da geometria e da vazão.

Resta agora o acesso aos resultados para serem submetidos à avaliação. Como primeira opção convém examinar os perfis de escoamento para depois colher resultados numéricos. Os perfis podem ser acessados por meio do caminho

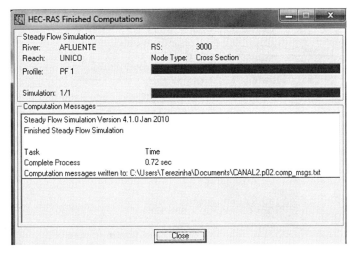

FIGURA 8.81 Resultado de simulação bem-sucedida.

Run / Steady Flow Analysis. O resultado é o perfil mostrado na Figura 8.82, referente ao escoamento no afluente. Os perfis correspondentes aos trechos do rio podem ser acessados por meio do botão *Reaches*. Selecionando a opção *RIO JUSANTE*, em *Reaches*, obtém-se o resultado mostrado na Figura 8.83.

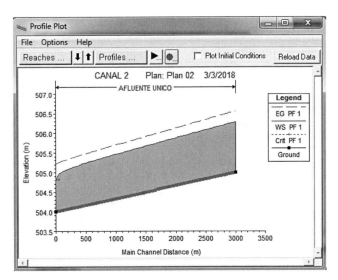

FIGURA 8.82 Perfil de escoamento do afluente.

Na Figura 8.83, chama a atenção o trecho compreendido entre as seções P1000 e P1500 ao longo do qual o escoamento acontece submetido a escoamento crítico. Para promover exame mais detalhado do perfil de escoamento nesse trecho pode-se acionar a apresentação tridimensional desse trecho por meio das seguintes instruções: *View / X-Y-Z Perspective Plots*. Para enquadrar o trecho em estudo, seleciona-se as seções P2000 e P500 em *Upstream RS* e *Downstream RS*, no canto superior esquerdo da Figura 8.84.

A imagem pode ser girada com auxílio de *Rotation Angle* e ter a inclinação da calha alterada com auxílio do *Azimute Angle*. Percebe-se claramente que nesse estirão da calha há um estreitamente da corrente, resultado de ocorrência de velocidades maiores. A pesquisa da velocidade ao longo da calha do segmento Rio Jusante pode ser realizada na Figura 8.85, após a seguinte sequência de comandos: *View / General Profile Plots*.

De fato, o gráfico das velocidades no trecho Rio Jusante mostra claramente acréscimo de velocidade no segmento em análise. O *General Profile Plot* faculta ainda o exame de outras variáveis, tais como, vazão, largura na superfície da área molhada, área molhada etc. (em *options*), em qualquer segmento considerado na simulação (em *Reaches*). Uma última avaliação gráfica pode ser realizada com os comandos *View / Cross Sections*, que faculta o exame da imagem de uma única

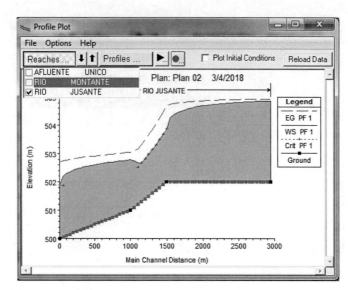

FIGURA 8.83 Perfil do escoamento no trecho a jusante do rio.

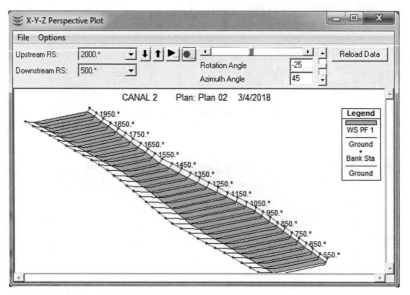

FIGURA 8.84 Representação tridimensional do trecho P2000 a P500.

seção situada em qualquer trecho da simulação. A Figura 8.86 mostra a imagem da seção P1400, situada no trecho em análise. Na janela *Cross Section* foi escolhido RIO (em *River*), JUSANTE (em *Reach*) e a seção P1400 (em *River Station*). Nessa imagem fica claro que o nível da superfície (W S PF 1) está superposto ao tirante crítico (Crit. PF 1), confirmando que no trecho em consideração o escoamento será crítico. Apenas para concluir a observação da imagem da Figura 8.86, convém esclarecer que a linha tracejada mostrada acima da área molhada, representa a posição da linha de energia nessa seção.

É interessante, neste ponto da avaliação, considerar os valores numéricos referentes à velocidade e tirante envolvidos no trecho em análise. Chega-se ao mostrado no Quadro 8.27 obtido com os comandos *View / Profile Output Tables*.

A seleção do trecho a ser apresentado é feita por meio da janela *Select Rivers and Reaches*, mostrada na Figura 8.87. Para disponibilizar essa janela devem ser acionados os comandos da janela *Profile Output Tables*: *Options / Reaches*.

O Quadro 8.27 apresenta com clareza que no intervalo entre as seções P1500 e P1150 o número de Froude é igual a 1, caracterizando escoamento crítico. Nesse intervalo a velocidade é mais alta variando entre 3,99 e 3,12 *m/s*. Há ainda uma identidade entre as cotas dos níveis de escoamento (W S Elev.) e as cotas do tirante crítico (Crit. W S). A montante e a

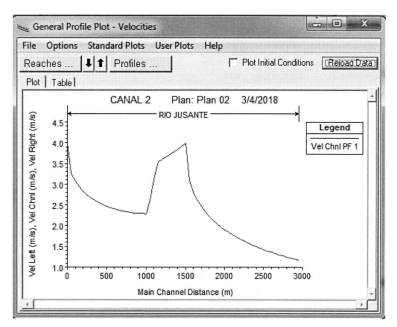

FIGURA 8.85 Perfil de velocidades de escoamento em Rio Jusante.

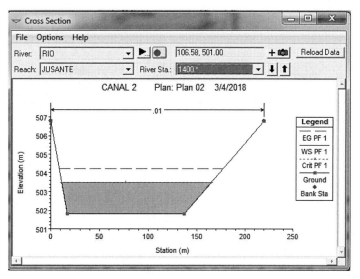

FIGURA 8.86 Imagem da seção P1400 do trecho a jusante do rio.

jusante desse trecho o número de Froude fica em torno de 0,5 a 0,6, definindo escoamento subcrítico. Um exame mais detalhado das seções do intervalo de escoamento crítico pode ser realizado com a abertura da janela *Cross Section Output*, por meio dos comandos *View / Detailed Output Tables*. Nessa janela são selecionados trecho e seção a ser observada segundo a prática já comentada.

Na Figura 8.88, para a seção P1400, são apresentadas inúmeras variáveis tais como: taquicarga (*Veloc. Head*), declividade da linha de energia (*E.G. Slope*), velocidade da corrente, profundidade ou tirante (*Max. Chl. Dpth.*), fator de condução (*Conv. Total*), cota do fundo (*Min. Ch. El.*) e outras. Nessa seção foram postadas duas advertências. Na primeira delas é dito que a quantidade de iterações é inadequada (insuficiente) para a correta aplicação da equação da energia. Na segunda advertência é explicado que o tirante calculado nessa seção ficou abaixo do tirante crítico, mas o cálculo prosseguiu com a substituição do tirante calculado pelo tirante crítico. Examinando com mais cuidado o Quadro 8.26 verifica-se que entre as seções P1500 e P1000 há um desnível de 1,0 m, segundo o eixo central do rio. Não é um desnível acentuado, porém a distância entre essas

438 Elementos da Hidráulica

QUADRO 8.27 Características de seções selecionadas do trecho a jusante do rio

Reach	River Sta	Profile	Q Total (m3/s)	Min Ch El (m)	W.S. Elev (m)	Crit W.S. (m)	E.G. Elev (m)	E.G. Slope (m/m)	Vel Chnl (m/s)	Flow Area (m2)	Top Width (m)	Froude # Chl
JUSANTE	1750.*	PF 1	890.00	502.00	504.54		504.83	0.000193	2.35	379.42	172.37	0.50
JUSANTE	1700.*	PF 1	890.00	502.00	504.50		504.81	0.000221	2.47	359.88	167.24	0.54
JUSANTE	1650.*	PF 1	890.00	502.00	504.44		504.80	0.000258	2.63	339.01	161.88	0.58
JUSANTE	1600.*	PF 1	890.00	502.00	504.37		504.78	0.000311	2.82	316.03	156.15	0.63
JUSANTE	1550.*	PF 1	890.00	502.00	504.27		504.75	0.000397	3.08	288.76	149.71	0.71
JUSANTE	1500	PF 1	890.00	502.00	503.88	503.88	504.69	0.000838	3.99	223.07	137.56	1.00
JUSANTE	1450.*	PF 1	890.00	501.90	503.68	503.68	504.46	0.000848	3.92	227.32	145.58	1.00
JUSANTE	1400.*	PF 1	890.00	501.80	503.49	503.49	504.24	0.000859	3.84	231.51	153.82	1.00
JUSANTE	1350.*	PF 1	890.00	501.70	503.31	503.31	504.04	0.000877	3.79	234.99	162.17	1.00
JUSANTE	1300.*	PF 1	890.00	501.60	503.14	503.14	503.84	0.000879	3.71	239.76	170.85	1.00
JUSANTE	1250.*	PF 1	890.00	501.50	502.98	502.98	503.66	0.000897	3.66	243.08	179.51	1.00
JUSANTE	1200.*	PF 1	890.00	501.40	502.82	502.82	503.48	0.000906	3.60	247.06	188.37	1.00
JUSANTE	1150.*	PF 1	890.00	501.30	502.67	502.67	503.31	0.000916	3.55	250.85	197.32	1.00
JUSANTE	1100.*	PF 1	890.00	501.20	502.67	502.52	503.16	0.000643	3.12	285.70	209.35	0.85
JUSANTE	1050.*	PF 1	890.00	501.10	502.74		503.09	0.000395	2.62	339.16	222.86	0.68
JUSANTE	1000	PF 1	890.00	501.00	502.78		503.05	0.000270	2.29	388.80	235.70	0.57
JUSANTE	950.*	PF 1	890.00	500.95	502.77		503.04	0.000265	2.29	388.07	231.40	0.57
JUSANTE	900.*	PF 1	890.00	500.90	502.76		503.02	0.000261	2.30	386.90	227.10	0.56

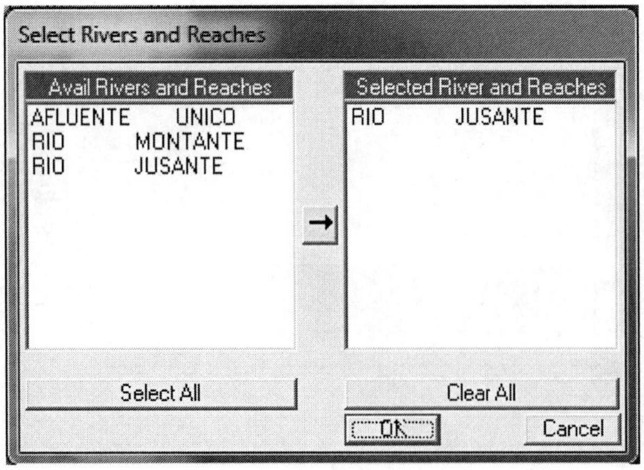

FIGURA 8.87 Seleção do trecho do rio/afluente para apresentação do quadro de resultados.

seções não é grande (400 m). Pode, de fato, ocorrer escoamento supercrítico ou próximo dele, nesse trecho, dependendo da vazão escolhida para a simulação. Para tirar essa dúvida convém, em primeiro lugar, adensar a quantidade de seções entre essas seções mestras e propor a simulação novamente. A interpolação a cada 10,0 m, entre as seções mestras P1500 e P1000, deve superar a dificuldade apresentada na primeira advertência. Caso a advertência persista, deve ser feita nova simulação especificando escoamento misto. Caso, de fato, o escoamento nesse trecho seja supercrítico, a dificuldade de cálculo será sanada. Deve ser adiantado, mas não será detalhado, que as modificações propostas obtiveram sucesso.

A inserção de novas seções entre as seções mestras P1500 e P1000 saneou a questão da precisão de cálculo. A advertência ainda surgiu em poucas seções mas no trecho referido, como um todo, elas desapareceram. Ao considerar, na simulação, o escoamento misto, surgiu o escoamento supercrítico no trecho como demonstra a Figura 8.89. Para calcular o escoamento misto o HEC RAS solicitou as declividades de montante tanto do afluente como do rio trecho superior.

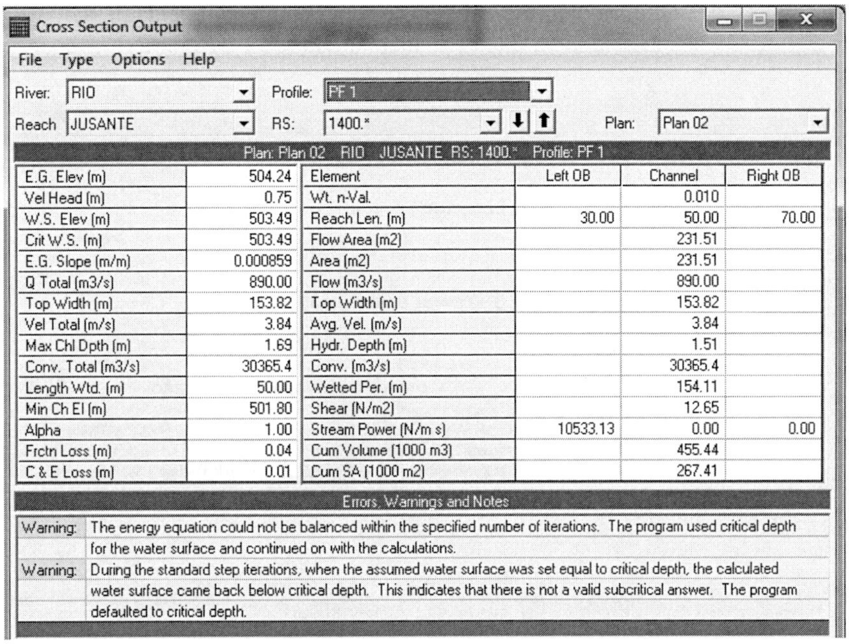

FIGURA 8.88 Variáveis da seção P1400.

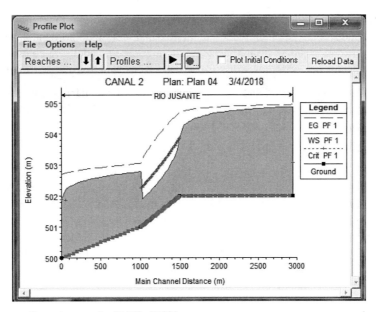

FIGURA 8.89 Escoamento supercrítico entre as seções P1500 e P1000.

8.2 Exercícios a resolver

EXERCÍCIO A RESOLVER 8.1

A captação de um sistema de irrigação será realizada em riacho cuja vazão varia entre 1,50 e 3,0 m^3/s. O riacho pode ser assimilado a um canal de seção retangular de 5 m de largura. Para viabilizar a captação, durante os meses de estiagem, o riacho será barrado por meio de uma soleira retangular cuja superfície superior estará situada na cota 895 m. Esta soleira terá uma altura de 3 m, em relação ao fundo do riacho, 4 m de extensão, segundo o eixo do riacho, e rugosidade acentuada. Para permitir o esvaziamento do pequeno reservatório formado pelo barramento descrito haverá uma galeria de seção circular com 0,5 m de diâmetro controlada por uma comporta também circular, com igual diâmetro, acionada verticalmente, a ser instalada em sua boca de montante. A galeria sob a soleira ficará pousada sobre o fundo do riacho, orientada segundo o seu eixo longitudinal.

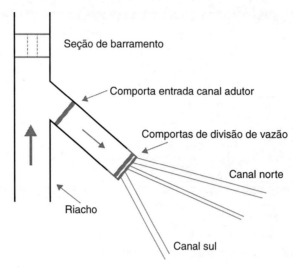

FIGURA 8.90 Captação de água para sistema de irrigação.

A seção de entrada do canal adutor será controlada por comporta plana de acionamento vertical com 1,0 m de largura cujo batente estará posicionado à cota 892 m. O trecho inicial do canal terá fundo horizontal, seção retangular, largura de 4 m, revestido com argamassa. Na seção de jusante deste trecho a vazão do canal será controlada por um conjunto de 3 comportas verticais independentes que permitem a orientação das vazões para três destinos diferentes.

1. Determine a cota do NA no riacho (assimilado a um canal de seção retangular), imediatamente a montante do barramento, junto à entrada do canal adutor, para as vazões mínima e máxima. Considere, para efeito desta questão, que as comportas da galeria e da entrada do canal estarão fechadas.
2. Verifique como será o escoamento no riacho, na seção do barramento, caso a galeria esteja aberta 3/3 do seu diâmetro. Determine a cota do NA do riacho nesta circunstância. Justifique. Para efeito desta questão a vazão no riacho será máxima, a entrada do canal adutor estará fechada e a galeria se projetará 0,5 m a montante e a jusante do barramento.
3. Determine a resultante dos esforços exercidos sobre a comporta da galeria e o seu ponto de aplicação, em relação ao fundo, quando esta estiver inteiramente fechada. Para efeito desta questão, a vazão no riacho deverá ser a máxima e a comporta da entrada do canal adutor estará inteiramente fechada.
4. O canal norte, derivado do canal adutor, terá seção trapezoidal de máxima eficiência, declividade lateral de 1:1, revestido de concreto ($n = 0,013$) e deve transportar 0,5 m^3/s para a área norte do empreendimento. A declividade longitudinal do trecho inicial é 1/3.000 m/m. Especifique as dimensões dessa seção.
5. O canal leste também deve transportar 0,5 m^3/s. Este canal terá seção triangular, $n = 0,013$, $I = 1/4.000$ m/m. Determine qual deve ser o ângulo central da seção, o tirante e a largura da seção na superfície da área molhada para que o transporte seja feito com máxima eficiência.
6. O canal sul transportará 0,3 m^3/s para o sul da área irrigada. A seção transversal deste canal será retangular com base de 1,0 m, declividade longitudinal de 1/5.000 m/m, coeficiente de Manning de 0,015. Determine o tirante deste canal e proponha um vertedor de soleira circular que estabilize o nível d'água de forma que a carga sobre a soleira, não varie mais do que 3 cm, quando a vazão no canal crescer 30%. Indique o raio de curvatura, a extensão da soleira e o afastamento do centro de curvatura em relação à seção do encontro da borda do canal. Para efeito desta questão o centro do arco estará a montante da soleira.
7. Qual seria a borda livre ou folga do canal de seção trapezoidal da Questão 4 para conter 20% de excesso de vazão prevista? A nova seção será de máxima eficiência? Justifique.
8. Para viabilizar a entrada rápida de vazão nos canais, sem operação de comportas, planeja-se a instalação de dois orifícios em cada uma das três comportas que controlam as vazões para os canais norte, leste e sul. Os orifícios serão todos iguais e terão seção quadrada de 0,2 m de lado, borda delgada, soleira inferior horizontal posicionada

a 1,0 m do fundo do canal, quando a comporta estiver inteiramente fechada. Deve passar em cada orifício a vazão de 0,2 m^3/s de forma que o operador poderá dar entrada a 0,2 ou 0,4 m^3/s em cada canal ao abrir 1 ou 2 orifícios da comporta do canal respectivo. Determine a cota do NA do canal adutor para garantir este funcionamento. Espera-se que os jatos de todos os orifícios estejam livres e admite-se que o fluxo em cada orifício não interferirá no fluxo dos demais orifícios. Confirme a hipótese de jato livre. Justifique-a. O fundo do canal adutor será horizontal, posicionado à cota 892 m.

9. Determine a abertura da comporta da entrada do canal adutor para passar a vazão de 1,2 m^3/s, nas condições de funcionamento sugeridas na Questão 8. Para efeito desta questão, os seis orifícios estarão em operação. Caso esta proposta não seja viável, indique a razão que a torna contraindicada. Para efeito desta questão, considere a vazão mínima do riacho que acontecerá na época de estiagem, quando o sistema de irrigação deverá funcionar plenamente.

10. Classifique o escoamento, no canal adutor, na situação descrita nas Questões 8 e 9 entre permanente, não permanente, uniforme ou variado. Justifique. A luz desta classificação, analise o grau de precisão dos cálculos realizados nas Questões 8 e 9. Não será necessário realizar cálculos para responder esta questão.

EXERCÍCIO A RESOLVER 8.2

A captação de um sistema de irrigação, mostrada na Figura 8.90, será realizada em riacho cuja vazão varia entre 1,50 e 3,0 m^3/s. Para viabilizar a captação, durante os meses de estiagem, o riacho será barrado por meio de uma soleira retangular. Para permitir o esvaziamento do pequeno reservatório formado pelo barramento haverá uma galeria de seção circular com 0,5 m de diâmetro controlada por uma comporta também circular, com igual diâmetro. A seção de entrada do canal adutor será controlada por comporta plana de acionamento vertical com 1,0 m de largura cuja soleira estará posicionada à cota 892 m. Na seção de jusante deste trecho a vazão do canal será controlada por um conjunto de 3 comportas verticais independentes que permitem a orientação das vazões para três destinos diferentes.

1. O canal norte, derivado do canal adutor, terá seção trapezoidal de máxima eficiência para a vazão de 0,5 m^3/s, declividade lateral de 1:1, n = 0,013, tirante de 0,64 m, largura no fundo de 0,53 m, largura na superfície de 1,81 m, declividade longitudinal de 1/3.000 m/m e folga de 0,2 m. Neste canal será instalado um medidor do tipo Parshall com garganta de 457,2 m/m e soleira assentada 0,5 m acima do fundo do canal. Verifique se esse instrumento medirá com precisão as vazões que passarão nesse canal. Indique as vazões máxima e mínima a serem medidas com precisão. Indique o tirante máximo no canal de jusante (y_j) a partir do qual ocorrerá afogamento no medidor. Dê uma sugestão sobre como pode ser minimizada a ocorrência de afogamentos. Verifique se haverá transbordamento no canal norte após a instalação do medidor. Para a determinação de y_j considere a vazão máxima do canal norte (Q = 0,5 m^3/s).

2. O canal norte deverá percorrer um trecho em meia encosta. Neste trecho, a seção será retangular com laterais armadas, para viabilizar a passagem sobre vertentes que descem a encosta. A seção retangular está projetada com largura de fundo b = 0,53 m, declividade longitudinal de 1/3.000 m/m e n = 0,013. Determine o comprimento da transição e a cota do fundo e do NA da seção retangular sabendo que a cota do fundo da seção trapezoidal, a montante da transição, será 880 m. Admita que não há perda de carga nessa transição (k = 1).

3. O trecho retangular terá extensão de 3 km. A jusante desse trecho, a seção voltará a ser trapezoidal. Na seção 2.800 do trecho retangular (situada a 2.800 m contados para jusante, a partir da transição) o canal poderá receber até 0,1 m^3/s de escoamento superficial (run off), caso os canais laterais de proteção não funcionem adequadamente. A partir dessa seção, neste caso, a vazão no trecho retangular passará de 0,5 m^3/s para 0,6 m^3/s. Verifique se o trecho do canal de seção trapezoidal, a montante, será influenciado pela invasão do escoamento superficial. Dê uma sugestão de como este acréscimo de vazão pode ser retirado do canal e qual deve ser a seção na qual a exclusão deva ocorrer. (n = 0,013, I = 1/3.000 m/m, b = 0,53 m).

4. O canal leste também deve transportar 0,5 m^3/s fluindo com máxima eficiência. Este canal terá seção triangular, ângulo central de 90°, declividade lateral com z = 1, n = 0,013, declividade longitudinal I = 1/4.000 m/m, tirante y = 0,92 m e largura na superfície da área molhada T = 1,84 m. O canal leste deverá atravessar um vale profundo, criado por um córrego, com o auxílio de um sifão invertido de seção circular construído com chapas de aço. Na hipótese de entupimento deste sifão, está sendo proposto que a vazão do canal seja conduzida para a calha do córrego formador do vale por meio de um canal de seção retangular, que vencerá o desnível de 20 m compreendido entre a seção de derivação até o fundo do vale onde flui o córrego. A vazão de 0,5 m^3/s, após ultrapassar a soleira de vertedor lateral, enche parcialmente uma caixa construída ao lado do vertedor. Desta caixa, o fluxo tem acesso ao canal retangular de 0,3 m de largura de fundo, n = 0,015, I = 1/20 m/m.

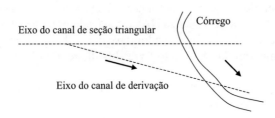

FIGURA 8.91 Eixo do canal de derivação.

Admita que o acúmulo de água na caixa descrita anteriormente pode ser entendido, para efeito prático, como a lâmina d'água de um reservatório natural. Determine qual será o tirante no interior da caixa necessário ao dimensionamento da altura total da caixa. A vazão recebida na caixa é de 0,5 m^3/s. O canal de derivação especificado tem início nesta caixa, sendo seu eixo longitudinal perpendicular à aresta maior da caixa. O canal receberá a vazão vertida na caixa.

5. Faça um desenho esquemático e apresente o fundo do canal com declividade $I = 1/20$ m/m vencendo o desnível de 20 m. Um pequeno trecho horizontal a montante do canal indicará o fundo da caixa. Junto ao córrego, o fundo do canal será plano e terá a extensão de 10 m. Neste desenho apresente o perfil provável do NA do canal desde a saída da caixa até à seção de deságue. Indique os tirantes característicos do trecho compreendido entre a caixa e o córrego. Indique a posição estimada do NA do córrego para garantir o perfil proposto. Será *desnecessária* a apresentação de cálculos para responder esta questão.
6. No trecho de fundo horizontal, a jusante do canal de derivação, poderá se formar um ressalto hidráulico. Determine qual será o comprimento mínimo deste trecho para a formação do ressalto, assim como, a cota do NA do riacho para a estabilização do ressalto. O trecho horizontal está posicionado à cota 820 m. Determine a capacidade de dissipação (eficiência) e a energia residual desse ressalto. Para efeito desta questão, a perda de carga no trecho de inclinação 1/20 é de 2,0 m.
7. Proponha uma alteração no trecho horizontal para fixar e tornar o ressalto mais compacto. Determine o comprimento reduzido como um percentual do comprimento livre do ressalto. Determine numericamente, ao menos, uma característica da alteração proposta.
8. Indique os nomes das curvas de remanso existentes no desenho esquemático da Questão 5.
9. O canal leste, a jusante do sifão, cortará uma área de preservação da fauna, estabelecida por lei federal. Segundo esta lei, o canal deve permitir a passagem, sob seu leito, de animais selvagens que não nadam. Como o custo da construção da seção sobre pilares é alto, pretende-se elevar o fundo do canal e sob a elevação construir uma passagem, em túnel, para a passagem dos animais. Analise esta proposta e avalie as dificuldades teóricas levando em consideração a forma da seção do canal leste. Não apresente cálculos para justificar a sua resposta.
10. Proponha uma outra solução para a passagem de animais selvagens sob o canal que contorne as dificuldades teóricas levantadas na questão anterior. A elevação da seção sobre pilares está fora de questão. Não apresente cálculos para justificar sua proposta.

EXERCÍCIO A RESOLVER 8.3

Um canal transporta água para consumo humano a partir de um reservatório. Junto ao reservatório, o canal é revestido de concreto com rugosidade $n = 0,015$, tem declividade de 1 m para cada 5.000 m, seção retangular com base de 7 m e altura de 2,5 m entre fundo e borda. O fundo da seção de entrada do canal está à cota 580 m.

1. Determine a cota do NA do reservatório para ser admitida, no canal, a vazão de 13,3 m^3/s. Faça um desenho esquemático do perfil do NA no trecho inicial do canal. Classifique o escoamento no canal neste trecho e determine a folga disponível.
2. Será instalado um medidor do tipo parshall no trecho inicial do canal para a medição das vazões admitidas. Determine a largura da garganta do medidor adequado à detecção da vazão especificada na questão 1 ou inferiores àquela. Determine a posição da soleira do medidor, em relação ao fundo do canal, para que a vazão de 13,3 m^3/s seja medida

sem afogamento. Verifique se pode haver transbordamento do canal quando o medidor for instalado enquanto o nível do NA do lago for igual ou inferior ao calculado na Questão 1.

3. Determine a distância mínima entre o medidor Parshall e a seção de entrada do canal, de forma que a instalação do medidor não interfira nas condições de entrada da vazão no canal. $Q = 13,3 \ m^3/s$, $b = 7 \ m$, $n = 0,015$, $I = 1/5.000 \ m/m$.
4. Descreva o que ocorrerá com o funcionamento do canal, no seu trecho inicial, caso o NA do reservatório ultrapasse a cota determinada na Questão 1. Enuncie os dispositivos a serem adotados no reservatório e no canal para que os efeitos descritos inicialmente sejam minorados ou evitados. Não é necessário a apresentação de cálculos nesta questão.
5. No eixo do canal há um desnível de 3 m de altura, conforme indicado na Figura 8.92. A seção do canal ainda é retangular com $b = 7 \ m$. A declividade do trecho de ligação entre montante e jusante do desnível é de $1/10 \ m/m$. Faça um desenho esquemático do perfil do escoamento ao longo do desnível e a jusante deste. Determine o(s) tirante(s) do trecho de inclinação nula. Admita uma perda de carga de $0,5 \ m$ no trecho com inclinação de $1/10 \ m/m$.

FIGURA 8.92 Desnível no eixo do canal.

6. Determine a extensão mínima do trecho horizontal, descrito na Questão 5, para que o perfil-resposta dessa questão possa ocorrer. Verifique se a altura entre fundo e borda, conforme proposto no texto inicial, pode ser mantida no trecho horizontal, garantida a folga de $0,3 \ m$. Determine a cota do fundo do canal no trecho imediatamente após ao trecho horizontal, sabendo que o fundo do trecho horizontal está na cota $577 \ m$. Para efeito desta questão não adote coeficiente de segurança. $Q = 13,3 \ m^3/s$, $b = 7 \ m$, $n = 0,015$.
7. Proponha uma alteração na solução estudada na Questão 5 de forma que o trecho horizontal tenha seu comprimento reduzido em, ao menos, 30%. Determine a redução alcançada com a solução escolhida. Especifique a proposta no que considerar importante nomeando peças especiais e dimensionando tirantes, alturas etc.
8. Em determinado trecho do canal a seção deve ser mais compacta, mantendo a seção retangular, para ultrapassar um vale em ponte-canal. Este trecho terá uma extensão de $200 \ m$ e a jusante do vale a seção volta a ter as características anteriores. Determine as dimensões da seção molhada a ser adotada na ponte-canal. A declividade da ponte-canal continua a ser $1/5.000 \ m/m$, a vazão é de $13,3 \ m^3/s$ e a rugosidade $n = 0,015$. Determine a cota da seção de entrada da ponte-canal e o comprimento da transição sabendo que a seção de montante da transição está na cota $575 \ m$. A folga na ponte-canal, para a vazão de $13,3 \ m^3/s$ será de $0,3 \ m$. Determine a altura entre o fundo e a borda na ponte-canal, que representa a altura da viga lateral de sustentação do tabuleiro.
9. O canal deságua em reservatório de jusante. O trecho próximo ao reservatório de jusante tem o perfil descrito na Figura 8.93. Determine os perfis do escoamento e nomeie-os para os seguintes níveis do reservatório: $570,71 \ m$, $571,8 \ m$ e $573 \ m$. O fundo do canal, na seção de deságue, está na cota $570 \ m$. Apresente um desenho esquemático para cada perfil de escoamento. Admita: $Q = 13,3 \ m^3/s$, $b = 7 \ m$, $n = 0,015$.

FIGURA 8.93 Perfil do canal desaguando em reservatório.

10. Pretende-se que o trecho de jusante do canal seja percorrido por barcaças, com calado de $0,8 \ m$. Verifique se a retirada do trecho horizontal facilitaria a navegação. Sem o trecho horizontal, o canal de seção retangular e declividade $I = 1/5.000 \ m/m$ teria o fundo da seção de deságue na cota $570 \ m$. Analise os perfis dos remansos possíveis e indique o nível mínimo do reservatório que permita a navegação da barcaça anteriormente referida no trecho final do canal. Justifique a sua proposta. Indique o nome do remanso que ocorrerá quando o reservatório estiver com o nível mínimo proposto. Determine a velocidade que ocorrerá na seção de deságue, nesta condição limite. $Q = 13,3 \ m^3/s$, $n = 0,015$, $b = 7 \ m$ e $I = 1/5.000 \ m/m$.

EXERCÍCIO A RESOLVER 8.4

Um canal receberá as águas vertidas de comporta circular instalada em parede vertical, que limita um vale secundário de reservatório de barragem. Quando o NA do reservatório estiver na cota 894,48 m, pela comporta fluirá a vazão de 4,0 m^3/s que será admitida no canal. O trecho inicial do canal tem seção retangular de máxima eficiência com b = 2,46 m, y = 1,23 m, n = 0,01 e I = 1/3.000 m/m. Em determinado trecho, o canal de seção retangular deverá vencer um desnível do terreno de 4,0 m de altura. Está sendo estudada uma solução alternativa à macrorugosidade inicialmente proposta para vencer este desnível. No lugar da macrorugosidade pretende-se instalar uma rampa de mesma seção e declividade longitudinal de 1/10 m/m. As demais características do canal permanecerão inalteradas (Q = 4,0 m^3/s, b = 2,46 m e n = 0,01).

1. Determine o tirante e a velocidade do escoamento ao pé da rampa. Para efeito desta questão admita conservação de energia na rampa.
2. Segue-se ao desnível um canal de mesma seção e mesma declividade do trecho de montante (Q = 4,0 m^3/s, b = 2,46 m, y = 1,23 m, n = 0,01 e I = 1/3.000 m/m). Trace o perfil do escoamento a jusante do desnível mostrando, em desenho esquemático, o fundo do canal e a linha d'água. Determine os tirantes que caracterizam perfeitamente este perfil. Justifique a sua proposta de perfil, analisando o grau de correção dos valores calculados.
3. Analise a razão de possível desestabilização do perfil do NA sugerido na Questão 2. Indique a(s) providência(s) necessária(s) à estabilização deste perfil. Determine numericamente a providência referida.
4. Proponha uma solução para tornar menos onerosa a implantação da rampa prevista nas Questões 2 e 3. Esta solução deve levar em conta as consequências da introdução da rampa no escoamento a jusante. Especifique a solução calculando algumas de suas características principais. Determine a ordem de grandeza da economia proporcionada pela solução proposta.
5. Pretende-se que a partir de determinada seção o canal tenha as seguintes características: Q = 4,0 m^3/s, b = 2,0 m, n = 0,01 e I = 1/1.000 m/m. Determine o tirante da nova seção, o comprimento da transição e a cota do fundo da nova seção, a jusante da transição, sabendo que a cota do fundo da seção primitiva (b = 2,46 m, n = 0,01, I = 1/3.000 m/m) a montante da transição é 797,88 m. Para efeito desta questão admita que as perdas de carga hidrodinâmicas e ao longo da transição são nulas.
6. Uma certa vazão será extraída do canal, via bombeamento. O conduto de sucção requer um afogamento de 1,5 m de coluna d'água na seção de entrada que será alcançada com a instalação de um vertedor do tipo Creager (Ogee) na nova seção definida na Questão 5. Determine a extensão de canal que apresentará tirantes compreendidos entre 1,5 m e 1,3 m.
7. A jusante do vertedor será instalado um medidor do tipo Parshall, a ser desenvolvido, para a mensuração da vazão no canal, após a extração verificada na seção de bombeamento. Determine a largura da seção da garganta desse medidor (Q = 4,0 m^3/s, b = 2,0 m, I = 1/1.000 m/m).
8. Para dar passagem a máquinas agrícolas, o fundo do canal, em determinada seção será elevado em 0,5 m. Analise o escoamento a montante desta soleira quanto ao possível surgimento de remanso. Caso isto aconteça, classifique o remanso. Determine a altura máxima da soleira para não se formar o remanso (Q = 4,0 m^3/s, b = 2,0 m, I = 1/1.000 m/m).
9. O canal desaguará no reservatório de uma barragem cujo NA varia entre as cotas 690 e 695 m. Especifique a declividade mínima do canal, em seu trecho final, para que as curvas de remanso, junto ao reservatório, sejam do tipo S (Q = 4 m^3/s, b = 2,0 m, n = 0,01).
10. Está sendo cogitada a adoção do perfil de canal indicado na Figura 8.94, no qual p = 20 m. Especifique e nomeie as curvas de remanso que se formarão, quando o NA do reservatório estiver nas cotas 690, 691 e 693 m, caso seja adotado o perfil representado na Figura 8.94. Apresente um desenho esquemático mostrando o perfil de escoamento para cada uma das cotas do NA referidas (Q = 4 m^3/s, b = 2,0 m, n = 0,01 e I = 1/3.000 m/m).

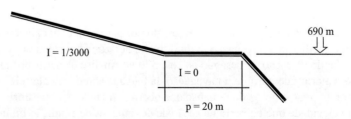

FIGURA 8.94 Perfil do canal desaguando em reservatório.

EXERCÍCIO A RESOLVER 8.5

Um córrego tem parte de seu curso em área urbana e deságua no mar. O córrego drena as águas pluviais dos bairros lindeiros de forma que a ocorrência simultânea de períodos de chuva nas bacias urbanas e cheia do córrego produz enchentes com graves consequências para os moradores da comunidade. Este efeito indesejável é potencializado em época de maré de sizígia, quando as águas do córrego refluem, impedidas de escoar para o mar. Estudos hidrológicos realizados na bacia hidrográfica do córrego especificam uma vazão média de 3 m^3/s e vazão máxima de 5 m^3/s. O deflúvio na bacia urbana produzirá até 3 m^3/s provenientes de chuvas que têm duração de até 15 minutos. Estão sendo avaliadas várias formas de canalizar o córrego. Contribua com os estudos em andamento respondendo às questões a seguir.

1. O córrego, na área urbana, tem extensão de 2,5 km sendo ladeado por ruas, em ambas as margens. A largura média da seção do córrego é de 4,0 m. A profundidade varia entre 0,5 m e 3,0 m. O leito do córrego é cortado por várias pontes. Há um desnível de 0,5 m entre as seções de montante e jusante, no trecho urbano. Estuda-se a adoção de uma das seguintes seções, todas com $n = 0,01$:
   a. retangular de fundo inclinado com $z = 10$;
   b. trapezoidal com $z = 2$;
   c. triangular com fundo arredondado com $z = 2$ e $r = 1$ m.
   Indique a seção que você *não usaria*, justificando a sua motivação. Considere a vazão máxima de 5 m^3/s.
2. Indique a seção de canal que você aconselha, dentre as citadas na questão anterior, especificando suas dimensões (T, y, z, r, I, n, b). A vazão a ser atendida é de 5 m^3/s. Indique pelo menos uma razão que motivou a escolha, com fundamento na hidráulica do escoamento.
3. Em determinado trecho, sobre o canal, será construído o pavimento de uma nova avenida. Para manter os custos em patamar aceitável, o canal será assentado, preferencialmente, a 2 m abaixo do pavimento. Para efeito desta questão o pavimento terá uma espessura de 50 cm. Determine a vazão extra possível a ser admitida na folga disponível. A seção molhada manterá as características definidas na Questão 2.
4. Junto à seção de deságue, o fundo do canal, em consequência da topografia, está na cota 3,0 m e o pavimento do calçadão na cota 7,0 m. A seção molhada mantém as características definidas na Questão 2. Antes de atingir a seção de deságue o fundo do canal tem um desnível de 1,0 m, quando a seção do canal se torna retangular (fundo plano). Após a seção de deságue o escoamento se realiza entre duas paredes de concreto que retêm as areias da praia, impedindo-as de obstruir a saída do canal. Determine a abertura da comporta plana de acionamento vertical (*sluice*) indicada na Figura 8.95 para dar passagem à vazão de 5 m^3/s, quando a maré estiver na cota 4,0 m. A comporta tem a largura de 5,0 m. Desconsidere o efeito de onda na solução desta questão. Para efeito desta questão admita que o NA do canal calculado na Questão 2 será mantido no trecho rebaixado com fundo na cota 2,0 m.

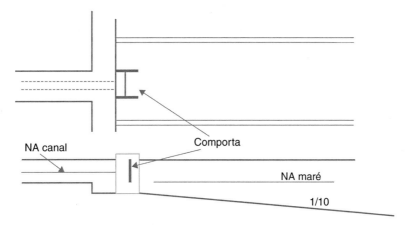

FIGURA 8.95 Seção de deságue do córrego no mar.

5. Determine a altura de maré capaz de barrar o fluxo do córrego para a vazão média de 3 m^3/s. Comente sobre a estabilidade e duração desse barramento. A seção molhada mantém as características definidas na Questão 2.
6. Caso a comporta plana da questão anterior seja substituída por uma comporta de soleira curva (arco de círculo com raio de 7,0 m, com centro de curvatura a jusante), com acionamento vertical, a resultante sobre esta nova comporta será menor graças à anulação recíproca de componentes transversais? Para esta verificação admita a maré na cota 1,0 m,

a vazão de 3,0 m^3/s e abertura suficiente para passar a vazão sem alterar o NA a montante da comporta. O vão da comporta continua sendo de 5,0 m. Para efeito desta questão despreze a ação dinâmica do escoamento sob a comporta.

7. As vazões resultantes do deflúvio na bacia urbana serão armazenadas em depósitos construídos sob as ruas em lugares estratégicos, preferencialmente em cotas superiores à cota de escoamento normal do canal, calculada na Questão 3. Determine o volume total a ser reservado considerando a vazão máxima transportada na calha do canal determinada na Questão 3, a vazão máxima de deflúvio e a duração da chuva de 15 minutos.

8. Os depósitos que armazenam água terão as dimensões de 2 m de altura, 5 m de largura e 20 m de comprimento. Determine o número de depósitos a ser construído para armazenar o excesso de deflúvio. Determine o lado do orifício quadrado a ser instalado em cada depósito e a sua localização na parede do depósito de forma a manter vazão simultânea de todos os depósitos no limite da vazão máxima absorvida pelo canal. Para efeito desta questão admita que o jato do orifício será livre.

9. Bocas de lobo com grelha admitem o deflúvio urbano nos depósitos. A capacidade de engolimento de cada boca de lobo é expressa por $Q = 1,7 \, P \, y^{1,5}$, na qual Q é a vazão de engolimento em m^3/s, P é o perímetro da boca de lobo em metros e y é o tirante da água junto à boca de lobo, também em metros. A boca de lobo com grelha funciona como um vertedor de soleira livre para tirantes de até 12 cm. Admitindo que as dimensões da grelha são 87 cm por 19 cm e que a grelha terá um dos seus lados maior junto à guia da calçada, determine o número de bocas de lobo contribuintes para cada depósito subterrâneo.

10. O enchimento dos depósitos e o posterior esvaziamento repercutirá na vazão do córrego canalizado. Analise o desenvolvimento deste fenômeno. Considere a situação quando:
$h \leq l; \, l < h \leq 2l$ e $h > 2l$, nas quais l é o lado do orifício e h a sua carga.

EXERCÍCIO A RESOLVER 8.6

Um córrego tem parte de seu curso em área urbana e deságua no mar. O córrego drena as águas pluviais dos bairros lindeiros de forma que a ocorrência simultânea de períodos de chuva nas bacias urbanas e cheia do córrego produz enchentes com graves consequências para os moradores da comunidade. Este efeito indesejável é potencializado em época de maré de sizígia quando as águas do córrego refluem, impedidas de escoar para o mar. Estudos hidrológicos realizados na bacia hidrográfica do córrego especificam uma vazão média de 3 m^3/s e vazão máxima de 5 m^3/s. O córrego, na área urbana, tem extensão de 2,5 km. A seção é retangular com fundo inclinado com largura na superfície da área molhada $T = 4,0 \, m$, inclinação lateral $z = 10$ e coeficiente de rugosidade $n = 0,01$. Há um desnível de 0,5 m entre as seções de montante e jusante ao longo do trecho urbano. Contribua com os estudos em andamento respondendo às questões a seguir.

1. No início do trecho urbano será instalada um medidor de vazão do tipo Parshall para medir as vazões provenientes da área rural. Especifique o medidor a ser utilizado e a elevação de sua soleira em relação ao fundo do canal. Verifique a possibilidade de extravasamento do canal após a instalação do medidor e medidas adicionais necessárias a sua instalação. Para efeito desta questão considere a folga de 0,3 m para a vazão $Q = 5 \, m^3/s$, tirante normal $y_n = 1,2 \, m$, $z = 10$, $n = 0,01$ e $T = 4,0 \, m$.

2. Determine a cota máxima da maré que garanta escoamento livre (sem afogamento) no medidor. Na seção de deságue o fundo do canal está à cota 3,0 m, conforme mostrado na Figura 8.95. A comporta de jusante, para esta verificação, está inteiramente aberta. A vazão é de 5 m^3/s, $y_n = 1,2 \, m$, tirante crítico $y_c = 0,64 \, m$, $n = 0,01$, $z = 10$, $T = 4,0 \, m$. Para efeito desta questão admita para expoente hidráulico desta seção $N = 3,0$.

3. A seção canalizada do córrego tem um tirante de $y_n = 1,2 \, m$ para a vazão de 5 m^3/s e $y_n = 0,88 \, m$ para a vazão de 3 m^3/s. Uma galeria de águas pluviais lança até 0,25 m^3/s no córrego canalizado durante chuvas intensas. A galeria tem seção circular e a vazão ocupa meia seção em escoamento permanente uniforme. A declividade longitudinal dessa galeria é $I = 1/100 \, m/m$ e a rugosidade $n = 0,01$. Estude como será o perfil de escoamento das águas dessa galeria, quando a vazão no córrego canalizado variar entre 3 e 5 m^3/s, sabendo que a posição relativa galeria-canal é a indicada na Figura 8.96. Classifique os tipos de escoamento dentre as seguintes opções: permanente, não permanente, uniforme, gradualmente variado e rapidamente variado.

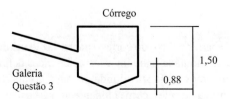

FIGURA 8.96 Seção de deságue da galeria de seção circular no córrego canalizado.

4. Uma segunda galeria, em determinada rua da área urbana, relativamente distante do córrego canalizado, apresenta o perfil indicado na Figura 8.97, na qual a distância entre as seções S0 e S1 é de 122,628 m. No trecho em análise, a seção da galeria é quadrada com base horizontal. A vazão é de 0,5 m^3/s e $n = 0,01$. No trecho S0-S1 a declividade longitudinal é de 1/50 m/m. A montante da seção S0 a declividade é de 1/2.000 m/m e o tirante ocupa 0,8 do lado da seção ($y/b = 0,8$), em escoamento permanente uniforme. Determine o lado da seção quadrada. Determine, ainda, a eficiência, a altura conjugada e a energia residual do ressalto que se formará no trecho horizontal.

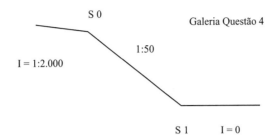

FIGURA 8.97 Perfil do fundo da galeria de seção quadrada.

5. Especifique os nomes dos remansos formados na galeria de seção quadrada, quando o nível da água na seção do córrego canalizado, descrito na Questão 3, estiver 0,6 m, 1,13 m, 1,22 m, 1,38 m e 1,50 m acima do vértice do fundo.
6. A galeria da Questão 4 sofre uma alteração de seção de forma a passar da seção quadrada de lado b para a seção retangular de base $2b$ e altura b. Determine o comprimento da transição e a cota do fundo, na seção de jusante, sabendo que a cota do fundo da seção de montante é de 6 m. A vazão é de 0,5 m^3/s. O escoamento na seção quadrada é de máxima eficiência. A declividade longitudinal é 1/2.000 m/m e a rugosidade $n = 0,01$, tanto a montante quanto a jusante. Para efeito desta questão, admita que não há perda de carga na transição.
7. A seção do córrego canalizado, em determinado trecho, deve ser mais estreita para permitir a construção de uma ponte. Determine o estreitamento máximo possível nesta seção que permita a conservação da energia ($Q = 5$ m^3/s, $y_n = 1,2$ m, $y_c = 0,84$ m, $n = 0,01$, $z = 10$, $T = 4,0$ m).
8. Determine a bacia de dissipação dentre as propostas pelo USBR a ser utilizada no trecho horizontal da Questão 4. Especifique a altura da soleira terminal desta bacia. $Q = 0,5$ m^3/s.
9. Analise o que ocorreria com o ressalto da Questão 4, caso o trecho horizontal fosse substituído por um trecho inclinado. Não faça cálculos para responder a esta questão.
10. Caso no trecho de declividade $I = 1/50$ m/m, da Questão 4, fossem construídos blocos, constituindo uma macrorugosidade, qual deveria ser a altura de cada um deles? $Q = 0,5$ m^3/s. Determine ainda a distância entre as linhas de blocos.

EXERCÍCIO A RESOLVER 8.7

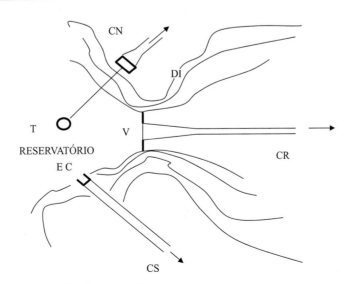

FIGURA 8.98 Barragem, canais e peças acessórias do empreendimento agrícola.

448 Elementos da Hidráulica

Para abastecer um empreendimento agrícola, o rio R foi barrado com uma barragem de concreto provida de vertedor (V) em sua crista. Dois canais principais, o canal norte (CN) e o canal sul (CS), conduzem a água requerida para as glebas a serem cultivadas. A alimentação do canal norte será realizada por meio da tomada d'água (T), em forma de torre, situada no interior do reservatório, sendo o fluxo controlado por meio de comportas. O canal sul será alimentado à margem do reservatório sendo o fluxo controlado por meio de comporta de segmento. Responda às questões enunciadas a seguir para auxiliar na definição do projeto do vertedouro da barragem, seus canais e peças acessórias de controle.

1. Espera-se que o NA do reservatório varie entre as cotas 1.125,0 m e 1.113,5 m. Sabendo que a soleira de 20 m do vertedor do tipo Creager (Ogee), com parede de montante na vertical (V) será assentada à cota 1.124 m, determine a vazão máxima extravasada por esse vertedor na maior cheia esperada.

2. A torre (T) tem 1 m de diâmetro. Ao longo de sua altura estão previstos 5 orifícios de forma retangular de 1 m de altura, ocupando, cada um, ¼ da circunferência, cujas soleiras inferiores estão situadas às cotas 1.104, 1.108, 1.112, 1.116 e 1.120 m. Indique quais destes orifícios devem estar em operação e calcule a vazão por estes admitida considerando o NA do reservatório na cota 1.113,5 m. Os orifícios estarão totalmente abertos para efeito deste cálculo. Considere as soleiras dos orifícios delgadas.

3. A vazão admitida na torre (T) é levada ao canal norte por meio de conduto forçado. Na saída deste conduto será instalado um dissipador de energia de impacto conforme indicado na Figura 8.99. Determine a largura l_D desse dissipador para que a vazão calculada na Questão 2 passe pelo vertedor de saída com lâmina máxima de 1,0 m. Considere o vertedor funcionando com borda ou soleira delgada e com velocidade de aproximação apreciável.

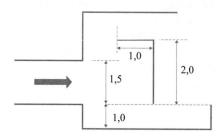

FIGURA 8.99 Dissipador de impacto.

4. O jato do conduto forçado da Questão 3 é destruído sobre uma parede de concreto vertical indicada na Figura 8.99. Sob esta parede há um orifício de 1,0 m de altura e largura calculada na Questão 3. Determine a carga deste orifício. Considere a soleira delgada e a velocidade de aproximação nula para o orifício. A vazão é a calculada na Questão 2.

5. Como será o escoamento no dissipador de impacto caso a vazão no conduto forçado atingir 17 m^3/s? Calcule a vazão que passará no orifício situado sob a parede de impacto.

6. O canal norte tem seção trapezoidal com tirante máximo de y = 1,5 m, declividade longitudinal I = 1/3.000 m/m, declividade transversal de 1(v) para 2(h) (z = 2) e rugosidade n = 0,014. Determine a largura de fundo desse canal (b) para receber a vazão calculada na Questão 2.

7. Qual deveria ser a largura do fundo do canal norte para que a sua seção seja de máxima eficiência? z = 2, I = 1/3.000 m/m e n = 0,014. A vazão é a determinada na Questão 2.

8. A entrada d'água no canal sul é controlada por uma comporta de segmento cilíndrica. A seção vedante é um arco de círculo com raio de 30 m, tangente a uma vertical ao fundo do canal. Determine a vazão admitida no canal quando o NA do reservatório estiver na cota 1.113,5 (mínima). A comporta tem abertura de 1,0 m. A comporta está montada na entrada do canal sul que tem seção retangular com 4 m de largura. Foi estabelecido, inicialmente, que a soleira da comporta ficaria na cota 1.100 m. Considere o jato livre.

9. Determine a resultante máxima das forças aplicadas sobre a comporta na situação descrita na Questão 8 e seu ponto de aplicação. Indique uma posição possível do fulcro dessa comporta para que esta resultante contribua para a sua abertura. Considere a comporta fechada.

10. O canal sul, em determinado trecho, tem prevista a seção retangular com arestas arredondadas, b = 30,0 m, r = 5,0 m, n = 0,014, I = 1/4.000 m/m. Determine a velocidade de escoamento da vazão determinada na Questão 8. Compare este resultado com a velocidade de escoamento, para a mesma vazão, na seção retangular com b = 40,0 m, n = 0,014 e I = 1/4.000 m/m, e conclua sobre qual destas seções deve ser adotada, levando em conta o valor da velocidade e custos de execução.

EXERCÍCIO A RESOLVER 8.8

Para abastecer um empreendimento agrícola, o rio R foi barrado com uma barragem de concreto provida de vertedor (V) em sua crista. Dois canais principais, o canal norte (CN) e o canal sul (CS), conduzem a água requerida para as glebas a serem cultivadas. A alimentação do canal norte será realizada por meio da tomada d'água (T), em forma de torre, situada no interior do reservatório, sendo o fluxo controlado por meio de comportas. O canal sul será alimentado à margem do reservatório sendo o fluxo controlado por meio de comporta de segmento, conforme apresentado na Figura 8.98. Responda às questões enunciadas a seguir para auxiliar na definição do projeto do vertedouro da barragem, seus canais e peças acessórias de controle.

1. Espera-se que o NA do reservatório varie entre as cotas 1.125,0 m e 1.113,5 m. A soleira do vertedor do tipo Creager (Ogee) está assentada na cota 1.124,0 m, tem extensão de 20 m e por sobre esta sangram 43,92 m^3/s quando, no reservatório, o NA está à cota 1.125,0 m. Segue-se ao vertedouro um canal curto de seção variável que transporta a água sangrada até ao canal de seção retangular que restituirá a vazão excedente ao rio, a jusante da seção de barramento. Entre o canal de seção variável e o canal retangular há um trecho de canal de fundo horizontal, seção retangular, largura de fundo $b = 8$ m, cuja cota altimétrica, no fundo, é 1.111,0 m. Determine o tirante do escoamento no trecho de fundo horizontal, imediatamente a jusante do canal de seção variável e o correspondente número de Froude. Admita que ao percorrer o canal de seção variável a corrente sofra uma perda de carga equivalente a 1 mca.
2. Determine a cota superior da parede lateral do trecho horizontal de canal descrito na questão 1 sabendo que deve existir uma folga de 0,3 m reservada a possíveis variações de vazão. Descreva o escoamento que ocorrerá no trecho plano. Apresente, esquematicamente, o desenvolvimento do perfil do NA.
3. Descreva uma forma de tornar o trecho plano o mais curto possível. Determine o percentual de redução do comprimento do trecho caso a solução proposta seja alcançada. Considere o comprimento do escoamento, sem intervenção, como referencial (100%) para a determinação da redução.
4. Determine a cota do fundo da seção inicial do canal retangular a jusante do trecho de fundo horizontal para que a passagem entre o trecho plano e o canal retangular não apresente descontinuidade no perfil de escoamento. O trecho de fundo plano está na cota 1.111,0 m. O canal retangular tem $b = 8$ m, $n = 0,014$ e $I = 1/1.000$ m/m. Apresente um desenho esquemático mostrando o fundo e o perfil do escoamento para clarificar como esta transição acontecerá.
5. A entrada d'água no canal sul é controlada por meio de uma comporta de segmento cilíndrica, montada em canal de seção retangular com 4 m de largura. Foi estabelecido, inicialmente, que a soleira da comporta ficaria na cota 1.100 m, admitindo 45,56 m^3/s para a abertura de 1 m da comporta, quando o nível d'água do reservatório estiver na cota 1.113,5 m. Qual deve ser a cota da soleira da comporta para que a vazão de 45,56 m^3/s seja admitida no canal sul, livremente (sem contenção da comporta), estando o NA do reservatório na cota 1.113,5 m. Pretende-se proceder a manutenção da comporta nesse período de não uso (abertura completa). As características do canal sul no seu trecho de montante, junto à entrada, são: $b = 4$ m, $n = 0,014$ e $I = 1/5.000$ m/m.
6. Em determinado trecho do canal sul, a seção é retangular com $b = 40,0$ m, $n = 0,014$, $I = 1/4.000$ m/m e $Q = 45,56$ m^3/s. Calcule o tirante normal nesse trecho e determine a elevação máxima que pode ser admitida no fundo deste canal, para a passagem de cabos óticos, de forma a evitar elevação do NA a montante da passagem dos cabos.
7. Descreva o escoamento no trecho analisado na Questão 6, caso a elevação do fundo do canal ultrapasse o valor máximo determinado na questão anterior. Calcule o valor do tirante sobre o fundo elevado quando a elevação desse fundo for igual à máxima altura e 1,2 vez superior à altura máxima.
8. No trajeto do canal sul há um extenso vale a ser ultrapassado. Pretende-se vencer este obstáculo geográfico com a aplicação de um sifão invertido. A transição entre o canal sul e o sifão será realizada com auxílio de um poço que manterá uma carga mínima sobre a seção de entrada do sifão evitando a admissão de ar resultante da formação de vórtice e às vibrações associadas a esse vórtice. As características do canal sul, a montante do sifão, são as descritas na Questão 6 ($Q = 45,56$ m^3/s, $b = 40,0$ m, $n = 0,014$ e $I = 1/4.000$ m/m). A cota do fundo do canal sul, junto ao poço, é 1.100,0 m. Descreva o perfil do NA no canal sul e nomeie as curvas de remanso que existirem caso o NA, no poço, atinja as seguintes cotas: 1.102, 1.101, 1.100 e 1.099 m. Apresente um desenho esquemático mostrando os perfis.
9. Na seção R, do canal sul, distante 4.000 m, a montante do poço de transição descrito na Questão 8, a cota da borda é 1.102,1 m. Verifique se haverá transbordamento na seção R caso o NA, no poço, atinja a cota 1.102,0 m. Justifique.
10. O canal sul deve sofrer uma mudança de declividade e de largura da seção retangular de tal forma que, a montante, a seção será a descrita na Questão 6 (seção retangular com $Q = 45,56$ m^3/s, $b_m = 40,0$ m, $n = 0,014$ e $I_m = 1/4.000$ m/m), e a jusante, terá as seguintes características: seção retangular com $Q = 45,56$ m^3/s, $b_j = 30,0$ m, $n = 0,014$ e $I_j = 1/3.000$ m/m). Sabendo que as cotas do fundo e margem da seção de montante são respectivamente 1.090 m e 1.091,5 m e que a folga de jusante é igual a 0,20 m, determine: o comprimento da transição reta e as cotas de fundo e margem da seção de jusante, considerando uma perda de carga de 5% ($k = 1,05$).

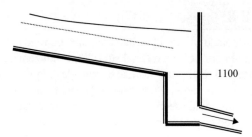

FIGURA 8.100 Poço de admissão de vazão no sifão invertido.

EXERCÍCIO A RESOLVER 8.9

Um terminal portuário movimenta 21 milhões de toneladas de soja, durante 3 meses, após cada safra anual, a razão de 7 milhões de toneladas ao mês. Essa produção é transportada em caminhões com capacidade de 30 toneladas por viagem, por veículo. Em média, são esperados cerca de 8.000 veículos por dia e que permanecem cerca de 2 horas no estacionamento antes e/ou após a operação de descarga. O terminal deve, portanto, abrigar 648 veículos simultaneamente. As 648 vagas são distribuídas conforme disposto na Figura 8.101, na qual 1, 2, 3, 4, 5 e 6 são portões de acesso ao pátio rodoviário, 1-4, 2-5 e 3-6 são vias de circulação e os retângulos são vagas para veículos. O veículo típico tem 2,5 m de largura e 15 m de comprimento, mas a vaga tem 5 m de largura por 15 m de comprimento. O piso do pátio não é plano, mas apresenta as linhas de cumeada 1-4, 2-5 e 3-6 de forma que a circulação dos veículos aconteça em terreno sem lâmina d'água. AE, BF, CG e DH são linhas de *talweg* para onde convergem as águas precipitadas sobre a área de estacionamento que mede 135 m de largura por 540 m de comprimento. Para que os motoristas possam ter acesso aos veículos, sem pisar em lâmina d'água, o piso do pátio, transversalmente, tem a configuração indicada na Figura 8.102.

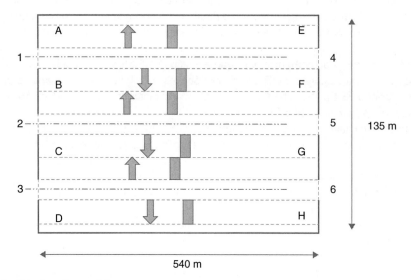

FIGURA 8.101 Pátio rodoviário de porto graneleiro.

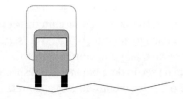

FIGURA 8.102 Perfil do solo nas vagas do pátio rodoviário.

As águas correrão transversalmente, sob os caminhões, desde as linhas de cumeada até as linhas de *talweg*. Sob as linhas de *talweg* passarão dutos circulares que devem funcionar a meia seção, para a chuva de projeto de intensidade de 30 *mm/h*. A água passará da superfície para os dutos por meio de bocas de lobo regularmente distanciadas. Elabore os cálculos sugeridos a seguir de forma a permitir o levantamento preliminar de custos da proposta e para o estudo dos aperfeiçoamentos necessários.

1. Admitindo que a chuva de projeto tem intensidade de 30 *mm/h*, determine a vazão total resultante dessa precipitação, sabendo que o tempo de concentração é suficiente para que a área total do pátio contribua para a seção de deságue. Utilize o método racional para a determinação dessa vazão ($Q = 0{,}278$ C I A), na qual $C = 0{,}83$ (coeficiente de escoamento), $I = 30$ *mm/h* (intensidade da precipitação) e $A = (135 \times 10^{-3}) \times (540 \times 10^{-3})$ km² (área atingida pela precipitação), sendo a vazão calculada em m^3/s.

2. Admitindo que cada uma das 648 vagas receberá 1/648 da vazão total, determine a lâmina d'água (tirante) e a largura do escoamento (T), para uma vaga genérica, junto à linha de *talweg*, para a chuva de 30 *mm/h*. Verifique se este escoamento ficará inteiramente compreendido entre as rodas do caminhão estacionado. Entre a linha de cumeada e a linha de *talweg* há uma inclinação de 0,22 *m* por 100 *m*, a rugosidade do concreto do piso é traduzida por $n = 0{,}011$ e a declividade lateral da seção é de 1%. A velocidade média na seção especificada pode ser considerada igual à velocidade média alcançada pela vazão, igual a 1/648 da vazão total, escoando em movimento permanente uniforme, segundo a declividade longitudinal referida.

3. Determine a vazão total que converge para o *talweg* BF. Essa vazão será admitida na rede de águas pluviais por meio de bocas-de-lobo, com grelha, cuja capacidade de engolimento é determinado por $Q = 1{,}7\, P\, y^{1,5}$ na qual Q é a vazão de engolimento em m^3/s, P é o perímetro da boca-de-lobo em metros e y é o tirante da água junto à boca-de-lobo, também em metros. A boca-de-lobo com grelha funciona como um vertedor de soleira livre para tirantes de até 12 *cm*. Admitindo que as dimensões da grelha são 87 *cm* por 19 *cm* e que será aplicada uma grelha a cada 20 *m*, determine o tirante que se estabelecerá junto a cada grelha. O tirante encontrado sugere o aumento ou a redução do número de bocas-de-lobo? Justifique.

4. Determine o diâmetro comercial do conduto a ser instalado sob o *talweg* BF de forma que a vazão admitida por meio das bocas de lobo atinja metade desse diâmetro, na seção F. Há uma declividade de 1/1.000 *m/m*, ao longo de conduto BF, sendo B a extremidade mais alta. O coeficiente de Manning é $n = 0{,}013$. Sabendo que o conduto, em B, tem a profundidade de 0,5 *m*, medida a partir da aresta superior, determine a profundidade da aresta superior em F. Na superfície, BF não tem declividade alguma. Admita que os diâmetros comerciais variam de 50 em 50 *mm*.

5. Os condutos sob AE, BF, CG e DH descarregam suas águas em um coletor de seção quadrada com a diagonal na vertical, com lado igual a 1,3 *m*, que passa ao longo da rua de acesso onde estão os portões 4, 5 e 6. Determine o tirante desse conduto a jusante de E sabendo que ele tem declividade longitudinal de 1/3.000 *m/m*, $n = 0{,}013$, ficando a conexão E a jusante da conexão H.

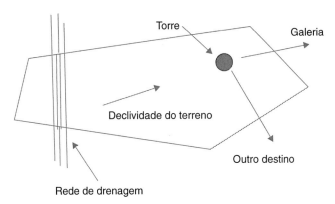

FIGURA 8.103 Terreno para retenção temporária da vazão excedente.

6. O coletor da Questão 5 passa por uma depressão natural do terreno que será utilizada para reter vazões provenientes de chuvas intensas, que excedam a chuva de projeto. A detenção ocorrerá pelo extravasamento da seção quadrada de diagonal na vertical que será secionada a ¾ da diagonal vertical ao longo da extensão do trajeto do coletor sobre a depressão. Determine a vazão máxima a ser transportada pelo coletor, nesta circunstância, sem extravasamento, e a intensidade da chuva que causará o extravasamento na bacia natural.

7. Na torre de seção circular com 1,5 m de diâmetro, indicada na Figura 8.104, haverá um pequeno orifício de seção circular, junto ao fundo, com parede delgada, por onde a vazão excedente acumulada na depressão escoará lentamente para outra galeria de águas pluviais. Determine o diâmetro desse orifício para que a vazão extraída dessa forma não ultrapasse 10 l/s que é a vazão máxima que pode ser absorvida pela citada galeria. Sabe-se que, junto à torre, o tirante pode atingir até 2,20 m de altura.

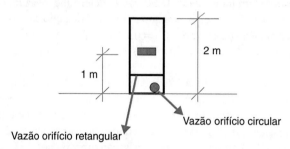

FIGURA 8.104 Torre de captação da água retida na depressão do terreno.

8. Caso a vazão excedente aconteça durante um período de tempo superior ao previsto, o volume de água a ser acumulado pode ultrapassar o volume disponível na depressão do terreno e será necessário desviar a vazão proveniente do conduto drenante para outro destino. Para tanto, a torre tem um segundo orifício com altura de 0,5 m, ocupando ¼ do perímetro da sua circunferência, cuja soleira inferior está a 1,0 m do solo. Determine a vazão extraída por esse orifício quando o NA estiver a 1,2 m e 1,7 m acima do solo. Observe que existe uma laje, na torre, separando a extração de água de cada orifício.
9. O nível máximo que pode ser atingido pela água acumulada na depressão, sem causar prejuízos às áreas vizinhas, é 2,2 m, junto à torre. Nessa situação extrema, a água penetrará na torre pelo seu coroamento que, nessa circunstância, operará como vertedor de poço de parede delgada. Determine, então, a vazão a ser extraída da torre, pelo conduto forçado que destinará a vazão para outro destino.
10. Caso fosse ajustada uma comporta de aço sobre o orifício, cuja soleira está a 1,0 m do fundo, para controlar a vazão admitida no conduto forçado, qual seria a resultante das forças sobre ela aplicada e seu ponto de aplicação em relação ao fundo do reservatório. Para efeito desta questão considere o tirante de 2,2 m, medido a partir do fundo.

EXERCÍCIO A RESOLVER 8.10

Um aproveitamento hidrelétrico de pequeno porte é constituído por barragem, vertedor, canal de fuga, canal adutor, conduto forçado (*penstock*) e casa de força (*F*) conforme o arranjo indicado a Figura 8.105. O nível d'água do reservatório varia entre as cotas 910 e 895 m. O rio que alimenta o reservatório tem vazões que variam entre 11 e 20 m^3/s. O canal adutor, revestido de concreto ($n = 0,013$), tem seção trapezoidal com $z = 1,5$, $b = 5\ m$ e declividade longitudinal de 1/5 m/km. Examine as questões enunciadas a seguir e ofereça as respectivas respostas para cooperar com a definição do projeto.

1. O canal adutor deve conduzir 10,8 m^3/s. Determine a cota da soleira da seção de entrada para que a vazão prevista seja admitida no período de estiagem.

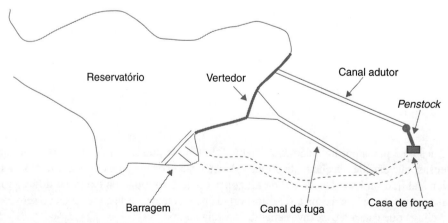

FIGURA 8.105 Layout de aproveitamento hidrelétrico de pequeno porte.

2. Determine o abaixamento (depleção) do nível do reservatório necessário para que a velocidade de cada partícula de água passe da velocidade zero (no interior do reservatório) para a velocidade normal de escoamento no canal.
3. O canal adutor se desenvolve a meia encosta e corta diversos vales, transversais ao canal, por onde passam enxurradas no período chuvoso. O maior desses vales dista 3 km da seção de entrada. Admitindo que a vazão desse vale possa atingir valor equivalente a 20% da vazão normal do canal adutor, determine a folga que deve existir na borda do canal para que não ocorra extravasamento caso esta vazão, extraordinária, se precipite no interior do canal adutor. Verifique se a inundação trará alguma consequência para a entrada de água no canal. Justifique.
4. Determine a vazão que poderá entrar no canal adutor, cuja cota da soleira de entrada foi calculada na Questão 1, quando o reservatório estiver cheio.
5. Indique as soluções disponíveis para evitar que vazões superiores à vazão de projeto percorram o canal adutor. Indique dentre as que forem citadas a que leva a maior economia de água. Justifique.
6. O vertedor (V) tem soleira de 20 m. Segue-se ao vertedor um canal retangular com seção variável. A seção inicial tem 20 m de largura e a seção final 1,4 m de largura. Por este canal passa vazão que varia entre zero e 9 m^3/s. Classifique o escoamento que percorre este canal quando a vazão for igual a 5 m^3/s. Justifique.
7. Seria possível instalar um medidor do tipo Parshall no canal de fuga para que suas vazões sejam mensuradas? Justifique. Caso sua resposta seja negativa, sugira um outro método para determinar as vazões excedentes. O canal tem seção retangular, largura de 1,4 m, $n = 0,015$ e $I = 1/10$ m/m.
8. Há uma proposta de alteração do canal de fuga. O novo projeto prevê um canal com seção trapezoidal, largura de base igual a 1,4 m, vazão de 9 m^3/s, declividade longitudinal de 1/10 m/m, $z = 1,5$ e $n = 0,015$. No seu trecho final o canal tem o perfil indicado na Figura 8.106. No trecho horizontal a seção é retangular com $b = 1,4$ m. O fundo do trecho com seção retangular está na cota 680 m. Na cota 685,7 m o escoamento no canal de fuga é permanente uniforme. Determine o tipo de ressalto que ocorrerá no trecho plano. Calcule a altura e o comprimento desse ressalto.

FIGURA 8.106 Perfil de escoamento no canal de fuga.

9. Selecione a bacia de dissipação a ser instalada no trecho plano. Indique qual será o percentual de redução do comprimento do ressalto caso esta bacia seja instalada.
10. Qual será a velocidade da corrente de devolução da vazão ao rio, caso não seja instalada a bacia de dissipação. Na sua opinião o que poderá acontecer neste caso?

EXERCÍCIO A RESOLVER 8.11

O lago L_1 é alimentado por vários córregos. As águas afluentes, por falta de um eficiente sistema de drenagem, perdem-se por evaporação e infiltração, concorrem para a formação de pequenos regatos, que as dispersam, e para o encharcamento de áreas vizinhas, intensificando a variação do NA do lago. A prefeitura local pretende construir um canal ligando o lago L_1 ao lago L_2 para drenar adequadamente toda a região estabilizando o NA do lago L_1. A venda dos terrenos recuperados (livres do encharcamento) pagará a execução do projeto e parte das despesas da execução das obras. Como efeito complementar, as águas agora reunidas no canal drenante poderão reforçar o abastecimento de uma cidade próxima e prover água para um sistema de irrigação. Esquematicamente a solução é apresentada na Figura 8.107.

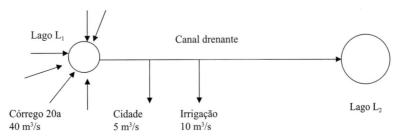

FIGURA 8.107 Drenagem do lago L_1.

454 Elementos da Hidráulica

Os córregos trazem entre 20 e 40 m^3/s para o lago L_1. Espera-se que o canal drenante transporte ao menos 15 m^3/s e derive 5 m^3/s para a cidade próxima e 10 m^3/s para o sistema de irrigação. O trajeto entre os lagos 1 e 2, em linhas gerais, está descrito na Figura 8.108. O vale intermediário será vencido por várias linhas de condutos forçados.

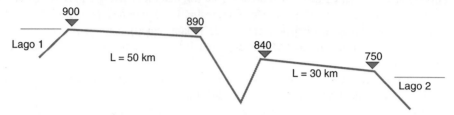

FIGURA 8.108 Perfil do trajeto entre os lagos L_1 e L_2.

1. Caso sejam drenados 15 m^3/s do lago L_1, na sua opinião, será possível estabilizar o nível d'água em uma cota pré-estabelecida? Caso não seja possível, especifique a vazão mínima a ser drenada para que o NA do lago L_1 seja mantido estável. Justifique.
2. Na sua opinião, o canal deve ter a mesma capacidade de transporte ao longo de todo o percurso ou deve, após as derivações, ter esta capacidade reduzida? Justifique.
3. Espera-se que o primeiro trecho do canal tenha seção trapezoidal, mais larga do que funda, para serem evitadas escavações profundas. Escolha uma razão (b/y) entre 4, 5, 6, 7 e 8 e uma declividade longitudinal para definir a seção de escoamento (área molhada) para a vazão especificada na questão 1. $n = 0,013$ e $z = 2$. Especifique a seção molhada.
4. O primeiro trecho do canal deve ter uma folga (*f*) mínima entre o NA e o coroamento da margem de forma a receber uma vazão 20% superior à prevista na Questão 1, sem transbordamento. Determine esta folga mantidas a largura do fundo (*b*), a declividade longitudinal e transversal e a rugosidade da Questão 3.
5. A seção de entrada será retangular para permitir a instalação de uma comporta de segmento que controlará a vazão admitida no canal. A seção retangular será mantida durante uma certa extensão e depois será ajustada à seção trapezoidal segundo uma transição. Escolha a declividade do trecho com seção retangular para que este trecho seja curto. Não use declividade mais suave do que 1/20 m/km. Determine a cota do fundo do canal, na seção de entrada do primeiro trecho do canal, junto do lago L_1, para que seja admitida a vazão especificada na Questão 1. Observe que a cota do lago L_1, antes da construção do canal coincide com a cota da superfície do solo na seção de entrada (900 *m*). Para drenar a área a ser loteada, o NA do lago não deve ultrapassar a cota 898 *m*. A largura do fundo da seção retangular é igual à largura do fundo do trecho trapezoidal calculado na Questão 3 ($n = 0,013$).
6. Classifique o escoamento no trecho de seção retangular entre subcrítico, crítico e supercrítico. Determine o respectivo número de Froude. Indique o nome do remanso que ocorre neste trecho, se houver.
7. As derivações das vazões para o abastecimento da cidade e do sistema de irrigação serão controladas, em cada ponto de derivação, por duas comportas, conforme indicado na Figura 8.109. A comporta *A* eleva o nível d'água no canal drenante gerando uma carga e a comporta *B* admite a vazão necessária. Prevê-se que o NA no canal drenante deva ser elevado em 1 *m*, quando for admitida a vazão de 40 m^3/s no canal drenante, para que as vazões sejam derivadas com precisão. Indique o posicionamento das duas derivações, mantida a seção de entrada do canal drenante como ponto inicial da medida, para que a operação de uma derivação não interfira na outra e ambas não interfiram na vazão admitida no canal drenante. Admitir que as derivações estarão situadas no trecho de seção trapezoidal.

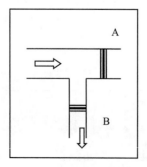

FIGURA 8.109 Derivação controlada por comportas.

8. O trecho final do canal drenante, a jusante do vale, deve ser construído com seção trapezoidal onde $z = 3$ devido às condições do solo. Adote a mesma largura de fundo determinada na Questão 3, a vazão da Questão 1 e $n = 0,013$. Escolha a declividade longitudinal desse canal e determine a seção molhada. Classifique o escoamento em subcrítico, crítico ou supercrítico.

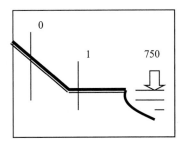

FIGURA 8.110   Seção de deságue do canal drenante.

9. Junto ao lago L_2 o fundo do canal drenante torna-se horizontal para dirigir adequadamente a vazão evitando erosões nas margens e fundo do lago. Admita que não há perda apreciável de energia entre a seção 0, situada a 1 km a montante do trecho de fundo horizontal, e a seção 1, situada no início do trecho de fundo horizontal, e determine o tirante y_1. Determine o comprimento máximo que deve ter o trecho horizontal para que não forme ressalto hidráulico quando o NA do lago L_2 estiver abaixo da cota 750 m. O trecho de fundo horizontal tem seção retangular com largura de fundo igual a da seção inclinada.

10. Trace o perfil do escoamento na parte horizontal do trecho final do canal drenante, quando o NA do lago L_2 permanecer nas cotas 750 m, 756,6 m e 760 m. Indique o nome das curvas de remanso, caso existam. As condições (comprimento) do conduto horizontal foram definidas na Questão 9.

Bibliografia

Abecasis F. *Hidráulica Geral*. Lisboa: Instituto Superior Técnico; 1958.

Aisenbrey A. et al. *Design of Small Canal Structuresn*. Denver: Bureau of Reclamation; 1978.

Azevedo Neto J. et al. *Manual de Hidráulica*. São Paulo: Edgard Blücher; 1998.

Baptista M., Lara M. *Fundamentos de Engenharia Hidráulica*. Belo Horizonte: UFMG; 2006.

Botelho M. *Águas de Chuva*. São Paulo: Edgard Blücher; 1988.

Brater E., King H. *Handbook of Hydraulics*. Nova York: McGraw-Hill; 1976.

Brunner G. *River Analysis System Manual*. Califórnia: US Army Corps of Engineering; 2008.

Canholi A. *Drenagem Urbana e Controle de Enchentes*. São Paulo: Oficina de Textos; 2005.

CERC. *Shore Protection Manual*. US Printing Manual Washington; 1984.

Chadwick A., Morfet J., Borthwick M. *Hidráulica para Engenharia Civil e Ambiental*. Rio de Janeiro: Elsevier; 2016.

Chow V. *Open-Channel Hydraulics*. Nova York: McGraw-Hill; 1959.

Cirilo J. et al. *Hidráulica Aplicada*. Porto Alegre: ABRH; 2001.

Dake J. *Essentials of Engineering Hydraulics*. Londres: Macmillan; 1972.

Daker A. *A Água na Agricultura*. Rio de Janeiro: Freitas Bastos; 1976.

Deniculi W. *Bombas Hidráulicas*. Viçosa: UFV; 2001.

Eletrobrás. *Diretrizes para estudos e Projetos de Pequenas Centrais Hidrelétricas – PCH*. Rio de Janeiro: Eletrobrás - publicação digital; 1995.

Eletrobrás. *Manual de Inventário Hidrelétrico de Bacias Hidrográficas*. Rio de Janeiro: Eletrobrás - publicação digital; 1997.

Erbiste P. *Comportas Hidráulicas*. Rio de Janeiro: Elsevier/Eletrobrás; 1987.

Fernandes C. *Esgotos Sanitários*. João Pessoa: UFPB; 1997.

Franciss F. *Hidráulica de Meios Permeáveis*. São Paulo: USP; 1980.

French R. *Open-Channel Hydraulics*. Nova York: McGraw-Hill; 1985.

Henderson F. *Open Channel Flow*. Nova York: Macmillan; 1966.

Houghtalen R., Hwang N., Akan A. *Engenharia Hidráulica*. São Paulo: Pearson; 2013.

Hwang N. *Sistemas de Engenharia Hidráulica*. Rio de Janeiro: Prentice Hall; 1981.

Lencastre A. *Hidráulica Geral*. Lisboa: Hidroprojecto; 1983.

Macintyre J. *Bombas e Instalações de Bombeamento*. Rio de Janeiro: Guanabara Dois; 1982.

Mason J. *Estruturas de Aproveitamento Hidrelétrico*. Rio de Janeiro: Elsevier/Sondotécnica; 1988.

Matos A. et al. *Barragens de Terra de Pequeno Porte*. Viçosa: UFV; 2003.

Morales P. *Manual Prático de Drenagem*. Rio de Janeiro: Instituto Militar de Engenharia; 2003.

Neto A. Fernandez, M. *Manual de Hidráulica*. 9ª ed. São Paulo: Edgard Blücher; 2015.

Neves E. *Curso de Hidráulica*. Rio de Janeiro: Editora Globo; 1960.

Pereira G. *Projeto de Usinas Hidrelétricas*. São Paulo: Oficina de Textos; 2015.

Pereira J., Soares J. *Rede Coletora de Esgotos Sanitários*. Belém: UFPA; 2006.

Peterka A. *Hydraulics Design of Stilling Basins and Energy Dissipators*. Denver: Bureau of Reclamation; 1984.

Petersen M. *River Engineering*. Englewood: Prentice Hall; 1986.

Pimenta C. *Curso de Hidráulica Geral*. Rio de Janeiro: Guanabara Dois; 1981.

Pinto N. et al. *Hidrologia Básica*. São Paulo: Edgard Blücher; 1976.

Porto R. *Hidráulica Básica*. São Carlos: EESC/USP; 1998.

Quintela A. *Hidráulica*. Lisboa: Fundação Gulbenkian; 1981.

Righetto A. *Hidrologia e Recursos Hídricos*. São Carlos: EESC/USP; 1998.

Rossman L. *Epanet 2.0 Manual do Usuário LENHS*. João Pessoa: UFPB; 2009.

Santos S. *Bombas e Instalações Hidráulicas*. São Paulo: LCTE Editora; 2007.

Schreiber G. *Usinas Hidrelétrica*. Rio de Janeiro: Edgard Blücher/Engevix; 1977.

Sellin R. *Flow in Channels*. Londres: Macmillan; 1969.

Silvestre P. *Golpe de Aríete*. Belo Horizonte: UFMG; 1989.

Silvestre P. *Hidráulica Geral*. Rio de Janeiro: LTC; 1979.

Simon A. *Hydraulics*. Nova York: John Wiley; 1976.

Sobrinho P., Tsutiya M. *Coleta e Transporte de Esgotos Sanitários*. São Paulo: USP; 2000.

Souders M. *Formulário do Engenheiro*. São Paulo: Hemus; 2008.

Souza Z. *Centrais Hidrelétricas*. São Paulo: Edgard Blücher; 1992.

Souza Z. et al. *Centrais Hidro e Termelétricas*. São Paulo: Edgard Blücher; 1983.

Tucci C. et al. *Drenagem Urbana*. Porto Alegre: UFRGS; 1995.

USBR. *Design of Small Canal Structure*. Denver: USBR; 1978.

USBR. *Design of Small Dams*. Denver: USBR; 1987.

Vennard J. *Elementary Fluid Mechanics*. Nova York: John Wiley; 1961.

Vieira da Silva R. et al. *Hidráulica Fluvial*. Rio de Janeiro: COPPE/UFRJ; 2003.

Wilken P. *Engenharia de Drenagem Superficial*. São Paulo: CETESB; 1978.

A Biblioteca do futuro chegou!

Conheça o e-volution: a biblioteca virtual multimídia da Elsevier para o aprendizado inteligente, que oferece uma experiência completa de ensino e aprendizagem a todos os usuários.

Conteúdo Confiável
Consagrados títulos Elsevier nas áreas de humanas, exatas e saúde.

Uma experiência muito além do e-book
Amplo conteúdo multimídia que inclui vídeos, animações, banco de imagens para download, testes com perguntas e respostas e muito mais.

Interativo
Realce o conteúdo, faça anotações virtuais e marcações de página. Compartilhe informações por e-mail e redes sociais.

Prático
Aplicativo para acesso mobile e download ilimitado de e-books, que permite acesso a qualquer hora e em qualquer lugar.

www.elsevier.com.br/evolution

Para mais informações consulte o(a) bibliotecário(a) de sua instituição.

Empowering Knowledge ELSEVIER